개발과 환경의 이해

김학훈 지음

Understanding Development and Environment

도서출판 동화기술

머리말

지금 지구에 발을 디디고 서 있는 모든 사람은 세계 인구 80억 명의 무게를 어느 정도는 느껴야 한다. 가까이는 지하철역에서 쏟아져 나오는 사람들을 보면 정말 우리나라가 저출산 고령화에 시달리고 있는지 의구심이 생길 정도이다. 멀리는 TV 다큐멘터리에 나오는 방글라데시 빈민가의 주민들 모습과 한 해 마지막 날 뉴욕 타임스 스퀘어에 모여 "Happy New Year!"를 외치며 즐거워하는 관광객들의 모습이 교차하면서 같은 지구촌에 사는 사람들의 다양한 생활환경은 어디에서 기원한 것인가 한 번쯤 생각하게 된다. 그리고 지구촌의 모든 사람이 지금보다는 좀 더 나은 삶을 살 수 있기를 기원해 본다.

지구상에 출현한 인류는 진화를 거듭하면서 주변의 자연환경을 이용하여 삶을 영위해 나갔다. 근대 산업혁명기까지는 인구도 많지 않았고 자연환경의 훼손도 심하지 않았지만, 산업화가 시작되면서 화석연료를 에너지로 사용하는 각종 기계가 발명되어 공장에서는 대량생산이 가능해졌고, 기차, 자동차, 비행기 등 빠른 교통수단이 등장하여 거리의 축소 현상이 나타났다. 산업화로 인해 생활이 풍족해지고 의료기술도 발달하게 되자 인구는 급증하였고, 많은 농촌인구는 일거리가 있는 도시로 이주하였다.

그러나 이러한 문명의 이기와 도시 공간은 이미 19세기부터 각종 환경오염 문제를 일으켰다. 공장폐수에 의한 수질오염, 공장 매연과 자동차 배기가스에 의한 대기오염, 매일 쏟아져 나오는 생활 폐기물 등으로 지구는 몸살을 앓고 있다. 한국에서는 미세먼지에 의한 대기오염이 심각하여 이민을 떠나고 싶다는 사람도 있다. 많은 인구가 모여 사는 도시는 특히 환경오염이 심할 뿐 아니라 주택 부족, 교통체증, 실업 등으로 피곤한 삶을 이어가는 사람이 많다. 전 세계적으로 이산화탄소 같은 온실가스 배출로 인한 지구 온난화는 기후변화를 넘어 기후위기를 초래하고 있으며, 세계 각국은 문제의 심각성을 인정하고 자발적으로 탄소배출을 억제하기 위해 분투를 하고 있다.

인간이 삶을 영위하고 개선해 나가기 위해서 자원개발과 경제발전은 불가피하지만, 과도한 자원개발과 급속한 경제성장은 심각한 환경문제를 야기한다. 그러면 산업화와 도시화는 필연적으로 환경오염을 유발하는가? 상호 갈등 관계에 있는 개발과 환경보전은 같이 갈 수 없는 길인가? 이에 대한 해답은 지속가능한 개발에서 찾아야 할 것이다. 1987년 세계환경개발위원회(WCED)가 유엔에 제출한 보고서 「*Our Common Future*」에서 처음 사용된 '지속가능한 개발'이라는 용어는 개발과 환경보전을 조화롭게 추구하여 환경을 파괴하지 않으면서 이루어지는 개발을 뜻한다. 이는 결국 인간과 환경이 공존할 수 있는 체제를 구축하는 것이다.

그렇지만 이러한 원대한 과제를 수행하기에 앞서 인간의 개발 활동과 환경 시스템의 기초를 이해하는 것이 선행되어야 한다. 이 책은 지속가능한 개발을 성취하기 위해서 알아야 할 사항들을 이해하기 쉽도록 순서대로 정리해 보았다. 총 15장으로 구성된 이 책의 1장은 환경론의 발달과 쟁점을 소개하였고, 2장과 3장은 자연환경인 지형, 기후, 생태계를 다루었다. 4장부터 7장까지는 인구, 자원, 산업화, 도시화 등 인문환경을 구성하는 주제를 다루었다. 8장은 지역개발과 지역정책이라는 주제로 한국의 지역정책과 세계의 지역개발 사례를 제시하였다. 9장과 10장은 환경문제를 원인부터 시작해서 한국의 환경문제와 전 지구적 환경문제로 확대하여 검토하였다. 11장과 12장은 대기오염, 수질오염, 해양오염, 토양오염, 폐기물 문제 등 환경오염과 관련된 주제를 다루었다. 13장은 지구 온난화와 관련된 기후변화와 탄소중립을 정책 중심으로 심도 있게 논의하였다. 14장은 개발과 환경의 갈등을 지역이기주의부터 산업화, 도시화, 자원개발 등과 관련된 환경문제, 그리고 국책사업과 관련된 갈등을 다루었으며, 마지막으로 15장은 환경정책과 지속가능한 개발을 이 책의 결론으로 대신하도록 서술하였다.

이 책은 2013년 필자가 공동저술한 「개발과 환경」을 바탕으로 체제를 신선하게 바꾸고 최신 내용을 수록하여 집필하였다. 이 책의 목표는 개발과 환경을 통합적 시각으로 접근하는 대학교재이지만, 개발과 환경문제에 관심이 있는 일반인도 읽을 수 있도록 가능하면 쉽게 서술하였다. 이 책의 특징은 사진 자료를 풍부하게 사용하여 독자들의 이해를 돕고, 시사적으로 관심을 끄는 사례는 글상자에 넣어 상세하게 제시한 것이다. 그리고 본문에서 인용 출처를 철저히 밝히고, 참고문헌 목록과 찾아보기 등을 책 뒷부분에 제공하여 독자들의 이해와 연구에 도움을 주고자 하였다.

앞으로 이 책이 판을 거듭할 수 있을지는 전적으로 독자들에게 달려있으니 독자 여러분들의 관심과 성원을 기대하는 바이다. 또한 책의 내용 중 미흡한 부분에 대한 독자들의 건설적인 질책과 충고는 기꺼이 받아들일 것이며, 다시 새로운 내용을 보강하여 판이 이어지도록 노력할 것이다. 끝으로 본서의 출간을 위해 세심하게 편집을 수행해주신 도서출판 동화기술의 임직원 여러분께 깊은 감사를 드린다.

2022년 8월
김학훈

차　례

Contents

1

CHAPTER

환경론의 이해

우리의 일상생활에서 환경이라는 용어는 다양한 단어 뒤에 붙어 사용된다. 자연환경은 물론 인문환경, 생활환경, 경제환경, 사회환경, 교육환경, 가정환경 등의 용어에서 사용된 환경의 공통된 의미는 앞에 붙은 단어에 영향을 주는 조건이나 상황이라 할 수 있다. 그러나 학문의 한 영역으로서 환경론은 환경을 자연환경으로 국한하여 인식하는 것이 일반적이다. 환경론은 환경이론의 줄인 말이기는 하지만 환경을 인식하는 관점, 즉 환경관과 밀접한 관계가 있다. 다만 자연환경의 범위를 연구 관점에 따라 국지적 생태계로 한정하거나 지구 전체로 확대하기도 한다. 본 장에서는 환경의 개념과 환경론의 역사적 발달과정, 그리고 현대 환경론의 쟁점을 살펴본다.

1 환경의 개념

환경(環境, environment)의 사전적 의미는 특정한 주체를 둘러싸고 그 주체에 영향을 미치는 모든 유형·무형의 객체 또는 여건을 뜻한다. 좁은 의미로는 우리의 생활 주변을 뜻하기도 하지만, 넓은 의미로는 인간이 살고 있는 지구 전체를 환경이라 할 수 있다. 지구상의 인간을 주체로 간주한다면 인간을 둘러싸고 있는 환경은 자연환경(natural environment)과 인문환경(human environment)으로 나눌 수 있다. 자연환경은 곧 지구의 자연으로서 인간이 활동하는 무대이며 동시에 인간의 생활에 영향을 미치는 여건이다. 인문환경은 인간이 만든 환경으로서 유형의 물리적 환경과 무형의 사회적 환경을 포함한다. 즉 인공적인 건축물, 도로, 농장 등 유형의 환경과 사회제도, 사회조직, 문화 등 무형의 환경이 인문환경을 구성하고 있다.

환경문제에 민감한 시대를 살고 있는 우리는 일반적으로 환경의 개념을 자연환경으로 국한하여 생각하는 경향이 있다. 본 저서에서도 특별한 경우가 아니면 환경을 자연환경으로 국한하여 설명하고자 한다. 자연환경은 크게 암석권(lithosphere), 수권(hydrosphere), 대기권(atmosphere), 생물권(biosphere) 등 4개 권역으로 분류할 수 있다. 암석권은 암석과 토양으로 구성되어 있으며, 수권은 바다, 강, 호수 등을 포함한다. 대기권은 질소, 산소, 이산화탄소, 수증기 등의 기체가 유동하는 권역이며, 생물권은 동물과 식물로 구성된 권역이다.

인간은 자연의 구성 요소로서 동물의 한 종이기도 하다. 원시인들은 자연을 경외의 대상으로 보고 자연 만물에 신이 깃들어 있다고 생각하였으며, 이러한 원시종교와 숙명론적 환경관은 아직도 전 세계의 토착원주민과 무속인들에게 영향을 미치고 있다. 동양에서는 인간을 자연의 일부로 간주하는 도교 및 불교 사상이 일찍이 대두되었던 반면, 서양에서는 기독교의 영향으로 자연을 객체로 파악하는 환경관이 발달해 왔다. 자연을 인간이 주체가 되어 이용하는 대상으로 간주하는 환경관도 사실 오래된 것으로 원시시대까지 거슬러 올라갈 수 있다. 자연환경은 인류의 생존에 필요한 모든 것을 공급하였고 인간이 생활을 영위하는 공간이었기 때문이다.

최근에 와서 환경에 대한 사회적 관심이 증대되면서 학자마다 환경에 대한 접근이 다양해졌다. 즉, 거시적인 관점에서 지구환경 시스템을 다루는 학자가 있는 한편, 미시적으로 특수한 환경오염 문제를 다루는 학자도 있다. 일반인들은 환경을 환경오염과 환경보존 측면에서 이해하는 경향이 있다. 이러한 측면에서 볼 때 환경은 인간의 개발(development) 활동과 밀접한 연관을 가지게 된다. 이는 개발이 환경파괴와 환경오염을 유발하는 경우가 많기 때문이다.

여기에서 환경과 관련된 용어인 보존, 보전, 보호의 개념적 차이점을 검토해 볼 필요가 있다. 환경의 보존(保存, preservation)은 자연의 고유한 원상태를 유지하기 위해서 개발이나 이용을 배제하는 것으로서 국립공원을 설치하는 목적과 일치하는 개념이다. 반면에 환경의 보전(保全, conservation)은 인위적인 개발로 인하여 다소 변형된 자연환경을 더 이상의 훼손을 막고 개선하기 위해서 관리하는 것으로서 침식방지, 식생복원, 어도 설치, 탐방로 설치 등을 예로 들 수 있다. 환경의 보호(保護, protection)는 개발로 인해 상당히 훼손된 자연환경의 일부를 복구하거나 남아있는 자연을 보호하기 위해서 이용 제한과 함께 강도 높은 관리를 하는 것으로서 철책 설치, 등산로 폐쇄, 채취금지 등의 방법이 있다. 일상생활에서는 이러한 용어들을 엄격한 구분 없이 혼용하고 있지만, 환경관리 측면에서는 용어를 구별해서 사용할 필요가 있다.

그리고 환경관과 관련된 용어인 환경론과 환경주의의 의미도 구별해서 사용해야 한다. 환경론(environmental theory)은 지구의 환경을 인식하는 관점 즉 환경관에 관한 모든 이론을 말한다. 서양에서는 신학적 세계관이 지배한 중세를 제외하고 고대부터 근대까지는 자연환경과 인간 생활 및 역사의 관계를 탐구하는 지리적 환경론이 중심이 되어왔으며, 현대에는 환경파괴와 지구환경에 대한 탐구가 환경론의 주류를 이루고 있다. 일반인에게도 잘 알려진 이론으로서 자연환경이 인간 활동을 제약하고 결정한다는 환경결정론은 여러 환경론 중의 하나이다. 환경주의(environmentalism)는 환경보존주의 또는 환경보호론과 같은 의미로서 산업화의 물결 속에서 파괴되어가는 자연환경을 보존하고 환경오염을 유발하는 무분별한 인간 활동을 제한하고자 하는 사상을 말하며, 이 또한 환경론을 구성하는 이론 중의 하나이다. 다음 절부터는 고대부터 현대까지 어떤 환경론 또는 환경관이 발전해왔는지 구체적으로 살펴볼 것이다.

2 환경론의 발달

1) 고대

서양의 고대에는 자연환경이 인간 생활을 지배한다는 숙명론적 환경관이 대세를 이루고 있었다. 고대 그리스 시대의 세계는 지중해 연안에 한정이 되어 있었으며, 지중해 연안의 육지는 대양으로 둘러싸여 있다고 믿었다. 또한 지구 전체는 원판 모양을 하고 있으며 거인 아틀라스(Atlas)가 밑에서 이 원판을 지탱하고 있다고 믿었다. 바람에 대해서도 바람의 신이 바람주머니를 열면 부는 것으로 생각했다. 이처럼 고대 그리스인들은 자연현상을 모두 신들이 지배하고 있다고 믿었다. 그들은 자신들이 알고 있는 인간의 거주지역을 "οἰκουμένη"라고 하였는데, 이 용어는 후에 독일어로는 ökumene(외쿠메네), 영어로는 ecumene 또는 oecumene로 표기되었다. 그리스인들은 세계에 대한 지리적 지식이 축적되면서 이러한 외쿠메네를 확대해 나갔다.

호메로스(Homeros, BC 7~8세기경)의 서사시 「일리아드(Iliad)」와 「오디세이(Odyssey)」는 문학 뿐 아니라 지리학적으로도 중요한 문헌이다. 일리아드는 당시 트로이(Troy) 도시의 별명인 Ilios에서 유래한 제목이며, 그 내용은 트로이 전쟁의 신화를 아킬레우스를 중심으로 기록한 서사시이며, 오디세이는 트로이 전쟁 이후 귀향하는 오디세우스의 파란만장한 모험을 여행기 형식으로 묘사한 서사시이다. 오디세이를 살펴보면 에게해 주변부터 아프리카 북부까지 취락 및 가옥 구조, 식생 분포, 주민의 생활양식까지 어느 정도 파악할 수 있다. 이 서사시에는 많은 지리적 정보가 수록된 한편, 그리스의 여러 신들도 등장하여 인간에게 영향을 미친다.

그리스인들이 신화적 사고방식에서 벗어나게 되는 계기는 이오니아(Ionia, 현 터키 서쪽 해안 지방)의 자연철학자들이 만들었다. 밀레투스(Miletus, 당시 그리스 식민도시로서 현 터키의 Milet)를 중심으로 활동한 이오니아학파의 시조는 탈레스(Thales, BC 624~546년경)로서 만물의 근원은 물이며 대지는 물 위에 떠 있다고 생각했다. 그의 제자인 아낙시만드로스(Anaximandros, BC 610~546년경)는 지구는 얇은 원통 모양으로 공중에 떠 있으며, 사람들은 원통의 윗면에 살고 있고 주변은 바다로 둘러싸여 있다고 생각했다. 그는 그리스인의 외쿠메네를 모두 포함하는 최초의 세계지도를 제작했다고 전해진다. 그의 환경관에 의하면, 자연환경이 인간을 지배하고 있으며 자연환경을 변화시키는 것은 인간의 힘으로는 불가능하다고 하였다. 밀레투스학파를 이어받은 아낙시메네스(Anaximenes, BC 586~526년경)는 공기가 만물의 근원이라고 주장하였다. 수증기가 냉각되면 물이 되듯이 공기의 농도와 온도에 따라 바람, 흙, 불 등으로 변할 수 있으므로 만물은 공기라는 일원적 요소에서 기원한다고 본 것이다.

한편 시칠리아의 그리스 식민지 출신인 엠페도클레스(Empedokles, BC 494~434년경)는 밀레투스학파의 자연 일원소설을 발전시켜 자연의 4원소설(흙, 물, 공기, 불)을 주장했다. 이 원소들은 통합과 분리 과정을 거치면서 만물을 창조하며, 인체의 요소들도 이러한 원소들이 다양한 비율로 결합하여 형성된다고 보았다. 이러한 4원소설은 유럽의 중세에 이르기까지 자연철학의 정설로 받아들여졌다.

헤카타이우스(Hecataeus, BC 550~476년경)는 여러 지역을 여행하고 나서 고향인 밀레투스로 돌아와 「*Ges Periodos*」(지구 여행)라는 항해 안내 및 세계 지지(地誌)에 관한 책을 저술하였다. 그 책은 두 권으로 저술되었는데, 한 권은 유럽편이고 다른 한 권은 아시아편(리비아 포함)으로서 특히 해안 지대의 지형과 주민생활에 대해 상세히 기술하였다. 또한 이 책에는 아낙시만드

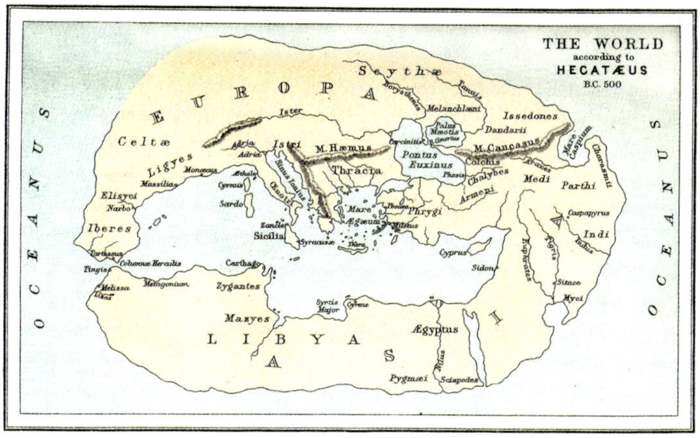

그림 1-1. Hecataeus의 세계지도 [출처: Rhys, 1912, http://etc.usf.edu/maps]

로스의 세계지도를 수정 보완한 지도가 첨부되어 있었다(그림 1-1). 그는 각 지역의 독특한 기후 환경이 특유의 산물을 생산하도록 인간 생활에 영향을 주며, 각 민족은 자연환경에 적응하면서 숙명적인 생활을 영위한다고 하였다.

역사학의 시조로 불리는 헤로도토스(Herodotos, 영어 Herodotus, BC 484~425년경)는 그리스와 페르시아 간의 전쟁사를 기록한 「*Historía*」(역사)라는 책을 저술하기 위해 흑해, 바빌로니아, 이집트, 이탈리아 등지를 여행하면서 방대한 지리 및 민족 자료를 수집하여 기술하였다(그림 1-2). 그는 나일강이 매년 범람하는 이유를 먼 남쪽 상류에서 눈이 녹아 흘러들었기 때문이라는 오류를 범하였지만, 서양인으로서 인도 문명에 대한 최초의 기록을 남기기도 하였다. 또한 그의 책에서 "환경은 인간을 지배하지만, 인간은 환경을 지배하지 않는다"라고 하여 환경이 인간 생활에 미치는 영향을 강조하였다.

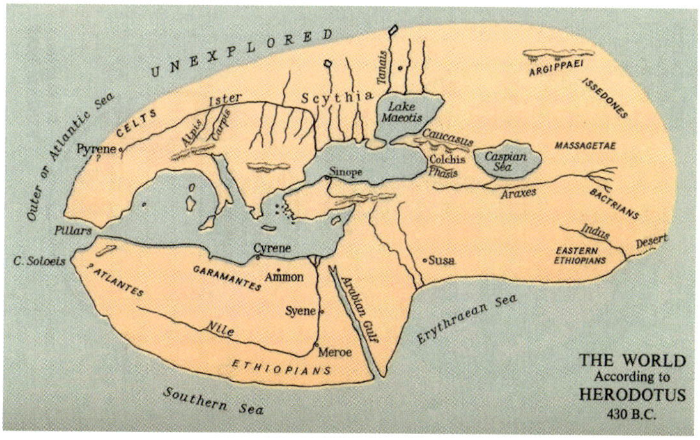

그림 1-2. Herodotos의 세계지도 [출처: Rhys, 1912, http://etc.usf.edu/maps]

고대 그리스의 환경관에서 특기할만한 것은 인간 생활을 지배하는 자연환경 중에서 기후 요소를 특히 중시하고 있다는 것이다. 서양 의학의 시조라고 불리는 히포크라테스(Hippokrates, BC 460~370년경)는 자연과 인간의 관계를 다룬 「공기, 물, 장소에 대하여」라는 책도 저술하였다. 그는 인간 행동에 대한 환경의 영향을 처음으로 설명한 학자이다. 즉, 인간의 성격, 기질, 체질은 기후와 계절변화, 토지의 비옥도, 물 등의 요인에 의해 형성된다고 하였다. 그는 이러한 생각을 확대하여 농업활동과 정치체제에도 환경이 영향을 미친다고 보았다.

히포크라테스는 실제 지역 사례를 들어 다음과 같이 기술하였다. 이집트는 온난한 기후와 나일강의 혜택으로 토지는 비옥하고 농경지가 넓다. 따라서 주민의 영양상태와 체질은 양호하며 성격은 온순하다. 그러나 용기, 인내심, 근면성은 부족하여 정치적인 측면에서 전제군주제가 발달하기 쉽다. 북유럽은 여름과 겨울의 기온 차가 심하며 비옥한 토지도 부족하여 농작물 수확량이 적다. 이런 환경의 영향으로 주민들은 체질이 강하고 용감하며, 독립심이 강하고 근면하다. 따라서 정치적으로 통합된 전제군주제가 나타나기 어렵다.

반면에 그리스는 온난하고 계절적인 변화도 적당한 편이며, 물과 토질도 좋아 농작물이 풍족하다. 그래서 주민들의 두뇌가 명석하고 진취적 기상이 뛰어나며 독립심도 강하다. 결론적으로 히포크라테스는 그리스가 세계에서 가장 뛰어난 자연환경을 가지고 있으며 그리스인은 세계 제일의 민족이라고 평가한 것이다.

히포크라테스의 뒤를 이어 환경과 인간과의 관계에 대하여 후세에 더 큰 영향을 미친 사람은 철학자 아리스토텔레스(Aristoteles, BC 384~322)이다. 그의 저서 「기상학」에서는 지구의 각 지역을 열대, 온대, 한대로 구분하였으며, 열대와 한대는 인간 생활에 부적당하며 온대가 가장 적당한데 특히 그리스는 인간 거주의 최적지가 된다고 하였다. 그의 저서 「정치학」에서는 한대 지방 주민은 용기와 정신력은 있지만 지식과 정치력은 부족하다고 하였으며, 열대 지방 주민은 지식이나 창조력은 다른 지역보다 뛰어나지만 순종적이며 정신력과 정치적 판단력이 부족하다고 주장하였다. 반면 온대에 속하는 그리스의 주민들은 정신력, 정치력, 판단력이 뛰어나고 지식이 풍부하여 가장 우월한 국민이라고 강조하였다.

마케도니아 제국에 의한 헬레니즘 시대의 대표적인 학자로는 에라토스테네스(Eratosthenes, BC 275~195)가 있다. 그는 알렉산드리아에서 활동하면서 「*Geographika*」라는 책을 저술하여 지리학(geography)이라는 용어를 처음 사용하였기 때문에 지리학의 시조라고 불린다. 그는 지구가 둥글다는 것을 전제로 하여 독창적인 방법으로 지구 둘레를 측정하였으며, 아리스토텔레스의 기후구분을 받아들여 지구의 북반구와 남반구 전체의 위도에 따라 열대, 온대, 한대로 기후구분을 하였다. 또한 그는 처음으로 경위선 체계를 고안하여 세계지도를 제작하였다(그림 1-3).

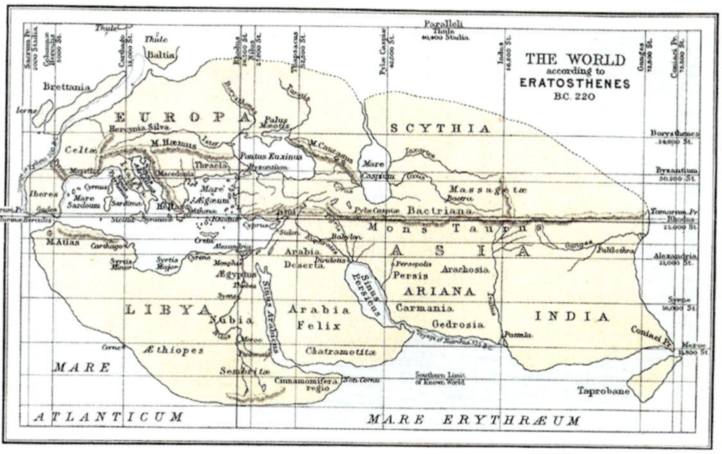

그림 1-3. Eratosthenes의 세계지도 [출처: Rhys, 1912, http://etc.usf.edu/maps]

로마제국 시대에 들어와서는 그리스 출신의 학자인 스트라보(Strabo, BC 64~AD 20년경)가 그리스의 지리적 지식을 집대성한 총 17권의 「*Geographia*」를 출간하였다. 이 책에는 당시 알려진 인간의 거주지역(외쿠메네)에 대한 상세한 기술뿐 아니라 지리학의 역사, 지리학 연구의 방법론도 제시하였다. 그는 지리학을 장소에 대해 정확하고 상세히 기술하는 것이라고 하였다. 그의 저서에는 호메로스뿐 아니라 아리스토텔레스 등 여러 학자의 지리적 지식이 인용되었으며, 나일강이 매년 범람하는 원인은 여름철 먼 남쪽 상류의 폭우 때문이라는 사실도 언급했다.

로마제국의 지배를 받는 이집트에서 태어나 알렉산드리아에서 활동한 프톨레마이오스(Ptolemaios, 영어 Ptolemy, AD 90~168년경)는 천문학, 지리학, 지도학 분야에 그리스어로 저술된 많은 업적을 남겼다. 특히 그가 저술한 「*Geographia*」는 8권으로 구성되어 그 당시 알려진 지리적 지식과 지리학자들의 업적을 집대성하였다. 이 책의 1권에서는 지리학의 본질, 지도투영법 등이 수록되어 있으며, 2권부터 7권까지는 세계 각 지역에 대해 경위도 좌표와 함께 상세하게 기술하였다. 8권에는 1장의 세계지도와 24장의 지역별 지도가 수록되어 있다(그림 1-4). 이 책은 이후 아랍어와 라틴어로 번역되었으며, 지리상의 발견시대인 16세기 초까지 다른 학자의 증보판으로 계속 출간되어 세계에 관한 지식을 넓히는 데 이바지하였다. 그러나 그의 천문학 저서는 고대 그리스 시대부터 이어져 온 천동설(天動說)을 채용하여 16세기 코페르니쿠스(Copernicus, 1473~1543)의 지동설(地動說)이 나올 때까지 오랜 세월 동안 잘못된 지식을 제공하였다.

그림 1-4. Ptolemaios의 세계지도

[출처: J. Schnitzer, 1482년 재작성, http://en.wikipedia.org/wiki/Ptolemy]

고대의 환경관은 그리스·로마 시대의 다신론적 종교관과 연관이 있다. 즉 자연은 신이 창조하였으며, 자연의 변화도 모두 신의 뜻에 따라 이루어진다고 보았다. 그러므로 인간이 환경을 변화시키는 경우는 그 변화가 신의 뜻에 부합할 때만이 가능하다고 생각한 것이다. 그리고 그리스의 학자들은 인간에 대한 기후의 영향에 대해 결정론적인 주장을 하였다. 즉, 그리스와 같은 온대 지방은 사람이 살기 좋은 기후를 가지고 있으며, 그곳에 사는 사람은 기후의 영향으로 한대나 열대 지방보다 지적 수준도 높다는 주장이 그것이다. 이러한 환경론은 그 이후에도 여러 학자에 의해 반복 주장되어 근대에는 환경결정론으로 발전되기도 하였다.

2) 중세

중세 유럽은 봉건제도의 확립과 함께 로마 교황청의 기독교 권력이 확대되어 학문에 있어서는 신학이 지배하는 암흑시대가 되었다. 그 당시에 사용된 세계지도를 보면 기독교적 세계관이 단적으로 드러난다. 그리스 시대부터 지중해를 중심으로 대륙을 배치하고 그 대륙들을 둥그런 대양이 둘러싸고 있는 방식의 세계지도가 중세에는 성서를 바탕으로 하여 변형된 모습을 보인다. 이러한 전형적인 중세의 세계지도를 T-O 지도(map)라고 부르는데, 이는 라틴어로 세계를 뜻하는 Orbis Terrarum(원형의 대지)의 앞 글자와 함께 3개 대륙 사이를 T자형으로 분리하고 O자 형의 바다가 둘러싸고 있는 세계지도 형태에서 유래된 용어이다.

스페인 세비야(Sevilla)의 주교였던 이시도레(Isidore de Sevilla, 560～636)는 그의 저서 「Etymologiae」(일종의 백과사전)에서 처음으로 T-O 지도의 개념을 제시하였다(그림 1-5). 이 지도는 세계를 아시아, 유럽, 아프리카의 3개 대륙으로 나누고, 각 대륙 사이에 지중해, 나일강, 돈(Don)강이 T자형으로 배치되었다(그림 1-6). 또한 지도의 한가운데에 예루살렘을 배치하고 각 대륙에는 노아의 세 아들 이름(셈, 야펫, 햄)을 함께 적어 대륙의 발생도 성경의 역사에 근거한다는 것을 암시하였으며, 동쪽 끝인 지도의 상단에는 낙원(Paradise)을 그려 넣었다. 중세 초기의 T-O 지도는 단순한 개념도 수준이었지만 차츰 그림 1-7과 같은 복잡한 세계지도(*mappa mundi*)로 발전하였다.

그림 1-5. Isidore의 T-O 지도
[출처: Wikimedia Commons]

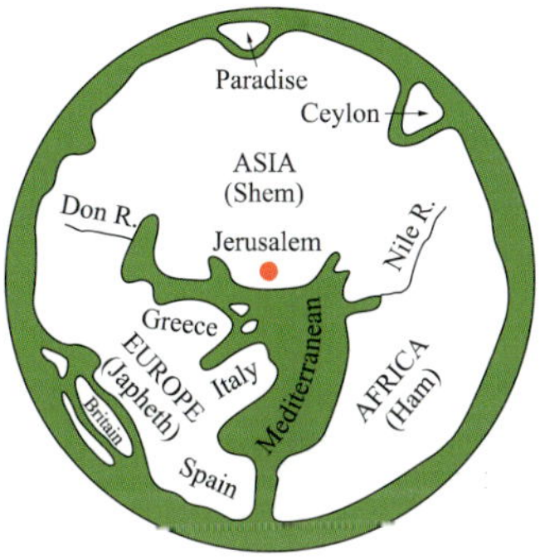

그림 1-6. T-O 지도의 개념도
[출처: Skelton, 1964, p.42]

그림 1-7. 영국 헤리퍼드(Hereford) 성당의 세계지도(*mappa mundi*, 1300년경, 158×133cm) [출처: Wikipedia]

중세의 암흑기 동안 그리스와 헬레니즘 문화를 보존하고 발전시켜 다시 유럽에 전파하는 역할은 사라센 제국[1] 같은 이슬람 문화권이 수행하였다. 이들은 실크로드(Silk Road)를 통해서 중국, 인도의 문화를 유럽에 전파하고 반대로 유럽과 아랍의 문화를 동아시아까지 전파하는 역할도 수행하였다. 이슬람 학자들 중에서 세계 각지를 여행하고 지리서 및 여행기를 남긴 사람도 많이 있다. 그중 중요한 학자는 Ibn Hawqal, Al-Idrisi, Ibn Battuta, Ibn Khaldun 등이다.

이븐 하우칼(Ibn Hawqal, 920년경?～988년 이후)은 지리학자로서 메소포타미아 상류 지방(현 터키 Nisibis)에서 태어나 바그다드에서 성장했다. 그는 중앙아시아, 북아프리카의 여러 지역을 포함하여 이슬람이 지배하던 세계를 약 30년간(943～973) 답사한 기록을 「지구의 얼굴」(977년)이라는 책으로 남겼다. 특히 고대 그리스인들은 사람이 살 수 없는 곳이라고 생각한 아프리카의 남위 20도 지역까지 동아프리카 해안을 따라 답사하여 많은 사람이 거주하고 있다는 것을 밝혀

1) 사라센 제국은 모하메드가 사망한 632년 이후 서아시아, 북아프리카, 이베리아반도에 걸쳐 칼리프(caliph)가 지배하던 이슬람 세계의 역사적 명칭으로서, 동칼리프는 7～13세기 중반, 서칼리프는 7～15세기 말까지 존속했다.

냈다. 그는 세계 각지의 자연환경은 지역마다 특색이 있어서 인간은 그러한 자연환경에 맞는 생산활동과 생활을 영위해 나간다고 하였다.

알 이드리시(Al-Idrisi, 1100～1165/1166)는 사라센 제국의 귀족 출신으로서 대표적인 이슬람 지리학자이며 지도학자이다. 그는 모로코 북부(Ceuta, 현 스페인령)에서 태어나 코르도바(Córdoba, 현 스페인)에서 공부했으며, 서유럽, 북아프리카, 소아시아 등지를 여행했다. 1145년경부터 남은 생애는 시칠리아 왕국의 팔레르모(Palermo) 왕궁에 머물며 저술 활동을 하였다. 1154년에는 이슬람 지리학의 최대 업적의 하나인 「*Tabula Rogeriana*」[2)]를 저술하였다. 이 책은 각 기후대의 자연, 문화, 정치, 경제 등을 광범위하게 언급하면서 그동안 프톨레마이오스의 「*Geographia*」에서 전수되어온 지리 지식을 정정하고 새로운 세계지리 지식을 제공하였다. 이 책은 프톨레마이오스의 방식을 따라 세계(북반구)를 위도를 기준으로 7개 기후대로 나누고 각 기후대는 10개의 구역으로 나누어 지도를 한 장씩 첨부하여 서술하였다. 이 책에 수록된 총 70장의 지도를 결합하면 그림 1-8과 같은 세계지도가 완성된다. 이 지도는 이후 300여 년 동안 가장 정확한 세계지도로 알려져 있다.

그림 1-8. Al-Idrisi의 세계지도 (「*Tabula Rogeriana*」에 수록, 1154년)

주: 지도 위가 남쪽이므로 책을 180° 돌려보면 비교적 눈에 익숙한 유라시아 대륙을 볼 수 있다.

[출처: http//en.wikipedia.org/wiki/Muhammad_al-Idrisi]

이븐 바투타(Ibn Battuta, 1304～1368/1369)는 모로코 북부(Tanger) 출신의 법률가이며 위대한 여행가로서 30여 년간 전 세계를 답사하면서 관찰한 것을 기록한 책인 「*Rihla*」(여행기, 1355년)을 남겼다. 그가 답사한 지역은 북아프리카와 중동지방뿐 아니라 동아프리카의 적도지방, 인디아, 인도네시아, 중국, 중앙아시아, 스페인, 북서 아프리카 등을 포함한다. 이븐 바투타가 이렇게 세계 여러 지역을 여행할 수 있었던 것에서 당시 이슬람 세계의 높은 위상을 알 수 있다. 이

2) 알 이드리시가 시칠리아 왕국의 왕 로저 2세의 궁정에서 지리학자로 오랫동안 일하면서 저술한 이 책의 원제목은 「지평선 넘기를 갈망하는 사람의 즐거운 답사」로서 아랍어로 집필되었으며, 추후 라틴어로 번역되면서 「*Tabula Rogeriana*」(로저의 서책)로 알려지게 되었다. 이 책의 세계지도에는 '신라'가 표기되어 있는데, 이는 동양 이외의 지역에서 한반도의 국호가 처음으로 등장한 지도이다.

븐 바투타는 비슷한 시대에 중앙아시아를 거쳐 중국(원나라)에 체류하고 인도네시아와 인도양을 거쳐 24년 만에 베네치아에 돌아와 「동방견문록」(1300년경)을 남긴 마르코 폴로(Marco Polo, 1254～1324)와 여러모로 비교되기도 한다.

이븐 할둔(Ibn Khaldun, 1332～1406)은 위대한 역사학자로서 튀니스(Tunis)에서 태어나 북아프리카 여러 곳에서 학술 활동을 했다. 그는 「*Muqaddimah*」(역사입문, 1377년)라는 저서를 남겼는데, 이 책은 역사철학에 주 관심을 두었으나 그리스 지리서에서 영향을 받은 지리적 사고방식도 많이 포함되어 있다. 즉, 자연환경이 인간의 문화와 생활양식에 영향을 준다는 사실에 대해 논하고, 도시 생활의 경제적 조건, 문명의 주기적인 변화 패턴 등에 대해서도 언급하였다. 스텝기후 지역의 유목민들은 부족한 물의 어려움을 적극적인 사고방식과 강한 단결력으로 이겨내고 있으나, 오아시스의 농업주민들은 풍요롭고 안일한 생활에 젖어 타락하기 쉽다고 하였다. 그는 인간의 역사 과정에서 자연환경의 영향을 강조하였는데, 이러한 사고는 근대지리학의 발전에 일정 부분 기여하였다.

3) 르네상스 시대

유럽에서는 십자군 원정(1096～1291)이 실패하게 되자 일반인의 신앙심이 냉각되고 교황권은 차츰 약화하였다. 사회경제 측면에서는 도시의 상업이 발달하고 수공업자 길드가 형성되었으며 자영 농민이 발생하였다. 십자군 원정을 통해서 유럽으로 유입된 이슬람 제국의 문물과 그리스어 서적들은 르네상스(renaissance, 문예부흥)의 발판을 제공하였다. 이에 따라 인간의 자유로운 기풍과 실증적인 자연과학을 중시하고 고대 그리스의 문예를 부흥시키는 새로운 시대가 열리게 되었다.

르네상스 사상과 함께 이슬람 지리학의 유입은 지리상의 발견 시대를 열게 된다. 기독교적 세계관에서 벗어나 지구 구체설, 지동설이 다시 대두되었다. 이때 넓은 세상에 대한 호기심을 갖고 새로운 무역로를 확보하여 부를 축적할 기회를 찾는 기회를 찾는 선구자들이 나타났다. 이탈리아 태생의 콜럼버스(Christopher Columbus, 1451～1506)[3]는 지구 구체설을 확신하고 1492년 스페인 여왕의 후원을 받아 서인도 항로를 개척하다가 서인도 제도를 발견하였다. 포르투갈의 바스코 다가마(Vasco da Gama, 1469～1524)는 1497년 아프리카 남단의 희망봉을 지나 이듬해 인도에 도착하여 동인도 항로를 개척하였다. 그 후 포르투갈의 마젤란(Ferdinand Magellan, 1480～1521)은 1519년 스페인 왕의 지원으로 세계일주 항해에 나서 대서양, 남아메리카 남단(마젤란 해협)을 거쳐 태평양을 횡단하였다.

3) 콜럼버스의 출생지는 현 이탈리아의 제노바(Genova)이다. 스페인 왕실의 지원으로 1492년 서인도 제도에 처음 도착한 것을 포함해 총 네 차례 대서양을 횡단했으며, 서인도 제도에 유럽인 최초로 식민지를 건설했다. 그의 이탈리아어 이름은 Cristoforo Colombo, 스페인어 이름은 Cristóbal Colón이다. Christopher Columbus는 라틴어 Christophorus Columbus를 영어로 옮긴 것이다.

자연환경이 인간에 미치는 영향에 대해서는 고대 그리스인들의 사고방식이 거의 그대로 르네상스 시대까지 전해 내려왔다. 프랑스의 법철학자인 보댕(Jean Bodin, 1529/1530～1596)은 「역사 지식을 쉽게 얻는 방법」(1566)[4]이라는 저서에서 히포크라테스의 기후대 개념을 수용하여 고위도 지방의 주민들은 한랭한 기후의 영향을 받아 호전적이며 잔인하지만 창의적으로 기계를 발명하는 능력이 있다고 하였으며, 저위도 지방의 주민들은 열대 기후의 영향으로 정열적이며 종교적이라고 하였다. 중위도 지방의 주민들은 온대 기후의 영향을 받아 법규를 잘 지키며 문화생활을 유지하고 있다고 하였다. 그는 불변하는 자연요소와 가변적인 인문현상의 상호관계 속에서 전개되는 역사를 인식하는 수단으로 자연환경을 고찰하였다.

4) 근대

르네상스 시대의 문예부흥 운동은 18세기에 계몽사상으로 발전하여 인간의 이성을 토대로 합리적인 사회를 건설하려는 사상가들이 배출되었다. 세계지리에 대한 지식도 이 시기에 더욱 확대되었는데, 영국의 쿡(James Cook, 1728～1779) 선장은 세 차례에 걸쳐 세계일주 항해를 하면서 남태평양, 남극해, 오세아니아, 북태평양, 베링해협 일대 등 당시에는 미지의 세계인 곳들은 대부분 확인하는 업적을 이루었다(그림 1-9). 영국에서는 18세기 후반에 산업혁명이 시작되었으며, 19세기에는 유럽 각국과 미국에 산업혁명이 전파되었다. 자연과학과 기술도 18세기부터 비약적으로 발전하면서 19세기에는 과학적 실험방법이 확립되었으며, 의학 지식이 폭발적으로 증가하여 소위 의학혁명을 이루게 된다. 19세기는 진화론과 환경론이 과학적인 방법을 토대로 새롭게 대두된 시대이기도 하다.

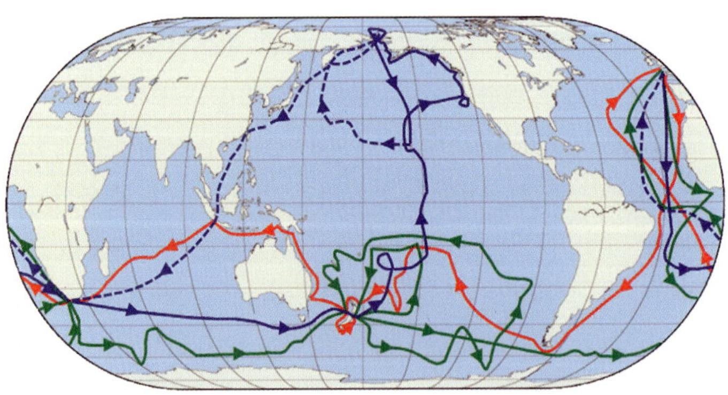

1차(1768-71): 적색　2차(1772-75): 녹색　3차(1776-79): 청색

그림 1-9. James Cook 선장의 세계일주 [출처: https://en.wikipedia.org/wiki/James_Cook]

4) 라틴어로 쓴 이 책의 원제목은 *Methodus ad facilem historiarum cognitionem*(Method for the easy knowledge of history)이다.

프랑스의 계몽주의 정치사상가인 몽테스키외(Montesquieu, 1689~1755)는 그의 저서 「*De l'Esprit des Loix*」(법의 정신, 1748)에서 기후가 인간의 기질에 영향을 미친다는 견해를 제시하였다. 즉 더운 지방에 사는 사람은 너무 정열적이며 추운 지방에 사는 사람은 무뚝뚝하다고 하였으며, 중부 유럽은 인간에게 가장 적절한 기후를 가졌다고 주장했다. 그러므로 법 제정도 지역의 기후에 따라 다르게 하는 것이 그 지역주민에게 적합하다고 하였다. 그는 자연환경이 정치체제에 영향을 미친 사례를 제시하기도 했다. 그리스의 아테네는 주변이 황폐한 토지로 둘러싸여 있어서 민주정치를 이루게 되었으며, 스파르타는 비옥한 토지를 가지고 있기 때문에 귀족정치를 행하게 되었다고 주장하였다. 이렇게 그는 인간 생활과 자연환경 사이에는 어떤 법칙이 존재한다는 것을 강조하였다.

프랑스의 박물학자 뷔퐁(Comte de Buffon, 1707~1788)은 총 36권으로 집필된 그의 저서 「*Histoire Naturelle*」(자연사/박물학, 1749~1789)에서 자연의 모든 변화가 신에 의해 계획적으로 이루어졌다는 사고를 반박하고 인간은 자연을 통제하고 변화시킬 수 있다고 주장했다. 예를 들어 인간이 삼림을 개간하면서 기온이 상승하는 기후변화가 초래되었으며, 그러한 기후변화는 생물종들이 기원지로부터 주변지역으로 퍼져나가는 것을 쉽게 해주었다고 하였다. 그는 생물지리학의 창시자라고 불리기도 하는데, 자연환경이 서로 유사한 지역이라고 하더라도 지역마다 독특한 동식물이 자란다는 생물지리학의 첫 번째 원리(뷔퐁의 법칙)를 제시했다. 또한 생물은 창조된 곳에서 주변으로 퍼져나가면서 발전하기도 하고 퇴보하기도 한다는 생물변이설을 주장했다. 이는 진화론의 초기적 주장으로서 라마르크, 다윈 등의 진화론자에게 영향을 미쳤다. 그는 처음으로 인류를 피부색에 따라 백인종, 흑인종, 황인종으로 구분하였다.

프랑스의 박물학자 라마르크(Jean-Baptiste Lamarck, 1744~1829)는 생물과 관련하여 두 가지 주장을 하였다. 첫째는 환경이 동물들의 변화를 초래한다는 것이고(예를 들어 두더지는 시각이 안 좋고 새들은 치아가 없다), 둘째는 생명체는 체계적으로 조직되어 있어서 동물의 몸체를 구성하는 각종 기관이 복잡한 동작을 수행할 수 있다는 것이다. 그가 주장하는 진화론의 골격은 두 가지 힘, 즉 동물들을 단순한 형태에서 복잡한 형태로 진화시키는 힘과 동물들을 환경에 적응시키고 서로 다르게 분화시키는 힘으로 구성되어 있다. 이러한 힘의 작용을 이론화한 것이 용불용설(用不用說)과 획득형질 유전설이다. 이 이론은 다윈의 진화론에 큰 영향을 미쳤다.

영국의 박물학자, 생물학자 그리고 지질학자이기도 한 다윈(Charles Darwin, 1809~1882)은 그의 저서 「*On the Origin of Species*」(종의 기원, 1859)[5]에서 생물의 진화 과정을 과학적으로 설명하여, 후세 사람들은 그의 이론을 진화론 또는 다윈주의(Darwinism)라고 부른다. 그가 1831년부터 5년간 비글(Beagle)호에 승선하여 항해하면서 조사한 결과는 그의 이론을 뒷받침하는 증거 자료가 되었다(그림 1-10). 그는 모든 생물은 천지창조의 시점에 신이 완벽한 형태로 창조

5) 「종의 기원」의 원제목은 "On the Origin of Species by means of natural selection or the preservation of favoured races in the struggle for life"이다.

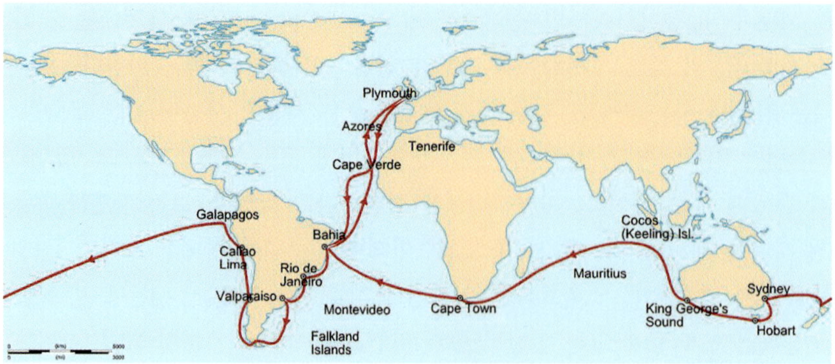

그림 1-10. Darwin과 비글(Beagle)호의 항해 경로(1831~1836년)

[출처: http://en.wikipedia.org/wiki/Charles_Darwin]

했다고 하는 창조론을 부정하고, 생물은 오랜 세월 동안 환경에 적응하여 서서히 모습이 변화해 간다는 진화론을 주장하였다. 특히 인간이 원숭이로부터 진화하였다는 주장은 기독교 사회에 큰 충격을 주었고, 이후 진화론과 창조론의 논쟁에 본격적으로 불을 붙였다. 그가 주장하는 생물의 자연선택, 생존투쟁, 적자생존 등의 개념은 인간의 사회현상에도 적용될 수 있으므로 생물학계뿐 아니라 사회과학 전반에 충격적인 영향을 주었다.[6)]

18세기부터 비약적으로 발전한 박물학과 세계지리 지식은 19세기에 이르러 진화론뿐 아니라 근대지리학, 생태학 및 환경론의 발전으로 이어진다. 당대에 가장 유명한 박물학자이며 지리학자였던 훔볼트(Alexander von Humboldt, 1769~1859)는 프로이센(지금의 독일)의 귀족 가문 출신으로서 베를린에서 출생하였다. 중남미 지역을 5년간 탐사하면서 자연환경과 인간 생활의 관계를 실증적으로 고찰한 결과 다양한 자연현상의 조화로운 전체성을 주장하였다. 근대 자연지리학(특히 식물지리학 및 기후학)의 시조이며 생태학의 시조로 불리는 훔볼트는 「*Kosmos*」(세계, 1845-62)[7)]라는 총 5권의 저서를 통해서 인과론적 자연법칙을 추구하였다. 예를 들면, 남미대륙의 동안과 서안의 기온 차에 대한 해류작용의 영향, 고도에 따른 식생의 수직적 분포와 기온 차이, 여러 지역의 기후, 지형, 식생 등에 대응하는 인간의 생활양식 등을 논하였다. 그는 자연의 모든 개별적인 현상들은 인과적인 상호 연관성을 맺고 있으므로 어떤 현상을 분리하여 고립적으로 연구해서는 안 되며, "다양성 속의 통일성"(unity in diversity)을 인식하고 다양한 원인과 결과에 내재하고 있는 일관된 특성을 찾아내야 한다고 강조하였다.

훔볼트와 같은 시기에 근대지리학을 창시한 리터(Carl Ritter, 1779~1859)는 프로이센의 의사 집안에서 태어났으나 아버지가 일찍 세상을 떠나 어려운 생활 속에서 가정교사를 하며 대학을

6) 영국의 사회학자 스펜서(Herbert Spencer, 1820~1903)가 다윈의 영향으로 창시한 사회진화론(Social Darwinism)은 적자생존, 약육강식의 개념을 사회현상에 적용하여 제국주의, 인종차별에 오용되기도 했고 부국강병, 계몽운동의 계기가 되기도 했다.

7) 「*Kosmos*」의 부제목은 "세계 자연의 서술적 개론"으로 되어 있다.

마쳤다. 1820년에는 베를린 대학 최초의 지리학 교수로 임명되어 별세할 때까지 종신으로 근무하였다. 근대 인문지리학 및 지역지리학의 시조라고 불리는 리터는 「*Die Erdkunde*」(지리학, 1817-59)[8)]를 평생에 걸쳐 총 19권으로 저술하였다. 이 방대한 저술은 아시아와 아프리카 각 지역의 자연환경과 인간 생활에 대한 자연의 영향을 기술하였으며, 다른 대륙에 대한 저술은 결국 미완성으로 끝났다. 여행 경험이 유럽 내에 국한되어있는 리터가 가본 적도 없는 아시아와 아프리카에 대해 간접적인 자료만 가지고 생생하고 정확하게 기술한 것은 놀라운 일이다. 이 책의 큰 업적은 세계 각 지역 인간 생활의 역사적 발전을 그 지역의 자연환경과 관련하여 파악하고 각 지역을 비교함으로써 일반화된 지리학 방법론을 모색한 것이다. 리터는 지역론에 중점을 두었지만, 자연환경에 중점을 둔 훔볼트와 마찬가지로 "다양성 속의 통일성"의 관점에서 지구를 인간과 자연의 유기적 통일체(organic unity)로 파악했다. 다만 리터는 지구를 목적론적 세계관에 따라 인식하여 지역별로 다른 자연환경과 생활양식도 신이 인간을 위해 부여한 것으로 생각하였다.

독일의 지리학자 라첼(Friedrich Ratzel, 1844～1904)은 대학에서 동물학, 지질학, 해부학 등을 공부하였으나, 1870년의 보불전쟁(Franco-Prussian War)과 1871년의 독일 통일을 겪으면서 독일인의 생활 방식과 자원 문제에 관심을 두게 되었다. 해외순회 신문기자로서 동유럽과 이탈리아, 미국, 멕시코 등지를 여행하면서 해외 독일인뿐 아니라 다양한 민족들의 정착 과정과 토지 이용 등을 관찰한 후에는 지리학자로 변신하였다. 1875년 독일에 돌아온 후에는 뮌헨의 기술대학에서 지리학 강사로 출발하였으며, 1886년에는 라이프찌히 대학으로 자리를 옮겨 교수로 재직하다가 일생을 마쳤다.

라첼의 저서 「*Anthropogeographie*」(인류지리학)의 1권(1882)에서는 인간의 역사 과정에 대한 다양한 자연조건의 영향을 살펴보았으며, 2권(1891)에서는 인간집단의 문화에 초점을 맞추고 자연환경과의 관계를 설명하였다. 이렇게 인간에 대한 환경의 영향을 강조하는 그의 사상은 후학에게는 "환경결정론"(environmental determinism)으로 인식되었다. 그의 다른 명저인 「*Politische Geographie*」(정치지리학, 1897)은 다윈의 영향을 받아 인간도 동식물의 유기체와 마찬가지로 특정 환경에서 살아남기 위해 생존경쟁을 해야 한다는 사상(사회진화론)을 바탕으로 저술되었다. 라첼은 '국가유기체설'을 주장하여 국가를 영토에 부속된 유기체에 비유했다. 즉 국가가 탄생하여 성장하면서 영토를 확장하고 언젠가 멸망하는 것은 유기체와 흡사하며, 강한 국가로 살아남기 위해서는 성장을 위한 생활공간(Lebensraum)이 필요하다고 하였다. 이러한 사상은 1930년대 독일의 히틀러가 주변 국가들을 합병하기 위한 정책에 오용되었다.

프랑스에서는 비달(Paul Vidal de la Blache, 1845～1918)이 라첼의 환경결정론적 견해에 대응하여 "환경가능론"(environmental possibilism)을 제시하였다. 그는 파리고등사범학교에서 역사학과 지리학을 전공하고 지리학으로 박사학위를 받았으며, 이후 낭시 대학과 파리고등사범학

8) 「*Die Erdkunde*」의 원제목은 "자연과 인류 역사에 관련된 지리학; 자연과학과 역사학의 연구와 강의를 위한 확고한 기초로서의 일반 비교지리학"으로 번역된다.

교의 지리학 교수로 재직한 후 1898년 소르본느 대학의 교수로 부임하였다. 그의 사후 발간된 저서 「*Principes de Géographie Humaine*」(인문지리학의 원리, 1922)에 의하면 자연은 인간의 정착지에 대한 한계와 함께 이용 가능성을 제공해주며, 인간집단이 각 지역에서 독자적인 생활을 하는 것은 그곳의 환경(milieu)에 적합한 방법을 인간의 지혜로 찾아낸 결과라고 하였다. 또한 주어진 환경 조건에 대해 인간이 적응하는 방식은 그들의 전통적인 생활양식(genre de vie)에 달려있다고 하였다. 여기서 생활양식은 자연환경에 대한 인간집단의 적응형식으로서 문화적 산물이라 할 수 있으며, 어떤 지역의 경제, 사회, 제도, 사상 등의 정체성을 반영한다. 같은 자연환경이라고 하더라도 생활양식이 다른 사람에게는 그 환경의 의미가 다른 것이다(James and Martin, 1981, p.190).

인간에 의한 환경파괴의 문제점을 가장 먼저 지적한 학자는 마쉬(George P. Marsh, 1801~1882)이다. 미국의 외교관이었던 마쉬는 유럽 각지의 동식물, 물, 모래에 관한 자료를 모아 시대별, 계통별로 분석한 결과를 토대로 「*Man and Nature*」(인간과 자연, 1864)[9]를 출판하였다. 그는 이 책에서 "동식물은 자연적인 환경파괴가 발생했을 때 다시 회복할 능력을 갖추고 있지만, 인간에 의한 대규모 환경파괴에 대해서는 무방비 상태이다"라고 하였다(김주환 외, 1993, p.22). 그는 화전농업과 방목을 위해 삼림을 벌채하는 행위가 토지를 황폐화하고 기후를 변화시키며, 결국 인간 생활까지도 파괴하는 결과를 초래한다고 하였다. 어떤 지역을 개발할 때 자연의 균형을 염두에 두고 자연에 미치는 영향과 위험성, 파괴된 지역의 회복 가능성, 각종 환경문제의 발생 가능성 등을 면밀히 검토해야 한다고 하였다. 19세기 당시의 미국은 서부 개척이 한창 진행 중이었으므로 마쉬는 유럽대륙에서 경험한 자연 파괴가 미국에서도 나타날 것이라는 점을 경고한 것이다.

19세기 후반에는 자연환경 보전의 필요성에 대한 인식이 확산하면서 비영리 민간인 사회조직이 결성되었으며, 세계 각국 정부는 국립공원을 지정하기 시작했다. 세계에서 가장 오래된 환경보호 운동단체는 1865년 영국에서 조직된 '공유지 보존협회(Commons Preservation Society)'이며 현재는 개활지협회(Open Spaces Society)로 개칭되었다. 미국에서는 1892년 샌프란시스코에서 결성된 시에라클럽(Sierra Club)이 시초이며, 현재는 미국 50개 주 전체에 지부를 두고 있는 전국 조직으로 성장했다.

국립공원을 지정하는 목적은 야생의 자연환경을 보존할 뿐만 아니라 국가 자존심의 상징을 확립하기 위한 것이기도 하다. 세계 최초의 국립공원은 1872년에 지정된 미국의 옐로스톤 국립공원(Yellowstone National Park)이다. 이후 1879년 호주의 Royal National Park, 1885년 캐나다의 Banff National Park, 1887년 뉴질랜드의 Tongariro National Park 등이 차례로 지정되었으며, 유럽에서는 1909년에 스웨덴, 1914년에 스위스가 국립공원을 지정했다. 한국은 1967년 지리산을 1호 국립공원으로 지정했으며, 현재 22개 국립공원이 지정되어 있다.

9) 「*Man and Nature*」의 부제목은 *Physical geography as modified by human action*(인간 행위로 인해 변형된 자연지리)이다.

3 동양의 환경론

1) 불교의 환경관

불교(佛敎)에서는 만물의 창조주나 피조물의 개념이 없으며, 인간을 포함한 만물은 상호연관을 가지고 평등하게 존재하며 끝없이 윤회한다고 보았다. 만물은 평등하게 서로 연계를 이루고 있어서 "나"라는 개인은 전체이고, 전체와 조화된 하나의 개인이다. 횡적인 연계를 유지하는 모든 자연 만물은 인간과 정감을 나눌 수 있는 대상이 될 수 있기에 마음(心)과 대상(物)이 대립할 수 없다는 것이다.

불교에서의 삶의 방식은 자연환경을 극복하고 개조하는 것이 아니라 주어진 그대로의 자연환경에 따르는 삶이다. 또한 불교에서는 현재의 자연 형태마저도 윤회(輪回)에 의한 상태로 인식한다. 현재의 자연환경에서 볼 수 있는 만물은 독립된 고정형태가 아니고 주위의 각종 대상과 연계된 하나의 관계상(關係相)이다. 이처럼 불교에서는 만물을 윤회하는 대상으로 인식할 뿐 아니라 자연 그 자체도 관념화된 자연으로 인식하는 것이다(홍순완 · 이몽일, 1987).

불교에서 모든 존재는 절대적인 실체가 없으며 끝없이 변화하는 과정을 전제하고 있다. 인간도 출생과 동시에 죽음에 가까워지는 유한한 존재임에도 불구하고 그것을 의식하지 못하고 살고 있을 뿐이다. 식물도 마찬가지여서 과일나무의 열매를 따 먹고 씨를 땅에 심으면 과일나무가 끝없이 이어져 자랄 수 있다.

불교의 연기론(緣起論)은 만물 현상의 상호 의존관계와 인과율을 설명하는 교리이다. 만물의 현상은 무상(無相)하며 항상 변화하지만, 그 변화는 일정한 조건에서 일정한 결과로 나타나는데 그러한 법칙을 연기(緣起)라고 한다. 현상적 사물은 모두 직접적인 원인(因)과 간접적인 원인(緣)을 포함하는 인연(因緣)에 따라 나타난다는 교리가 인연생기론(因緣生起論)이며, 그 준말이 연기론이다. 인간은 부모와 인연이 닿아야 출생을 하고, 식물은 토양, 수분, 기후조건 등이 어울려야 자란다. 이렇게 세상 만물은 거미줄처럼 얽혀서 상호관계를 유지한다. 인간과 환경의 상호관계가 공존시스템으로 유지되는 것도 연기론으로 설명할 수 있다.

그릇된 행위를 하지 못하게 하는 불교의 계율 중의 으뜸은 살생을 금하는 것이다. 이것은 세상에서 가장 소중한 것이 생명이라는 사실에 귀착되며, 자기 생명처럼 다른 생명도 사랑하며 자비심을 발휘하게 하는 데 목표를 두고 있다. 살생을 금하는 것은 슈바이처(Albert Schweitzer, 1875~1965) 박사의 생명경외(生命敬畏) 사상과 맥락을 같이하며, 현대 환경윤리학의 과제이기도 하다.

2) 도교의 환경관

도교(道教)는 중국의 건국 신화에 나오는 황제(黃帝)와 함께 노자(老子)를 교조로 삼은 중국의 토착종교로서 신선(神仙)을 신으로 받드는 민간신앙에 중심을 두고 있다. 도교의 교리적 뿌리가 된 노자와 장자(莊子)의 도가(道家)사상은 기원전 중국의 춘추전국시대의 혼란한 사회에 대한 반성에서 출발하고 있다. 노자는 무위자연(無爲自然)을 주장하면서 모든 인간 행위를 부정하고 모든 만물을 있는 그대로 두라고 하였다. 자연 만물을 있는 그대로 두면 인간세계를 초월하는 초자연이 균형을 이루며 조절한다고 보았다. 우주와 천지라는 대자연을 움직이는 힘은 결코 인위적인 것이 아니며, 무위자연의 도(道)에 의한 것이라고 주장했다.

한편 장자는 천지만물(天地萬物)과 삼라만상(森羅萬象)이 일체이며 하등의 차별이 없다는 만물제동설(萬物齊同說)을 주장하였다. 세상의 만물은 그 모양이 각기 다르고 계속 변하는데, 처음과 끝이 고리처럼 연결되어 그 끝을 알 수 없는 것은 천지조화(天地造化)라고 할 수 있다. 천지조화란 옳고 그름을 초월해서 대자연에 합일(合一)하는 것이다. 그런데 인간은 천지만물의 전체를 보지 않고 부분적인 것에 집착하며 만물을 차별하고 시비를 벌이고 있다면서, 자기를 버리고 만물에 동화하는 태도가 인간의 참된 존재 방법이라고 했다.

도교사상에서는 무위자연이 존중되므로 자연환경을 개조하는 것은 배척하며 자연환경에 대한 순응만을 강조하여 물질적인 과욕을 부려서는 안 된다고 가르치고 있다. 이러한 도교적 관점은 사람들에게 자연환경에 대한 경외심을 불러일으켰을 뿐만 아니라 자연과 조화를 이루도록 무위의 자세를 견지하라고 요구하고 있다.

3) 유교의 환경관

유교(儒教)의 삼재론(三才論)은 천·지·인(天地人)을 우주의 기본적인 구성요소이면서 변화의 동인(動因)으로 파악하는 사상인데, 여기서 인간은 하늘 및 땅과 대등한 위치에 있는 위대한 존재로서 우주 자연과 상호 합일체(合一體)를 구성한다고 보았다. 인간 중심의 유교사상에서는 인간을 나약한 존재가 아니라 모든 가치와 가능성을 지닌 주체적인 존재라고 파악한다. 그러므로 인간의 자기완성과 자기실현은 어떤 절대자에게 의존하지 말고 인간 자신이 책임지고 성취해야 한다고 보았다.

공자(孔子)와 맹자(孟子)는 하늘의 운행에 기초한 인간의 규범과 도덕성을 강조했기 때문에 하늘은 종교적인 경외의 대상이기도 하다. 또한 인간의 선한 의지는 하늘에 감동을 주어 인간과 하늘이 합일체가 될 수 있다고 믿었다. 이러한 공자와 맹자의 경천애인(敬天愛人) 사상은 천인합일(天人合一) 사상으로 이어져서 인간은 자연의 일부분이며 자연과 상호조화를 이루고 있음을 강조하고 있다.

유교의 학설 중에서 음양오행설(陰陽五行說)은 음양의 소멸·성장·변화와 오행의 움직임으로 우주와 인간 생활의 모든 현상과 생성소멸을 해석하는 사상이다. 음양(陰陽)은 사물의 현상을 표현하는 두 개의 기호로서 모든 사물을 여기에 포괄·귀속시킨다. 유교에서 하늘과 땅은 상하 개념뿐 아니라 음양의 개념으로 파악된다. 세상 만물은 하늘과 땅에서 파생되므로 당연히 음과 양으로 구분된다. 인간 남녀는 물론이고 육상생물은 양이고 수중생물은 음으로 구분하고, 봄과 여름은 양기이고 가을과 겨울은 음기로 파악한다.

한편 오행(五行)은 음양에서 파생된 것으로 우주 만물을 형성하는 원기(元氣), 즉 목(木), 화(火), 토(土), 금(金), 수(水)를 뜻한다. 이러한 오행의 상생(相生)·상극(相剋)의 관계를 활용하여 사물 간의 상호관계 및 그 생성의 변화를 해석할 수 있다.

음양오행의 작용을 세계의 원리로 인식하는 유교의 성리학적 세계관은 우리 민족의 사상에 큰 영향을 끼쳐왔다. 사계절이 바뀌고, 해가 지면 달이 뜨는 등 자연현상이 교대로 순환 반복하는 것은 음양의 조화이며, 자연 만물의 모든 특성은 오행이 결합하는 방식에 따라 결정된다고 생각했다. 이러한 사상은 인간이 자연과 조화된 삶을 영위하여 자연의 운행에 기초한 인간의 행위규범과 도덕성을 확립하도록 이끌었다.

4) 풍수사상

풍수사상(風水思想)은 우리나라의 전통적인 환경관으로 오랫동안 자리를 잡아 왔다. 우리나라의 풍수사상은 통일신라 때 당나라로부터 처음 들어왔다. 이러한 풍수사상을 널리 알리고 신봉하게 만든 사람은 신라말부터 고려 초기까지 활동한 도선국사(道詵國師)이다. 그는 풍수설을 연구하여 고려 태조 왕건의 창업을 도와줌으로써 이후 한국의 사회 전반에 풍수사상이 널리 퍼지게 했다.

풍수사상은 음양오행설을 바탕으로 주역의 체계를 논리구조로 채용한 전통적인 지리 사상이다. 풍수사상에서는 양기와 음기가 융화하여 생기가 충만한 곳을 명당(明堂)이라 하며, 만물을 자라게 하는 땅의 생기를 지기(地氣)라고 한다. 지기라는 개념의 틀을 사용해서 땅 위에서 발생하는 모든 생명의 변화를 경험적으로 연구해서 체계화한 것이 풍수사상이다. 결국 좋은 집터나 묏자리인 명당(明堂) 또는 길지(吉地)를 찾고 흉지(凶地)를 피하는 것이 풍수사상의 목적이며, 그 명당을 찾는 논리체계가 풍수지리(風水地理)이다.

풍수지리는 양택(陽宅, 주택), 음택(陰宅, 묏자리), 도읍 취락 등에 대한 땅의 길흉을 판단할 때 활용된다.[10] 풍수(風水)는 장풍득수(藏風得水)에서 비롯된 용어인데, 땅 가운데 있는 생기(生

10) 풍수지리는 집터를 다루는 양택(陽宅)풍수, 묏자리를 잡는 음택(陰宅)풍수, 도읍 입지를 찾는 양기(陽氣)풍수 등 세 가지로 나눌 수 있다.

氣)가 바람을 타면 흩어지고 수기(水氣)를 만나면 멈추기 때문에 '바람을 막고 물은 얻는다'라는 뜻으로 쓰인 말이다. 이러한 풍수사상은 크게 두 가지 체계로 구성되어 있다. 하나는 지기가 어떻게 인간사에 영향을 미치는가를 밝히는 기감응적(氣感應的) 인식체계이고, 다른 하나는 땅에 대한 이치를 체계적으로 연구한 경험적(經驗的) 논리체계이다(표 1-1).

표 1-1. 풍수 사상의 체계

풍수사상(風水思想)	기감응적 인식체계(氣感應的 認識體系)	동기감응론(同氣感應論)	조상의 기(氣)가 자손에게 전달된다는 설
		소주길흉론(所主吉凶論)	땅 소유주의 선악행위와 사주팔자의 영향
		형국론(形局論)	땅의 형세와 형체가 기(氣) 함양에 영향
	경험적 논리체계(經驗的 論理體系)	간룡법(看龍法)	생기가 흐르는 통로인 용맥(龍脈)의 진단
		장풍법(藏風法)	명당 주변의 지세(地勢)에 관한 풍수이론
		득수법(得水法)	물이 흐르는 방향을 진단
		정혈법(定穴法)	명당 중에서 혈(穴)을 찾아내는 방법
		좌향론(坐向論)	방위에 관한 풍수 기법

자료: 최창조, 1991, p.71; 필자 수정.

동기감응론(同氣感應論)은 돌아가신 부모나 조상의 기(氣)가 자손에게 전달된다는 설이다. 사람이 살아있을 때 모아둔 기는 땅속이 묻히면 지기(地氣)가 되는데, 이 지기가 명당에 있으면 후손에게 옮겨간다는 의미이다.

소주길흉론(所主吉凶論)은 풍수사상에서 윤리성을 강조한 것으로, 길지(吉地) 명혈(名穴)을 잡아도 땅을 쓸 사람이 악행을 많이 했으면 흉지(凶地) 허혈(虛穴)이 된다는 것이다. 또한 땅을 쓸 사람의 사주팔자가 그 땅의 오행(五行)과도 잘 맞아야 한다는 것이다. 여기서 땅(地)과 사람(人)이 잘 맞아야 한다는 주장에 하늘(天)이라 할 수 있는 기(氣)를 합치면 유교의 천·지·인 사상과도 맥이 통한다고 볼 수 있다.

형국론(形局論)은 산의 형세나 물의 흐름 등을 동식물이나 사람 또는 사물에 견주어 나타내는 이론이다. 즉 땅의 형체와 형세가 생기를 함양하는 데 영향을 미친다는 것이다. 그러므로 '좋은 터'는 형국론을 빌려서 구체적인 모습을 드러내게 되는 것이다.

간룡법(看龍法)은 '용을 보는 방법'이다. 풍수에서는 평지보다 한 치만 높아도 산이라 부르며 그것을 곧잘 '용(龍)'이라는 말로 바꾸어 사용한다. 따라서 '용'은 산이나 산맥을 이르는 말이며 정기가 흘러내리는 길을 나타내는데, 그 길의 좋고 나쁨을 가려내는 데 필요한 법칙이 곧 간룡법이다.

장풍법(藏風法)은 바람이 운반하는 생기(生氣)는 받아들이면서 모인 생기가 강한 바람에 의해 흩어지지 못하도록 하는 방법으로, 양택(陽宅, 주택), 음택(陰宅, 묫자리), 도읍 취락 등 땅의 길흉을 판단하는 데에 있어서 요체가 된다. 장풍법(藏風法)의 핵심인 사신사(四神砂)는 좌청룡(左靑龍), 우백호(右白虎), 전주작(前朱雀), 후현무(後玄武) 등 네 종류의 산을 말한다. 이 산들은 고대인들의 신앙인 삼신오제(三神五帝) 사상에 근거를 둔다. 사신사의 기능은 바람막이가 되어 명당에 생기(生氣)가 모이게 만드는 것으로, 이 사신사의 위치에 따라 명당의 지형과 지세를 파악한다.

풍수지리에서는 물도 중요한데, 땅속의 정기가 물줄기를 타고 옮겨 다니기 때문에 물이 고이는 곳에는 정기도 함께 모여든다는 것이다. 득수법(得水法)은 사람의 혈맥과 같은 물을 얻는 방법으로써, 길한 방향에서 흘러온 물이 명당을 조용히 감싸고 돌아 흉한 방향으로 배출되는 것이 좋다고 한다.

명당 중에서 용맥(龍脈)의 정기가 모인 혈(穴)을 찾는 것을 정혈법(定穴法)이라 한다. 혈은 묫자리의 경우 시신이 직접 땅에 접하여 그 생기를 얻을 수 있는 곳이며, 집터의 경우 거주자가 실제로 삶의 대부분을 사는 곳이다. 명당에 자리 잡은 마을의 경우 혈처에는 절이나 대가의 묘소 또는 사당이 들어선다. 결국 명당은 혈의 주변에 넓고 평탄한 땅을 일컫는다. 명당 혈 앞에는 안산(案山), 조산(朝山)이 있고 명당수가 모여들 듯 흐르며, 뒤로는 주산(主山)이 솟아있고 좌우에는 청룡(靑龍), 백호(白虎)가 자리 잡고 있어야 한다(그림 1-11).

좌향(坐向)은 묫자리나 집터가 자리 잡은 방위(方位)를 뜻한다. 풍수지리에서 방위는 모두 24개로 나누어져 있다(그림 1-12). 마을 터나 집터를 잡을 때 북쪽으로 산이 병풍처럼 두르고 있고 집의 전면이 남향이면 겨울의 찬 바람을 막고 볕이 잘 들어 유리하다. 그러나 명당의 좌향(坐向)에는 일정한 원리가 없으며, 좌향보다는 지세(地勢)의 좌정(坐定)에 따라 자연스럽게 결정되는 것이 바람직하다(최창조, 1998, p.317).

그림 1-11. 풍수 개념도

그림 1-12. 지관(地官)용 나침반(패철)

근대지리학과 풍수지리는 땅을 보는 관점에서 큰 차이가 있다. 근대지리학은 지표상의 여러 현상에 대한 일반적인 원리를 논리적으로 찾아내지만, 풍수지리는 과학적 근거가 없는 음양오행설에 따라 토지가 생명력을 가진 유기체로서 인간에게 영향력을 행사한다고 간주한다(최창조·박영한, 1978). 풍수지리에 과학적 논리가 부족한 것은 사실이지만, 전통 촌락과 옛 도읍의 입지가 겨울의 차가운 북서 계절풍을 막을 수 있고 용수 공급이 쉬운 곳을 말하는 배산임수(背山臨水)인 것은 장풍득수(藏風得水) 명당을 찾는 풍수지리의 영향인 것으로 보이며, 아직도 묫자리 선정에 지관(地官)[11]이 동원되는 등 현실 생활 곳곳에 풍수지리의 영향이 남아있다.

풍수지리의 자연관은 인간과 자연이 한데 어우러져 자연의 질서 안에서 조화를 이룬 상태를 지향한다. 풍수이론에 따라 명당의 조건을 완벽하게 갖춘 터는 찾기 어렵기 때문에 우리 조상들은 적당한 곳을 선택하여 '명당화'하였다. 즉 지기(地氣)를 보완하기 위해 마을 앞을 가리거나 방풍을 위해 비보(裨補) 숲을 조성하기도 했고, 돌이나 흙으로 언덕을 만들기도 했다. 이런 상황에서도 자연의 질서에 조화되는 비보 숲이나 언덕을 배치하는 것을 이상으로 삼았다.

5) 천하도의 세계관

천하도(天下圖)는 조선 중기 이후 여러 종류가 제작되어 민간에서 사용되었던 지도로서, 제작자는 미상이지만, 동아시아 국가 중에서 조선에서만 사용되었기 때문에 조선인의 고유한 세계관이 반영된 지도로 여겨진다. 중국 중심의 세계관을 표현한 관념도이지만, 서양 중세의 기독교적 세계관이 담겨진 T-O 지도와 유사한 특징을 보인다.

천하도는 조선 후기의 지식인들이 서양식 세계지도를 접한 후 자신들 방식으로 세계를 해석하여 만든 지도인 것으로 보인다. 지도는 원 안에 그려져 있는데 제일 안쪽부터 내대륙 - 내해 - 외대륙 - 외해의 구조로 이루어져 있다. 내대륙에는 중국, 조선, 안남(安南), 인도 등의 실재하는 나라들이 그려져 있다. 내해에는 일본국, 유구국(琉球國) 등의 실재하는 섬나라들과 일목국(一目國), 대인국(大人國), 삼수국(三首國), 관흉국(貫胸國) 등 중국의 고전인 「산해경(山海經)」에 나오는 가상의 나라들이 혼재되어 있으며, 중국 전설에 신선이 산다는 삼신산(三神山)[12]도 배치되어 있다. 외대륙에는 대부분 가상의 나라들로 채워져 있으며, 동쪽 끝에는 부상(扶桑), 서쪽 끝에는 반격송(盤格松), 북쪽 상단에는 천리반목(千里盤木) 등 수목이 그려져 있다.[13]

11) 지관(地官)은 풍수론에 기반하여 집터와 묘터를 정하거나 길흉을 평가하는 사람이다.
12) 三神山은 발해(渤海)의 동쪽에 있다는 봉래산(蓬萊山)·방장산(方丈山)·영주산(瀛州山)을 말한다.
13) 扶桑은 해와 달이 가장 먼저 뜨는 동쪽 끝 유파산(流波山)에 있는 신성한 뽕나무이며, 盤格松은 해와 달이 지는 서쪽 끝 방산(方山)에 있는 소나무로서 모두 「산해경」을 반영한다. 그리고 千里盤木은 하늘과 소통하는 나무로서 샤머니즘적 신선사상을 반영한다(오상학, 2015, p.145).

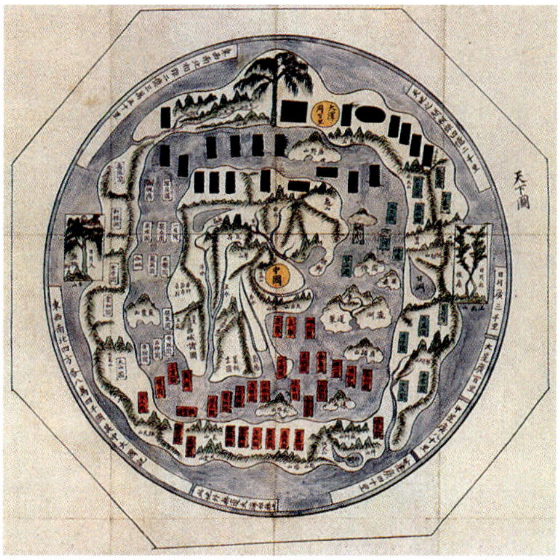

그림 1-13. 천하도(天下圖, 51.2×53.4cm, 18세기 후반) [출처: 영남대학교 박물관]

천하도에 담겨 있는 세계관의 특성은 네 가지로 요약해 볼 수 있다. 먼저, 원형 천하도는 전통적인 천원지방(天圓地方)[14]의 천지관에 입각하고 있다. 원은 둥근 지구를 상정한 것이 아니라 하늘을 표현한 것이다. 둘째, 중화적(中華的) 세계 인식을 여전히 고수하고 있다. 넓은 세계를 표현하고 있지만, 세계의 중심이 여전히 중국이라는 사실에는 변함이 없다. 셋째, 삼재사상(三才思想)이 반영되어 있다. 단순히 땅만을 그린 것이 아니라 하늘과 땅, 그리고 인간세계를 동시에 표현함으로써 천·지·인 상관관계를 드러내고자 했다. 넷째, 신선사상(神仙思想)이 반영되어 있다. 도교에서 언급하는 신선 관련 지명들이 표기된 것은 불로장수(不老長壽)를 갈망하는 신선사상과 이어진다. 이러한 천하도의 제작은 기존의 중화적 인식체계로는 새롭게 확장된 세계관을 담아내지 못하는 한계에 대해 조선 후기의 지식인들이 유연하게 대응한 모습을 보여준다(한국민족문화대백과사전).

4 현대의 환경론

1) 현대환경론의 대두

서양 문화를 구성하는 두 가지 기초는 그리스·로마 문명인 헬레니즘(Hellenism)과 기독교 사

14) 天圓地方은 하늘은 둥글고 땅은 사각형이라는 중국 전통의 사고방식이다.

상인 헤브라이즘(Hebraism)이라고 한다. 이 두 흐름은 서로 화합하기도 하고 대립하기도 하면서 서구사회에 문화의 꽃을 피워 왔다. 화이트(C. White, 1967)는 기독교 사상에 환경문제의 근본 원인이 있다고 보았다. 자연물에 대한 인간의 우위를 인정하고 인간의 의지대로 자연을 지배할 수 있는 성경의 창세기적인 개념에 기초하여, 화이트는 서양의 파괴적인 환경관이 기독교적 신념에 의해 확립되었으며 서양의 과학 기술도 종교적 원리에서 발전되었다고 보았다.

반면에 몬크리프(L. Moncrief, 1970)는 기독교적 전통은 서양의 환경위기에 영향을 준 많은 문화요소 중의 하나에 불과하다고 주장했다. 비기독교 국가에도 많은 환경문제가 나타나고 있으며, 경제발전 과정에서 환경문제를 동반할 수밖에 없는 현실에서 환경문제의 근본 원인을 다른 곳에서 찾고 있다. 즉, 민주제도의 발달에 따른 생산수단의 재분배, 과학 기술의 발달에 의한 생산증대, 소득 증대, 도시화, 자연에 대한 착취적 태도 등에서 환경위기의 원인을 찾고 있다.

미국의 생태학자 하딘(Garrett J. Hardin)은 이러한 자원의 문제를 도덕적 차원까지 확대하여, 인간의 도덕적 신념을 고치지 않고는 자원문제가 해결될 수 없다고 주장했다. 그는 "공유지의 비극"(The Tragedy of the Commons, 1968)이라는 논문에서 다음과 같은 우화를 제시하였다.

어떤 공유지의 초지에 몇 마리의 소가 방목되고 있다. 시간이 지남에 따라 다른 목동들의 소가 몇 마리 더 들어오는데 한정된 초지의 면적에 따라 최대 수용력(carrying capacity)의 한계에 도달하게 된다. 그런데 만일 한 목동이 자신의 이익만 생각하고 소를 한 마리 더 이곳에 집어넣는다면 어떤 결과가 올 것인가 생각해보자. 이런 경우 과잉 방목으로 인하여 소들은 생존을 위해 경쟁적으로 풀을 뜯기 시작하고 초지가 차츰 망가질 것이다. 그러면 결국 모든 소가 그 공유지에서 살아남을 수 없게 된다.

이러한 우화의 교훈은 공공자원이 개인의 탐욕에 의하여 남용될 때 결국 모든 사람에게 불이익이 돌아가 아무도 그 자원을 이용하지 못하게 된다는 것이다. 이에 대한 해결책으로서 하딘은 계몽된 소수에게만 소유를 인정하고 대중의 접근을 제한해야만 공공의 재산을 보호할 수 있다고 주장했다. 이러한 충격적인 해결책은 지금까지도 논쟁거리를 제공하고 있다. 일부 학자들은 환경에 대한 책임감을 강조하는 환경교육을 대중화하면 '공유지의 비극'을 초래하는 환경문제를 해결할 수 있다고 주장하고 있지만, 하딘은 단 한 사람의 무책임한 행동으로도 공공 환경이 망가질 수 있다고 강조하였다.

1970년대에 와서 자원고갈 및 환경오염 문제가 전 세계적으로 심화하자 현대환경론의 이정표를 세우는 세 개의 저서가 발간되었는데, 그것은 「성장의 한계」, 「생존을 위한 청사진」, 「작은 것이 아름답다」를 지칭하는 것이다(Pepper, 1987). 각각을 간략히 소개하면 다음과 같다.

「성장의 한계(*The Limits to Growth*)」는 미국 MIT 대학의 연구진(Meadows *et al*., 1972)이 로마클럽(The Club of Rome)을 위한 보고서로 작성한 것으로서 지구의 암울한 미래를 예측하였다. 즉 인구증가와 산업생산을 저감하는 극단적 조치를 하지 않으면 21세기 초에 인류는 파멸을 면치 못할 것이라고 주장한 것이다.

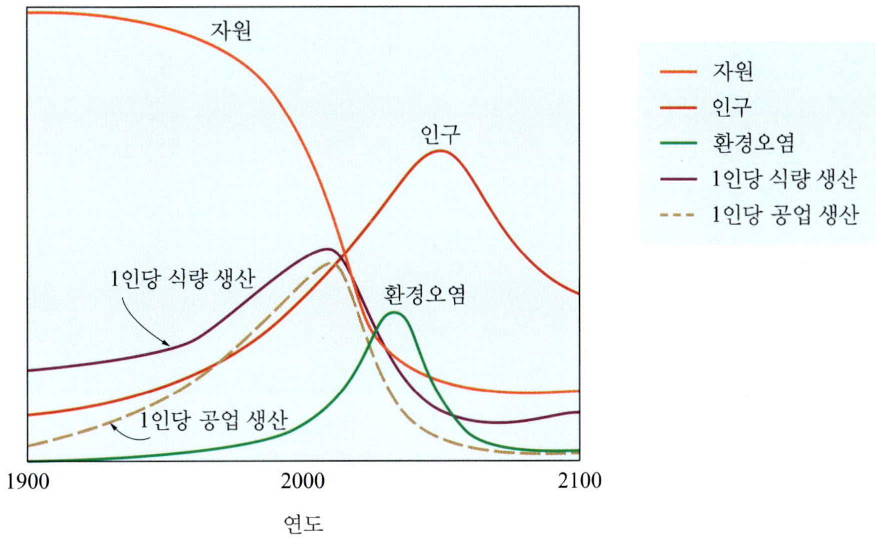

그림 1-14. 성장의 한계: 표준세계모형

주: 이 그래프는 총 8개 변수 중에서 중요한 5개 변수만을 제시하였다.

[출처: Meadows, Randers and Behrens, 1972, p.124]

「성장의 한계」는 그림 1-14와 같은 표준세계모형을 제시하였다. 이 모형은 세계 발전의 토대가 된 물리적, 경제적, 사회적인 관계의 모든 인자를 고려하고, 이들의 영향이 지속될 때 예상되는 미래의 현상을 합리적이며 객관적으로 예측하기 위해서 만들어졌다.

표준세계모형은 1900년부터 2100년까지의 기간을 대상으로 인구, 공업 생산, 식량 생산, 자원, 환경오염, 출생률, 사망률, 서비스 생산 등 모두 8개 변수를 고려하였다. 결과를 도출하기 위해서 모형 속에 가변적인 가정들을 모두 입력시키고 다시 이를 종합하여 성장이 한계에 도달한다는 모형을 작성하였다. 이 모형은 현재의 변수 간의 관계가 지속될 것이라는 가정에 따라 인구는 급증하는 반면 자원은 급감하고 있어서, 머지않은 장래에 가용자원의 양은 인구성장을 지탱할 수 없는 지경에 이르러 인구폭발 현상이 발생할 것으로 예측하였다.

모든 변수는 컴퓨터 모형에 입력하여 조작한 결과 현재의 성장 추세가 지속된다면 약 100년의 유예기간 내에 지구의 수용력은 심각한 위기를 초래하게 될 것임이 밝혀졌다. 이러한 절망적 위기를 벗어나기 위해서는 인구성장의 억제, 자원소모적인 경제성장 정책의 포기, 환경오염의 통제, 자원의 재순환, 선진국과 후진국 간의 자원 불균형 해소 등이 효율적으로 수행되어야 한다고 주장했다. 이 연구보고서가 1972년에 발표되었을 때 연구 결과의 심각성은 언론을 통해 전 세계에 전달되면서 큰 충격을 주었다.

「생존을 위한 청사진(*A Blueprint for Survival*)」은 영국의 생태학자인 골드스미스와 앨런(Goldsmith and Allen, 1972)이 학술지 *The Ecologist*에 게재한 논문이었는데 폭발적인 반응 때문에 같은 해에 단행본으로도 발간되었다. 그들은 인구증가와 자원고갈에 의한 사회의 몰락과 지구의 생명 유지체계의 붕괴를 막기 위해 사회의 급진적인 재구조화를 주장했다. 그리고 사람들은 지방에 분산되어 있고 탈산업화된 소규모 취락 공동체에서 사는 것을 권장했다. 그 이유는 소규모 취락에서 농업이나 사업 활동을 하는 것이 생태학적으로 건전하며, 주민의 사회적 유대감과 만족감도 증진될 뿐만 아니라, 인구가 적을수록 환경에 대한 악영향도 적기 때문이다. 그러면서 부족사회를 하나의 모델로 제시했다.

이 청사진은 이상론에 그치지 않고 변화를 위한 단계별 프로그램을 구체적으로 제시하고 있다. 이러한 청사진이 현실에 반영되기 위해서는 물질적인 생활 수준이 저하되더라도 인간과 자연의 조화를 통해서 삶의 질이 향상된다는 것을 일반대중에게 인식시키는 교육이 필요하다. 공업에서는 비인간적인 분업을 통한 대규모 생산설비를 포기하고 자원의 재순환을 통해서 환경오염을 줄여나가며 효율적인 에너지 생산계획을 수립할 필요가 있다. 교육을 통해서 물질만능주의를 강요하는 기존의 가치체계를 재조정해서 삶의 정신적 측면을 높이 평가하는 새로운 가치관을 형성해야 한다.

「작은 것이 아름답다(*Small is Beautiful*)」는 독일태생의 영국 경제학자 슈마허(E. Schumacher, 1973)의 걸작으로서, "클수록 좋다"는 식의 서양의 경제학에 대한 비판을 담고 있다. 당시 석유파동과 세계화가 출현한 시기와 맞물려서 세계 지식인의 관심을 끌었던 이 책은 신고전주의 경제학에 반대한 저자의 주장이 담겨 있다. 그는 생산과 기술에 대한 과도한 의존은 비인간적이며, 사람의 직장은 존엄한 것으로서 그 효율성은 둘째 문제라고 하였다. 그가 제안한 주장은 "smallness within bigness"로 요약된다. 즉 대규모 조직을 가진 기업은 분산된 소규모 조직들이 연합한 형태로 운영되어야 한다는 것이다.

그리고 자연은 자원과 마찬가지로 소중한 것이라고 하였다. 현대 사회에 있어서 자원고갈과 환경오염은 피할 수 없는 문제가 되었으므로, 경제문제와 밀접하게 연관된 환경문제를 해결하기 위해서는 서구적인 가치의 근본적인 변화가 필요하다고 역설하였다. 이러한 주장은 당시의 생태학적 관점과 환경주의의 출현과 함께 슈마허를 환경운동의 영웅으로 부상시켰다. 그는 촌락 수준의 자급자족 경제활동을 통하여 소비를 최소화하고 환경적 피해를 줄이며 축소된 경제활동을 추구하는 경제적 가치철학인 불교경제학(Buddhist economics)이 얼마든지 가능하다고 주장했다.

인간의 노동력을 대신하는 기계의 사용에 대한 판단 기준도 경제적 가치체계에 따라 달라질 수 있다. 우리의 목적이 자본축적을 통한 이윤추구에 있다면 생산과정에 인간 대신 기계를 투입하는 것이 경제적이다. 그러나 우리의 목적이 보람 있고 행복한 삶에 있다면 기계를 통한 이윤추구보다는 고용기회의 창출이 훨씬 더 가치가 있을 것이다. 슈마허는 일반대중도 간편하게 다룰 수 있는 기계를 사용하고 작업 과정이 일부만 기계화되어 인간 노동력의 가치가 존중되는 생산양식을 추구하였으며, 성장은 좋은 것이고 생산 규모도 클수록 좋다는 고전경제학적 철학과 결별하였다. 그는 국민복지의 척도로서 GNP(gross national product, 국민총생산)를 사용하는 것에 반대하고, 사회의 목표를 최소한의 소비를 하면서 최대한의 복지를 끌어내는 것에 두어야 한다고 주장했다.

2) 현대환경론의 쟁점

고대부터 현대까지 누적적으로 발전해온 환경론은 여러 가지가 있지만, 현대에 통용되고 있는 접근방법을 대립하는 주요 쟁점에 따라 분류하면 크게 세 가지 유형이 있다(Pepper, 1987). 첫째 유형은 생태(중심)주의와 기술(중심)주의이다. 둘째 유형은 기능주의적 다원론과 마르크스주의이다. 그리고 셋째 유형은 환경결정론과 환경가능론이다. 이러한 세 가지 유형의 환경론은 상호 배타적이지 않고 중첩할 수 있다. 즉 기술(중심)주의자가 다원론과 환경가능론을 추구할 수도 있는 것이다.

(1) 생태(중심)주의와 기술(중심)주의

생태중심주의(ecocentrism)와 기술중심주의(technocentrism)의 개념은 영국의 지리학자이며 환경과학자인 오리어던(Tim O'Riordan, 1981)이 명확하게 구분하여 제시하였다. 그는 생태중심적 환경론의 기원을 초자연주의(supernaturalism)라는 철학적 사조에서 찾았다. 초자연주의는 이 우주와 자연에 인간이 인식할 수 없는 초자연적 세계가 있으므로, 자연을 인간이 이용하는 대상에서 경외하는 대상으로 대체해야 한다고 주장하며, 자연을 인격체 이상으로 격상하고 인간과 자연이 윤리적 관계를 맺는 사상이다.

생태(중심)주의자들은 대자연의 위대한 힘이 인간을 보잘것없는 존재로 만들 수 있다고 본다. 인간은 자연에 있어 필수적인 존재가 아니지만, 자연은 인간에게 필수적인 존재이다. 오늘날 각박한 현대문명에 시달리고 있는 현대인들은 여러 가지 면에서 대자연에 의존하고 있다. 자연 생태계를 과학적으로 분석해 보면 인간은 생태계의 한 요소이므로 인간이 생태계에 미치는 영향은 반드시 그에게로 되돌아온다. 따라서 인간은 자연의 다른 요소와 마찬가지로 생물학적 법칙에 순리적으로 따름으로써 자신이 일부분을 구성하고 있는 생태계와 조화를 이루어 생태계의 안정에 이바지해야 한다.

생태중심주의는 정치적인 기준에 의해 보수적 생태중심주의와 진보적 생태중심주의로 구분할 수 있다(O'Riordan, 1981). 보수적 생태중심주의는 주로 성장억제학파와 생태계획가들, 그리고 쾌적한 생활환경을 보호하자고 주장하는 사람들의 논리이다. 이에 반하여 진보적 생태중심주의는 주로 급진적인 행동주의자들처럼 계몽활동을 통해 개인과 사회의 가치관과 행동양식의 근본적인 변화를 추구하는 환경교육가와 시민단체의 논리라고 할 수 있다.

기술중심주의는 신고전주의 경제학파의 합리주의를 토대로 발생한 과학적이고 합리적인 이론이다. 기술중심주의도 환경문제의 심각성을 인정하지만, 그 해결방법에 있어서 생태중심주의와 차이를 보인다. 즉 기술(중심)주의자들은 경제 법칙과 상응하는 자연과학의 법칙을 동원한 객관적인 분석에 따라 환경문제를 줄여나가고자 하는 환경관리주의(environmental managerialism)의 능력과 효율성에 대한 신념을 고수한다.

환경관리주의는 환경문제 해결을 위한 의사결정 과정에서 대중의 참여를 거부하며 전문가들의 의견만을 존중한다. 이런 사고가 언뜻 합리적으로 보일 수도 있지만, 때로는 비합리적인 맹목적 신념으로 이어질 수 있다. 이러한 신념의 결과로 나타나는 명백한 편견은 그들이 주장하는 합리성을 스스로 부정하고 있음을 말해준다. 이렇게 기술중심주의는 양면성을 지닌 복잡한 개념이다. 합리적인 언론 뒤에 비합리성을 감추고, 권위적인 몸짓 뒤에는 늘 자존심이 결여된 모순을 보인다(O'Riordan, 1981).

기술중심주의는 환경문제에 대해 효율적 환경관리를 적용하면서 포기할 것은 포기하고 되살릴 수 있는 것은 살려서 결국은 살만한 환경으로 만들겠다고 주장한다. 따라서 기술중심주의는 환경보존보다는 인간의 경제적 요구를 더 중시함으로써 자연의 생존권을 무시하는 경우가 많다. 생태중심주의와는 달리 기술중심주의는 단기적인 계획 위주로 단기적인 이익만을 추구하는 경향이 있다(Pepper, 1987).

기술중심주의도 생태중심주의와 마찬가지로 정치적 성향에 따라 보수진영과 진보진영으로 구분할 수 있다. 보수적 기술중심주의는 경제성장을 신봉하고 환경관리에 있어 낙관론을 내세운다. 반면에 진보적 기술중심주의는 균형을 전제로 물질적 풍요를 추구하는 경제원칙을 배경으로 하지만 점진적 사회개혁을 내세운다.

환경관에 있어서 생태주의와 기술주의는 환경운동의 초창기에 나타난 사고방식이지만 여기에 각각 보수와 진보라는 정치적 용어가 더해짐으로써 많은 현대적 환경관을 이 범주 안에서 포용할 수 있게 되었다. 이러한 도식적인 환경론의 이해는 현대환경론의 여러 주제에 대한 논의를 통하여 공식적으로 인정되고 있다.

(2) 기능주의적 다원론과 마르크스주의

현대환경론을 사회과학적 관점에서 살펴보면 샌드바크(F. Sandbach, 1980)의 분류가 설득력이 있다. 그의 정의에 의하면 점진적인 개혁을 통하여 사회경제적 체제의 변화를 성취하려는 사람은 기능주의적 다원론자(多元論者)이며, 사회체제를 혁명적으로 뒤집어엎으려는 사람은 마르크스주의자(Marxist)이다.

기능주의(機能主義, functionalism)는 사회를 여러 부분 요소들이 통합된 조화로운 하나의 시스템으로 보고 그 구성요소 또는 하위 체계가 사회 전체를 위해 어떤 기능을 수행하는가에 관심을 둔다. 다원주의(多元主義, pluralism)는 사회가 여러 이익집단과 결사체로 구성되어 있으므로 그들이 추구하는 이익 목표, 가치관, 이념 등이 다를 수 있다는 것을 인정하면서, 그러한 사회집단 간의 경쟁과 협력으로 사회가 유지된다고 보고 있다.

기능주의는 사회문제가 사회체계의 불균형이나 기능 고장에서 연유된다고 본다. 이러한 사회문제로 인해 사회 전체에 스트레스가 가해지고 이에 대응해서 사회적 변화가 일어난다는 것이다. 이 과정에서 모든 이해집단이 다양한 의견을 주장하고 적절하게 사회체제 속에 융해되어 전체적인 사회변화가 이루어진다. 따라서 모든 이해집단의 민주적 경쟁과 협력을 통하여 사회의 점진적인 발전이 이루어진다는 것이다. 환경문제의 개선을 위한 의사결정 과정에도 이러한 사회의 다원성이 반영되어 생태주의와 기술주의의 양 진영간에 절충과 타협이 이루어질 수 있다고 한다. 사회 구성원의 합의를 중시하는 이러한 경향은 기능주의와 다원주의를 같은 맥락에서 이해하는 데 도움을 준다.

마르크스주의(Marxism) 환경관은 노동을 통한 인간과 자연의 상호작용과 이를 바탕으로 한 인간과 자연의 일체성을 강조한다. 마르크스주의자들은 자본주의 사회의 환경문제가 자본주의적 생산양식과 결부된 사회체제의 모순에 의해서 발생한다고 주장한다. 즉, 환경문제는 쾌적한 환경을 비롯한 자원을 소유한 자본가 계급과 소유를 원하는 무산자 계급 간의 이해관계 대립에서 비롯되었다는 것이다. 이런 모형은 국제적인 상황에도 그대로 적용될 수 있는데 선진 강대국은 자원 소유 및 활용에 대한 기득권을 지키려고 하며, 제3세계는 자원 소유와 경제 개발을 위해 선진국의 이익을 점차 위협하고 있다. 이러한 불가피한 대립은 자본주의 경제체계의 내적 모순이 초래한 결과이므로 환경문제는 다원론자들이 주장하는 점진적인 사회개혁을 통해서는 해결될 수 없으며, 오직 사회체계를 뜯어고쳐야만 해결이 가능하다는 것이다.

마르크스주의자들은 다원론자들이 주장하는 민주적인 토론의 힘도 부정한다. 현 사회의 실질적인 지배계급인 산업자본가들은 지배적인 논리에 대항하는 소수자의 영향력을 통제하며 사회발전을 위한 토론의 성격을 자신들에게 유리하게 왜곡할 힘과 수단을 가지고 있어서 다원론자들의 주장은 불공평하다는 것이다. 또한 마르크스주의자들은 생태주의자들이 주도하는 환경운동의 근본적인 오류로서 환경운동의 고정적 관념과 비역사성을 지적하고 있다. 즉, 환경주의자들은 자연과 사회에 대한 인식을 결정하는 생산양식의 중요성을 무시하는 등 자원 및 환경 문제들이 갖는 사회적, 역사적 성격의 파악에 실패하고 있다는 것이다(Pepper, 1987).

(3) 환경결정론과 환경가능론

모든 환경론의 유형과 이념 밑에는 근본적인 철학적 배경이 존재하고 있는데, 이를 분석하기 위해서는 결정론과 가능론을 기준으로 관련 이론들을 살펴볼 필요가 있다. 지리학이나 생태학에서 강력하게 대두되어 온 환경결정론(environmental determinism)의 전통은 인간과 환경의 관계를 과학적으로 규명하고자 하였으나, 결론적으로 환경이 모든 인간 행동을 규정한다고 주장하고 있다. 기후, 지형, 토양 등의 자연환경은 인간의 행태, 경제활동, 사회조직 심지어는 생리적인 측면에까지 깊은 영향을 미친다는 것이다. 고대 그리스의 히포크라테스로부터 시작된 초기의 환경결정론은 인간의 건강과 사회문화에 대한 지형과 기후의 영향이 강조되었으나, 19세기에는 다원주의(Dawinism)와 결합하여 자연환경에 따른 인간의 제한적 입지와 민족의 흥망성쇠 등 포괄적인 문제가 다루어졌다. 현대의 생태학에서는 인간이 자연 속에 존재하는 자연의 일부이므로 자연에 의존하고 그 법칙에 따라야만 하는 것으로 규정하고 있다.

이와는 대조적으로 비달(Vidal de la Blache, 1922)은 자연과 인간의 관계에 있어 인간 사회의 역사성과 주체성을 강조하는 환경가능론(environmental possibilism)을 주창하였다(본서 p.23 참조). 즉 자연환경은 인간이 이용할 수 있는 많은 가능성을 내포하고 있으므로 인간은 필요성, 희망, 포용력에 따라 자유로이 선택하여 이용할 수 있다고 주장한 것이다. 그러므로 인간은 환경에 적응하며 동시에 환경을 이용 가능한 대상으로 파악한다는 것이다.

실존주의 같은 자유의지론적 철학은 인간의 실존과 자연의 객체적 존재를 명백하게 대립시킨다. 인간이 가지고 있는 개성과 독창성은 인간을 자연에서는 볼 수 없는 근본적인 선택의 자유를 갖는 존재로 만들어준다. 인간은 자유의지에 따라 자연을 이용하거나 혹은 보존하는 것까지 선택할 수 있다. 미국의 지리학자 투안(Yi-Fu Tuan, 1972)은 사르트르적인 실존주의의 입장에서 미래의 인간은 자유의지를 통하여 과거보다 상대적으로 더 자유로운 위치를 차지할 것이라고 하였다. 인간은 자연법칙에 전적으로 지배받지는 않으므로 인간 자신의 능력 이상으로 진보할 수 있다는 것이다.

결정론과 가능론이라는 상반된 철학적 입장에 나타난 인간과 자연의 관계에서 인간의 중요성에 대한 논의는 생태중심주의 및 기술중심주의의 기원에 대한 역사적 접근에서 계속될 수 있다. 그렇지만 생태중심주의와 기술중심주의는 모두 결정론과 가능론적 성향을 동시에 나타낼 수 있다. 생태중심주의는 환경결정론적 성향이 강하지만, 인간의 개성과 자연에 대한 경험을 강조하기도 한다. 기술중심주의는 자연 위에 군림하는 인간의 자유로운 행위를 강조하지만, 이 자유가 자연법칙의 연구와 인간의 자연 이용능력의 한계 내에서만 가능하다는 것을 간과해서는 안 된다.

2
CHAPTER

자연환경

1 자연환경의 구성

인간이 살고 있는 지구의 환경은 흔히 자연환경(natural environment) 또는 자연(nature)이라고 부른다. 자연은 인간이 활동하는 무대이며 동시에 인간의 생활에 영향을 주고 있다. 그러므로 지구상에 표출되는 인간의 활동과 환경문제 등을 논하기 위해서는 먼저 자연환경의 구성요소들을 이해해야 한다.

자연환경은 크게 암석권(lithosphere), 수권(hydrosphere), 대기권(atmosphere), 생물권(biosphere) 등 4개 권역으로 분류할 수 있다(그림 2-1). 각 권역은 방대하고 복잡한 지구시스템(geosystems)을 대표하도록 단순화시킨 시스템 모델이다. 암석권은 암석과 토양으로 구성되어 지구의 지각을 이루고 있다. 수권은 물로 구성된 영역으로서 바다, 강, 호수뿐 아니라 빙하, 빙산, 만년설 등 결빙된 영역도 포함한다. 대기권은 질소, 산소, 이산화탄소, 수증기 등의 기체가 중력에 의해 지구를 둘러싸고 있는 영역을 말한다. 생물권은 동물과 식물이 차지하는 영역으로서 미생물까지 포함하는 생태계를 구성하고 있다. 특히 기후, 지형, 토양 등의 조건에 따라 일정한 지역에서 자라는 식물 집단을 식생(植生, vegetation)이라고 한다.

그림 2-1. 지구의 자연환경(geosystems) [출처: Christopherson, 2012, p.15]

이러한 권역들은 서로 독립적으로 존재하는 것이 아니라 밀접한 관계를 맺으면서 상호작용을 하고 있다. 권역 간의 상호작용을 이해하기 위해서는 먼저 물의 순환과정을 살펴볼 필요가 있다(그림 2-2). 지구상의 물은 바다, 빙하, 지하수, 지표수, 대기 등 다섯 가지의 그릇에 담겨 있다. 이러한 그릇에 고여 있는 물은 대부분 비나 눈 같은 강수(降水)에 의해 채워진 것이다. 육지로 떨어진 강수는 지하에 스며들어 지하수가 되거나 강물이 되어 바다로 유출되기도 하며, 혹은 지표면, 강, 호수 등에서 증발하기도 한다. 바다에 떨어지거나 흘러 들어간 물도 해수면에서 증발한다. 이렇게 지구상에 내린 강수의 대부분은 다시 증발하여 구름을 형성하고 또다시 비나 눈이 되어 내리게 되므로 지구상의 물은 끊임없이 순환하고 있다.

물은 모든 생명의 근원으로서, 인간을 포함한 지구상의 모든 동식물의 생명을 유지하는 데에 있어서 필수적이다. 대기권에서 발생하는 강수 현상은 암석을 풍화시켜 토양을 생성하며, 또한 수많은 동식물이 생명을 유지하는데 필요한 수분을 공급한다. 빗물이 모이면 강물이 되며, 강물에는 수많은 물고기가 서식하면서 물고기를 먹이로 하는 동물들도 강가에 모이게 된다. 강물은 바다로 흘러가서 바닷물을 채우는 동시에 증발하는 수증기는 대기권의 구름을 형성한 후에 비나 눈으로 다시 내리게 된다. 이렇게 지구시스템은 각 구성요소들이 상호작용을 지속하면서 하나의 지구 안에 통합되어 존재하고 있다. 이러한 지구의 자연환경을 권역 간의 상호작용으로 형성되는 지형환경, 기후환경, 생태계로 나누어 자세히 살펴보고자 한다.

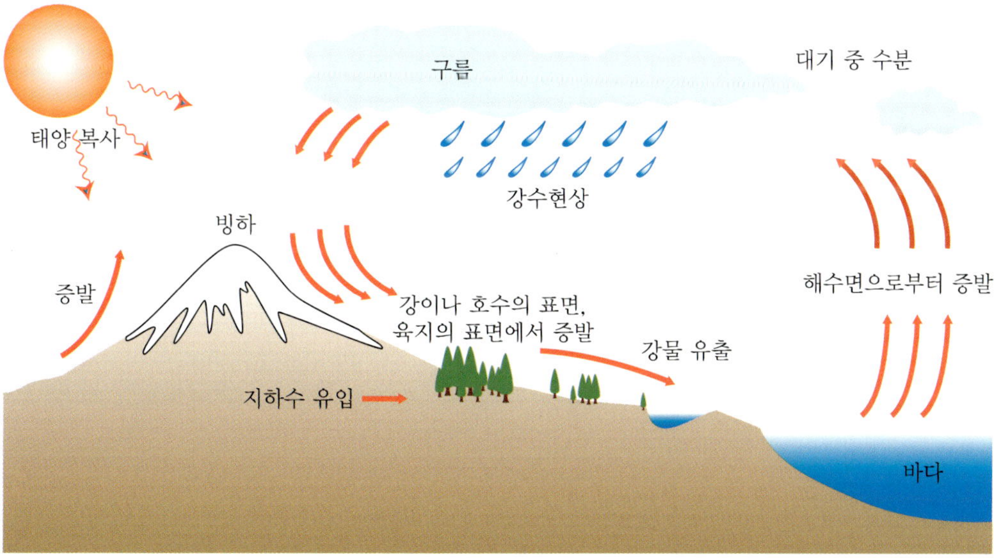

그림 2-2. 물의 순환 과정 [자료: 유네스코, www.unesco.org/water]

2 지형환경

1) 환경으로서의 지형

인류는 지구상에 출현하면서부터 토지를 무대로 하여 생활을 영위하였다. 토지의 형상, 즉 지형(地形)은 인간의 주거지 선택과 경제 활동에 있어서 중요한 환경인자로 작용하였다. 기복(起伏)인 큰 산지나 급경사 지형은 평야나 완경사지에 비해서 농경지나 거주지로 이용하기에는 불리한 점이 많다. 지형적 특성은 인구분포, 농경지 유형과 분포, 교통로 등에 많은 영향을 미치고 있다. 그리하여 지형은 그 지역에 정착한 민족의 생활양식에 영향을 주고, 결국 전 세계에 다양한 민족 문화를 형성시킨 여러 요인 중의 하나로 작용하였다.

최근에는 과학기술의 발달로 지형의 기복이나 경사 등의 지형장애는 어느 정도 극복이 가능하게 되었고, 토목기술의 발달로 거주가 불가능한 지역도 거주 지역으로 개조할 수 있게 되었다. 그러나 지형이 가진 본래의 특성은 그것을 이용하려는 인간에게 여전히 장애인자로 작용하고 있다. 예를 들면, 구릉지나 저습지를 주택단지로 개발하는 것은 평지를 개발하는 것보다 많은 정지(整地) 비용이 소요된다. 이러한 인간의 생활무대인 토지의 지형을 형성과정부터 이해하는 것은 환경을 이해하는 첫걸음이 될 수 있다.

지형은 크게 지구내적 작용과 지구외적 작용으로 형성된다. 지구내적 작용은 지구 내부의 에너지에 의하여 발생하는 화산작용과 단층, 습곡 등의 지각변동을 말한다. 반면에 지구외적 작용은 지표의 물질이 유수, 빙하, 바람, 파도 등에 의해 침식, 운반, 퇴적되는 것을 말한다. 이러한 지형형성 작용은 오랜 지질시대를 통해서 지속되어 왔으며 지금도 진행하고 있다. 따라서 지형은 정적인 환경요소가 아니라 항상 변하고 있는 동적인 환경요소인 것이다(권순식, 2005, p.115). 이러한 지형환경을 산지, 평야, 하천, 해안으로 나누어 살펴본다.

2) 산지

산지는 해발고도가 높고 경사가 급하며, 대부분 삼림과 초원으로 피복되어 있어서 대규모 취락은 형성되기 어려운 지형이다. 특히 온대지역의 경우 해발고도가 높아지면서 기온이 하강하여 임산자원을 채취하는 것 외에는 인간 생활에 크게 이용되지 못하고 있다. 반면에 열대지방의 경우에는 고도가 높아질수록 기후조건이 좋아지므로 산지국가에서는 고산도시가 발달하기도 한다. 안데스 산맥에 위치한 페루의 마추픽추(Machu Picchu)는 잉카제국의 유적지로서 해발 2,430 m에서 발견되었으며(그림 2-3), 라파스(La Paz)는 볼리비아의 수도로서 평균해발 3,650 m에 위치하여 세계에서 제일 높은 곳에 있는 국가 수도이다(그림 2-4).

그림 2-3. 마추픽추(Machu Picchu, 페루)
[사진: P. Szekely, www.flickr.com]

그림 2-4. 라파스(La Paz, 볼리비아)
[사진: Wikipedia]

일반적으로 해발고도 2,000 m 이상의 산지 지형을 고산(high mountain)이라 하며, 1,000 m 내외의 산지는 중간산지(middle mountain)이라 한다. 그리고 고도 600 m(또는 300 m)[1] 이하의 작은 기복을 가진 지형은 구릉(hill)이라 한다.

산지는 농경지가 협소하고 기후 조건이 불리하여 산지의 주민들은 특이한 생업 활동을 하게 된다. 알프스 산지에서 행해지는 이목(移牧, transhumance)은 그 대표적인 사례인데, 이곳의 주민들은 봄철에 눈이 녹으면 소와 양들을 산지에 방목하면서 우유와 치즈를 생산하고, 가을이 되어 추워지면 가축들을 산기슭에 있는 목장이나 축사로 내려보내고 겨울을 나면서 가축에게는 건초를 먹인다.

산지의 숲에 불을 놓아 숲을 태워 없애고 만든 밭을 화전(火田, swidden)이라 하는데, 같은 화전에서 몇 년 동안 계속 농사를 지으면 지력이 다해 농작물 수확이 감소하므로 다른 곳으로 이동해 화전을 일군다. 이러한 화전경작은 열대와 온대에 걸쳐 전통적으로 행해졌던 농업 방식이지만 환경파괴를 초래하는 문제가 있다. 우리나라에서는 1966년 「화전정리에 관한 법률」을 제정하여 강원도 산간지방에 남아있던 화전민들을 다른 지역에 정착시켰다. 열대지방인 동남아시아와 남아메리카의 아마존강 유역에는 아직도 화전민들이 살고 있어서 열대우림 파괴의 한 원인이 되고 있다.

산지는 교통의 장애요인이 되는 등 인간 생활에 불리하여 미개발지로 남아있는 것이 보편적이지만, 최근에는 스키장 및 관광지 개발, 임산자원 및 지하자원 개발 등을 통해 자연 그대로의 모습이 사라져 가고 있다.

1) 구릉의 해발고도에 관한 일치된 정의는 없다. 서양의 지형학자들은 150~600 m 정도의 기복을 구릉이라 하지만, 한국의 지형 특성에서는 150~300 m의 기복을 가진 지형을 구릉이라고 본다.

구릉지는 산지와 평지의 중간 형태로서 산지와 달리 해발고도가 비교적 낮아서 인간 생활에 다소 유리한 조건을 가지고 있다. 구릉지는 밭이나 과수원, 방목지 등으로 이용되기도 하며, 최근에는 각종 주거지나 레저단지로 활발히 개발되고 있다. 인구가 증가하고 경제적 여건이 나아짐에 따라 구릉지는 개발 잠재력이 큰 지형으로 인식되고 있다.

구릉지에서 볼 수 있는 대표적인 영농 방식은 계단식 농업이다. 경지가 부족한 곳에서는 구릉지에 계단식 농경지를 조성하여 벼는 물론이고 차, 과수, 채소 등의 상품 작물도 재배하고 있다. 동남아시아의 계단식 논이 유명하지만, 우리나라의 남해도에는 "다랭이논"이 있다(그림 2-5). 전남 보성에는 경사지에 계단식으로 조성된 차밭이 유명하다(그림 2-6).

그림 2-5. 다랭이논(경남 남해도)

그림 2-6. 차밭(전남 보성)

3) 평야

평야(plain)는 기복이 적고 비교적 평탄한 저지로서 지각이 오랫동안 안정된 지역이다. 세계 인구의 대부분은 평야를 생활근거지로 삼고 있으며, 평야에 대한 인간의 토지이용 형태는 다양하다. 평야는 성인(成因)에 따라 침식평야와 퇴적평야로 나눌 수 있다.

(1) 침식평야

평야 중에서 오랜 지질시대를 거치면서 장기간 하천, 빙하, 강수, 바람 등에 침식과 풍화를 받아 형성된 광대한 평원을 침식평야라고 한다. 그 중 대표적인 것이 구조평야(構造平野)와 빙식평야(氷蝕平野)이다. 구조평야는 오랜 기간 안정된 수평 지층에 삭박작용이나 침식작용이 지속되면서 기반암은 깎이고 풍화되어 평탄면을 이루며 토양 퇴적물은 얇게 덮여 있다. 북아메리카의 대평원(Great Plains), 오스트레일리아의 대찬정분지(Great Artesian Basin) 등은 기복이 거의 없고 지평선이 넓게 펼쳐지는 대규모 구조평야이다. 빙식평야는 대규모 빙하가 이동하면서 비교적 평탄한 지형의 표면을 마식(磨蝕)하여 형성된 평야로서 북부 독일평원이 대표적이다. 한국의 평야는 대부분 하천에 의한 침식평야이며, 퇴적(충적)평야는 김해평야를 제외하고는 발달이 미약하다. 침식평야는 대부분 밭, 과수원, 목장 등으로 이용되며, 관개가 가능한 곳은 논으로 이용된다.

우리나라에서 많이 관찰되는 침식분지(浸蝕盆地, erosion basin)는 소규모 침식평야로서 주변이 산지로 둘러싸인 분지의 형태를 띠고 있어서 산간분지라고도 한다. 이러한 분지를 가로질러 주류하천이 흐르며 주변부에서는 침식 물질을 운반하는 지류가 흘러 주류하천과 합쳐진다. 주류하천 주변에는 충적지가 넓게 나타나기도 한다. 침식분지는 물이 풍부하고 평야가 발달하여 예로부터 생활의 터전이 되어 왔으며 내륙 지방의 생활 중심지로 발달하였다. 우리나라에서는 청주, 춘천, 원주, 충주, 남원, 상주 등이 침식분지에 발달한 대표적인 도시라고 할 수 있다. 분지 내의 토양은 깊고 비옥하며 배수가 잘되는 편이어서, 경사지는 밭이나 방목지로 이용하고 평탄지는 논으로 이용하는 것이 일반적이다. 그림 2-7은 우리나라의 대표적인 침식분지인 해안(亥安)분지를 보여준다. 지형이 마치 사발같이 움푹 패어 있는데, 6·25 때 격전지의 하나로서 당시 미군이 펀치볼(punch bowl)이라고 붙인 별명이 널리 알려져 있다.

그림 2-7. 해안분지(강원도 양구군 해안면) [사진: 김형태]

(2) 퇴적평야

퇴적평야는 하천, 파도, 바람, 빙하 등에 의해 운반된 퇴적물이 쌓여 형성된 평야인데, 그 중 대표적인 것은 하천에 의한 충적평야(沖積平野, alluvial plain)이다. 이는 약 1～2만 년 전부터 산지나 구릉지가 풍화 침식되어 형성된 토사가 하천에 의하여 운반되어 퇴적된 지형이다. 이때 하천의 상류에는 선상지, 중·하류에는 범람원, 하구에는 삼각주 등이 각각 형성된다(그림 2-8).

선상지(扇狀地, alluvial fan)는 산지의 골짜기를 흐르는 하천이 경사가 완만한 평지에 나오면 유속이 급격히 줄어들게 되는데, 이때 운반해 온 자갈과 모래 등의 물질을 곡구에 쌓아 부채꼴

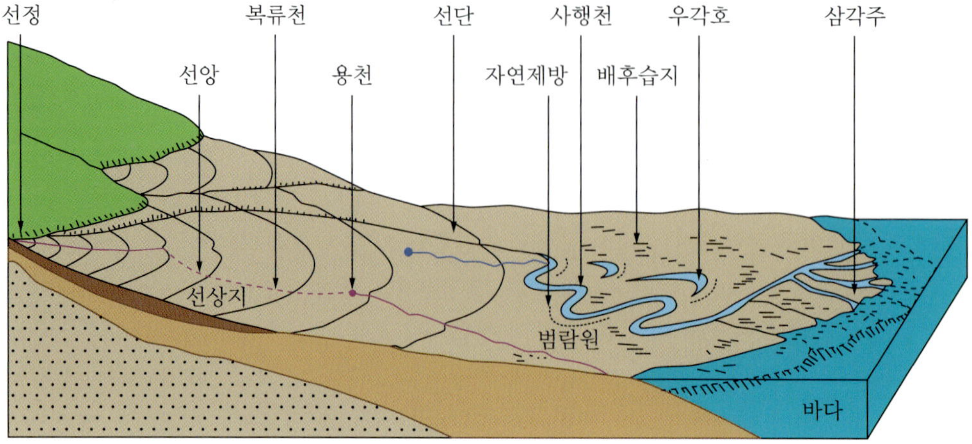

그림 2-8. 하천에 의한 충적지형 [출처: 김주환 외, 1993, p.32; 필자 수정]

모양의 충적지를 형성한 지형이다. 선상지는 큰 입자의 운반 물질들이 주로 쌓여있는 선정(扇頂)과 비교적 균일한 중간 크기의 운반 물질이 쌓이는 선앙(扇央), 그리고 작은 입자의 물질들만 쌓여있는 선단(扇端)으로 구분된다.

용천이 있어서 비교적 물이 풍부한 선단은 논으로 이용되고, 계곡물이 복류(伏流)하여 물이 귀한 선앙은 과수원이나 뽕나무밭으로 이용된다. 선단 지역은 용천이 있어서 용수가 풍부하고 비교적 넓은 평지가 형성되어 예부터 집촌이 발달하였다. 이러한 선상지는 주로 건조지역에서 대규모로 발달하지만, 우리나라에서도 소규모의 선상지가 나타나고 있다.

범람원(汎濫原, flood plain)은 하천의 중·하류 지역에서 하천이 주기적으로 범람하여 발달하는 충적평야로서, 하천 양안에 자연제방과 배후습지로 구성된다. 자연제방(natural levee)은 홍수 시에 하도를 넘쳐흐르는 물의 유속이 감소함에 따라 운반하던 물질 중에서 가는 모래와 실트(silt)[2) 등이 하천 양안에 쌓여서 지면의 고도가 주변보다 약간 높아진 곳이다. 이러한 작용이 반복되면서 자연제방은 하천을 따라 하천 양안에 좁고 길게 형성된다. 배후습지(back marsh)는 자연제방의 뒤쪽으로 상대적으로 고도가 낮은 곳에 형성되는데, 이곳에는 주로 점토와 같은 미립물질이 쌓이게 된다. 배후습지의 규모는 하천의 곡류와 관계가 있다. 하천의 유량이 많고 하천이 곡류하는 범위가 넓을수록 범람원의 폭도 넓어진다. 하천의 측방침식이 지속되어 곡류단절이 일어나면 우각호(牛角湖, oxbow lake)가 남게 된다.

자연제방은 하천이 운반한 퇴적물이 쌓여서 경작하기 쉽고 비옥한 편이기 때문에 주로 밭작물을 재배하거나 과수원으로 이용하고 있다. 배후습지는 홍수 때마다 침수가 잘 되고 배수가 불량하여 농경에 불리한 곳이지만, 우리나라에서는 홍수 방지용 인공제방을 쌓고 배수시설을 갖추어 농경지로 개간하고 주로 논농사에 이용하고 있다.

2) 실트는 모래보다는 가늘지만 진흙(점토)보다는 굵은 입자로 구성된 침적토를 말한다.

범람원에 위치한 취락들은 홍수에 대비하기 위해서 인공제방을 쌓거나 피수대(避水臺) 또는 돈대(墩臺)를 구축하기도 한다. 피수대는 하천이 범람할 경우를 대비해 임시 대피용으로 만든 동네의 공동시설물이다. 한강 하류의 뚝섬에는 4개의 피수대가 있었는데, 그중 가장 큰 것은 높이 2 m, 길이 56 m, 폭 17 m에 달하였다고 한다(강대현, 1966). 하중도에 위치한 취락의 경우 자연제방 위에 인공제방을 보강하여 마을을 둘러싸기도 한다.[3)]

삼각주(三角洲, delta)[4)]는 선상지와 달리 하천의 하구 부근에 발달하는 퇴적 지형이다. 하천이 바다나 큰 호수로 흘러 들어갈 때 유속이 급격하게 감소하기 때문에 운반 물질의 대부분을 쌓아 삼각형 모양의 퇴적지형을 형성한다. 그러나 그 모양과 관계없이 하구에 형성되는 대부분의 퇴적지형을 삼각주라고 부른다. 강의 하구에 작은 규모의 사주(沙洲, barrier island)가 일단 만들어지면 육지 식물이 착생하면서 물의 흐름을 저지하고 점토를 비롯한 세립질의 퇴적 현상을 촉진하여 삼각주가 형성된다. 여러 개의 삼각주 사이로는 강의 본류에서 갈라진 물길인 분류(分流)가 흐르게 된다.

삼각주에는 대개 습지가 들어서고 갈대 같은 식생이 무성하여 접근하기 어렵지만, 토양이 비옥하여 배수시설을 갖추면 농경지로 이용할 수 있다. 인류의 역사를 보면 삼각주 일대는 농경활동이 활발하여 나일강 유역의 이집트 문명 같은 고대문명의 발상지가 되기도 하였다. 낙동강 하구의 삼각주 일대에는 김해평야가 형성되어 논농사뿐 아니라 채소, 화훼, 과수 등을 재배하는 원예농업이 성하다.

글상자 1. 낙동강 삼각주

낙동강 삼각주에는 대부분의 취락이 제방을 따라 열촌을 형성하고 있거나, 삼각주 상의 구릉에 집촌을 형성하고 있다. 낙동강은 양산 협곡을 지나 김해평야로 들어오면서 두 가닥의 분류로 갈라진다. 이 분류는 하류로 가면서 다시 여러 갈래로 갈라진다. 낙동강 삼각주의 많은 하중도 중에서 가장 큰 섬은 김해공항이 들어서 있는 대저도이며, 그 크기는 남북으로 10 km, 동서로 최대 4 km에 달한다.

20세기 초까지 갈대가 무성한 습지가 대부분이었던 낙동강 삼각주는 오늘날 비옥한 김해평야로 변모했다. 1916년 대저 수리조합이 설립되고, 대저도와 인접한 일부 섬에 제방을 축조하여 논이 개간되었다. 그러나 부실한 제방 때문에 수해가 계속되다가, 1932년 대저제방이 완공된 후에 비로소 곡창지대로 바뀌게 되었다. 대저제방은 서쪽의 큰 분류인 서낙동강의 상단과 하단에 수문

3) 이러한 제방시설을 한때 윤중제(輪中堤)라고 불렀으나, 일본말인 것으로 밝혀져 더 이상 사용하지 않는다.
4) 삼각주를 가리키는 delta(델타)라는 명칭은 고대 그리스의 헤로도토스가 나일강 하구의 삼각형 충적지들을 그리스 문자의 delta(Δ)로 이름 붙인 것에서 유래한다.

은 달고, 대저도의 동쪽 변두리를 따라 그 아래의 명호도까지 쌓은 대규모 제방이다. 서낙동강은 호수로 변하여 다른 소규모 분류들과 함께 저수지 역할을 수행하고 있다. 1987년에는 을숙도를 가로지르는 낙동강 하구둑이 완공되어 더 많은 농경지를 확보할 수 있게 되었다.

낙동강 하류는 세계적인 철새 도래지로서 1966년 천연기념물 179호로 지정되어 있다. 해수와 담수가 합류하는 낙동강 하구는 새들의 먹이가 되는 조개류, 곤충, 수초가 많고, 논에 떨어진 벼 이삭도 좋은 먹이가 된다. 그러나 낙동강 하구둑으로 인하여 먹잇감이 줄면서 철새들의 수가 급감하였고, 한때 을숙도는 부산시의 쓰레기 매립지로 지정되어 쓰레기섬으로 변해갔다. 2000년대부터 부산시는 을숙도의 습지를 복원하고 철새공원과 생태공원을 조성하여 넓은 갈대 자생지와 철새들을 보호하고 있다. [자료: 이전, 2011, pp.90-91; 위성욱, 2013]

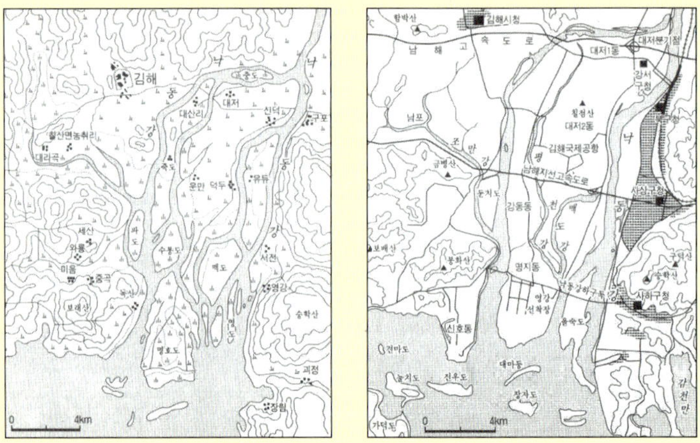

1905년 2000년

그림 2-9. 낙동강 삼각주의 변화 [출처: 장보웅, 2000]

4) 하천

지표면에 내린 비나 눈의 일부는 지표면이나 수면에서 증발하고, 일부는 식물체를 거쳐 증발하여 대기 속으로 되돌아가고, 일부는 지하수가 된다. 그 나머지는 지표수가 되어 낮은 곳을 향해서 흐르는데, 지표수는 사면(斜面)에서 최대 경사의 방향을 따라 흐르므로 자연히 그 흐름의 길이 생기게 된다. 이 유수의 좁고 긴 통로를 하도(河道)라 하고, 하도를 따라 흐르는 물을 하천(河川)이라고 부른다. 하천은 수목(樹木)처럼 줄기에 해당하는 본류와 가지에 해당하는 지류로 구성된다. 본류에 합류하는 것이 지류이며, 이와 반대로 본류에서 갈라져서 흐르는 것을 분류라고 한다. 보통 유량(流量)이 큰 하천은 강(江, river), 유량이 작은 하천은 천(川, stream)으로 불리지만, 이에 대한 엄격한 구분은 없다.

하천은 지형적 특성에 따라 여러 종류로 분류할 수 있다. 유속이 빠른 직선상의 하천을 직류하천(直流河川, straight stream)이라고 하며, 강물의 유속이 느리면서 측방을 침식하며 굽이쳐 흐르는 하천을 곡류하천 또는 사행천(蛇行川, meander)이라 한다(그림 2-10). 일시적인 호우가 내릴 때를 제외하고는 강바닥을 드러내는 하천은 건천(乾川, wadi)이라 하며 건조기후 지역에서 많이 볼 수 있다. 조수 간만의 차가 큰 바다로 흘러나가는 하천의 하류에서 조수의 영향으로 강물의 염분, 수위, 유속에 주기적으로 변화를 일으키는 하천을 감조하천(感潮河川, tidal river)이라 한다.

집중호우(集中豪雨)가 내릴 때 강의 상류 지방에서 토사가 많이 씻겨 내리고, 그 토사가 유속이 느린 강의 하류에 쌓여 하상이 높아지면, 이로 인하여 홍수가 자주 발생한다. 하상에 토사가 계속 쌓이고 홍수를 막기 위하여 제방을 계속 높이면 결국 하상이 주변의 범람원보다 높아지는데 이러한 하천을 천정천(天井川)이라고 한다. 천정천은 낙동강과 미국의 미시시피강 하류에서 대표적으로 잘 나타난다. 미국 뉴올리언즈(New Orleans)의 도심은 미시시피강의 하상보다 낮은 지대에 형성되어 홍수를 막기 위한 제방의 관리에 큰 노력을 기울이고 있다.

그림 2-10. 사행천(미국 Dead Horse Point에서 본 콜로라도강) [사진: 김학훈]

세계 4대 문명의 발상지는 모두 큰 강을 끼고 있었으며, 고대 이후의 취락 발달에도 하천은 큰 영향을 미쳤다. 하천의 물은 음료수와 농업용수로 사용되었으며, 강의 어패류는 주민들에게 단백질을 공급하는 중요한 식량이었다. 우리나라의 논농사에서 관개용수를 공급하는 하천은 절대적인 중요성을 가지고 있다.

그런데 우리나라의 하천들은 유량의 계절적 변동이 매우 심하다. 장마철에는 하천이 흘러넘쳐 수해(水害)가 자주 일어나는 반면에 가뭄이 심할 때는 유량이 극도로 줄어들어 강바닥을 드러내기도 한다. 우리나라는 온대계절풍 지역에 속해 있어서 연강수량의 60% 이상이 6·7·8월의 3개월 동안에 집중되고 있다. 이때 100 mm 이상의 집중호우가 내리면 홍수가 발생하기도 한다. 따라서 하천의 하황계수(河況係數)[5)]는 한강 1 : 393, 낙동강 1 : 372, 금강 1 : 299, 영산강 1 : 682, 섬진강 1 : 715로 다른 나라의 하천에 비하여 대단히 크다. 이렇게 유황(流況)이 불안정하므로 홍수 때 많은 침식이 일어나고 토사가 흘러내려서 하류에 넓은 충적지를 이룬다.

우리나라에서는 1966~1975년을 계획 기간으로 하는 한강·낙동강·금강·영산강 등 4대강 중심의 수자원 종합개발 10개년계획이 수립되었고, 이에 따라 홍수와 가뭄의 악순환을 막고 물 자원의 이용률을 높이는 방법으로 다목적 댐의 건설에 박차가 가하였다. 그리고 1980년대에 와서는 날로 늘어나는 각종 용수의 수요에 대비하여 다목적 성격의 영산강·낙동강·금강의 하구둑이 완공되어 물 자원의 이용량을 더욱 늘릴 수 있게 되었다(한국민족문화대백과사전).

하천은 내륙수로로서 수운 교통에 중요한 역할을 해왔다. 과거 우리나라 하천의 가항종점(可航終點)을 살펴보면, 남한강은 영월, 북한강은 춘천, 금강은 부강, 낙동강은 안동, 영산강은 영산포, 섬진강은 구례, 압록강은 신갈파진, 대동강은 덕천, 임진강은 고랑포, 청천강은 희천 등이었다. 한강과 그 이남의 주요 하천들은 조선시대에 지방의 세곡(稅穀)을 서울로 운반하는 중요한 수송로로 이용되었는데, 한강은 특히 중요하였다.

한편 하천은 육상교통에 장애가 되어왔다. 주요 도로가 하천에 가로막히는 곳에서는 일찍부터 사람들이 나룻배를 타야 했고, 나루터에는 나루터 취락(浦口聚落)이 발달하였다. 조선시대 말기까지 번성했던 한강의 5대 포구(浦口)는 단양의 영춘나루와 매포나루, 충주의 목계나루, 여주의 이포나루, 그리고 서울의 마포나루를 일컫는다. 나룻배는 근대적인 교량이 건설됨에 따라 사라지기 시작하였으나, 경기도 여주의 이포(梨浦)나 충청북도 단양의 영춘, 경상북도 상주의 낙동 등에서는 1980년대 말 또는 1990년대 초에도 자동차를 실어 나르는 나룻배가 운행되었다(그림 2-11).

영춘나루 [사진: 김운기, 1978년]

영춘대교 [사진: 김학훈, 2013년]

그림 2-11. 영춘나루(단양군 영춘면)와 그 자리에 세워진 영춘대교(1992년 건립)

5) 하상계수(河狀係數, coefficient of river regime)라고도 하며, 하천의 특정 지점에서 수년간 측정한 하천의 최소유량과 최대유량의 비율을 의미한다. 외국 하천의 예를 들면, 콩고강 1 : 4, 템즈강 1 : 8, 라인강 1 : 14, 세느강 1 : 23, 나일강 1 : 30, 양쯔강 1 : 22, 미시시피강 1 : 119, 갠지즈강 1 : 35 등이다.

5) 해안

해안(海岸, coast)이란 육지와 바다가 만나면서 서로 영향을 주고받는 좁고 긴 지대를 가리키며, 해안선에 접한 육지뿐 아니라 인접한 바다도 해안에 포함된다. 해안선은 바다와 육지가 만나는 선을 가리킨다. 해안지형의 특성을 결정하는 요인을 살펴보면, 해안을 구성하는 암석, 기후조건, 그리고 조류, 연안류, 파랑 같은 해수작용 등이 있다. 이러한 요인들의 작용에 따라 해안은 천태만상의 경관을 보여준다(권순식, 2005, p.128).

해안은 평야와 마찬가지로 침식작용과 퇴적작용을 중심으로 분류할 수 있다. 해수의 침식작용이 강한 곶(串, headland)에서는 주로 암석해안(rocky coast)이 형성되고, 해수의 퇴적작용이 강한 만(灣, bay)에서는 모래해안(沙濱, sandy beach), 자갈해안(gravel beach), 갯벌해안(tidal flat shore)이 나타난다.

암석해안에서는 산지의 사면이 그대로 바다에 연결되어 기반암이 노출되면서 헤드랜드(headland)와 해식애(sea cliff)가 바다와 접한다. 해식애 아래의 바닥은 파도의 침식에 의해 파식대(wave-cut bench)라고 부르는 삭마면(削磨面)이 형성된다(그림 2-12). 이러한 파식대는 지반이 융기하거나 해수면이 후퇴하면 해안단구로 남게 된다.

모래해안의 모래는 대부분 인근 지역의 하천에서 바다로 공급된 모래가 파도에 의해 운반되어 만입부에 퇴적된 것이다. 자갈해안의 자갈은 바다로 떨어져 나간 해안 절벽의 암석들이 오랜 세월 동안 강한 파도에 의해 삭마되고 해안가에 퇴적된 것이다. 우리나라 동해안에는 모래해안이 잘 발달해 있으며, 사주, 사취, 석호, 사구도 곳곳에 나타난다. 서해안에도 북서풍이 탁월하여 곳곳에 해안사구가 발달해 있는데, 태안군 신두리의 해안사구는 국내 최대규모로서 천연기념물로 지정되어 있다.

그림 2-12. 암석해안(변산반도 채석강) [사진: 김학훈]

갯벌 또는 간석지는 하천에 의해 바다로 운반된 점토와 실트가 밀물과 썰물의 작용으로 만조수면과 간조수면 사이의 조간대(潮間帶, intertidal zone)에 퇴적된 지형이다. 우리나라의 서해안과 남해안은 조차가 크고 큰 하천에서 공급된 미립질이 풍부한데, 바다로 이동한 미립질이 만조시에 해안으로 깊숙이 밀려와서 파랑이 작은 만입부에 서서히 퇴적되면 갯벌이 형성된다.

우리 인간의 생활은 해안과 밀접한 관계를 맺고 있다. 바닷가의 백사장은 해수욕장으로 이용되고, 간석지는 각종 수산물을 채취하는 목장 같은 곳이다. 해안의 촌락은 해안의 특성에 따라 생활양식이 달라지기도 한다. 모래해안과 갯벌 근처의 촌락은 대체로 반농반어 형태의 경제활동을 하며, 암석해안의 촌락에서는 전형적인 수산업을 행하는 경향이 있다.

간석지는 방조제를 구축하여 간척지로 개발하는 경우가 많이 있다. 역사 기록에 의하면, 고려시대 후기 몽골의 침입 때문에 강화도로 천도한 다음부터 농지를 확보하기 위해 강화도 해안에 처음으로 간척지를 조성했다고 한다. 간척지는 주로 농경지를 확보하기 위해서 조성되지만, 요즈음은 공업단지, 도시개발, 항만, 염전, 수산 양식장 등이 들어서기도 한다. 우리나라에서 가장 최근에 완공한 간척지는 새만금 간척지로서, 1991년 첫 공사를 시작하여 2010년 방조제가 준공되었다. 처음에는 새만금 간척지의 대부분을 농경지로 확보하려 했으나, 논란 끝에 약 30%만 농업용지로 이용하고 나머지는 산업용지, 관광·레저용지, 국제업무용지, 과학연구용지, 배후도시용지 등으로 개발하고 있다.

3 기후환경

1) 환경으로서의 기후

지구상의 모든 동식물은 대기가 존재함으로써 그 생명을 유지할 수 있다. 그 대기의 상태는 시간과 장소에 따라 다양하게 변화하는데, 우리는 그것을 기상(氣象, weather)이라고 부른다. 기후(氣候, climate)는 일정한 지역에서 장기간에 걸쳐 나타나는 대기현상의 평균적인 상태를 말한다.[6] 기상은 시시각각 변화하는 순간적인 대기현상이지만, 기후는 1년 주기로 되풀이되는 대기현상을 종합한 것으로 '평균적인 기상(average weather)'이라고 할 수 있다. 氣候라는 한자말은 24절기(節氣) 72후(候)에서 유래되었다. 영어로 기후를 뜻하는 climate은 그리스어의 'klinein(기울다)'에서 유래하였다. 아리스토텔레스 이후 태양 입사각의 기울기 차이에 따라 위도대(klimata)를 구분하였는데, 이것이 오늘날 기후대의 개념으로 발전한 것이다.

6) 세계기상기구(WMO: World Meteorological Organization)에서는 기후 통계분석의 표준 기간을 30년으로 정한 바 있다.

인류의 문명은 기후의 직접 또는 간접적 영향을 받아 발전했다. 농업을 위한 기후 조건이 적절하여 충분한 식량을 얻을 수 있는 곳에서 인류문명이 일어설 수 있었다. 사실 기후는 현재까지도 식량 및 생활 재료의 획득, 즉 사람의 의식주(衣食住) 및 생활양식에 영향을 미치고 있다. 냉대지방과 열대지방의 생활양식은 차이가 심하며, 물자교류가 활발한 현대생활에서도 각 기후대에 적합한 농업활동과 의식주 생활양식은 여전히 기후의 제약을 받고 있다.

환경결정론자로 알려진 미국의 지리학자 헌팅톤(Ellsworth Huntington, 1876～1947)은 그의 저서 「*Civilization and Climate*」(문명과 기후, 1915)에서 인간의 문명은 적절한 자극을 주는 기후 지역에서만 발달하며, 열대지방의 단조로운 높은 온도는 수준 높은 문명에 도달하는 것을 방해한다는 가설을 제시하였다. 또한 기후의 변화에 따라 문명이 쇠퇴하기도 하였다면서, 중동지방의 문명은 점차 건조해지면서 쇠퇴했으며 멕시코의 마야문명은 기후가 습윤해지면서 쇠퇴했다고 주장했다.

인류의 조상들은 전 세계적인 기후변화가 오더라도 잘 적응해 살아남았으며, 지금도 인간은 기후환경이 다른 곳으로 이주하더라도 잘 적응하고 있다. 이렇게 새로운 기후환경에 적응해 나가는 것을 기후순화(氣候馴化, acclimation)라고 한다. 이러한 기후순화의 개념은 기후변화에 적응하기 위해서 단순히 신체의 생리기능을 적응시키는 것에 국한되는 것이 아니며, 의식주 및 생산활동의 변화를 통한 적응도 포함한다. 인간의 비거주지역이던 빙설기후 지역이나 사막기후 지역에도 인간이 거주하며 경제활동에 종사하는 것이 기후순화의 대표적인 예가 될 것이다.

오늘날에는 미기후(micro-climate) 또는 국지기후(local climate)를 인공강우 같은 과학기술적 방법을 통해서 어느 정도 인위적으로 조절할 수 있게 되었다. 반면에 근대 산업의 발달과 지역개발은 자연환경의 파괴와 함께 기후환경의 변화를 초래하고 있다. 예를 들면, 대규모 댐 수변에는 안개가 자주 나타나고 기온이 내려가는 등의 미기후적 변화가 나타나고 있다.

기후는 짧은 기간에는 큰 변화가 없지만, 지구의 역사를 통해서 보면 기후는 일정하지 않았고 크고 작은 변동이 있었다(김연옥, 1988). 지질시대 제4기 동안에도 여러 번의 기후 변동이 있었으며, 그중 약 1만 년 전에 시작된 홀로세(Holocene, 충적세)부터 지금까지 후빙기(또는 간빙기)가 지속되고 있으며, 최근에는 지구 기온이 서서히 상승하는 온난화 현상을 겪고 있다. 이렇게 기후환경은 인간 생활에 여러 가지 형태로 영향을 주고 있으므로 이에 대해 어떻게 대응하고 극복해 나갈 것인가를 알기 위해서는 기후를 구성하는 요소들을 살펴볼 필요가 있다.

글상자 2. 기후변화와 날씨 경영

기후변화로 인한 재해가 빈번하게 발생함에 따라 기상정보의 전략적 활용이 기업 경쟁력 제고의 중요 요인으로 떠오르고 있다. 미국은 2002년 이상기후로 인한 피해액을 집계한 결과 국내총

생산(GDP)의 10%에 달했다고 한다. 노벨 경제학상 수상자인 크루그먼(Paul Krugman) 교수는 2012년 7월 24일 뉴욕타임스(NYT)에 게재한 칼럼에서 “기후변화에 의한 대규모 피해는 미래의 일이 아니라 이미 현실이 됐다”라고 말했다.

기상정보는 농업, 어업뿐 아니라 음료, 빙과류, 냉난방기, 의류, 레저, 교통, 재해보험 관련 기업에 영향을 미친다. 그중 가장 민감한 곳은 해운·항공업계로서 여러 곳에서 취합한 기상정보를 운항결정에 활용한다. 한진해운은 기상정보 서비스회사 두 곳과 계약을 하고 기상예상도와 추천 항로를 받는다. 아시아나항공은 종합통제센터를 설립해 기상정보 활용도를 높인 결과 회항률의 감소효과를 봤다. CJ제일제당의 경우 기상관련 전공자를 채용해 곡물구매팀에 배치했다. 그의 역할은 미국 농무부, 곡물 중개업체, 기상정보업체들의 연구 자료를 분석하고 구매시점과 물량을 결정하는 것이다. 미국 대륙에 대한 3~4개월 기상예보를 받아보고 가뭄이 예상되면 사전 계약으로 필요한 곡물을 미리 확보한다. 삼성그룹은 1993년 삼성지구환경연구소(현 삼성안전환경연구소)를 설립하여 이상기후와 기후변화에 따른 경영전략을 짜고 있다.

날씨 경영(weather management)은 기업이 기상정보를 활용해 원자재 구매나 생산·판매·마케팅 등의 전략을 수립하는 것을 말한다. 정확한 날씨를 예측하는 것이 기업의 경쟁력인 시대가 됐다. 기후변화에 따라 기상이변이 잦아졌기 때문이다. 극심한 가뭄이나 홍수, 태풍, 겨울의 한파나 이상고온 같은 기상이변은 기업의 원자재 조달은 물론 판로에도 영향을 미친다. 몇몇 앞선 기업들이 날씨 경영에 나서고 있지만, 국내 기업들의 전반적인 상황은 아직 걸음마 단계다. 미국의 경우 민간업체가 제공하는 기상정보 시장의 규모가 9조 원에 달하고 종사자는 3만5천여 명에 이른다. 이에 비해 국내 민간 기상정보 시장은 연간 800억 원에 불과하다. 미국은 기업의 절반 이상이 날씨 정보를 구입해 경영에 활용하고 있지만, 국내 기업은 이 비율이 9% 정도이다.

[출처: 장정훈·김호정, 2012]

표 2-1. 계절별 이상기후의 영향

계절	이상기후의 영향	계절	이상기후의 영향
봄	• 가뭄: 농작물 작황에 악영향, 수질악화 • 이상저온: 봄철 의류 매출감소 • 황사: 항공기 엔진, 정밀기기 손상	여름	• 폭염·열대야: 기업 생산성 감소, 냉방비용 증가, 발전소 비상가동 • 장마 장기화: 여름 상품, 휴가철 매출감소
여름 가을	• 집중호우: 홍수로 주택 침수 및 공장 가동 중단 • 태풍: 재산 및 인명 피해	겨울	• 폭설: 물류마비로 배송지연 및 생산차질, 교통마비로 외식업과 관광산업 매출감소 • 한파: 난방비 증가, 발전소 비상 가동 • 이상고온: 겨울의류 매출감소

2) 기후요소와 기후인자

기후는 대기현상이 종합된 상태라고 하지만, 실제로 처음부터 대기현상을 종합하는 것은 어려운 일이다. 그래서 기후환경을 구성하는 요소별로 분석하고 종합하여 기후 상태를 결정한다. 기후요소(climatic element)로는 기온, 강수량, 바람의 3대 요소 이외에 기압, 습도, 운량, 일조시간, 일사량, 증발량 등이 있다.

이러한 기후요소의 일변화, 연변화는 지역마다 차이가 있다. 이와 같은 기후요소의 지역적 차이를 초래하는 요인들을 기후인자(climatic factor)라고 한다. 여러 기후인자 중에서 중요한 인자를 꼽으면 위도, 해발고도, 수륙의 분포, 지형, 그리고 해류가 있다.

(1) 위도

기후의 지역적 차이를 유발하는 가장 중요한 기후인자는 위도이다. 기후를 형성하는 근원은 태양에너지(solar energy)인데, 태양에너지의 양은 위도에 따라 다르게 나타난다. 둥근 공과 같은 지구에서 적도 부근은 태양이 수직으로 비추므로 태양에너지를 많이 흡수하는 반면, 고위도의 극지방으로 올라갈수록 태양이 비스듬하게 비추기 때문에 태양에너지를 많이 받을 수가 없다. 이러한 태양에너지의 위도 차이가 지구에서 기본적인 기후대(한대, 온대, 열대 등)가 나타나는 원인이 된다. 지축이 약 23.5° 기울기를 가지고 공전하는 것은 계절마다 흡수하는 태양에너지의 양을 다르게 만들어서 계절의 변화를 초래한다.

(2) 해발고도

해발고도에 따라서 기온, 강수량, 바람, 기압은 민감하게 변하기 때문에 같은 위도상에서도 평지와 산간지대는 상당히 다른 기후가 나타나게 된다. 대기 중에 수증기가 거의 없는 건조단열과정에서는 100 m 상승할 때마다 0.98℃씩 기온이 낮아지며, 대기 중에 수증기가 포화된 습윤단열과정에서는 고도에 따라 차이가 있지만 100 m 상승할 때마다 약 0.5℃씩 기온이 낮아진다. 이는 해발고도가 높아질수록 기압이 낮아지면서 공기 밀도가 희박해지므로 태양 복사에너지를 흡수할 공기도 부족하기 때문에 기온이 낮아지는 것이다. 습윤단열과정에서 높이 1 km 상승하면 약 5℃의 기온이 낮아지지만, 위도를 따라 극지방으로 100 km 올라간다고 하더라도 기온 하강은 1℃ 이내인 것을 보면 고도의 영향이 위도의 영향보다 훨씬 크다고 할 수 있다. 그리고 고도는 기압, 기온뿐 아니라 강수량, 바람 등에도 영향을 미치기 때문에 고도에 따라 식생과 농작물의 분포가 상당한 차이를 보인다.

열대 및 온대의 대산맥을 따라 분포하는 고산지대를 보면, 고도에 따른 기후의 차이는 취락 분포에 큰 영향을 미치고 있다. 안데스산맥 중부에 위치한 라파스 같은 고산도시의 경우 월평균 기온이 연중 10℃ 내외로 서늘한 고산기후가 나타나기 때문에 아열대 사막이 분포한 주변 저지대보다 많은 인구가 모여 살게 된 것이다.

(3) 수륙의 분포

지구의 수륙분포(水陸分布)는 곧 육지와 해양의 분포를 말하는데, 지구 면적의 약 72%가 해양이며 나머지 28%를 육지가 차지하고 있다. 육지의 기후는 격해도(隔海度) 즉 바다에서 떨어진 거리에도 영향을 많이 받기 때문에, 같은 위도에 있더라도 대륙 내부와 해안지역은 기후의 차이가 심하다. 대륙의 내부는 여름에는 덥고 겨울에는 한랭한 것에 비하여 해양은 여름과 겨울의 수온 차이가 심하지 않다. 이는 육지의 암석과 토양은 물에 비해 열전도율이 높아서 쉽게 가열되고 쉽게 방열하지만, 바닷물은 서서히 더워지고 서서히 식어가기 때문이다.

다시 말하면 대륙의 내부는 기온의 일교차와 연교차가 모두 심하지만 해안지역은 바다의 영향으로 그렇게 심하지 않다. 또한 강수량과 기압도 대륙 내부와 해안 연변 사이에는 큰 차이가 있다. 그러므로 어떤 지역의 기후는 수륙분포에 따라 달라지며, 이러한 차이는 대륙성 기후와 해양성 기후로 구분하는 근거가 된다.

(4) 지형

지형은 기온, 강수량, 바람, 습도 등에 영향을 미친다. 산맥이 동서로 걸쳐있을 때는 산맥을 경계로 남북의 기온 차이가 상당히 날 수 있다. 해안산맥의 경우는 산맥의 양측 사면에서 강수량이 큰 차이를 보이는데, 대체로 해안 쪽은 다우지가 되고 내륙 쪽은 건조지가 된다. 세계적인 예를 들면, 히말라야산맥의 남쪽 사면과 북아메리카 로키산맥의 서쪽 사면은 다우지인 반면 그 반대쪽은 건조지가 되고 있다. 우리나라에서는 태백산맥을 경계로 서쪽 사면에는 푄(Föhn) 현상[7)]의 일종인 고온건조한 높새바람이 봄철에 자주 분다(그림 2-13).

푄은 지중해의 습한 바람이 알프스산맥을 넘으면서 수증기가 응결되어 구름이나 비를 만들고 나서 산맥 너머의 북쪽 산록(남부 독일) 쪽으로 불어내리는 고온건조한 바람을 말한다. 우리나라의 높새바람은 북동풍을 뜻하는 말로서, 봄부터 초여름 사이에 북동풍이 동해상을 지나면서 흡수한 습기가 태백산맥을 넘으면서 응결되어 비로 뿌리고 나서 영서지방으로 부는 고온건조한 바람을 일컫는다.

태백산맥은 때때로 반대 방향으로 푄 현상을 일으키기도 한다. 봄철 한반도 남쪽에 고기압이 형성되고 북쪽에 저기압이 형성되면 기압골을 따라서 서풍이 동쪽으로 분다. 이 바람이 태백산맥을 넘으면서 푄 현상을 일으키고 양양과 간성 사이의 골짜기를 지나면서 속도가 빨라진다. 이 건조한 강풍을 예로부터 양간지풍(襄杆之風)이라 했으며, 같은 원인으로 양양과 강릉 사이로 불어오는 바람을 양강지풍(襄江之風)이라고도 한다. 이 바람 때문에 강원도 영동지방의 산간지역에서는 매년 건조한 봄철에 크고 작은 산불이 발생하고 있다.

7) 푄(Föhn) 현상은 비그늘 효과(rain shadow effect)라고도 한다.

산맥과 같은 큰 지형 외에도 소규모의 분지 지형에서도 국지적인 기후 차이가 나타난다. 대구와 청주 같은 분지 지형은 여름에는 고온이며 겨울에는 추운 대륙성 기후의 특성이 나타난다. 또 우리나라는 산지가 많아서 여름철에 습기가 많은 바람이 불어올 때 지형성 강우 또는 집중호우가 발생하는 곳이 많다.

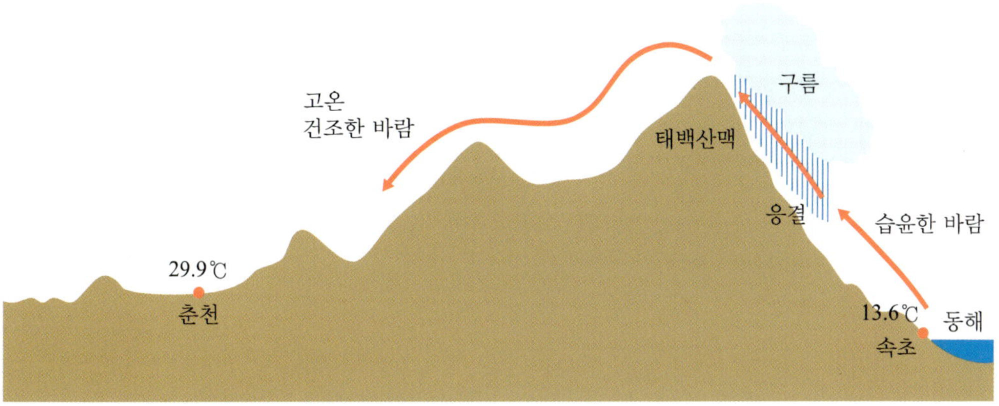

그림 2-13. 푄 현상(높새바람): 1999년 4월 25일의 기상 상황.

(5) 해류

해류는 바다에 인접한 육지의 기후에 큰 영향을 미친다. 같은 위도에 위치한 해안지역이라 하더라도 난류의 영향을 받는 경우와 한류의 영향을 받는 경우는 현격한 기후 차이를 보인다. 한류가 지나는 해안지역은 다른 지역에 비해 춥고, 반대로 난류가 지나는 해안지역의 기온은 다른 지역에 비해서 따뜻하다. 노르웨이 서안은 북위 58° 이상의 고위도에 있지만 멕시코 난류에서 시작된 북대서양해류의 영향으로 온난한 기후를 보인다. 우리나라의 동해안은 겨울철에 난류인 동한해류의 영향으로 서해안보다 기온이 높게 나타난다.

대체로 북반구 대륙의 서쪽 해안은 난류의 영향을 받으나 동쪽 해안은 한류의 영향을 받기 때문에, 같은 위도에 위치하더라도 대륙의 서안과 동안은 기후에서 큰 차이를 보인다(그림 2-13). 유라시아 대륙의 경우를 보면, 대서양 연안의 서유럽은 편서풍과 난류(북대서양해류)의 영향으로 해양성 온대기후가 나타나며, 시베리아 동부 연안은 계절풍과 한류(쿠릴해류)의 영향으로 대륙성 냉대기후가 나타난다.

남반구에서는 동안기후와 서안기후의 특성이 대체로 북반구와 반대로 나타난다. 아프리카, 오스트레일리아, 남아메리카 대륙의 경우 대륙 서안으로 한류가 흐르며 대륙 동안으로는 난류가 지나기 때문에 서안은 건조하며 동안은 습윤한 경향이 있다. 이러한 대륙들의 서안에 분포하고 있는 사막들은 대체로 한류의 영향으로 형성된 것이다.

3) 세계의 기후지역

세계의 기후를 구분하는 방법은 크게 두 가지로 나눌 수 있다. 첫째는 기후현상의 발생원인 및 기후인자에 따른 분류(genetic classification)로서 계절풍 기후, 편서풍 기후, 대륙성 기후, 해양성 기후, 동안기후, 서안기후 등의 분류가 해당한다. 둘째는 주요 기후요소들의 측정 자료를 근거로 하는 경험적 분류(empirical classification)로서 고대 그리스 시대부터 세계 기후를 열대, 온대, 한대로 구분한 것은 기온에 따른 경험적 분류에 해당한다. 일반적으로 기후 유형(climatic type)은 다양한 기후요소와 기후인자가 결합한 상태에 따라 분류된다. 현대에 와서 가장 많이 사용되는 기후구분 방법은 독일의 기후학자 쾨펜(W. Köppen, 1846~1940)이 기온과 강수량의 계절별 측정자료를 중심으로 분류한 것이다(그림 2-14). 이러한 기후구분에 따른 기후지역을 크게 열대, 건조, 온대, 냉대, 한대로 나누어 설명하면 다음과 같다.

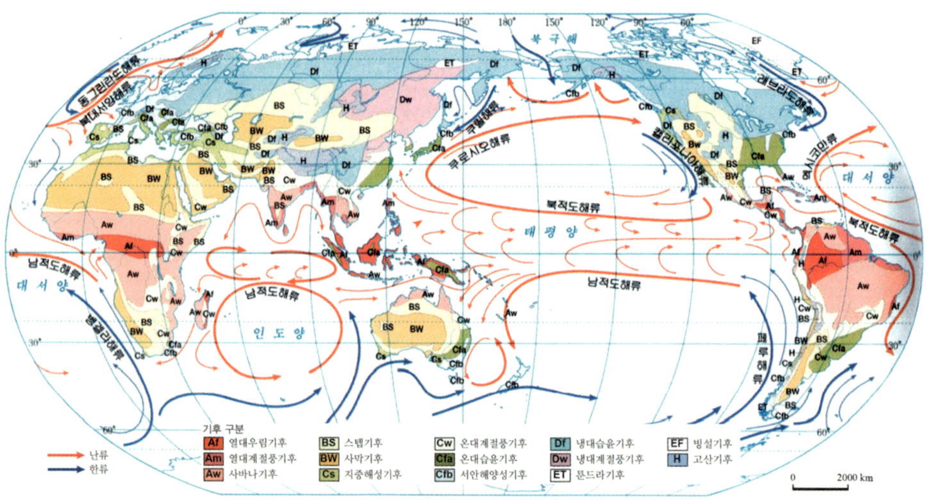

그림 2-14. 세계의 기후구분과 해류

(1) 열대기후 지역

열대기후(tropical climate)는 적도 주변 남북위 20° 이내의 저위도 지방에서 볼 수 있는 기후이다. 태양고도의 계절적 변화가 거의 없으므로 기온의 연변화도 작고 사계절의 구별이 없이 연중 높은 기온을 보이는 곳이다. 강수량은 열대수렴대의 영향으로 대체로 많은 편이며 연간 2,500 mm를 넘는 곳도 있다. 우기를 가져오는 열대수렴대는 적도를 중심으로 형성되며, 계절에 따라 남북 방향으로 이동한다. 열대기후는 열대수렴대가 출현하는 기간, 즉 우기에 따라 세 가지로 세분할 수 있는데, 연중 우기가 지속되는 열대우림기후, 우기가 6개월 이상인 열대계절풍(몬순)기후, 우기가 6개월 미만인 사바나기후가 그것이다.

열대우림기후(tropical rainforest climate, Af)는 열대수렴대에서 고온으로 인하여 상승한 기류가 비로 내리는 스콜(squall) 같은 대류성 강우가 거의 매일 발생하는 것이 특징이며, 그 분포지역은 아마존강 유역, 중앙아메리카, 중앙아프리카, 동남아시아 등이다. 열대계절풍기후(tropical monsoon climate, Am)는 열대수렴대의 이동으로 발생한 계절풍이 불면 우기가 나타나며 열대수렴대가 멀리 사라지면 건기가 되는 기후이며, 그 분포는 열대우림의 주변부인 인도 남서부, 방글라데시, 미얀마, 타이, 남아메리카 북동부 등지에서 볼 수 있다. 사바나기후(tropical savanna climate, Aw)는 열대수렴대가 출현하는 우기가 6개월 미만으로 건기가 더 길게 나타나는 기후로서, 나무는 잘 못 자라고 초지가 지배적이다. 그 분포는 브라질고원, 아프리카 중부, 인디아, 인도차이나반도, 오스트레일리아 북부 등지이다.

열대지방의 원주민들은 검은 피부와 곱슬머리를 한 아프리카의 니그로(Negro) 인종뿐 아니라, 동남아시아와 오세아니아의 니그리토(Negrito), 말레이 인종(Malayan), 중남미의 인디오(Indio)과 메스티소(Mestizo, 인디오와 백인의 혼혈) 등도 포함된다. 고온다습한 환경에 적응한 열대지방 원주민들의 신체적 특징을 보면 몸의 표면적이 작은 것이 유리하기 때문에 체구가 작은 편이며, 곱슬머리는 인간의 뇌를 보호하기 위한 통풍장치로 볼 수 있다. 피부색도 강한 햇볕에 노출되어 진화한 결과이다.

열대지방 원주민들의 농업활동은 원시적 화전농업으로 자급자족해 왔으나, 유럽인들의 자본이 투입되면서 상업적인 대규모 플랜테이션(plantation)[8] 농업도 발달하고 있다. 이러한 농업활동은 삼림벌채로 인하여 급격한 토양손실과 환경파괴를 초래하고 있다. 아프리카 사하라사막 남쪽의 사헬(Sahel)지대는 사바나 초원지역인데 과도한 방목으로 인하여 사막화가 가속되고 있는 지역이다.

열대지방 원주민들의 식생활은 지역마다 차이가 있다. 이기작(二期作)이 가능한 동남아시아의 벼농사 지대에서는 쌀을 주식으로 하지만, 화전경작을 하는 곳은 얌(yam), 카사바(cassava),[9] 타로(taro, 토란), 바나나 등을 주식으로 하며, 다양한 열대과일을 재배한다(그림 2-15). 또한 야생의 나무열매, 꿀 등을 채집하기도 하며, 사냥 및 어로 활동으로 단백질을 공급한다.

8) 열대 및 아열대 지방에서 서양 자본가가 자본·기술을 제공하고 원주민 및 이주노동자의 값싼 노동력을 이용해서 단일경작을 하는 기업적인 농업으로서 재식농업(栽植農業)이라고도 한다. 플랜테이션 농작물로는 무역 가치가 큰 고무·커피·차·삼·카카오·키나·사탕수수·바나나·담배·향신료 등이 있다.

9) 카사바는 마니옥(manioc)이라고도 하는데 고구마같이 생긴 뿌리를 먹는다. 주로 타피오카(tapioca)라는 녹말가루를 추출하여 여러 가지 요리나 과자를 만들어 먹는다.

그림 2-15. 열대과일 상점(베트남 호찌민) [사진: 김학훈]

열대기후의 환경에 적응하기 위한 가옥의 형태를 살펴보면, 홍수 및 더위, 위험한 동물 등을 막기 위하여 마루를 높인 고상(高床)가옥이나 강이나 호수에 떠 있는 수상(水上)가옥이 보편화되어 있다(그림 2-16). 가옥구조를 보면 통풍이 잘되도록 창이 넓을 뿐 아니라 지붕 처마도 길어서 집에 그늘이 지도록 한 것이 특징이다.

그림 2-16. 타이(태국) 농촌의 고상가옥 [사진: 김학훈]

(2) 건조기후 지역

건조기후(arid climate)는 일반적으로 연간 강수량이 증발량보다 적을 때 나타나는 기후로서 연강수량이 500 mm 이하인 지역이 해당한다. 건조지역은 지구 육지의 35% 이상을 차지하여 가장 면적이 광범위한 기후지역이다. 건조한 기후로 인하여 식생이 드물고 토양이 그대로 드러나는 나지(裸地)의 경관을 보이고 있으며, 영구적으로 물 부족 현상이 나타난다. 건조기후는 연강수량을 기준으로 250 mm 이하이면 사막기후(desert climate, BW), 250 mm 이상이면 스텝기후(steppe climate, BS)로 분류한다. 또한 최한월의 평균기온 10℃를 경계로 열대건조기후와 온대건조기후로 나누기도 하므로, 강수량과 기온을 종합하여 건조기후를 세분한다면 4개의 기후로 세분할 수 있다.

건조기후 지역은 아프리카와 오스트레일리아의 경우 중위도(아열대) 고압대에서 발생하는 하강기류의 영향을 받는 지역(북회귀선과 남회귀선 부근)에 집중적으로 발달하는 데 반해, 중앙아시아, 몽골, 북아메리카 서부, 남아메리카 남부에는 위도 50° 부근까지 퍼져있다. 이 지역의 하천은 큰비가 내릴 때 일시적으로 물이 흐르다가 없어지는 건천(wadi)이 대부분이다. 또한 기온의 일교차가 크기 때문에 암석의 풍화가 활발하다.

식생을 보면 선인장 같은 각종 건생식물(乾生植物, xerophyte)들이 분포하고 있으며, 스텝(steppe, 러시아어로 '짧은 풀 초원'이라는 뜻)지역의 초본류는 짧은 우기에 싹이 트고 꽃을 피워 씨까지 날려 보내는 일년생이 대부분이다. 미국, 러시아, 호주, 아르헨티나 등지의 스텝지역은 세계적인 밀농사 지대를 형성하고 있다. 낙타(camel)는 건조지대의 대표적인 동물로서 중앙아시아, 아라비아반도, 북아프리카까지 광범위하게 분포한다.

사막지대는 인간이 살기 어려운 환경이지만 그런 곳에 오랫동안 거주해 온 베두인(Bedouin)족이 있다. 그들은 중동지방과 아프리카 북부에 퍼져 살면서 양, 염소, 낙타 등을 기르며 초지를 찾아 유목생활을 하는 민족으로서 이슬람교를 믿는다. 유목민들은 이동식 천막 가옥에서 생활하는데, 그런 가옥을 중앙아시아에서는 유르트(yurt), 몽골에서는 게르(ger)라고 부른다(그림 2-17).

건조지대의 주민들은 오래전부터 오아시스 우물을 활용하는 지혜를 가지고 있다. 그들은 오아시스의 물을 먼 곳까지 증발을 방지하며 운반하는 지하수로를 개발하였는데, 이를 아랍어로는 카나트(qanat 또는 kanat)[10]라고 한다(그림 2-18). 일부 오아시스 주변에는 이러한 카나트가 개발되어 있어서 농작물을 재배하며 많은 인구를 부양할 수가 있다. 오아시스 농업의 대표 작물은 대추야자이다. 중앙아시아를 거쳐 중국과 중동지역을 연결하는 실크로드(Silk Road)는 고대부터 오아시스들을 연결하는 교역로로 발달하였다.

---

10) 이러한 지하수로를 이란, 아프가니스탄, 파키스탄 등지에서는 kariz 또는 karez, 북아프리카에서는 foggara 또는 fughara, 모로코에서는 khettara, 스페인에서는 galería, 중국 신장에서는 칸칭(坎井) 등으로 부른다.

그림 2-17. 몽골의 스텝과 게르 [사진: Wikipedia]

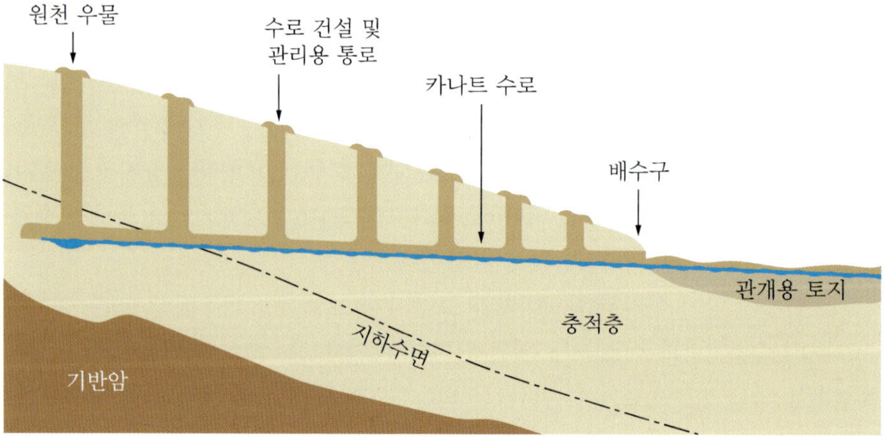

그림 2-18. 카나트(qanat)의 구조 [출처: Wikipedia]

(3) 온대기후 지역

온대기후(temperate climate)는 계절의 변화가 나타나며 대체로 온화한 기후로서, 세계 인구의 절반 이상이 온대기후 지역에 거주하고 있다. 이 기후는 날씨의 변동성이 크게 나타나는데, 그 이유는 해양성 기단과 대륙성 기단이 편서풍과 제트기류 등의 영향으로 변동하며, 저기압과 고기압의 배치가 자주 변하기 때문이다. 온대기후는 강수의 변동성을 기초로 지중해성기후, 온대계절풍기후, 온대습윤기후, 서안해양성기후로 세분할 수 있다.

지중해성기후(Mediterranean climate, Cs)는 온대하계건조기후라고도 하며, 여름은 고온 건조하지만 겨울은 온난 습윤한 것이 특징이다. 이 기후는 지중해 연안뿐 아니라 대륙 서안에도 나타나는데, 미국 캘리포니아, 오스트레일리아 남서부, 남아프리카 남서부, 남아메리카 칠레 등이 해당한다. 이러한 지역은 여름철의 청명한 날씨와 온화한 겨울철 날씨 때문에 휴양지로 각광을 받고 있다. 농작물은 포도, 올리브, 오렌지, 레몬, 체리 등 지중해성 과일을 주로 재배한다(그림 2-19).

온대계절풍기후(monsoon temperate climate, Cw)는 온대동계건조기후라고도 하며, 계절풍의 영향으로 여름은 고온 다습하며 겨울은 한랭 건조하여 기온 및 강수의 연교차가 매우 큰 것이 특징이다. 4계절의 변화가 뚜렷한 우리나라의 중부지방이 이 기후에 해당하며, 그 외에 중국 중부, 인도 및 인도차이나 북부, 남아메리카의 중부 내륙 등도 포함된다.

온대습윤기후(humid temperate climate, Cfa)는 아열대습윤기후라고도 한다. 이 기후의 여름은 불안정한 해양성 열대기단의 이동으로 고온 다습한 상태가 지속되며, 겨울은 비교적 온난한 편이다. 이 기후지역은 대륙 동안에 나타나는 것이 특징인데, 동아시아의 벼농사 지대인 한반도 및 중국의 남부, 일본이 해당하며, 또한 미국 중남부, 남아메리카 남동부, 오스트레일리아 동부도 포함된다.

서안해양성기후(marine west coast climate, Cfb)는 대륙 동안에 나타나는 대륙성기후와는 대조적으로 대륙 서안에 온난 습윤한 해양성기후가 나타나기 때문에 붙여진 기후구분이다. 이 기후는 연간 고른 강수분포를 보이며, 비교적 서늘한 여름과 그렇게 춥지 않은 겨울 날씨가 특징이다. 이 기후 지역은 북서유럽과 북아메리카의 북서 해안, 남아메리카의 남서해안 등을 포함한다. 우산을 항상 들고 다니는 영국 신사의 모습과 화창한 날에 많은 사람이 공원에서 일광욕을 즐기는 모습 등은 서안해양성기후 지역의 전형적인 문화 경관이다.

그림 2-19. 지중해성 과일(스페인 바르셀로나) [사진: 김학훈]

(4) 냉대기후 지역

냉대기후(continental/microthermal climate)는 온대기후와 한대기후 사이에 해당하는 기후이다. 이 기후의 특징은 기온과 강수량의 변동에 따라 사계절의 변화가 뚜렷하며, 위도가 높아질수록 추위가 심해진다. 겨울은 매우 춥지만 여름은 더운 편이어서 수목의 생육은 활발하다. 이 기후는 대체로 유라시아 대륙과 북아메리카의 고위도 지방에 나타나며 남반구에는 나타나지 않는다.

냉대기후는 연중 비나 눈이 고르게 내리는 냉대습윤기후와 여름철에 비가 집중되는 냉대계절풍기후로 세분할 수 있다. 냉대습윤기후(humid continental climate, Df)가 나타나는 지역은 북아메리카의 경우 미국 북부와 캐나다 대부분을 포함하며, 유라시아의 경우 러시아와 스칸디나비아 반도 대부분을 포함하는 광범위한 지역에 걸쳐있다. 냉대계절풍기후(monsoon continental climate, Dw)는 냉대동계건조기후라고도 하며, 계절풍의 영향으로 여름은 고온 다습하지만 겨울은 한랭 건조한 기후로서, 한반도 북부, 만주, 시베리아 등지에 나타나는 기후이다. 그리고 한대기후에 가까운 냉대 지역의 기후는 아한대기후(subarctic climate)로 구분하기도 한다.

냉대기후 지역은 여름이 짧고 겨울이 긴 편이지만, 밀, 보리, 귀리, 옥수수 등의 대규모 곡물농업이 가능하다. 또한 타이가(taiga, 러시아어로 '통과할 수 없는 숲'이라는 뜻) 침엽수림이 드넓은 지역에 거대한 삼림지대를 형성하여 임업도 발달하였다(그림 2-20).

그림 2-20. 타이가 삼림과 빙식곡(노르웨이) [사진: 김학훈]

(5) 한대기후 지역

한대기후(arctic/polar climate)는 남극대륙과 북극해 연안 지역에서 나타나는 한랭한 기후로서, 가장 따뜻한 달(최난월)의 평균기온이 10℃ 이하인 지역의 기후이다. 이 기후가 나타나는 지역은 대체로 북극권(북위 66.5°)과 남극권(남위 66.5°)보다 고위도 지방이므로 백야(白夜)현상과 극야(極夜)현상[11]이 계절에 따라 주기적으로 나타난다. 한대기후는 최난월의 평균기온 0℃를 경계로 해서 툰드라(tundra, 러시아어로 '수목이 없는 언덕'이라는 뜻)기후와 빙설기후로 나누어진다.

툰드라기후(tundra climate, ET)는 북아메리카, 러시아, 스칸디나비아반도의 북극해 연안과 그린란드(Greenland) 해안지역에 나타난다. 월 평균기온이 0℃ 이상인 달이 1년에 2～4개월 정도이며, 이때 들판에는 초본류와 이끼류의 식물이 자라기 때문에 들쥐, 순록 등의 동물들도 서식할 수 있다. 툰드라기후 지역에 사는 원주민 종족으로는 스칸디나비아반도 북부의 랩(Lapp)족과 시베리아 동부, 알래스카, 캐나다 북부, 그린란드 등지에 거주하는 에스키모(Eskimo)족[12]이 있다.

빙설기후(ice cap climate, EF)는 연중 월 평균기온이 항상 0℃ 이하인 기후로서, 그린란드 내륙지역과 남극대륙에 나타난다. 이 기후지역은 지구 육지면적의 26%를 차지할 만큼 넓지만, 빙하로 덮여 있거나 땅이 항상 얼어있는 영구동토층(permafrost)이 분포하기 때문에 식물이 자랄 수가 없으며 인간도 살기 어려운 곳이다. 남극대륙에는 한국을 포함한 세계 각국이 남극조약에 따라 자원 탐사 등 평화적 목적으로 연구 기지를 설치하여 운영하고 있다(그림 2-21).

에스키모인들은 본래 사냥감이나 식량을 찾아 계절적으로 이동하는 생활을 해 왔으나 지금은 대부분 현대식 가옥에서 정착생활을 하고 있다. 전통적으로 에스키모인들의 겨울 가옥으로는 이글루(igloo)라는 얼음집이 있으며, 여름 가옥으로는 바다표범이나 순록의 가죽으로 만든 튜픽(tupik)이라는 천막집이 있다.

그림 2-21. 남극 세종과학기지(1999년 여름) [사진: 정호성]

11) 하지가 가까워지면 북극권에서는 밤에도 해가 지지 않는 백야현상이 나타나고 남극권에서는 밤이 지속되는 극야현상이 나타난다. 동지가 가까워지면 반대로 북극권에서는 극야현상, 남극권에서는 백야현상이 나타난다. 그 이유는 지축이 약 23.5° 기울어진 상태로 자전과 공전을 하기 때문이다.

12) 에스키모는 '날고기를 먹는 사람'이라는 뜻의 원주민 말인데, 백인들이 종족 명칭으로 사용하였다. 캐나다에서는 이 용어가 인종차별적이라 하여 '사람'이라는 뜻의 이누잇(Inuit)으로 부르고 있다.

(6) 고산기후 지역

해발고도는 기후인자로서 기온, 강수량, 바람 등에 영향을 미친다는 것은 앞 절에서 설명한 바와 같다. 고산기후(alpine climate, H)는 열대와 온대의 고산지대에서 나타나는 기후로서, 공기가 희박하여서 연중 기온변화가 크지 않고 서늘한 것이 특징이다. 고산기후는 주변 저지대의 기후에 따라 열대고산기후와 온대고산기후로 구분할 수 있다.

열대고산기후가 나타나는 지역은 같은 위도의 열대 저지대보다 훨씬 서늘하며, 연중 월평균기온이 10℃에서 20℃ 사이를 유지하고 있다. 아메리카 대륙에는 열대 고산도시들이 많이 분포하는데. 멕시코고원의 멕시코시티(멕시코의 수도, 해발 2,250 m), 안데스산맥의 키토(에콰도르의 수도, 해발 2,850 m), 쿠스코(잉카제국의 수도, 해발 3,310 m)와 라파스(볼리비아의 수도, 해발 3,650 m) 등이 그 예가 된다. 안데스산맥의 고산지역에서는 감자와 옥수수 등을 재배하며, 야마(llama)와 알파카(alpaca) 등의 가축을 기른다(그림 2-22).

온대고산기후가 나타나는 지역 중에서 미국 로키산맥이나 스위스 알프스산맥 등은 겨울이 춥고 산이 험준하여 농업이나 도시가 발달하기에는 부적합하지만, 양이나 소를 계절에 따라 이목(移牧)하고 있다. 티베트고원도 건조하고 겨울이 추워서 농작물 재배에는 부적합하지만, 양과 야크(yak) 같은 가축을 몰고 초지를 찾아서 유목생활 하는 사람이 많으며, 라싸(拉薩, 해발 3,656 m) 같은 고산도시도 분포하고 있다.

(a) 야마 (b) 알파카 (c) 야크

그림 2-22. 고산기후 지역의 가축

글상자 3. 실크로드

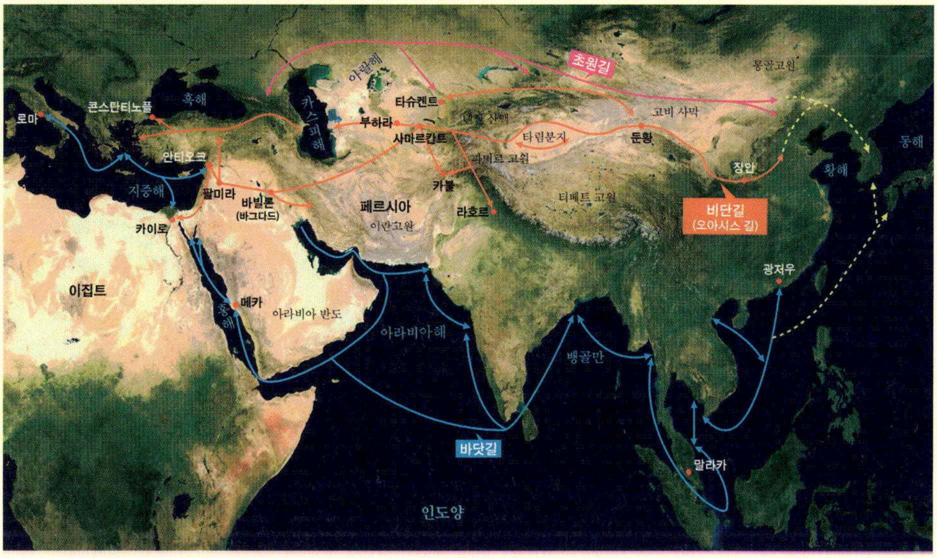

그림 2-23. 실크로드(Silk Road)의 3대 간선 [자료: 전국지리교사모임, 2014a, p.168]

일찍이 중앙아시아를 거쳐 동양과 서양을 연결하는 육로가 개척되었는데, 이를 독일의 지리학자 리히트호펜(Ferdinand von Richthofen, 1833~1905)은 실크로드(Silk Road, 비단길)라고 처음 명명하였다. 그는 1868년부터 1872년까지 중국 각지를 답사하고, 「China」(중국, 1877~1912)라는 책 5권을 저술하였다. 그는 이 책의 제1권에서 동서교류사를 개괄하면서, 중국으로부터 중앙아시아와 서아시아로 수출되는 주요 물품이 비단(silk)이라는 사실을 참작하여 이 교역로를 독일어로 '자이덴슈트라센'(Seidenstrassen: 영어 Silk Road)이라고 명명하였다.

그 후 학자들의 연구에 의하면, 고대에서 중세에 이르기까지 동서양의 교역은 중국 장안(長安, 현재의 시안)에서 중앙아시아를 지나 서아시아를 거쳐 콘스탄티노플(Constantinople, 현재의 이스탄불)까지 약 6,400 km에 달하는 길을 따라 이루어졌다는 것이 밝혀졌다(그림 2-23). 또한 오랜 역사에서 볼 때 동서 교역 물품에서 비단이 주류를 차지했던 기간은 짧은 편이기 때문에 비단길이라는 표현보다는 중앙아시아의 오아시스들을 연결한 교역로를 뜻하는 오아시스길(Oasis Road)이 더 적절하다는 주장도 있다. 그뿐만 아니라 학자들은 유라시아 대륙의 북방 초원지대를 지나는 초원길(Steppe Road)과 지중해로부터 홍해·아라비아해·인도양을 지나 남중국해에 이르는 바닷길(Southern Sea Road)까지 실크로드의 범주에 포함했으며, 이러한 실크로드의 종착지를 서쪽은 로마, 동쪽은 금성(金城, 현재의 경주)까지 확대하였다.

이러한 실크로드를 통한 주요 교역품으로는 중국의 비단, 칠기, 도자기와 서역(西域)[13]의 유리병, 옥, 향료, 말, 농작물(석류, 호두, 깨 등)이 있었다(정수일, 2013). 또한 실크로드를 통해서 중국과 한반도에 불교와 간다라 미술이 전파되었으며, 서양에는 중국의 제지법, 인쇄술, 화약, 나침반 등이 전파되는 등 문화교류도 활발하였다.

역사적으로 실크로드는 BC 8세기부터 AD 18세기까지 약 2,500년간 지속되었으며, 동서 교역을 중개한 사람들은 서역인들이었다. 중국 한(漢)나라 이전에는 주로 초원길을 따라 교역이 이루어졌으며, 파미르고원과 타클라마칸 사막으로 막혀서 통행이 어려웠던 오아시스길은 한 무제(武帝) 때 장건(張騫, ?~BC 114)의 서역 개척을 계기로 교역로가 확보되었다. 이후 서역과의 교류를 확대해 나가다가 당(唐) 태종(太宗, 599~649) 때는 오아시스길(비단길)의 전성기를 맞게 된다. 당의 수도인 장안(현재의 시안)에는 색목인(色目人)이라고 불리는 서역인들이 많이 거주하였으며, 더 멀리는 신라(新羅)까지 서역인이 왕래하였다. 13세기 몽골제국의 세력 확대도 실크로드의 초원길과 오아시스길을 따라 이루어졌다.

바닷길은 아라비아와 로마의 상선이 먼저 개척한 것으로 추정되는데, 처음에는 인도 서해안에서 중국 비단을 가져가다가 차츰 동남아시아를 지나 중국 광저우(廣州) 지역까지 상선이 진출하였다. 명(明)의 영락제(永樂帝) 때는 정화(鄭和, 1371~1433)가 이끄는 대함대가 아프리카 동안까지 원정하여 바닷길을 확보하며 위세를 떨쳤으며, 청(淸)대에는 해외 항해를 규제하였으나 스페인, 포르투갈의 상선이 중국, 일본, 멀리는 중남미까지 왕래하면서 바닷길이 유지되었다.

초원길과 오아시스길 등 육로를 통한 교역은 교역품의 수요 감소와 서역 왕국들의 통제로 인하여 18세기부터 쇠퇴하였으며, 지금은 오아시스에 세워졌던 대상(隊商, caravan)들의 숙소 건물들만 유적지로 남아있다. 동서 교역의 오래된 흔적으로 남아있는 실크로드는 권역을 초월하여 교류를 이어나간 인류의 의지를 보여주는 사례가 되고 있다. [출처: 김학훈 외, 2019, pp.331-335]

그림 2-24. 비단길의 오아시스 월아천(月牙泉)과 월천각(月泉閣)(중국 둔황) [사진: 민병훈]

13) 서역은 중앙아시아와 서아시아 지역을 뜻한다. 중국 한(漢)대의 중앙아시아에는 '서역 36국'이라는 표현대로 많은 왕국이 있었다. 이후 서역의 의미가 서아시아까지 확대되었고, 후대에는 더욱 확대되어 서양(西洋)의 의미로 쓰이기도 했다.

3

CHAPTER

생태계

태양계의 모든 행성이 처음 생성된 것은 45~50억 년 전이며, 지구상에 생명이 출현한 것은 지구 생성 후 약 10억 년이 지나서였다. 그 후 30억 년 동안 생명체는 바다에만 있었으며, 약 5억 년 전부터 육지에도 생명체가 출현했다. 최초의 육상 생물은 간단한 구조의 식물이었을 것이지만, 바닷속 동물들도 차츰 육지로 올라와 진화하면서 전 지구로 확산하였다(Marsh and Grossa, 1996).

우리 인류는 다른 생물체보다 특별한 진화 과정을 거친 것으로 인식되지만, 여전히 생태계(生態系, ecosystem)[1] 내에서 다른 생물체와 한데 어우러져 있다. 생태계란 인간을 포함한 동식물과 지구의 무기환경이 유기적인 상호관계를 맺으며 형성된 통합체를 말한다. 지구의 생물권(biosphere)에는 수많은 종류의 생태계가 존재한다. 각 생태계는 일정한 공간 경계 내에서 작동한다.

1 생태계의 구성과 에너지 흐름

생태학(ecology)은 생태계를 연구하는 학문으로서, 독일의 생물학자이며 진화론자인 헤켈(Ernst H. Haeckel, 1834~1919)이 1866년 그리스어의 oikos(사는 곳, 집)와 logos(학문)를 결합하여 처음 명명한 학문이다. 그는 생태학을 '생물과 환경, 그리고 함께 생활하는 생물 사이의 관계를 논하는 학문'이라고 정의하였다. 생태학과 관련된 학문으로서 생물지리학(biogeography)이 있는데, 생물분포학이라고도 한다. 이 학문은 동식물의 분포와 공간점유 패턴을 연구하는 학문이다. 그러면 생태계의 구성요소와 기능을 먼저 살펴보자.

각 생태계는 생물적 요소와 무생물적 요소로 구성되어있다. 생물적 구성요소는 생산자(식물), 소비자(동물), 분해자(벌레, 개미, 균류, 박테리아, 곰팡이) 등 세 개의 생물군으로 이루어진다. 무생물적 구성요소는 공기(산소, 질소, 탄소 등), 무기물(물, 광물 등), 태양광 등이다. 이러한 생태계의 구성요소들은 서로 깊은 관계를 맺고 있으며, 어느 한 요소가 빠지면 안정적인 생태계를 유지할 수 없다.

생태계를 유지하는 에너지는 원초적으로 태양에너지로부터 공급된다. 이 에너지는 영양단계(營養段階, trophic level)인 3~4개의 에너지 전이 과정을 거치면서 호흡으로 유실되는 것을 제외하고는 고차의 영양단계로 한 단계씩 이동하면서 전달되어 저장된다. 각 영양단계를 설명하면 다음과 같다(Marsh and Grossa, 1996).

1) 생태계(ecosystem)라는 용어는 1935년 영국의 식물학자이며 생태학자인 Arthur G. Tansley가 처음 사용하였다.

- **영양단계 1**: 식물은 광합성을 통해서 무기물로부터 유기 에너지를 만들어 내는 생산자이다. 녹색식물, 해초, 식물성 플랑크톤(phytoplankton) 등이 해당한다.
- **영양단계 2**: 초식동물은 1차 소비자가 된다. 소, 말, 코끼리, 사슴, 양, 다람쥐, 동물성 플랑크톤(zooplankton) 등이 해당한다.
- **영양단계 3**: 육식동물은 2차 소비자가 된다. 늑대, 여우, 족제비, 매, 뱀 등이 해당한다.
- **영양단계 4**: 최상위 육식동물이 3차 소비자가 된다. 사자, 호랑이 등 다른 육식동물을 잡아 먹을 수 있는 동물이 해당한다.

영양단계 1의 생산자는 독립영양층인 식물이며, 1차, 2차, 3차 소비자는 종속영양층인 동물에 해당한다. 이렇게 영양단계를 거치면서 먹이를 통해 에너지가 전달되는 것을 먹이사슬(food chain)이라고 한다. 또한 여러 종류의 먹이사슬이 상호 연결되어 복잡하게 얽힌 경우는 먹이그물(food web)이라고 한다. 생산자 → 1차 소비자 → 2차 소비자 → 3차 소비자의 단계를 거치면서 개체 수, 생물량(생물의 총량), 에너지 총량은 피라미드 형태로 감소한다.

동물은 초식동물과 육식동물로 구분할 수 있지만, 인간, 곰, 너구리, 개처럼 초식도 하고 육식도 하는 잡식동물(omnivore)도 있다. 육식동물은 대개 포식동물(捕食動物, predator)로서 다른 동물을 직접 사냥해서 먹지만, 독수리나 하이에나처럼 죽은 동물의 잔해를 먹는 부식동물(腐食動物, scavenger)도 있다. 또한 죽은 동식물의 유기물 조직이나 배설물을 먹는 개미, 파리, 지네, 굼벵이, 지렁이, 해삼 등은 잔재식동물(殘滓食動物, detritivore)로 분류한다.

각 영양단계의 생산자와 소비자가 배설한 분비물이나 죽은 잔해는 곰팡이, 박테리아 같은 분해자(decomposer)가 최종적으로 부패시키면서, 죽은 유기물질을 생산자(식물)가 흡수할 수 있는 무기 영양분으로 분해하여 방출한다. 이렇게 생태계 내에서 에너지가 전달되는 과정을 일반적인 모형으로 제시하면 그림 3-1과 같다.

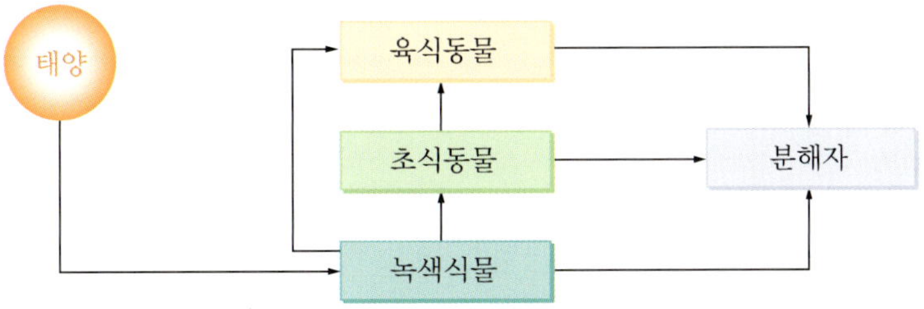

그림 3-1. 생태계의 에너지 전달 과정

각 영양단계와 분해단계에서 생물체의 호흡으로 인한 에너지의 유실이 발생하기 때문에 에너지 감쇠(energy attenuation)현상이 나타난다. 대부분의 생태계에서 호흡으로 인한 에너지 유실은 각 영양단계에 전달된 에너지의 90% 이상을 차지한다. 에너지는 대부분 열의 형태로 대기 중으로 방출된다. 이러한 현상을 고려해 볼 때 생태계의 에너지 흐름은 영양단계를 한 단계씩 이동하면서 에너지가 급격히 감소하는 피라미드 형태를 보이는 것을 알 수 있다.

이러한 측면에서 인간이 육식을 하는 것은 많은 식량 에너지를 소비하는 결과를 낳는다. 소 같은 1차 소비자는 인간이 직접적으로 소비할 수 있는 곡물 에너지의 상당 부분을 소비하고 있다. 소가 섭취한 에너지 대부분은 소의 신진대사 유지를 위해 없어지며, 소 몸통의 상당 부분은 우리가 먹을 수 없는 부분으로 폐기된다. 즉 인간이 채식을 하고 소 같은 가축을 사육하지 않는다면 가축이 낭비하는 에너지를 절약할 수 있는 것이다.

2 생태계의 특성

1) 군집, 천이, 생물다양성

군집(群集, community)은 생태계의 생물학적 하위 집단으로서 일정한 지역에 서식하며 상호작용을 하는 생물종들이 모여 형성된다. 그러므로 생태계는 다수의 군집과 무생물적 환경요소들로 구성되는 것이다. 예를 들어 호수생태계 내에서는 호수 바닥의 퇴적물에서 서식하는 동식물 군집과 호수면 근처에서 서식하는 동식물 군집이 존재한다. 군집을 구성하는 각종 생물 개체들은 사는데 필요한 자원이나 번식 등을 둘러싸고 종(種) 내에서 밀접한 관계를 유지하는 한편, 종과 종 사이에서도 필요한 유대관계를 가지고 생활한다. 군집 중에서 식물 부분은 군락(群落)이라고도 하여 군집을 동물 부분에만 한정된 용어로 사용하기도 한다.

군집의 생존에 있어서 서식지(棲息地, habitat)와 생태적 지위(ecological niche)의 개념은 중요하다. 서식지는 어떤 생물종이 서식하거나 생물학적으로 적응하여 살고 있는 공간을 의미한다. 생태적 지위는 어떤 생물종이 생태계에서 차지하고 있는 공간적 위치(서식지)와 먹이사슬 내에서의 역할(기능)을 포함하는 복합적인 개념으로서, 서식지 내에서 특정한 먹이, 둥지, 번식 등 어떤 생물종이 생존하는 방식에 영향을 미치는 여러 환경적 요인으로 구성된다. 예를 들어 북미대륙의 흑곰은 잡식성으로서 서식할 수 있는 숲의 온도 및 습도 조건이 광범위하여 넓은 생태적 지위를 누리는 일반종(generalist)인 반면, 중국의 판다(panda) 곰은 대나무 잎이 주식이며 대나무 숲에서만 서식하기 때문에 좁은 생태적 지위를 누리는 특화종(specialist)이다.

어떤 생물종의 서식지 내에는 다른 생물종도 공존하여 살 수 있지만, 같은 생태적 지위를 갖는 다른 생물종이 침범하면 경쟁이 발생하여 배타적으로 밀어내기도 한다. 그러나 생태 공간에서의 불안정한 변화로 인하여 외지의 생물종이 들어왔을 때, 그 생물종이 기존의 생물종의 서식지를 차지할 수도 있다.

새로운 군집이 침입(invasion)하여 오래된 군집을 대체하는 것을 천이(遷移, succession)라고 한다. 천이 과정에서는 대개 생태계 교란 또는 서식지 교란이 먼저 발생한다. 교란의 원인으로는 폭풍, 홍수, 화산폭발, 산불, 병충해, 외래종 침입 등이 있다. 기존의 군집에 교란이 발생하면 천이 과정을 거쳐 새로운 군집이 나타날 수 있다. 물론 적응력이 뛰어난 종들은 이러한 교란에도 살아남는다.

동식물이 천이 단계를 거쳐 최종적으로 예측 가능한 극상 군집(climax community)[2)]을 형성한다는 가정이 오랫동안 제시되기도 하였지만, 지금은 과학자들이 자연은 끊임없이 변하고 적응해 나간다는 가정을 제시하고 있다. 성숙한 군집이 역동적인 평형상태에 도달할 수는 있지만, 군집들이 환경에 적응하는 과정에서 시간이 지연되면서 불안정한 상태가 나타날 수 있는 것이다(Christopherson, 2012).

생태계의 안정성과 활력은 생물다양성(biodiversity)과 관련이 깊다. 현재 지구상에는 1,360만 종이 서식하고 있는 것으로 추정되며, 과학자들은 이중 단 200만 종을 분류하는 데 성공했다. 이러한 다양성의 기원은 진화론에서 찾아볼 수 있다. 진화(進化, evolution)는 단일세포 생물이 환경에 적응하고 변형하여 차츰 복잡한 다세포 생물로 변화하는 과정을 뜻한다. 이 과정에서 자연선택(natural selection)이라는 유전적 선택 과정이 적용되어 번식과 적응에 성공한 유전자만이 후세에 전달된다. 이러한 과정에서 돌연변이가 발생할 수 있으며, 다양한 지리적 환경에 의해 자연선택이 결정되기도 한다. 대륙이동이나 고립된 섬에 의해 자연적 분리(natural separation)가 일어나서 종의 이동을 막고 독자적인 종의 진화가 이루어지기도 한다. 다윈이 발견한 갈라파고스(Galápagos) 제도의 동물들이 그 예이다.

이러한 진화의 결과로 확보된 생물종의 다양성은 안정적이고 생산적인 생태계를 유지하는 데 도움을 준다. 그런데 인간이 토지개발과 수렵활동을 하는 과정에서 일부 생물종을 멸종시키고 생물다양성을 감소시킨 것은 생태계의 복잡성을 낮춰서 교란에 더욱 취약한 자연환경을 만드는 결과를 초래했다. 농업개발의 경우 인위적인 대규모 단일작물 군집은 기상변화와 병충해에 취약하므로 다양한 작물을 심어 생태적 안정성을 높일 수 있다.

글상자 4. 서식지의 교란: 제주도의 까치와 까마귀

제주도에는 오래전부터 까마귀는 살고 있었지만 까치는 없었다. 그런데 1989년 일간스포츠 신문사는 아시아나항공의 협찬으로 3차에 걸쳐 육지에서 포획한 까치 53마리를 제주도로 수송해서

2) 최종적인 천이 단계에서 안정적이고 자립적이며 기능적으로 지배적인 군집으로서 나타나서 탄생, 성장, 소멸이 균형을 이루는 군집을 말한다.

방사했다. 까치는 예로부터 길조(吉鳥)로 여겨져 1964년 국제조류보호회의(ICBP) 한국본부의 여론 조사에서 우리나라의 국조 후보 1위로 선정되기도 하였지만, 정부의 공식인정은 받지 못했다. 그래서 일간스포츠는 길조인 까치를 제주도에서 살게 하자는 취지에서 창간 기념행사를 벌인 것이다.

하지만 제주도에는 까치의 천적인 매나 조롱이 같은 맹금류가 없으므로, 까치는 왕성한 번식력을 자랑하면서 기하급수적으로 늘어나 현재 약 10만 마리의 까치가 생존하고 있는 것으로 추정된다. 까치들은 과실류 및 밭작물에 대한 피해는 물론 전봇대에 둥지를 틀어 정전시키는 등 제주도의 폭군으로 성장해갔다. 또한 제주도 토착종의 서식지를 침범하는 등 자연생태계를 교란하고 있다. 억센 까치들의 집단 공격력에 몰려 삶의 터전을 빼앗긴 무리가 바로 흉조(兇鳥)라 불리던 제주도의 까마귀들이다. 까마귀들은 오래전부터 제주도에 살고 있었고 그들의 서식지는 마을 주변이나 낮은 야산이었다. 그런데 이 까마귀들이 생태적 지위가 같은 까치들의 등쌀에 내몰리어 한라산 산간으로 터전을 옮겼다.

결국 제주도는 까치 도입 후 불과 5년 만인 1994년부터 까치의 포획을 허가하고 대대적인 '까치와의 전쟁'에 돌입하였지만, 날아다니는 새를 제어할 마땅한 방법이 없어 골치 아픈 문젯거리가 되고 있다. 까치는 2000년 유해 야생조수로 지정됐고 2005년엔 수렵동물로 고시돼 무제한 포획이 가능해졌다. 그래서 제주도에서는 대대적으로 까치 퇴치사업을 펼치고 있는데, 2011년만 해도 약 4만 마리의 까치를 포획하고 3천여 개의 까치집을 없앴다고 하며, 최근에는 매년 약 2만 마리를 포획하고 있다.

제주도에는 까치 외에 다른 외래동물의 침입이 있었다. 제주 목장에서 녹용을 얻기 위해 키우던 꽃사슴들이 탈출하여 한라산의 희귀식물들을 먹어 치우고 나무를 훼손하기도 한다. 이렇게 생태계에 미치는 영향을 고려하지 않고 외래종을 도입한 사람들에 의해 제주도는 재앙을 겪고 있다.

까치

까마귀

그림 3-2. 까치와 까마귀

2) 군집 내 상호관계

군집 내의 생물종 간에 이루어지는 상호작용은 경쟁, 공생, 기생, 포식 등이 있다. 먼저 배타적인 생물종 간에는 경쟁(競爭, competition)을 통해서 먹이가 많거나 둥지를 틀기 좋은 곳을 먼저 확보하려고 한다. 같은 생물종 내에서도 같은 이유로 경쟁이 일어날 수 있으며, 사자나 원숭이같이 집단생활을 하는 동물들은 우두머리가 되어 번식 기회를 더 많이 누리기 위해 경쟁하기도 한다. 이러한 경쟁에 대처하는 방법으로 생태적(공간적) 분리를 통해서 서로 멀리 떨어져 있거나, 서로 다른 먹이를 추구하면서 자원을 나누는 방법이 있다.

공생(共生, symbiosis)은 서로 다른 종 간의 긴밀한 교제로 이루어진다. 공생도 두 가지 종류가 있는데, 하나는 두 종 모두에게 혜택이 돌아가는 상리공생(相利共生)이 있고, 다른 하나는 한 종은 혜택을 보지만 다른 종은 아무 이익이나 해가 없는 편리공생(偏利共生)이 있다. 악어와 악어새, 지의류(地衣類)의 조류(藻類)와 균류(菌類)는 상리공생의 예가 되며, 나무의 구멍 안에 둥지를 트는 새는 편리공생의 예라고 할 수 있다.

한 종에게는 이익이 되지만 다른 종에게는 해가 되는 관계는 기생(寄生, parasitism)이라고 한다. 그 예로는 몸에 붙어서 피를 빨아먹는 이나 벼룩이 있고, 나무에 가지처럼 붙어서 나무의 수액을 흡수하여 생활하는 겨우살이 같은 기생식물도 있다. 이때 기생하는 생물을 기생자(寄生者)라 하며, 기생을 당하는 쪽을 숙주(宿主, host)라 한다. 대개 기생자는 일정한 숙주에 기생하지만, 숙주를 변경하는 경우도 있다. 일시적으로 기생 당하는 숙주를 중간숙주라 하며, 최후에 기생 당하는 숙주를 최종숙주라 한다. 그 예로는 사람의 소화기관 속에 살면서 해를 끼치는 기생충들이 있는데, 그중 간디스토마는 우렁이나 물고기를 중간숙주로 삼고, 인간을 최종숙주로 삼고 있다.

동물종 간의 포식(捕食, predation) 관계는 적대적인 관계이지만 군집 내에서 함께 살아가는 사자와 영양처럼 종과 종을 연결하는 한 유형이라고 볼 수 있다. 생태계에서는 1차 소비자인 초식동물을 잡아먹어 필요한 에너지를 얻는 2차 소비자인 육식동물의 약육강식 행위가 이에 해당한다. 이때 이 종들의 관계는 포식자(predator)와 피식자(prey)의 관계가 된다. 피식자는 살아남기 위해서 생존 기술을 개발하거나 다산을 하여 종속을 보존하는 방법이 있다.

많은 포식성 또는 피식성 동물들은 무리 내의 서열 및 조직 구조를 통해서 같은 종끼리 다양한 협력 유형을 나타낸다. 사자와 늑대들은 서로 협력해서 먹이 사냥을 할 줄 알며, 개미와 꿀벌들은 상당히 조직화된 집단생활을 한다. 또한 영양이나 얼룩말들은 우두머리를 중심으로 무리를 지어 생활하며 포식자로부터의 안전을 도모하고 있다.

그림 3-3. 공생의 예: 악어와 악어새

그림 3-4. 기생의 예: 겨우살이

3 생태계의 유형과 분포

생태계는 생물과 무생물 환경이 상호작용을 하는 통합체이다. 그렇지만 생태계의 규모는 무척 다양해서, 지구 전체의 생물권을 아우르는 지구 생태계에서부터 작은 연못 생태계까지 수많은 개별 생태계로 나누어 볼 수 있다. 우선 전 지구적 생태계의 유형은 크게 육상 생태계, 지표수 생태계, 해양 생태계로 분류할 수 있다. 여기서 다양한 생태계의 분포 유형을 이해하기에 적절한 규모의 생태계 집단은 바이옴(biome)이다. 바이옴은 유사한 환경조건을 가진 대규모 서식지를 함께 점유하고 있는 동식물의 군집 또는 하부생태계를 뜻하며, 생물군계(生物群系)라고도 한다.[3)] 비록 학자마다 바이옴의 유형분류 체계가 다르지만, 지구의 생태계를 바이옴 수준에서 다음과 같이 세분하여 살펴볼 수 있다.

1) 육상 생태계

육상 생태계에서는 기후지역의 우점 식생[4)]에 따라 구분한 안정적인 생물군집들을 바이옴으로 할당할 수 있다. 이에 따라 육상 생태계는 크게 6개의 바이옴으로 나눌 수 있다. 즉 삼림, 사바나, 지중해성 관목림, 초지, 사막, 툰드라가 그것이다.

3) 바이옴과 관련된 개념으로 비오톱(biotope)이 있는데, 이는 다양한 생물종들이 모여 서식하는 장소로서 동일한 환경조건을 가진 구역을 뜻한다. 우리나라에서는 도시생태현황 조사결과에 따라 각 구역을 보전의 필요성과 보호가치에 따라 등급화하여 도시생태현황도를 제작하는데, 이때 지정된 등급을 비오톱 등급이라고 하며 일정 기간 개발행위를 제한하는 근거로 활용된다.

4) 우점 식생은 바이옴 내에서 개체수가 가장 많고 경관상에서도 뚜렷하게 눈에 띄는 식생을 의미한다.

(1) 삼림

지구상에서 삼림이 발달할 수 있는 온도와 습도의 범위가 상당히 넓기 때문에 삼림은 광범위한 지역에 분포하고 있다. 즉, 위도에 따른 기온의 변화에 따라 일련의 삼림형이 북에서 남으로 순차적으로 분포하고 있으며, 또한 각 삼림형에 적합한 습도 또는 강수량의 차이에 따라 건조지역부터 습윤지역까지 다양한 삼림 분포가 나타난다(그림 3-5 참조).

열대우림(tropical rainforest)은 연중 기온이 높고 비가 많이 내리는 열대지방에 분포하며, 식물종이 매우 다양하게 혼합되어 있다. 열대우림의 수종은 키가 크고 잎사귀가 넓은 상록활엽수이며, 식물성장이 왕성하여 울창한 밀림지대를 이룬다. 밀집된 수목들은 햇빛에 대한 경쟁으로 인해 수직적으로 높게 성장하며, 나무들 사이에는 덩굴식물과 착생식물들이 자란다. 해안에서는 맹그로브(mangrove)[5] 숲이 형성되기도 한다(그림 3-6). 열대우림은 아프리카, 중남미, 동남아시아에서 볼 수 있는데, 남미 아마존강 유역의 열대우림은 셀바스(selvas)라고 부른다(그림 3-7).

상록활엽수림(evergreen broadleaf forest)은 열대우림뿐 아니라 아열대지방에서 볼 수 있는 난대림(subtropical forest)도 해당된다. 상록활엽수는 연중 푸르게 낙엽지지 않고 잎이 넓은 것이 특징이다. 우리나라에서는 남해안과 제주도에서 볼 수 있는 동백나무, 후박나무, 사철나무 등이 대표적인 상록활엽수이다.

그림 3-5. 강수량에 따른 수종 분포 [출처: Botkin and Keller, 2003, p.137]

5) 맹그로브는 열대 및 아열대의 진흙 해안에 서식하는 특수한 수종이다. 주기적으로 바닷물에 잠기는 해안 갯벌에 깊은 뿌리를 내려 염분에 강하고 잎이 두꺼운 수종으로 군락을 이룬다.

그림 3-6. 맹그로브 숲(필리핀 Cebu) [사진: 김학훈]

그림 3-7. 열대우림(아마존강 유역)
[사진: Wikipedia]

그림 3-8. 온대혼합림(남이섬)
[사진: 이병학]

낙엽활엽수림(deciduous broadleaf forest)은 북반구 중위도의 온대지방과 냉대지방에 넓게 분포한다. 낙엽활엽수는 키가 크고 잎이 넓게 자라지만 겨울에는 완전히 낙엽이 지는 수종이다. 우리나라의 대표적인 낙엽활엽수는 참나무, 단풍나무, 은행나무, 밤나무 등이다.

혼합림(mixed forest)은 활엽수와 침엽수가 혼합되어 있거나 상록수와 낙엽수가 혼합되어 있는 삼림으로서 온대 습윤지역과 대륙성(냉대) 습윤지역에 주로 분포한다. 한반도의 삼림은 대부분 여기에 해당된다(그림 3-8).

그림 3-9. 타이가 삼림(캐나다 Herbert Lake) [사진: Wikipedia]

침엽수림(coniferous forest)은 냉대지방의 대표적인 삼림이지만, 지형성 강우가 많은 한반도와 북미 서해안에는 온대침엽수림도 분포한다. 침엽수는 춥고 건조한 겨울에 적응하기 위해서 잎이 바늘처럼 뾰족한 것이 특징이며, 우리나라에서 볼 수 있는 소나무, 전나무, 가문비나무, 삼나무, 구상나무 등은 상록침엽수이지만 낙엽송처럼 낙엽침엽수도 있다. 나무는 키가 크고 굵은 편이며, 밀도가 비교적 높게 분포하므로 지표에는 그늘이 져서 관목이나 초본의 발달은 미약하고 이끼 같은 선태류가 잘 발달한다. 냉대지방의 침엽수림은 타이가(taiga)[6]라고 부르며, 시베리아, 알래스카, 캐나다 등지에 넓게 분포하고 있다(그림 3-9).

(2) 사바나

사바나(savanna) 바이옴은 연강수량이 적고 건기가 우기보다 긴 열대사바나 기후지역에서 나타나며, 아프리카의 동부, 아프리카 사헬지대, 인디아의 데칸고원, 오스트레일리아, 남아메리카 브라질고원 등지에 분포한다. 사바나 초원에는 광대한 초지에 건생식물에 속하는 수목과 관목들이 산발적으로 분포하는데, 수목들의 키는 큰 편이지만 서로 간격이 넓으며 키가 작은 관목과 함께 분포한다(그림 3-10). 나뭇잎은 작고 두꺼우며, 털이 나 있는 잎도 있다. 초본류는 잘 발달해 있지만 건조기에 말라 버리면 자연적인 화재가 자주 발생한다. 우기에 돋아나는 새싹은 초식동물의 중요한 먹이가 된다. 아프리카 사헬지대의 사바나 초원은 과도한 방목으로 인하여 사막화(desertification)가 진행되는 대표적인 지역이다. 사막화는 현재 사막 외곽의 사바나 지역이나 스텝 지역에서 발생하는 전 세계적인 현상이다.

6) 타이가는 러시아어로 "통과할 수 없는 숲"이라는 뜻이다.

사바나는 대형 육상 포유류의 천국이다. 기린, 얼룩말, 코끼리, 코뿔소, 영양, 타조 등의 초식동물은 사바나 풀을 먹고 자라지만 사자나 치타 같은 육식동물의 먹이가 된다. 사바나 초원을 부르는 이름은 지역마다 차이가 있는데, 베네수엘라에서는 야노스(llanos)라 하며, 브라질고원에서는 캄포 세라도(campo cerrado)라고 한다.

그림 3-10. 아프리카 사바나 [사진: Wikipedia]

(3) 지중해성 관목림

지중해성 관목림(mediterranean shrub)은 여름이 고온건조하고 겨울은 온난하면서 비도 내리는 지중해성 기후지역을 대표하는 수종으로서 대체로 경엽수림(sclerophyllous forest)이다. 경엽수림은 수분 증발을 막기 위해 잎이 작고 단단하며 수분을 흡수하기 위한 뿌리가 깊은 상록활엽수림이다. 깊은 뿌리는 빈번히 발생하는 여름 산불 후에도 다시 발아하는데 유리하게 작용한다. 대체로 건조한 기후조건 때문에 나무는 1~2 m 이상 자라지 않는 관목이 주종을 이루는데, 이러한 경엽관목 지대를 캘리포니아에서는 셰퍼랠(chaparral)이라 부르며, 지중해 연안에서는 마키 등(maquis, macchia, matorral)으로 부른다(그림 3-11, 그림 3-12).

이 바이옴의 대표적인 경관은 온난건조한 환경을 반영하는 다양한 초본류와 관목이 드문드문 분포하는 소림(疏林)지대이다. 올리브 나무, 유칼립투스, 떡갈나무, 가시나무가 대표수종이며, 보통 내건성이 강한 초본류와 선인장류가 같이 분포한다. 그리고 올리브, 오렌지, 포도, 아몬드, 아티초크(artichoke) 등의 지중해성 농작물이 광범위하게 재배되고 있다(그림 3-13). 이 지역에 분포하는 동물들은 들쥐, 양, 사슴 같은 초식동물과 늑대, 여우, 코요테(coyote) 같은 육식동물이 있다. 또한 뱀, 도마뱀 등의 파충류와 다양한 새들도 풍부하게 서식하고 있다.

그림 3-11. 셰퍼랠 (미국 California주)
[사진: Alex Wild, Wikimedia]

그림 3-12. 지중해성 식생경관(포르투갈)
[사진: 김학훈]

그림 3-13. 올리브 농장(스페인 남부) [사진: 김학훈]

(4) 초지

중위도에 분포하는 초원 또는 초지(grassland)는 비교적 건조한 지역에 발달하며 인간의 농업 활동으로 인해 가장 많이 변형된 바이옴이다. 이곳은 세계의 곡창지대로서 밀, 옥수수, 대두 등을 생산하며, 소, 양 등의 목축이 발달한 곳이다. 이 지역은 인간이 교란하기 전에는 초본류 식물이 우점하였으므로 초지라고 불리며, 자연적인 수목은 강가에 제한적으로 자라는 낙엽성 활엽수뿐이다(Christopherson, 2012).

대표적인 초원인 스텝(steppe)은 원래 러시아어로서 우크라이나, 러시아, 중앙아시아 등지의 평탄한 초원을 가리키는 말이었으나, 다른 대륙의 온대건조 초원도 일반적으로 스텝이라고 한다. 주로 사막 주변부에 나타나는 스텝지역의 연강수량은 250~500 mm 정도이며 더운 여름과 추운 겨울이 특징이다. 풀의 길이는 15 cm 내외로 짧은 편이며, 들쥐, 프레리 도그(prairie dog), 토끼 등의 초식동물과 코요테, 오소리, 매 등의 육식동물이 서식한다.

초원 바이옴 중에서 북아메리카의 프레리(prairie), 아르헨티나와 우루과이의 팜파(pampa; 영어 pampas), 헝가리의 푸스타(puszta) 등이 유명하다. 프레리는 강수량에 따라 장초(長草)지역과 단초(短草)지역으로 구분된다. 미시시피 강에서 서쪽으로 대략 서경 98°까지는 습도가 비교적 높아 최대 2 m에 달하는 장초 프레리가 분포하고, 서경 98°부터 로키산맥 기슭까지는 건조하기 때문에 단초 프레리가 분포하는데, 이 단초 프레리 지역을 북아메리카에서는 대평원(Great Plains)이라고 부른다(그림 3-14). 팜파도 프레리처럼 강수량에 따라 동쪽의 장초지역과 서쪽의 단초지역으로 구분된다. 푸스타는 헝가리 분지의 동쪽 평원을 가리키며, 강수량에 따라 남부에는 장초, 북부에 단초가 분포한다.

그림 3-14. 프레리(미국 South Dakota주) [사진: 김학훈]

(5) 사막

사막(desert)은 건조한 아열대 고기압의 영향으로 연강수량이 250 mm 이하인 지역에 나타나며, 위도에 따라 온난 사막(warm desert)과 한냉 사막(cold desert)으로 나눌 수 있다. 사막의 식생분포도 다양해서 아무 생물도 없이 모래만 날리는 사막에서부터 다양한 건생식물, 다육식물,

가시 많은 관목 등이 서식하는 반건조 사막도 있다. 특히 미국 남서부의 고원 사막지대에는 사구아로(saguaro) 선인장, 조수아 트리(Joshua tree) 같은 키가 큰 건생식물의 군락이 분포하고 있다(그림 3-15, 3-16).

사막의 생물들은 생존을 위한 적응 노력을 독특하게 발휘하고 있다. 사막의 건생식물들은 수분을 최대한 흡수하기 위해서 뿌리가 깊고 길게 뻗으며, 선인장 같은 다육성(多肉性) 식물들은 두껍고 즙이 많은 잎이나 줄기를 가지고 있다. 또한 수분 증발을 막기 위해서 잎이 변형된 가시들을 줄기에 가지고 있는 식물들이 많다.

사막에 서식하는 동물들의 수는 극히 제한적이며, 대형 동물은 거의 없지만 낙타만은 예외라고 할 수 있다. 대표적인 사막 동물로는 쥐, 도마뱀, 전갈, 뱀, 새 등이 있다. 대부분의 사막동물들은 낮에는 땅속에 숨어 있다가 기온이 낮은 야간에 주로 활동한다.

그림 3-15. 사구아로(saguaro) 선인장 (미국 Arizona주)

그림 3-16. 조수아 트리(Joshua tree) (미국 California주)

(6) 툰드라

툰드라(tundra)[7] 바이옴은 위치에 따라 극지 툰드라와 고산 툰드라로 나눌 수 있다. 극지 툰드라(arctic tundra)는 북아메리카, 그린랜드, 러시아, 스칸디나비아 반도의 북극해 연안에 분포한다

7) 툰드라는 러시아어로 "수목이 없는 언덕"이라는 뜻이다.

(그림 3-17). 이 지역의 대부분은 과거 플라이스토세 빙기동안 계속 빙하에 뒤덮여 있었기 때문에 평평한 지형을 보이고 있다.

툰드라 지역의 겨울은 춥고 길며 여름은 짧고 서늘하다. 생물이 성장할 수 있는 기간은 60~80일뿐이기 때문에 나무는 자랄 수 없으며, 이 기간에는 지표면이 녹으면서 이끼, 소형 초본류 및 소형 목본류(버드나무)가 자라는 습지를 이룬다. 동물로는 사향소, 순록, 토끼, 들쥐, 꿩, 철새 등의 초식동물과 늑대, 여우, 족제비, 북극곰 등의 육식동물이 서식한다. 툰드라 지역의 온난화는 지구상의 다른 지역에 비해 2배 이상 빠르게 진행하고 있어서 생태계의 교란이 심각한 상황이다.

그림 3-17. 극지 툰드라(그린란드 Scoresby Sund) [사진: Wikipedia]

그림 3-18. 고산 툰드라(노르웨이 남부 고원) [사진: 김학훈]

고산 툰드라(alphine tundra)는 저위도의 고산지대에서도 나타나는 툰드라로서 극지 툰드라와 유사한 경관을 보인다. 식생분포는 극지 툰드라와 유사하며, 이곳의 대표적인 초식동물로는 산염소, 산양, 엘크, 들쥐 등이 있다. 일반적으로 고산 툰드라는 수목이 성장할 수 없는 수목한계선(treeline)[8] 상부에 나타나며, 안데스산맥, 로키산맥, 알프스산맥, 스칸디나비아산맥, 히말라야산맥, 아프리카의 킬리만자로산 등의 고지대에서 볼 수 있다(그림 3-18).

2) 지표수 생태계

지구상에 존재하는 물의 대부분은 바닷물 같은 염수(鹽水)이며, 지표수, 지하수, 빙하 같은 담수(淡水)는 2.5%에 불과하다. 게다가 담수 중의 대부분은 지하수와 빙하가 차지하기 때문에 지표수(surface water), 즉 습지, 호수, 강에 있는 물은 지구 전체 물의 약 0.02%에 지나지 않는다. 그러나 이러한 지표수의 가치는 인간에게 있어 절대적이다.

지표수의 생태계를 살펴보면, 식생은 식물성 플랑크톤(phytoplankton), 물이끼, 수생식물(水生植物, aquatic plant), 습생식물(濕生植物, hydrophyte) 등이 분포하며, 동물은 동물성 플랑크톤(zooplankton), 수서곤충, 파충류, 양서류, 어류, 각종 물새, 수달 등이 분포한다. 이러한 지표수 생태계를 습지, 호수, 하천으로 나누어 실피보자.

(1) 습지

습지(wetland)는 물이 일정 시간 또는 일정 기간(계절) 물에 얇게 침수되는 지표면으로서 비교적 두꺼운 퇴적토가 덮여 있으며 그 위에 습생식물이 성장할 수 있는 곳이다. 습지는 형성되는 위치에 따라 해양성, 하구성, 하천성, 호소성, 늪의 5가지로 분류할 수 있다. 또한 습지에 분포한 식생에 따라 수목이 자라는 습지(swamp)와 초지와 관목이 우세한 습지(marsh)로 나누기도 한다.

습지는 지구상에서 생물종이 가장 풍부한 지역이다. 그러나 대부분의 습지는 농업, 도시화, 산업시설 설치 등의 토지이용에 의해 파괴되었다. 대표적인 습지훼손의 사례는 네덜란드와 영국에서 수백 년간 전개되어온 토지매립 및 간척사업이다. 이러한 간척은 우리나라를 포함하여 전 세계적으로 광범위하게 시행되고 있다.

국제적인 습지의 보호와 지속 가능한 이용을 위하여 1971년 이란의 람사르에서 채택되어 1975년에 발효된 람사르 협약(Ramsar Convention)은 국경을 초월해 이동하는 물새를 위해 습지를 보전하는 정책의 실행을 촉구하고 있다. 2019년 기준으로 171개국이 가입한 이 협약에서는 습지를 수심이 6 m를 초과하지 않는 늪과 못 등의 소택지와 갯벌로 정의하고 있다. 우리나라는

8) 수목한계선은 나무가 자랄 수 있는 산지의 고도 한계선으로서 이 선의 상부에서는 여름철에도 낮은 기온과 부족한 강수 때문에 수목이 자랄 수 없다.

1997년 세계에서 101번째로 람사르 협약에 가입하였으며, 현재 국내의 24개소가 람사르 협약에 의한 국제보호습지로 지정되었다(그림 3-19). 1998년 람사르 습지로 지정된 경상남도 창녕군의 우포늪은 국내 최대의 내륙 습지(2.31 km^2)로서 둘레가 7.5 km에 달하며, 28종의 어류, 55종의 수서곤충류, 62종의 조류, 480여종의 식물이 서식하고 있는 천연보호구역이다(그림 3-20).

그림 3-19. 람사르협약에 등록된 습지의 분포도 [출처: 환경부, 2020, p.34]

그림 3-20. 우포늪(경남 창녕군) [사진: 위키백과]

(2) 호수

호수(lake)는 습생식물이 살 수 없을 정도로 깊고 큰 규모의 수체를 말한다. 연못(pond)은 매우 작은 규모의 호수를 의미하지만, 호수의 최소 또는 최대 규모는 정의되어 있지 않다(Hess, 2011). 호수의 형성 원인은 지형학적으로 다양한데, 빙하의 압력에 의한 빙하호, 지각변동에 의해 형성된 호수, 석회암 지대의 싱크홀(sinkhole), 화산의 화구호, 해안의 석호(lagoon), 사막의 플라야(playa) 등이 대표적인 자연 호수의 유형이라 할 수 있다. 그 외에 인공 댐(저수지), 노천 폐광 호수, 공원 호수 등 인공적인 호수도 많이 있다.

세계 호수의 대부분은 담수호이지만 몇몇 거대한 호수들은 과거 지질시대에 바다였던 곳이 융기하여 호수로 변한 염수호이다. 세계 최대 면적(371,000 km^2)의 호수인 카스피해(Caspian Sea)뿐 아니라 아랄해(Aral Sea), 이스라엘의 사해(Dead Sea), 미국의 그레이트솔트호(Great Salt Lake) 등은 모두 염수호이다. 세계에서 용량이 가장 큰 담수호는 시베리아에 위치한 바이칼(Baikal)호로서 최대 깊이가 1,742 m에 이르는 세계에서 가장 깊은 호수이기도 하다.

호수 대부분은 하천으로부터 물을 공급받으며 일부 호수는 배출하기도 한다. 어떤 호수는 용천수를 공급받아 저수량을 유지하기도 한다. 사실 긴 지질시대에 비하면 현재의 호수 경관은 일시적이라고 볼 수 있다. 호수로 유입되는 하천수는 퇴적물을 가져와 호수 바닥을 서서히 메운다. 점점 얕아지는 호수에는 식생이 지속해서 성장하여 호수를 가속적으로 메워 나간다. 그러면 결국 호수는 육지 생태계로 천이(遷移)되어 자연스럽게 사라지는 것이다. 인간은 소규모 호수나 연못을 개발 목적으로 매립하기도 하며, 호수로 유입되는 하천을 농업용으로 과도하게 취수하여 호수가 축소되기도 한다. 중앙아시아에 위치한 아랄해의 경우는 구소련 시절의 관개시설 개발로 인하여 호수로 유입되는 강물의 양이 줄어들면서 사라지고 있다.

(3) 하천

하천(river)의 유량은 전 세계 물의 작은 부분을 차지하지만, 물 순환에 있어서 매우 역동적인 역할을 한다. 하천은 유입된 지표수를 토사, 부유물질 및 용해된 화학물질과 함께 바다로 배출한다. 하천의 유량은 강수 패턴과 밀접한 연관이 있어서 습윤한 지역에서는 연중 지속해서 흐르지만, 건조한 지역에서는 특정한 계절이나 일시적으로만 흐르기도 한다. 세계에서 가장 긴 강은 나일(Nile)강 이지만, 세계에서 가장 많은 유출량을 가진 강은 브라질의 아마존(Amazon)강이다. 아마존강의 유출량은 세계 전체 하천 유출량의 약 20%를 차지한다(Hess, 2011).

하천 생태계의 먹이사슬을 보면, 나뭇잎이나 수초의 유기물을 먹는 미생물에서부터 식물성 플랑크톤, 동물성 플랑크톤, 무척추동물, 작은 어류, 큰 어류 등으로 연결된다. 이러한 하천 생태계의 먹이사슬도 상류, 중류, 하류 등의 위치에 따라 생물 개체의 종류와 크기가 달라진다. 상류에는 어류의 수와 크기가 작지만 하류로 갈수록 어류의 수와 크기가 커진다. 하천의 어종은 온대지방보다 열대지방에서 훨씬 많이 나타난다. 예를 들어 온대성 하천인 미시시피강에는 약 300여 종의 어류가 살고 있지만, 가장 큰 열대성 하천인 아마존강에는 약 2,000여 종의 어류가 살고 있다.

하구(河口, estuary)는 강이 바다를 만나는 곳으로서 조수 작용에 따라 염분농도가 해수와 담수 사이에서 다양하게 나타난다. 이곳은 대체로 영양분과 부유 침전물이 풍부하며, 바닷물의 영향을 받는 염생습지(鹽生濕地, salt marsh)가 형성된다. 이런 환경에서 자라는 염생식물(halophyte)로는 칠면초, 함초 등이 있으며, 열대지방에서는 맹그로브 습지가 나타나기도 한다. 특징적인 동물로는 조개류, 게, 갯지렁이 등과 이것을 먹이로 하는 물새, 물오리, 두루미 등이다(Nebel and Wright, 1998).

3) 해양 생태계

해양(ocean)은 지구표면의 70%를 차지하고 있으며, 다양한 생물종이 분포하고 층이 두터운 생태계이다. 그러나 해양의 위도와 깊이에 따라 생태계의 활동과 생물종의 다양성은 차이가 난다. 즉 적도 부근에서는 생산력이 높은 생태 지역이 폭넓게 나타나지만, 극지방으로 갈수록 생산력이 낮아진다. 또한 수심이 낮은 대륙붕 지역이 심해보다 생산력과 종의 다양성이 훨씬 높다. 육지에 가까운 만이나 갯벌 등 비교적 조용한 해수에서는 생태학적 활동과 종의 다양성이 더욱 높아진다(Marsh and Grossa, 1996). 이러한 해양 생태계를 조간대, 대륙붕, 외해로 나누어 살펴보자.

(1) 조간대

조간대(潮間帶, intertidal zone)는 조수의 영향을 받는 육지의 땅으로서 만조 시에는 바닷물 속에 잠기지만, 간조 시에는 노출되는 해안을 말한다(그림 3-21). 일반적으로 조류에 의해 운반된 모래나 점토의 미세입자가 파도가 잔잔한 해역에 오랫동안 퇴적되어 모래사장이나 갯벌을 형성한다.

조간대에 나타나는 식생은 식물성 플랑크톤(규조류 등)과 이끼, 파래(녹조류) 같은 해조류(海藻類)가 대부분이며, 동물로는 갯지렁이, 조개, 우렁이, 게, 불가사리, 각종 물새 들이 서식한다. 갯벌에서 갯지렁이, 조개, 게 같은 1차 소비자는 식물성 플랑크톤 같은 생산자 외에도 갯벌에 포함된 유기물 조각을 주요 먹이로 삼는다. 동식물의 사체나 배설물이 분해된 유기물 조각은 대체로 하천에서 운반된 부유 오염물질이기 때문에 갯벌에 서식하는 1차 소비자와 박테리아 같은 분해자는 오염된 해수를 정화하고 갯벌을 살리는데 크게 기여한다. 또한 갯벌에는 어촌 주민의 중요한 소득원인 어패류를 포함하여 다양한 생물종이 살기 때문에 생태계의 보고(寶庫)라고 불린다. 괭이갈매기나 저어새 같은 조류(鳥類)는 갯벌 생태계의 최고 포식자의 지위에 있다.

그림 3-21. 조간대(충남 연포해수욕장) [사진: 김학훈]

(2) 대륙붕

대륙붕(大陸棚, continental shelf)은 대륙 연변의 해안에서 수심 200 m까지의 해저지형을 말한다. 열대지방에서는 주로 산호초가 형성되어 있다. 대륙붕의 생산자는 식물성 플랑크톤과 갈조류와 홍조류 같은 해조류이다. 1차 소비자는 동물성 플랑크톤(물벼룩 등)이며 2차 소비자는 연체동물(조개, 오징어), 갑각류(새우, 게, 가재), 작은 어류가 해당된다. 3차 이상의 소비자에는 큰 어류, 상어, 포유류(물개, 고래) 등이 있다.

대륙붕에는 하천에서 공급되는 영양소가 풍부하며, 식물성 플랑크톤이 풍부한 용승해역(upwelling zone)[9]이 나타나기도 하여 좋은 어장이 형성된다. 또한 대륙붕은 수산양식업과 해저유전 개발에도 중요한 곳이지만, 해양 오염에 노출되는 곳이기도 하다.

(3) 외해

외해(外海, open ocean)는 육지에서 멀리 떨어진 바다를 의미한다. 가장 깊은 심해는 수심이 11,000 m에 이르지만, 수심 200 m가 넘으면 햇빛이 도달하지 않으며 수온도 매우 낮다. 용승류가 있는 일부 외해를 제외하면 대부분 영양분이 부족하여 생태학적 생산성이 낮다(Nebel and Wright, 1998).

9) 용승(湧昇, upwelling)은 해양에서 한류와 무역풍의 영향으로 비교적 찬 심층수가 아래에서 위로 표층해수를 제치고 올라오는 현상을 말한다. 유기물이 해저로 가라앉아 분해되어 생성된 질산염과 인산염 같은 무기물은 식물성 플랑크톤의 영양분이 된다. 무기물이 풍부한 심층수가 용승류를 타고 표층으로 상승하면 식물성 플랑크톤이 많이 증가하게 되고, 이에 따라 먹이사슬이 형성되어 많은 어류가 모이게 된다. 그러므로 용승해역에는 좋은 어장이 형성된다. 유명한 용승해역으로는 남미 서안, 북미 서안, 아프리카의 북서 연안과 남서 연안이 있다.

해양 생태계에서는 먹이사슬의 하위에 있을수록 개체 크기는 작지만 개체 수는 많으며, 먹이사슬의 상부로 올라갈수록 개체 크기는 커지면서 개체 수는 희박해지는 경향이 명확하게 나타난다(그림 3-22). 외해의 식생은 식물성 플랑크톤이 유일한데, 식물성 플랑크톤은 광합성을 하기 때문에 햇빛이 도달하는 수심의 범위 내에서만 서식한다. 외해의 동물에는 동물성 플랑크톤과 서로 다른 수심에 적응한 어류들이 있다. 식물성 플랑크톤을 먹고 사는 동물성 플랑크톤과 먹이사슬의 차상위 소비자들이 해양의 표면 수층 가까이에 서식하게 되므로 심해로 들어갈수록 어종은 극히 제한적이다. 먹이사슬의 상층부를 차지하는 고래, 상어, 참치 등과 심해에 사는 형광 어류가 외해 생태계에서는 특징적인 동물이다.

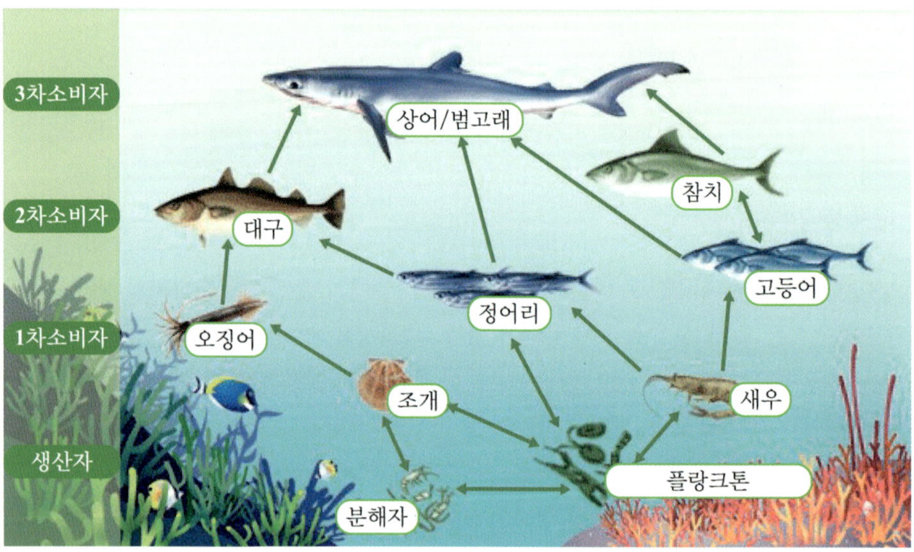

그림 3-22. 해양생태계의 먹이사슬

4 생태계에 대한 인간의 영향

인간은 지구의 생태계에 심각한 영향을 주고 있다. 이러한 인간의 영향은 인류의 긴 역사 중에서 대부분 지난 수 세기 동안에 발생하였으며, 시간이 갈수록 그 영향력이 증대되고 있다. 생태계에 미친 인간의 영향은 7개 부분, 즉 감소, 파편화, 대체, 단순화, 오염, 과잉성장, 멸종으로 나누어 살펴볼 수 있다(Marsh and Grossa, 1996, pp.81-85).

감소(reduction)는 화재, 농업, 도시화, 벌목 등으로 인하여 생태계의 면적 또는 공간 범위가 줄어드는 것을 의미한다. 유럽의 삼림은 경작지 확대 및 도시화와 함께 대부분 사라지고 지금은 원래 있던 삼림의 1%도 안 남아있다. 중앙아프리카, 동남아시아, 남아메리카의 열대우림도 경작과 방목을 위한 화전 및 벌목 때문에 급속히 사라지고 있다.

파편화(fragmentation)는 생태계의 큰 영역이 작은 단위로 분리될 때 일어나는 현상이다. 이 현상은 하천 계곡을 따라 형성된 회랑 지대에 분포한 생태계에서 관찰될 수 있는데, 그 주요 원인은 농업, 도시화, 간선도로, 댐 및 저수지 건설 등이다. 이러한 파편화는 하천 회랑 지대에서 발견되는 특정 동물의 서식 범위와 이동에 확실한 영향을 미친다. 연어와 같은 회귀성 어종들은 댐 건설로 인해 산란 경로가 차단되거나 훼손되기도 한다.

대체(substitution)는 어느 한 생태계에 있는 생물 집단이 다른 생물 집단으로 교체되는 현상을 말한다. 미국 대평원과 프레리 지대의 초지는 상당 부분이 밀과 옥수수 지대로 대체되면서 외래 잡초까지 유입되어 자생 초지는 1% 미만 정도만 남게 되었다.

대체현상은 대개 단순화(simplification) 또는 생물다양성의 감소를 수반한다. 즉 특정 종들이 대체되면서 생태계를 구성하는 생물 종의 수 역시 감소하는 것이다. 단순화는 농업과 임업 활동에서 잘 나타난다. 열대지방의 플랜테이션(plantation)은 기존의 숲을 제거하고 단일작물을 재배하므로 대체와 단순화의 대표적인 예가 된다. 임업 활동은 대개 여러 종의 나무로 구성되어있던 천연 삼림을 벌목한 후에 한두 가지 수종만을 입식하게 된다. 이렇게 단순화된 수종 구성은 각종 수목에 의존해 살아가는 다른 생물체(새, 곤충, 미생물)의 감소를 초래하게 된다.

오염(contamination)은 인간이 만든 각종 대기·토양·수질 오염물질이 생태계에 유입되면서 발생한다. 오염물질이 유입된 생태계에서는 그 오염물질이 동식물의 조직을 통해 먹이사슬로 전달된다. 오염물질을 만든 인간도 이러한 먹이사슬에서 예외가 되지 않기 때문에 생태계 오염에 의한 피해를 보게 된다. 중금속이나 DDT 같은 살충제의 특정 오염물질은 분해되지 않고 먹이사슬에 그대로 남아서 먹이사슬 상위의 소비자에게 전달되며 축적된다.

질소나 인 같은 영양물질에 의한 오염은 수생태계의 과잉성장(overgrowth)을 초래한다. 강이나 호수에 유입되는 영양물질은 자연 상태에서는 그렇게 많지 않지만, 인간 활동에 따라 비료를 사용한 농경지의 배수, 도시의 생활하수, 산업폐수, 축산폐수 등과 함께 대량으로 흘러 들어온다. 강, 호수, 바다 등의 생태계에 영양물질이 과도하게 유입이 되면 조류(藻類, algae)[10]의 생장이 가속화되는 부영양화(富營養化, eutrophication)[11] 현상이 발생한다. 과도하게 증식한 조류는 물의 표면을 뒤덮어 햇빛을 차단하고 용존산소를 소비하여 수생식물과 어류를 폐사시킨다. 폐사한 동식물과 조류(식물성 플랑크톤)의 유기물 찌꺼기가 부패할 때도 많은 용존산소를 소비하고 독성물질이 발생하므로 어패류는 질식해서 죽게 된다. 부영양화 현상은 지구 온난화에 의한 수온 상승으로 강과 바다에서 더욱 빈번하게 발생하고 있다.

10) 조류(藻類)는 원생생물로서 광합성 색소를 가지고 독립생활을 하며 포자에 의해 번식한다. 조류에는 남조류, 갈조류, 홍조류, 녹조류 등 다양한 종이 있다. 수중생활을 하는 조류는 암석 등에 붙어사는 착생조류와 수중을 떠다니는 부유조류로 분류하는데 부유조류는 식물성 플랑크톤이라고도 한다.

11) 부영양화는 과다하게 증식한 조류의 종류에 따라 바다에서는 적조현상, 강과 호수에서는 주로 녹조현상을 초래한다.

마지막으로 인간의 생태계 파괴에 의해 발생하는 가장 심각한 결과는 멸종(extinction)이다. 멸종은 주로 인간의 무분별한 남획과 동식물 서식지의 파괴로 인해 발생한다. 서식지가 훼손되면 생태계의 공간 감소, 파편화, 대체, 단순화, 오염 등의 문제가 발생하여 멸종을 초래할 수 있다. 구석기시대 이래 인류의 동물 사냥은 매머드 등 수십 종의 포유류를 멸종시킨 직접적인 원인이었다. 신석기시대 이래 인간의 농축산업 및 수렵 활동 또한 수많은 동식물의 멸종을 가져왔다. 오늘날 무분별한 열대우림의 개간과 지구 온난화는 멸종을 가속화하고 있다. 열대우림은 지구상의 어떤 생태계보다 생물 다양성이 큰 곳으로서 아직도 수많은 미발견 종들이 분포하고 있다. 그러므로 열대우림의 보존은 전 세계적으로 관심을 가지고 추구해야 하는 시급한 과제이다. 또한 인간이 배출한 온실가스로 인한 지구 온난화와 그에 따른 폭염, 한파, 홍수, 가뭄, 산불 등 이상기후는 동식물의 서식지를 교란하여 많은 생물의 멸종을 초래하고 있다.

글상자 5. 남조류와 녹조현상

지구 최초의 생명체가 언제 탄생했는지는 정확하게 밝혀지지 않았으나 과학자들은 약 35억 년 전 심해저 열수구 근처에서 최초의 단세포생물이 출현했으리라 짐작하고 있다. 심해저 열수구는 바닷속 화산으로 지구 내부에 있는 열과 황화수소, 이산화탄소 등이 배출되므로, 단세포생물은 심해저 열수구 근처에서 황산염으로 유기물을 분해하면서 에너지를 얻은 것으로 알려져 있다.

이후 선캄브리아대에 출현한 시아노박테리아(Cyanobacteria, 남세균)가 등장하면서 오늘날 지구 대기에 산소가 생성되었다. 지구 역사상 최초로 광합성을 하는 시아노박테리아가 출현하면서 대기에 산소가 대량으로 공급되었으며, 이 생명체가 나타나지 않았다면 지금도 지구 생태계는 폭발적인 진화를 거치지 못한 채 예전 모습 그대로 남아있었을지도 모른다(김백민, 2021, p.35). 시아노박테리아는 원핵세포의 몸속으로 들어가 진화하면서 시아노박테리아의 엽록체를 보유한 식물이 만들어졌으며[12], 이는 지구에 더 많은 산소를 생성시키게 되었다.

한편, 오늘날 시아노박테리아는 남조류(藍藻類, blue-green algae)라는 용어로 여름철 뉴스에 등장하고 있다(그림 3-23). 하천이나 호소에 남조류가 과도하게 성장하면 물의 색깔이 짙은 녹색으로 변하는 녹조현상(綠藻現狀)을 일으킨다(그림 3-24). 실제로 녹조현상을 일으키는 식물성 플랑크톤은 녹조류(green algae)가 아닌 남조류인 것이다.

이러한 남조류는 조류(algae) 중 하나로서 광합성을 통해 유기물과 산소를 생성하는 1차 생산자이며, 생산된 유기물은 동물성 플랑크톤, 물고기 등의 먹이가 되는 등 수생태계 에너지를 공급하는 중요한 역할을 한다. 또한 바다와 담수에 존재하는 식물성 플랑크톤은 광합성을 통해 지구 전체 산소 공급량의 절반 정도를 생산한다는 연구결과도 있다(Boyce et al., 2010, p.591). 즉, 남조류 자체는 수중 생태계는 물론 지구에 존재하는 모든 생명체에게 필수적이고 핵심적인 역할을 하는 고마운 존재인 것이다.

하지만 남조류가 적절한 양으로 조절되지 못하고 물의 표면을 뒤덮을 정도로 과도하게 증식되면 햇빛과 산소를 차단하여 악취와 함께 수생 생물들이 죽게 된다. 또한 독소가 있어 사람과 동물에게 간 손상, 복통 및 피부염 등의 우려가 있으며, 수돗물의 흙냄새 등 심미적 불쾌감을 유발하기도 한다.

이러한 녹조현상의 원인으로는 물순환 정체, 비점오염원 증가로 인한 영양염류의 과도한 유입 등이 있지만 최근 지목된 주요 원인은 폭염으로 인한 수온 상승이다. 대기 중 이산화탄소 농도의 증가로 인한 지구 온난화는 남조류의 광합성에 필요한 탄소를 더 많이 공급해줄 것이며, 지구 기온의 상승은 수온 또한 높여줄 것이다. 강우의 증가는 지표면의 토사유실을 유발하기 때문에 영양염류를 수체로 더 많이 유입시킬 것이다. 기후변화가 남조류 증식을 더욱 촉진할 것이라는 의미이다.

우리나라는 1998년부터 조류경보제를 도입하여 녹조현상을 방지하기 위해 남조류 세포 수를 주기적으로 측정하고 있으며, 1,000 cells/mL 이상을 초과하면 '관심 단계', 10,000 cells/mL 이상을 초과하면 '경계 단계', 1,000,000 cells/mL 이상을 초과하면 '대발생'으로 구분하여 관리하고 있다. 4대강에 보를 건설한 후 각종 포털을 장식했던 "녹조라떼"는 지구에 생명력을 불어넣어 준 존재인 시아노박테리아가 대량으로 번식하면서 나타난 현상이었으며, 시아노박테리아는 지금도 이로운 역할을 더 많이 하는 생산자라는 것을 함께 기억해야 할 것이다. [집필자: 이은정]

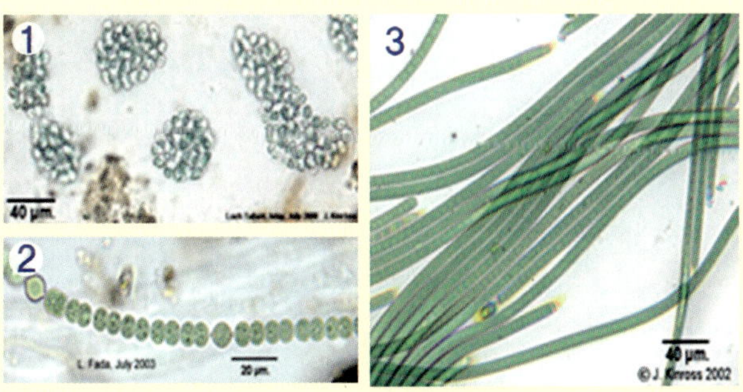

그림 3-23. 남조류(Cyanobacteria)의 종류
1. Microcystis, 2. Anabaena, 3. Oscillatoria
[출처: http://www.algalweb.net]

그림 3-24. 녹조현상(대청호)
[사진: 이은정, 2015년]

12) 독자적인 원핵세포인 미토콘드리아(mitochondria)와 엽록체(chloroplast)가 숙주 원핵세포 안으로 들어와 공생하며 광합성을 하는 진핵생물로 진화했다는 가설을 내부공생(endosymbiosis) 이론이라 한다.

글상자 6. Biosphere 2

그림 3-25. Biosphere 2의 전경(미국 Arizona주 Oracle) [사진: Wikipedia]

생물권(biosphere)의 기능에 대해 이미 많은 연구가 축적되어 있지만, 일부 이론은 여전히 증명이 필요하다. 태양에너지에 의한 식물의 광합성, 먹이사슬을 통한 호흡과 분해, 환경요소의 재순환 등으로 지구 생태계가 유지된다면, 인공적인 생물권도 생태계를 유지할 수 있는지 검증해보는 대규모 실험이 있었다. 미국의 한 민간 벤처기업(Space Biosphere Ventures)은 애리조나주 투산(Tucson)에서 북쪽으로 약 48 km 떨어진 사막 계곡에 "Biosphere 2" 건설 사업을 1987년에 시작하여 1991년에 완공하였다. Biosphere 2는 건물 면적만 12,700 m^2(축구경기장의 2.5배 면적)에 이르는 밀폐된 생태계 시스템으로서, 외부와 공기마저 차단된 유리온실(greenhouse) 같은 환경에서 8명의 연구원이 1991년 9월 26일부터 2년 동안 생존하는 실험에 돌입하였다.

Biosphere 2에는 지구(Biosphere 1)의 대표적인 바이옴들의 모델을 설치하였다. 즉 열대우림, 사바나, 관목림, 사막, 습지, 산호초 해양, 인간의 농경지와 주거지 등의 구역을 설치하고 4,000여 관련 생물종을 수용하였다. 여기에 전력은 외부에서 공급되었으며, 인간의 거주 건물에 대한 냉난방은 지열과 태양열로 유지하였다. 식량은 대부분(83%) 농경지에서 자급자족하였으며, 염소, 돼지, 닭 등의 가축과 물고기를 기르면서 단백질을 보충하였다. 2년간의 실험은 상당한 성과를 거두었다. 즉 지구 생태계의 복잡한 생화학적 기능 원리를 세부적으로 이해하여 지구 생태계의 복구 및 미래의 영구적인 우주기지의 건설에 필요한 기본정보를 확보한 것이다. 그러나 Biosphere 2의 내부 공기 중 산소가 차츰 감소하여 1993년 1월과 8월에 산소를 외부에서 주입해야 하는 시행착오도 있었다. 그 문제의 원인은 토양 내의 미생물 분해자가 소모하는 산소의 양을 과소평가했기 때문으로 밝혀졌다. 또한 CO_2 수준도 변동이 심했으며, 여러 생물종이 죽기도 하였다.

1994년의 2번째 밀폐된 생태계 실험은 운영 및 소유권 문제로 6개월 만에 중단되었다. 그 후 Biosphere 2의 소유권은 다른 기업으로 넘어가고 Columbia University가 1995년부터 2003년까지 연구와 교육 목적으로 관리하였다. 2007년부터는 University of Arizona가 관리하고 있으며 2011년에는 소유권도 인수하여 연구와 교육 시설로 운영하고 있다. [자료: Wikipedia]

4
CHAPTER

인구의 성장과 분포

인간은 지구상에 존재하는 그 어느 생명체보다도 우월한 능력을 갖추고 지구를 지배하면서 지구상에 유형, 무형의 인문환경을 만들어 가는 주체이다. 사람은 경제활동에 있어서 노동력을 제공하는 생산자이면서 동시에 생산된 재화와 용역의 소비자이기도 하고, 복지정책을 수립하는 주체이면서 동시에 복지정책에 의한 혜택을 받아야 할 대상이기도 하다. 우리 인간은 오랜 옛날부터 발전을 거듭하면서 지금과 같은 지구촌(global village)을 건설해 냈다.

그러나 인류사회는 한정된 지구의 자원으로 인한 생산과 소비, 수요와 공급의 불균형과 그에 따른 갈등을 아직 해결하지 못하고 있다. 선진국과 후진국의 갈등, 빈부의 격차문제 등이 그 예가 될 것이다. 이러한 문제는 전 세계적으로 볼 때 인구과잉과 인구의 불균등한 분포 때문에 더욱 악화하고 있다. 본 장에서는 인류의 기원부터 시작해서 인구의 성장과 분포, 인구이론과 인구문제 등에 대해 알아본다.

1 인류의 기원과 성장

1) 인류의 기원

인류의 기원을 살펴보려면 원숭이와 인류의 중간적 존재인 원인류(猿人類)를 먼저 언급해야 한다. 약 400만 년 전에 나타난 오스트랄로피테쿠스(Australopithecus)가 바로 원인류로서 아프리카의 동부와 남부에서 화석들이 발견되었다. 그림 4-1을 보면 이들의 화석이 주로 출토된 위치가 표시되어 있다. 이들을 원숭이와 구별시키는 특징은 두 발로 걸어 다닌다는 것이다.

이러한 원인류가 진화해서 약 200만 년 전에는 최초의 인류인 호모 하빌리스(Homo habilis)가 나타났다. 이들을 원인류와 구별하는 근거는 도구를 사용할 줄 안다는 것이다. 그 후 인류는 약 100만 년 전에 출현한 호모 에렉투스(Homo erectus, 直立原人)로 진화하였는데, 이들의 특징은 직립하여 걸을 수 있다는 것과 석기 도구와 불을 사용할 수 있었다는 것이다. 호모 에렉투스도 역시 아프리카에서 출현하여 차츰 다른 대륙으로 이동하였으며, 유골이 발견된 곳에 따라 자바인, 북경인, 하이델베르그인 등으로 분류된다(그림 4-1).

약 20만 년 전에는 현생인류의 조상인 호모 사피엔스(Homo sapiens, 슬기로운 사람)가 아프리카 동부(에티오피아, 탄자니아 등지)에서 처음 출현했으며, 차츰 아시아와 유럽으로 퍼져나갔다. 호모 사피엔스는 네안데르탈인(Homo sapiens neanderthalensis)과 현생인류(Homo sapiens sapiens)로 나누어진다. 독일에서 처음 발굴된 네안데르탈(Neanderthal)인은 유럽, 동남아시아 일대에서 혈거생활을 했다. 이들은 현재의 인간과 거의 같은 크기의 두뇌를 가지고 있었으나 눈두덩, 광대뼈, 턱뼈 등 두개골의 크기는 현생인류보다 컸다. 이들은 상당히 세련된 도구와 언어를

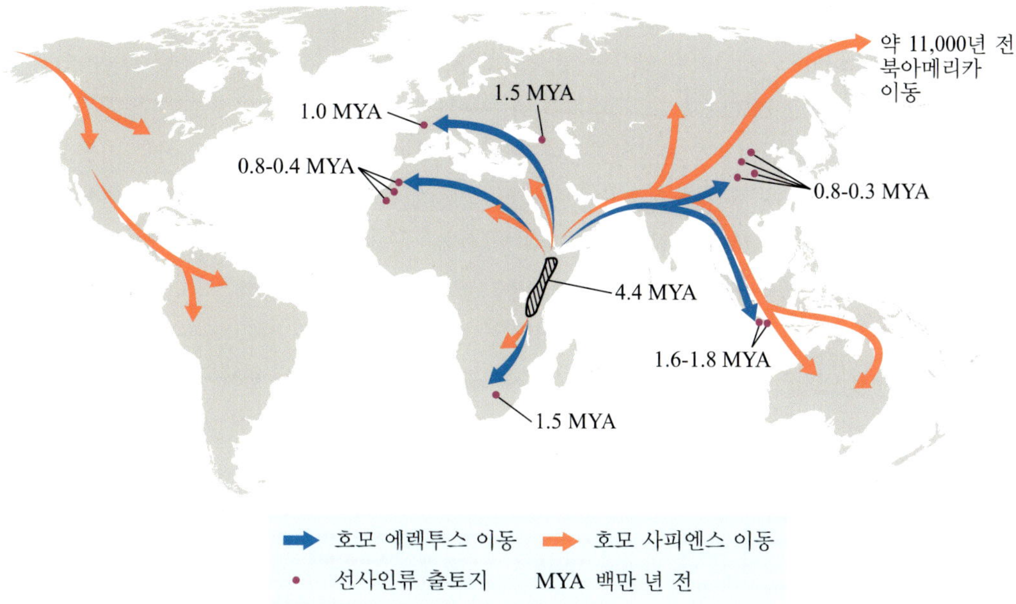

그림 4-1. 인류의 이동

주: 아프리카 동부의 빗금 친 곳이 오스트랄로피테쿠스 화석이 많이 출토된 지역이다.

사용하여 조직적인 사냥을 할 줄 알았으며, 모피 옷을 걸쳤으며, 매장 의식도 행했던 것으로 추정되지만 결국 멸종하게 된다.

약 4만 년 전에 나타난 현생인류는 구석기 후기에 출현하여 전 세계에 퍼져 살면서 현재의 다양한 인종으로 진화하였다. 그중에는 프랑스 남부에서 발굴되어 현대 유럽인의 조상으로 간주되는 크로마뇽(Cromagnon)인이 대표적이며, 약 28,000년 전에 매장된 것으로 추정된다. 이들은 현재의 인간과 같은 크기의 두뇌와 골격을 가지고 있었으며, 동굴벽화와 원시종교 같은 문화 활동의 흔적도 남겼다.

고고학적 유물 측면에서 볼 때, 호모 하빌리스에서부터 현생인류가 존재한 대부분 기간은 구석기시대(Paleolithic period)로 분류된다. 이들은 타제석기(打製石器, 뗀석기), 자갈, 나무 같은 도구를 사용하며, 원시적인 언어소통을 바탕으로 무리를 지어 이동생활을 하였으며, 주로 사냥과 채집에 의존해서 살아왔다. 또한, 불을 사용하여 빙하기(Pleistocene: 약 200만 년 전~1만2천 년 전)의 추위를 견뎌내고, 맹수들로부터 보호받고, 음식을 익혀 먹을 수 있었다.

빙하기가 지나고 후빙기에 들어선 1만2천 년 전부터 1만 년 전까지는 중석기시대(Mesolithic period)라 한다. 이때부터는 기후가 온화해져서 지구상의 삼림분포가 확대되고 해수면이 상승하여 인류의 수렵, 어로 및 채집 활동이 활발해졌다. 중석기시대는 구석기시대에서 신석기시대로 넘어가는 과도기로서, 세석기(細石器, 잔석기)라는 작고 섬세한 타제석기를 화살촉, 창촉, 작살촉, 손칼 등으로 사용한 것이 특징이다. 다만 한반도 일대에서는 출토 유물에 따른 중석기시대의 구분이 명확하게 나타나지 않는다.

신석기시대(Neolithic period)는 약 1만 년 전(BC 8,000년)부터 5,000년 전(BC 3,000년)의 기간을 말하는데, 세계의 지역마다 그 시기가 다소 차이가 난다. 이 시기에 인류는 동물을 길들여서 가축화하고 작물도 재배하기 시작하였으며, 낚시, 투망, 작살 등을 사용하는 어로 기술도 발달하였다. 그리하여 수렵과 채집에 의존하던 생활을 점차 벗어나 작물 경작으로 식량 생산이 가능하게 되었다. 이러한 인류생활의 변화를 농업혁명(agricultural revolution)이라 하는데, 그 이유는 농경 생활로 인하여 식량이 풍족해지면서 정착생활을 하고 취락을 형성하는 계기가 되었기 때문이다. 이 시기의 인류는 농경활동을 위주로 식량을 조달하고, 움집을 짓고 마을을 형성하여 정착생활을 영위하게 된다. 가축들을 농사에 이용하여 생산성을 높이고, 마제석기(磨製石器, 간석기) 등의 세련된 도구뿐 아니라 토기, 흙벽돌 등을 만들어 사용하였다. 농업이 가장 먼저 시작된 곳은 티그리스(Tigris)강과 유프라테스(Euphrates)강 유역의 메소포타미아(Mesopotamia, 지금의 이라크) 지역이라고 한다.

농업 생산이 증가하면서 많은 인구를 부양할 수 있게 되었으며, 늘어난 인구는 정착 마을을 형성하여 사회활동을 하면서 차츰 노동의 분화에 따라 부족장, 제사장, 무사, 도공 등 다양한 전문 직종이 나타나게 된다. 또한, 잉여농산물이 생기게 되자 물물교환을 위한 시장이 형성되고 도시가 탄생하게 되었으며, 차츰 인근 지역으로 세력을 확장하면서 지배계층과 피지배계층으로 구성된 계층사회가 형성되었다. 현재까지 발굴된 가장 오래된 선사취락은 터키 남부의 차탈회이크(Çatalhöyük)에 있으며, 기원전 약 7,000년경 흑요석과 농산물 거래의 중심지로 발달하여 최대 8,000명의 인구가 거주했다고 한다(그림 4-2). 울산의 반구대 암각화를 보면 신석기 후반 고래사냥과 수렵활동을 하던 원시인들의 생활상을 추정할 수 있다(그림 4-3).

기원전 3,300년경부터 기원전 1,200년경까지의 기간은 청동기시대(Bronze Age)라고 하는데, 이때에는 도시국가 또는 부족국가가 출현한다. 인류 4대 문명의 발상지인 나일강 유역, 티그리스·유프라테스강 유역, 인더스강 유역, 황하 유역의 도시국가들도 이 시대에 찬란한 문화를

그림 4-2. 터키 차탈회이크 선사취락 복원모형

그림 4-3. 울산 반구대 암각화(신석기시대)

꽃피우게 된다. 이어서 철기시대(Iron Age: BC 1,200년경~최대 AD 800년경)[1]를 맞이하여 강력한 군사력과 정치체제를 갖춘 전제국가들이 등장하고, 이후 역사시대를 맞이하여 많은 사회변혁과 기술변화를 거쳐 오늘에 이른 것이다.

2) 세계 인구의 성장

인류의 긴 역사를 통해서 볼 때, 인간의 수명이 짧고 사망률이 높았던 근대 이전에는 세계 인구가 많이 증가할 수는 없었다. 17세기까지 세계 인구의 증가율은 연간 0.1%에도 미치지 못했기 때문에, 세계 인구의 성장은 매우 느린 편이었다. 그러나 18세기 이후의 인구는 가속적으로 증가하였다. 그러한 세계 인구의 성장을 보여주는 그래프가 그림 4-4이다.

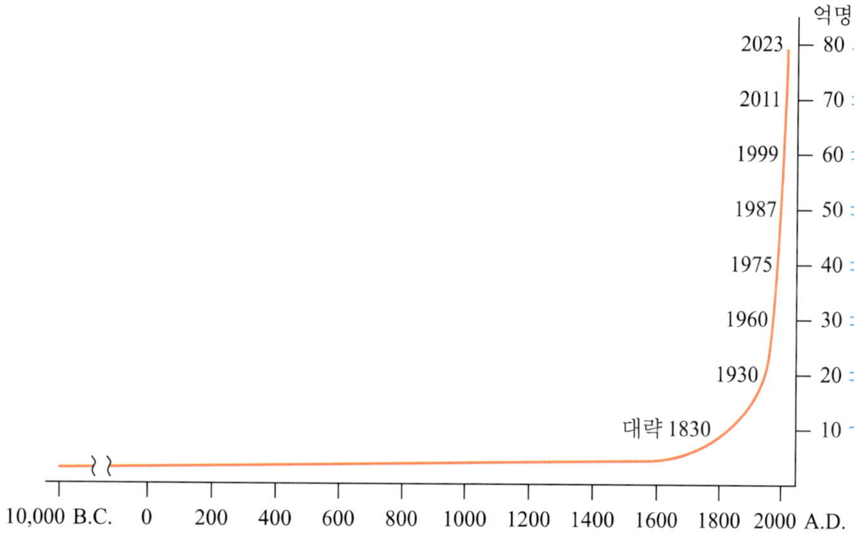

그림 4-4. 세계 인구의 증가 추세 [출처: Peters and Larkin, 1983, p.9; 필자 수정]

아무 기록이 남아 있지 않은 선사 시대의 인구추정은 부정확할 수밖에 없지만, 디비(Deevey, 1960)는 지구의 인구부양력(carrying capacity)과 인구분포에 관한 가설에 근거해서 선사 시대의 세계 인구를 추정했다. 그에 의하면 100만 년 전의 세계 인구는 12만5천 명이었으며, 그 후의 인구도 매우 느리게 증가해서 1만 년 전의 인구는 532만 명으로 추정하고 있다. 기원후(AD) 1년의 인구는 2억5천에서 3억 명 정도로 인구학자들이 추정하고 있으며, 이때의 연간 인구증가율은

1) 고고학적으로 철기시대는 역사가 기록되는 시기에 끝나는 것으로 간주하므로 세계 지역마다 차이가 크다. 한반도에서 청동기시대는 BC 1,500년경부터 BC 300년경까지, 철기시대는 BC 300년경부터 AD 300년경까지로 시기를 구분한다.

약 0.05%였던 것으로 추정하고 있어서 인구가 두 배로 증가하는데 걸리는 시간(doubling time)은 약 1,400년이 된다. 1995년도의 세계 인구증가율(1.65%)을 가지고 세계 인구가 두 배로 증가하는데 걸리는 시간을 계산해 보면 단지 42년인 것과 비교하면, AD 1년 당시의 인구는 매우 완만하게 증가했다는 것을 알 수 있다.

세계 인구는 1650년경부터 급증하기 시작하는데, 1650년경의 세계 인구는 5억 정도로서 대략 AD 1년 인구의 두 배가 된 것이다. 이때까지의 세계 인구는 완만한 증가만 지속한 것은 아니다. 1348년경 유럽에서 발생한 흑사병은 유럽 인구의 약 30%(약 2,500만 명)를 잃게 만들었다. 스웨덴은 가장 큰 피해를 당해서 인구의 반이 줄어들었다. 1650년경 이후부터는 의학이 상당히 발전하여 사망률은 줄어들고 인간 수명도 늘어났다. 구석기 시대 인간의 평균 수명은 20세를 넘지 못했던 것으로 추정되고, 초기 농경시대에도 30세 미만이었던 것이, 지금은 개발도상국들의 평균 수명도 60세 이상이 되었다. 이렇게 인간 수명이 늘어난 것은 17세기 이후의 급속한 인구증가에 원동력이 되었다.

18세기 후반 영국에서 시작되고 주변 여러 나라로 퍼진 산업혁명(Industrial Revolution) 또한 인구의 급속한 증가에 이바지했다. 농업 위주의 경제체제가 공업 위주의 경제체제로 바뀌면서 유휴 노동력을 공장으로 흡수하였으며, 기계화에 의해서 노동생산성이 향상되었다. 결국 전체적인 소득수준이 높아졌으며 물자가 풍부해졌기 때문에 인구부양력도 높아졌다. 부수적으로 생활환경도 개선이 되었으며 의학도 더욱 발전하게 되자 사망률은 격감하고 인구는 급증하게 된 것이다. 특히 19세기 후반은 서양의학이 비약적으로 발전하여 의학혁명(medical revolution)의 시기라고 부르기도 한다(Getis et al., 1985, p.50). 그리하여 세계 인구는 1830년경에 10억이 되고 1930년경에 20억, 1960년경에 30억, 1975년에 40억, 1987년에 50억, 1999년에 60억, 2011년에 70억을 넘어섰다. 21세기 들어서서 세계의 인구증가율이 다소 낮아지고 있지만 2023년에는 세계 인구가 80억에 이를 것이다. 이러한 인구증가는 지구 자원의 개발과 기술 발전에 힘입은 결과로서, 앞으로 지속적인 기술 개발과 함께 부와 식량의 편재 문제를 해결해 나간다면 비관적인 일은 아니다.

2 인구성장에 관한 이론

1) 맬서스의 인구론

맬서스(Thomas Malthus, 1766~1834)는 영국의 경제학자이며 동시에 인구학자로서 인구문제에 대한 경제학적 접근을 시도하였다. 맬서스의 「인구론」(An Essay on the Principle of Population, 1798)은 인구증가와 식량생산의 필연적 불일치에 관한 이론을 서술한 것으로서, 두 개의 공리와 한 개의 가정에서 출발하고 있다. 첫 번째 공리는 식량은 인간의 생존을 위해 필수적이라는 것이며, 두 번째 공리는 남녀 간의 열정은 필요하며 앞으로도 현 상태가 유지된다는 것이다. 즉, 인간의 출산행위로 인하여 인구는 계속 증가할 것이며, 그러한 인구의 생존을 위하여 식량도 증산되어야 한다는 결론에 이르게 된다. 여기서 맬서스가 가정으로 제시한 것은 인구는 기하급수적(1, 2, 4, 8, 16, 32, …)으로 증가하며, 식량은 산술급수적(1, 2, 3, 4, 5, 6, …)으로 증가한다는 것이다. 그러므로 인구증가가 강력하게 억제되지 않으면 항상 식량부족에 허덕이게 되며 빈곤은 벗어날 수 없다는 것이다.

맬서스는 그의 저서 초판에는 인구증가를 억제하는 현상으로 전쟁, 질병, 기근, 죄악, 궁핍 등의 적극적 억제를 비관적으로 제시했는데, 1803년의 제2판에서는 예방적 억제효과를 가진 것으로 도덕적 절제(moral restraint)를 제시하면서 만혼이나 금욕 등 인간의 의지에 의한 인구억제도 가능하다고 주장했다. 판을 거듭하면서 맬서스는 과잉인구(over-population) 문제의 해결책으로 이민, 농업진흥, 무역확대 등을 제시했으나, 기본적인 저술 동기가 유토피아니즘(utopianism) 같은 낙관적인 사회발전론을 반박하기 위한 것이었으므로 인간의 미래에 대한 비관적 입장을 견지하였다.

그의 주장은 오늘의 관점에서 보면 많은 약점이 보인다. 예를 들어, 오늘날에는 제한된 토지에서 생산을 배가시킬 수 있는 비료 및 다수확 품종을 개발했으며, 생활필수품은 식량만이 아니라 공산품도 있다는 점과 산업혁명에 의한 공산품의 공급확대, 교통발달에 의한 무역확대가 인구문제 해결에 기여했으며, 피임법의 발달과 산아제한 풍조도 인구증가를 억제하는 데 도움을 주었다. 그러나 1950년대 이후 아프리카 개발도상국들의 인구과잉과 기아문제는 맬서스적인 접근이 아직 유효함을 입증하고 있다(Peters and Larkin, 1983, pp.55-57).

신맬서스주의(Neo-Malthusianism)는 맬서스가 주장한 인구문제를 심각하게 받아들여 19세기부터 사회개혁 운동으로 시작되었지만, 인구억제 방법에 있어서는 맬서스와 차이를 보인다. 즉 맬서스가 권장하던 만혼, 금욕에는 반대하고, 맬서스가 반대하던 피임에는 적극적으로 찬성하는 입장을 견지하고 있다(조혜종, 2006, p.193). 적령기에 결혼하고 피임 같은 방법으로 출산을 억제하는 것이 현실적으로 건강한 가정과 사회를 유지하는 길이라는 것이다. 이러한 사상은 1차 세계대전 이후 산아제한 운동, 가족계획 운동으로 발전하게 되며, 개발도상국의 인구과잉 문제에 대한 이론적 접근방법을 제공하고 있다.

2) 마르크스의 인구이론

여러 학자가 맬서스의 이론을 비판했지만, 그중에서 대표적인 사람이 독일의 마르크스(Karl Marx, 1818～1883)이다. 그가 영국에서 망명 생활하는 동안 저술한 「자본론」(Das Kapital, 1867)에서 맬서스를 불평등한 사회질서를 옹호하는 부르죠아(bourgeois) 국수주의자라고 비난했으며, 맬서스의 이론은 무제한의 경쟁, 사유 재산, 이기주의에 바탕을 둔 고전경제학자들의 사고 방식을 모방한 것이라고 주장하였다. 마르크스는 '과잉인구'(over-population)의 개념 대신에 '상대적 잉여인구'(relative surplus population)의 개념을 사용했다. 즉, 과잉인구는 생태학적으로 결정되는 것이 아니라 사회경제적으로 결정되는 것이기 때문에, 사회개혁을 통해서 자본주의의 모순을 해결하면 해소될 수 있는 상대적인 잉여인구라는 주장이다(Harvey, 1974).

마르크스는 식량과 자원의 생산을 인구증가가 앞지르는 이유는 맬서스가 주장하는 바와는 달리 자본주의하에서 프롤레타리아(proletariat, 무산 계급)가 식량과 자원에 접근하는 것이 거부되었기 때문이라고 하였다. 만약 하층계급이 토지나 장비 같은 생계수단들을 관리할 수 있다면, 그들의 생산은 인구증가를 훨씬 앞지를 수 있는데, 자본가들의 착취와 생산수단의 사유화가 이러한 해결책을 막고 있다고 주장했다. 즉, 마르크스는 인구과잉 문제란 없으며 단지 자원의 잘못된 분배문제가 있을 뿐이라고 생각했다. 그러나, 오늘날 중국 같은 공산주의 국가에서 산아제한 정책을 시행하는 것은 인구에 관한 그들 주장의 모순을 보여주는 예라 할 수 있다(Peters and Larkin, 1983, p.58).

3) 인구변천모형

인구변천모형(demographic transition model)은 서구사회의 출생률과 사망률의 시대적 변화에 대한 장기간의 관찰을 통해 만들어진 인구의 변천패턴 모형이다. 특히 과거 200여 년간의 산업화와 도시화에 의한 인구변천이 잘 반영되어 있다. 그림 4-5에 나타난 것처럼, 인구변천의 과정은 크게 4단계로 진행된다.

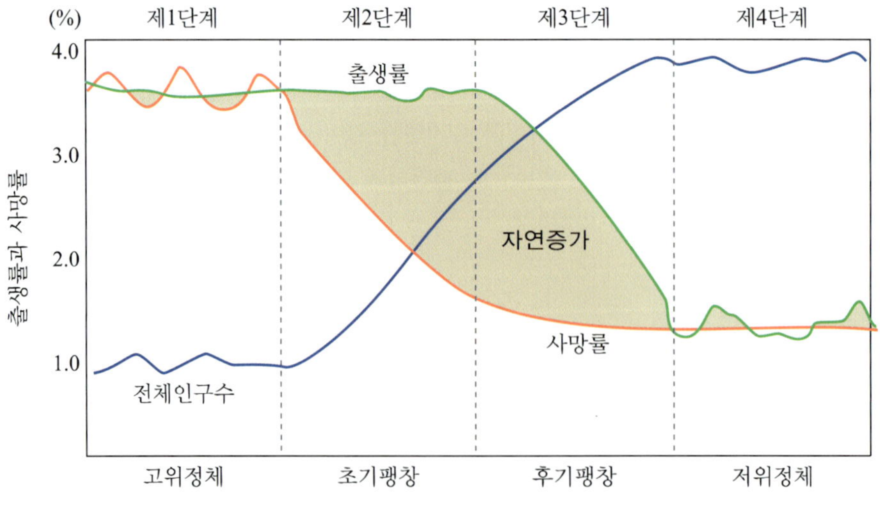

그림 4-5. 인구변천모형 [출처: Haggett, 1979, p.157]

제1단계는 고위정체 단계(high-stationary phase)로서 출생률과 사망률이 모두 높은 다산다사(多産多死)형이기 때문에 자연적인 인구증가는 거의 없다. 다만 사망률의 변동이 심한 것은 기근, 전쟁, 질병 등이 원인이 된다. 이러한 유형은 산업혁명 이전의 유럽과 1950년대 이전의 많은 개발도상국에서 볼 수 있었던 인구현상이다. 현재도 아프리카의 보츠와나, 레소토, 스와질랜드 등은 높은 출생률과 높은 사망률을 보인다.

제2단계는 초기팽창 단계(early-expanding phase)로서 출생률은 여전히 높으나 사망률은 점차 감소하는 다산감사(多産減死)형이기 때문에 인간 수명은 늘어나고 인구는 급증하게 된다. 사망률이 감소하는 이유는 영양보급, 위생시설, 의학기술 등의 발전에 의한 것이다. 이때 많은 인구가 농촌에서 도시로 이동하여 도시화가 진행된다. 이 단계는 유럽과 북미국가에서 19세기에 경험한 것으로서, 현재는 아프리카와 아시아의 여러 개발도상국에서 볼 수 있는 인구현상이다.

제3단계는 후기팽창 단계(late-expanding phase)로서 출생률은 차츰 감소하고 사망률은 낮은 수준에서 안정되는 감산소사(減産小死)형이기 때문에 인구증가는 차츰 둔화해간다. 출생률이 감소하는 이유는 산업화 과정에서 도시형 산업사회가 발달하면서 소가족 제도를 선호하게 되었고, 피임술의 발달로 가족계획도 수월해졌기 때문이다. 이 단계는 20세기 전반부에 서구사회가 경험한 것이며, 현재는 경제발전의 과도기에 있는 멕시코, 브라질, 이집트, 인디아, 말레이시아 같은 일부 개발도상국이 해당한다.

제4단계는 저위정체 단계(low-stationary phase)로서 출생률과 사망률이 모두 낮은 소산소사(小産小死)형이기 때문에 인구증가가 거의 없거나 미미한 상태가 된다. 이 단계에서는 출생률의 변동이 다소 있을 수 있는데, 그 이유는 경기변동이나 사회정책 및 가치관의 변화가 출생률에 영향을 주기 때문이다. 현재 이 단계에 해당하는 국가는 유럽, 북미, 오세아니아의 선진국들과 일본, 한국, 중국 등이 있다.

우리나라의 출생률[2)]과 사망률[3)]의 추세를 살펴보면 그림 4-6과 같다. 1960년에는 조(粗)출생률 42.1‰[4)], 조(粗)사망률 12.1‰로서 자연증가율(＝출생률－사망률)이 무려 30‰(3%)이었지만, 그 이후 정부의 가족계획 추진으로 조출생률이 감소하면서 자연증가율이 지속해서 감소하였다. 결국 1990년대 후반부터 자연증가율이 10‰(1%) 이하로 떨어지고, 2020년에는 조출생률 5.3‰, 조사망률 5.9‰로서 자연증가율은 －0.6‰이 되었다. 즉 2020년은 출생률과 사망률이 역전되어 자연인구가 감소한 첫해로 기록이 되었다. 이러한 추세가 지속되면 우리나라의 인구는 서서히 감소할 것이다. 한국의 출생률과 사망률의 변화를 인구변천모형에 적용해 보면, 1960년대와 1970년대는 2단계인 초기팽창 단계, 1980년대와 1990년대는 3단계인 후기팽창 단계, 2000년

2) (조)출생률은 1년간 발생한 총 출생아 수를 당해연도의 주민등록 연앙인구(그 해 중앙인 7월 1일 기준 인구)로 나누어 천분율(‰)로 나타낸 것으로 인구 1천 명당 출생아 수를 의미한다.

3) (조)사망률은 1년간 발생한 총 사망자 수를 당해연도의 주민등록 연앙인구(그 해 중앙인 7월 1일 기준 인구)로 나누어 천분율(‰)로 나타낸 것으로 인구 1천 명당 사망자 수를 의미한다.

4) "‰"은 천분율 표시로서 백분율(%)×10을 나타내며, 퍼밀(per mill)로 읽는다.

대 이후는 4단계인 저위정체 단계라고 평가할 수 있다.

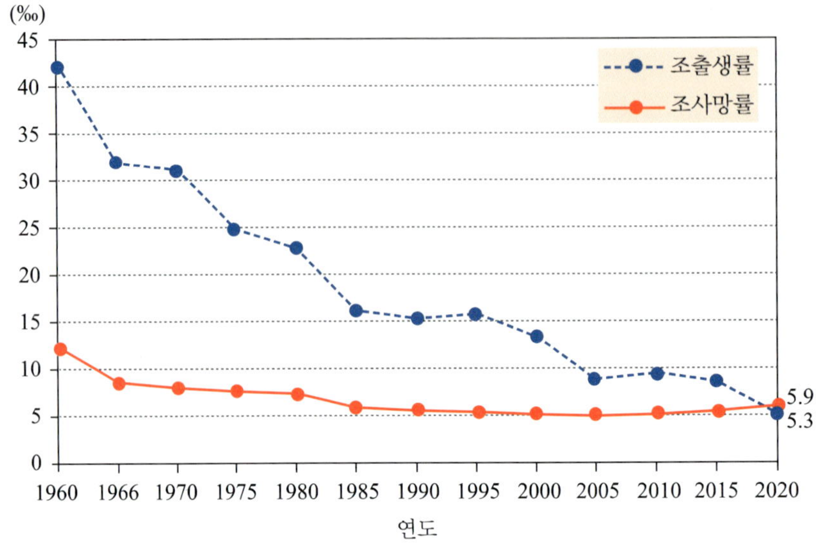

그림 4-6. 한국의 출생률과 사망률, 1960~2020년 [자료: 통계청, 인구동향조사, 각 년도]

3 국가별 인구의 성장과 분포

1) 국가별 인구분포

그리스인들은 자기들이 알고 있는 인간의 거주지역을 외쿠메네(Ökumene)라고 불렀다. 실제로 넓은 지구의 표면에서 인간이 거주할 수 있는 지역은 극히 제한되어 있으며, 인간의 역사를 살펴보면 거주지역을 확대하기 위한 노력이 중요한 부분을 차지하고 있다. 우선 5.16억 km^2에 달하는 지구표면 면적의 72%는 바다이며, 나머지 육지 중에서도 60%는 인간이 살기에 부적합한 사막이거나 빙설지역 또는 산악지역이다. 인간이 살 수 있는 40%에 해당하는 육지도 거주환경의 질적인 면에서 차이가 크게 난다. 그래서 세계 인구의 90%가 지구 육지의 약 20%에 해당하는 지역에 모여 살고 있다(이희연, 2003, p.136).

그러나 인간들이 지표 공간상에 불균등하게 분포하는 이유는 기후, 지형, 토질, 자원 등의 자연적 요인뿐 아니라 인종, 문화, 종교, 교통수단, 정치체제 등의 인문적 요인도 있다. 이러한 요인들이 단독으로 혹은 복합적으로 작용하여 인간의 거주 선택에 영향을 미치기 때문에 오늘날의 불균등한 인구분포 패턴이 나타난 것이다.

U.N.의 인구 추계에 의하면 2023년에는 세계 인구가 약 80억 명이 될 것이다. 2020년 기준으로 세계 인구의 약 83.7%는 저개발국(less developed country)에 거주하고 있으며 나머지 16.3%는 선진국(more developed country)[5)]에 거주하고 있다. 대륙별 인구분포를 보면 아시아에는 압도적 비율인 약 59.5%가 분포하고 있으며, 나머지 인구는 아프리카(17.2%), 유럽(9.6%), 라틴아메리카(8.4%), 북아메리카(4.7%)에 분포하며, 오세아니아에는 0.5%만이 거주하고 있다.

2020년 기준 국가별 인구분포를 살펴보면 1억 이상의 인구를 가진 나라가 14개국에 이른다(표 4-1 참조). 중국의 인구는 세계 인구의 18.5%에 해당하는 14억4천 명에 이르며, 인도는 13억 8천 명의 인구를 가지고 있다. 인도는 2023년경 중국을 제치고 세계 인구 1위 국가가 될 전망이다. 한국의 인구는 세계 28위로서 약 5100만 명이며, 북한의 인구는 약 2600만 명이므로 남북한을 합치면 약 7700만 명의 인구가 된다. 그러므로 남북한의 통일이 달성되면 세계 20위의 인구 규모를 가진 나라가 될 것이다. 2050년의 인구예측을 보면 인도(16억 6300만 명), 중국(13억 6600만 명), 나이지리아(4억 100만 명), 미국(3억 8600만 명), 인도네시아(3억 2900만 명) 등으로 국가별 인구 순위가 바뀔 것이다(Population Reference Bureau).

표 4-1. 국가별 인구 순위(2020년) (단위: 천 명)

순위	국가	인구	순위	국가	인구
1	중국	1,439,324	16	콩고민주공화국	89,561
2	인도	1,380,004	17	튀르키예	84,339
3	미국	331,003	18	이란	83,993
4	인도네시아	273,524	19	독일	83,784
5	파키스탄	220,892	20	태국	69,800
6	브라질	212,559	21	영국	67,886
7	나이지리아	206,140	22	프랑스	65,274
8	방글라데시	164,689	23	이탈리아	60,462
9	러시아	145,934	24	탄자니아	59,734
10	멕시코	128,933	25	남아프리카공화국	59,309
11	일본	126,476	26	미얀마	54,410
12	에티오피아	114,964	27	케냐	53,771
13	필리핀	109,581	28	한국	51,269
14	이집트	102,334	29	콜롬비아	50,883
15	베트남	97,339	30	스페인	46,775

자료: U.N. Population Division, *World Population Prospects: The 2019 Revision.*

5) 선진국(more developed country)의 범위는 확정된 것이 없지만, UN은 통계 편의상 서유럽 국가들과 미국, 캐나다, 호주, 뉴질랜드, 일본, 한국을 선진국으로 분류하고 있다.

2) 국가별 인구성장

한 국가 또는 지역의 인구증가는 자연적 증가(출생 - 사망)에 인구이동에 의한 사회적 증가(전입 - 전출)를 더한 것이다. 다시 말하면 다음과 같은 공식으로 표현할 수 있다.

$$\text{인구증가} = (\text{출생} - \text{사망}) + (\text{전입} - \text{전출})$$

한 국가의 인구는 출생에 의한 자연적 증가 외에도 외국에서 유입되는 인구로 인한 사회적 증가에 의해서도 증가한다. 인구가 정체되어있고 노동력이 부족한 선진국들은 정책적으로 외국 이민자들을 받아들이는 경우가 많으며, 저개발국가들은 출산율이 높아서 자연적 인구증가가 많은 편이다.

U.N. 인구통계에 의하면 2015년부터 2020년까지 세계의 연평균 인구성장률(population growth rate)은 1.09%이다. U.N.의 인구집계가 시작된 1950년 이래 가장 높은 인구성장률을 보인 때는 1965~1970년으로서 연평균 2.05%였으나, 그 이후 차츰 감소하여 현재에 이르게 되었다. 2015~2020년 연평균 인구성장률이 3% 이상인 나라들은 바레인(4.31), 오만(3.59) 등의 중동 국가와 니제르(3.82), 적도기니(3.66), 우간다(3.59) 등의 아프리카 국가이다. 반면에 인구성장률이 -1% 이하로 나타난 국가들을 살펴보면, 리투아니아(-1.48), 라트비아(-1.15), 베네수엘라(-1.13) 등이다. 발트 3국[6]을 포함한 동유럽 국가들의 인구는 대부분 감소하고 있으며, 베네수엘라는 정치 상황이 불안정하여서 잠정적으로 인구가 감소했다. 몇몇 주요 국가들의 인구성장률을 살펴보면, 한국 0.18%, 북한 0.47%, 일본 -0.24%, 중국 0.46%, 인도 1.04%, 필리핀 1.41%, 영국 0.61%, 프랑스 0.25%, 독일 0.48%, 미국 0.62%, 멕시코 1.13%, 이집트 2.03%, 나이지리아 2.59% 등이다(World Population Prospects: The 2019 Revision).

2015~2020년 연평균 인구성장률을 대륙별로 살펴보면, 아시아의 인구증가율은 0.92%로서 세계 연평균 증가율 1.09%보다 비교적 적게 나타났지만, 아프리카의 인구증가율은 2.51%로서 매우 높은 수준을 보인다. 유럽은 전체적으로 인구증가율이 0.12%인데 지역별로 보면, 북유럽 0.52%, 서유럽 0.42%, 동유럽 -0.09과 남유럽은 -0.11%로 나타났다. 북아메리카는 0.65%이지만 라틴아메리카는 0.94%로 비교적 높게 나타났고, 오세아니아도 1.37%의 인구증가율을 보였다. 바레인, 오만, 카타르, 아랍 에미리트 같은 페르시아만 산유국들의 인구가 급증한 것은 종교적인 이유로 출산율이 높고 외국 이민자들을 적극적으로 수용했기 때문이다. 일부 국가의 인구성장률은 인구의 자연적 증감보다 사회적 증감이 큰 영향을 미쳤다. 동유럽 국가들의 인구가 감소

6) 발트 3국은 발트해(Baltic Sea) 연안의 에스토니아, 라트비아, 리투아니아를 말하며, 과거 소련의 지배를 받았던 나라들로써 출산율이 낮으며 서유럽으로 이주하는 사람들이 많아서 인구가 감소하고 있다. 대부분의 동유럽 국가들도 같은 인구 추세를 보인다.

하는 것은 경제적인 이유로 인한 해외 이주가 주원인이다. 북유럽과 서유럽, 북아메리카, 오세아니아 등의 선진국들은 이민자들을 많이 받아들이기 때문에 인구의 자연증가율보다 상당히 높은 인구증가율을 보이고 있다.

3) 국가별 인구밀도

지구상의 모든 나라들은 제각기 면적이 다르므로 국가별 인구규모만 가지고는 그 나라의 인구분포가 조밀한지 아닌지를 알 수가 없다. 그러므로 공간면적에 대한 상대적 인구규모를 비교하면 그 나라의 가용 자원 및 생활 공간에 대한 인구과잉 또는 인구과소 여부를 어느 정도 파악할 수가 있다. 단위면적(1 km^2)당 인구수를 가리키는 인구밀도(population density)는 인구분포를 설명하는 좋은 지표가 될 수 있다.

표 4-2는 2020년 기준 10대 고밀도 국가와 10대 저밀도 국가의 인구밀도(국토 면적 1 km^2당 인구수)와 경지 인구밀도(경지 면적 1 km^2당 인구수)를 나타낸 표이다. 여기서 모나코, 바레인, 싱가포르 같은 도시국가나 몰디브, 몰타 같은 작은 섬나라, 그리고 식민지들은 제외하였다.

최고밀도 국가는 방글라데시로서 인구밀도가 1265.2명인 반면, 몽골은 단 2.1명으로 최저밀도 국가이다. 한국은 대만, 레바논에 이어 4위의 고밀도 국가로서 인구밀도가 527.3명이며, 필리핀과 일본은 각각 11번째, 12번째 고밀도 국가로서 인구밀도는 367.5명과 346.9명이다. 인구가 1억이 넘는 14개 국가 중에서 10대 고밀도 국가에 해당하는 나라는 방글라데시와 인도뿐이며, 일본과 필리핀을 제외한 나머지 10개 인구 대국들은 상대적으로 면적이 넓은 나라들이다.

표 4-2. 국가별 인구밀도, 2020 (단위: 명/km^2)

순위	고밀도 국가	인구밀도	경지 인구밀도	순위	저밀도 국가	인구밀도	경지 인구밀도
1	방글라데시	1265.2	2,206	1	몽골	2.1	593
2	대만	727.5	4,015	2	나미비아	3.1	318
3	레바논	667.2	5,170	3	오스트레일리아	3.3	84
4	한국	527.3	3,707	4	아이슬란드	3.4	1,135
5	르완다	525.0	1,125	5	수리남	3.8	930
6	네덜란드	508.2	1,684	6	리비아	3.9	401
7	인도	464.1	895	7	가이아나	4.0	187
8	아이티	413.7	1,066	8	보츠와나	4.1	899
9	이스라엘	400.0	2,381	9	캐나다	4.2	98
10	벨기에	382.7	1,377	10	모리타니	4.5	1,687

주: 도시국가, 식민지 및 작은 섬나라들은 제외하였음.
자료: U.N. Population Division, *World Population Prospects: The 2019 Revision.*

저밀도 국가에는 몽골처럼 넓은 사막을 가지고 있는 오스트레일리아와 아프리카 국가들(리비아, 모리타니, 나미비아, 보츠와나), 추운 불모지를 가지고 있는 아이슬란드와 캐나다, 넓은 열대우림을 가지고 있는 남미국가들(수리남, 가이아나)이 포함되어 있다.

이러한 인구밀도는 계산하기가 간편하여 널리 사용되고 있지만, 토지의 질을 반영하지는 못하고 있다. 잠재적으로 식량 생산을 할 수 있는 토지에 대한 인구압을 측정하기 위해서는, 인간이 살기 어려운 산지나 불모지를 제외한 경작가능 면적만을 고려한 인구밀도, 즉 경지 인구밀도를 사용하는 것이 바람직하다.

표 4-2에는 인구밀도와 경지 인구밀도를 같이 제시하여 비교할 수 있도록 하였다, 경작지 1 km^2당 인구밀도는 국토 면적에 대한 인구밀도와 차이가 있을 수밖에 없다. 한국의 경지 인구밀도는 3,707명인데, 최고밀도 국가인 방글라데시의 경우 상대적으로 경지면적이 넓어서(즉 경지율[7])이 높아서) 경지 인구밀도는 한국보다도 낮게 나타났다. 레바논의 경우 국토 면적은 한국의 10분의 1 정도인 10,452 km^2인데 경지율은 상대적으로 더 낮으므로 고밀도 국가 중에서 가장 높은 경지 인구밀도인 5,170명을 나타내고 있다. 인도는 상대적으로 경지율이 높아서 경지 인구밀도가 895명으로 나타났는데, 이는 고밀도 국가 중에서 가장 낮은 경지 인구밀도 수준이다.

저밀도 국가 중에서 아이슬란드와 모리타니는 경지율이 매우 낮아서 경지 인구밀도는 1,000명 이상으로 나타났다. 반면에 오스트레일리아와 캐나다는 적은 인구수에 비해서 경지율은 상대적으로 높으므로 경지 인구밀도는 각각 최저수준인 84명, 98명으로 나타났다.

4 한국 인구의 분포와 구조

1) 한국의 인구분포

우리나라의 인구분포를 통계청의 '인구주택 총조사' 자료를 이용하여 시도별로 나타낸 것이 표 4-3이다. 1990년부터 2000년까지 전국의 인구는 약 260만 명이 늘었으며, 2000년부터 2010년까지도 역시 260만 명 정도가 증가했다. 그러나 2010년부터 2020년까지는 325만 명이 증가하였다. 즉, 1990년대와 2000년대는 대구시 인구만큼 증가하다가, 2010년대에는 부산시 인구만큼 증가한 것이다.

그렇지만 서울특별시의 인구는 1990년의 1,060만 명에서 2020년의 959만 명으로 약 100만 명 정도가 감소하였다. 그래서 전국에 대한 서울 인구의 비중도 24.4%에서 18.5%로 낮아졌다.

7) 경지율이란 전체 국토에서 실제로 경작할 수 있는 땅의 비율을 말한다.

표 4-3. 한국의 시·도별 인구분포, 1990~2020 (인구 단위: 1,000명)

구분	1990년		2000년		2010년		2020년		2010~2020
	인구	구성비 (%)	인구	구성비 (%)	인구	구성비 (%)	인구	구성비 (%)	인구변화
전국	43 390	100.0	45 985	100.0	48 580	100.0	51 829	100.0	3 249
서울	10 603	24.4	9 854	21.4	9 794	20.2	9 586	18.5	-208
부산	3 796	8.7	3 655	7.9	3 415	7.0	3 349	6.5	-66
대구	2 228	5.1	2 474	5.4	2 446	5.0	2 411	4.7	-36
인천	1 816	4.2	2 466	5.4	2 663	5.5	2 945	5.7	283
광주	1 139	2.6	1 351	2.9	1 476	3.0	1 478	2.9	2
대전	1 049	2.4	1 366	3.0	1 502	3.1	1 488	2.9	-13
울산	-	-	1 012	2.2	1 083	2.2	1 135	2.2	53
세종	-	-	-	-	-	-	354	0.7	354
경기	6 154	14.2	8 938	19.4	11 379	23.4	13 512	26.1	2 132
강원	1 580	3.6	1 485	3.2	1 472	3.0	1 522	2.9	50
충북	1 389	3.2	1 463	3.2	1 512	3.1	1 632	3.1	120
충남	2 013	4.6	1 840	4.0	2 028	4.2	2 177	4.2	149
전북	2 069	4.8	1 887	4.1	1 777	3.7	1 803	3.5	26
전남	2 507	5.8	1 994	4.3	1 741	3.6	1 789	3.5	47
경북	2 860	6.6	2 716	5.9	2 600	5.4	2 645	5.1	45
경남	3 672	8.5	2 971	6.5	3 160	6.5	3 333	6.4	173
제주	514	1.2	513	1.1	532	1.1	671	1.3	139

주: 경상남도(경남)에 속해있던 울산시는 1997년에 광역시로 승격되었다.
충북과 충남 사이에 위치한 세종특별자치시는 2012년에 출범하였다.
자료: 통계청, 「인구주택총조사」, 각 연도.

1990년까지 계속 증가해온 서울의 인구가 감소하게 된 것은 서울 주변에 새로 건설된 위성 신도시(분당, 평촌, 산본, 중동, 일산 등)로 서울의 인구가 분산되었기 때문이다. 그러나 이러한 위성도시 주민들의 상당수가 직장을 서울에 두고 있으므로, 그들이 거주하는 도시는 베드타운(bed town, 침상도시)의 역할을 하고 있을 뿐이다. 부산의 인구도 주변의 양산과 김해 일대에 신도시들이 생겨나면서 1990년의 380만 명에서 2020년의 335만 명으로 감소하였으며, 전국 인구에 대한 비중도 1990년의 8.7%에서 2020년의 6.5%로 낮아졌다.

6개 광역시 중에서 2010년대의 10년 동안 인구가 증가한 곳은 인천, 광주, 울산뿐이며, 부산, 대구, 대전은 인구가 감소하였다. 인천은 1981년 직할시로 승격되고 1995년 광역시로 개칭되었는데, 그동안 지속해서 인구가 증가하여 2020년의 인구는 295만 명에 이른다. 인구규모로 볼 때 인천은 2000년대에 이미 대구를 추월하여 부산 다음으로 큰 우리나라 3위의 도시가 되었다. 2012년에 출범한 세종특별자치시는 급속하게 인구가 증가하여 2021년 기준으로 37만 명의 인구를 보유하고 있다.

도급에서는 경기도의 인구증가가 가장 두드러진다. 그 이유는 바로 다른 시·도에서 인구가 꾸준히 유입되고 있으며, 서울의 위성도시들도 급속하게 성장했기 때문이다. 즉 1990년대 10년 동안 278만 명, 2000년대 10년 동안 244만 명이 증가하였으며, 2010년대에는 213만 명이 증가하였다. 그리하여 경기도는 2020년 기준 1,351만 명의 인구를 가지게 되었으며, 전국 인구에 대한 경기도의 비중은 26.1%에 이른다.

그 외 모든 도의 인구는 2010년대 10년 동안 다소 증가하였다. 1990년대와 2000년대에는 강원, 전북, 전남, 경북이 지속해서 인구가 감소했는데, 2010년대에 인구증가로 돌아선 것은 혁신도시[8]들이 건설되어 대도시 인구가 유입되었기 때문이다. 이것이 국토의 균형발전으로 이어지는 계기가 될 것인지는 좀 더 지켜보아야 할 것이다.

충북은 1983년부터 시행된 「수도권정비계획법」과 1987년에 개통된 중부고속도로의 영향으로 수도권의 제조업체들이 이전해 오면서 인구가 점차 증가하였으며, 2010년대에는 진천군과 음성군에 걸쳐있는 충북혁신도시의 인구가 급증하여서 충북 전체의 인구증가를 견인하였다. 그러나 서울과 인천, 경기도를 합친 수도권으로 볼 때, 2020년의 수도권 인구는 2,600만 명을 넘었고 전국 인구에 대한 비중은 1990년의 42.8%에서 2020년의 50.3%로 증가하여 비수도권 전체보다도 많은 인구를 차지하게 되었기 때문에 수도권 인구의 분산정책은 실패했다고 볼 수밖에 없다.

2) 한국의 인구구조

인구규모나 인구분포를 논의할 때는 인구를 동질적인 단위로 간주한다. 그러나 인구구성의 기본단위인 인간의 특성은 동질적인 것이 아니므로, 지역사회의 성격을 규명하기 위해서는 인구의 구조를 살펴볼 필요가 있다. 인구구조를 형성하는 요소로는 성별 분포, 연령분포, 혼인상태, 교육수준, 소득수준, 경제활동, 인종(민족)분포 등이 있는데, 특히 성별, 연령별 분포는 그 지역사회의 사회경제적 구조, 이동성, 노동력, 공공서비스의 수준뿐 아니라 미래의 인구변화를 예측하는데 유용한 지표가 되고 있다.

이러한 관점에서 우리나라 인구의 성별 구조를 분석해 보면 다음과 같다. 2020년 기준 인구의 성비(性比)는 100.1로서 여자 100명에 대하여 남자가 100.1명인 남초현상을 보이고 있다. 우리나라는 1960년대 이후 지금까지 100~101의 성비를 유지해 왔다. 비록 출생할 때는 남자가 많아서 출생성비는 110을 오르내리기는 하지만 노년층의 여성이 남성보다 압도적으로 많아서 전체 성비는 100 수준을 유지하는 것이다(조혜종, 2006, p.165-166). 그러나 통계청의 추정에 의하면 앞으로는 여초현상이 나타나서 2030년에는 99.5, 2050년에는 98.5까지 예상된다(통계청, KOSIS).

이렇게 성비는 연령별 구조를 같이 살펴보면 어떤 사회현상이 반영된 결과인지 파악할 수 있

8) 혁신도시는 2007년 제정된 「혁신도시 조성 및 발전에 관한 특별법」에 따라 이전하는 공공기관을 수용하여 기업·대학·연구소·공공기관 등이 서로 긴밀하게 협력할 수 있는 여건과 수준 높은 주거·교육·문화 등의 정주환경을 갖추도록 하는 미래형 도시이다. 11개 광역시·도에 10개의 혁신도시를 건설하여 수도권에 소재하는 공공기관을 이전시키는 것을 골격으로 하는 지역발전정책이다.

다. 이러한 인구구조 분석을 쉽게 해주는 수단이 인구 피라미드이다. 인구 피라미드는 인구의 성별, 연령별 분포를 함께 보여주는 그래프로서, Y축에는 5세 간격으로 연령 구간을 표시하고 X축에는 성별 구성비를 % 단위로 표시한다.

그림 4-7은 우리나라 인구의 성별·연령별 구조를 나타내는 인구 피라미드로서 1960년, 1980년, 2000년의 상태를 보여준다. 베이비붐(baby boom: 1955~1963년)이 한창 진행 중이던 1960년에는 출생률이 높아서 유소년층(0~14세)의 인구가 많고 노년층(65세 이상)으로 갈수록 인구가 급격히 감소하는 전형적인 피라미드 형태였다. 이것이 1980년과 2000년으로 가면서 출생률이 낮아지고 노년층의 수명이 연장되면서 종형을 거쳐 방추형으로 변하는 추세가 완연하게 보인다. 즉 유럽이나 일본 같은 선진국형으로 바뀌고 있는 것이다.

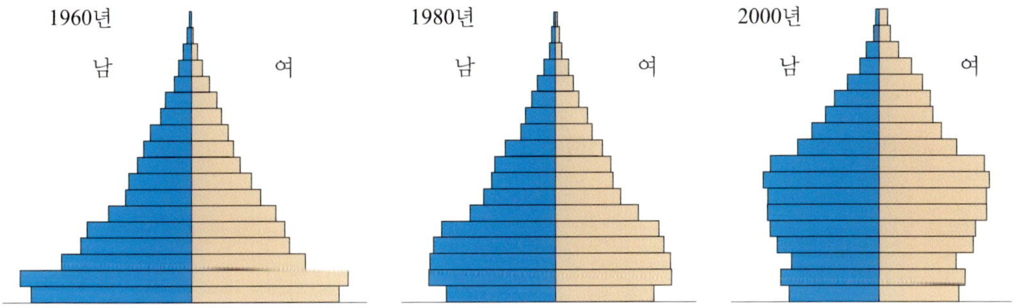

그림 4-7. 한국의 인구 피라미드(1960년, 1980년, 2000년) [자료: 통계청]

그림 4-8은 우리나라 2020년의 인구 피라미드로서 저출산 고령화의 추세가 명확하게 드러난다. 즉, 유소년층의 비율은 2000년 인구 피라미드보다도 많이 줄어들었으며, 생산연령인구(15~64세) 중에서도 청년층보다 장년층의 비율이 훨씬 높게 나타나며, 노년층의 비율은 2000년보다 더 증가한 것이 확인된다. 특히 노년층에서 남자보다 여자의 비율이 훨씬 높은 것이 확연히 드러난다. 현재의 저출산 고령화 추세가 지속될 때 앞으로 약 20년 후에 나타날 인구 피라미드도 예상할 수 있다. 즉 생산연령층보다 노년층의 비중이 상대적으로 높아지면서 위태로운 가분수 모양이 될 것이며, 국가 전체적인 인구감소 추세가 인구 피라미드에 반영될 것이다.

저출산 고령화에 의한 연령별 인구구성과 관련하여 지방소멸 위험지수[9]라는 것이 있다. 이 지수는 어떤 지역의 20~39세 여성 인구를 65세 이상 노령인구로 나눈 값으로, 이 지수가 1 미만일 때(즉 20~39세 여성 인구가 65세 이상 고령인구보다 적을 경우) '소멸주의'로 분류하고, 지수가 0.5 미만일 때는 '소멸위험'으로 분류한다. 소멸위험 지역에 새로 인구가 전입하지 않는다면 약 30년 뒤에는 해당 지역에 사는 사람이 거의 없을 가능성이 크다는 것이다.

9) 지방소멸 위험지수는 「지방소멸」(2014)이라는 책을 쓴 일본 도쿄대 마스다 히로야(增田寬也) 교수가 제시한 방법에 기초해서 개발되었다. 그 저서에 의하면 2040년까지 일본의 기초단체 1,799곳 가운데 절반인 896곳이 인구감소로 소멸할 가능성이 있다고 한다.

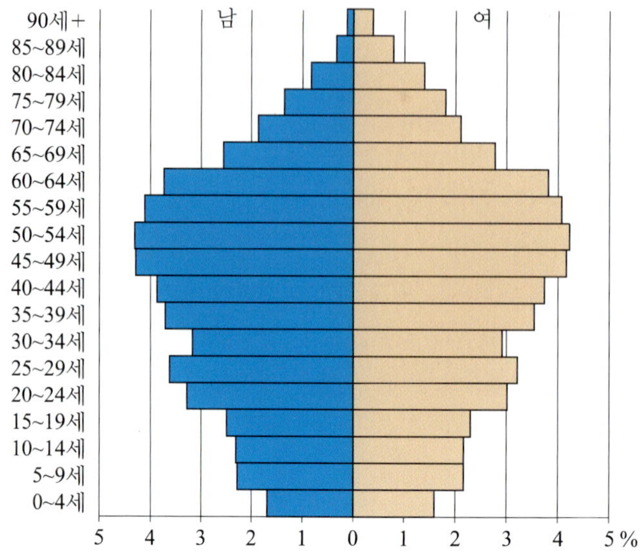

그림 4-8. 한국 인구의 성별·연령별 구조(인구 피라미드, 2020년) [자료: 통계청]

2019년 기준 전국 228개 시군구 가운데 소멸위험지역은 97곳으로 전체의 42.5%를 차지했다. 특히 소멸위험이 가장 큰 곳은 경북 군위군과 의성군(각각 0.143)으로 나타났다(한국고용정보원, 2019). 정부에서는 2020년 「국가균형발전특별법」을 개정하고 인구감소지역 89곳을 선정하였으며, 2022년에는 「인구감소지역 지원특별법」(약칭: 인구특별법)을 제정하여 인구감소지역에 대한 특별지원대책을 시행하게 되었다.

5 인구문제와 인구정책

1) 인구문제의 유형

어떤 국가나 지역에서 현재 보유한 자원으로 지지할 수 있는 최대한의 인구 규모를 인구부양력(carrying capacity)이라고 한다. 만약 인구가 부양력만큼 유지되고 있다면 적정인구(optimum population)를 가졌다고 할 수 있다. 만약 부양력보다 인구가 많으면 과잉인구(over-population)이며, 부양력보다 인구가 적으면 과소인구(under-population)인 것이다.

인구문제의 종류에는 과잉인구, 과소인구, 인구유출, 인구집중, 저출산, 고령화 등이 있다. 과잉인구은 맬서스의 인구론에서 근간을 이루는 주제이며 과거 한국뿐 아니라 많은 개발도상국에서 겪고 있는 문제점이다. 자원에 비해 과다한 인구, 식량생산을 초과하는 인구증가, 높은 출생률과 낮은 사망률 등이 주요 원인이다. 반면 과소인구는 자연환경이 인간 생활에 부적합한 지역이거나 인구가 유출된 지역에서 볼 수 있는 현상이다. 아마존의 밀림지대, 시베리아의 툰드라 지대 등은 자연환경이 거주하기에 부적합하여 인구가 적을 수밖에 없다. 한국이나 일본의 농촌 지역은 인구가 도시로 유출되어 과소인구 문제를 겪고 있다.

인구유출(population leakage)은 낙후된 농촌이나 경제가 침체한 지역에서 나타나는 인구문제이다. 농촌의 인구유출은 농촌의 공동화(空洞化), 노령화, 노동력 부족 등을 초래하고 있다. 농촌을 떠나서 도시로 향하는 인구이동을 이촌향도(離村向都) 또는 이농현상(離農現象)이라고 하는데, 이는 도시의 과도한 인구집중을 초래할 수 있다. 인구집중(population concentration)은 도시화가 급속하게 진행되는 개발도상국에서 흔히 나타나는 문제로서 주로 농촌인구가 대도시로 과도하게 유입되기 때문에 농촌의 인구유출과 맞물려 있다. 인구가 대도시로 과도하게 집중하면 도시 내의 주택부족, 범죄증가, 교통혼잡, 기반시설 부족 등의 도시문제를 초래하게 된다.

저출산은 전쟁이나 불경기 때문에 한시적으로 나타나기도 하지만, 일반적으로 출산의 기회비용(opportunity cost)[10]이 부담이 되어 출산을 기피하기 때문에 나타나는 인구문제이다. 이는 여성의 경제활동이 활발한 선진국에서 흔히 볼 수 있는 현상인데, 저출산이 지속되면 국가 전체의 인구감소와 생산인구의 감소로 이어지며, 국가 경제에도 악영향을 미치게 된다. 2020년도 세계 각국의 합계출산율(total fertility rate)[11]을 보면, 세계 평균은 2.3인데 아프리카는 4.4인 반면 유럽은 1.5로서 큰 차이를 보인다. 표 4-4를 보면 다출산 국가들은 전부 아프리카 국가들이며, 저출산 국가들은 동아시아 또는 유럽 국가들이다.

표 4-4. 국가별 합계출산율(2020년)

순위	다출산 국가	합계출산율	순위	저출산 국가	합계출산율
1	니제르	7.1	1	한국	0.8
2	말리	6.3	2	타이완	1.0
3	콩고민주공화국	6.2	3	안도라	1.0
4	앙골라	6.1	4	싱가포르	1.1
5	소말리아	6.0	5	몰도바	1.2
6	차드	5.9	6	몰타	1.2
7	베냉	5.7	7	우크라이나	1.3
8	나이지리아	5.3	8	스페인	1.3
9	부룬디	5.3	9	이탈리아	1.3
10	부르키나파소	5.2	10	일본	1.3

주: 한국 통계청에서는 2020년 합계출산율을 0.84로 발표하여 표에 반영하였다.
자료: Population Reference Bureau, 2020 World Population Data Sheet.

10) 기회비용은 어떤 활동에 참여함으로써 다른 경제활동의 기회를 포기하여 입은 손해를 비용의 개념으로 환산한 것이다. 출산으로 인하여 경제활동의 기회를 포기하였을 때, 이로 인한 소득의 감소를 비용으로 환산한 것이 출산의 기회비용이다. 여성의 취업이 활발한 선진국에서는 후진국보다 출산의 기회비용이 크기 때문에 출산을 꺼리는 경향이 있다.

11) 합계출산율은 가임 연령인 15세부터 49세까지의 여성 1인당 평균 출산 자녀 수를 뜻한다. 현재의 인구가 유지되기 위해서는 합계출산율이 2.0이 되어야 한다.

최근 한국의 낮은 출산율은 인구감소를 우려할 만큼 심각한 인구문제로 대두되었다. 1960년대부터 강력하게 실시해온 출산억제정책에 의한 가족계획사업과 육아의 기회비용 증가, 가족에 대한 가치관의 변화 등으로 인하여 출산율이 지속해서 감소하더니 2000년대 중반부터 세계 최저수준으로 떨어졌으며, 2020년의 합계출산율은 0.84로서 여전히 세계 최저를 기록했다. 이것을 1970년의 합계출산율 4.53명, 1980년의 2.83명, 1990년의 1.59명, 2000년의 1.47명, 2010년의 1.23명과 비교하면 그동안 출산율이 급속하게 저하됐다는 것을 알 수 있다. 이러한 저출산 추세가 지속되면 국가의 노동력 부족, 학령인구 감소, 인구의 노령화가 더욱 가속화 할 것이다.

앞에서 제시한 그림 4-6에서 볼 수 있듯이 2020년에 이미 사망률(5.9‰)이 출생률(5.3‰)보다 높게 나타나서 우리나라의 인구는 감소하기 시작했다. 2020년 기준 5,184만 명의 인구는 향후 10년간 매년 6만 명 정도씩 감소하여 2030년에는 5,120만 명이 될 것이며 2070년에는 3,766만 명으로 줄어들어 1979년 수준의 인구가 될 것이다(통계청, 2021, 장래인구추계).

인구의 고령화(노령화)는 인구 구성에서 65세 이상의 노령인구 비율이 높아지는 현상을 말한다. 이는 의학 발전과 생활수준 향상에 의한 인간 수명의 연장과 출산율 하락이 결합하여 나타나는 현상이다. 노령인구의 비율이 높아지면 상대적으로 생산연령(15~64세) 인구의 부양 부담이 늘어나는 결과를 초래한다. 즉 국가 재정에서 근로자에 의한 세입은 상대적으로 감소하고 노인의 사회복지를 위한 세출은 증가하게 되는 것이다. UN의 분류에 의하면 국가 총인구 중에 65세 이상 노인의 비율이 7% 이상이면 고령화사회(aging society), 14% 이상이면 고령사회(aged society), 20% 이상이면 초고령사회(post-aged society)라고 한다.

한국은 2000년에 고령화사회, 2017년에 고령사회로 진입하였다. 2020년 현재 한국의 노령인구 비율은 15.7%이며, 2025년에는 20%에 도달하여 초고령사회로 진입할 예정이다. 표 4-5에서 다른 나라와의 노령화 속도를 비교해보면 초고령사회, 즉 65세 이상 인구의 비율이 20%에 도달하는 시기는 미국을 제외한 다른 나라보다는 늦지만, 14%에서 20%로의 증가 소요 연수는 8년에 불과할 것으로 예상된다. 그 이유는 한국의 합계출산율이 세계 최저수준으로 지속될 것이 예상되기 때문이다.

표 4-5. 국가별 노령화 속도 비교

국가	도달 연도*			증가 소요 연수	
	7%	14%	20%	7% → 14%	14% → 20%
프랑스	1864	1979	2018	115	39
이탈리아	1927	1988	2006	61	18
독일	1932	1972	2009	40	37
미국	1942	2015	2036	73	21
일본	1970	1994	2006	24	12
한국	2000	2017	2025	17	8

* 65세 이상 노령인구의 비율이 각각 7%, 14%, 20%에 도달한(또는 도달하는) 연도를 나타낸다.
자료: 통계청, 2006, 2021, 장래인구추계.

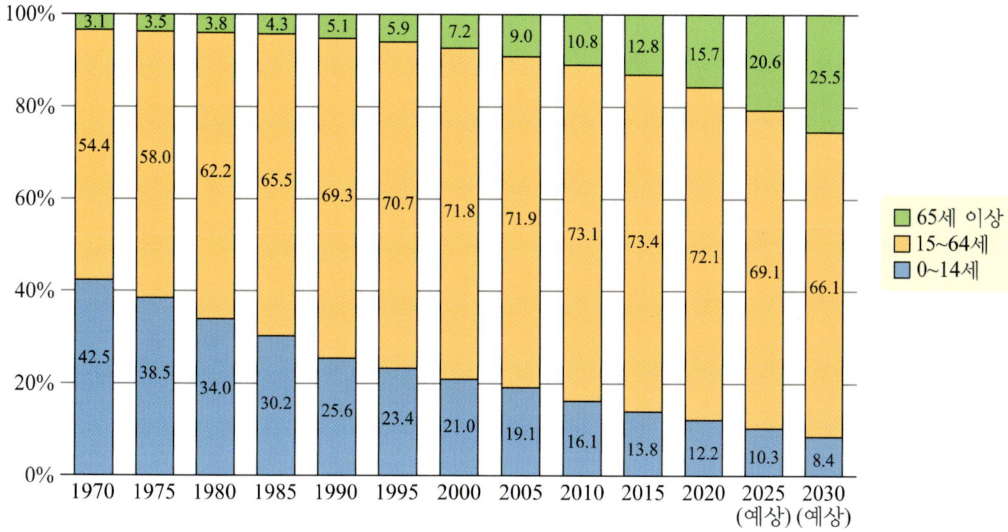

그림 4-9. 한국의 연령층별 인구구성 변화(1970~2030년) [자료: 통계청, 국가통계포털(KOSIS)]

그림 4-9는 1970년부터 2030년까지 한국의 연령층별 인구구성의 변화를 보여준다. 1970년 전체 인구의 42.5%에 달하던 유소년(0~14세) 인구의 비율이 2020년에는 12.2%로 감소하였으며, 1970년에 3.1%에 불과하던 노년(65세 이상) 인구의 비율이 2020년에는 15.7%를 차지하고 있다. 생산연령(15~64세) 인구의 비율은 2015년 73.4%로 정점을 찍었으나 이후 계속 감소할 것으로 예상된다. 앞으로도 저출산·고령화 추세가 지속되면 생산연령 인구는 더욱 감소하여 노동력 부족, 경제 위축, 세입 감소, 국민연금 재원 부족 등의 문제가 심각해질 것이다.[12]

2) 인구정책

각종 인구문제에 대처하기 위한 인구정책에는 여러 가지가 있다. 과잉인구 문제에 대해서는 산아제한, 가족계획, 이민 장려 같은 인구조절정책을 시행할 수 있다. 과소인구 문제에 대해서는 경제를 활성화하고 고용을 창출하여 전입 대상자에게 직장 알선과 함께 이주보조금을 지급하고, 외국인 이민자들을 적극적으로 받아들이는 인구 유인 정책이 필요하다.

인구유출을 줄이기 위해서는 농촌의 소득증대 사업을 지원하고 생활환경을 개선하는 정책을 시행해야 한다. 인구집중을 완화하기 위해서는 산업체, 기관, 대학교 등의 이전을 통한 인구 분산 정책과 함께 지역 간 균형발전 정책을 병행한다. 1982년에 제정된 「수도권정비계획법」에서는 수

12) 미국의 경제전문가 덴트(Harry Dent)는 「The Demographic Cliff」(2014)라는 저서에서 미국의 40대 중후반 인구가 감소하여 소비가 부진하고 경제가 위축되는 현상을 '인구절벽'이라고 표현했는데, 이를 확대하여 생산연령 인구가 급속하게 감소하는 현상을 일반적으로 인구절벽이라 한다.

도권 인구를 분산하기 위해서 인구집중 유발시설이나 대규모 개발사업에 대해 총량규제를 시행하고 있다. 인구집중 유발시설이란 학교, 공장, 공공 청사, 업무용 건축물, 판매용 건축물, 연수시설 등을 말하며, 대규모 개발사업이란 택지, 공업 용지 및 관광지 등을 조성하는 사업을 말한다.

저출산 문제를 해결하기 위해서는 출산과 육아의 비용을 지원하는 것뿐 아니라 취업알선 및 임대주택 지원 등 전방위적인 출산장려정책을 실시해야 한다. 인구의 노령화에 대한 대책으로는 각종 노인복지사업의 확대와 노인 소득증대를 위한 취업 지원이 필요하다.

중국은 1949년 정부수립 이후 여러 차례 인구정책을 바꾸었다. 처음에는 마르크스의 인구이론에 따라 사회주의 국가에는 실업이나 인구과잉은 없다고 믿고 출산을 장려했으나, 1953년에 실시된 중국 최초의 인구총조사 결과 5억8천만 명의 인구를 가진 것이 밝혀지자 가족계획사업을 추진했다. 대약진운동(1958~1962년)과 문화대혁명(1966~1976년) 기간에는 주춤하기도 했지만, 1970년대부터 다시 가족계획사업이 강력히 추진되고 1977년에는 두 자녀 정책을 세웠다가 1979년부터는 한 자녀 정책으로 전환하여 더욱 엄격하게 인구억제를 추진하였다. 만혼을 장려하였을 뿐 아니라 결혼 시에 1가족 1자녀 선서를 시켰으며, 불이행자에 대해서는 무상교육, 의료, 식량배급의 혜택을 없애고 10% 감봉조치 등의 각종 불이익을 주었다.

전통적인 남아선호사상이 남아 있는 중국의 농촌에서는 여아가 첫 아이로 태어나면 출생신고도 하지 않거나 살해하는 등의 부작용이 심해지자 1984년부터 농촌에서는 2자녀가 허용되었다. 결과적으로 과거 2% 이상이었던 인구성장률이 1990년에는 1.4%로 하락하여 상당한 성공을 거두었다. 그러나 당초에 세웠던 야심에 찬 인구성장률 목표인 2000년의 0%를 달성하는 데에는 실패했다. 중국의 2010년도 인구성장률은 0.51%이며, 합계출산율은 1.54, 인구는 약 13.4억 명에 달했다. 이런 상황에서 중국은 미래의 노동력 감소와 인구의 고령화를 우려하여 결국 2016년부터 전면적으로 2자녀까지 허용하기로 했으며, 2021년에는 3자녀까지 허용한다고 발표했다. 중국의 2020년 인구성장률은 0.46%이며, 합계출산율은 1.5, 인구는 약 14.4억 명이다. 그러나 중국도 한국처럼 도시의 높은 집값과 교육비용 등의 제약 때문에 젊은 세대들은 결혼과 출산을 꺼리는 것이 현실이다.

프랑스는 중국과는 달리 인구를 증가시키기 위해서 노력해 왔다. 1958년 드골 대통령이 집권하면서 당시 약 4,500만 명이던 프랑스의 인구를 장차 1억 명으로 늘리겠다는 국정의 최우선 과제를 제시하였다. 그러나 1973년 베이비붐(baby boom)이 끝난 후부터는 인구증가가 미미한 수준으로 지속되었다. 1973년의 연간 인구증가율은 0.83%이었지만 1976년에서는 0.38%로 전후 최저수준의 증가율을 보이게 되었다. 약 50년이 지난 2010년의 프랑스 인구는 6,500만 명을 돌파하고 인구증가율은 0.56%에 이르렀지만, 최근의 출산율 증가는 놀랄만한 수준이다. 1994년의 합계출산율은 1.69까지 내려갔지만 2010년에는 2.08로 급증하였다. 이러한 결과는 출산과 육아는 가족뿐 아니라 국가적인 문제이므로 국가에서 책임진다는 프랑스 정부의 시책이 결실을 본 것이다. 그러나 프랑스의 2020년도 인구성장률은 0.25%이며, 합계출산율은 1.8, 인구는 약

6,527만 명으로 10년 전보다 인구 지표가 크게 개선되지는 않았다.

그동안 프랑스 정부가 시행한 출산장려정책은 세심하고 완벽에 가까운 것이었다. 프랑스 정부는 국내총생산(GDP)의 4.7%인 150조 원 규모의 재정을 출산과 보육비 지원에 사용하고 있다(김광수, 2009). 출산할 때는 의료보험이 없더라도 병원비가 거의 무료이며, 다양한 가족수당 제도를 통해서 자녀 양육을 지원하고 있다. 가족수당은 자녀 수에 따라 차등적으로 지급되며, 3명의 자녀를 키울 때는 근로자의 최저임금 수준으로 수당이 지급된다. 자녀를 출산한 여성은 1년까지 출산휴가를 받을 수 있으며, 그 후 직장 복귀가 보장된다. 1970년대 후반부터는 남편도 희망하면 유급 출산휴가를 받을 수 있다. 출산휴가로 인한 기업의 손실은 정부에서 일부 보전해 주는 제도도 마련했다. 탁아소나 유치원에는 명목적인 등록비만 내면 추가 비용은 국가에서 부담하며, 3명 이상의 자녀를 키우는 가정에는 대가족 증명서를 발급하여 대중교통비와 항공료 등을 반액으로 할인해 주며, 기타 아동용품 가게나 식당에서도 할인 혜택을 준다. 혼인율이 떨어지고 독신자가 늘어나는 사회 분위기를 고려하여 미혼 자녀에 대해서도 차별 없는 양육비 지원을 하고 있으며, 결혼하지 않고 동거하는 커플에 대해서도 부부로 인정하여 그들의 자녀가 당당하게 학교에 다닐 수 있도록 배려하고 있다(신용석, 2010).

한국에서는 1990년대 들어 출생률이 많이 하락하자 1995년부터 가족계획사업을 중지했으며, 2000년대 들어서서 저출산 문제가 심각한 수준에 이르자 정부에서는 출산장려정책을 시행했다. 즉, 보건복지부와 각 지방자치 단체에서는 2003년부터 출산장려금 지급, 신생아 양육비 지원, 임산부와 유아 건강관리, 유급 출산휴가 확대, 보육시설 확충 및 보육료 지원, 주택입주 우선권 등의 새로운 정책을 쏟아내고 있다. 2005년에는 「저출산·고령사회기본법」을 제정하여 출산장려정책의 법적 근거를 마련했다. 그러나 한국의 젊은 부부들이 출산을 꺼리는 이유를 잘 분석해서 정책을 입안할 필요가 있다. 출산율을 높이기 위해서는 일하는 여성들이 안심하고 출산하고 양육할 수 있는 제도적 여건을 만들어 나가야 하며, 비정상적으로 과열된 학교교육을 개선하고 사교육비 부담을 경감시켜야할 것이다.

글상자 7. 인구이동과 세계화

이주(migration)은 한 장소에서 다른 장소로 거주지를 이동하는 것으로서 인구이동이라고도 한다. 인구이동이 발생하는 요인은 압출요인(push factor)과 흡인요인(pull factor)으로 나눌 수 있다. 압출요인은 현재의 거주지를 떠나게 만드는 부정적 요인으로, 기근, 경지 부족, 전쟁, 빈곤, 실업, 인종차별, 열악한 주거환경 등이 있다. 반면 흡인요인은 이주 목적지가 제공하는 긍정적 요인으로, 취업, 경제적 기회, 교육 여건, 사회복지, 안락한 주거환경, 피난처 제공 등이 있다. 흡인요인을 따라 자발적으로 이주하는 것을 '선택적(selective) 이주'라 하며, 압출요인에 의해 어쩔 수 없이 이주하는 것을 '비선택적(nonselective) 이주'라고 한다.

한 국가 내에서 일어나는 인구이동은 도시화를 초래하는 이촌향도(離村向都) 현상이나 중소도시에서 대도시로 이동하는 현상이 대표적이다. 국가 간의 인구이동은 해외이민이나 해외취업 등이 있는데, 이주 기간에 따라 일시적 또는 계절적 이동과 영구적 이민으로 나눌 수 있다. 한 국가 내 혹은 국가 간의 인구이동의 특수한 형태로는 난민(refugee)의 이주가 있는데, 이러한 이주는 자연재해, 정치적·종교적·민족적 박해, 전쟁 등의 압출요인에 의해 발생한다.

세계화는 인구이동에도 영향을 미친다. 세계화가 본격적으로 진행된 1970년대 이후의 세계적인 인구이동 추세를 보면 일자리를 찾기 위한 이민자(선택적 이주)와 전쟁 및 자연재해에 의한 난민(비선택적 이주)이 주류를 이룬다(그림 4-10). 일자리를 찾는 이민자들은 북미, 서유럽, 호주 등 선진국으로 향하고 있다. 라틴아메리카, 카리브해 및 아시아에서의 이주는 미국의 인종 구성을 변화시켰으며, 아프리카 및 아시아에서의 이주는 서유럽을 변화시키고 있다. 민족적으로 동질성이 강한 한국과 일본에도 최근 이민자의 유입이 늘고 있다. 이러한 인구이동은 대체로 국가 간의 경제적 불균등이 초래하고 있다. [출처: 김학훈 외, 2019, p.48]

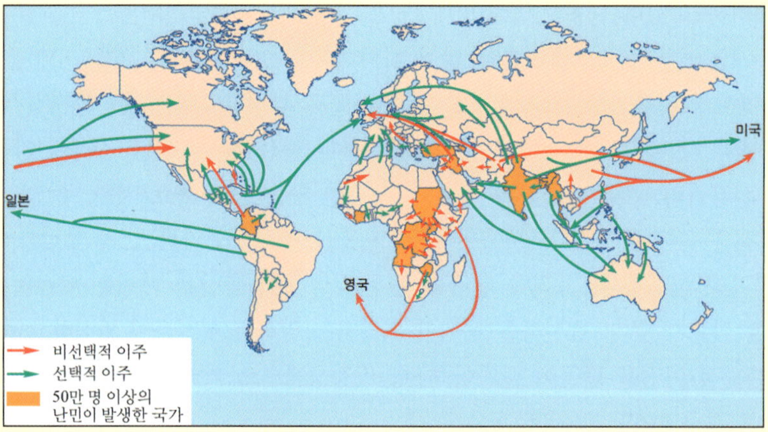

그림 4-10. 세계의 인구이동 [출처: Hobbs, 2009, p.58]

그림 4-11. 뉴욕 맨해튼의 Chinatown
[사진: Wikipedia]

그림 4-12. 뉴욕 맨해튼의 Koreatown
[사진: Wikipedia]

5
CHAPTER

자원과 에너지

앞 장에서 살펴본 것처럼 과잉인구의 문제는 가용할 수 있는 자원의 크기와 밀접한 연관이 있다. 오늘날 세계 인구의 급속한 증가가 문제가 되는 것은 인간의 생존에 필요한 지구상의 자원이 한정되어있기 때문이다. 게다가 거의 모든 자원은 한번 사용하면 재생이 불가능하므로 언젠가는 고갈이 된다. 본 장에서는 자원의 개념, 광물자원, 식량자원, 수자원, 에너지 자원 등의 분포와 이용에 대해 고찰해 본다.

1 자원의 개념

1) 자원의 개념과 분류

보통 자원(資源, resource)이라 하면 석탄, 석유, 철광석 같은 천연자원(natural resources)만을 연상하기 쉬운데, 자원의 개념은 상당히 포괄적이다. 자원의 일반적 정의는 인간에게 가치와 효용성(value and utility)이 있다고 간주하는 모든 것을 의미한다. 이러한 개념에서 볼 때, 자원의 범주에는 천연자원뿐만 아니라 문화자원(cultural resources), 인적자원(human resources)까지 포함된다. 그러나 본 단원에서는 천연자원에만 한정하여 설명하기로 한다.

자원의 가치와 효용성은 인간의 문화와 기술 수준, 또는 시대적 상황에 따라 그 평가가 달라진다. 석탄의 예를 들면, 산업혁명 이전에는 지구상의 대부분 지역에서 무용지물로 여겨졌으나, 산업혁명 이후에는 중요한 에너지 자원으로서의 가치를 인정받았으며, 원유도 19세기 중반까지는 지표를 더럽히는 검은 액체로 간주했지만, 그 이후에는 석탄을 능가하는 에너지 자원으로 활용되고 있다. 우라늄광도 1930년대 이후에야 자원으로서의 가치를 인정받았다. 이처럼 자원이란 인간의 기술과 문화에 따라 달리 평가될 수 있는 상대적인 특성이 있다(이희연, 1996, p.62-63).

천연자원이란 자연에서 얻을 수 있는 자원을 말하는데, 구체적으로는 광물자원, 에너지자원, 식량자원, 토지자원, 수자원 등이 있다. 천연자원은 자원의 재생 가능 여부에 따라 재생자원(renewable resources)과 비재생자원(nonrenewable resources)으로 나눌 수 있다. 재생자원은 순환자원, 무한자원이라고도 하는데, 물, 공기, 토양, 태양에너지(빛과 열), 조력, 풍력, 수력처럼 거의 무한으로 공급되며 순환되는 자원을 말한다. 반면에 비재생자원은 고갈자원, 유한자원이라고도 하며, 석탄, 석유, 철, 구리처럼 인간이 사용함에 따라 점차 고갈되어 가는 자원을 말한다.

여기서 물, 공기, 토양은 수질오염, 대기오염, 토양오염 같은 환경오염에 의해서 재생에 필요한 시간이 지연될 수 있으며, 비재생자원 중에서 철, 알루미늄 등은 재순환 또는 재활용(recycling)하면 고갈되는 속도를 늦출 수도 있다. 그러나 석탄, 석유, 천연가스 같은 화석연료(fossil fuel)는 재생은 물론 재활용도 불가능하다. 비재생자원은 총량이 한정되어 있으므로 장래에 고갈될 경우에 대한 대비책이 필요하다.

2) 지하자원의 매장량과 부존량

지하자원은 철, 구리, 금, 규사, 유황 같은 광물자원과 석탄, 석유, 천연가스 같은 화석연료처럼 지하에서 채굴되는 자원을 일컫는다(그림 5-1). 지하자원은 효용성이라는 측면에서 경제성이 있고 현재의 기술 수준에서 채굴할 수 있는 자원만을 분리해서 생각해 볼 필요가 있다. 즉 경제성과는 무관하게 매장되어 있다고 추정하는 자원은 매장자원(deposit)이라 하며, 매장자원 중에서 경제성이 있고 기술적으로 채굴할 수 있는 자원은 부존자원(reserve)이라 한다. 이러한 개념의 차이에 따라 매장량과 부존량도 다르게 결정된다.

그러므로 어떤 자원이 채굴될 수 있는가를 결정하는 것은 단지 지질학적 조건만이 아니다. 채굴할 수 있는 부존량의 크기에 영향을 주는 요소는 크게 다음의 네 가지가 있다(Haggett, 1979, pp.198-199).

첫째, 매장량(size of deposit), 즉 투자가치가 있을 만큼 풍부한 양이 매장되어 있어야 한다.

둘째, 매장자원의 질(quality of deposit), 즉 자원의 성분상 품위가 높아야 한다.

셋째, 접근성(accessibility), 즉 소비지나 제련시설에서의 공간거리뿐 아니라 지질구조상 접근이 용이해야 한다.

넷째, 시장가격(market price), 즉 수요 수준을 반영하는 시장가격이 적절하게 높아야 한다.

그림 5-1. 노천 금광(호주 Sunrise Dam Gold Mine) [사진: Wikipedia]

채굴할 수 있는 부존량의 규모는 이러한 네 가지 요소들이 어느 수준에서 결합하는가에 달려 있다. 이러한 조건을 그래프로 나타낸 것이 그림 5-2이다. 그래프 내의 육면체는 어떤 자원의 세계적인 총매장량을 나타내며, 모서리에 표시된 부분은 그 자원의 채굴 가능한 부존량을 나타낸다. 어떤 자원이 여러 곳에 매장되어 분포하고 있을 때, 자원의 질(품위)이 높고, 매장량이 많고, 접근성이 좋은 자원이 먼저 채굴된다. 이때 그 자원의 시장가격이 낮으면 채굴될 수 있는 부존량의 크기는 감소하며, 시장가격이 높아지면 부존량의 크기도 비례해서 증가한다.

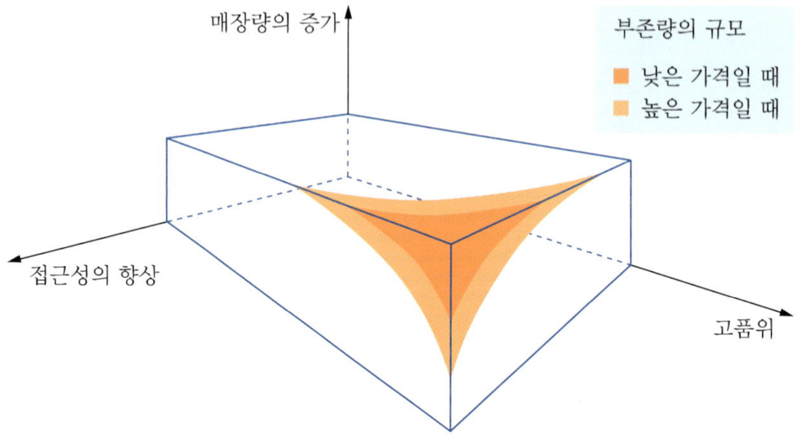

그림 5-2. 부존량의 규모에 영향을 주는 요소들 [출처: Haggett, 1979, p.199]

2 광물자원

1) 광물의 종류

광물(mineral)이란 지구의 지각(地殼, crust)에서 자연적으로 생성된 무기물질을 말한다. 그러므로 석탄, 석유 같은 유기물의 화석연료는 광물이라고 하지 않는다. 광물은 금속광물과 비금속광물로 분류되며, 금속광물에는 철(원소기호 Fe), 구리(Cu), 알루미늄(Al), 니켈(Ni), 리튬(Li), 코발트(Co)처럼 공업활동에 필요한 금속과 금(Au), 은(Ag)과 같은 귀금속뿐 아니라 스칸듐(Sc), 세륨(Ce)과 같은 희토류(rare earth elements)[1]도 포함된다. 비금속광물은 석회석, 흑연, 규사, 고령토, 유황, 활석, 보석류 등이 있으며, 보석을 제외하면 대부분 지구상에 풍부하게 분포하고 있어서 고갈에 대해 염려할 필요가 거의 없다(De Souza and Stutz, 1994, p.138).

철기시대를 열고 산업화의 기초 자원이 된 철(iron)을 함유한 철광석은 주로 중국, 러시아, 브

1) 희토류는 자연계에 매우 드물게 존재하는 17개 금속원소의 총칭이다(글상자 8 참조).

라질, 호주, 인도 등지에서 많이 생산되고 있다. 철 성분은 암석 대부분에 포함되어 있지만, 철광석은 철분 함유량이 50%는 넘어야 채산성이 있다. 그러나 40% 이하의 저품위 철광석(貧鑛)도 최근에는 새로운 분쇄·선광 작업을 통해 어느 정도 활용이 가능하다. 우리나라의 철광석 산지로는 양양 광산(양양군), 물금 광산(양산시), 신예미 광산(정선군)이 있었으나, 값싼 외국 철광석의 수입으로 채산이 맞지 않아서 현재는 신예미 광산만이 철광석을 생산하고 있다.

동광석에서 추출하는 구리(copper)는 철보다 녹는 온도가 낮아 철보다 먼저 사용되었으며, 인류 역사에서 주석과의 합금으로 청동기시대를 연 광물자원이다. 예로부터 동전 제조에 활용되었으며, 전기·전자산업의 발달에 따라 구리의 생산과 소비는 빠르게 증가하였다. 구리는 경제 상황에 따라 수요 변화가 즉시 나타나는 특징이 있어서 구리 가격은 경기의 선행 지표로 활용되고 있다. 구리의 주요 생산국은 칠레, 페루, 중국, 콩고민주공화국, 미국 등이다. 콩고민주공화국과 잠비아의 국경지대에는 구리광산이 많아서 중앙아프리카 '구리벨트(copperbelt)'라는 이름이 붙어있다(Wikipedia).

알루미늄(aluminum)을 함유한 광석인 보크사이트(bauxite)의 주요 생산국은 호주, 중국, 기니, 브라질, 인도 등이다. 은백색의 알루미늄은 가볍고 튼튼하면서 녹이 잘 슬지 않아 항공 우주 분야를 비롯하여 기차와 자동차, 건축자재, 음료수 캔 등 다양한 분야에 이용된다. 알루미늄 제련에는 전기가 많이 들기 때문에 우리나라는 제련은 하지 않고 폐알루미늄을 재활용하는 업체만 운영하고 있다(나무위키).

니켈(nickel)은 은백색 광택을 보이는 전이 금속으로 강한 자성[2])을 띤다. 여러 합금 제조에 활용되는 니켈은 전 세계 생산량의 반 이상이 스테인리스 강철 합금에 사용된다. 그 외 주화, 배터리, 연료전지, 다양한 촉매, 도금, 내부식성이 필요한 해양구조물에 사용되고 있다. 주요 생산국은 인도네시아, 필리핀, 러시아, 뉴칼레도니아, 호주, 캐나다 등이다. 우리나라는 전량 수입에 의존하지만, 재자원화에 진력하여 재활용률이 89%(2018년 기준)에 이른다(한국지질자원연구원, 2021).

리튬(lithium)은 금속 중 가장 가벼운 성질을 가졌으며 화합물 형태로 전자기기 및 충전용 고효율 배터리의 소재로 각광을 받고 있다. 리튬이온전지는 휴대폰, 노트북, 드론, 전기차 등에 활용되고 있다. 리튬의 주요 생산국은 호주, 칠레, 중국, 아르헨티나이며, 우리나라는 중국과 칠레에서 대부분 수입하고 있다. 그렇지만 한국산 리튬이온전지는 세계 전기차의 절반이 사용할 만큼 많이 수출하고 있다(한국지질자원연구원, 2021).

코발트(cobalt)는 은회색 광택이 나는 금속으로 강한 자성을 띤다. 주로 구리와 니켈 광산에서 부산물로 생산되며, 리튬이온전지의 양극재로 필수적인 금속이므로 전기차의 생산이 늘어나면서 수요가 급증하였다. 코발트는 콩고민주공화국이 전 세계 생산량의 약 71%를 차지하며, 수출량은 전 세계의 95%를 차지하여 압도적인 우위를 점하고 있다(한국지질자원연구원, 2021).

2) 강자성체(ferromagnet)인 4개 원소는 철(Fe), 코발트(Co), 니켈(Ni), 가돌리늄(Gd)이다.

광물 중에서 탄탈룸, 텅스텐, 주석, 금 등은 분쟁광물(conflict minerals)[3]로 지정되어 국제적으로 유통이 제한되고 있다. 이러한 광물들은 콩고민주공화국 동부의 분쟁지역에서 생산되어 밀수출되는 것이 규제 대상이며, 용도는 스마트폰, PC, TV, 특수강, 무기 제조 등에 사용되고 있다. 특히 콜탄(coltan)에서 채취하는 탄탈룸은 스마트폰 보급으로 급증하는 수요에 따라 가격도 급등하고 있다. 그리고 분쟁지역에서 불법적으로 생산된 다이아몬드와 코발트도 역시 분쟁광물로 간주하여 유통을 제한하고 있다.

세계 각국의 탄소중립 노력에 따라 전기차, 배터리, 풍력발전, 태양광 발전, 원자력 발전 등의 설비에 사용되는 핵심광물(critical minerals)의 수요는 2050년까지 6배 이상 증가할 것으로 전망된다. 여러 핵심광물 중에서 특정 국가가 전 세계 생산량의 50% 이상을 차지하는 광물을 살펴보면, 코발트(콩고민주공화국), 흑연(중국), 희토류(중국), 리튬(호주), 백금(남아프리카공화국) 등이다(IEA: 국제에너지기구). 이러한 광물의 편중된 국가별 분포에 따라 수급 불안정이 우려되고 있으며, 이에 대한 대책으로 해외 자원개발, 새로운 기술개발, 재활용 확대, 공급원 다각화를 위한 국제 협력 등이 요구된다(손해용, 2022).

2) 광물자원의 고갈시기

식량자원은 기술적으로 어느 정도 증산이 가능하지만 광물자원(mineral resources)은 기존의 매장량을 증가시켜서 생산을 확대할 수가 없다. 게다가 비재생자원이기 때문에 채굴하여 사용할 때마다 그 매장량은 감소한다. 특히 금속광물의 매장량은 현재와 같은 소비추세가 지속되면 머지않아 고갈될 것이다. 자원의 고갈시기(depletion time)란 현재의 기술 및 생산수준으로 그 자원 부존량의 약 80%를 채굴하여 사용할 때까지 걸리는 시간을 말하며, 가채년수(可採年數)라고도 한다. 고갈시기를 결정하는데 80%를 기준으로 잡는 이유는 그 나머지 20%의 부존량은 자원의 질이 낮거나 접근성이 떨어져서 채굴하는 것이 대체로 비경제적이기 때문이다.

그러나 매장량이 한정되어있는 비재생자원의 고갈시기는 그 자원을 어떻게 사용하는가에 따라 달라질 수 있다. 그림 5-3에 제시된 어떤 비재생자원의 세 가지 고갈 곡선(depletion curve)을 비교해 보면, 곡선 A는 현재의 상황처럼 채굴하고 사용한 후 그대로 폐기할 경우를 나타내며, 곡선 B는 채굴기술을 개선하고 자원을 재순환시킬 경우를 나타내며, 곡선 C는 채굴기술을 개선하고 재순환시킬 뿐만 아니라 1인당 자원소비량을 감소시킬 경우를 나타낸다. 곡선 A보다 곡선 B의 경우가 해당 자원의 고갈시기를 늦출 수 있으며, 곡선 C의 경우는 그 고갈시기를 더욱 연장할

3) 분쟁광물은 주로 콩고민주공화국 동부의 분쟁지역에서 생산되어 주변의 르완다, 부룬디, 우간다 등을 거쳐 밀수출되는 탄탈룸(tantalum: Ta), 텅스텐(tungsten: W), 주석(tin: Sn), 금(gold: Au) 등 소위 3TG 광물을 말한다. 이 광물들은 반군 무장세력의 자금줄이 되고 있으며, 채취과정에서 민간인 강제노동 등 인권문제가 발생하여 2009년 UN이 규제를 촉구하였으며, 이후 미국(2010년 입법)과 EU(2015년 입법)는 분쟁광물의 거래 및 사용을 규제하고 있다.

수가 있다.

산업사회에서 필요한 여러 금속광물 중에서 지구상에 가장 풍부하게 매장되어 있는 것은 철광석인데, 현재의 소비패턴에서 철광석의 가채년수는 240년 정도라고 한다. 가장 고갈시기가 빠른 금속은 금으로서 가채년수는 19년이다. 은의 경우는 22년, 구리는 43년으로 추정되고 있다(U.S. Geological Survey, 2012). 물론 이 고갈시기는 앞으로의 재순환, 채광기술 향상, 소비억제, 새로운 광산의 개발에 따라 연장될 수 있다. 그러므로 한정된 비재생자원인 광물자원을 보전하여 고갈시기를 연장하는 데에 지구촌 전체가 노력해야 한다. 그뿐만 아니라 광산개발은 정도의 차이는 있지만 환경에 필연적으로 영향을 미치게 되기 때문에, 환경피해를 최소화하는 방안의 연구도 필요할 것이다.

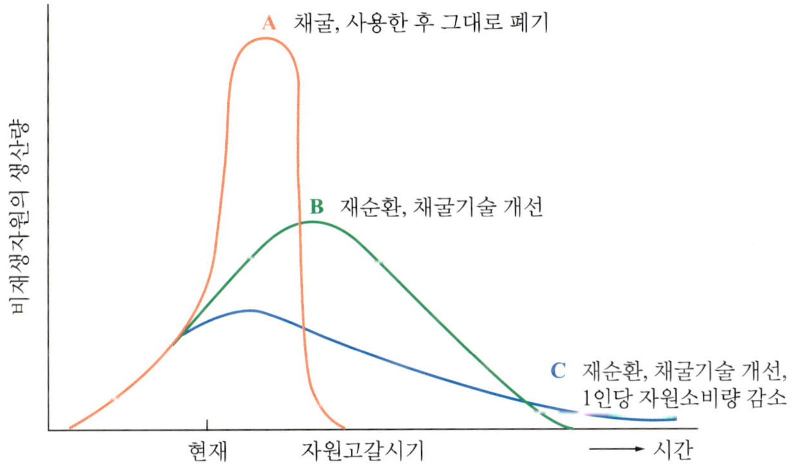

그림 5-3. 비재생자원의 고갈 곡선 [출처: De Souza and Stutz, 1979, p.115; 1994, p.139]

글상자 8. 희토류

희토류(rare earth elements)는 자연계에 매우 드물게 존재하는 17개 금속원소의 총칭이다. 이들의 원소기호는 Sc, Y, La, Ce, Pr, Nd, Pm, Sm, Eu, Gd, Tb, Dy, Ho, Er, Tm, Yb, Lu이다. 희토류 몇 가지의 이름을 나열하면 스칸듐(Sc), 이트륨(Y), 란타넘(La), 세륨(Ce), 프라세오디뮴(Pr), 네오디뮴(Nd) 등이 있다.

희토류는 화학적으로 매우 안정되어 열을 잘 전도하는 특징이 있으며, 상대적으로 탁월한 자성적·발광적 성질을 갖는다. 현대사회에서 희토류는 전기자동차, 풍력발전, 태양열 발전 등 저탄소 녹색성장에 필수적인 영구자석 제작에 꼭 필요한 물질이다. 예를 들어, 전기자동차를 움직이는

데 필요한 영구자석에는 희토류가 약 1 kg가량 포함되어 있다. 또한 희토류는 LCD, LED, 고화질 TV, 스마트폰, 카메라, 컴퓨터 등 전자기기와 태양광 패널, CRT, 형광램프 등에 필수적인 형광체, 광섬유, 광학유리의 원료로 폭넓게 사용되는 등 첨단기술 제품에 필수적이어서 '첨단산업의 비타민'이라고 불린다.

세계 최대의 희토류 매장국은 중국으로 매장량은 약 5,500만 톤에 이른다(USGS, 2011). 두 번째 최대 매장국은 구소련 공화국들이 결성한 독립국가연합(CIS)이고, 그다음 순위는 미국이다. 점유율은 각각 48.4%, 16.7%, 그리고 11.4%로 세 국가의 총매장량 점유율은 76.5%에 이른다. 희토류 최대 생산국 역시 중국으로 2010년 생산량은 13만 톤이었으며 전 세계 생산량의 97%를 차지했고, 2018년에는 17만 톤을 생산하여 전 세계 시장의 70.6%를 차지했다(USGS 자료). 그 외 희토류 생산국으로는 인도, 브라질, 남아프리카공화국, 러시아, 콩고, 베트남, 미얀마, 호주, 미국 등이 있다.

희토류 주요 생산지를 그림 5-4와 함께 시대순으로 알아보면, 1948년까지는 인도와 브라질이 주요 생산지였다가, 1950년대(A)에는 남아프리카공화국이, 1960년대에서 1980년대(B)까지는 미국이, 그리고 1990년대(D)부터는 중국이 희토류 주요 생산국으로 떠올랐다. 이 당시 중국은 희토류를 저가로 대량 공급해 미국 등 경쟁국들을 압도했다. 그 결과 미국의 대표적인 희토류 생산지인 캘리포니아의 마운틴 패스(Mountain Pass) 광산은 2002년부터 채광을 중지하게 되었다.

희토류는 사실상 지구에 풍부하게 존재하지만 자연적으로 채취하기는 어렵다. 희토류의 생산과정은 채굴 - 분리 - 정련 - 합금화 과정을 거치게 되는데, 기술력, 생산비용, 환경오염 등의 문제가 있다. 선진국(특히 미국)들은 높은 생산비용과 환경오염 때문에 생산을 포기하고 있다.

2010년부터 중국은 자국 내 희토류 생산량을 제한하고, 수출량을 감축하며, 희토류 세금을 대폭 인상하는 등 희토류를 자원 무기화하고 있다. 이에 따라 희토류 가격이 급등하게 되자 미국과

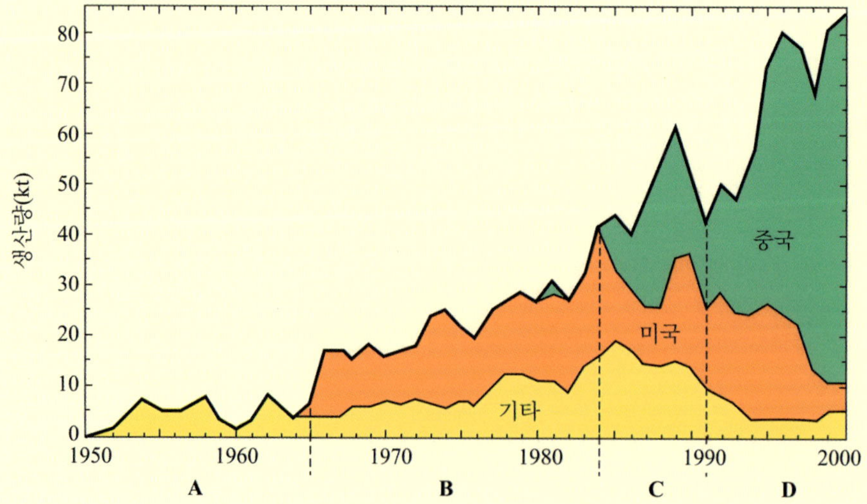

그림 5-4. 세계 희토류 생산추세(1950~2000년) [출처: 지구과학산책]

호주 등은 다시 폐광된 광산을 재가동하거나 베트남 등 새로운 생산지를 개발하는 등 다양한 방법으로 대처하고 있다. 희토류를 전량 수입에 의존하던 우리나라도 안정적인 희토류 수급을 위한 대책으로 국내 유일의 희토류와 희소금속 생산기업(KSM메탈스)을 2022년 5월 충북 오창에 설립하였다. [자료: 김동희, 2011, 지구과학산책; 나무위키]

그림 5-5. 다양한 희토류 산화물 [사진: 지구과학산책]

3 식량자원

1) 식량문제의 원인

인간이 건강한 삶을 누리기 위해서 식량은 필수적이다. 그러므로 식량자원(food resources)을 확보하는 것은 국가의 안전보장과 국민의 생산성을 위해서 매우 중요한 일이다. 식량자원은 그 자원이 생산되는 지역의 기후, 지형, 토양 등 자연환경을 반영하고 있으며, 경제 수준이나 문화적 배경에 따라 소비 패턴에 차이가 나타난다. 그리고 냉장·냉동 기술과 교통수단의 발달에 따라 식량자원의 이동량과 이동거리가 확대되고 있다.

세계의 주요 식량자원으로는 쌀, 밀, 옥수수 같은 곡물을 들 수 있다. 쌀은 생육기간에 고온다습한 기후가 나타나는 아시아 지역에서 주로 재배되며, 밀은 비교적 서늘하고 건조한 기후가 나타나는 중국, 인도, 러시아, 미국, 프랑스, 호주에서 많이 재배된다. 옥수수는 식량뿐만 아니라 가축 사료로 많이 이용되고 있는데, 주요 생산국은 미국, 중국, 브라질, 멕시코 등이다. 최근에 옥수수는 바이오연료(biofuel)[4]의 원료로도 활용되어 옥수수에서 자동차 연료용 에탄올을 추출하고

4) 바이오연료는 생물체 및 그 폐기물 같은 바이오매스(biomass)에서 추출한 연료를 말한다. 예를 들어 옥수수나 사탕수수를 발효시켜 에탄올을 추출하며, 콩에서는 디젤유(biodiesel), 가축 분뇨에서는 메탄가스를 추출한다.

있다.

UN 식량농업기구(FAO)의 2013년 통계에 의하면 세계의 경작지 면적은 지구 육지면적의 10.8%인 14.7억 ha에 불과하다. 인류가 농경생활을 시작한 이래 세계의 경작지는 계속 늘어 왔으나 1981년 이후부터는 도시화, 사막화, 토양오염 등에 의해서 경작지 면적이 줄어들고 있다. 전 세계적인 식량수급 상황도 지역적인 불균형이 지속되고 있어서, 세계 인구 중에서 약 10억 명이 영양실조로 고통을 받고 있다. 굶주리는 사람의 대부분은 개발도상국에 분포하고 있지만, 일부(약 1천만 명)는 선진국에 거주하고 있다.

이러한 식량문제의 원인은 농사에 부적절한 자연조건이나 가뭄, 홍수 같은 자연재해에 의한 것일 수도 있지만, 사회경제적인 조건이 더욱 심각한 원인이 되고 있다. 개발도상국에 나타나는 식량문제의 사회경제적 원인을 살펴보면 다음과 같다(De Souza and Stutz, 1994, pp.121-128).

첫째 원인은 인구증가와 도시화이다. 현재 전 세계의 식량생산에서 볼 때 절대량에서는 부족하지 않으며, 식량생산의 증가 속도는 인구증가를 앞지르고 있다. 그러나 국가별로 볼 때 사정은 달라진다. 많은 개발도상국의 경우 인구증가가 식량생산 증가를 앞지르고 있다. 특히 사하라 사막 남쪽 사헬(Sahel)지대가 심각한 식량부족을 겪고 있는데, 그 원인은 식량생산이 인구증가를 따라잡지 못하기 때문이다. 또한 개발도상국들의 과도한 도시화도 식량문제의 원인이 되고 있다. 최근 몇십 년 동안 수많은 인구가 농촌을 떠나 도시로 이주하여, 농업 생산은 감소하고 수요는 늘어났기 때문이다.

둘째 원인은 부적절한 식량분배이다. 식량분배와 관련된 문제점들을 나열해 보면, 교통시설 부족, 내전에 의한 식량수송 장애, 곡물상인의 매점매석, 곡물 저장시설 부족, 식량의 불공평한 배분 등이 있다. 아프리카의 여러 내전의 예(에티오피아, 소말리아, 수단)를 보면, 반란군의 거점지역에 대해 식량공급을 차단하는 전략이 사용되어서 많은 민간인이 기아로 숨졌다. 식량 배분의 불공평성이란 세계에서 미국(밀, 옥수수, 쌀), 캐나다(밀), 러시아(밀), 우크라이나(밀), 프랑스(밀, 옥수수), 독일(밀), 호주(밀), 브라질(옥수수), 아르헨티나(밀, 옥수수), 타이(쌀), 베트남(쌀), 인디아(쌀) 등의 나라만이 주요 곡물 수출국이고 그 외의 나라들은 대체로 곡물 수입국인 현실을 말한다. 세계 인구의 5%를 차지하는 미국과 캐나다의 곡물생산량은 세계 전체의 18.2%를 차지하고 있다(UN FAO, 2010년 자료). 식량이 부족한 나라에 대한 원조도 세계 곡물시장의 가격변동과 운송비 부담으로 원활하지 못한 것 또한 현실이다.

셋째 원인은 빈곤한 재정이다. 대부분의 제3세계 국가들은 막대한 외채에 시달리고 있어서 농업증산을 위한 하부구조에 투자할 재정적인 여유가 없으며, 오히려 불안정한 정치 상황 때문에 군사장비를 구입하고 군대를 유지하는데 막대한 투자를 하는 형편이다. 그리고 빈곤한 나라의 농산물(예: 소고기)은 외국에서 높은 가격을 지불할 경우 이윤과 외화획득을 위해서 수출되며, 그 나라의 가난한 국민들은 국제시장의 비싼 가격을 지불할만한 구매력이 없으므로 더욱 식량부족에 시달리게 된다.

넷째 원인은 사막화와 환경오염이다. 인구압에 의해서 한계토지를 경작하면서 산림벌채(deforestation)나 화전농업(火田農業)을 하게 되고, 건조지대의 취약한 초지에 가축을 방목하여 사막화(desertification) 현상이 나타나고 있다. 이에 따라 토양수분의 증발이 빨라지고, 비가 많이 올 때는 토양유실이 심하게 진행되며, 가뭄이 들면 농작물에 대한 피해가 더욱 커지고 있다. 또한 환경오염도 농업에 악영향을 미치고 있다. 비료 및 농약에 의한 지력소모와 토양의 산성화 현상, 그리고 산업화에 의한 토양오염, 수질오염, 산성비 피해 등 일련의 환경오염 현상들은 결국 식량생산을 감소시키게 된다.

2) 식량증산 방법

식량부족으로 피해를 보는 사람들은 주로 저개발국의 빈민들이다. 이러한 식량문제를 해결하기 위해서는 사회경제적 문제점을 제거하는 것도 중요하지만, 결국 식량을 증산해야 기아에서 해방될 수 있다. 식량을 증산하는 방법으로는 첫째, 농경지를 확대하는 방법이 있다. 잠재적으로 경작 가능한 전 세계의 토지는 현재 경작하고 있는 면적의 두 배가 되는 것으로 추정된다. 그러나 경작 가능한 토지들이라 하더라도 기후 및 지형적 조건이 맞지 않을 수가 있다. 계단식 농업은 산간 지역의 경사면에 계단식으로 조성한 경작지에서 행하는 농업으로서 지형적인 장애를 극복하고 농경지를 확대하는 대표적인 영농방식이다(그림 5-6). 한국, 중국뿐 아니라 필리핀 등 동남아시아 일대의 쌀농사 지역에서 볼 수 있으며, 인도의 차밭이나 포르투갈의 포도밭에서도 계단식 농업을 확인할 수 있다.

그림 5-6. 베트남 무깡짜이(Mù Căng Chải)의 계단식 논 [사진: 우리강산]

둘째 방법은 현 경작지의 생산성을 높이는 것이다. 이 방법은 농경지를 확대하는 것보다 빠르고 효율적으로 식량을 증산하는 방법이라 하겠다. 생산성을 높이는 농업기술은 신품종, 농약, 비료 등의 개발에 집중되어 있다. 특히 녹색혁명(green revolution)이라고 불리는 신품종의 개발은 식량증산에 많이 기여를 했다.

녹색혁명은 1943년 록커펠러 재단(Rockefeller Foundation)의 지원으로 4명의 미국 과학자가 멕시코에서 옥수수와 밀의 신품종을 시험재배하면서 시작되었다. 이것이 성공하게 되자 1962년에는 록커펠러 재단과 포드 재단(Ford Foundation)의 공동기금으로 필리핀에 국제미작연구소(International Rice Research Institute)를 설립하여 볍씨 신품종 개발에 착수했다. 그리하여 많게는 두 배의 수확이 가능한 품종을 개발하였고, 지역에 따라 2모작도 가능하게 되었다. 전통적으로 많은 곡물을 수입하던 인디아(밀, 쌀), 필리핀(쌀), 일본(쌀) 같은 나라들은 신품종을 도입하여 식량자급을 이루었으며 수출도 가능하게 되었다. 한국도 1966년에 필리핀에서 신품종 볍씨(IR-8)를 들여와서 개량을 거듭하여 1971년에는 재래종보다 30% 이상 수확이 가능한 "통일벼"를 보급하였고, 이어서 한국인의 입맛에 맞고 수확량도 높은 품종의 벼들을 개발하여 보급하게 되자 지금은 필요한 쌀 대부분을 자급할 수 있게 되었다.

그러나 녹색혁명은 저단백질 곡물인 밀, 옥수수, 쌀의 세 작물에만 적용된 것이며, 그러한 신품종이 재배될 수 있는 기후조건이 제한되어 있어서, 녹색혁명은 아열대 기후지역의 18개국에만 성공적으로 보급되었다. 또한 적절한 비료, 농약, 관개시설이 필요하므로 초기에는 부유한 농가에서만 재배할 수 있었다. 이로 인해서 농부들 간의 빈부격차가 더욱 벌어지는 문제가 발생하기도 했다. 녹색혁명이 식량증산을 통해서 식량자급과 기아해결에 많은 기여를 했지만, 그러한 식량증산의 혜택이 가난한 사람에게 골고루 돌아간 것은 아니다. 왜냐하면 녹색혁명은 식량증산만 이룩한 것이지 가난한 사람들에게 식량을 살 수 있는 능력까지 부여한 것이 아니기 때문이다.

이외에도 식량을 증산하는 방법에는 수산양식(aquaculture)을 통하여 수산물을 증산하는 방법, 사료용 곡물이나 비료용 어류, 그리고 곤충 등을 식용으로 개발하는 방법이 있다. 유전자변형 농산물(GMO: genetically modified organism)은 생산량, 병충해 저항성, 저장성 등이 향상된 과학기술의 산물이지만, 식량으로서의 잠재적 위해성에 대한 논란이 지속되고 있어서 주로 동물 사료로 많이 활용되고 있다.

반면에 스마트팜(smart farm)은 식량증산의 새로운 대안이 되고 있다. 스마트팜은 사물인터넷(IoT), 인공지능(AI) 등 정보통신기술(ICT)을 농림업, 축산업, 수산양식업에 적용하여 작물, 가축, 어류의 생육 환경을 PC와 스마트폰을 활용해서 원격으로 자동관리하는 시스템이다(그림 5-7). 스마트팜은 초기 시설비가 많이 들어가지만, 장기적으로 생산비가 절감되어 수익성을 높일 수 있다. 농작물의 경우 좁은 실내에서 중층적인 수경재배가 가능하여 미래의 식량증산에 크게 기여할 것이다.

그림 5-7. 스마트팜 [사진: 이강오]

4 수자원

1) 수자원의 분류

지구상에 존재하는 자연수 중에서 생물이나 인간의 생활에 자원으로 이용 가능한 물을 수자원이라 한다. 지구상의 물은 무한히 순환되는 재생자원으로 분류된다. 그러므로 물을 지속적으로 활용하기 위해서는 오염시키지 않는 것이 중요하다.

수자원은 물이 존재하는 장소에 따라서 지표수, 지하수, 해수, 빙하 및 만년설 등으로 구분된다. 지구상의 수자원 총량은 약 1.4×10^{18} m^3로서 염수(saline water)를 제외한 담수(민물, fresh water)는 이 중 약 3%에 불과하다(그림 5-8). 염수의 대부분(99.1%)은 바닷물이며 육지 내의 염수호는 약 0.9%를 차지한다. 담수의 대부분은 빙하, 만년설, 지하수가 차지하고 있으며, 지표수는 0.3%에 불과하다. 담수의 0.9%를 차지하는 '기타 담수'의 대부분(92%)은 영구동토층에 함유된 물(또는 얼음)이며, 나머지는 토양, 대기(수증기), 동식물에 스며들어 있다.

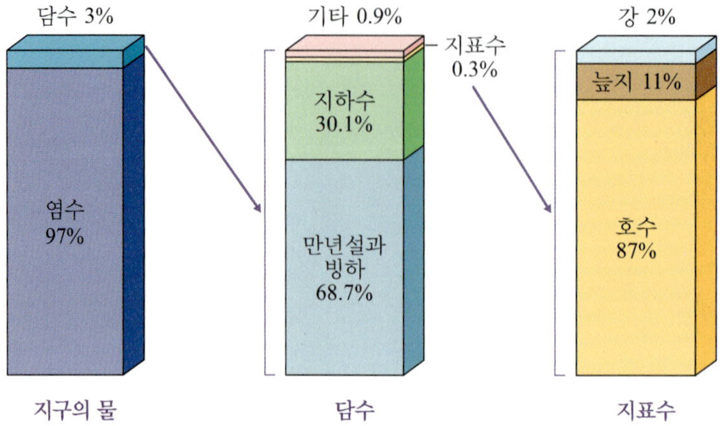

그림 5-8. 지구의 물: 수자원 분포 [자료: 위키백과]

바다(ocean)는 지구상에서 가장 큰 물 저장소인 동시에 물의 순환에서 매우 중요한 역할을 하고 있다. 바다에서 증발한 수증기는 대기 중에서 응결하여 비나 눈으로 내려 담수의 공급원 역할을 하며, 동시에 바다는 태양에너지를 받아 에너지를 저장하는 지구의 온도조절기 역할도 수행한다. 바닷물은 높은 염도 때문에 음용수, 공업용수, 농업용수 등으로 사용하기에는 부적합하지만, 원자력발전소에서는 냉각용수로 사용되고 있다. 최근에는 해수의 담수화 기술이 발달하여 중동 지역에서는 해수를 음용수로 변환하여 활용하고 있다.

빙하(glacier)는 물이 고체 상태로 존재하는 것으로 담수 중에서 가장 큰 비중을 차지하지만, 현재의 기술로는 경제성이 낮아 이용이 어렵다. 빙하에는 세 종류가 있다. 즉 계곡을 천천히 흐르는 곡빙하, 극지방의 넓은 지역을 덮고 있는 대륙 빙하, 그리고 산꼭대기의 좁은 지역을 덮고 있는 빙모(氷帽, ice cap) 또는 만년설이 있다. 빙하의 분포는 남극대륙에 85%, 그린란드에 11%, 기타 4%로 구성되어 있으며, 남극대륙과 그린란드의 빙하는 모두 대륙빙하로 분류된다. 전 세계의 빙하는 지구 온난화로 인해 매년 감소하고 있어 해수면 상승의 요인이 되고 있다.

지표면에 내린 빗물은 대부분 강이나 호수로 유출되지만, 이 중 일부는 토양층을 통해 지하로 스며들어 암반 위의 불투수층에서 지하수(groundwater)를 형성한다. 지하수 중에서 표토층(통기대)과 불투수층 사이의 포화대에 함유된 지하수를 잔층수라고 하며, 포화대의 물이 압력을 받아 불투수층을 통과해서 하부 암반 위의 피압대수층에 도달한 지하수를 피압수(심층수)라고 한다. 잔층수는 과거 우물을 파서 음용수로 이용하기도 했지만, 요즈음에는 수질이 오염되어 폐쇄된 경우가 많다. 피압수는 최근 먹는 샘물의 판매를 위해 무분별하게 개발되어 역시 오염이 우려되고 있다.

지표수(surface water)는 지표면 위에 존재하는 물로서 강, 호수, 저수지, 늪지 등을 채우고 있다. 지표수 중 호수가 가장 많은 87%를 차지하고, 늪지가 11%를 차지하여 강은 지표수의 약 2%에 불과하다. 지표수는 자정작용에 의해 스스로 오염을 정화하는 기능이 있지만, 오염물의 부하가 자정능력을 초과하면 수질오염이 발생한다.

2) 우리나라의 수자원

우리나라에 내린 강우에 의한 수자원 총량은 연평균 1,323억 m^3으로 추산되며, 이 중 증발산과 토양 침투로 손실된 양(43%)과 바다로 유실된 양(29%)을 제외하면 총이용 수자원량은 372억 m^3(28%) 정도이다. 이러한 수자원 이용량은 우리나라 인구증가와 비례해서 증가해 왔다.

2015년 기준으로 총이용 수자원량을 공급 항목별로 살펴보면 댐·저수지·보에 공급하는 양이 56%에 이르며 나머지는 하천수와 지하수로 빠져나간다(표 5-1). 우리나라에는 17,500여 개의 댐·저수지·보가 건설되어 있다. 그중 농업용 저수지의 수가 절대다수를 차지하여 17,401개에 이른다. 그러나 농업용 저수지는 규모가 작아서 전체 용수공급량의 11% 정도만 차지하고 있다. 반면에 다목적댐은 21개뿐이나 규모가 크기 때문에 공급하는 용수의 약 30%를 차지하고 있다. 다목적댐은 수력발전으로 전기를 공급하며, 홍수기에는 홍수 조절을 통해 재난을 방지하고 갈수기에는 생활용수, 공업용수, 농업용수를 공급하는 등 수자원 이용을 극대화하는 것이 목적이다.

용도별 수자원 이용량을 살펴보면 농업용수가 약 41%를 차지하여 가장 큰 비중을 보이고 있으며, 생활용수는 약 20%, 공업용수는 6%를 차지한다. 나머지는 하천유지용수로 활용되는데 이 용량은 공급량과 거의 일치한다.

표 5-1. 수자원 공급량과 용도별 이용량

수자원 공급량					수자원 이용량		
구분		공급량 (억m^3/년)	비율 (%)	비고 (개소)	구분	이용량 (억m^3/년)	비율 (%)
총계		372	100.0		총계	372	100.0
하천수		122	32.8		생활용수	76	20.4
지하수		41	11.0		공업용수	23	6.2
댐·저수지·보 합계		209.2	56.2	17,519	농업용수	152	40.9
	다목적댐	112.2	30.2	21	하천유지용수	121	32.5
	발전 전용댐	13.4	3.6	15			
	생활·공업용수 전용댐	8.8	2.4	54			
	하구둑, 담수호	29.3	7.9	12			
	농업용 저수지	40.9	11.0	17,401			
	다기능보	4.6	1.2	16			

자료: 국토교통부, 2016, 수자원장기종합계획(2001~2020), 3차 수정계획, pp.19-20.
주: 이 표의 통계자료는 2015년 기준.

글상자 9. 콜로라도강의 수자원 관리

미국 서부의 와이오밍주에서 시작되어 애리조나주의 그랜드캐년을 지나 멕시코의 캘리포니아만으로 흘러 들어가는 콜로라도(Colorado)강은 미국의 7개 주(와이오밍, 콜로라도, 뉴멕시코, 유타, 애리조나, 네바다, 캘리포니아)와 멕시코를 흐르면서 농업용수, 공업용수, 생활용수로 활용된다(그림 5-9). 총 길이가 2,300 km에 이르는 이 강의 수계에 미국은 총 5개의 댐을 건설하여 다목적으로 이용하고 있다(그림 5-10). 이러한 댐들의 총 저수량은 86.3 km^3이며, 그중 약 80%를 후버댐과 글렌캐년댐이 저장하고 있다.

이 강은 두 개의 국가와 7개 주를 흐르기 때문에 강물의 관리와 배분은 복잡한 문제 거리가 되어 왔다. 미국에서 강물을 많이 끌어 쓰게 되면 멕시코에서는 강물을 충분히 이용할 수 없게 된다. 이러한 강물 사용 문제는 오랫동안 미국과 멕시코 간의 분쟁 거리가 되어 왔다. 그래서 미국의 7개 주는 1922년, 1928년, 1948년 등 세 차례의 협약을 통해서 강물의 분할 사용량을 결정하였으며, 미국 - 멕시코 간에는 1944년 조약에 의해서 강물의 분할 사용량을 결정하여 매년 일정량의 강물이 멕시코로 흐르도록 합의하였으나, 그 후에도 두 국가의 상황 변화에 따라 갈등이 이어지고 있다.

콜로라도강은 반건조 지역을 흐르는 강이기 때문에 연간 강수량이 불규칙하고, 관개 농업지역이 확대되면서 강물의 수요가 증가하고 있다. 강물을 먼 대도시(로스앤젤레스, 피닉스 등)까지 수로로 운반해야 하며, 하류의 멕시코 지역은 수질의 염류화 문제를 야기하고 있어서 때로는 지역 간, 국가 간 분쟁의 원인이 되고 있다.

그림 5-9. 콜로라도강 유역분지

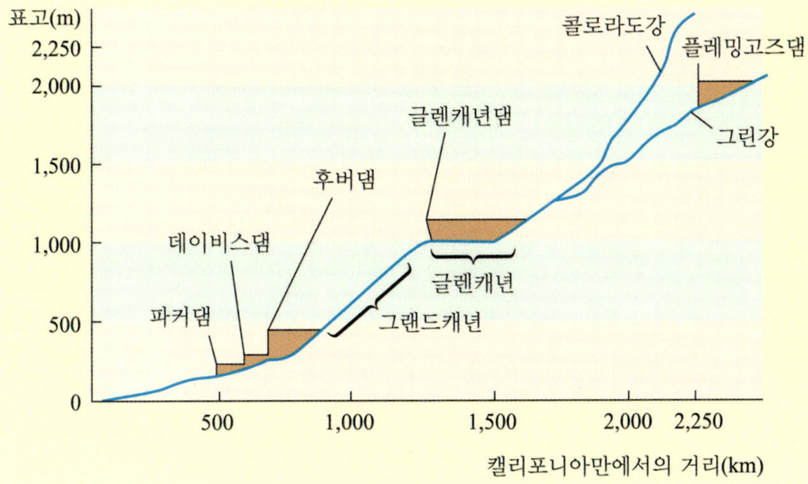

그림 5-10. 콜로라도강의 단면도

5 에너지 자원

1) 에너지 자원의 종류와 이용

한 국가의 1인당 에너지(energy, 동력) 소비량은 산업화 수준과 국민생활 수준을 대변하는 지표로 흔히 사용된다. 2010년도의 연간 1인당 에너지 소비량을 석유의 무게로 표시하면 아이슬란드는 16,844 kg, 캐나다는 7,482 kg, 미국은 7,225 kg, 노르웨이는 6,327 kg, 일본은 3,883 kg이지만, 에티오피아는 402 kg, 방글라데시는 201 kg에 불과하다(World Bank, 2012). 한국은 1인당 5,044 kg을 소비했지만, 북한은 단지 795 kg을 소비했다. 아이슬란드나 캐나다의 1인당 에너지 소비량이 미국보다 높다는 사실에서 추운 기후지역일수록 에너지 소비가 많다는 것을 알 수 있지만, 또한 에너지 소비량과 1인당 국민소득이 밀접한 연관이 있음을 짐작할 수 있다.

일반적으로 국민의 소득이 높아질수록 에너지 소비량도 많아진다. 그 이유 중 하나는 경제발전이 진행될수록 높은 노동생산성이 필요하고, 그러기 위해서는 인력이나 축력 대신에 많은 에너지를 소모하는 기계를 사용해야 하기 때문이다. 물론 선진국들의 낭비적인 과다한 에너지 소비가 원인일 수도 있다. 미국의 경우, 인구는 세계 인구의 4.5%를 차지하지만 전 세계 에너지의 약 4분의 1을 소비하고 있다. 이러한 불균형적인 에너지 소비분포는 환경오염과도 연관이 있기 때문에 제3세계 국가들이 미국의 에너지 정책을 비난하는 근거가 된다.

에너지 자원(energy resources)의 종류는 다양하다. 오랫동안 사용해왔지만 재생할 수 없는 에너지 자원으로는 석탄, 석유, 천연가스, 핵연료가 있는데, 석탄, 석유, 천연가스는 유기물인 동식물이 화석화하면서 만들어진 연료이기 때문에 화석연료(fossil fuel)라고 한다. 고갈될 염려가 없고 오염물질 발생이 없어 친환경적인 재생에너지(renewable energy)로는 태양광, 태양열, 풍력, 수력, 지열, 바이오연료(biofuel: 바이오가스, 바이오디젤, 목재펠릿), 해양에너지(조력, 조류, 파력), 폐기물에너지(쓰레기, 폐가스, 폐목재)가 있다(그림 5-11). 우리나라에서는 연료전지, 석탄액화가스, 수소에너지를 신에너지로 분류하여 재생에너지와 함께 신재생에너지 또는 대체에너지로 정의하고 있다.

에너지 자원을 역사적으로 살펴보면 산업혁명 이전까지는 인력, 축력, 신탄(薪炭, 땔나무와 숯)이 오랫동안 사용되었으며, 바람을 이용한 풍차와 물을 이용한 수차(물레방아)도 이용되었다. 산업혁명기에는 석탄이 주요 에너지원으로 등장하여 증기기관을 돌리는 데 이용되었으며, 1886년 내연기관이 발명된 후로는 석유가 본격적으로 사용되기 시작하여 1960년대부터는 석탄보다도 석유의 소비 비율이 더 높아지게 되었다. 전 세계에서 주로 사용되는 에너지원들은 2020년 기준으로 석유(31%), 석탄(27%), 천연가스(25%)이며, 수력(7%), 원자력(4%)도 많이 이용되고 있다. 그밖에 재생에너지(6%)의 사용도 차츰 증가하고 있다(BP, 2021).

1995년부터 에너지원의 소비 추세를 살펴보면 석유의 비중은 감소하고, 석탄은 그 비중이 한때 30%를 넘었다가 내려왔으며, 천연가스는 꾸준히 상승했다. 수력의 비중은 거의 변화가 없으며, 원자력 비중은 다소 감소했고, 재생에너지는 꾸준히 상승하고 있다. 그렇지만 1995년부터 2020년까지 25년간 전 세계의 에너지 소비량은 약 50% 증가했기 때문에 개별 에너지원의 절대 소비량은 일시적인 하락이 있었음에도 전체적으로는 증가한 결과로 나타났다. 에너지 소비량의 일시적인 하락은 2008년의 금융위기와 2020년의 코로나19 대유행 때문에 발생한 것이다.

그림 5-11. 수상 태양광 발전시설(경남 합천군 합천댐) [사진: 환경부]

석탄(coal)의 종류에는 무연탄, 역청탄, 갈탄, 이탄(泥炭)이 있다. 무연탄은 고생대의 식물이 화석화하면서 생성된 것으로 탄화도가 높아서 발열량도 많다. 세계 석탄생산량의 5%만이 무연탄이지만, 한국에서 생산되는 석탄 대부분은 무연탄이다. 역청탄은 고생대와 중생대에 걸쳐 생성된 것으로서, 무연탄 다음으로 탄화도가 높으며 코크스(cokes)로 변환할 수 있어서 공업활동, 특히 제철공업에 많이 쓰이는 연료이다. 현재 세계 석탄생산량의 80% 정도가 역청탄이다. 갈탄은 신생대 제3기에 생성된 것으로서 휘발성분이 많아 석탄 액화용으로 이용되고 있으며, 세계 석탄생산량의 15% 정도를 차지하고 있다. 이탄은 신생대 4기 홍적세와 충적세 때 생성되어 탄화도가 매우 낮다. 석탄의 세계적인 분포는 석유의 분포와 함께 그림 5-12에 제시되어 있다.

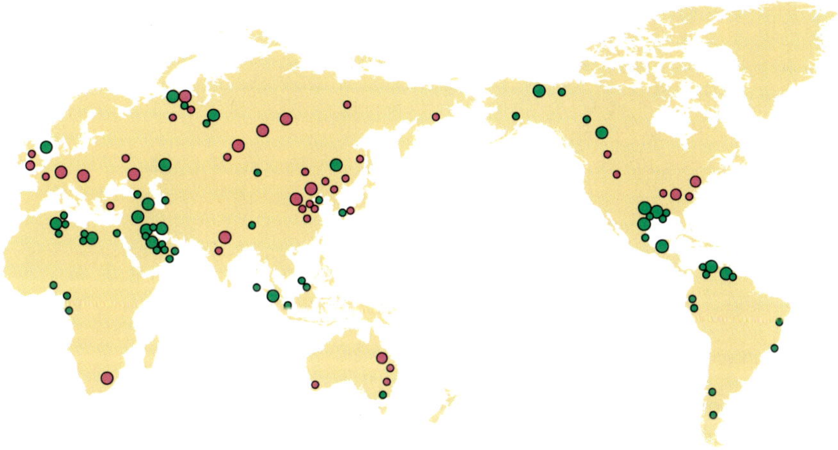

그림 5-12. 석탄과 석유의 분포

석유(petroleum)는 지질학적으로 신생대 3기층에 주로 분포한다. 지하에서 산출된 상태의 석유는 원유(crude oil)라고 하며, 이를 정제하여 석유가스(LPG), 휘발유, 제트연료, 등유, 경유(디젤유), 중유 등을 제조하며, 그 부산물로 파라핀, 윤활유, 아스팔트 등이 나온다. 현재 세계 석유 총 매장량의 절반 이상이 페르시아만 일대에 편재되어 있다.

세계 주요 국가의 원유 생산량, 소비량, 수출량, 수입량을 비교하면 표 5-2와 같다. 석유 소비는 경제활동과 밀접한 관계가 있으며, 국가별 산업구조, 기후조건, 자동차 보급 등에도 영향을 받는다. 세계 최대의 경제대국인 미국은 원유 생산량이 세계 1위일 뿐 아니라 소비량도 세계 1위로서 전 세계 소비량의 19.4%를 차지하고 있으며, 원유 수입량이 세계 2위인 미국은 국내 소비량의 약 34%를 수입에 의존하고 있다.

표 5-2. 원유의 생산 및 소비, 수출 및 수입에 대한 국가별 순위(2020년) (단위: 천bpd)

순위	생산		소비		수출		수입	
	국가	생산량	국가	소비량	국가	수출량	국가	수입량
1	미국	16,476	미국	17,178	사우디*	6,991	중국	11,158
2	사우디*	11,039	중국	14,225	러시아	5,207	미국	5,883
3	러시아	10,667	인도	4,669	이라크	3,583	인도	4,084
4	캐나다	5,135	사우디*	3,544	캐나다	3,791	한국	2,660
5	이라크	4,114	일본	3,268	UAE**	2,857	일본	2,474
6	중국	3,901	러시아	3,238	이란	2,700	독일	1,671
7	UAE**	3,657	한국	2,560	나이지리아	1,879	스페인	1,105
8	이란	3,084	브라질	2,323	쿠웨이트	1,826	이탈리아	1,014
9	브라질	3,026	캐나다	2,282	노르웨이	1,501	네덜란드	998
10	쿠웨이트	2,686	독일	2,045	카자흐스탄	1,411	태국	837

* 사우디 = Saudi Arabia, ** UAE = United Arab Emirates.
단위: bpd = barrels per day, 1 barrel = 159ℓ.
자료: BP, 2021, Statistical Review of World Energy, https://www.bp.com; Wikipedia.

선진국 대부분은 중동 석유에 깊이 의존하고 있다. 중동 산유국 중에서 원유 생산량이 세계 10위 안에 든 국가는 사우디아라비아, 이라크, 아랍에미리트, 이란, 쿠웨이트 5개국에 이른다. 특히 사우디아라비아는 원유 생산량이 세계 2위이며 수출량은 세계 1위를 차지하고 있다. 러시아의 원유 생산량과 수출량의 순위는 사우디아라비아 다음으로 각각 3위와 2위를 보이고 있다. 그리고 일본은 원유 소비량과 수입량이 각각 세계 5위이며, 한국은 원유 소비량이 세계 7위, 수입량은 세계 4위로 나타났다. 중국은 최근에 원유 수입을 급격히 늘려 2017년 이후 미국을 제치고 세계 1위의 원유 수입국이 되었다. 중국은 특히 이란산 원유를 많이 수입하고 있는데, 이는 핵 개발로 인한 경제제재로 어려움이 있는 이란과 경제 및 안보 분야의 협력 관계를 공고하게 다지기 위한 것이다.

1860년대 미국에서 석유가 처음 개발된 이후 중동지역에서 유전이 처음 발견된 20세기 초까지는 미국이 세계 석유의 대부분을 생산해냈다. 중동지역의 석유는 서구 열강의 기업들, 소위 "Seven Sisters"(Gulf, Mobil, Texaco, Chevron, Exxon, Royal Dutch Shell, British Petroleum)가 진출하여 개발하였으며, 그들에 의해 전 세계로 공급되었다. 1950년대부터는 차츰 중동국가들이 유전을 국유화하였으며, 1960년에는 석유수출국기구(OPEC: Organization of Petroleum Exporting Countries)를 결성하였다.

OPEC의 영향으로 1970년대에는 두 차례의 석유파동이 발생하였다. 1차 석유파동은 1973년 아랍권과 이스라엘 간의 4차 중동전쟁 직후에 OPEC 국가들이 이스라엘에 우호적인 국가들에 대해 석유수출을 금지하고 석유생산을 줄이자 석유가격이 4배까지 급등한 것이고, 2차 석유파동은 1979년 이란 혁명이 성공하고 나서 이란이 곧 석유 감산조치를 취할 것이라는 심리적 불안

효과에 의해서 세계의 석유가격이 급상승한 것이다(이민룡, 1991). 1980년대부터는 세계 각국의 에너지 절약운동과 에너지 다변화에 의한 석탄 및 천연가스 사용 증가로 석유의 시장가격이 하락하게 되자, OPEC 국가 간에 의견충돌이 일어나고 분열 조짐을 보이게 되었다. 더욱이 1991년 말 이라크가 쿠웨이트를 침공함으로써 시작된 걸프전쟁으로 OPEC은 국가별 이해에 따라 분열되어 그 영향력이 과거보다 약화하였다. 2000년대 이후에는 2001년의 9·11테러, 2003년의 이라크 전쟁, 2011년의 리비아 내전 등 중동사태 영향으로 국제유가가 꾸준히 상승하였으며, 단기적으로 2008년의 금융위기가 유가의 급락을 불러왔다. 이후 국제 상황에 따라 유가는 등락을 거듭하고 있다.

천연가스(natural gas)는 석탄이나 석유에 비해 대기오염물질의 배출이 적고 열효율이 높으며 매장량도 풍부하여 석유를 대체할 수 있는 에너지원으로 기대가 되고 있다. 우리가 사용하는 가스는 액화천연가스(LNG: liquefied natural gas), 압축천연가스(CNG: compressed natural gas), 액화석유가스(LPG: liquefied petroleum gas)가 있다. LNG는 천연가스를 운반하기 편리하도록 액화시킨 것으로서 도시가스라는 이름으로 가정에 공급되며, 일부 장거리 버스와 대형화물차도 사용하고 있다. CNG는 천연가스를 압축한 것으로서 LNG보다 부피가 약 세 배이기 때문에 주로 시내버스에서 사용하고 있다. LPG는 석유에서 추출한 프로판가스나 부탄가스를 액화시킨 것으로서 승용차 연료로 사용하거나 소형 용기에 담아서 가정용이나 업소용으로 사용하고 있다.

에너지원으로서 주종을 이루는 석유의 가채년수는 약 46년으로 보고 있으며(BP Statistical Review, 2011), 천연가스는 59년, 석탄은 118년으로 예상하고 있다. 그러므로 석유를 대체할 수 있는 새로운 연료를 개발하는 것이 시급하다.

캐나다에서는 오일샌드(oil sand)[5]를 개발하여 석유(역청유)를 추출하고 있다. 이전에는 석유(역청)를 추출하는 비용이 많이 들어 경제성이 낮았지만 2000년대 중반부터 국제 유가가 배럴당 50달러 이상이 되면서 역청유의 수요가 급증하고 있다. 캐나다는 오일샌드의 세계 최대 매장량을 가지고 있으며 역청유의 생산량도 세계 1위이다. 2015년도 캐나다의 석유 생산량 중에서 61%가 오일샌드에서 추출된 것이다. 캐나다산 석유의 4분의 3은 미국으로 수출되며, 미국은 석유 수입량의 약 40%를 캐나다에 의존하고 있다.

미국은 지하의 셰일층에서 셰일가스(shale gas)[6]를 추출하여 천연가스로 공급하고 있다. 셰일가스는 셰일 퇴적층 틈에 퍼져있어 채굴이 어려웠지만, 1998년 처음 개발된 수평시추 공법과 수압파쇄 공법을 사용하여 경제성 있는 채굴이 가능해졌다. 셰일가스의 매장량은 중국이 1위이지만 추출 기술을 가진 미국이 세계의 셰일가스 생산을 주도하고 있다. 미국은 2009년부터 셰일가

5) 오일샌드는 역청(bitumen), 모래, 점토 등의 혼합물로서 모래 상태 또는 사암층에 존재하며, 타르샌드(tar sand)라고도 한다. 오일샌드에서 추출하는 원유는 역청유라고 한다. 약 2톤의 오일샌드를 정제하면 1배럴(159ℓ)가량의 원유를 얻을 수 있다.

6) 셰일가스는 지하 2~4 km에 점토가 쌓여 만들어진 퇴적암층인 셰일층(이판암층)에 존재하는 천연가스이다(글상자 10 참조).

스 생산이 급증하여 천연가스 생산량이 러시아를 추월하고 세계 1위를 차지했다. 현재 셰일가스는 미국의 천연가스 생산량의 약 40%를 차지하고 있으며 그 비중은 계속 증가하고 있다.

셰일층에 있는 셰일오일(shale oil)[7]도 셰일가스와 유사한 방법으로 추출이 가능하지만 기술적인 어려움과 경제성이 걸림돌이 되고 있다. 셰일오일의 매장량은 러시아가 1위, 미국이 2위, 중국이 3위이지만, 미국의 생산량은 미미하며 중국, 에스토니아, 브라질 등에서 생산을 주도하고 있다.

전 세계의 전력 생산에 이용되는 에너지의 비중을 살펴보면, 석탄 35.1%, 석유 2.8%, 천연가스 23.4% 등 화석연료를 사용한 화력발전이 주종을 이루고 있다. 나머지 전력은 수력(16.0%), 원자력(10.1%), 재생에너지(11.7%) 등을 이용해 생산되고 있다(BP, 2021). 원자력발전소(nuclear power plant)는 1950년대 미국, 소련, 영국에서 건설되기 시작했다. 2022년 현재 32개국에서 441기의 원자로가 가동되고 있으며, 51기는 건설 중이고 앞으로 98기가 건설될 예정이다(Wikipedia). 미국은 93기의 원자로가 가동 중이며, 국가 전체 전력의 20%를 담당하고 있다. 프랑스는 총 56기의 원자로가 가동 중이며, 전체 전력의 75%가 원자력 발전으로 생산되고 있다. 중국은 50기의 원자로가 가동 중이고 17기는 건설 중이며, 전체 전력의 5%를 원자력으로 충당하고 있다.

2) 한국의 에너지 소비구조

한국의 에너지 소비는 경제성장과 함께 급증하였다. 1980년부터 2020년까지 40년간 에너지 소비량이 7배 이상 증가하였다. 그동안 한국의 에너지원별 소비구조는 1960년대부터 경제개발과 함께 급속한 산업화가 진행되면서 많은 변화를 겪었다. 1960년대 이전의 에너지 자원은 신탄(薪炭, 땔나무와 숯)과 석탄 위주로 구성되어 있었지만, 1960년대 후반부터는 산림보호 정책과 연료전환 정책, 그리고 산업화의 영향으로 석유 위주의 에너지 소비구조를 갖게 되었다.

그림 5-13에서 보는 것처럼 한국에서 소비된 에너지원으로는 1965년까지도 석탄(43.6%)과 신탄(42.8%)을 주로 사용했는데, 1960년대 후반에 급격히 석유 위주로 전환이 되어 1970년에는 석유가 47.2%를 차지하게 되었다. 1970년대의 두 차례 석유파동에도 불구하고 석유 소비는 확대되어 1980년에는 61.1%에 이르게 되었다. 그러다가 1980년대에는 석유공급의 불안정성에 대처하기 위해서 정책적으로 석탄 사용을 장려하게 되자 석탄 소비는 약 40%를 차지하게 되고 석유의 소비는 50% 이하로 감소하였다.

그러나 1980년대 말부터 국민의 소득수준이 향상되면서 가정의 연탄 소비는 많이 감소하고, 대신에 석유와 가스의 사용이 증가하는 에너지 소비 패턴의 변화가 나타났다. 게다가 산업용으로 외국에서 유연탄(역청탄)을 많이 수입하게 되었고, 국내 탄전들은 채탄층이 심부화(深部化)하여

7) 셰일오일은 지하 2~4 km에 점토가 쌓여 만들어진 퇴적암층인 셰일층(이판암층)에 존재하는 석유이다.

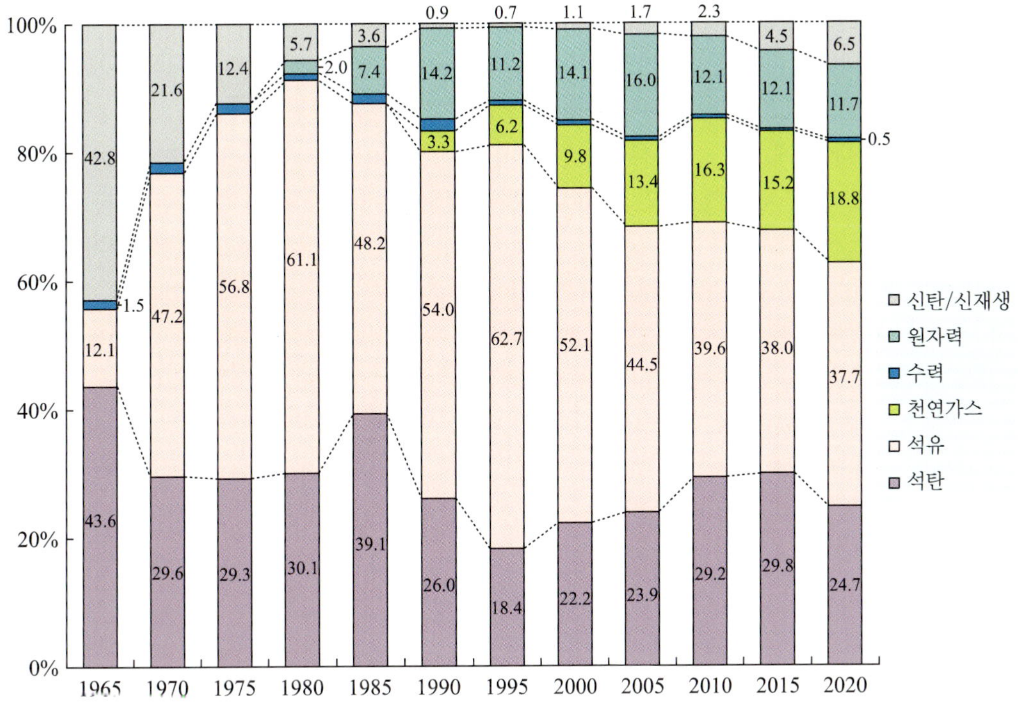

그림 5-13. 한국의 에너지 소비구조 변화 [자료: 에너지경제연구원, 2021, 에너지통계연보]
주: 신탄은 1980년대까지 사용되었으며, 1990년대부터는 신재생에너지가 사용된다.

탄광의 채산성이 악화하면서 정부에서는 1980년대 말부터 석탄산업 합리화 정책을 시행하여 탄광 대부분을 폐광하도록 유도하였다.8) 그리하여 1990년대의 석탄 소비 비중은 20% 이하까지 감소하였으나, 2000년대 이후에는 산업용 유연탄의 수입이 증가하여 그 비중이 약 30%에 이르게 되었다. 반면에 1990년대 석유 소비 비중은 60% 이상으로 확대되었으나, 2000년대 이후 석탄과 천연가스(LNG)의 소비가 증가하여 석유의 비중은 40% 이하로 낮아졌다.

신탄의 소비는 1960년대 이후 급격히 줄어들어 1990년대부터는 거의 사용되지 않게 되었고, 대신에 신재생에너지가 사용되기 시작하여 2020년에는 그 비중이 6.5%에 이르게 되었다. 신재생에너지 중에서 에너지 생산량이 가장 많은 것은 폐기물(쓰레기, 폐가스, 폐목재)로서 폐기물연료로 재활용되어 신재생에너지 생산의 70% 정도를 차지하고 있다. 해양에너지는 최근 시화방조제에 건설된 조력발전소에서만 생산되고 있고, 조류발전소는 이순신 장군의 명량대첩이 있었던 진도 울돌목에 건설 계획을 수립하고 있다.

수력은 재생에너지의 일종이기도 하지만 전통적인 중요성에 따라 그림 5-13에서 별도 항목으로 제시되어 있다. 수력이 에너지 소비에서 차지하는 비중은 2020년에 0.5%에 이를 만큼 적지

8) 현재 남아있는 탄전은 총 5곳으로서 대한석탄공사 소속 3곳(장성, 도계, 화순)과 민영탄전 2곳(삼척시 도계읍, 태백시 삼수동)이 있다.

만, 다목적댐의 건설을 통해서 전력 생산 이외에도 용수 확보, 홍수 방지의 기능을 수행하고 있다. 천연가스는 1990년대부터 도시가스(LNG)로 공급되면서 전체 에너지 소비에서 차지하는 비중이 계속 높아지고 있으며 2020년에는 약 18.8%에 이르게 되었다.

원자력이 우리나라 에너지 소비에서 차지하는 비중은 2010년의 12.1%에서 2020년의 11.7%로 다소 감소하였다. 한국의 원자력은 1978년 고리 원자력 발전소 1호기가 가동을 시작한 이래, 현재 고리 5기(고리 2·3·4호기, 신고리 1·2호기), 새울 2기(신고리 3·4호기), 월성 5기(월성 2·3·4호기, 신월성 1·2호기), 한울(울진) 6기, 한빛(영광) 6기 등 다섯 곳에서 24기의 원자로가 가동 중이며, 4기가 건설 중이다.[9] 원자력은 1990년대에 우리나라 전체 전력의 약 40%를 담당할 만큼 절대적인 비중을 차지했으나, 전력 생산에 천연가스(LNG)의 사용이 증가하면서 그 비중이 감소하였다. 우리나라 전력의 총발전량에 대한 에너지원별 구성비를 살펴보면, 2020년 기준으로 화력발전 62.4%(석탄 35.6%, 유류 0.4%, LNG 26.4%), 원자력 29.0%, 수력 1.6%, 신재생 5.8%, 기타 1.1%의 분포를 보인다(표 5-3). 이것을 2010년 자료와 비교해 보면 석탄, 유류, 원자력의 비중은 감소했지만, LNG와 신재생의 비중은 많이 증가한 것을 알 수 있다.

표 5-3. 한국의 에너지원별 발전량, 2010년과 2020년 (단위: GWh)

연도	석탄	유류	LNG	원자력	수력	신재생	기타	합계
2010년	197,917	32,939	86,439	147,474	6,299	2,808	0	473,876
(%)	(41.8)	(7.0)	(18.2)	(31.1)	(1.3)	(0.6)	(0.0)	(100.0)
2020년	196,489	2,282	145,966	160,184	9,051	32,024	6,169	552,165
(%)	(35.6)	(0.4)	(26.4)	(29.0)	(1.6)	(5.8)	(1.1)	(100.0)

주: 1) 신재생에너지의 수력은 양수와 함께 수력으로 분류하였음.
2) 기타 에너지원에는 부생가스, 가스압터빈, 증류탑폐열, 여열회수 등이 있음.
자료: 한국전력공사, 각 연도, 전력통계속보, 제386호(2010년), 제506호(2020년).

원자력 발전은 사고위험에 대한 우려가 있지만 청정에너지이기 때문에 탄소중립을 달성하기 위해서 더욱 확대할 필요성이 있으며, 다른 에너지원보다 발전단가가 낮아서 경제적 효율성 측면에서도 우월하다. 화석연료를 사용하는 화력발전소는 미세먼지와 이산화탄소 등 대기오염물질을 배출하기 때문에 차츰 줄여 나가야 할 발전설비이다. 태양광이나 풍력 등에 의한 전력생산은 한국의 기후조건에 맞지 않고 넓은 부지가 필요하므로 설치비용 및 공간적 효율성 측면에서 부적합한 측면이 있다.

2011년 3월의 일본 후쿠시마 원자력발전소 사고 이후 여러 나라가 탈원전 정책을 선언했었는데, 이후 대부분 국가가 탄소발생 감축과 전력 생산비용 절감을 이유로 다시 "친원전"으로 돌아섰다. 한국은 2017년 출범한 문재인 정부가 탈원전 정책을 추진했으나, 2022년 윤석열 정부가 출범하면서 친원전 정책으로 회귀하였다.

9) 2022년 현재 신한울 1, 2호기와 신고리 5, 6호기가 건설 중이며, 신한울 3, 4호기는 건설 예정이다.

최근 에너지원의 분포가 다양해진 것은 고무적인 현상이라 할 수 있다. 2010년대의 변화를 보면 신재생에너지, 천연가스의 소비 비중은 증가했지만, 석탄과 석유, 그리고 원자력의 비중은 감소하였다(그림 5-13 참조). 특히 1995년 최대 62.7%를 차지했던 석유의 비중이 2020년에는 약 37.7%로 많이 감소하였다. 그렇지만 한국의 석유 소비 규모는 세계 7위이며 석유 수입 규모는 세계 4위로서 한국은 여전히 석유에 크게 의존하고 있다(표 5-2 참조). 에너지 소비에 있어서 석유에 의존한다는 것은 에너지 자원의 해외의존도를 더욱 높이고, 수급이 불안정한 에너지 자원에 종속된다는 것을 뜻한다.

그리고 에너지 소비구조에서 석탄의 비중이 여전히 크다는 것은 또 다른 문제를 일으킨다. 석탄을 동력원으로 사용하는 것은 미세먼지와 이산화탄소 등 대기오염물질을 배출한다는 점 때문에 탄소중립을 지향하는 정부 정책의 시행에 지장을 초래할 것이며, 중국발 미세먼지로 고통받고 있는 국민에게 또 다른 미세먼지의 발생원을 가중하는 행위인 것이다. 그러므로 에너지 정책은 에너지 수급 변화의 정확한 예측에 바탕을 둔 다각적인 에너지 대책과 신재생에너지와 같은 대체에너지 개발이 필요하며, 대기오염을 방지하고 에너지를 절약하는 산업구조로의 변환과 불필요한 에너지 소비를 억제하는 방안이 함께 모색되어야 한다.

글상자 10. 셰일가스 개발

그림 5-14. 셰일가스 시추공

[사진: National Geographic News]

그림 5-15. 셰일가스 개발 공법

[출처: 캐나다 한국일보]

셰일가스(shale gas)는 지하 2~4 km에 점토(진흙)가 쌓여 만들어진 퇴적암층인 셰일층(이판암층)에 존재하는 천연가스이다. 그동안 셰일가스는 암반 틈에 퍼져있어 채굴이 어려웠지만, 최근에는 수평시추 공법과 수압파쇄 공법 등이 개발되어 경제성 있는 채굴이 가능해졌다(그림 5-15). 1998년에 처음 개발된 이 공법은 먼저 수직으로 땅을 뚫고 들어가서 셰일층에 도달하면 수평으로 시추한 후 모래와 미량의 화학물질이 섞인 물로 수압을 가하여 암반에 균열을 일으킨다. 이때 암반 틈새에 퍼져있던 가스는 밀려 나와 시추관으로 이동하게 되고, 가스는 시추관 내의 압력 차이로 인해 지표면으로 분출하면서 지상에서 포집된다.

셰일가스의 매력은 엄청난 매장량이다. 전통 천연가스의 전 세계 매장량은 1684억 TOE(ton of oil equivalent: 원유 1 ton이 발생하는 열량 기준으로 표준화한 단위)인데 비해 셰일가스는 1687억 TOE로서 거의 같은 양인 것으로 추정되고 있으며, 가채년수도 59년에 이르고 있다. 셰일가스는 전 세계 매장량의 약 36%가 중국에 매장되어 있지만, 대부분 사막지대에 매장되어 있어 물을 많이 소비해야 하는 수압파쇄 공법을 사용하기 곤란하다. 미국에는 전 세계 매장량의 약 14%가 매장되어 있으며, 대부분 텍사스주 멕시코만 연안에 집중되어 있다. 미국은 최근의 기술개발과 투자에 의한 셰일가스의 생산으로 이미 세계 최대의 가스 생산국이 되었으며, 가스 수입국에서 가스 수출국으로 전환되었다. 셰일가스가 본격적으로 개발된 2010년의 경우 미국 전체 천연가스 생산량의 23%를 이미 셰일가스가 차지하였으며, 2020년에는 70%로 그 비중이 확대되었다. 앞으로 미국 전체 에너지 소비량의 40%를 가스로 대체할 계획까지 가지고 있다.

현재 미국 내 천연가스의 가격은 아시아 유통 가격의 약 4분의 1 수준이며, 셰일가스는 차츰 석탄을 대체해 나가고 있다. 주로 산업 및 발전용으로 사용될 셰일가스는 전기요금을 절감시켜 미국의 제조업체들의 경쟁력을 강화하는 원동력이 될 전망이다. 2010년에 이미 중국과 일본은 셰일가스를 확보하기 위해 미국의 셰일가스 개발에 진출하였으며, 한국도 뒤이어 여러 관련 기업들이 미국에 진출하였다. 한편에서는 수압파쇄 공법에 따라 모래, 화학물질 등이 섞인 폐수가 지상으로 배출되어 하천과 바다를 오염시키는 것에 대해 우려를 하고 있다.

[자료: 심재우·한은화, 2012; 문종명, 2012; U.S. EIA, 2022]

6
CHAPTER

산업화와 경제발전

인류 역사에 있어서 과거 200여 년 동안의 산업화(industrialization) 과정은 인간 사회에 커다란 변화를 가져왔다. 선진국을 위시하여 신흥공업국들은 많은 산업시설을 건설하여 엄청난 양의 공산품을 국내 및 국제시장에 공급하고 있다. 그리하여 이제는 저개발국의 산속 마을에까지 산업화의 영향이 미쳐서, 그들 생활용품의 상당 부분이 대량생산된 공업제품으로 채워지게 되었다.

이렇게 전 세계적으로 산업화가 확산한 것은 18세기 후반 영국에서 시작된 산업혁명이 계기가 되었으며, 그 후에도 세계의 여러 나라들이 산업혁명을 경험하면서 경제력을 키워나갔다. 산업혁명은 인간 생활을 물질적으로 풍족하게 해주었으나, 과도한 도시화, 환경오염, 노동문제, 자본주의와 사회주의의 대립 등의 원인을 제공하였다. 본 장에서는 이러한 산업화의 진행과정과 산업구조의 변화, 경제발전의 방향 등을 살펴보고자 한다.

1 산업화와 산업구조

1) 산업혁명의 발생과 영향

19세기 서양 여러 나라들이 산업혁명(industrial revolution)으로 초기산업사회에 진입한 이후 전 세계에 걸친 산업화 과정은 인류 역사에 커다란 변화를 가져왔다. 18세기 후반 영국에서 시작된 산업혁명은 전 세계적으로 확산하였으며, 이후 많은 나라들이 산업화를 경험하고 외국과의 교역을 확대하면서 경제규모를 키워나갔다.

18세기 후반에 영국에서 세계 최초로 산업혁명이 시작된 데에는 그만한 이유가 있다. 18세기의 유럽은 인구가 증가하면서 공산품, 특히 직물류에 대한 수요가 많았다. 영국은 광대한 식민지를 바탕으로 자본이 축적되어 있었으며, 두 차례에 걸친 인클로저운동(enclosure movement)[1]으로 인하여 유휴 노동력이 축적되어 있었던 데다가, 시민계급이 성장하여 자유로운 기업가 정신을 가지게 되었다. 그리고 이미 소규모 모직공업이 성했으며, 철과 석탄이 풍부한 나라일 뿐 아니라 1709년에는 역청탄을 코크스(cokes)로 변환시키는 기술이 개발되어 목탄 대신 코크스를 제철용 연료로 사용할 수 있게 되었다. 그래서 영국의 제철소들은 산림지대를 떠나 탄전지대로 모이게 되었다.

산업혁명 초기의 방직공업은 방적기와 직조기를 돌리는 동력원으로 수차(물레방아)를 이용했

1) 1차 인클로저운동은 16세기 영국에서 모직공업의 발달로 양모의 수요가 증가하자 영주나 지주들이 농경지나 공지에 울타리(enclosure)를 쳐서 사유화하고 양을 방목하는 목장을 만든 것이다. 2차 인클로저운동은 18세기 곡물가격이 오르자 지주 자본가들이 소농들의 토지를 매입하여 대농장을 경영한 것을 말한다. 이로 인해 농지를 잃은 많은 소작농이 도시로 이주하여 임금노동자가 되었다.

으나 차츰 석탄을 동력원으로 채용한 증기기관을 사용하게 되었다. 1769년 와트(James Watt)는 개량된 증기기관을 발명하여 동력의 기술혁신을 이루었으며, 아크라이트(Richard Arkwright)는 효율적인 방적기를 개발하였다. 1789년에는 카트라이트(Edmund Cartwright)가 동력 직조기(역직기)를 발명하여 방직기계에도 기술혁신이 이루어졌다. 그리하여 영국은 한동안 "세계의 공장" 역할을 하면서 다양한 공산품을 수출하고, 다른 나라들은 원료와 식량을 영국에 공급하는 상황이 되었다(Paterson, 1994, p.153). 19세기 초에는 증기선(1807년 미국의 풀턴(Fulton) 발명)과 증기기관차(1825년 영국의 스티븐슨(Stephenson) 발명)가 가동되면서 교통혁명이 일어나게 된다(De Blij, 1977, pp.321-322).

이러한 영국의 산업혁명은 주변 나라들로 확산하였다. 즉 지리적으로 가까운 벨기에(1820년대)로부터 프랑스(1830년대), 미국(1840년대), 독일(1860년대), 일본(1880년대), 러시아(1890년대) 등의 국가들에서 본격적인 산업화를 시작한 것이다. 산업혁명의 기본성격은 결국 생산조직의 변혁으로서 가내수공업 또는 공장제 수공업을 공장제 기계공업으로 전환한 것이지만, 산업혁명이 사회 및 경제구조에 미친 영향은 실로 막대하였다. 자본주의적 생산양식을 확립함으로써 귀족, 지주, 상업자본가가 주도하던 경제체제는 산업자본가가 주도하게 되었고, 자유방임적인 시장체제가 확립되는 데 도움을 주었다.

산업자본가들은 해외에서 값싸게 원료를 들여와 가공하여 생산한 제품을 국내뿐 아니라 해외로 수출하여 세계화의 일익을 담당하였다. 19세기 제국주의 시대에는 선진국의 산업화와 번영을 위해 해외 식민지와 약소국들의 희생이 요구되었다. 그렇지만 19세기 말은 국제 교역의 황금기라 불릴 만큼 많은 물자가 선박을 통해서 세계를 이동했으며, 선진국들의 식민지에 대한 투자도 활발했다.

산업혁명의 긍정적인 효과로는 사회 전체적으로 일자리가 창출되어 소득이 높아졌으며 물자가 풍족해져서 시민들의 생활수준이 향상된 것을 들 수 있다. 그러나 산업화의 과정에서 공장들이 도시에 입지하여 공업도시를 형성하고, 농촌의 유휴 노동력이 도시의 공장으로 몰려 도시화가 진행되면서, 주택부족, 교통혼잡, 환경오염 등 각종 도시문제가 나타나게 되었다. 또한 낮은 임금수준, 열악한 작업환경, 미성년자 취업 등에 관련된 노동문제도 심각해지면서, 이에 대한 비판으로 사회주의가 대두하게 되었다.

사회주의 사상은 1917년 러시아 혁명이 발생하고 1923년 공산주의 정권인 소련(USSR)이 들어서자 차츰 확산하였으며, 제2차 세계대전 이후에는 동유럽, 중국, 북한, 동남아시아, 쿠바 등지에 공산주의 정권이 들어서게 되었다. 그리하여 20세기 중반부터는 전 세계 국가들을 자본주의 선진국들의 제1세계(First World), 소련을 중심으로 한 공산주의 국가들의 제2세계(Second World), 기타 개발도상국들의 제3세계(Third World)로 구분하는 것이 보편화되었다. 1990년대에 들어서서 소련이 해체되고 공산주의 세력이 퇴조하게 되자 제1세계, 제2세계라는 용어는 사라졌지만, 제3세계는 저개발국가, 개발도상국들을 지칭하는 용어로 현재도 많이 쓰이고 있다.

2) 경제활동과 산업구조

인간은 의식주를 해결하고 삶을 영위하기 위해서 다양한 물품을 생산하고 소비한다. 이렇게 재화와 용역의 생산, 분배, 소비 등과 관련된 인간의 행위를 경제활동이라고 한다. 인간의 경제활동을 분류할 때 흔히 사용하는 방법은 영국의 경제학자 클라크(Colin Clark, 1957)가 제안한 바와 같이 1차 산업(primary industry), 2차 산업(secondary industry), 3차 산업(tertiary industry)으로 나누는 것이다. 1차 산업은 자연으로부터 자원을 획득하는 활동을 말하며, 농업, 임업, 어업, 광업이 해당한다. 2차 산업은 1차 산업에 의해 획득된 자원을 가공하는 활동을 말하며, 제조업, 건설업이 해당한다. 3차 산업은 1차 산업과 2차 산업의 생산물을 유통·판매하거나 기타 서비스를 제공하는 활동을 말하며, 흔히 서비스 산업이라고 한다. 3차 산업을 구체적으로 보면 도·소매업, 금융·보험업, 음식·숙박업, 교통·통신업, 관광·레저산업, 교육, 개인서비스, 공공서비스, 전문서비스 등 여러 업종이 해당하는데, 크게 중간수요에 대한 생산자 서비스업과 최종수요에 대한 소비자 서비스업으로 나누기도 한다.

최근에는 정보의 생산, 처리, 관리 등과 관련된 산업들, 즉 행정, 언론, 통신, 광고, 금융, 보험, 부동산, 신용정보. 대학, 연구소, 출판, 법률, 자문 등을 3차 산업으로부터 분리해서 4차 산업(quaternary industry)이라 부르기도 한다(Gottmann, 1970). 현대사회에서 서비스 산업의 고용 비중이 커지고 서비스 업종도 다양하게 분화하였는데, 방대한 3차 산업 중에서 정보 및 관리와 관련된 산업이 상대적으로 중요해졌기 때문에 4차 산업으로 분리한 것이며, 4차 산업을 흔히 지식기반 산업(knowledge-based industry)이라고도 한다.

산업구조란 여러 경제활동 상호 간의 관계 또는 짜임새를 의미하며, 구체적으로 한 국가 또는 지역에서 여러 종류의 산업들이 어떻게 구성되어 있는가를 말한다. 이러한 산업구조는 시대의 변천과 경제발전에 따라 변하게 된다. 고전적인 경제발전 단계이론(근대화 이론)에 의하면, 경제발전에 따라서 산업구조의 중심이 1차 산업에서 2차 산업으로, 그다음은 3차 산업으로 이행한다고 한다. 그 이유는 첫째, 산업화의 초기에서 가격이 높은 수입제품을 국산품으로 대체하려고 노력하기 때문에 제조업이 발전하며, 둘째, 소득이 높아지면서 단순히 먹고 입는 것 이외에 다양한 제품과 서비스에 대한 수요가 증가하기 때문이며(Hagen, 1975, p.89-95), 셋째는 농업과 제조업 분야에서 기계화와 자동화에 의해 노동생산성이 향상하면서 단순노동에 대한 수요가 감소하며, 임금수준이 높아짐에 따라 노동집약적 산업은 쇠퇴하기 때문이다.

산업화가 고도로 진행되면 노동집약적 산업은 차츰 기술집약적 산업으로 대체되며, 생산체계는 포디즘(Fordism)적인 소품종 대량생산에서 포스트포디즘(Post-Fordism)적인 다품종 소량생산의 유연적 생산체계로 바뀌게 된다. 포스트포디즘은 미국의 기업 활동에서 1970년대부터 나타났으며, 정보기술(information technology: IT)의 발달과 세계화의 기류를 타고 전 세계로 퍼지고 있다.

서양의 경우, 19세기의 산업화 이래 지속해서 제조업 고용이 증가해 왔으나, 1960년대부터 전체 고용에서 제조업 비중은 감소하고 서비스업의 비중은 빠르게 증가했다. 이러한 현상을 서비스 경제화라고 하는데, 미국의 사회학자 벨(Daniel Bell, 1973)은 자원 소모적인 제조업은 쇠퇴하고 서비스업 중심의 탈산업사회가 도래하는 것으로 파악했다.

한 국가의 경제가 발전하면서 산업구조가 어떻게 변해 가는지는 1차, 2차, 3차, 4차 산업의 노동력 비율을 살펴보면 알 수 있다(그림 6-1). 전(前)산업사회(pre-industrial society)는 산업화 이전의 농경사회를 말하며, 노동력 대부분은 1차 산업에 종사하고 있다. 초기산업사회(early industrial society)는 산업혁명이 시작된 후 2차 산업의 고용이 가속적으로 늘어나는 산업화 초기를 말한다. 후기산업사회(late industrial society)에서는 제조업이 대량생산 체계를 갖추게 되며 고용은 계속 늘어나서 최대 규모에 이르게 된다. 이때 농업부문 고용은 급격하게 감소하며, 3차 산업과 4차 산업의 고용은 제조업과 마찬가지로 증가한다. 탈산업사회(post-industrial society)에서는 기계화, 자동화에 의해서 제조업 고용 비율이 줄어든다. 이때 농업부문의 고용은 최소화되며, 3차 산업은 큰 변화가 없는 반면에 4차 산업의 고용은 계속해서 증가한다.

미국과 서유럽은 이미 1960년대에 탈산업사회로 진입하였다. 고용성장을 공업이 주도하던 산업화 시대가 지나가고 서비스 산업이 주도하는 탈산업화 시대가 도래한 것이다. 이러한 탈산업화, 즉 서비스 경제화 추세는 도소매업이나 숙박음식업 같은 전통적인 서비스업이 아니라 금융, 보험, 부동산, 언론, 통신 등 4차 산업이 주도하고 있다.

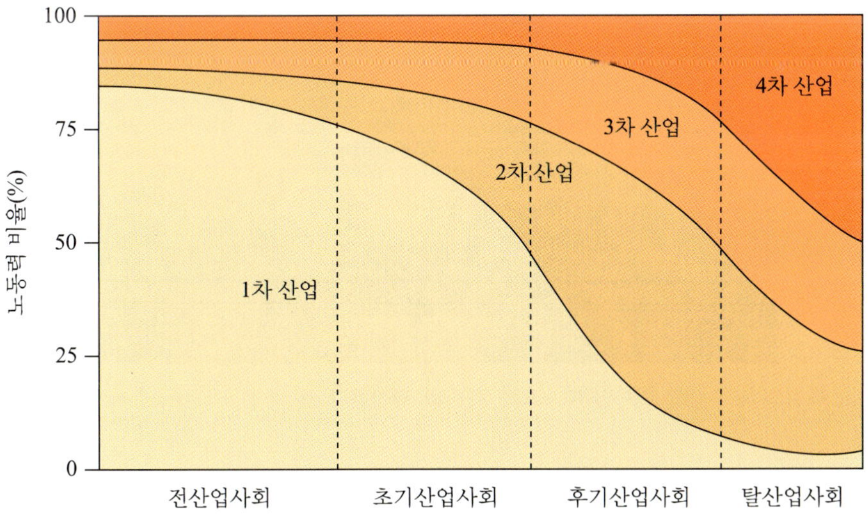

그림 6-1. 경제발전에 따른 산업구조의 변천 [출처: Berry et al., 1976, p.47]

미국의 미래학자 토플러(Alvin Toffler, 1980)는 산업사회에서 정보사회로 변해 가는 미래를 예측하면서, 제1의 물결(농업혁명)과 제2의 물결(산업혁명)에 이어서 정보혁명을 제3의 물결(The Third Wave)이라고 정의한 바 있다. 미국의 정치경제학자인 리프킨(Jeremy Rifkin)은 「*The Third Industrial Revolution*」(2011)이라는 저서에서 3차 산업혁명의 개념을 제시하였다. 그에 의하면 '1차 산업혁명'(기계화 혁명)은 1760년대 영국에서 시작된 산업혁명으로서 석탄을 사용하는 증기기관을 동력으로 사용하는 기계공장에서 노동집약적인 산업을 발전시켰다. '2차 산업혁명'(대량생산 혁명)은 1860년대 전기와 석유를 동력원(에너지)으로 사용하는 기술혁신을 의미하며, 이에 따라 전기통신 및 대량생산 체계를 갖추어 나갔다. '3차 산업혁명'(정보혁명)은 1990년대 컴퓨터와 인터넷의 보급으로 정보기술(IT)이 비약적으로 발전한 것을 말하며, 이에 따라 제조업에서는 자동화가 확산하였고 일상생활에서는 스마트폰의 보급으로 모바일 활용이 본격화되었다.

그리고 독일 정부는 2010년부터 '인더스트리(Industry) 4.0' 정책을 추진하였다. 인더스트리 4.0은 제조업의 혁신을 통해 경쟁력을 강화하기 위한 것으로 제조업의 완전한 자동생산 체계를 구축하고 전체 생산과정을 최적화하는 목표로 추진되었다. 이런 생산체계를 갖춘 공장을 흔히 스마트 공장(smart factory)이라고 부른다(그림 6-2).

그림 6-2. 독일의 로봇공학 회사인 KUKA의 자동차 제작용 로봇 [사진: Mixabest, commons.wikimedia.org]

그런데 2016년 세계경제포럼(다보스포럼)에서는 '4차 산업혁명'을 주제로 토론하였다. 여기서 4차 산업혁명은 인공지능(AI: artificial intelligence)이나 사물인터넷(IoT: Internet of Things) 등 첨단 정보기술이 사회 및 경제 전반에 융합되는 차세대 산업혁명을 말한다. 이를 위한 기술혁신에는 로봇공학(robotics), 3D 프린팅, 자율주행차, 증강현실(VR: virtual reality), 빅데이터(big data) 등이 포함된다. 이러한 기술들의 기반은 3차 산업혁명의 연장선 안에 있다고 볼 수 있으며 일부 기술들은 현재 개발 중이기도 하지만, 아직 일상생활이나 산업 현장에서의 활용은 미흡하다. 그러므로 세계경제포럼의 회장인 슈밥(Klaus Schwab)의 「*The Fourth Industrial Revolution*」(2016)에서도 4차 산업혁명이 언제 도래할 것인가에 대해서는 물음표(?)로 나타냈으며, 3차 산업혁명과 4차 산업혁명의 차이점이나 개념 정의도 불명확한 상태이다.

미래의 4차 산업혁명에 대한 논란거리 중 하나는 일자리에 관한 것이다. 인공지능과 로봇이 사람의 일자리를 빼앗는 것이 아니냐는 우려가 그것이다. 전통적인 직업 중에서 단순노동 직종은 사라질 가능성이 크다. 그러나 많은 직업이 사라지는 대신에 새로운 직업이 나타날 것이라는 낙관론도 있으므로 그러한 변화에 적응하고 창의력을 키우는 교육개혁이 필요한 것이다. 아직 4차 산업혁명이 본격화되지 않았지만, 우리가 그러한 방향으로 들어섰다는 것은 분명하다. 이러한 4차 산업혁명을 성공적으로 수용하기 위해서는 기술혁신뿐 아니라 경제, 사회, 문화, 교육 등 전 영역에서 사회적 혁신이 동반되어야 한다(김대호, 2016).

글상자 11. 미국 최초의 공업도시 로웰

그림 6-3. 로웰의 전경(1839년 판화)

그림 6-4. Boott Mills 박물관과 전차

미국 매사추세츠주의 로웰(Lowell)은 보스턴에서 북서쪽으로 약 48 km 떨어진 곳에 건설된 미국 최초의 공업도시이다. 보스턴의 무역상인 Francis C. Lowell은 1810년 영국에 갔다가 방직공장에서 Cartwright가 발명한 역직기(力織機)를 목격하고 보스턴으로 돌아온 Lowell은 1813년 보스턴공업사를 설립하고 기술자와 함께 영국에서 본 것과 유사한 역직기를 만들어 냈다. 1814년에는 보스턴 교외의 월섬(Waltham)에 수차 동력을 사용하는 면방직 공장을 세워 성공적으로 운영했다.

그러나 Lowell은 몇 년 후에 병사했으며, 보스턴공업사의 경영진은 새로운 공장부지를 찾다가 메리맥강(Merrimack River)의 폭포에서 총 낙차가 약 9.8 m에 이르는 풍부한 수력자원의 잠재력을 발견하였다. 그들은 1822년 메리맥공업사를 세우고 방직공장을 가동하였다. 그 후 대규모 방직공장들과 기숙사, 상점, 교회 등이 들어서고, 많은 직공을 고용하여 미국 최초의 공업도시 로웰이 탄생하였다.

19세기 중반에는 '미국의 맨체스터(영국 면방직공업의 중심지)'라는 명성을 얻을 만큼 많은 면직물을 생산해서 외국까지 수출했다. 그러나 19세기 말부터 증기기관을 사용하는 면방직 공장들이 여러 도시에 생기게 되고, 20세기 초에는 전기용 방직기계가 등장하자 로웰의 방직 산업은 입지의 우월성을 잃게 되고 차츰 쇠퇴하였다. 이에 따라 로웰의 경제는 침체하고 인구도 감소하였다.

1960년대부터는 시 공무원과 주민들이 도심의 재활성화 계획을 추진한 결과, 1978년 로웰 시내 일대가 국립역사공원(National Historical Park)으로 지정되었다. 그리고 낡은 공장 건물들을 산업 역사박물관으로 개조하였으며, 중심가의 건물들도 새로 정비하였다. 이에 따라 관광객들이 많이 찾아오고 중심가의 상가도 활기를 띠게 되었다. 일부 공장 건물들은 아파트나 벤처기업 사무실로 개조하여 임대소득을 올리고 인구증가에도 기여하였다. 2019년 현재 약 11만 명의 인구를 가진 로웰은 수십 년간 쇠퇴의 길을 걷다가 역사·문화 자산을 활용한 탈산업 서비스 경제화를 추진하여 도시재생에 성공한 도시가 되었다. [출처: 김학훈, 2011]

3) 한국의 산업구조

한국의 산업별 고용구조의 변화를 5년 간격으로 나타낸 것이 표 6-1이다. 1950년대까지 전체 취업인구의 70~80%를 차지하던 1차 산업(농림어업)부문은 1965년도에도 전국 고용자의 반이 넘는 58.6%이기 때문에 1960년대까지의 국가 산업의 기반은 농업이었음을 알 수 있다. 같은 1965년도에 2차 산업(광공업)은 10.3%를 차지했으며, 3차 산업(SOC와 기타 서비스업)은 31%를 차지했다. 당시에 광업의 구성비는 전체의 약 1% 정도였으며, 2000년에는 0.1% 이하로 감소했기 때문에 광공업 노동력의 대부분은 공업인구라고 볼 수 있다.

농업이 대부분인 1차 산업의 구성비는 1965년 이후에 계속 감소하여 2020년에는 5.4%가 되었다. 반면에 2차 산업 종사자의 비율을 보면 1965년에는 10.4%에 불과하던 것이 1990년도까지 지속적으로 증가하여 27.3%에 이르렀다가 그 이후로는 차츰 감소하여 2020년에는 16.3%가 되었다. 3차 산업은 더욱 빠르게 성장하여 1965년의 구성비는 31%였지만 2020년에는 구성비가 전체의 4분의 3이 넘는 78.3%에 이르게 되었다.

서비스 산업은 최근 몇 십 년 동안 급속하게 발전하여, 이제는 단순히 3차 산업이라고 부르기에는 너무도 다양하게 세분되어 있다. 재화산업이라 할 수 있는 1차와 2차 산업에 대해 서비스 산업이 미치는 영향 또한 복잡다단하게 나타나고 있다. 1980년대 후반부터는 정보화 시대를 맞이하여 4차 산업에 해당하는 업종들이 급속하게 성장하였다. 특히 정보통신 관련 서비스 분야와 금융

표 6-1. 한국의 산업별 고용구조 변화 (단위: 1,000명)

연도＼산업	농림어업	구성비(%)	광공업	구성비(%)	SOC*와 기타 서비스업	구성비(%)	합계
1965	4,810	58.6	849	10.3	2,547	31.0	8,206
1970	4,916	50.4	1,395	14.3	3,434	35.2	9,745
1975	5,425	45.9	2,264	19.1	4,140	35.0	11,829
1980	4,658	34.0	3,096	22.6	5,952	43.3	13,706
1985	3,733	24.9	3,659	24.4	7,578	50.6	14,970
1990	3,292	18.3	4,928	27.3	9,816	54.4	18,036
1995	2,541	12.5	4,799	23.6	13,037	64.0	20,377
2000	2,243	10.6	4,310	20.4	14,603	69.0	21,156
2005	1,815	7.9	4,251	18.6	16,789	73.5	22,856
2010	1,566	6.6	4,049	17.0	18,214	76.4	23,829
2015	1,337	5.1	4,618	17.6	20,222	77.3	26,178
2020	1,445	5.4	4,389	16.3	21,071	78.3	26,904

* SOC: 사회간접자본(social overhead capital)
자료: 통계청, 「경제활동인구연보」, 해당 연도; 통계청, 국가통계포털, http://kosis.kr.

·보험·부동산 관련 업종의 고용 증가가 두드러지게 나타났다. 선진국들은 1960년대에 서비스 산업이 경제를 주도하는 서비스 경제화 시대로 진입했다고 하며, 한국은 서비스 산업의 고용 비중이 54.4%에 도달한 1990년부터 서비스 경제화 시대에 들어섰다고 할 수 있다. 이러한 1차, 2차, 3차 산업 구성비의 변화 양상으로 볼 때, 한국은 1990년대부터 탈산업사회에 진입한 것으로 보인다.

제조업은 1962년부터 시작된 경제개발 5개년 계획에 힘입어 빠른 속도로 성장해 왔는데, 1990년 전후를 고비로 그 구성비뿐만 아니라 종사자의 절대 수에서도 감소하기 시작했다. 구체적인 자료를 보면, 제조업의 구성비에 있어서는 1988년의 28.5%가 정점이었고, 제조업 종사자 수에서는 1991년의 502만6천 명이 최고 수준이었다. 그 이후부터 차츰 제조업의 비중이 감소하게 된 이유는 기계화와 자동화에 의해서 노동생산성이 향상되어 노동력을 대체하고 있으며, 한국의 임금수준이 높아짐에 따라 노동집약적 산업은 줄어들고 자본 및 기술집약적인 산업이 늘었기 때문이다. 특히 첨단산업(high-tech industry) 분야에서는 전자제어 장치에 의한 자동화 생산설비가 많이 도입되어 전보다 적은 노동력으로 많은 생산을 할 수 있게 된 것이다.

실제로 제조업 부문의 생산액은 종사자 수가 줄어들어도 계속 증가하고 있다. 2000년부터 2020년까지 산업별 생산액의 변화를 나타내는 표 6-2를 보면 1990년대부터 지속해서 고용이 감소한 제조업의 경우 생산액은 계속 증가하고 있다. 특히 2000년부터 2010년 사이의 생산액 증가율이 0.84로서 거의 두 배에 이른 것은 주목할 만하다.

한국 산업구조의 다양한 변화는 표 6-2에서 산업별 생산액을 통해 살펴볼 수 있다. 실질가격으로 볼 때, 2020년의 생산액, 즉 GDP(Gross Domestic Product, 국내총생산)는 2000년에 비해 약

2배 증가하였으며 2010년에 비해서는 1.28배 증가하였다. 산업별로 볼 때 2000년대에는 광업을 제외한 모든 산업에서 생산액이 증가하였는데, 2010년대에는 광업 외에 숙박음식업, 예술·스포츠·여가서비스업, 기타 서비스업도 생산액이 감소하였다. 이것은 2020년 1월부터 유행하기 시작한 코로나바이러스 감염증(COVID-19) 사태로 서비스 매출에 타격을 입었기 때문이다.

2000년부터 2010년까지 GDP의 증가율(0.58)보다 높은 생산액 증가율을 보인 산업은 제조업, 전기·가스·수도사업, 금융보험업, 정보통신업, 사업서비스업, 의료보건·사회복지, 예술·스포츠·여가서비스업 등이다. 그중 가장 높은 증가율을 보인 산업은 정보통신업으로서 증가율은 1.14이다. 그리고 2010년부터 2020년까지 GDP의 증가율(0.28)보다 높은 증가율을 보인 산업은 도소매업, 금융보험업, 정보통신업, 사업서비스업, 공공행정·국방, 의료보건·사회복지 등이다. 그중 가장 높은 증가율(0.87)을 보인 산업은 의료보건·사회복지서비스업인데, 정부의 사회복지 재정 확대와 2020년 1월부터 발생한 코로나19 사태의 영향인 것으로 보인다.

표 6-2. 산업별 생산액의 변화(2000~2020년) (단위: 십억 원)

구분 / 업종	2000년		2010년		2020년		증가율	
	금액	구성비(%)	금액	구성비(%)	금액	구성비(%)	2000~2010	2010~2020
농림어업	27,069.5	3.2	30,887.6	2.4	32,054.3	1.9	0.14	0.04
광업	3,369.7	0.4	2,660.7	0.2	1,911.5	0.1	−0.21	−0.28
제조업	207,466.4	24.9	382,243.3	29.1	484,648.8	28.7	0.84	0.27
전기, 가스, 수도사업	24,472.7	2.9	39,918.4	3.0	46,810.9	2.8	0.63	0.17
건설업	64,922.4	7.8	76,143.5	5.8	88,088.4	5.2	0.17	0.16
도소매업	78,299.9	9.4	101,941.3	7.8	134,621.3	8.0	0.30	0.32
숙박음식업	29,938.6	3.6	36,163.1	2.8	34,458.1	2.0	0.21	−0.05
운수업	33,786.8	4.1	50,295.1	3.8	53,954.4	3.2	0.49	0.07
금융보험업	35,656.3	4.3	68,643.4	5.2	111,653.9	6.6	0.93	0.63
부동산업	78,272.6	9.4	109,865.5	8.4	137,650.2	8.2	0.40	0.25
정보통신업	27,307.5	3.3	58,442.9	4.4	85,520.8	5.1	1.14	0.46
사업서비스업	57,563.1	6.9	110,450.4	8.4	156,898.3	9.3	0.92	0.42
공공행정, 국방	57,423.5	6.9	82,556.3	6.3	112,395.7	6.7	0.44	0.36
교육서비스업	52,165.5	6.3	75,424.0	5.7	85,465.3	5.1	0.45	0.13
의료보건, 사회복지	27,476.8	3.3	46,645.4	3.6	87,053.5	5.2	0.70	0.87
예술, 스포츠, 여가서비스업	11,837.7	1.4	20,733.0	1.6	15,093.4	0.9	0.75	−0.27
기타 서비스업	16,118.3	1.9	20,830.5	1.6	19,478.2	1.2	0.29	−0.06
합계(GDP)	833,147.3	100.0	1,313,844.4	100.0	1,687,757.0	100.0	0.58	0.28

주: 생산액은 2015년 가격지수를 기준으로 한 실질가격으로 제시되었음.
자료: 한국은행, 경제통계시스템(ECOS), http://ecos.bok.or.kr.

사실 2019년에서 2020년까지 1년간 GDP 성장률은 −0.9%로 나타나서 코로나19 사태가 심각한 악영향을 미쳤다는 것을 알 수 있다(한국은행, ECOS). 그 1년 기간 동안 생산액이 증가한 산업은 전기·가스·수도사업, 금융보험업, 부동산업, 정보통신업, 공공행정·국방, 의료보건·사회복지업뿐으로 농림어업, 광업, 제조업, 건설업과 서비스업 중에서 도소매 및 숙박음식업, 운수업, 사업서비스업, 교육서비스업, 예술·스포츠·여가서비스업, 기타 서비스업 등 사람을 대면해야 하는 개인사업들은 모두 생산액이 감소했다.

산업별 생산액의 구성비를 표 6-2에서 살펴보면, 우선 제조업의 경우 2000년의 24.9%에서 2020년에는 28.7%로 증가한 것으로 나타났다. 표에 제시된 12개 서비스 업종을 합친 전체 서비스업의 생산액 비중은 2000년의 60.7%, 2010년의 59.5%, 2020년의 61.3%로서 60% 수준에서 큰 변화가 없다, 세부 서비스 업종에서 2000년부터 2020년까지 구성비가 증가한 업종은 금융보험업, 정보통신업, 사업서비스업, 의료보건·사회복지서비스업 등 4개 업종이다. 특히 영세 자영업자가 많은 숙박음식업은 GDP에서 차지하는 비중이 2000년의 3.6%에서 2020년의 2%로 감소하였다. 전체적으로 농업과 광업은 사양화하고 건설경기는 침체해 있지만, 금융보험업, 정보통신업, 사업서비스업(특히 전문서비스 및 기술서비스), 의료보건서비스업은 현저하게 발달하고 있다. 그리고 고용의 탈산업화 추세에도 불구하고 생산액이 크게 증가하고 있는 제조업은 한국경제에서 여전히 가장 큰 비중을 차지한다는 것을 알 수 있다.

글상자 12. 디지털산업단지로 변모한 구로공단

그림 6-5. 구로공단 1단지(1960년대)

그림 6-6. 서울디지털산업단지(2000년대)

서울 남서쪽의 구로동 일대에 위치한 구로공단은 1964년 '한국 수출산업 공업단지'라는 이름으로 조성된 한국 최초의 산업단지이다(그림 6-5). 1980년대까지는 주로 섬유, 봉제 공장들이 많이 입주했으며, 값싼 노동력을 많이 고용하여 우리나라의 경공업 발달을 주도하였다. 이 산업단지는 한국 산업화의 초기에 조성되어 수출산업의 견인차 역할을 했으며, '한강의 기적'이라고 불리는 급속한 경제성장을 이룩하는 데 크게 이바지하였다.

그러나 1980년대 말부터 한국의 섬유, 봉제 산업이 동남아시아 여러 나라와 경쟁을 하게 되고 노사분규도 심해지면서, 구로공단에 있던 많은 공장이 수도권의 다른 지역이나 외국으로 공장을 이전하였다. 1990년대 후반부터는 벤처산업이 발달하면서 이곳의 공장 부지에 아파트형 공장들이 많이 들어서게 되었다. 이에 따라 정부에서는 2000년에 구로공단의 명칭을 '서울디지털산업단지'로 바꾸고 정보·통신 산업을 본격적으로 육성하였다(그림 6-6). 지금은 구로디지털단지(1단지)와 가산디지털단지(2단지, 3단지)로 확장되어 흔히 G밸리(Valley)라고 부른다. 2021년 현재 서울디지털산업단지에는 약 7,600여 개의 벤처기업이 입주해 있고, 약 10만 명의 근로자가 일하고 있다.

2 저개발과 경제발전

1) 저개발국의 문제점

경제수준에 따라 국가를 분류할 때, 흔히 선진국(先進國, advanced countries)과 후진국(後進國, backward countries)으로 나눈다. 1950년대까지 서양에서 많이 사용되던 후진국 또는 미개발(undeveloped)국가라는 표현은 서양인의 우월주의적인 의도가 엿보이는 용어로서 의미상 적절치 못한 표현이다. 왜냐하면 후진국이라 하더라도 장기적인 관점에서 퇴보(후진)하는 경우는 드물며, 개발이 전혀 안 되어 있는 국가도 찾아보기 어렵기 때문이다. 그래서 서양에서는 후진국이라는 용어를 더 이상 사용하지 않으며, 대신에 개발도상(developing)국, 저개발(underdeveloped, less developed)국, 또는 제3세계(Third World)라는 용어를 사용하고 있다. 유엔(U.N.)에서는 선진국을 "more developed countries," 후진국은 "less developed countries"로 표기하여, 후진국 대신 '저개발국'이라는 표현을 관례화하고 있다.

저개발국의 일반적 특성과 저개발의 요인들을 요약해 보면 다음과 같다(De Souza and Stutz, 1994, pp.628-635).

(1) 빠른 인구성장과 도시집중
(2) 높은 실업률과 낮은 노동생산성
(3) 부적절한 기후와 부족한 자원

(4) 낙후된 기술수준
(5) 문화적, 정치적 요인
(6) 자본과 투자의 부족: 빈곤의 악순환

여기서 문화적 요인과 정치적 요인을 부연하여 설명하면, 문화적 요인이란 변화와 진보에 대해 보수적이고 고루한 태도를 보이거나 발전에 대한 의지가 없는 경우, 인도(India)처럼 종교적인 숙명론과 사회계급제도(caste system)가 지배적인 경우 등을 말하며, 정치적 요인은 정치적 부패와 제도적 부조리 등을 말한다. 이러한 요인들은 경제발전에 저해 요소로 작용하게 된다.

"빈곤의 악순환"(vicious circle of poverty)이란 넉시(R. Nurkse, 1953)가 처음 사용한 용어로서 저개발국가의 빈곤은 부족한 자본의 다차원적 인과관계가 얽혀져서 나타나는 악순환 과정의 결과라는 의미를 함축하고 있다. 넉시의 이론은 저소득을 영속화하는 두 개의 악순환의 고리로 설명할 수 있다. 즉, 자본의 공급 측면에서 저소득 → 낮은 저축수준 → 자본부족 → 낮은 생산성 → 저소득으로 악순환하며, 자본의 수요 측면에서는 저소득 → 낮은 구매력 → 유발투자 부족 → 낮은 생산성 → 저소득으로 악순환한다는 것이다.

이러한 악순환 과정을 벗어나기 위해서는 선진국의 재정적, 기술적 원조가 필수적이라고 한다. 외국의 원조를 통해 경제 각 부문의 생산성을 높여야 소득이 증가하고 구매력도 향상되며 결국 시장규모가 확대된다. 이에 따라 기업은 판매를 확대하여 이윤을 증대하고 생산성 향상을 위한 투자를 늘릴 수 있게 되는 것이다(Reitsma and Kleinpenning, 1985).

2) 경제성장 이론

경제성장의 전략에 관한 이론들은 크게 균형 성장론(balanced growth theory)과 불균형 성장론(unbalanced growth theory)으로 나눈다. 균형 성장론을 주장한 대표적인 학자는 앞에서 소개한 넉시(Nurkse)로서, 그는 빈곤의 악순환을 벗어나기 위해서는 구매력을 증대하여 시장을 확대하는 것이 중요한데, 그 방법은 투자재원을 여러 산업부문에 골고루 분산 투입하여 수요의 상호보완성과 산업 간 연계를 확보함으로써 서로 판로를 제공하게 되고 국내시장이 확대된다고 하였다. 즉, 어떤 한 산업부문에만 투자했을 때는 거기서 생산된 제품에 대해 충분한 수요를 확보할 수가 없지만, 여러 산업부문에 동시에 투자하게 되면 각각의 산업이 서로 다른 산업에서 생산된 제품에 대해 판로를 제공할 수가 있다는 것이다.

불균형 성장론의 대표적인 학자는 허쉬맨(A. Hirschman, 1958)으로서, 그는 선도산업(leading sector)에 중점적으로 투자하면 연계효과(linkage effect)에 의해서 다른 산업에도 차츰 유발투자가 이루어져서 전체적인 경제발전이 이루어진다는 것이다. 선도산업이란 국가경제의 전반적인 성장과 순환을 이끌어나가는 데 핵심적인 역할을 담당하는 산업을 말한다. 초기 단계에서 산업

간, 지역 간 격차가 벌어지는 양극화 효과(polarization effect)는 불가피하며, 차츰 파급효과(trickling-down effect, 낙수효과)에 의해서 그 격차가 해소된다고 하였다.

산업의 연계효과는 전방 연계효과(forward linkage effect)와 후방 연계효과(backward linkage effect)로 구분할 수 있다. 전방 연계효과는 중간생산물을 생산하는 산업의 성장에 의해서 그 중간생산물을 사용하는 산업이 발전하는 경우(예: 정유공업이 발전하면 석유화학공업이 발전하고 나아가 플라스틱이나 화학섬유공업이 발전하는 경우)를 말하며, 후방 연계효과는 한 산업의 성장으로 인해서 그 산업에 원료나 중간생산물을 공급하는 산업이 발전하는 경우(예: 자동차 공업의 발전으로 인하여 자동차 부품공업이나 제철공업이 발전하는 경우)를 말한다. 허쉬맨은 어떤 선도산업이 먼저 발전하면 이러한 전방연계와 후방연계에 의한 파급효과로 다른 산업도 따라서 발전하게 된다고 주장하였다.

미국의 경제사학자인 로스토우(W. Rostow, 1960)도 역시 불균형 성장이론에 바탕을 둔 경제성장의 단계설을 제시했다. 그의 저서 「The Stages of Economic Growth: A Non-Communist Manifesto」의 부제목에서 알 수 있듯이, 그의 성장단계설은 공산주의자들의 자본주의 붕괴론을 반박하는 목적도 담겨있다. 그는 모든 국가의 경제는 5단계의 과정을 거치면서 발전한다고 보았다. 즉, 전통사회 → 도약을 위한 준비단계 → 도약단계 → 성숙단계 → 대중소비단계가 그것이다.

전통사회(traditional society)는 농업 위주의 사회로서 산업기술이 발전되지 않아서 생산성이 낮으며, 봉건적 전통과 인습이 지배한다. 도약을 위한 준비(preconditions for take-off) 단계는 산업혁명의 전 단계로서 차츰 새로운 과학기술을 농업과 공업에 적용하여 생산성이 증대되며, 도로·철도·항만시설 같은 사회간접자본(SOC: social overhead capital)도 확충되어 가며 교역도 증가한다. 새로운 자유사상과 민족주의사상을 가진 엘리트 계층이 형성되어 변화를 주도하게 되며 유럽의 경우 17~18세기에 거쳐간 단계이다. 도약(take-off) 단계는 산업혁명기로서 저축과 투자가 증대되면서 제조업의 높은 성장이 이루어진다. 새로운 기술이 등장하고 정치사회의 구조변화와 경제변화가 촉진된다. 이때에는 선도산업이 중요한 역할을 담당하게 되는데, 그 종류는 국가마다 다르게 나타난다. 영국의 경우는 면방직공업이었으며, 미국, 프랑스, 캐나다의 경우는 철도산업이었고, 독일, 러시아, 일본은 철도 및 군수산업이었다. 면방직공업의 경우, 산업혁명이 가장 먼저 시작된 영국에서는 전체 산업발전에 선도적 역할을 했으나, 다른 나라들에서는 도약의 준비단계에서 중요한 역할을 했을 뿐 파급효과가 그다지 크지 않았으며, 도약기에는 다른 선도산업이 있었다(Rostow, 1960, pp.52-57).

성숙(drive to maturity) 단계는 높은 경제성장률을 유지하는 반면 인구증가는 둔화하여 국민소득은 향상되고, 경제 전반에 걸쳐 발전의 성과가 확산한다. 2차와 3차 산업은 세분화와 확대를 거듭하게 되며, 제조업 분야에서는 산업혁명을 주도해나가던 제철 및 철도 같은 중공업에서부터 차츰 기계, 화학, 전기분야가 두각을 나타낸다. 이 단계는 영국의 경우 1850년대에 나타났으며, 그 외의 서양 국가에서는 19세기 말부터 20세기 초에 나타나기 시작했다. 고도의 대중소비(high mass-consumption) 단계에서는 모든 재화와 용역이 풍부해지고 국민소득도 계속 상승하여 소비가 미덕인 사회가 된다. 이 단계의 선도산업은 내구소비재와 서비스 부문이며, 특히 자동차의 대량생산과 대중적인 보급이 이루어진다. 또한 성장보다는 복지를 추구하게 되고, 예술, 문화 같은 비경제 분야에 관심을 기울이게 된다. 미국의 경우 1920년대에 이미 대중소비시대에 들어섰으며, 서유럽국가들과 일본은 1950년대에 시작되었다.

로스토우는 이러한 경제성장의 단계를 저개발국가의 경제개발을 위한 모델로 삼을 수 있다고 하였으며, 다른 불균형성장이론과 마찬가지로 도약단계에서 선도산업에 집중투자 하는 것이 경제성장의 지름길이라고 하였다. 이러한 성장단계설을 한국의 경제성장에 적용할 때, 1960년대는 산업혁명이 시작된 도약기이며, 1980년대는 성숙단계였고, 1990년대에는 대중소비시대에 접어들었다고 볼 수 있겠다. 서양에서 100년 이상 걸린 경제발전 과정을 30여 년 만에 이루어낸 한국경제의 저력은 높이 평가되고 있지만, 그에 따라 왜곡된 경제구조, 환경문제, 도시문제, 인구문제, 사회문제 등 부작용 또한 적지 않은 것이다. 특히 왜곡된 경제구조의 문제는 1997년 말 외환위기로 인해서 국제통화기금(IMF: International Monetary Fund)의 구제금융 지원을 받게 된 한국경제의 상황에서 단적으로 드러났다.

3 집적경제와 산업지구

1) 집적경제

집적경제(agglomeration economies)는 기업들이 모여서 개별기업이 아닌 외적인 요인에 의해 이익을 얻는 외부경제를 의미한다. 이 고전적 개념은 베버(Alfred Weber, 1909)의 공업입지론에서 한 부분을 구성하였다. 집적 입지의 이익은 제조업의 도시 간 및 도시 내 입지뿐 아니라, 최근에는 서비스업의 입지에도 적용된다.

집적(集積, agglomeration)은 어떤 활동의 입지적 집중 또는 클러스터(cluster)를 뜻한다. 그리고 경제(economies)는 절약과 같은 의미이다. 다시 말하면, 집적경제는 경제활동의 집중으로 얻을 수 있는 절약을 나타낸다. 이러한 절약은 앞 절에서 설명한 전방 연계효과와 후방 연계효과가 근거리에 집적한 기업 간에 더욱 원활하게 실현되고, 기업활동에 필요한 각종 시설과 서비스도 쉽게 접근할 수 있어서 개별기업의 비용이 절감된 것이다. 제조업의 예를 들면, 집적경제의 결과로 나타난 것이 산업지구(industrial district) 또는 산업단지(industrial park)이다.

집적경제에는 두 종류가 있는데, 국지화 경제(localization economies)와 도시화 경제(urbanization economies)가 그것이다. 국지화 경제의 경우, 유사한 종류의 산업이 집중했을 때 발생하는 절약을 뜻한다. 고전적인 예는 미국 피츠버그(Pittsburgh)의 제철산업, 디트로이트(Detroit)의 자동차산업, 시카고(Chicago)의 도축업 등이다. 캘리포니아주의 실리콘밸리는 첨단 IT관련 산업들이 집적한 곳이다.

도시화 경제는 도시지역에서 볼 수 있는 것처럼 서로 다른 활동들이 모였을 때 발생하는 절약이다. 이 경우에 얻는 혜택은 고속도로, 상하수도, 숙련 노동력, 사업서비스 같은 도시의 기반(infrastructure)을 공유한 결과이다. 도시화 경제는 왜 대도시에 산업들이 집중하는지 이해하는 데에 있어 중요하며, 미국 도시의 발달과정에서 산업화의 개념을 설명하는 데 도움을 준다.

제조업의 경우 집적경제는 규모의 경제(economies of scale)처럼 제품 한 단위의 평균 생산비용을 절감시킨다. 도시화 경제에서는 도시 기반을 공유함으로써 비용 절감을 얻게 된다. 만약 기업이 먼 농촌 지역에 자리 잡는다면 그 기업은 기반 요소들을 자체적으로 마련해야 하므로 상당히 높은 비용이 발생할 것이다.

2) 산업지구

(1) 산업지구

산업의 지역 집적에 관심을 가지고 이를 체계적으로 이론화한 최초의 학자는 영국의 경제학자 마샬(Alfred Marshall, 1890)이다. 마샬은 영국의 주류 경제학파인 케임브리지학파의 창시자로 '외부경제' 개념을 통해 산업집적의 원리를 설명한 산업지구론을 제시하였다.

마샬이 제안한 산업지구(industrial district)는 특정 장소에 유사한 성격의 중소기업들이 집적하여 국지화 경제를 이루면서 마치 대기업의 대량생산과 같은 이익을 달성하는 지역이다. 산업지구에서 기업들이 집적하여 외부경제가 발생하고, 이를 통해 산업지구에 있는 기업들이 집적경제를 얻을 수 있다는 것이다.

산업지구에서 집적경제가 발생하는 원인은 세 가지가 있다. 첫째, 동일 산업 분야의 기업들이 특정 지역에 모이면 기업 간의 교류로 인한 정보의 파급효과가 발생하고 기업가와 노동자들은 상호 접촉할 기회가 많아진다는 것이다. 둘째, 산업지구 내에서 원료나 부품, 운송 서비스 등 전문적인 투입요소를 효율적으로 공급할 수 있다는 점이다. 셋째, 산업지구 내에 특화된 숙련 노동력의 풀을 활용할 수 있다는 점이다.

마샬의 산업지구에는 크게 네 가지 특성이 있다(박삼옥, 1994). 첫째, 유사한 산업들의 국지화를 통해서 개별기업들이 독자적으로 확보할 수 없는 설비, 노동력, 정보를 공동으로 활용하고 상호 간의 거래비용도 절감하는 국지화 경제를 달성한다. 둘째, 산업지구 내 기업 간의 분업을 통한 생산 연계망(network)을 형성해서 개별 중소기업들은 전문화된 생산공정에 집중할 수 있다. 셋째, 산업지구 내의 기업 간에 건설적인 협력관계가 형성되어 공동구매나 공동판매를 하는 조직을 만들 수 있다. 넷째, 지역사회의 구성원들이 기업과 직간접적인 연관성을 맺고 있어서 지역사회에 기업활동에 대한 우호적인 분위기가 퍼져있다는 점이다.

마샬의 산업지구론은 20세기 중반부터 대기업 위주의 산업 생산이 지배하면서 한동안 학자들의 관심에서 멀어져 있었다. 그런데 1970년대 이후 서구 선진국에서 대기업들이 잇달아 폐업했지만, 중소기업의 집적지구들이 경기 침체를 극복하고 지속해서 성장하면서 마샬의 산업지구론은 재조명받게 되었다(박원석, 2011, p.158).

(2) 신산업지구

1970년대부터 포디즘이라고 하는 대량생산 체계가 위기를 맞게 되면서 기존의 산업중심지가 쇠퇴하고 새로운 산업집적 지역이 발생하게 되었다. 이러한 산업집적지들은 기존의 전통산업 중심에서 '첨단산업'으로, 대량생산 체계에서 '유연적 생산체계'로, 소품종 대량생산에서 '다품종 소량생산'으로, 대기업 중심에서 '중소기업' 중심으로 산업 패러다임의 변화를 수반했다.

마샬의 산업지구를 재조명한 학자는 미국의 경제학자 피오레와 세이블(Pieore and Sabel, 1984)로서 1970년대의 제3이탈리아[2] 지역에서 마샬의 산업지구가 재현되고 있음을 밝혔으며, 미국의 지리학자 스캇(A. Scott, 1988)은 1980년대 유연적 생산체계가 채용되면서 이전과는 다른 산업집적지가 발생하고 있음에 주목하고, 신산업공간과 신산업지구의 개념을 제안했다. 이렇게 여러 학자가 마샬의 산업지구론을 재조명하면서 새로운 산업집적지들을 '신산업지구(new industrial district)'라고 부르게 되었다.

신산업지구의 일반적인 개념은 산업화가 미약한 곳 또는 오래된 산업지구에서 새로운 산업발달과 함께 개발된 산업지구이다. 그러한 예로는 실리콘밸리, 제3이탈리아, 소피아 앙티폴리스, 구미산업단지, 미국-멕시코 국경지대 등이 있다. 이들 신산업지구의 특성은 네 가지로 요약할 수 있다(박삼옥, 1994). 첫째, 생산체계에 있어 전통적인 대량생산과 새로운 유연적 생산이 공존한다. 둘째, 생산 연계망에 있어서 전통적인 국지화와 함께 세계적 연계망이 공존한다. 셋째, 기업의 착근성(뿌리내림)에 있어서 전통적인 국지적 착근성과 함께 타 지역에 뿌리내림이 공존한다. 넷째, 기업규모에 있어서 과거 산업지구를 구성했던 중소기업뿐 아니라 대기업도 공존한다.

우리나라에서는 정부가 주도적으로 계획을 세워서 산업단지(industrial complex, industrial park)를 조성하고 있지만, 외국의 유명한 신산업지구인 미국의 실리콘밸리나 제3이탈리아는 민간에서 자생적으로 형성된 산업지구이며 지리적 범위도 여러 개의 도시를 포함할 만큼 광대하다. 반면에 프랑스의 소피아 앙티폴리스나 구미산업단지는 정부에서 계획적으로 조성한 신산업지구이면서 동시에 산업단지로서 한 도시 내에 위치한다. 그러므로 산업지구와 산업단지의 차이에 대

2) 제3이탈리아는 이탈리아 사회학자 바냐스코(Bagnasco)가 1970년대 중반에 처음 사용한 용어로서 이탈리아의 전통적인 공업지대인 북부와 농업지대인 남부 사이의 중간지대에 여러 개의 도시에 거쳐 형성된 후발 공업지역을 일컫는 말이다.

한 명확한 정의가 없을 뿐 아니라 외국에서도 혼용하고 있음을 이해하기 바란다.

4 세계의 첨단산업 단지

세계 여러 나라는 첨단산업(high-tech industry) 단지를 조성하여 국가 경제를 견인해 나갈 수 있는 “미래의 먹거리 산업”을 육성하고 있다. 첨단산업은 첨단 과학 기술을 바탕으로 소득을 얻는 산업이다. 컴퓨터 및 전자 부품을 생산하고 컴퓨터 기술을 통신에 적용하는 정보통신기술(ICT: information and communications technology) 산업이 대표적인 첨단산업이지만, 최근에는 생명 공학, 환경 공학, 항공 공학, 나노 공학, 문화 기술까지도 포함한다. 첨단산업은 대학 등 연구 시설과 전문 기술 인력이 풍부하고 관련 산업들이 모여 있으며, 주거환경도 좋은 곳에 입지하는 경향이 있다. 이러한 첨단산업 단지를 외국에서는 테크노폴(technopole), 과학단지(science park), 연구단지(research park), 기술단지(technopark) 등으로 부른다.

테크노폴[3]은 첨단기술과 정보기반 4차 산업에 관련된 기업과 기관이 집적한 클러스터(cluster)[4]를 말한다. 이곳은 기술혁신을 바탕으로 많은 기업이 모이는 집적효과(agglomeration effect)가 일어나서 빠른 경제성장이 이루어지는 중심지가 된다. 테크노폴을 구성하는 요소들은 기업, 대학, 금융기관, 연구기관, 지역 사회단체 등이다. 대기업과 중소기업은 첨단기술 분야에서 서로 협력하는 것이 중요하며, 기업 간의 연결망은 대면 또는 비대면으로 강화되어야 한다. 테크노폴은 기술과 기업활동이 결합하는 중심지이므로 저명한 대학이나 연구기관이 가까이 있는 곳이 설치하는 것이 필수적이다.

다음은 대표적인 첨단산업 단지이며 테크노폴이라 할 수 있는 미국의 실리콘밸리, 영국의 케임브리지 테크노폴, 프랑스의 소피아-앙티폴리스, 한국의 대덕밸리를 각각 소개하고자 한다.

1) 미국의 실리콘밸리

미국 북동부의 공업지대는 전통적인 제조업 생산에 탁월하며, 금융 및 보험 서비스에서도 핵심 역할을 수행하고 있다. 그러나 20세기 후반에 와서 새로운 제조업 및 서비스업의 성장은 남부와 서부에서 뚜렷하게 나타나고 있다. 미국 남부의 제조업 벨트, 멕시코만 연안의 석유화학 공업,

3) 테크노폴(technopole)은 UCLA의 지리학 교수인 스캇(Allen John Scott)이 1990년에 그의 저서에서 처음 사용한 용어로서 첨단기술 산업이 집적한 지역을 지칭한다.
4) 클러스터(cluster)는 수직적 또는 수평적 연계를 갖는 기업들과 다양한 주체들(대학, 연구소, 금융기관, 정부기관, 사회단체 등)이 공간적으로 집적하여 상호작용을 통해 혁신(innovation)을 창출하는 환경을 갖춘 지리적 집합체이다. 미국 경영학자 포터(Porter, 1998)가 처음 제안한 용어이다.

서부 태평양 연안의 항공, 영화 및 첨단산업이 대표적인 사례이다. 미국의 첨단산업 집적지로 유명한 곳은 캘리포니아주의 실리콘밸리(Silicon Valley), 매사추세츠주의 '루트(Route) 128'[5], 노스캐롤라이나주의 '리서치트라이앵글(Research Triangle)'[6]이 있다. 그중에서 첨단산업 집적지의 규모가 가장 크고 세계적인 명성을 가진 실리콘밸리에 대해 자세히 살펴보면 다음과 같다(김학훈, 2007).

정보기술 혁명의 중심지라고도 불리는 실리콘밸리는 캘리포니아주의 팔로알토(Palo Alto)에서 샌호세(San Jose)까지의 길이 48 km 구간에서 두 개의 고속도로(101번과 280번) 주변에 폭 16 km의 띠 모양으로 펼쳐져 있는 지역을 지칭하는데, 현재는 그 범위가 샌프란시스코 쪽으로 더욱 확대되고 있다(그림 6-7). 실리콘밸리라는 명칭은 반도체 재료인 'Silicon(규소)'과 완만한 기복을 가진 산타클라라 밸리(Santa Clara Valley)의 'Valley(계곡)'에서 따온 것이다.

그림 6-7. 실리콘밸리의 위치(미국 California주)

그림 6-8. 샌호세 실리콘밸리 상공회의소

[사진: 김학훈]

온화한 지중해성 기후지역에 위치한 실리콘밸리는 제2차 세계대전까지만 해도 농장이 넓게 펼쳐져 있는 곳에 몇 개의 소도시가 분포한 지역이었다. 그 당시 이 지역을 이끌어 온 산업은 과일, 올리브, 채소, 목축, 목양, 곡물 등 농산물의 가공과 거래, 농기계 제조업, 기타 소매업이었다. 실리콘밸리 초기의 역사는 샌호세에서 북서쪽으로 24 km 떨어진 곳에 위치한 스탠퍼드대학(Stanford University)과 함께한다. 스탠퍼드대학이 위치한 팔로알토의 한 주택가 차고에서 창업

5) 루트 128은 원래 보스턴 교외를 순환하는 고속도로의 명칭이지만, 1950년대부터 주변에 기업들이 분포하고 하버드대학과 MIT대학의 연구 인력이 공급되어 산업집적지로 발전하였으며, 지금은 실리콘밸리와 비견할 만큼 많은 IT 기업들이 집적한 첨단기술 산업단지가 되었다. 이곳의 산업발전은 소위 '매사추세츠의 기적'을 일으키는 데 크게 이바지했다.

6) 리서치트라이앵글은 럴리(Raleigh)에 있는 노스캐롤라이나주립대학, 더럼(Durham)의 듀크대학, 채플힐(Chaple Hill)의 노스캐롤라이나대학을 연결한 삼각지대를 뜻한다. 삼각지대의 중심에는 Research Triangle Park(RTP)이라는 미국에서 가장 큰 규모의 연구단지가 1959년부터 조성되었으며, IBM 연구소와 여러 생명공학 기업연구소들이 입주해 있다.

한 휴렛팩커드(HP: Hewlett-Packard)[7)]가 실리콘밸리의 효시인데, 그 당시 스탠퍼드대학은 우수한 졸업생들이 미국 동부로 떠나지 말고 지역에 남아 창업하도록 권장했다.

세계 최초의 대학 연구단지로서 1951년 스탠퍼드대학 내에 조성된 스탠퍼드 연구단지(SRP: Stanford Research Park)는 기업들이 들어와서 연구개발과 시제품 생산을 할 수 있도록 장기 임대를 하였으며, 이곳에 입주한 기업들은 실리콘밸리가 첨단산업 집적지로 발전해 나가는 데 크게 이바지했다. 특히 이 지역에서 세계 최초(1957년)로 집적회로(IC: integrated circuit)를 개발한 회사와 새로 창업한 반도체 회사들의 활약으로 실리콘밸리는 1960년대부터 세계 반도체 산업의 메카로 등장하였다.

1980년대에는 애플(Apple) 컴퓨터의 성공에 자극받아 탄생한 수많은 컴퓨터 기업들이 실리콘밸리에 입지했으며, 1980년대 후반부터는 컴퓨터산업(하드웨어, 소프트웨어) 뿐 아니라 정보통신기술(ICT) 산업이 발달하고 있다. 1990년대 이후에는 Yahoo, Netscape, eBay, Google 등 세계적인 인터넷 기업들도 여기에 운집하고 있으며, 최근에는 바이오(생명)기술(BT: biotechnology), 디지털 영상(영화), 인공지능(AI: artificial intelligence), 자율주행차 분야까지 더해져서 혁신적인 기업들의 융복합적인 연구개발이 계속 진행되고 있다.

행정구역으로 보면 실리콘밸리는 산타클라라 카운티(Santa Clara County)를 중심으로 4개 카운티[8)]에 걸쳐있으며, 인구는 약 300만 명이고 취업자는 약 164만 명에 이른다(2017년). 그 취업자의 1/4은 혁신 및 정보 관련 산업에 종사하고 있으며, 2016년 한 해에만 특허등록 건수가 약 19,000건에 이른다. 이렇게 혁신적인 기업활동은 창조적이며 개방적인 지역 환경과 관련이 깊다. 현재 약 4,500여 개 기업이 활동하고 있는 실리콘밸리는 미국에서 첨단산업 기업체가 가장 많이 집적된 지역이다. 이곳에 본사가 있는 기업 중에서 많이 알려진 기업들은 Adobe, Amazon, Apple, eBay, Facebook, Alphabet(Google의 신생 모기업), HP, Intel, Netflix, Oracle, Tesla, Visa, Western Digital 등이 있다.

산타클라라 카운티 주민의 인종 구성을 보면 아시아인이 32%에 이를 만큼 외국인에게 개방적이다. 아시아인들을 민족 별로 나열해 보면 중국인(8.6%), 베트남인(7.1%), 인도인(6.6%), 필리핀인(4.9%), 한국인(1.6%), 일본인(1.4%)의 분포를 보인다(2010년 U.S. Census). 실리콘밸리에 아시아인, 특히 중국인과 인도인의 비율이 매우 높은 이유는 이 국가 출신의 정보통신 및 컴퓨터 관련 전문가가 많이 취업하고 있기 때문이다.

실리콘밸리의 중심지 역할을 하는 도시는 샌호세(San Jose)로서 산타클라라 카운티의 군청 소재지이다(그림 6-9). 1980년대 이후 샌호세는 미국에서 가장 빨리 성장하는 도시로 자주 언급이 되었다. 샌호세의 인구는 1960년의 약 20만 명에서 2010년에는 약 95만 명으로 증가하였으며,

7) 휴렛팩커드(HP)는 스탠퍼드대학의 터먼(F. Terman) 교수가 1938년 박사과정 제자인 휴릿(W. Hewlett)과 패커드(D. Packard)로 하여금 공동 창업시킨 군사용 음향측정 장비회사이다.

8) 카운티(county)는 군(郡)으로 번역하기도 하는데, 미국에서는 카운티 안에 여러 개의 시(市, city)가 포함될 수 있어서 행정구역 면적이 한국의 군보다 훨씬 큰 것이 일반적이다.

현재(2020년)는 약 101만 명으로 캘리포니아주에서 Los Angeles와 San Diego에 이어 세 번째로 큰 도시가 되었다(4위 도시는 San Francisco).

그림 6-9. 샌호세(San Jose) 다운타운 전경 [사진: City of San Jose]

이러한 실리콘밸리의 발전에는 대학(스탠퍼드대학, 캘리포니아대학 버클리 캠퍼스 등)과 기업 간의 활발한 기술 및 인력의 교류와 함께 창업을 권장하는 사회 분위기, 벤처기업[9]에게 자본을 제공하는 창업투자회사, 창조적이며 개방적인 지역문화, 상공회의소 같은 사회단체의 협력도 크게 이바지했다(그림 6-8). 그리고 실리콘밸리의 온화한 기후와 좋은 주거환경 같은 쾌적성(amenity)은 우수 인력을 유인할 수 있는 중요한 조건이다. 이 지역주민의 1인당 연평균 소득은 약 93,000달러로서 미국 평균인 49,000달러보다 월등히 높다(2016년 자료). 다만 실리콘밸리의 발전에 따른 부정적 측면으로 인구급증에 의한 주택 부족과 주택가격 상승, 그리고 교통 혼잡 등을 들 수 있다.

실리콘밸리는 2000년부터 나타난 닷컴(.com) 기업들의 붕괴와 2001년의 9·11테러로 인해 침체의 길을 걷기도 했다. 그 이후 실리콘밸리의 기업들은 뼈아픈 구조조정을 거쳐 불황을 벗어났다. 구조조정 과정에서 하드웨어 생산공장과 기초 연구개발(R&D) 기능은 아시아 국가로 보내고, 고급 연구개발 및 핵심 의사결정에 필요한 싱크탱크(think-tank) 기능만 남기는 기업들이 많아졌다. 즉, 공장은 인건비가 싼 중국과 인도에 건설하고, 핵심 관리기능은 실리콘밸리에 남겨두는 것이다.

9) 벤처기업(venture business)은 신기술을 개척하고 응용하여 모험적인 사업 분야에 진출하는 지식기반 중소기업을 말한다. 벤처의 의미대로 경영상 위험이 크지만 성공하면 높은 수익이 기대되기 때문에 벤처기업들이 계속 나타나고 있다. 이러한 기업에 자본을 빌려주는 개인이나 기관을 엔젤투자자, 창업투자회사, 또는 모험자본(venture capital)이라고 한다.

그동안 실리콘밸리는 세계의 반도체와 컴퓨터 기술의 발달을 선도해 왔으며, 정보기술 혁명의 중심지 역할을 수행했다. 이곳의 독특한 기업문화는 우리가 생각하고 살아가며 일하는 방식까지 바꾸어 놓았다. 또한 실리콘밸리는 대학의 연구 활동이 인류 발전의 원동력이 된다는 것과 과학과 경제발전은 밀접한 관계를 맺고 있다는 생생한 증거를 제공하였다(Castells and Hall, 1994).

2) 영국의 케임브리지 테크노폴

영국에도 실리콘밸리에 비견할 수 있는 첨단산업의 집적지가 있다. 영국에도 여러 곳의 테크노폴이 있는데 케임브리지 테크노폴(Cambridge Technopole)은 가장 오래된 역사성으로 인해 유명하다. 런던 북쪽 80 km에 위치한 케임브리지(Cambridge)는 케임브리지셔 카운티(Cambridgeshire County)의 군청 소재지로서 오랜 역사를 가진 도시이다. 인구는 12만5천 명(2019년 추정) 정도로서 대도시는 아니지만, 케임브리지는 케임브리지 대학, 트리니티칼리지, 킹스칼리지, 퀸스칼리지, 세인트존스칼리지 등 전통 있는 대학이 수십 개 모여 있는 영국 유일의 '대학 도시'다. 케임브리지 테크노폴은 케임브리지를 중심으로 첨단기술 혁신활동이 집적된 반경 40 km 범위의 주변 지역까지 포함한다.

이곳에 첨단산업 클러스터를 형성하는 데 기여한 3개 기관은 케임브리지 과학단지, 세인트존스 혁신센터, 케임브리지 업무단지이다. 트리니티칼리지(Trinity College)는 과학기술 분야의 혁신과 기업들을 위한 중심지로서 케임브리지 과학단지(Cambridge Science Park)를 조성하여 1973년에 완공하고 첨단산업 분야의 기업들을 유치하였다. 영국 최초의 과학단지인 이곳에는 현재 130여 개의 기업에 7,000여 명이 일하고 있다(그림 6-10).

그림 6-10. 케임브리지 과학단지 입구
[사진: Wikipedia]

그림 6-11. 케임브리지 업무단지 입구
[사진: Wikipedia]

케임브리지 과학단지를 효시로 해서 같은 도시에 소재한 세인트존스칼리지(St John's College)는 1987년에 세인트존스 혁신센터(St. John's Innovation Centre)를 케임브리지 과학단지 인근에 건립하였다. 이 기관은 유럽 최초의 지식기반 산업 분야의 혁신센터이며 영국 최초의 창업지원 기관(business incubator)이다. 현재 약 60개 기업이 입주해 있으며 약 300명을 고용하고 있으며, 창업에 필요한 법률, 회계, 시장개척 등에 관한 서비스를 제공하고 있다. 그리고 케임브리지 업무단지(Cambridge Business Park)에는 Autonomy, BBC, Qualcomm 등을 포함해서 약 17개 IT 관련 기업들의 본사 또는 연구개발 부서들이 입주해 있다(그림 6-11).

이런 핵심 기관을 포함한 케임브리지 테크노폴에는 약 1,500개의 기업 및 연구소가 케임브리지와 주변 지역에서 활동하고 있다. 이렇게 성장한 배경에는 대학과 기업 간의 활발한 인적 교류와 기술 협력 체계가 있다. 이 지역에는 특히 생명공학 및 정보통신 분야의 기업들과 연구소들이 많이 입지해 있으며, 이곳의 연구기관과 기업들은 케임브리지 대학(University of Cambridge)과도 강한 연계를 형성하고 있다.

3) 프랑스의 소피아 - 앙티폴리스

유럽의 실리콘밸리라고 불리는 소피아 - 앙티폴리스(Sophia-Antipolis)는 세계적으로 유명한 첨단산업 단지로서 프랑스 남부의 지중해 연안에 위치하여 연중 햇살이 비추는 지중해성 기후를 가진 휴양지로도 유명하다. 아름다운 관광 도시였던 이곳은 1969년부터 프랑스 정부의 계획에 따라 첨단산업 도시로 탈바꿈하기 위해서 프랑스 국내뿐 아니라 외국 기업의 투자를 유치하기 위해 노력하였다. 그 결과 약 2,500개의 기업에서 80여 개의 국가에서 온 약 38,000명의 종사자가 일하고 있다. 이곳은 유럽 최초의 과학기술 단지로서 창업(start-up)을 위한 발판을 제공하고 있다. 이곳에 집중되고 있는 첨단기술 분야는 정보통신, 컴퓨터전자, 생명공학, 신약개발 등이다.

소피아 - 앙티폴리스라는 명칭은 그리스어로 지혜라는 뜻인 '소피아(Sophia)'와 인근에 있는 도시 앙티베(Antibes)의 고대 그리스식 지명인 '앙티폴리스(Antipolis)'가 합쳐진 말이다. 100년 넘게 관광 산업에만 의존하던 이곳이 첨단산업 단지로 성공할 수 있었던 이유는 대도시에 비해 땅값이 저렴하고, 무엇보다도 아름다운 경치와 기후 때문이다. 게다가 국제 영화제가 열리는 칸느(Cannes)와 아름다운 휴양지로서 국제 회의장을 갖춘 니스(Nice)가 가까이 있어서 외국의 투자가와 전문 인력을 끌어들이는데 유리했다.

이곳에 입주한 기관 중에는 경영대학원, 기술대학 등의 교육기관과 정보통신, 생명공학 분야 연구소가 있으며, 입주 기업 중에는 Air France, Bosch, Cisco, HP, Honeywell, IBM, Intel, Toyota 등의 연구 및 디자인 부서들이 포함된다(그림 6-12). 이곳에는 신도시 수준의 주거 공간과 서비스 시설이 갖추어져 있다. 즉 우체국, 상점, 미용실, 초등학교, 체육관, 호텔, 교회, 놀이터 등이 단지 내에 있으며, 주변에는 골프장과 자연공원이 둘러싸고 있다. 그리고 공동체적 유대감을 형성하는 데 도움이 되도록 전문분야별, 취미별, 국적별 클럽을 만들어 참여를 권장하기도 한다.

그림 6-12. 소피아-앙티폴리스에 입주한 기업(GSF)의 본부건물

4) 대전의 대덕연구단지

대전광역시의 북부에 위치한 대덕연구단지는 첨단 과학기술을 연구하는 기관들을 집중적으로 배치하고 서로의 정보 교류와 공동 연구를 촉진하기 위하여 1970년대부터 대전 외곽의 농촌 지역을 개발하여 조성되었다. 1974년부터 조성공사가 시작되어 1978년부터 정부출연연구소들이 입주한 대덕연구단지는 공식적으로 1992년에 준공되었다. 민간기업 연구기관들은 1990년대부터 입주하였으며, 충남대학교와 한국과학기술원도 이때 자리를 잡았다. 1990년대에 대덕연구단지 주변에 조성된 대전 3, 4 산업단지와 2000년대에 조성된 대덕 테크노밸리에는 주로 벤처기업들이 입주하였다(그림 6-13). 이렇게 대덕연구단지 주변에 산업단지와 벤처기업 단지가 들어서서 벤처기업들이 많이 입지하게 되자 2000년에는 대덕연구단지를 산·학·연 복합단지로 발전시킨다는 취지의 대덕밸리(Daeduk Valley) 선포식을 했다. 2005년 대덕연구개발특구를 지정하면서 대덕연구단지, 대덕 테크노밸리, 대전 3, 4 산업단지를 포함하게 되자, 대덕밸리는 대덕연구개발특구를 일반적으로 지칭하는 용어가 되었다.

대덕 테크노밸리는 애초에 국가산업단지로 조성하려 했으나 불가능하게 되자 한화그룹은 2001년 대전시, 산업은행 등과 공동 출자하는 제3섹터 방식의 특수목적법인인 (주)대덕테크노밸리를 설립하여 공사를 시작하였으며, 결국 2009년에 완공을 보게 되었다. 이곳은 친환경 첨단산업만이 입주하도록 유도하면서 벤처기업 지원프로그램을 운영하고 있으며, 주거 및 교육, 문화 기능도 포함한 복합단지로 발전시키고 있다(그림 6-14).

첨단산업과 벤처기업의 요람인 대덕밸리가 형성됨으로써 대학, 연구기관, 기업체, 정부기관 등이 서로 가까이 있어서 쉽게 협력할 수 있는 여건이 마련되었으며, 대전광역시의 발전에도 크게 이바지하였다. 대학과 연구기관에서 연구 성과를 내면, 기업은 그것을 생산에 활용할 새로운 기술로 만들고, 또한 정부기관의 지원을 얻어 연구 및 생산을 할 수 있다. 대덕연구단지에는 약 280개 기관 및 기업에 약 2만 명이 일하고 있으며, 약 6만 명이 살 수 있는 주택 및 서비스 시설도 갖추고 있다.

2021년 현재 대덕연구개발특구(대덕밸리) 전체에는 정부출연연구기관 16개, 국공립기관 24개, 기타 비영리기관 23개, 대학 7개, 기업 1,613개 등 1,705개 기관이 입주해 있다. 대덕연구개발특구 내 코스닥 상장기업은 39개, 기업 연구소는 175개, 첨단기술 기업은 110개이다. 대덕연구개발특구에서 근무하는 석사·박사급 전문 인력은 약 67,696명이다(대덕연구개발특구 통계현황).

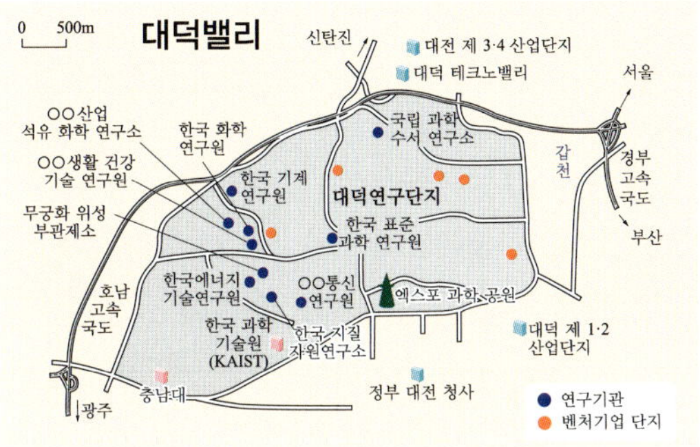

그림 6-13. 대덕밸리와 대덕연구단지

[자료: 대전전략산업기획단]

그림 6-14. 대덕 테크노밸리

[사진: ㈜대덕테크노밸리]

글상자 13. 공유경제의 명암과 미래

공유경제(sharing economy)는 생산된 재화와 서비스를 독점적으로 소유하지 않고 공동으로 사용하여 절약한다는 의미로서 하버드 대학의 레시그(Lawrence Lessig) 교수가 제안한 개념이다. 그의 저서 「Remix」(2008)에서 공유경제는 상업경제와 달리 경제재에 대해 금전적인 이익을 추구하지 않고 사용자들이 친구들처럼 공유하는 것이라 하였다. 대표적인 예는 위키백과(Wikipedia)로서 인터넷에서 사용자들이 자발적으로 백과사전의 내용을 직접 편집하면서 지식을 확대하고 공유하고 있다. 그러나 현실에서 통용되는 공유경제는 이익을 추구하는 플랫폼(platform) 사업자들이 공유 서비스 제공자와 사용자에게 상호 이익을 제공하는 개념이다. 공유경제는 2008년의 세계 금융위기 직후 개인 소득의 감소로 위축된 경제상황에서 급성장하였다.

바람직한 공유경제는 경제적 효율성, 공동체 지향성, 친환경성이라는 세 가지 조건을 갖추어야 한다. 공유경제는 비용을 절감하는 경제적 효율성을 추구하지만, 공유를 통하여 자원 낭비를 막고 환경오염을 줄이는 효과도 있다. 또한 서비스 제공자와 사용자들 간의 유대를 통한 공동체 형성도 기대할 수 있다. 그런 의미에서 공동체 형성과 무관한 일용직 고용 위주의 '긱 이코노미(gig economy)'[10]는 공유경제라고 할 수가 없다(April Lynn 인터뷰: 김창우·강남규, 2019).

공유경제의 유형으로는 모빌리티(차량, 자전거) 공유, 숙박 공유, 인력 공유, 미디어 스트리밍, 클라우딩 금융 등이 있다. 그동안 세계 각국에서 기존 서비스 업체들과 새로운 공유 서비스 업체 간의 갈등이 발생했으며 법적인 타협이 이루어지기도 했다. 특히 우버(Uber), 그랩(Grab) 등 카풀(car pool, 승차 공유) 서비스에 대한 기존 택시 운전사들의 반발은 한국을 포함한 세계 각국에서 심각한 갈등을 불러왔다.

빈집이나 민박을 활용하는 세계적인 숙박 공유 서비스인 에어비앤비(Airbnb)는 한국 내에서 코자자(Kozaza) 같은 숙박 서비스와 경쟁하고 있다. 그리고 사무실을 공동으로 사용하여 임대료를 절약할 수 있는 공유사무실, 식당용 주방 시설을 공동으로 이용하는 공유주방 등을 제공하는 업체들도 증가하고 있다. 그 밖에 한국에서 인기 있는 공유경제 사례로는 정장 의류를 공유하는 '열린옷장', 아동 의류와 아동용품을 공유하는 'Kiple', 서적을 공유하는 '국민도서관 책꽂이' 등이 있다.

공유경제의 문제점은 세계화의 부작용과 비슷한 점이 많다. 공유경제에서는 공유 서비스의 공급자와 수요자가 상호 이익을 얻지만, 관련된 기존 산업은 위축되어 일자리가 감소할 수 있다. 카풀 서비스가 활성화되면 택시 영업이 위축될 것이며, 차량 공유가 활발해지면 자동차 제조업이 타격을 입을 것이다. 동영상 및 음원 스트리밍 서비스가 확대되면 지식재산권(저작권)이 침해될 가능성도 있다.

자기 차량을 활용하는 공유 서비스인 카풀 서비스, 택배 배송, 음식 배달 등에 전업 또는 부업으로 참여하는 사람들은 대개 최저임금 수준의 소득을 얻을 뿐이다. 게다가 이들은 법적으로 개인사업자이기 때문에 건강보험이나 연금 등의 사회안전망 혜택을 받지 못하고 있다. 그러므로 공유경제가 더욱 활성화되기 위해서는 경제기반이 취약한 서비스 제공자에 대한 사회적 지원제도가 뒷받침되어야 한다.

[출처: 김학훈 외, 2019, pp.40-41]

그림 6-15. 공유주방 [사진: WECOOK]

그림 6-16. 공유킥보드 [사진: WIND]

10) '긱 이코노미'는 정규직 고용 대신에 독립적인 전문직 근로자를 단기로 활용하는 경제활동을 의미한다. 미국 재즈(록) 클럽에서 단기(일용) 계약으로 고용한 연주자들의 공연을 긱(gig)이라 하는데서 유래한다.

CHAPTER 7

도시화와 도시문제

인류문명의 꽃이라고 하는 도시(都市)의 기원은 신석기시대의 인류가 농업활동을 위한 정착생활을 영위하면서 잉여농산물이 생산되자 물자교환을 위한 촌락을 형성하고 농업 이외의 직업을 가진 주민들도 모여 살게 된 것에서 찾아볼 수 있다. 그 이후 오랫동안 지속된 농경사회에서는 통치 및 상거래 중심지에 도시가 발달하였으며, 산업혁명이 일어난 후에는 공업도시의 발달이 더욱 가속화되어 지금에 이르렀다. 현대의 도시에는 농업에 종사하는 주민은 거의 없고 제조업과 서비스업이 중심이 되어 많은 인구가 모여 살고 있다.

현대의 세계는 도시의 세계라고 할 만큼 인간의 정치, 경제, 사회, 문화 활동은 도시를 중심으로 이루어지고 있다. 인구의 도시집중에 따른 도시공간과 기반시설의 부족은 오염물질 배출에 의한 환경오염과 함께 인간의 삶의 질을 퇴락시키는 원인이 되고 있다. 본 장에서는 먼저 도시의 발달과 도시화에 대해 살펴보고, 도시재생과 도시문제를 고찰해 보고자 한다.

1 도시화

1) 도시발달과 도시화

신석기시대의 인류가 농업혁명을 거치면서 정착생활을 시작하고 차츰 잉여농산물에 의한 부를 축적하면서 사회계급이 형성되었으며, 농업 이외의 생업을 가진 주민들도 나타나고 이들이 함께 모여서 촌락을 형성하게 된다. 그중 어떤 촌락은 상위의 통치기능을 가지게 되고 다양한 직업을 가진 인구가 많이 모이게 되면 결국 도시국가를 형성하게 된다. 이러한 고대도시들은 정치, 종교, 군사, 상업의 기능을 가지며 통치의 영향력이 주변 지역까지 미치게 된다. 고대도시의 발생지는 메소포타미아, 나일강 유역, 인더스강 유역, 황하 유역, 중앙아메리카 등을 들 수가 있으며, 발생시기는 메소포타미아가 BC 3000년경, 나일강 유역은 BC 3200년경, 인더스강 유역은 BC 2500년경, 황하 유역은 BC 2000년경, 중앙아메리카는 BC 100년경으로 보고 있다. 이때부터 중세시대를 지나서 산업혁명기 이전까지의 사회를 전산업사회(前産業社會)라고 하는데, 이때의 약 5,000년 동안 농경사회를 기반으로 하여 통치 및 상거래의 중심지에 형성된 도시들이 큰 변화 없이 꾸준히 발전하게 된다.

그러나 산업혁명을 거치면서 산업도시들이 발전하게 되었다. 전산업사회의 도시가 농경사회를 바탕으로 한 봉건적 계급사회의 산물이지만, 산업도시는 제조업에 기반을 둔 산업사회를 바탕으로 한 시민적 직능사회의 산물이다(김인, 1991, p.47). 18세기 후반 영국의 산업혁명 이후 200여 년이라는 짧은 세월 동안에 세계에는 지금과 같이 많은 도시가 성장하고 또 거대도시들이 출현하였다. 이러한 도시의 성장은 산업혁명 이후의 급격한 인구증가와 농촌인구의 도시집중에 그 원인이 있다. 인구의 도시집중 현상, 즉 도시화(urbanization)는 산업화에 따라 도시의 제조업이 급성장하면서 농촌의 유휴노동력을 흡수했기 때문에 나타난 현상이다. 그래서 산업혁명을 도시혁명이라 부르기도 한다.

도시화는 산업화와 밀접한 관련이 있으므로 경제적인 측면에서 도시 내에 제조업과 서비스업 종사자의 비율이 높아지는 현상이 나타난다. 지리학적으로 볼 때, 도시화는 취락구조나 지역경관에 있어서 시가지 같은 도시적 요소들이 점차 확대해 나가는 과정을 의미한다(홍경희, 1981, pp.69-70). 사회학적으로는 도시화를 도시성(urbanism) 또는 도시적 생활양식이 확대되는 개념, 즉 인간의 생활양식과 의식구조가 도시적으로 변모하는 과정으로 파악하고 있다. 이렇게 도시화는 복합된 의미를 내포하고 있으므로 도시화에 관한 연구는 종합적인 관찰력과 사고력이 요구된다.

1950년대 이후의 도시발달은 또 다른 양상을 보이게 된다. 도시의 산업구조가 2차 산업에서 3차 산업 중심으로 이행하는 후기산업사회 또는 탈산업사회의 현상이 나타난 것이다. 현대의 도시는 19세기의 도시보다 상업적 기능, 전문서비스 기능, 관리 기능 등이 많이 확대되었기 때문이다. 그동안의 기업의 발전과정을 보더라도 산업혁명의 초기에는 단순한 공장 조직이었지만, 차츰 기업 체제를 갖추어 관리기능과 생산기능을 분리하고 있으며, 대기업들은 계열회사들을 거느리고 운영하기도 한다. 계열화된 대기업들은 모기업 본부에서 관리기능을 가지고, 자회사나 분공장은 생산기능을 가지도록 조직되어 있다. 이때 모기업 본부는 주로 대도시에 위치하고 자회사나 분공장은 지방 중소도시나 교외에 입지하게 된다. 그리하여 도시 내에는 관리기능과 관련된 직종들이 증가하게 되며, 여기에 부수적인 전문서비스 기능들, 즉 금융, 보험, 회계, 광고 등의 직종도 더욱 세분화, 전문화되면서 도시 내에 직장을 창출하게 된다.

후기산업사회에서 볼 수 있는 도시발달의 또 다른 특징은 인구이동 패턴의 변화이다. 서양에서는 1950년대부터 1970년대까지 도시인구가 교외로 빠져나가는 교외화(suburbanization) 현상이 두드러지게 나타났다. 그리하여 도심부에서는 인구가 유출되면서 공동화(空洞化) 현상이 나타났으며, 이에 따라 전문서비스 기능과 전문상가 기능은 도심에 남아있지만, 일반 소매업 및 서비스 기능은 교외로 차츰 빠져나가고 있다. 1980년대 이후에는 도시에서 농촌으로 인구가 역류하는 역도시화(counter-urbanization) 현상도 나타나고 있다. 이러한 역도시화의 원인은 (1) 교외생활보다는 전원생활을 더 동경하는 추세, (2) 농촌인구의 감소로 인한 값싼 주택의 구입 가능, (3) 고속도로망의 확대로 인한 도시까지의 통근시간 단축, (4) 기업과 서비스시설이 교외 및 농촌으로 분산하는 경향 때문으로 파악된다(Paterson, 1994, pp.57-59). 최근에는 도심부의 재생 및 재활성화 사업에 따라 주거환경이 개선되어 교외 및 농촌 거주자 중에서 도시에 직장이 있는 사람들이 다시 도시로 이주하는 재도시화(reurbanization) 현상도 일부 나타나고 있다. 이처럼 대도시권을 중심으로 나타나는 네 가지 인구이동 패턴, 즉 도시화, 교외화, 역도시화, 재도시화를 도식적으로 표시한 것이 그림 7-1이다. 그러나 지금까지 선진국에서도 역도시화나 재도시화는 보편적인 인구이동 현상은 아니다.

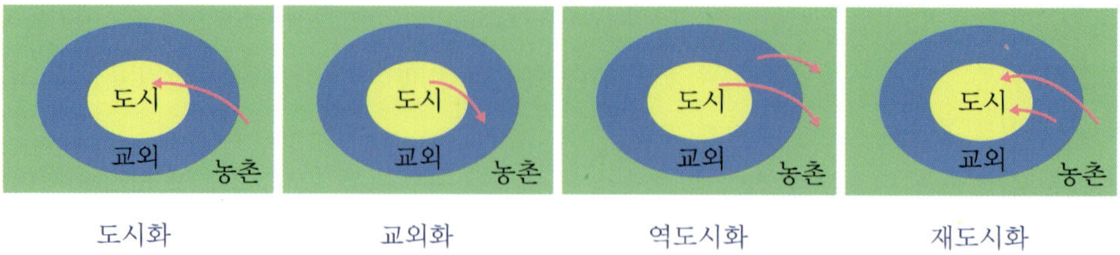

그림 7-1. 대도시권 인구이동 패턴의 변화

표 7-1. 세계 대륙별 도시인구 비율(도시화율), 1950~2030년 (단위: %)

지역	1950년	1970년	1990년	2020년	2030년(예측)
세계 전체	29.6	36.6	43.0	56.2	60.4
선진국	54.8	66.8	72.4	79.1	81.4
저개발국	17.7	25.3	34.9	51.7	56.7
아프리카	14.3	22.6	31.5	43.9	48.4
아시아	17.5	23.7	32.3	51.6	56.7
유럽	51.7	63.1	69.9	75.1	77.5
라틴아메리카	41.3	57.3	70.7	81.4	83.6
북아메리카	63.9	73.8	75.4	82.7	84.7
오세아니아	62.5	70.2	70.3	68.3	68.9

자료: United Nations. 2019. *World Urbanization Prospects: The 2018 Revision.*
Statistics Times, https://statisticstimes.com/demographics/.

한 국가 또는 지역의 도시화 수준을 나타내는 지표로는 전체 인구에 대한 도시인구의 비율, 즉 도시화율(urbanization rate)을 주로 사용한다. 표 7-1은 세계의 도시인구 비율을 선진국 및 후진국, 그리고 대륙별로 나누어 보여주고 있다. 1800년경에는 세계 인구의 약 3% 정도만이 도시에 거주했고, 1900년경에는 14%만이 도시에 거주한 것으로 추정되는데, 1950년에는 약 30%, 2020년 현재로는 약 56%가 도시에 거주하는 것으로 나타났다. 이렇게 20세기에 들어와서 세계의 도시화는 빠르게 진행되었으며, 21세기에도 지속될 전망이다. 2010년경 세계 인구의 절반이 도시에 거주한 것으로 추정되는데, 2030년에는 60%가 도시에 거주할 것으로 예상된다.

선진국과 저개발국을 비교하면 2020년 현재 선진국은 도시화율이 약 79%이고 저개발국은 약 52% 수준을 보인다. 2030년에는 선진국의 도시화율이 81%에 달할 것이며, 저개발국들은 57% 수준에 이를 것으로 예상된다. 앞으로의 추세를 예상해 볼 때, 이미 높은 수준의 도시인구 비율을 가진 선진국들의 도시화는 서서히 진행될 것이지만, 저개발국들의 도시화는 선진국 수준에 이르기까지 더욱 빠르게 지속될 것이다.

대륙별 도시화율을 살펴보면, 2020년 현재 도시화율이 가장 높은 대륙은 북아메리카로서, 인구의 약 83%가 도시에 살고 있다. 반면에 아프리카는 44% 정도의 인구만이 도시에 거주하고 있다. 라틴아메리카의 도시화율이 유럽(75.1%)보다도 높은 81.4%를 나타낸 것은 가도시화(假都市化, pseudo-urbanization) 또는 과잉도시화(過剩都市化, over-urbanization)에 의한 것으로서, 그 지역 국가들의 산업화 수준에 비해서 도시인구의 비율이 과도하게 높은 경우에 해당한다. 선진국에서는 산업화에 따라 도시인구가 증가하여 더욱 경제를 발전시키지만, 저개발국에서는 경제가 낙후한 농촌을 떠나 도시로 이주한 사람들이 도시빈민으로 전락하는 경우가 많다.

이렇게 대륙별로 도시인구의 비율이 차이가 나는데 도시를 촌락과 구별하는 기준은 무엇인가 생각해보자. 사람들이 모여서 집단을 이루고 거주하는 공간을 취락(聚落, settlement)이라고 하며, 취락은 흔히 촌락과 도시로 나눈다. 촌락(village)은 농경 생활을 하면서 형성된 농촌취락으로서 규모가 상대적으로 작은 촌락은 부락(hamlet)이라고 한다. 반면에 도시는 규모에 따라서 읍(邑, town), 시(市, city), 대도시(metropolis)로 나눌 수 있다. 대도시와 비교했을 때 읍은 소도시라고 할 수 있으며, 시는 중급도시라고 할 수 있겠다. 따라서 취락은 규모가 작은 것부터 나열하면 부락 - 촌락 - 읍 - 시 - 대도시 등 다섯 단계로 구분할 수 있다. 여기서 취락의 규모를 결정하는 가장 객관적이고 일반적인 기준은 인구이다.

그런데 도시의 인구 기준은 국가마다 차이가 있다. 한국은 인구 5만 명 이상의 행정구역인 시(市)와 인구 2만 명 이상의 행정구역인 읍(邑)을 도시로 간주한다. 일본의 경우는 인구 5만 명 이상이 도시(市)가 될 요건이며, 미국은 2,500명 이상이면 도시(urban place)라고 정의한다. 심지어 아이슬란드에서는 인구 300명 이상이면 도시(town)가 된다. 그러므로 도시화율을 국가별로 비교하는 데에는 어려움이 있다.

2) 메가시티와 세계도시

오랫동안 도시화가 진행된 결과, 인구가 100만 명이 넘은 도시들을 흔히 대도시(metropolis)라 하는데, 세계의 많은 대도시는 인구가 계속 증가하여 주변의 교외 도시들을 망라하는 거대한 대도시권(metropolitan area)들을 형성했다. 특히 인구가 1,000만 명이 넘는 대도시는 메가시티(megacity, 거대도시)라고 한다. 2018년 현재 전 세계에는 19개의 메가시티가 있는데, 그중 가장 큰 도시는 상하이이고 서울은 17번째 순위에 올랐다(표 7-2). 1980년에는 인구가 천만 명이 넘는 대도시권이 전 세계적으로 6개에 불과했던 것과 비교하면 그동안 급속하게 대도시화가 진행된 것을 알 수 있다. 그러나 도시인구가 많다고 세계 정치나 경제에 영향력이 큰 것은 아니다. 이러한 사실은 19개 메가시티 중에서 도쿄, 모스크바, 서울을 제외하면 모두 저개발국 도시인 것을 보면 알 수 있다.

세계 경제에 큰 영향을 미치는 도시는 세계도시(global city, world city)라고 한다. 세계도시는 인구규모가 클 뿐만 아니라 국제 금융기관과 다국적기업 본사들이 위치하여 세계경제에 대한 영향력이 큰 도시를 말한다. 세계화의 관점에서 세계도시는 선진 자본주의 경제질서 속에서 세계경제 네트워크의 주요 결절점을 형성하여 금융과 무역의 세계체제를 이끌어 가고 있다. 1980년대부터 시작된 세계도시에 관한 논의에서 프리드먼(Friedmann, 1986)은 노동의 국제분업 과정에서 경영, 금융, 생산이 세계적으로 분산되었으며 다국적기업의 관리기능이 원활하게 작동하기 위해서는 세계도시 간의 네트워크가 필요하다고 하였다. 세계도시들은 국제금융과 국제무역이 세계화의 물결을 따라 활성화되면서 성장했다. 정보통신의 발달은 이러한 세계도시들을 더욱 긴밀하게 연결하고 있다.

세계도시들은 기능과 연결망의 수준에 따라 여러 가지 지표를 사용하여 계층과 순위를 부여할 수 있다. A.T.Kearney에서 발표한 2018년 세계도시 순위[1])를 보면 뉴욕, 런던, 파리, 도쿄, 홍콩 등 5개 도시가 선두에 있으며, 서울은 12위를 기록하고 있다(표 7-3). 뉴욕(New York)은 미국 최대의 도시일 뿐 아니라 가장 높은 순위의 세계도시로서 세계 금융, 국제 무역, 예술, 패션 등을 선도하고 있다. 뉴욕시의 도심부는 맨해튼(Manhattan) 섬에 자리 잡고 있으며, 그중에서 고층 건물들은 대부분 남쪽의 금융가(financial district) 주변에 밀집해 있다(그림 7-2).

표 7-2. 메가시티 순위, 2018년

순위	메가시티	국가	인구(천명)
1	Shanghai	중국	24,153
2	Beijing	중국	18,590
3	Karachi	파키스탄	18,000
4	Istanbul	터키	14,657
5	Dhaka	방글라데시	14,543
6	Tokyo	일본	13,617
7	Moscow	러시아	13,198
8	Manila	필리핀	12,877
9	Tianjin	중국	12,784
10	Mumbai	인디아	12,400
11	São Paulo	브라질	12,038
12	Shenzhen	중국	11,908
13	Guangzhou	중국	11,548
14	Delhi	인디아	11,035
15	Wuhan	중국	10,608
16	Lahore	파키스탄	10,355
17	Seoul	한국	10,290
18	Chengdu	중국	10,152
19	Kinshasa	콩고민주공화국	10,125

출처: City Mayors. 2018. *Largest Cities in the World.*

표 7-3. 세계도시 순위, 2018년

순위	세계도시	국가	인구(천명)
1	New York	미국	8,550
2	London	영국	8,674
3	Paris	프랑스	2,230
4	Tokyo	일본	13,617
5	Hong Kong	중국	7,235
6	Los Angeles	미국	3,976
7	Singapore	싱가포르	5,607
8	Chicago	미국	2,720
9	Beijing	중국	18,590
10	Brussels	벨기에	1,175
11	Washington, DC	미국	694
12	Seoul	한국	10,290
13	Madrid	스페인	3,141
14	Moscow	러시아	13,198
15	Sydney	호주	5,005
16	Berlin	독일	3,671
17	Melbourne	호주	4,641
18	Toronto	캐나다	2,731
19	Shanghai	중국	24,153
20	San Francisco	미국	884

출처: A.T.Kearney. 2018. *Global Cities Report.*

1) 기업 자문회사인 A.T.Kearney에서는 매년 세계도시 지표(Global Cities Index)를 발표한다. 이 지표는 세계도시들의 기업 활동, 인적 자본, 정보 교환, 문화 체험, 정치 참여의 수준을 가중치에 따라 평가해서 순위를 제시한 것이다.

그림 7-2. 뉴욕 맨해튼(Manhattan) [사진: New York City]

글상자 14. 미국 로스앤젤레스의 코리아타운

그림 7-3. Hollywood (Los Angeles)
[사진: 김학훈]

그림 7-4. Koreatown (Los Angeles)
[사진: Grace Kim]

미국 캘리포니아주 로스앤젤레스(Los Angeles)는 연중 온화한 기후를 가진 지중해성 기후지역으로서, 그 역사는 1781년 스페인(España)사람과 멕시코 원주민 44명이 도착하여 만든 마을로부터 시작된다. 도시 이름은 원래 스페인어로 "천사들의 여왕의 마을"이라는 뜻이 있었으나, 미국이 점령한 이후에는 줄여서 "Los Angeles(천사들)"로 명명되었다.

캘리포니아는 1822년부터 스페인으로부터 독립한 멕시코의 땅이 되었고, 1846년에는 미국이 차지하게 되었다. 1876년에는 아메리카 대륙을 동서로 횡단하는 철도가 로스앤젤레스까지 연결되어 미국 동부까지 캘리포니아산 오렌지를 판매할 수 있게 되었다. 19세기에는 오렌지 농업이 주요 산업이었으나, 20세기에는 할리우드(Hollywood)의 영화산업과 함께 전자, 의류, 항공 등의 산업이 크게 발달하였다(그림 7-3). 1970년대부터는 중남미와 아시아에서 많은 이민자가 들어오게 되어, 미국에서는 뉴욕 다음으로 큰 도시가 되었다. 2019년 기준으로 로스앤젤레스시의 인구는 약 400만 명이며, 대도시권 전체의 인구는 약 1,300만 명이다.

20세기 초만 해도 로스앤젤레스의 고급 주택지는 도시의 중심가까지 걸어서 다닐 수 있는 곳에 있었다. 그러나 교외로 연결되는 전차가 다니고 자동차가 보급되면서, 중심가 주변의 인구가 교외로 분산되었다. 일부 교외 지역에는 고급 단독주택이 들어선 주택지가 만들어졌다. 도시 중심가 주변의 오래된 주택들은 차츰 집값이 내려가면서 중심가의 상점이나 공장에서 일하는 저소득층 주민들이 들어와 살게 되었다.

이민자들이 처음 선택하는 주거지는 새로운 환경에 쉽게 적응하기 위해서 친척이나 친지가 있거나 같은 민족이 많이 사는 곳을 택하게 된다. 로스앤젤레스의 코리아타운(Koreatown)은 히스패닉(Hispanic, 중남미 출신) 주민이 다수이지만 한국인들도 많이 살고 있으며, 특히 한인들의 업소가 밀집해 있는 곳이다(그림 7-4). 이곳은 아파트 월세나 집값이 싼 편이기 때문에 주로 초기 이민자나 서민들이 거주하고 있지만, 다양한 업소들이 들어선 상가가 많이 있고 중심가(downtown)도 가까워서 편리한 점도 많다. 특히 한국인에게 코리아타운은 한국인이 경영하는 대형 식품점이나 음식점들이 많아서 친근하고 편리한 곳이다.

반면에 미국 대도시의 교외 지역은 단독주택이 많이 있는 곳으로서 백인들이 다수를 차지하며 중산층 이상으로 소득이 높은 주민들이 주로 살고 있다. 특히 교육 환경이 좋은 곳이 많아서 자녀의 교육을 위하여 교외 지역으로 이주를 하는 이민자 가족도 많이 있다. 교외 지역주민 중에는 직장이 중심가에 있어서 멀리까지 통근하는 주민이 많으며, 로스앤젤레스 교외에 사는 한국인들은 코리아타운에 직장을 가진 경우가 많다.

3) 한국의 도시화

한국 최초의 고대도시는 고조선이 도읍했던 왕검성(王儉城)일 것으로 추정되나 그 위치나 규모가 밝혀지지 않았다. 현재 유적이 확인된 도시로서 가장 오래된 것은 고구려 초기의 수도였던 국내성(國內城)이다. BC 4~2세기경에 형성된 국내성은 현재 중국 쪽 압록강변의 지안(集安)에 위치하던 성곽으로 둘러싸인 고대도시이다. 이후 한국의 도시들은 조선시대에 이르기까지 전제적인 통치체제에 의하여 지방행정 중심지를 따라 발전하였으며, 조선 후기에 와서는 시장, 역원, 교역, 군사 등 특수기능 도시도 나타나게 되었다. 이때의 교역도시로는 일본과의 교역소가 있던 남해안의 삼포(三浦), 즉 울산, 동래(부산), 웅천(창원)과 중국과의 국경에 위치한 회령, 경원 등이 있었다.

일제시대의 도시발달을 보면, 초기에는 식량과 원료의 수탈을 위한 항구도시들이 발달하였으며, 후기에는 병참기지화를 위한 북부 내륙의 광공업도시들과 중부지방의 철도교통의 중심도시들이 성장하였다. 전체적으로 식민지 경영을 위한 도시화이기 때문에 도시기반시설이 빈약했으며, 주민의 복리증진에 큰 도움이 되지를 못했다.

광복 후의 도시발달은 국토분단에 따라 파행적으로 진행되었다. 해외에 나가 있다가 귀환한 동포들과 북한에서 넘어온 월남민들이 주로 도시에 집중하였으며, 6·25 전쟁으로 인한 피난민들도 도시에 몰려들어 도시인구는 급증하였다.

1960년대 이후에는 경제 개발 5개년 계획의 추진으로 인하여 울산, 포항, 마산, 창원, 구미, 여천, 안산 등의 신흥 공업도시들이 성장하게 되고, 산업화와 고속도로의 개통에 따라 이촌향도(離村向都) 현상이 가속화되었다. 그리하여 1970년대에는 우리나라 인구의 절반이 도시에 살게 되었다. 수도 서울은 1980년대 말에 이미 인구가 1,000만 명이 넘는 거대도시로 성장하였으며, 주변 지역에는 여러 위성도시(衛星都市, satellite city)가 분포하여 같이 성장했다. 이후 서울 주민 중에는 신도시로 개발된 위성도시로 이주하는 사람들이 많아져서 최근의 서울 인구는 1,000만 명에 못 미치지만, 서울의 사회경제적 영향력은 여전히 유지되고 있다.

그림 7-5는 1960년과 2020년 사이에 인구 10만 명 이상인 도시들의 수가 급증한 것을 대조적으로 보여주는 지도이다. 1960년의 한국 총인구는 약 2,500만 명이었지만, 2020년의 인구는 약 5,200만 명으로 급증하여 약 두 배 이상이 되었다. 그에 따라 도시의 수도 늘었을 뿐 아니라 농촌인구가 유입되어 도시의 인구규모는 더욱 커졌다. 산업화가 미약한 도시들은 인구성장이 정체되기도 하였지만, 전체적으로 도시의 수와 도시의 인구가 많이 증가하였다. 특히 서울의 인구와 수도권 일대의 도시 수 및 도시인구가 급증한 것으로 나타났다.

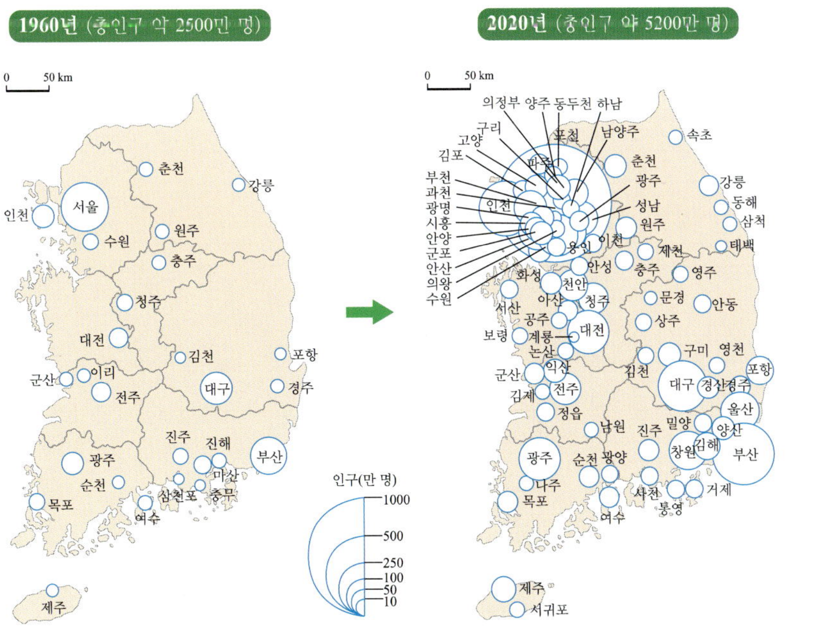

그림 7-5. 한국의 도시 분포, 1960년과 2020년 [자료: 통계청. 각 연도. 인구주택총조사 보고서]

한 국가의 도시화 수준을 나타내는 지표로 사용되는 도시화율(도시인구 비율)을 계산하기 위해서는 도시의 범주를 정해야 한다. 한국의 「지방자치법」 제10조에 따르면 시(市)와 읍(邑)은 그 대부분이 도시의 형태를 갖추고, 시는 인구 5만 명 이상, 읍은 2만 명 이상이 되어야 한다고 명시되어 있다. 여기서 도시의 형태란 주택과 상가가 밀집하여 시가지를 형성한 상태를 말한다. 이에 따라 한국에는 2020년 현재 83개 시(1개 특별시, 1개 특별자치시, 6개 광역시 포함)와 114개 읍(시 행정구역에 포함된 읍은 제외)이 도시의 범주에 포함된다. 서울시는 1949년에 특별시로 지정되었으며, 2012년에 출범한 세종시는 특별자치시로 지정되었다. 그리고 2020년 개정된 「지방자치법」에 따라서 인구가 100만 명 이상인 4개 도시가 특례시로 지정되어 2022년 1월 공식 출범하였는데, 그 도시들은 고양, 용인, 수원, 창원이다. 특례시는 일반시와 광역시의 중간적인 행정 권한이 부여된다.

표 7-4는 한국의 연도별 시·읍 인구와 도시화율의 변화를 제시한 표이다. 인구 자료는 한국의 첫 인구총조사 연도인 1925년부터 2020년까지를 수록했으며, 도시화율은 시부(市部) 인구만 계산한 것과 읍부(邑部)까지 포함하여 계산한 것을 제시하였다. 1944년까지의 자료는 일제시대에

표 7-4. 한국의 시·읍 인구와 도시화율의 변화, 1925~1995

연도	인구 (천명)			도시화율 (%)	
	전국	시부	시·읍부	시부	시·읍부
1925	19,523	850	-	4.4	-
1930	21,058	1,190	-	5.6	-
1935	22,899	1,606	-	7.0	-
1940	24,326	2,818	-	8.6	-
1944	25,918	3,412	-	13.2	-
1946	19,369	2,832	-	14.6	-
1949	20,189	3,474	-	17.2	-
1955	21,526	5,281	7,017	24.5	32.6
1960	24,989	6,997	9,255	28.0	37.0
1966	29,193	9,807	12,436	33.6	42.6
1970	31,435	12,929	15,797	41.1	50.2
1975	34,679	16,770	20,490	48.4	59.1
1980	37,436	21,434	25,981	57.2	69.4
1985	40,448	26,443	31,266	65.4	77.3
1990	43,390	32,290	35,893	74.4	82.7
1995	44,554	34,992	38,473	78.5	86.4
2000	45,985	36,642	40,385	79.7	87.8
2005	47,041	38,338	42,260	81.5	89.8
2010	48,580	39,823	44,023	82.0	90.6
2015	51,069	41,678	46,294	81.6	90.6
2020	51,829	42,065	47,178	81.2	91.0

주: 1944년까지는 남북한 전체의 자료이며, 1946년부터는 남한만의 자료임.
1946년 자료는 미군정청의 인구간이조사 자료이며, 그 외 모든 자료는 인구총조사 자료임.
자료: 홍경희(1981, p.89), 국립지리원(1980, p.519), 통계청, 인구주택총조사 보고서, 1970년 이후 각 연도.

실시된 국세조사의 결과로서 남북한 전체를 대상으로 한 자료이며, 1946년부터는 남한만의 자료를 나타낸다.

이 표를 통해서 한국의 도시인구가 과거 100년 동안 어떻게 변화해 왔는가를 알 수 있다. 1925년 당시에는 12개의 부(府, 지금의 市)에 85만 명이 거주하고 있었다. 당시 부는 인구 2만 이상의 도시에 부여된 행정구역 명칭이었다. 일제시대부터 도시인구가 꾸준히 늘었는데, 급격하게 늘기 시작하였을 때는 6·25 사변 이후부터이다. 북한에서 넘어온 월남민과 피난민들이 대거 도시로 몰려들었기 때문이다. 그리고 1960년대 후반부터는 산업화의 영향으로 이촌향도 현상이 가속화되면서 더욱 빠르게 도시화가 진행된다. 그리하여 1970년에는 시·읍부의 도시화율이 50%를 넘었고 1990년에는 80%를 넘었으며 2010년에는 90%를 넘었다. 2020년에는 시(83개 市)에만 약 4,206만5천 명이 거주하며 읍(114개 邑)까지 포함하면 약 4,717만8천 명이 도시에 거주하게 되었으며, 도시화율은 각각 81.2%(시부)와 91.0%(시·읍부)가 되었다. 2020년의 도시화율은 시부의 경우 2010년의 82%에서 약간 하락했지만 시·읍부에서는 2010년의 90.6%보다 약간 상승하였다.

그림 7-6은 1955년부터 2020년까지 한국의 인구 증가와 함께 시·읍에 거주하는 도시인구와 면 지역에 거주하는 농촌인구의 변화를 대비하여 보여주는 그래프이다. 이 그래프에는 도시인구가 전체 인구의 50%를 넘어선 1970년부터 급격하게 진행하는 도시화의 양상이 잘 나타나 있다. 2010년부터 도시인구 비율이 90%를 넘으면서 농촌인구의 비율은 10% 밑으로 떨어졌다.

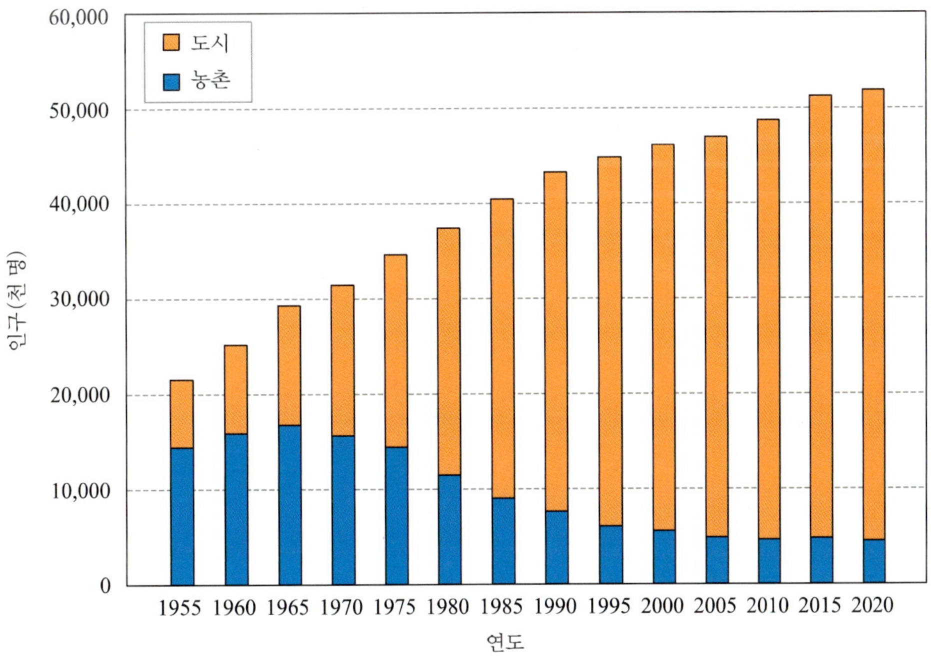

그림 7-6. 한국의 도시인구와 농촌인구의 변화 [자료: 통계청, 「인구주택 총조사 보고서」, 각 연도]

4) 도시화 곡선

1970년부터 가파르게 상승하던 한국의 도시화 속도는 1990년대에 와서야 완만해졌다. 시·읍부 도시화율의 5년 단위 증가 추세를 보면, 1970년부터 1990년까지는 평균 8.1%에 이르렀는데, 1990년부터 2010년까지는 평균 2.0%로 줄어든 것이다. 노댐(Northam, 1975)이 제시한 도시화 곡선(urbanization curve)을 보면 이러한 현상은 어느 정도 예견된 것이기도 하다(그림 7-7). 도시화 곡선은 선진국들이 경험한 일반적인 도시화의 진행 단계를 그래프로 표현한 것이다. 도시화율이 높은 대부분의 선진국에서 공통으로 발견할 수 있는 도시화 과정의 일반적인 패턴은 완만한 "S"자형 곡선(logistic curve)으로 나타난다.

도시화 곡선은 기울기의 변화에 따라서 크게 세 단계로 구분해 볼 수가 있다. 첫 번째 단계는 초기 단계(initial stage)로서, 인구 대부분이 농업에 종사하고 있는 전통사회에서 나타나는 도시화의 상황을 대변한다. 인구는 대체로 분산되어 거주하며, 전체의 25% 미만의 인구만이 도시에 거주하고 있다. 두 번째 단계는 가속화 단계(acceleration stage)로서, 산업화가 진행되면서 농촌 인구의 상당 부분이 도시로 급격하게 이동하여 도시화율이 50%에서 70%, 또는 그 이상까지 이르게 된다. 이 단계에서는 인구의 도시집중뿐 아니라 2차와 3차 산업의 경제활동도 도시에 집중하면서 경제의 재구조화가 이루어지며, 교통시설 등의 사회간접자본에도 투자가 이루어진다. 세 번째 단계는 종착 단계(terminal stage)로서, 전체 인구의 70% 이상이 도시에 거주하며 나머지 인구는 농촌에서 식량을 생산하는 역할을 필연적으로 수행하게 된다. 도시화는 차츰 완만하게 진행하며 도시화율은 더 이상 크게 높아지지 않고 정체된다, 결국 도시화 곡선은 100%에 접근하기 전에 점차 수평선을 그리게 된다. 그러나 그림 7-7의 도시화 곡선은 1970년대까지 선진국들의 사례에 맞추어 작성된 것이기 때문에 미래의 도시화 곡선은 그 모양이 변할 수 있다. 즉 종착 단계의 도시화율이 90% 이상까지 진행할 수 있으며, 역도시화 현상에 의해 종착 단계에서 도시화율이 오히려 하강할 수도 있다.

그림 7-8은 1955년부터 2020년까지 한국의 시·읍부 도시화율을 그래프로 나타낸 도시화 곡선이다. 이 그래프의 곡선 변화는 노댐이 제시한 도시화 곡선과 매우 흡사한 것을 알 수 있다. 즉 한국의 도시화 단계는 도시화의 속도가 지극히 완만한 종착 단계에 진입한 것으로 보인다. 다만 최근 한국의 도시화율은 노댐의 도시화 곡선에서 제시한 종착 단계의 도시화율보다 훨씬 높은 90% 수준까지 올라가 있다. 2020년의 도시화율은 91%에 이르렀고 2010년부터 10년간 도시화율이 단지 0.4%만 상승한 것을 고려해 볼 때, 앞으로 도시화율은 큰 변화 없이 정체될 것이며, 이농현상보다 귀농현상이 더 두드러지게 나타날 수도 있다. 서울과 부산의 주변 지역에서 확인되고 있는 역도시화의 조짐은 한국 도시화의 종착을 알리는 신호와도 같다.

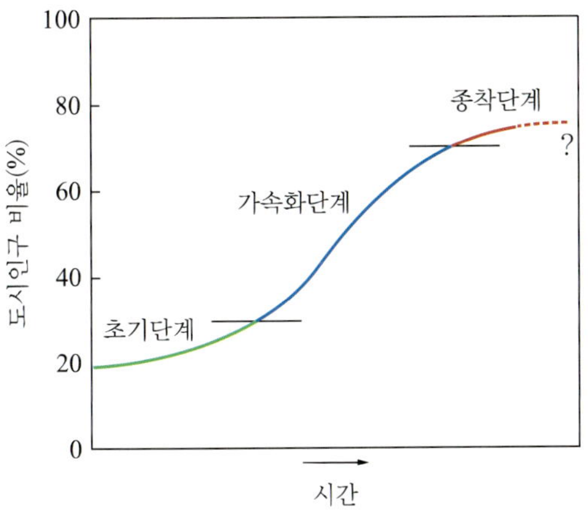

그림 7-7. 도시화 곡선과 도시화 단계

[출처: Northam, 1975, p.53]

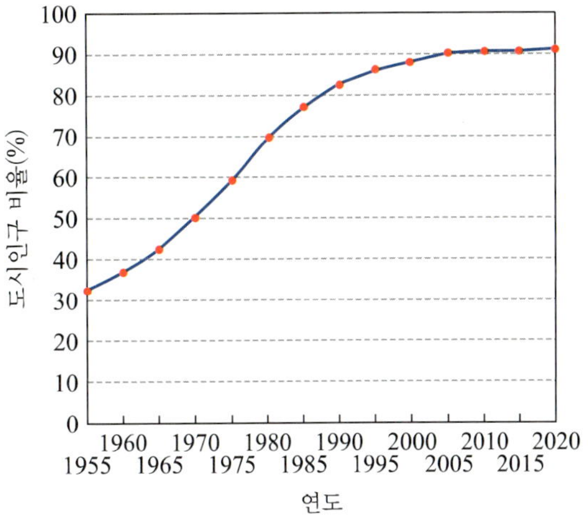

그림 7-8. 한국의 도시화 곡선

글상자 15. 수도권의 신도시 개발

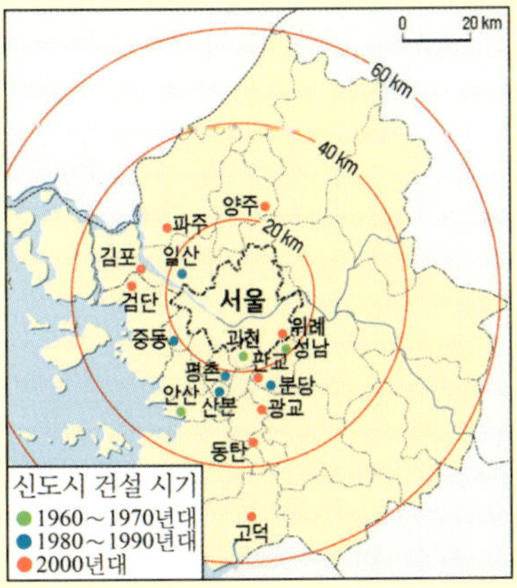

그림 7-9. 수도권의 신도시 분포

[자료: 한국토지주택공사]

그림 7-10. 일산 신도시

[사진: (주)대교]

신도시(new town)는 도시 시설이 없던 곳에 계획적으로 새로 만들어진 도시로서, 국토 개발의 일환으로 추진되는 경우와 대도시 문제 해결을 위해 추진되는 경우가 있다. 수도 서울의 경우 인구가 계속 집중하면서 교통이 혼잡해지고, 주택이 부족해지는 등 여러 가지 문제가 발생하였다. 이를 해결하기 위해 경기도 일대에 신도시를 건설하여 서울의 인구를 분산시켰다.

수도권에는 신도시를 포함하여 서울의 위성도시가 많이 있는데, 서울과 주변 지역을 연결하는 고속도로 및 전철의 교통이 편리해지면서 위성도시의 인구가 빠르게 증가하였다. 현재 수도권에는 우리나라 전체 인구의 절반 정도가 살고 있다.

수도권에 신도시를 건설한 이유는 주로 서울의 인구를 분산시키고 서울의 주택 부족 문제를 해결하기 위해서이다. 1960년대와 1970년대의 신도시 중에서 성남과 과천은 서울 중심부에서 반경 20 km 이내에 건설되었고, 안산(반월)은 공업단지 조성을 위해 반경 40 km 이내에 조성되었다. 1980년대 이후에 건설된 신도시 중에서 일산은 반경 20 km 이내에 위치하고 평택(고덕)은 반경 40 km 너머에 위치하지만, 다른 신도시들은 모두 반경 40 km 이내에 건설되었다(그림 7-9). 세월이 지나면서 서울에서 점차 멀리 떨어진 곳에 신도시가 건설되고 있다. 그 이유는 서울에 가까울수록 서울의 위성도시로서 입지조건이 유리하므로, 서울 가까운 곳의 택지를 먼저 개발하고 고속도로, 자동차 전용도로, 전철 등의 개설에 따라 먼 거리의 택지를 개발하기 때문이다.

수도권에서 처음 신도시로 개발된 성남은 1968년 서울의 무허가주택 철거민을 이주시키기 위한 주택단지로 계획되었다. 안산(반월)은 서울의 공해 유발 공장들을 이전하기 위해 반월 공업단지를 조성하면서 만들어졌으며, 과천은 서울 중앙정부의 기능을 분산하기 위해서 정부과천청사를 건설하면서 조성되었다. 1990년대부터 조성된 신도시들은 대체로 아파트 단지가 들어선 주거형 베드타운(bed town, 침상도시)으로 개발되었다(그림 7-10).

부족한 주택문제를 해결하기 위해서 정부는 3차에 걸친 신도시 계획을 발표하였다. 1기 신도시는 1989년에 발표되어 1990년대 초에 5개 지역에 주택단지가 조성되었다(표 7-5). 2기 신도시는 2003년에 발표된 계획에 따라 12곳(수도권 10곳, 충청권 2곳)에 조성되었다. 3기 신도시는 2018년과 2019년에 수도권 9곳(대규모 택지조성 4곳 별도)이 지정되어 2020년대에 조성된다.

이러한 신도시들은 계획적으로 조성된 시가지, 공원, 학교 등으로 대체로 쾌적한 주거환경을 갖추고 있다. 그러나 외지에서 이주해 온 주민들 간에 공동체적 유대감을 갖기 어려우며, 고용을 제공할 직장이 부족하여 대도시로 출퇴근하는 경우가 많아서 교통체증이 유발되고 교통비용이 증가하는 문제점을 안고 있다.

표 7-5. 수도권의 신도시 건설

연대	신도시 위치
1960년대	성남('68)
1970년대	안산(반월)('77), 과천('78)
1980년대	-
1990년대	1기 신도시: 성남(분당), 고양(일산), 군포(산본), 안양(평촌), 부천(중동)
2000년대	2기 신도시: 김포(한강), 화성(동탄), 성남(판교), 수원(광교), 평택(고덕), 인천(검단), 송파(위례), 양주(회천/옥정), 파주(운정)
2010년대	-
2020년대	3기 신도시: 남양주(왕숙, 왕숙2), 하남(교산), 인천(계양), 고양(창릉), 부천(대장), 광명(시흥), 의왕·군포·안산, 화성(진안)
	대규모 택지: 과천, 안산(장상), 인천(구월2), 화성(봉담3)

자료: 한국토지주택공사, http://www.lh.or.kr; 3기 신도시, https://www.3기신도시.kr.

2 도시재생과 젠트리피케이션

산업화로 인해 촉발된 도시화가 오래 지속되어 안정기에 접어들거나 교외화가 진행되면 대부분 도시에서는 도심부의 노후화나 쇠퇴 현상이 나타난다. 또한 도시를 지탱해주던 기존의 기반 산업이 경제구조의 변화에 따라 쇠퇴하면 도시 전체의 경제가 침체하게 된다. 최근에는 세계화가 급진전하고 경제구조가 자원기반 경제에서 지식기반 경제로 변화하면서 전통적인 공업도시들은 이미 쇠퇴를 경험하고 있다. 이렇게 쇠퇴하거나 노후화된 도시들의 재생 문제는 동서양을 막론하고 정부의 중요한 정책과제가 되고 있다.

1) 도시재생의 개념

도시재생이라는 용어는 도시 재개발, 도시 재활성화와 혼용되고 있다. 미국에서는 도시의 기존 토지이용을 변경하여 다른 용도로 개발하고 건물을 신축하는 광의의 도시 재개발 개념으로 'urban redevelopment'이라는 용어를 사용하며, 'urban renewal'은 주로 도심부의 중·고밀도의 도지이용 지역에 대한 도시 재개발을 말한다. 반면에 'urban revitalization(도시 재활성화)'는 기존 도시구조의 파괴 없이 기존 건축물을 보수하고 커뮤니티를 활성화하는 것으로 주로 도심부나 상업지역에서 시행된다(장윤배, 2010, p.12). 영국에서 사용하는 'urban regeneration(도시재생)'이라는 용어는 도시의 퇴락지역에 대한 물리적 토지 재개발뿐 아니라 사회경제적 개발까지도 포함하는 포괄적인 개념이다.

한국에서는 도시 재개발이라는 용어를 신시가지 개발과는 달리 기존의 퇴락한 시가지를 재개발하는 의미로 광범위하게 사용하다가, 2006년 국토해양부(현 국토교통부) 산하에 도시재생사업단이 출범하면서 도시재생이라는 용어를 혼용하고 있다. 최근에는 주민참여 개념을 도입하여 물리적 환경 개선뿐 아니라 사회경제적 환경 개선도 도시재생의 범주에 포함하고 있다(이영아, 2009, p.99). 이로써 도시재생의 개념은 쇠퇴하고 낙후된 구도시를 대상으로, 삶의 질을 향상하고 도시경쟁력을 확보하기 위하여 물리적 정비와 함께 사회적, 경제적 재활성화를 통합적으로 추진하는 것이라고 정의된다(그림 7-11). 2013년 제정된 「도시재생 활성화 및 지원에 관한 특별법」 제2조에 의하면, "도시재생이란 인구의 감소, 산업구조의 변화, 도시의 무분별한 확장, 주거환경의 노후화 등으로 쇠퇴하는 도시를 지역역량의 강화, 새로운 기능의 도입·창출 및 지역자원의 활용을 통하여 경제적·사회적·물리적·환경적으로 활성화시키는 것을 말한다." 이러한 정의에 따르면 한국에서 도시재생은 도시 재개발보다는 도시 재활성화에 가까운 개념으로 사용되고 있다.

그림 7-11에서 제시한 도시재생의 물리·환경적 범위는 쇠퇴하고 있는 지역을 대상으로 기성시가지의 체계적인 정비와 신시가지의 계획적 개발이 이루어지도록 유도하는 것이다. 그리고

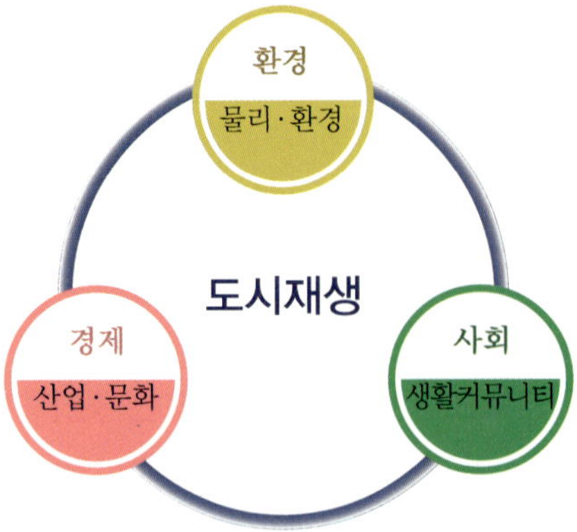

그림 7-11. 한국의 도시재생 개념

[출처: 국토교통부 도시재생사업단]

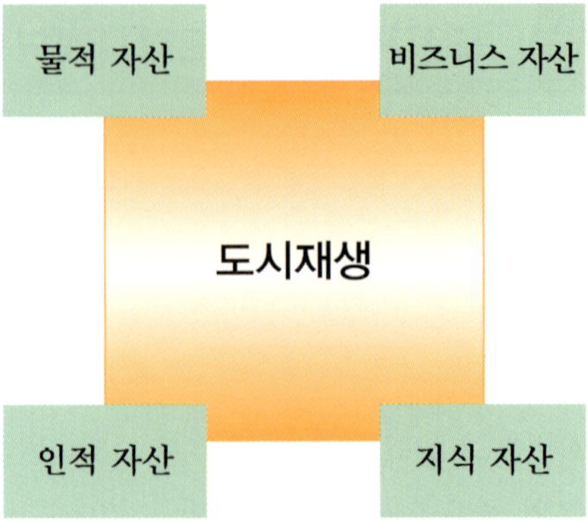

그림 7-12. 도시재생을 위한 지역자산

[자료: Finkle et al. 2008]

생활·문화적 범위는 공공, 민간, 지역주민 등 다양한 개발주체의 참여를 통해 지역 고유의 사회·문화적 특성을 유도하는 것이라 할 수 있다. 경제적 범위로는 도시의 지역산업과 경제 등 종합적인 도시부흥을 유도하는 것을 포함한다.

최근 미국의 도시재생 정책은 민관 파트너십(public-private partnership)을 활용하여 지역이 가진 자산에 투자하도록 유도하는 접근방식을 취하고 있다(이왕건, 2010). 도시재생에 필요한 지역자산(regional assets)에는 그림 7-12와 같이 네 가지 유형이 있다(Finkle *et al.*, 2008). 첫째, 물적 자산(physical assets)은 역사 건축물, 문화 시설, 공원, 호수, 토지 등이 될 수 있다. 도시재생을 위해서는 이러한 물적 자산에 대한 민간투자를 촉진하기 위한 다양한 재정지원 수단을 동원해야 한다. 특히 토지자산에 대한 투자를 촉진하기 위해서는 사업지구 선정에서부터 단계별로 지원체계를 수립해야 한다.

둘째, 비즈니스 자산(business assets)은 지역에 기반을 둔 기업들을 말한다. 도시재생에서는 이러한 기업들을 유지 또는 확대하고, 지역 내 소상공인들을 육성해야 한다. 신규 기업들을 유치하는 것보다는 지역 기업을 유지하고 강화하여 경쟁력을 높이는 전략이 필요하며, 기업의 성장과 창업을 장려하기 위한 공공-민간 파트너십을 조직화해야 한다. 또한 중소기업들을 위한 자금지원과 교육을 강화하고, 주민과의 협력관계, 우호적인 기업환경을 조성해 나가야 한다.

셋째, 인적 자산(people-based assets)은 지역 내 노동력의 양과 질을 의미한다. 쇠퇴하는 도시에서는 노동력의 수급에 있어서 근로자의 기술 수준과 기대하는 임금수준의 불일치(job mismatch) 현상이 발생하는데, 이에 대처하기 위해서는 인적 자산에 대한 기술교육과 현장대응 인력풀을 확대해 나가야 한다.

넷째, 지식 자산(knowledge assets)은 도시 산업의 경쟁력을 결정하는 기술개발과 연구시설 등을 말한다. 쇠퇴하는 도시의 재생을 위해서는 지식 자산을 축적하는 전략을 체계화하는 것이 중요하다. 대학과 연구기관의 혁신 성과물에 대한 특허 출원과 첨단기술을 활용한 창업이나 기업 확장을 위한 지원체계를 마련하고, 이것을 일자리 창출과 연계시켜야 한다. 창업이나 기업 확장에는 모험자본(venture capital)이나 은행의 자금 지원이 중요하므로 이에 대해 시 정부는 정보를 제공하는 시스템을 갖추어야 한다.

2) 도시재생의 정책 목표

도시재생을 위한 정책은 목적에 따라 세 가지로 분류할 수 있다(임서환 외, 2006, pp.4-5). 첫째, 성장관리형 도시재생은 도시의 전체적인 구조를 고려하여 중심도시의 쇠퇴 문제와 도시 확산의 부작용에 동시적으로 대응하는 도시재생 정책으로서 'smart growth' 정책이라고도 한다. 이러한 정책은 무분별한 외연적 도시 확산을 억제하여 교통 혼잡과 이로 인한 대기오염을 방지하는 성장관리 정책과 병행하여 쇠퇴한 도심이나 접근성이 우수한 기존 상업지역을 고밀도로 개발하여 상실된 도심 기능과 상업 기능을 회복하는 것이 목표이다.

둘째, 지속가능한 도시재생은 도시의 사회적, 경제적, 환경적 차원의 지속가능성을 중시하여, 토지의 효율적 이용, 에너지 절감을 위한 교통 체계와 건물 설계, 역사·문화적 유산의 보전과 복원 등을 총체적으로 고려하는 도시재생 정책이다. '지속가능한 도시(sustainable city)'는 지속가능한 개발의 개념에서 출발하여 환경에 대한 영향을 최소화하면서 주민들의 삶의 질을 보장하도록 계획 또는 관리되는 도시이다. 지속가능한 도시재생은 이러한 도시의 지속가능성을 지향하도록 정책을 수립하는 것이다.

셋째, 커뮤니티(community)형 도시재생은 지역사회의 주민, 기업인, 공무원이 협력하여 지역의 사회적 통합을 이루고 집단들의 이해관계가 반영되는 공공-민간 파트너십(public-private partnership)에 기반을 둔 도시재생 정책을 말한다. 이 정책은 지역사회 구성원의 역할을 강조하고 지역사회의 문화유산을 보전하면서 사회적 통합을 추진한다. 또한 지역사회의 빈곤문제, 주거환경문제의 해결과 상업 지구의 재활성화도 주요 목표가 되고 있다. 1980년대 이후 선진국에서 철거 중심의 재개발에 대한 비판이 일기 시작하면서 현재는 많은 국가가 도시재생의 목표를 커뮤니티와 주민에게 초점을 맞추고 있다(천연숙·김근태, 2008, p.20). 또한 경제적 활성화를 통한 도시재생보다는 사회문화적 활력을 제고하는 것에 관심이 높아지고 있으며, 이를 위해서는 강력한 커뮤니티 형성, 시민참여의 제고, 거버넌스(governance)[2]의 구축 등이 강조되고 있다(Bull and Jones, 2006).

2) 거버넌스는 공동의 목표를 달성하기 위하여 모든 이해 당사자들이 협력하거나 투명하게 의사결정을 수행하는 것을 뜻한다. 정치·행정학에서는 어떤 공익적 목표를 달성하기 위해서 공공과 민간이 협력하여 통치한다는 의미에서 협치(協治)라고 번역한다.

3) 세계 각국의 도시재생 정책

(1) 미국의 도시재생

미국에서는 1974년의 'Housing and Community Development Act'에 따라 전국적으로 커뮤니티 개발공사(CDC: Community Development Corporation)가 도시마다 설립되기 시작하였는데, 이 기관은 비영리 조직으로서 커뮤니티 대표들이 운영하며 도시 커뮤니티의 물리적 개발이나 경제적 발전을 목적으로 한다. 이 기관은 포드재단, 연방정부, 주정부, 시정부 등 다양한 통로로 기금을 지원받는다. 1990년대 초에는 전국적으로 CDC의 수가 2,000개를 넘었다. 미국의 주택도시개발부(HUD)에서는 1974년의 법령에 따라 커뮤니티 개발 보조금(CDBG: Community Development Block Grant) 프로그램을 도입하여 시정부를 통해서 CDC에 배분하였다. 이 프로그램은 도시재생의 초점을 퇴락지역이나 불량주택을 철거하기보다는 재활성화하는 방향에 두기 시작한 것으로 평가된다. 이렇게 1974년은 1960년대부터 미국에서 나타난 현상인 시민이 참여하는 도시계획 방식(participatory planning)과 지역주민과 기업가, 공무원들이 파트너십을 구성하는 로컬 거버넌스(local governance)가 확립되는 중요한 연도가 되었다(김학훈, 2011, p.51).

많은 도시계획가와 도시정책 전문가들은 CDC와 같은 공공-민간 파트너십은 도시성장과 재활성화에 필수적이라고 주장한다. 성공적인 공공-민간 파트너십은 도심을 활성화하고, 조세 재원을 확대하고, 고용을 창출하는 효과를 거둘 수 있기 때문이다. 그러나 이에 대한 비판도 있다(류연택, 2011, pp.37-38). 공공-민간 파트너십에는 본질적으로 공공부문과 민간부문 간에 불평등한 권력관계가 내재하여 있기 때문이다. 게다가 이러한 파트너십의 주요 수혜자는 개발업자와 공공기관이며, 지역주민들은 개발과 관련된 의사결정에서 자주 소외되고 있다.

(2) 영국과 일본의 도시재생

영국의 도시재생 정책은 과거 대규모 재정투자를 통한 부동산 개발이 위주가 되었지만 1997년 이후 노동당 정권이 들어서면서 사회경제적 도시재생으로 강조점이 옮겨가고 있다(이영아, 2009). 1999년에는 기존의 12개 도시개발공사(Urban Development Corporation)들을 대체하는 도시재생회사(Urban Regeneration Company)가 설립되어 도시재생사업을 전담하고 있다. 영국의 경우 낙후된 도시지역을 재생하는 목적은 물리적 시설의 상태 개선뿐 아니라 주민들의 삶의 질 향상 및 소속감 증대 등 그 지역의 사회경제적 재생을 포함한 종합적인 것이다. 영국 전체가 일정 수준 이상의 삶의 질을 갖추어 나가도록 하는 중앙정부 차원의 지역 균형발전 철학이 근린지역(neighborhood) 단위에서도 실현되도록 도시재생사업을 활용하고 있다.

일본에서는 1980년대부터 업무 및 행정기능의 교외화로 인해 도심부 및 고밀도 시가지의 인구감소가 심화하여 지역사회의 붕괴와 생활환경 악화 등의 문제가 대두되었다. 특히 1990년대에는 거품 경제의 붕괴에 따라 부동산 가격이 폭락하여 도심부의 문제가 더욱 악화하였다. 이에 따라 일본 정부는 1998년 '중심시가지 활성화법'을 제정하여 도심부의 재생을 시도하고 있으며, 2001년에는 총리를 본부장으로 하는 도시재생본부를 설치하였다(임서환 외, 2006, p.3).

(3) 한국의 도시 재개발과 도시재생

한국의 도시 재개발은 1976년에 제정된 「도시재개발법」에 의해 1990년대까지 주로 민간 사업자가 수익 사업으로 추진하여 공공 편의 공간이 부족해지는 폐단이 있었으며, 주택부족 문제를 해결하기 위한 신도시 및 신시가지 개발에 치중하는 동안 노후한 도심부와 구시가지는 생활환경이 더욱 악화하였다. 2003년부터는 도시 재개발에 관련된 법들을 「도시 및 주거환경정비법」으로 통합하여 주거환경개선사업, 주택재개발 사업, 주택재건축 사업, 도시환경정비사업 등이 시행되었다. 그리고 기존 시가지의 근린 주거환경을 개선하기 위한 사업으로 2002년부터 서울에서 뉴타운 사업이 시작되었다. 이 사업은 소규모 재개발사업과는 달리 광역 근린생활권을 중심으로 노후 불량주택지를 재개발하고, 도로·공원·학교·상하수도 등 기반시설을 정비하는 새로운 개념의 도시 주거지 정비사업이다. 이러한 뉴타운 사업을 지원하기 위해서 2005년 「도시재정비 촉진을 위한 특별법」(약칭: 도시재정비법)이 제정되었다. 이 법에 따라 도시의 낙후 지역에 대한 주거환경개선과 기반시설의 확충 및 도시기능의 회복을 목적으로 하는 '재정비촉진지구'(뉴타운 지구)를 지정하고, 근린생활권 단위를 광역적으로 계획하여 효율적으로 정비하는 사업을 추진하였다. 이 사업에서는 각 지방자치단체가 지정한 '뉴타운 지구'들을 대상으로 도시기반시설은 공공부문이, 아파트 등 건축사업은 민간 또는 공공부문이 계획을 세워 추진한다.

2010년대에는 국내 도시의 3분의 2 정도가 인구감소, 산업침체 등으로 쇠퇴가 심화하였다. 2013년 제정된 「도시재생 활성화 및 지원에 관한 특별법」(약칭: 도시재생법)에 따라 쇠퇴도시에 대한 정부의 행정적·재정적 지원이 가능하게 되었다. 이에 따라 2014년에는 도시재생이 시급하고 파급효과가 높은 13개 지역을 국가 도시재생 선도지역으로 지정했다. 우리나라 도시재생 정책의 주요 내용은 ① 도시재생사업의 단계적 추진을 통한 전국적 확산, ② 주택기금 신설을 통한 도시재생사업 지원, ③ 지역주민·공동체 역량강화를 통한 근린 일자리 창출이다. 문재인 정부의 국토교통부에서는 2006년에 설립된 도시재생사업단을 대체하는 도시재생사업기획단을 2017년에 출범시켜 도시재생 뉴딜사업을 추진하였다. 도시재생 뉴딜사업의 주요 내용은 ① 지역맞춤형 뉴딜사업의 활성화, ② 지역주민이 주도하고 상생하는 도시재생, ③ 지속가능한 뉴딜사업 기반확립이다.

도시재생을 수행하기 위한 수단은 보수, 철거, 상가 개발, 공공시설 설치, 세금 감면, 자금 지원 등이 있으며, 이러한 수단은 대상에 따라 선별해서 복합적으로 사용할 수가 있다. 주민의 복지와 커뮤니티의 활성화를 위해서는 지역사회의 단체 모임을 활성화하여 주민들 간의 유대를 강화하는 것이 선행되어야 할 것이며, 지역 현안에 대한 토의과정에서는 지역자산에 대한 엄정한 평가를 거쳐 어떤 지역자산을 활용할 것인가 결정해야 한다(김학훈, 2017, p.60). 도시재생 프로젝트는 공공과 민간의 파트너십을 통해서 추진하고 도시재생의 대상과 범위 및 정책수단에 대한 종합적인 검토는 필수적이다.

우리나라의 산업구조도 탈산업화와 함께 첨단 지식산업으로 이행되고 있기 때문에 기존의 공업지역 중에는 노후화된 공장 시설이 활용되지 않은 채로 남아있는 경우가 늘어나고 있다(민범식, 2008). 이러한 노후화된 공업지역을 활성화하기 위해서는 첨단산업 및 지식산업을 유치할 수 있도록 시설 개조를 해야 한다. 이를 위해서는 연구개발 시설, 주거시설, 회의장 시설 등도 갖추어야 한다. 노후 공장들을 장기임대 아파트형 공장으로 개조하면 높은 지가에 대한 부담을 덜어줄 수 있고, 벤처기업 등의 소기업들을 유치할 수 있을 것이다.

4) 젠트리피케이션

도시재생과 밀접하게 관련된 개념이 젠트리피케이션(gentrification)이다. 이 개념은 도심의 퇴락한 근린지역으로 중산층 또는 상류층이 이주해 들어와서 근린이나 주택이 고급화되는 과정을 뜻한다. 이 용어는 상류 출신 사람이라는 뜻의 'gentry'에서 파생되었으며, 이 용어를 처음 사용한 사람은 영국의 사회학자 글래스(Ruth Glass, 1964)이다. 그녀는 런던의 노동자 구역에 중산층 주민들이 이주해 들어와서 원주민들이 퇴거하는 현상을 설명하기 위해서 사용했다.

젠트리피케이션의 긍정적 효과로는 도심의 물리적 주거환경이 개선되어 새로운 상가가 형성되며, 주택가격이 상승하여 도시정부의 조세 재원이 확충되는 것을 들 수 있다. 반면에 이 과정에서 도심의 빈곤층 및 저소득층 주민들은 상승하는 임대료에 밀려 나가는, 소위 '둥지 내몰림 현상'이 동반된다. 젠트리피케이션은 선진국뿐 아니라 저개발국가에서도 나타나는 현상이며, 도시의 재구조화, 세계화, 신자유주의 도시정책과도 얽혀있는 현대도시의 보편적인 변화 양상이다.

그림 7-13. 도시재생 현장(광주 송정역시장)

[사진: 김학훈]

그림 7-14. 젠트리피케이션 현장(서울 삼청동)

[사진: 김학훈]

젠트리피케이션이 발생하는 원인으로는 경제적 요인, 문화적 요인, 정치적 요인을 들 수 있다. 첫째, 경제적 요인은 스미스(Neil Smith, 1996)의 지대격차이론(rent gap theory)으로 설명이 가능하다. 즉 도심에 위치한 주택이 현재의 실제 지대와 재개발 후의 잠재적 지대 간의 차이인 지대격차가 크기 때문에 젠트리피케이션이 발생한다는 것이다. 또한 지대격차는 교외보다는 도심에서 더 크게 발생하므로 주택 개발업자는 도심의 노후화된 주택을 싸게 구입해서 수리한 다음 비싸게 임대하거나 팔 수 있는 것이다.

둘째, 문화적 요인에 대하여 레이(David Ley, 1996)는 탈근대사회(postmodern society)에 새롭게 형성된 사회집단인 도시 선구자(urban pioneers)들과 여피족(yuppies: young urban professionals)의 등장을 꼽고 있다. 도시 선구자로는 성 소수자[3]와 예술가들이 대표적인데, 이들은 뛰어난 예술적 감각으로 도심부의 낡은 주택을 새롭게 단장해서 자신들의 작업실 겸 숙소로 활용한다. 또한 포스트모던 문화 감각을 지닌 (자녀가 없는) 여피족들은 역사, 인종적 다양성, 전통 있는 식당, 복고풍의 건축이 있고 직장도 가까운 도심을 단조로운 교외보다 선호하여 도심의 업무지구와 근접한 근린지역의 낡은 주택을 구입하고 보수해서 이사해 들어온다(Kaplan et al. 2014).

셋째, 정치적 요인은 부수적인 요인이지만, 시 정부는 젠트리피케이션으로 조세 재원이 확대되는 장점이 있으므로 개발업자에게 인센티브를 제공하면서 젠트리피케이션을 유도한다는 것이다. 그동안 주민과 상업시설, 직장 등이 교외화되어 조세 재원이 감소했던 시 정부로서는 환영할 만한 일인 것이다.

젠트리피케이션은 주민이나 개발업자들이 자생적으로 주거환경 개선과 근린정비에 나선 결과물이다. 반면에 한국의 도시재생사업은 정부의 행정적·재정적 지원을 받아 추진되고 있기 때문에 하향식 조직체계를 통한 물리적 환경 개선에 초점을 두고 있다. 그 효과는 젠트리피케이션과 유사하게 나타나서 좋아진 주거환경과 상가시설은 자칫 임대료 상승과 원주민 퇴거로 이어질 수 있다. 그러므로 성공적인 도시재생이 이루어지기 위해서는 공동체 주민들의 자생적이고 자발적인 참여와 참여 주체 간의 역동적인 연계 조직을 통해서 사회적 자본(social capital)[4]을 축적하고 주민 주도의 상향식 조직체계를 구축할 필요가 있다(류연택, 2020, p.289).

3 도시문제

도시는 문명의 발상지이며 근대기술이 낳은 인류의 유산이라고 하지만, 인구의 과도한 도시집중은 각종 문제를 야기하고 있다. 본 단원에서는 그러한 도시문제들 중에서 교통문제, 주택문제,

3) 성 소수자는 LGBT로 표현되는데, Lesbian, Gay, Bisexual, Transgender의 앞 글자를 모은 것이다.
4) 사회적 자본은 공유된 정체성, 가치, 신뢰가 쌓인 인간관계가 사회적 연결망을 통해서 사람들의 상호 작용과 협력 방식에 영향을 미침으로써 개인 혹은 집단에게 이익을 주는 무형의 자산을 말한다.

도시빈민 문제, 환경오염 문제, 도심의 공동화 문제에 대해 살펴보고자 한다.

1) 교통문제

교통문제는 대도시에서 주로 문제가 되는데, 우리나라는 부족한 도로 면적에 비해서 과도하게 많은 자동차의 수가 교통문제의 주원인이 되고 있다. 자동차 등록 수를 보면, 1990년에 100만 대를 넘은 지 7년 만인 1997년에 1,000만 대를 돌파했으며 2014년에는 약 2,000만 대를 돌파했다. 2020년에는 2,437만 대의 자동차가 등록되었다. 이 엄청난 차량증가를 도시가 수용할 수 없게 된 것은 오히려 당연한지도 모르겠다(그림 7-15).

교통체증으로 인해 발생하는 경제적 손해를 '교통혼잡비용'으로 환산하기도 한다. 교통혼잡비용은 도로를 주행하는 차량이 교통혼잡으로 인해 정상 속도 이하로 운행하게 되어 발생하는 경제적·시간적 비용이다. 우리나라는 교통체증이 매년 더 심해져서 그 액수가 계속 증가하고 있다. 2019년의 교통혼잡비용은 70.6조 원으로 산정되었는데 이는 GDP 대비 약 3.8%에 이르는 비용이다(한국교통연구원).

교통수단별 통행 분담률을 보면, 서울의 경우 2020년 기준으로 지하철/전철 39.7%, 버스 21.7%, 승용차 28.5%, 택시 5.3%, 기타 4.7%로 나타났다(서울특별시 홈페이지, 교통통계).[5] 2008년의 지하철/전철 분담률이 35.0%이었던 것과 비교하면 2020년의 지하철/전철 분담률은 많이 증가한 편이다. 그동안 지하철 노선이 확대된 것이 이용률을 높이는 데 도움을 준 것으로 보인다. 반면에 버스 이용자는 감소하는 추세가 지속되고 있는데, 2008년의 27.8%에서 2020년의 21.7%까지 하락한 것이다. 승용차 분담률은 승용차의 보급에 따라 증가할 것으로 예상되었지만, 실제로는 2008년의 26.0%에서 2019년까지 약간 하락했으며, 2020년에는 코로나19 사태의 영향으로 28.5%까지 반등했다. 택시 분담률은 2008년의 6.2%에서 2020년의 5.3%로 하락했으니 결국 지하철과 승용차 분담률만 높아진 셈이다. 교통정책의 주요 목표 중 하나는 승용차 사용을 억제하고 지하철, 버스 같은 대중교통의 이용을 증대시키는 것인데, 2008년 이후의 추세를 보면 절반의 성공을 거둔 것으로 보인다.

도로율(시가지 면적에 대한 도로 면적의 비율)이 낮은 것도 큰 문제인데, 우리나라 도시 중에서 도로율이 가장 높은 서울이 23.1%(2020년 기준)로서 뉴욕(35%), 도쿄(25%), 런던(24%)에 비해서는 낮은 편이다. 한국 도시들의 도로율이 낮은 이유는 오랜 역사 때문에 좁고 불규칙한 가로망을 정비하기가 쉽지 않고, 높은 지가 때문에 도로용 토지확보가 어렵기 때문이다. 그러나 1970년대부터 개발한 신시가지나 신도시에서도 적절한 도로수요의 예측도 없이 토지개발을 하여 10년

5) 2019년 기준 서울시 교통수단 분담률은 지하철/전철 41.6%, 버스 24.0%, 승용차 24.5%, 택시 5.7%, 기타 4.2%였는데, 2020년에는 코로나19 사태로 인하여 대중교통과 택시 이용은 감소하고 자가용 이용이 급증한 것이다.

도 못 가서 자동차가 길을 메우게 되고, 이면도로에서도 주차는 고사하고 차량통행도 어려운 좁고 미로 같은 골목길을 양산해 놓은 것도 문제이다.

자동차가 도시교통을 지배하면서 만들어 낸 문제점은 교통 혼잡뿐만 아니라 대기오염, 소음, 진동 같은 환경피해와 교통사고 같은 인명피해도 포함된다. 공간 측면에서 보면 도로변을 점유한 주차 차량과 대형주차장 시설은 도시 주민을 위한 여유 공간을 빼앗아 가며, 또한 도시경관을 악화시킨다는 것도 지적되어야 한다.

서울, 인천, 부산, 대구, 광주, 대전 등의 대도시에만 건설된 우리나라의 지하철은 서양 여러 나라와 비교할 때 때늦게 설치되긴 했지만 도시교통에서 막대한 역할을 하고 있다. 그러나 지하철의 건설비용이 엄청나서 지하철을 확대하는 데에는 한계가 있을 수밖에 없다.

승용차의 사용을 줄이고 버스, 지하철 같은 대중교통을 이용하도록 하기 위해서는 도심으로 진입하는 차량에 대한 통행료 징수, 버스전용차로제 시행, 승용차 요일제 시행, 환승 주차장 설치 등의 여러 가지 대책이 필요하다(그림 7-16). 이외에 자전거 전용 도로를 확충하여 승용차 대신에 자전거를 이용하도록 하는 것도 교통 문제에 대한 좋은 대책이 될 수 있다.

그림 7-15. 교통체증(서울) [사진: ㈜대교)]

그림 7-16. 버스전용차로(서울)

2) 주택문제

우리나라의 도시는 심각한 주택부족 문제를 겪어 왔다. 인구와 산업의 도시집중으로 인하여 도시의 주택 사정이 악화하는 것은 어느 정도 불가피한 것이지만, 이에 대한 적절한 정책적인 대안을 마련해야 한다. 우리나라는 6·25전쟁과 인구 증가, 핵가족화, 급속한 도시화 등으로 인해 심각한 주택부족 상황을 겪었으나, 1980년대 말부터 대규모 아파트 단지들을 건설하여 주택 공급을 늘린 결과 주택문제가 어느 정도 개선되었다.

전국의 주택보급률(가구 수에 대한 주택 수의 비율)을 연대별로 살펴보면, 1970년도에는

78.2%이었지만 해가 갈수록 악화하여 1985년에는 69.8%로 떨어졌다. 이에 놀란 정부는 1980년대 말부터 아파트 단지의 대량 건설을 지원하여 1990년에는 72.4%, 2000년에는 96.2%까지 주택보급률을 끌어올렸다. 그 후 2008년에는 주택보급률이 100%를 넘었으며, 2020년 현재는 103.6%에 이른다. 이러한 주택보급률의 변화추세는 그림 7-17에 나타나 있다.

2020년 통계로 볼 때, 대도시 가운데 가장 주택보급률이 낮은 곳은 서울시로서 94.9%이며, 반면에 부산은 103.9%에 이른다. 그러나 주택보급률이 100%가 넘는다고 해도, 한 사람이 여러 채의 주택을 보유한 경우도 있고 주택가격도 많이 올랐기 때문에 주택문제가 해결된 것은 아니다. 게다가 미국 115.7%, 프랑스 127.2%에 비하면 아직도 낮은 수준이다.

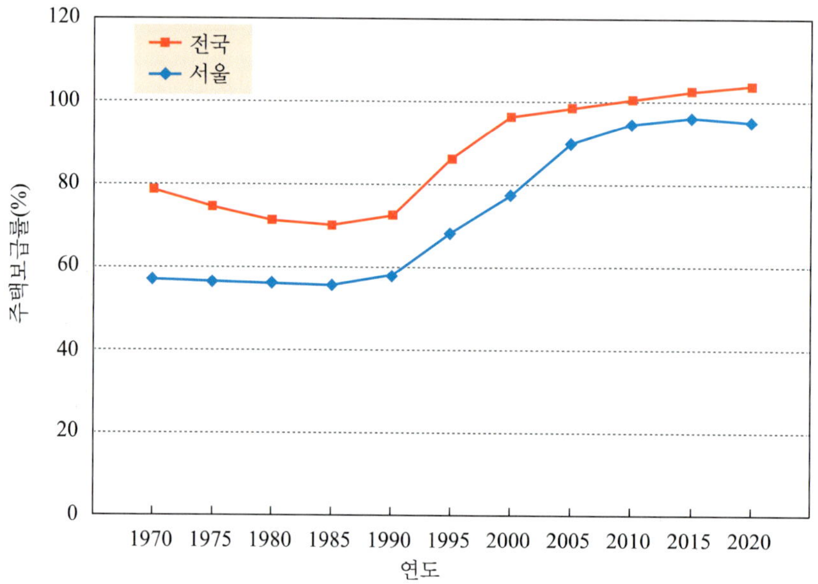

그림 7-17. 한국의 주택보급률, 1970~2020년 [자료: 통계청, 국가통계포털, http://kosis.kr]
주: 2010년 자료부터 주택보급률의 산정 방법이 달라져서 2005년 자료도 조정되었음.

주택이 아직도 많이 부족하다는 점은 외국에서 주택의 양적 상황을 알기 위해 사용하는 "1천명당 주택 수"를 보아도 명백하다. 프랑스는 546호, 독일은 511호, 일본은 494호(2018년)인데 비해 우리나라는 418.2호(2020년)에 불과하다. 2020년 기준으로 서울은 394.2호이며, 수도권 전체로는 더 심각해서 385.0호에 불과하다. 주택보급률을 미국 수준인 115%로 올리기 위해서는 전국적으로 약 207만 호 정도의 주택이 더 필요하며, 수도권에만 약 157만 호의 주택을 공급해야 한다(김덕례, 2021).

우리나라에서 자가주택을 소유한 가구 비율은 2020년 현재 57.3%로서 나머지는 임대주택에 거주하고 있는데, 서울의 경우 자가주택 가구 비율은 43.5%에 불과하여 임대주택에 거주하는 가구가 더 많다. 정부에서는 주택 부족 문제를 해결하기 위해서 저렴한 임대주택을 공급하는 새로운 주택정책들을 최근에 시행하였는데, 대표적인 것이 보금자리주택, 행복주택, 뉴스테이 사업이다. '보금자리주택'은 이명박 정부에서 2009년부터 한국토지주택공사가 공공주택을 공급하여 무주택자가 비교적 저렴한 가격에 주택소유나 임대를 할 수 있도록 하는 주택정책이다. '행복주택'은 박근혜 정부에서 2014년부터 소규모 임대주택을 건설하여 대학생, 사회초년생, 신혼부부에게 보급하는 국민임대주택사업의 일종이다. '뉴스테이' 사업은 박근혜 정부에서 2015년부터 중산층을 위한 주거대책으로 시행하는 사업으로서 100가구 이상 임대하는 기업이 운영하며 임차인이 원하면 최대 8년까지 안정적으로 거주할 수 있는 기업형 임대주택이다.

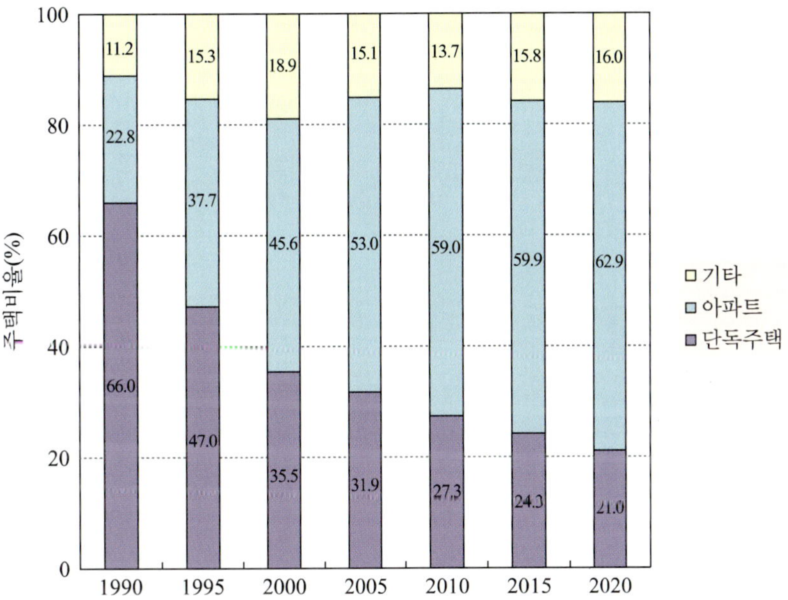

그림 7-18. 주택 유형의 변화 [자료: 통계청, 각 연도, 주택총조사]

주택 유형으로 볼 때 전국 주택에서 아파트가 차지하는 비율은 1990년에는 약 23%에 불과했으나 2005년경에 50%를 넘었고 2020년 현재 약 63%에 이르고 있다(그림 7-18). 최근의 주택 건설이 대규모 아파트 단지 위주로 추진된 결과, 아파트는 한국의 대표적인 주거 유형으로 자리를 잡았다. 단독주택은 1990년만 해도 전체 주택 유형의 66%를 차지했지만 2020년 현재는 21%로 감소했다. 기타 주택 유형에는 연립주택, 다세대주택, 비거주용 건물주택이 해당한다.

주택보급률 못지않게 중요한 것이 주거환경 문제이다. 가구 인원에 비해 협소한 주택, 노후화된 주택, 위생시설이 없는 주택, 환기가 안 되는 지하 주택 등 불량주택이 주거환경을 열악하게 만드는 주요 요소이다. 주거실태조사의 결과에 의하면 최저주거기준 미달 가구의 비율이 2006년에는 16.6%에 이르렀지만 2020년 현재 4.6%로 많이 개선되었다(국토교통부, 2020, 주거실태조사).

3) 도시빈민 문제

도시빈민의 문제는 불량주택 문제와도 밀접한 연관이 있다. 이들이 사는 불량 주거지역은 토막촌(土幕村), 판자촌, 달동네, 산동네 등의 이름으로 불려왔다. 우리나라 최초의 도시빈민은 일제시대에 나타나는데, 이들은 일제의 토지조사사업에 의한 식민지 수탈에 토지를 잃고 몰락한 소작농들이 대부분이다. 몰락한 소작농들의 일부는 만주 등지로 유랑생활을 떠났으며, 일부는 도시의 하급 노동자로 전락하여 연명해 나갔다. 이들은 도시 내의 공유지 또는 사유지에 움막 또는 토막집을 짓고 토막촌을 형성하고 살았다.

그림 7-19. 달동네(서울 월곡동, 2001년)

그림 7-20. 달동네(청주 수암골, 2011년)

광복 후와 6·25동란의 혼란기에도 도시빈민이 양산되었으며, 1960년대에는 산업화 정책에 따라 저농산물가격정책, 부재지주 및 소작민의 증가, 외국 농산물 수입 등으로 피폐해진 농촌을 떠난 농민들이 대거 도시로 몰려들면서 이미 형성되어 있던 판자촌에 흡수되었다. 정부에서는 판자촌의 철거와 철거민의 도시외곽 이주를 추진하였으나, 판자촌의 장소 이전이라는 결과만 낳게 되었다. 1980년대에는 도시 재개발사업을 추진하면서 불량 주거지역에 아파트를 건설했다. 그러나 도시빈민인 원주민들의 대부분은 비용이 더 드는 아파트 생활을 영위할 수가 없으므로 할 수 없이 입주권을 팔아서 약간의 이익금을 챙기고 다른 곳으로 이주하는 것을 선택하게 된다.

달동네는 언덕에 위치해 달이 잘 보이는 동네라는 의미로 쓰이지만, 그 유래는 '달나라 천막촌'에서 비롯되었다. 1960년대 도심 주변의 판자촌에 살다가 쫓겨난 주민들은 정부가 지정한 지역에 임시 천막을 치고 살게 되었는데, 천막 안에 누우면 밤하늘의 달과 별이 보인다고 해서 달동네라는 이름이 생겨났다고 한다. 그 이후 '달동네'는 불량주택들이 모여 있는 산동네의 대명사가 되었다. 달동네 주민들은 국가 소유의 땅을 무단 점거하여 도시 미관을 해치는 불량주택을 짓는다는 이유로 집들이 철거되고 강제 이주하는 경우가 많았다. 하지만 이들은 도시 내에서 일자리를 얻고 살아가야 했기 때문에 도시를 떠날 수 없었으며, 그 도시의 다른 곳에 무허가 집을 짓고 사는 악순환이 반복되었다.

외국 도시의 빈민 거주지역은 슬럼(slum)과 무단 거주지(squatter settlement)로 나눌 수 있다. 슬럼은 게토(ghetto)[6]처럼 도심부 인근의 낡은 주택지역에 형성된 빈민 지역이지만, 무단 거주지는 무허가 판자촌처럼 도시 내의 언덕이나 국유지를 무단 점유하여 불량주택들이 들어선 지역을 말한다. 나라마다 도시빈민 거주지역을 부르는 이름이 있는데, 멕시코에서는 도시 내의 슬럼을 바리오(barrio)라 하며 도시 외곽의 무단 거주지는 꼴로니아(colonia)라고 부른다. 브라질에서는 도시빈민 거주지를 파벨라(favela)라고 하는데, 한국의 달동네처럼 언덕에 위치한 경우가 많다.

4) 환경오염 문제

우리나라에서는 급속한 산업화가 진행되고 농촌 경제의 낙후로 인한 이농현상 때문에 도시로의 인구집중이 이뤄졌던 1960년대부터 도시 환경오염 문제가 시작되었다. 산업화와 인구의 도시 집중으로 대규모 공단조성과 택지개발이 이뤄지면서 환경오염은 더욱 심해졌다.

그동안 도시 내에서 발생한 생활하수나 공장폐수의 발생량은 급증하였으나, 차츰 공장폐수는 폐수처리장에서 처리되어 방류되고 생활하수는 오수관을 통해 도시하천의 하류 지역에 입지한 하수종말처리장으로 유입되어 처리된 후 방류됨으로써 수질오염물질의 도시하천 유입은 대폭 감소하였다. 그런데 예전에는 도시하천으로 유입되었던 생활하수가 이제는 오수관을 통해 하수종말처리장으로 바로 이송되기 때문에 도시하천의 유량이 대폭 줄어들어 건천화가 진행되고 있다. 이때 처리되지 못한 생활오수가 하천에 유입되는 경우 도시하천의 수질은 더욱 악화한다.

그림 7-21. 서울의 대기오염(스모그 현상)

그림 7-22. 생활 쓰레기(전북 정읍시)

6) 게토는 1516년 베네치아에 처음 설치된 이후 유럽 도시 곳곳에 형성된 차별적인 유대인 거주지역을 뜻하는 말이었으나, 현대에 와서는 도시 내 저소득층 소수민족의 거주지역을 지칭하는 용어가 되었다.

그리고 도로 및 인도의 포장으로 인하여 불투수층 시가지의 면적이 증가함으로써 비가 오면 빗물이 우수관거를 통해 하천으로 바로 유입되기 때문에 하천 유량이 급증하여 홍수가 유발될 수 있다. 또한 불투수층으로 인해 빗물이 토양에 침투되지 못하면 지하수 함양이 미약해져 지하수의 고갈이 진행된다.

대기오염을 유발하는 주요 원인은 자동차 배기가스, 공장의 매연, 상가 및 주택의 취사·난방 매연 등이다. 자동차 수의 증가와 교통체증으로 인하여 자동차가 배출하는 대기오염 물질량은 도시의 대기오염 총량의 4분의 3 이상을 차지하고 있다. 게다가 공단조성과 택지개발 과정에서 도시녹지가 많이 훼손되면 대기오염물질의 정화능력이 감소하기 때문에 도시의 대기질은 더욱 악화할 수밖에 없다.

인구 급증과 생활 수준 향상으로 인하여 쓰레기 발생량은 기하급수적으로 증가하지만, 쓰레기 매립장 부지는 제한되어 있다. 그래서 최근에는 쓰레기 소각을 시도하는 지방자치단체가 많아지고 있으나 아황산가스(SO_2), 일산화탄소(CO), 이산화질소(NO_2), 미세 먼지(PM_{10}) 등과 같은 대기오염물질과 다이옥신과 같은 환경호르몬의 발생이 우려되고 있다. 여러 가지 환경문제를 해결하기 위해서 폐수처리장, 하수종말처리장, 쓰레기 매립장, 쓰레기 소각장 등의 시설이 필요하지만, 대기오염이나 악취를 유발하는 혐오시설들이기 때문에 주민들의 지역이기주의로 인하여 입지 결정이 쉽지 않은 실정이다(그림 7-23).

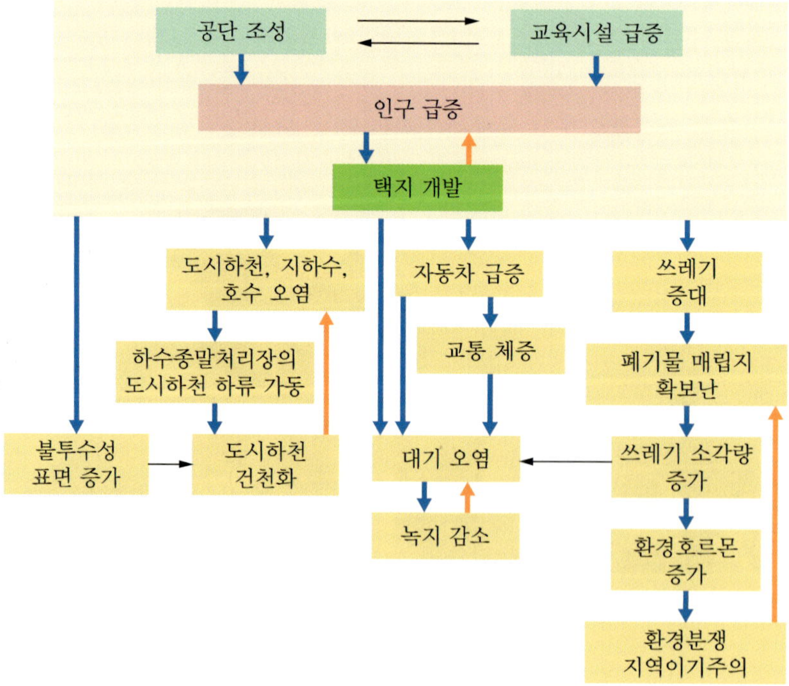

그림 7-23. 도시 환경문제의 발생과정 [출처: 김혜천 외, 2011, p.225]

환경오염을 최소화하고 자연친화적인 생활환경을 지향하는 도시의 개념으로 녹색도시(green city), 생태도시(ecocity), 친환경도시 등이 있다. 이러한 도시에서는 주민과 환경이 조화를 이루며 공생하기 위해서 녹지 및 하천의 생물다양성 확보, 환경친화적인 폐기물 처리와 재생에너지 사용, 지속가능한 도시개발 등의 목표를 설정하고 구체적인 실행 방안을 마련하고 있다.

5) 도심의 공동화 문제

도심의 공동화(空洞化)는 주로 대도시에서 도심부의 상주인구가 감소함으로써 나타나는 현상이다. 도심부를 보면 주간에는 많은 직장인과 쇼핑객들이 모여들어서 경제활동과 사회활동을 하지만, 야간에는 모두 떠나고 텅 비게 된다. 그림 7-24에서 A는 주간 인구(직장인)의 밀도 분포를 나타내며, B는 야간 인구(주민)의 밀도 분포를 나타낸다. 야간에는 도심 외곽에 있는 주민들의 주거지구에 인구밀도가 높아지지만, 주간에는 도심의 직장이나 업무시설에 많은 사람이 모여서 인구밀도가 높아진다.

도심부는 접근성이 좋기 때문에 중추관리시설, 상업시설, 사무시설, 공공시설 등이 잠식해 들어오며 지가는 상승하게 된다. 이에 따라 부족해진 주거공간의 임대료는 비싸지고 주거환경도 열악해지므로 주민들이 도심을 떠나는 것이다.

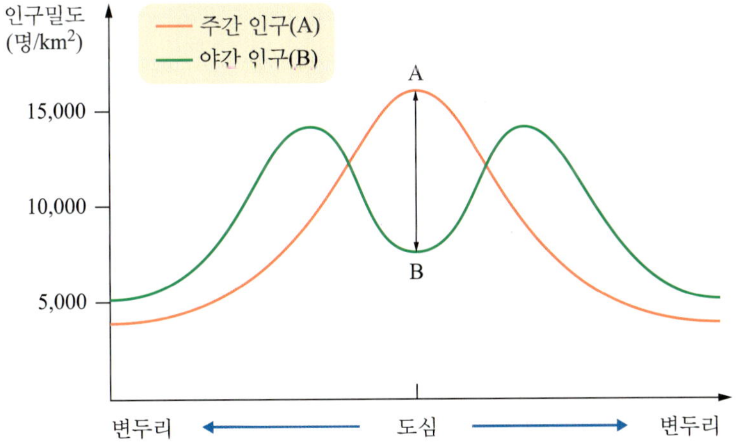

그림 7-24. 도심의 주간 인구와 야간 인구

또한 도심의 고층화는 교통량의 증가와 함께 도심의 주거환경을 악화시켜 도심 주민들의 이주를 부추기게 되며, 교외의 주택단지 개발과 도로교통 및 전철의 발달은 도심 주민들의 교외 이주 결정을 쉽게 만들기 때문에 도심의 공동화 현상이 가속화한다. 도심의 인구가 감소하면 각급 학교가 폐교되기도 하고 생활에 필요한 서비스 시설도 줄어들기 때문에 도심에 남아있는 주민들의 생활 여건은 더욱 악화할 것이다.

그러나 효율성의 측면에서 볼 때 도심이 야간에는 버려지는 공간이 되는 것은 바람직하지 않다. 그러므로 정책적으로 도심 공간을 활용하는 방안을 찾아야 할 것이다. 도심부에 문화공간이나 녹지공간을 조성하는 방법도 있을 것이고, 젠트리피케이션(gentrification) 또는 도심 재활성화를 통해서 퇴락한 주거지역 및 상업지역을 다시 단장하고 고급화하면, 중심업무지구(CBD: central business district)에 근접하길 원하는 전문직 종사자들의 주거지로 활용할 수도 있고 상점 및 음식점의 고객도 더 많이 확보할 수 있을 것이다.

도시 전체의 공간구조 측면에서는 압축도시(compact city)가 도심 공동화에 대한 대안이 될 수 있다. 압축도시는 도시 내부를 고밀도로 복합개발함으로써 토지이용의 효율성과 도시 외곽의 개발 억제를 동시에 추구하는 도시 모델이다. 교외화로 인하여 도시가 팽창하면서 도심 공동화 현상이 발생하고, 교외 주민들은 도심까지 자가용차로 출퇴근하면서 교통체증과 대기오염을 유발하는 등의 문제를 해결하기 위해서 압축도시형 개발이 제안되었다.

그림 7-25. 해 질 무렵 인적이 드문 도심(미국 시카고) [사진: 김학훈]

8

CHAPTER

지역개발과 지역정책

산업화가 진행되고 인구가 증가하면 각종 자원의 소비가 증대하고 환경이 오염되며, 인구가 도시로 집중하면서 생활 기반시설이 부족해지고 교통이 혼잡해지는 등의 문제가 나타난다. 그리고 자원이 풍부한 지역과 그렇지 못한 지역 간에는 소득 격차가 발생하며, 한 지역 내에서도 주민들 간에 빈부의 격차가 심하게 나타나기도 한다.

이러한 지역적인 문제점을 해결하여 우리의 생활공간을 살기 좋게 만드는 데 필요한 것이 지역개발이다. 그러나 대부분의 지역개발 사업은 자연환경을 불가피하게 훼손하기 때문에, 환경오염을 방지하고 환경을 보존하기 위한 대책도 함께 마련해야 한다. 본 장에서는 지역개발 이론, 우리나라의 국토계획과 지역정책, 그리고 세계의 지역개발 사례를 살펴본다.

1 지역개발

1) 지역개발의 필요성

지역개발(地域開發, regional development)이란 일정한 지역을 대상으로 중앙정부, 지방자치단체, 그리고 주민이 함께 지역의 잠재력을 개발하여 산업을 진흥하고 주민의 소득과 복지가 향상되도록 지역의 발전을 이끌어가는 과정이다. 지역개발이 지향하는 방향은 살기 좋고 균형을 갖춘 지역이다. 살기 좋은 지역이란 물질과 정신면에서 주민이 만족하고 행복을 느낄 수 있는 조건을 갖춘 지역을 말하고, 균형을 갖춘 지역은 지역주민 간 또는 집단 간의 불평등이 심하지 않고 지역 상호 간의 발전 수준도 평준화되어 있는 지역을 말한다.

지역개발의 목적은 지역 격차, 빈곤, 환경오염 등 지역문제의 해결을 통한 복지사회 건설에 있다. 지역문제의 성격을 이해하기 위해서 먼저 지역개발의 대상이 되는 세 종류의 문제 지역을 파악해 볼 필요가 있다. 첫째, 공업화와 자원 개발이 미약하여 주민들은 낮은 소득과 불량한 생활환경에 시달리고 있는 낙후 지역(backward region)이 있다. 그 예는 개발 도상 국가에서 많이 볼 수 있으며, 미국의 인디언 보호 구역, 이탈리아의 남부 지역 등의 예처럼 선진국에서도 나타날 수 있다. 둘째, 과거에는 산업 활동이 활발하여 발전했으나 현재는 어떤 이유에 의해서 쇠퇴하고 있는 침체 지역(depressed region)이 있다. 석탄산업의 침체로 쇠퇴한 한국의 탄광 지역들이 좋은 예이다. 셋째, 과도하게 인구 및 산업이 집중하여 주택난, 교통 체증, 환경오염, 범죄 등의 문제가 나타나는 과밀 지역(congested region)이 있다. 개발도상국뿐 아니라 선진국의 대도시들도 과밀 지역의 좋은 예가 된다. 이러한 문제 지역들을 해소하기 위하여 지역개발이 필요하다.

2) 지역개발 이론

(1) 성장거점 이론

성장거점 이론(growth pole theory)은 프랑스의 경제학자 페루(Perroux, 1950)가 주장한 이론이다. 이 이론의 핵심적 요소는 제조업 활동의 입지와 생산성은 원초적으로 지리적으로 균등하지 않다는 것이다. 여러 개의 도시가 분포할 때 성장거점(성장축, growth pole)이 될 수 있는 도시는 상대적으로 산업 생산성이 높고 인구도 많으며 기반시설(infrastructure)이 잘 갖추어진 도시가 되어야 한다. 지역개발 방법으로서 성장거점 개발방식에서는 성장거점을 선정하고 그곳을 우선 집중적으로 개발한다. 이러한 방식이 한정된 정부 재정으로 지역개발의 효율성을 극대화하고 개발의 효과를 주변 지역으로 파급시킬 수 있기 때문이다.

성장거점의 외부 지역은 주변부(periphery)로서 저성장 도시와 농촌 지역을 포함한다. 새로 시장을 개척하는 기업들은 주변부보다 성장거점에 모여들 것이며, 그 도시는 더욱 인구가 증가하고 누적적인 성장이 일어나서 경제적 번영을 누릴 것이다. 주변부에 있는 기업들은 재화와 서비스의 구입과 생산된 제품의 판매를 위해서 성장거점 도시에 있는 기업들과 연계될 것이다. 이렇게 성장거점 또는 핵심도시와 주변부 사이에 연계가 일어나는 것을 파급효과(spread/trickling-down effect)라고 한다. 이러한 효과는 지역 전체의 성장에 있어서 긍정적인 요소라고 할 수 있다.

부정적인 요소로는 지리적으로 불균등한 성장으로 귀결되는 양극화 효과(polarization effect)가 있다(Hirschman, 1958). 성장 효과가 기대했던 만큼 확산하지 않으면 오히려 주변 지역에서 성장거점 지역으로 자본과 인구가 집중하여 지역 격차를 더욱 벌어지게 할 수 있다. 스웨덴의 경제학자 뮈르달(Gunnar Myrdal, 1957)은 이런 현상을 역류효과(backwash effect)라고 표현했다. 대도시에 있는 제조업체들은 가장 효율적인 방법으로 첨단기술을 사용하여 생산할 것이기 때문에 주변부에 있는 소규모 기업이 성장거점 도시에 있는 경쟁기업과 맞서는 것은 어렵다. 게다가 성장이 느린 지역의 숙련 노동자들이 성장거점의 고임금에 끌려 빠져나가는 등 주변부 근로자가 성장거점으로 이주하는 역류현상이 발생할 수 있다. 자본 투자도 주변부 소도시보다 이윤이 더 남는 대도시에서 훨씬 많이 이루어질 것이며, 이렇게 되면 주변부는 성장이 더욱 더디게 될 것이다. 그래서 성장거점과 주변부 도시 간의 양극화는 장기간 지속되면서 파급효과보다 강력한 경우가 많다.

성장거점 개발의 또 다른 문제점은 성장거점을 선정하는 기준이 모호하여 지역 간의 갈등을 유발할 수 있다는 것이다. 한정된 정부 재원으로 인하여 성장거점을 선정하는 불균형 개발정책을 시행할 때 정치적인 무마책으로 성장거점이론을 활용하기도 한다.

성장거점 개발방식은 한정된 자본과 자원으로 단기간에 개발 효과를 극대화할 수 있으므로 개발해야 할 지역은 많고 자본이나 재정 능력이 부족한 개발도상국에서 주로 채택하는 하향식 개발방식이다. 우리나라는 제1차 국토종합개발계획(1972~1981년)에서 성장거점 개발방식을 채택하고, 수도권과 남동 해안 지역에 다수의 공업 단지를 건설한 바 있다.

(2) 기본수요 이론

기본수요 이론(basic needs theory)은 1976년 국제노동기구(ILO: International Labor Organiza-tion)에 의해 도입되었다. 이 이론은 근대화 이론에 의한 개발방식에 대한 반발로 나온 것이다. 근대화 이론에서는 경제개발을 위해서는 로스토우(Rostow, 1960; 본서 6장 참조)가 제안한 것처럼 산업화의 단계를 따라야 한다고 본다. 그런데 기본수요 이론에서는 근대화 이론에 의한 개발방식이 개발도상국에서 빈곤문제나 불평등문제를 제대로 해결하지 못하고 있다고 주장한다.

기본수요 접근방법은 먼저 장기적인 복지를 위해서 필요한 최소한의 자원을 정하고, 그에 따라 빈곤을 벗어나 기본적인 수요를 충족하는데 필요한 소득액을 결정한다. 그리고 노동집약적인 소규모 공업화를 통하여 고용기회를 증대시키면 소득이 증가하여 기본수요를 충족시킬 뿐 아니라 빈곤퇴치와 보건위생 개선도 이룰 수 있다는 것이다. 이러한 개발전략은 지역주민의 자발적인 참여와 기초자치단체의 주도적 사업추진이 필요한 상향식 접근방법을 취하고 있다.

이 접근방법은 생산활동에 대한 투자에 초점을 맞추는 것이 아니라, 지역사회가 생존하는 데 필요한 지원의 규모나 빈곤층이 빈곤선(poverty line)을 벗어날 수 있는 기초수요의 규모를 결정하고 충족시키는 데 중점을 둔다. 이 이론에서는 절대 빈곤을 벗어나게 하는 것이 빈곤층 주민들에게 일하고 소비하고 저축하면서 사회활동에 참여하는 기회를 제공하는 좋은 방법이라고 주장한다. 그러나 이 이론을 비판하는 사람들은 이 이론이 논리가 부족하고 실제로 적용하기 어려우며, 개발도상국들의 경제부흥정책과 어긋나서 혼란을 초래할 것이라고 반박한다.

(3) 도농통합적 접근

도농통합적 접근(agropolitan approach)은 프리드먼과 더글러스(Friedmann and Douglass, 1978)가 제안한 지역개발 방법이다. 도시보다 농촌인구가 많고 기본수요가 충족되지 않는 저개발국의 경우 도시를 먼저 개발하면 농촌을 위한 파급효과는 제한적으로만 발생하여 농촌인구 대부분은 혜택을 받지 못하게 된다는 것이다. 이 접근방법은 도시와 농촌의 발전격차를 해소하고 균형발전을 도모하기 위해서 도시와 농촌이 상호의존하며 통합된 소단위 생활권인 도농통합지구(agropolitan district)를 조성한다는 전략이다. 도시와 농촌은 상호 경쟁력을 강화해서 도시는 농촌지역에 대한 서비스 기능에 충실하고 농촌은 도시 주민을 위한 식량생산에 집중한다는 것이다. 이러한 지역개발 방식의 주목적은 경제개발보다는 인간의 기본적인 욕구를 충족시키는 사회개발이다. 도시보다 농촌인구가 더 많으므로 농촌을 먼저 개발하되 지역 여건에 맞게 주민을 참여시켜 계획을 입안하고 시행하는 것이다.

도농통합적 접근법의 문제점은 성장거점 이론에 대한 반발에서 나온 관념적 이론이라는 것이다, 사실 저개발국에서 '형평성'을 전제로 하는 도농통합지구의 범위를 설정하는 데 어려움이 있고, 행정체제를 하향식에서 상향식으로 전환하는 것도 현실적으로 어려움이 많다. 저개발국의 한정된 재원으로 농촌의 많은 인구에 대해 지원하는 것은 효율적이지 못하며, 농촌지역의 난개발을 초래할 수도 있다.

3) 지역개발의 방법

모든 정책이 마찬가지이지만 지역개발에서도 효율성(efficiency)과 형평성(equity) 간의 선택 문제가 발생한다. 지역의 특정 산업에 집중적으로 지원을 하면 효율성은 증진될 수 있으나 다른 산업에 대한 형평성은 충족시키지 못하게 된다. 마찬가지로 특정 지역만 집중적으로 개발한다면 국가 재정 집행에서 효율성은 제고될 수 있지만 다른 지역에 대한 형평성은 훼손이 된다. 반대로 형평성을 강조하면서 모든 지역의 모든 산업에 공평하게 지원한다는 것은 정부의 재정 문제에 봉착할 뿐만 아니라 재정 효과 측면에서도 효율적이지 못하다. 그러므로 지역개발의 방법을 결정할 때도 효율성과 형평성을 적절하게 선택해서 조화시킬 필요가 있다.

지역개발의 방법은 개발 실행의 주체에 따라 하향식(top-down) 개발과 상향식(bottom-up) 개발로 나눌 수 있다. 하향식 개발은 중앙정부가 주도하여 전국적인 관점에서 비교 우위에 있는 유리한 지역을 집중적으로 개발하는 방식이다. 반면에 상향식 개발은 지방정부가 주도하여 지역주민의 참여를 바탕으로 농촌에 기반을 둔 소도시를 농촌과 통합적으로 개발하는 방식이다(표 8-1).

지역개발의 방법을 전략적인 측면에서 볼 때 거점 개발과 균형 개발로 나눌 수 있다. 거점 개발은 성장 잠재력과 파급효과가 큰 성장거점을 선정하여 집중적으로 개발함으로써 개발의 효과가 차츰 주변 지역으로 확산하도록 유도하는 개발방식이다. 거점 개발방식은 한정된 자본과 자원으로 단기간에 개발 효과를 극대화할 수 있으므로 재정이 부족한 개발도상국에서 주로 채택한다.

균형 개발은 지역 간의 격차가 해소되고 전국적으로 골고루 발전하도록 낙후 지역을 먼저 개발하는 방식이다. 균형 개발 방식은 효율성보다는 형평성을 추구하며, 성장의 속도가 다소 늦어지더라도 지역의 실질 성장을 기할 수 있다.

지역개발의 이론적인 배경을 살펴보면, 하향식 개발은 불균형 성장론에 바탕을 두고 있으며, 개발전략 측면에서는 성장거점 이론이 뒷받침하고 있다. 즉, 여러 산업이 집적되어 있고 기반시설을 잘 갖추어 성장 잠재력이 있는 도시를 성장거점으로 선정하여 선도산업을 유치하고 집중적으로 개발하면 누적적인 성장이 일어나고 개발의 효과가 차츰 주변 지역으로 파급되도록 유도하는 거점 개발방식은 성장거점 이론에 바탕을 둔 하향식 개발의 전형이다.

상향식 개발은 하향식 개발에 대한 대안으로 1970년대에 나타난 새로운 개념으로서, 균형 성장론에 바탕을 두고 있으며 개발전략 측면에서 기본수요 이론과 도농통합 접근법에 바탕을 두고 있다. 즉, 지역 간의 격차가 해소되고 전국적으로 골고루 발전하도록 낙후된 지역을 먼저 개발하는 균형 개발방식은 상향식 개발이 추구하는 개발전략이다.

이와 같은 지역개발 방법들의 장단점을 비교하면 표 8-1과 같이 요약할 수 있다.

표 8-1. 지역개발 방법의 장단점 비교

구분	지역개발 방법	장점	단점
개발 주체	하향식 개발	• 국가 전체의 효율적 계획 가능	• 지역주민의 요구가 무시됨
	상향식 개발	• 지역주민의 요구가 반영됨	• 행정 체제를 바꿔야 하므로 시행이 어려움
개발 전략	거점 개발	• 국가 전체의 자원 배분에 효율적	• 지역 간의 격차로 인한 갈등 • 주변 지역에 대한 파급효과 미흡
	균형 개발	• 지역 간의 격차가 해소됨	• 자원 배분의 효율성이 떨어짐

2 국토계획의 전개

국가 전체로 볼 때 지역개발이 추구해야 할 방향은 국가 평균적인 복지수준은 상승하면서 지역 상호 간의 격차는 점차 감소해 나가는 것이다. 그러므로 지역개발은 국가적 차원의 국토계획과 조화를 이루어야 한다.

국토종합계획은 국토를 이용·개발·보전하는데 있어서 미래의 경제적·사회적 변동에 대응하여 국토가 지향하여야 할 장기적인 발전 방향을 종합적으로 제시하는 계획이다(「국토기본법」 제6조). 구체적으로는 인구와 산업의 배치, 기반시설의 보급, 국민 생활환경의 개선, 국토 자원의 관리 및 환경보전에 관한 정책 방향을 제시하여 균형 있는 지역 발전을 계획하는 것이다.

그러면 우리나라 국토개발의 전개 과정을 간략히 살펴보자. 근대화 초기의 국토개발은 1900년을 전후로 부설되기 시작한 경인선과 경부선 등의 철도망이 큰 영향을 미쳤다. 그 이후의 국토개발은 치산치수(治山治水)를 위한 사방 공사와 하천 정비 등을 위주로 하여 추진되었으나, 일제 강점기에는 북부 지방을 중심으로 전력과 광공업 개발이 이루어졌고, 1950년대에는 6·25 전쟁의 피해 복구에 치중하면서 태백 산지에 산업 철도가 건설되고 비료·시멘트 공장 등이 설립되었다.

그러나 우리나라의 국토개발 사업이 본격적으로 추진된 것은 1960년대부터이다. 1962년부터 시작된 경제개발 5개년 계획에 의해서 경인 지역과 남동 해안 지역에 공업화가 추진되었고, 경인·경부 고속도로와 다목적 댐 등이 건설되었다.

1970년대에 와서 산업화에 의한 경제성장이 급속도로 이루어지면서, 더욱 효율적인 국토 공간의 이용이 요구되었으며, 종합적인 국토개발이 필요하게 되었다. 그리하여 제1차 국토종합개발계획을 시작으로 지금까지 4차에 걸친 국토종합(개발)계획이 시행되었으며, 현재는 제5차 국토종합계획(2020～2040)이 시행되고 있다(그림 8-1 참조).

제1차 국토종합개발계획(1972～1981)에서는 개발의 주안점을 생산기반의 확충에 두었으며, 투자의 효율성을 높이기 위해서 하향식 거점 개발전략을 채택하여 소수의 성장거점을 중심으로 집적 이익을 추구하였다. 입지 조건이 양호한 남동 해안 지역과 남해안 지역에 대규모 공업 단지를

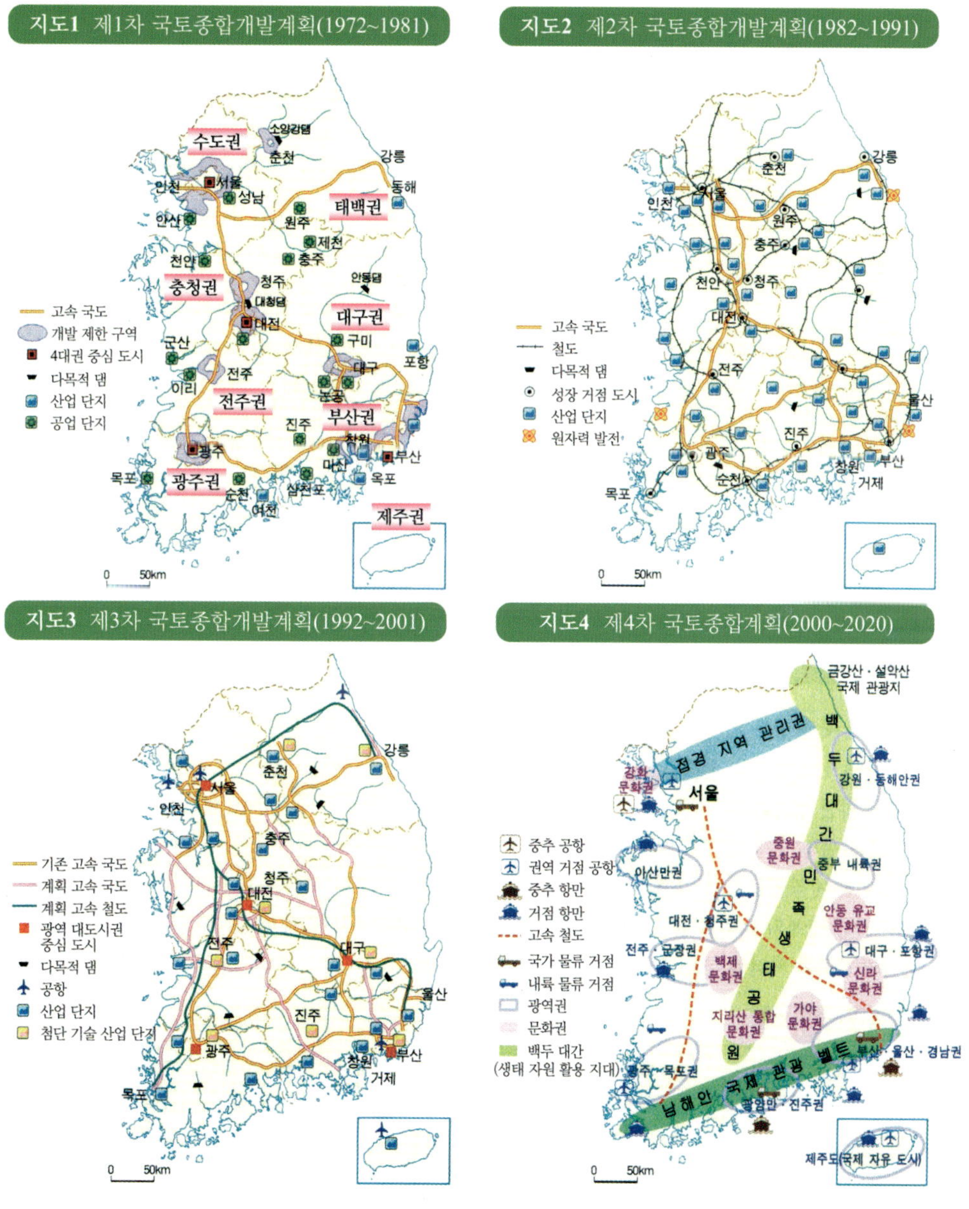

그림 8-1. 국토종합계획의 변화 [자료: 건설교통부, 2000]

조성하고, 산업 기반시설로서 다목적 댐과 고속도로 등을 건설하는 데에 중점을 두었으나, 지역 간의 소득 격차와 생활 수준의 격차가 심해지는 문제점이 나타났다.

제2차 국토종합개발계획(1982～1991)에서는 생산 기반의 확충 외에도 생활환경을 재정비하는 데 역점을 두었으며, 지역 간 불균형을 해소하기 위해서 광역권을 설정하고 광역권 간의 균형 개발을 도모하였으며, 특정 지역에 집중된 집적 이익을 다른 지역으로 확산하는 계획도 시도하였다. 특히 광역 개발과 생활권 개념을 도입하고, 지역 간 균형 개발을 추진하였으며, 국민 복지의 향상과 환경 보호에도 중점을 두었다. 여기서 광역 개발이란 거점 개발과 균형 개발의 중간 단계로서 도시와 배후 농촌 지역을 하나의 지역 생활권으로 묶어 개발하는 방식을 말한다. 그러나 여전히 성장 위주의 개발로 인하여 지역 간 균형 개발의 성과는 미흡했다.

제3차 국토종합개발계획(1992～2001)에서는 그동안의 개발 과정에서 훼손된 자연환경의 보전에 노력을 기울이면서 지역 간의 균형 개발을 주요 목표로 삼고, 모든 지역이 집적 이익을 누릴 수 있도록 계획을 수립하였다. 그리하여 인구와 산업의 지방 분산을 유도하며, 통합적인 고속도로망을 형성하였다. 그러나 1990년대의 세계화, 개방화, 지방화 등의 여건 변화 때문에 계획의 성과는 제한적일 수밖에 없었다.

제4차 국토종합계획(2000～2020)에서는 '21세기 통합국토'를 기조로 하여 균형국토, 녹색국토, 개방국토, 통일국토를 기본 목표로 삼았으며, 국토 환경의 보전을 중시하고 환경 친화성을 부각하기 위해 계획의 명칭에서 '개발'이라는 용어를 삭제하였다. 또한 지방 정부와 지역주민의 의견을 반영하는 상향식 균형 개발을 지향하고, 국토에 대한 장기적인 구상을 위하여 20년을 계획 기간으로 하는 장기계획을 수립하였다.

「국토기본법」 제19조에 의하면 사회적·경제적 여건 변화를 고려하여 5년마다 국토종합계획을 전반적으로 재검토하고 필요할 경우 이를 정비해야 한다고 명시되어 있다. 이에 따라 제4차 국토종합계획은 두 차례의 수정계획이 발표되었다. 1차 수정계획(2006～2020)에서는 '약동하는 통합국토의 실현'을 기조로 하여 기본 목표에 '복지국토'를 추가하고, 행정중심복합도시(세종시) 건설과 남북 교류협력 확대 등을 반영하였다. 그리고 2차 수정계획(2011～2020)에서는 '글로벌 녹색국토'를 기조로 하여 통합국토, 친환경국토, 매력국토, 열린 국토를 기본 목표로 제시하였다. 2차 수정계획에서 제시된 국토 공간구조 형성의 기본방향은 대외적으로 초광역개발권의 4대 벨트[1]를 중심으로 개방형 국토발전축을 형성하여 외국과의 교류협력 기반을 강화하고, 대내적으로는 5+2 광역경제권[2]을 중심으로 거점도시권을 육성하고 광역경제권 간의 연계와 협력을 통해 지역의 자립 발전을 유도하는 것이다.

제5차 국토종합계획(2020～2040)에서는 현재와 미래 세대 모두를 위한 국토의 백년대계 실현을 지향하며 「모두를 위한 국토, 함께 누리는 삶터」를 비전으로 설정하였다. 계획의 목표는 균형

1) 초광역개발권 4대 벨트: 서해안 신산업벨트, 남해안 선벨트, 동해안 에너지 관광벨트, 남북교류 접경벨트.
2) 5+2 광역경제권: 수도권, 충청권, 호남권, 대경권(대구, 경북), 동남권(부산, 울산, 경남) + 강원권, 제주권.

국토, 스마트국토, 혁신국토로 정하고 국토발전전략으로 6가지를 제시했다(그림 8-2 참조). 국토공간 형성의 기본 이념은 다양성(diversity)과 연결성(connectivity)으로 정했다. 다양성은 다양한 공간 및 추진 주체, 다양해지고 있는 국민의 수요를 고려할 뿐만 아니라 분권화의 진전에 대응하여 지역성을 유지·강화하는 것을 뜻한다. 연결성은 인구감소와 저성장, 기술혁신 등 여건 변화를 고려하여 국토공간의 연결성을 강화하여 가치를 창출하고 지속가능성을 확대하는 것을 의미한다.

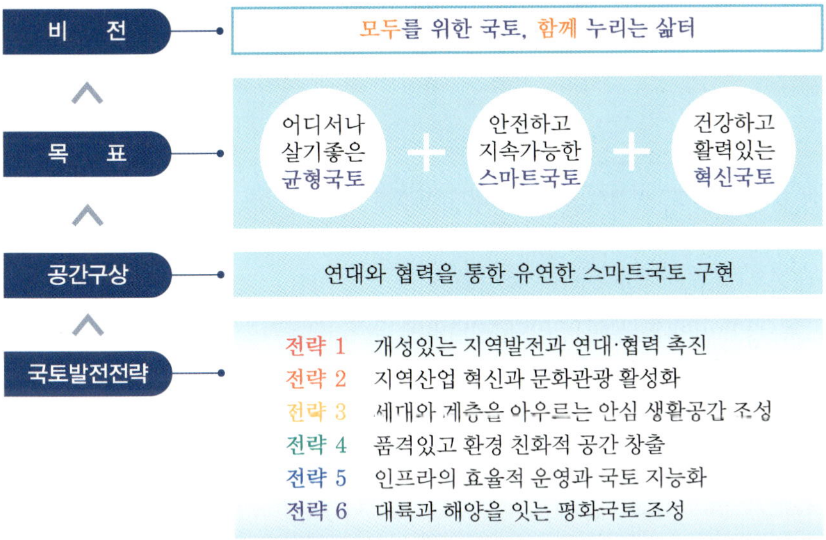

그림 8-2. 5차 국토종합계획(2020~2040)의 기조 [자료: 대한민국정부, 2019, p.25]

한반도 신경제 구상은 한반도 3대 경제벨트를 구축하고 남북협력을 위한 '하나의 시장'을 구현한다는 계획이다(그림 8-3). 먼저 환동해 경제벨트는 에너지·자원 벨트로서 러시아와의 에너지(가스, 석탄) 협력과 북한 단천특구 등에서의 광물자원(아연, 마그네사이트 등) 공동개발을 매개로 협력 범위를 확대하여 남한(영동권), 북한(동부권), 중국(길림·흑룡강省), 러시아(연해주)의 발전적인 협력축을 개발하는 것이 목표이다. 환서해 경제벨트는 물류·산업 벨트로서 풍부한 인구와 산업시설 등 기존 인프라, 서울-평양을 잇는 서해축, 남한·북한·중국의 상호보완적 무역구조, 중국의 일대일로 진전에 따른 복합물류 혁신 등을 기회로 활용하여 개발하는 것이 목표이다. 접경지역 경제벨트는 군사지역인 DMZ의 생태환경적 특성을 활용하여 관광지구로 개발하고, 접경지역을 산업단지로, 한강하구를 공동관리하는 구역으로 조성하여 정치·군사적 긴장을 완화하고 평화정착을 견인하는 것이 목표이다. '하나의 시장' 구현이란 남북 간 경제협력을 위한 물리적·제도적 공간을 하나로 형성해 나감으로써 남북 간 상품, 생산요소 및 기술의 교류를 촉진하고 3대 경제벨트의 기반을 조성하는 것이다.

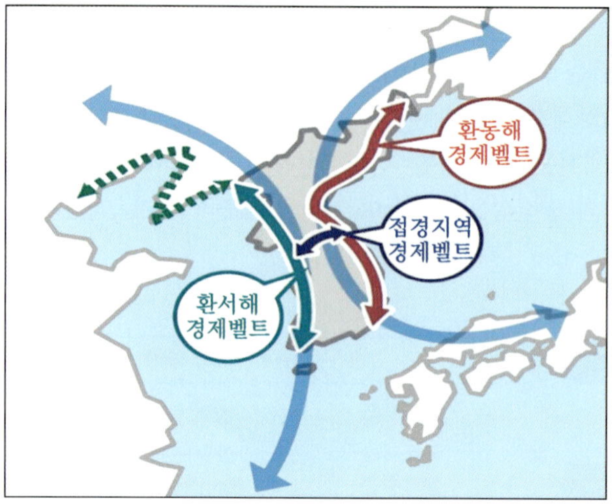

그림 8-3. 한반도 신경제 구상과 3대 경제벨트 개념도 [출처: 대한민국정부, 2019, p.157]

국토종합계획은 국토기본법에 따라 수립되는 국토의 이용·개발 및 보전에 관한 최상위 계획으로서, 군사에 관한 계획을 제외하고 다른 법령에 의해 수립되는 모든 국토에 관한 계획에 우선하며 그 기본이 된다. 또한 국토종합계획은 향후 수립될 각종 공간계획의 기본이 되며, 지역계획과 부문별 계획 등은 국토종합계획에서 제시하는 방향과 조화를 이루어야 한다. 그러나 현재 부처별로 개별법에 따라 유사한 지역개발계획들을 수립하여 시행하고 있어서 효율성이 저하되고 계획 간의 상호연계도 미흡한 것이 문제점으로 지적되고 있다(그림 8-4 참조).

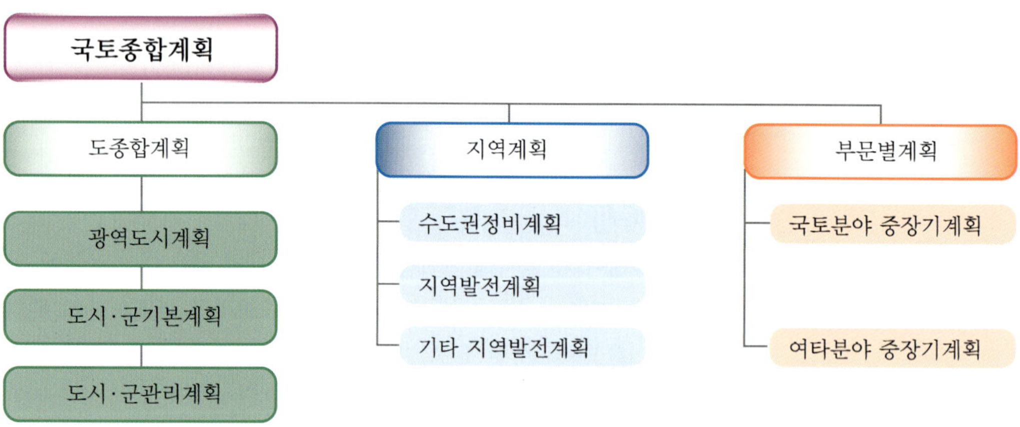

그림 8-4. 국토종합계획의 위상 [출처: 대한민국정부, 2019, p.4]

그동안 우리나라의 국토개발에서 나타난 문제점으로는 수도권 집중에 의한 지역 간 불균형 심화, 환경 훼손에 의한 삶의 질 저하, 사회 기반시설의 부족으로 인한 국가 경쟁력 약화 등을 들 수 있다. 이러한 국토의 문제점을 해결하기 위해서는 효과적인 국토계획이 필요하다.

지금까지 우리나라에서 시행된 국토계획은 하향식 개발의 전형이었다. 앞으로는 지방자치제도를 바탕으로 지역주민의 발의와 참여를 통해 개발안을 마련하여 국토계획에 반영하는 방식의 상향식 개발을 활발히 추진해야 할 것이다. 그리고 통일된 한반도를 염두에 두고 대내적으로 지역 간 격차를 해소하고, 대외적으로는 주변 국가 및 태평양 연안 국가들과 연계하여 발전해나가는 전략도 필요할 것이다.

3 지역정책[3)]

1) 지역정책의 의의

모든 국가는 다양하고 복잡한 사회, 경제, 공간 문제들을 가지고 있다. 한 국가 내에서 개별적인 공간 단위인 지역이나 도시는 지역적 맥락의 문제들을 가지고 있다. 이러한 각 공간 단위에서의 문제들을 해결하는 공공의 행위로서 지역정책이 필요하다.

지역정책의 접근법은 사람기반 정책(people-based policy)과 장소기반 정책(place-based policy)으로 나누어 볼 수 있다. 사람기반 정책은 주민의 번영(people prosperity)을 추구하며, 어디에 살고 일하든지 간에 개인의 삶을 제고하고, 생산요소의 이동을 통해 효율성을 증진하고, 동등한 기회를 보장하는 것이 가장 효과적인 정책수단이라는 입장이다. 반면에 장소기반 정책은 장소의 번영(place prosperity)을 추구하며, 지역을 기반으로 정책을 시행하면 외부효과를 통해 지역에 거주하는 사람들의 성장 잠재력을 형성하고 이를 극대화할 수 있다는 입장이다.

지역정책은 사람기반 정책으로 접근이 가능하지만 기본적으로는 장소기반 정책이다. 공간적으로 접근하면 정책 영역과 대상이 분명하고, 정책수단도 정량적, 물리적 개선을 목표로 하기 때문에 실행하기도 쉽고, 그 결과를 평가하기도 쉽다. 장소기반 정책으로서의 지역정책은 지리적 맥락에서 접근하기 때문에 경제적 측면뿐 아니라 사회, 문화, 제도적 측면에서 지역문제에 접근할 수 있다. 이와 관련하여 지역정책과 관련된 정책은 산업정책, 교통통신 인프라정책, 주택정책, 교육정책, 문화정책, 조세금융정책, 토지이용규제정책 등을 망라한다.

3) 본 절은 이상대(2018. "지역·도시정책의 이해." 지역·도시정책의 이해. 한국지역학회 편. 서울: 홍문사. pp.5-30)의 내용을 수정·요약하였음.

2) 우리나라 지역정책의 변천

우리나라에서 도시정책은 주로 지장자치단체의 소관이지만 지역정책은 중앙정부가 많이 관여해 왔다. 교통 인프라 구축이나 국가산업단지 조성, 지역 간 격차 문제와 낙후지역 지원 등 지역 관련 정책은 중앙정부가 주도하는 지역발전정책 발표나 지역발전 관계법 제정으로 실현되었다. 이러한 지역정책 이슈는 국가적 아젠다 성격을 가지기 때문에 역대 정부마다 집권 후에는 지역발전정책의 목표, 전략, 사업 논의와 구체화 작업이 되풀이되고 있다.

1960년대 산업화와 도시화가 본격화된 후 지역정책은 이 과정에서 촉발된 지역격차 완화를 주목적으로 추진해 왔다. 기본적인 접근방식은 지역을 발전된 지역과 낙후된 지역으로 구분한 다음 낙후된 지역에 대해 행정·재정적 정책수단을 활용하여 인센티브를 주고, 상대적으로 발전된 지역에는 규제정책과 조세 중과를 통해 성장을 억제하여 지역격차를 완화하는 방식이었다. 1980년대까지는 지역격차 해소와 지역균형발전 목표가 본격적으로 국토계획 및 수도권정비계획을 통해 관철되고 있었다.

그러나 글로벌 경쟁 시대로의 진입, 투자자본의 자유로운 이동, 분권화의 확대, 중앙정부 및 지방정부의 복지비 부담 증대로 인한 재정여력 감소 등으로 발전된 지역에 대한 규제가 점점 어려워지고, 낙후지역의 성장이나 투자확대가 생각만큼 따르지 않게 되자 지역발전정책의 접근법이나 수단도 재검토하게 되었다.

1990년대에는 내외적으로 세계화가 진행되면서 자본의 국제적 이동이 자유로워졌고, 미·일·유럽의 경제침체가 장기화하면서 세계 각국의 지역정책은 지역경쟁력 강화를 목적으로 추진되기 시작했다. 특히 2000년대 들어서 세계화가 심화되어 국가경쟁력 제고가 중요해졌고 지역 단위의 발전정책에서도 지역경쟁력 제고 목표가 더 중요하게 자리잡았다. 더구나 이전의 지역격차 완화, 도로와 댐 등 인프라 투자 중심의 지역발전정책의 비효율성과 예산낭비가 발생함에 따라 지역발전정책은 지역경쟁력 강화 전략이 중심으로 자리 잡았다.

지역경쟁력 제고 중심의 지역발전정책의 주요 수단들은 지역발전특구, 규제완화특구, 경제자유특구 등의 특구 지정과 함께 신성장산업의 지정 및 정부지원 방식으로 추진하였다. 특히 경쟁력의 구도가 도시 간, 대도시권 간 경쟁으로 귀결되면서, 저마다 대규모 집적경제 이익과 광역도시권 성장에 초점을 두기 시작했다.

2000년대 이후 유럽을 중심으로 지역발전정책의 영역도 사회통합으로 확장되기 시작했다. 세계화, 신자유주의 시대가 풍미한 후 과도한 경쟁으로 인하여 취약지역과 취약계층의 삶의 질이 악화했으며, 또 이민자들의 문화와 기존 질서 간에 충돌이 빈번해짐에 따라 사회통합과 격차 완화가 시대적 요구로 집약되기 시작하였기 때문이다. 이에 따라 지역정책은 교육, 복지, 외국 이주민 대책 등 사회정책적 영역과 결합하기 시작하였다. 이렇게 지역정책의 초점과 접근 방향은 지역격차 완화 → 지역경쟁력 제고 → 지역사회 통합으로 전개됐다고 할 수 있다.

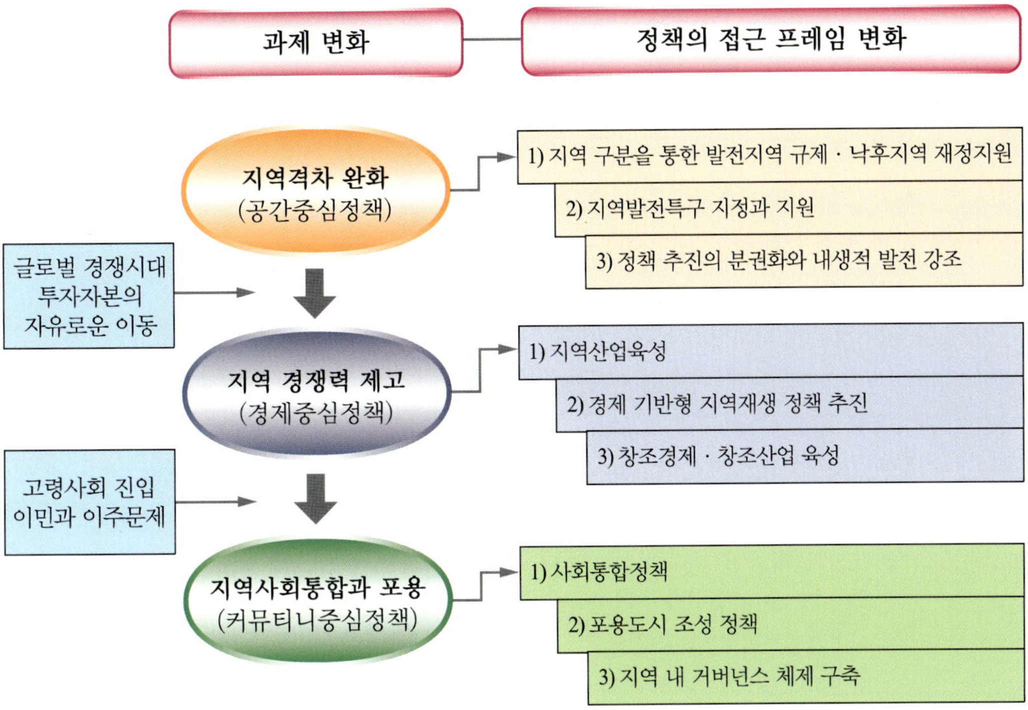

그림 8-5. 지역발진정책의 변화 [출처: 이상대, 2015, p.10]

3) 역대 정부의 지역발전정책

노무현 정부의 참여정부는 수도권 집중과 지역 격차 문제에 대한 대책으로 2004년 「국가균형발전 특별법」을 제정하여 헌법에서 규정한 지역균형발전을 국정 주요과제로 채택하였다. 노무현 정부의 지역발전정책은 국가균형발전특별법 제정, 국가균형발전위원회 설치, 국가균형발전 5개년계획 수립, 국가균형발전특별회계 도입 등을 통해서 지역균형발전의 안정적인 추진체계를 구축한 점, 그리고 수도권 소재 정부부처와 공공기관의 지방이전을 통해 지방발전의 거점을 형성한 점 등이 주목할 만한 성과이다.

이명박 정부는 지역의 글로벌 경쟁력 취약이라는 문제진단에 따라 지역발전정책의 목표로 '일자리와 삶의 질이 보장되는 경쟁력 있는 지역 창조'로 제시하였다. 핵심정책은 광역경제권을 중심으로 한 '5+2 광역경제권' 정책이다. 여기에 더하여 163개 시군의 기초생활권, 7개 초광역벨트권 전략을 포함하여 '3차원 지역발전정책'으로 명명하였다. 아울러 지방재정의 확충과 자율성 제고, 중앙정부가 보유한 인허가권의 지방이양, 지방의 계획·개발권 확대를 추진하였다. 그리고 행정구역을 넘어선 연계협력사업의 추진, 수도권과 지방의 상생발전을 위한 상생발전기금의 도입도 이명박 정부의 주요 성과라고 할 수 있다.

박근혜 정부는 지역주민의 주거, 교육, 문화, 환경, 보건, 의료 등 삶의 질 분야에서도 지역 간 격차가 확대되는 상황에 주목하였다. 지역발전정책의 목표로 '국민행복·지역희망(HOPE) 프로젝트'를 제시하고, 목표 달성을 위한 주요 정책으로 지역 행복생활권 활성화, 일자리 창출을 통한 지역경제 활력 제고, 교육여건 개선 및 창의적 인재 양성, 지역문화 융성 및 생태복원, 사각없는 지역복지·의료 등을 추진하였다. 박근혜 정부는 정책의 수혜자인 주민의 번영(people prosperity)을 정책 방향으로 설정하고, 생활권별 교육, 의료, 복지, 환경 등 사회환경 측면의 지역발전정책으로 접근한 점은 의미 있는 성과라고 평가한다.

한편 문재인 정부는 저성장, 저고용, 저출산, 지방소멸 등을 문제점으로 주목하고 '국정운영 5개년계획'을 통해 지역발전정책과 관련하여 '고르게 발전하는 지역'을 국정목표로 제시하였으며, 이러한 균형발전 목표를 달성하기 전략으로는 자치분권, 균형발전, 농산어촌을 언급하였다. 국정과제로는 혁신도시 중심의 클러스터 육성, 산업단지 육성, 산업단지 혁신, 도시재생 뉴딜, 조선산업 경쟁력 제고, 농어업의 6차 산업화, 친환경 농축산업과 스마트 농업 등을 제시하였다. 특히 문재인 정부는 국가균형발전 전략과 지방분권 전략을 결합하여 시너지 효과를 얻는 것을 시도하였다.

4 세계의 지역개발

세계 여러 나라의 대규모 지역개발 사업을 살펴보면 미국의 테네시강 유역 개발, 이집트의 아스완 하이 댐, 인디아의 다모다르강 유역 개발, 중국의 싼샤 댐 건설 등 하천 유역을 개발하여 운하나 다목적 댐을 건설하는 사업이 위주로 되어 있다. 이러한 지역개발 사업의 주목적은 용수 확보를 통한 농업개발 또는 전력 생산을 통한 공업개발에 있다. 다른 유형의 지역개발로는 브라질의 아마존강 유역 개발처럼 열대우림을 개간하여 농지를 확보하고 도로를 개설하는 사업이나 러시아의 시베리아 개발처럼 천연자원 개발이 주목적인 것도 있다. 그리고 최근에 시행된 독일 루르 지방 재생사업처럼 산업구조 전환과 환경복원이 복합적으로 추진된 사례도 있다. 이러한 사례들을 구체적으로 살펴보면 다음과 같다.

1) 미국의 테네시강 유역 개발

미국의 대공황(Great Depression, 1929～1939)을 극복하기 위한 뉴딜(New Deal)정책의 일환으로 1933년에 설립된 테네시강 유역 개발공사(TVA: Tennessee Valley Authority)는 6개 주에 걸쳐있는 연방정부 기관으로서 테네시강 유역의 종합 개발을 목적으로 하고 있다. 테네시강 유역은 1930년경만 해도 미국 내에서 가장 낙후한 지역 중의 하나였으며, 산림은 벌목과 산불에 의하여 황폐하고, 토양은 빗물에 의하여 심하게 침식되어 있었다. 강변의 마을들은 홍수의 피해를 자주 입었으며, 테네시강의 홍수 때문에 하류에 있는 미시시피강까지 범람하는 경우가 많이 발생했다.

테네시강 유역 개발공사는 설립 이후 현재까지 26개의 대형 다목적 댐을 테네시강 유역에 건설하여 홍수 방지, 전력 개발, 농업 및 공업용수 공급, 수운 개발, 위락 시설 개발 등에 도움이 되도록 하였다. 이 사업으로 테네시강의 범람은 멈추고 내륙 수운이 발달하였으며, 주변 지역에는 풍부한 전력과 용수를 이용하는 공장들이 많이 들어서게 되었다. TVA 사업은 대규모 수자원 개발 계획의 성공적인 사례로서 다른 나라에 많은 영향을 끼쳤다.

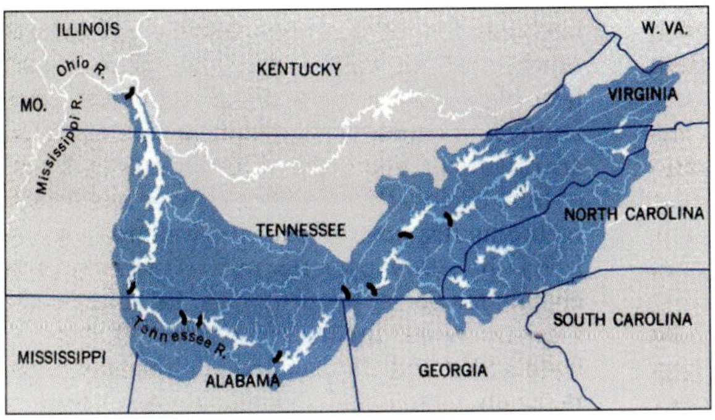

그림 8-6. TVA 관할 구역

그림 8-7. Norris Dam(TVA, 1936년 완공)

2) 이집트의 아스완 하이 댐

나일강은 아프리카 부룬디에서 발원하여 빅토리아호를 거쳐 수단과 이집트를 지나 지중해로 흘러 들어간다. 이집트의 아스완 댐은 1902년에 영국인에 의해서 완공된 홍수조절 및 관개용 댐이다. 이 댐에서 약 6 km 상류에는 1970년에 완공된 다목적 댐인 아스완 하이 댐(Aswan High Dam)이 있다. 이 댐의 높이는 111 m, 길이는 3,830 m, 이 댐의 저수지인 나세르호 총저수량은 1,689억 ton에 이른다. 이 댐의 건설로 인하여 9만 명의 이집트 농부와 수단 유목민이 이주해야 했다. 이 댐의 총저수량 중 일부는 협정에 따라 수단에 분배된다.

댐의 공사 중 수몰 위기에 있던 많은 고대 이집트 유적들을 유네스코(UNESCO)가 중심이 되어 이전하였다. 그중에서 최대의 난제는 아부심벨(Abu Simbel) 신전의 이전이었다. 이 신전은 BC 13세기 나일강 연안의 사암(砂岩) 절벽을 파서 만든 것인데, 이전하기 위해서 신전의 바위들을 톱질하여 20~30 ton의 블록으로 절단한 다음 댐의 수면보다 높은 위치로 옮겼다.

아스완 하이 댐은 이집트에 엄청난 경제적 혜택을 제공했으며, 해마다 발생하는 나일강 홍수를 사상 처음으로 통제하게 되었다. 이 댐은 관개용수를 공급하여 주변 사막지대를 농경지로 변모시켰으며, 210만 kW의 전력을 생산하여 화학 비료 공장과 제철 공장에 전력을 공급하였다. 또한 댐의 저수지는 어업, 관광, 수운을 발전시켰다. 그러나 이 댐이 가져온 부정적인 결과 중 하나는 해마다 홍수로 범람할 때 밀려 내려오던 비옥한 침적토가 더 이상 공급되지 않아서 나일강 주변 농경지의 생산성이 저하된 것이다.

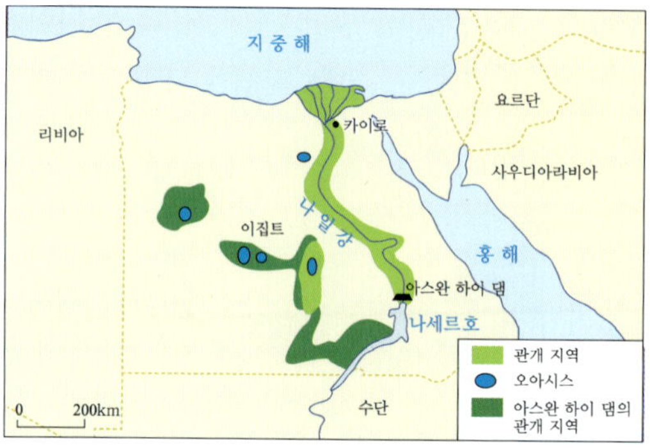

그림 8-8. 아스완 하이 댐의 위치

그림 8-9. 아스완 하이 댐 [위성사진: NASA]

3) 인디아의 다모다르강 유역 개발

인디아의 다모다르강 유역 개발사업은 미국의 테네시강 유역 개발공사(TVA)를 모범으로 하여 1948년에 설립된 다모다르강 유역 개발공사(DVC: Damodar Valley Corporation)에 의해 시작되었다. 다모다르강은 비하르주와 서(西)벵골주에 걸쳐 흐르는 강으로서, 하류 인근에는 인도에서 두 번째로 큰 대도시인 콜카타가 있다. 다모다르강 유역은 인도에서 가장 중요한 탄전이 있는 지역으로 오래전부터 산업이 발달해왔다. 그러나 건기 때는 가뭄으로 피해를 보기도 하고, 우기 때에는 하류 지역에서 홍수의 피해를 자주 입기 때문에 다모다르강을 '슬픔의 강'이라 부르기도 했다. 이에 인디아의 중앙 정부와 두 주 정부는 협력하여 이 개발 계획을 세웠다.

다모다르강 유역 개발계획의 근간은 3개의 수력발전 댐과 4개의 저수용 댐, 6개의 석탄 화력 발전소를 건설하는 것이다. 댐을 만들어 홍수를 조절하고, 댐과 연결된 관개수로를 만들어 농업용수를 안정적으로 공급할 수 있게 되었다. 그리고 댐을 이용한 수력발전과 부근의 탄전을 이용한 화력발전은 비료 공장, 제철 공장 등이 들어선 신흥 공업지대에 전력을 공급하였다. 또한 산림 조성, 물고기 양식, 휴양지 개발 등이 이루어져, 유역 전체에서 농업과 공업이 발전하고, 주민들의 생활수준도 많이 향상되었으며, 인구도 많이 증가하였다.

그림 8-10. 다모다르강 유역 개발

그림 8-11. Maithon 댐(DVC, 1957년 완공)

4) 브라질의 아마존강 유역 개발

브라질은 1950년대부터 내륙 개발사업을 시작하여 아마존 분지 일대를 중점적으로 개발하였으며, 1960년에는 수도를 리오데자네이로에서 내륙 신도시인 브라질리아로 이전하였다. 아마존 분지는 브라질 국토의 약 40%를 차지하는 방대한 지역이지만, 열대우림으로 뒤덮여 있어서 개발이 어려운 곳이다. 이곳을 동서로 횡단하는 약 4,260 km 길이의 아마존 횡단도로[4]가 1972년에 개통되었으며, 도로 주변 곳곳에 농업개발을 위한 거점 마을이 건설되었다.

이 개발 사업은 상업적 농업과 광산 개발을 위주로 전개되고 있다. 또한 공업 발전을 위하여 아마존 분지의 한복판에 위치한 마나우스(Manaus)를 자유무역지대로 지정하고, 국내 및 외국 기업의 공장들을 많이 유치하였다. '아마존의 심장'이라고 불리는 마나우스는 인구 215만 명(2018년)의 대도시이다. 그림 8-13의 아마존 극장(Teatro Amazonas)은 천연고무 생산이 붐이던 19세기 말에 이탈리아 건축가의 설계로 공사를 시작하여 1896년 완공되었으며, 매년 오페라 축제가 열리는 마나우스의 상징적 건물이다.

이러한 아마존강 유역 개발은 단기적으로는 경제개발에 도움이 되겠지만, 장기적으로는 환경파괴로 인한 재난을 가져올 수가 있다. 즉 온실기체인 이산화탄소를 흡수하고 많은 양의 산소를 공급하여 지구의 허파 구실을 하는 아마존 열대우림의 상당 부분이 파괴되었으며, 또한 토양의 침식, 생태계의 파괴, 원주민 생활터전의 상실 등의 문제가 발생하기 때문이다.

20세기 후반에 들어 유럽으로부터 브라질산 소고기에 대한 수요가 증가하였으며, 아마존 분지에 새로 개설된 도로는 아마존 오지까지 소떼 목장이 확장되는 길을 제공했다. 전통적으로 원주

4) 아마존 횡단도로(Trans-Amazonian Highway)는 현재 브라질 동부 항구도시 Cabedelo에서 서부 내륙의 Lábrea까지만 개통되어 있으며, 도시지역을 제외한 구간 대부분은 아직 비포장 상태이다.

민의 소규모 화전농업이 이루어지던 아마존 유역은 외지인들에 의한 커피, 콩, 옥수수 등의 기업적 농업이 확대되어 열대우림의 파괴가 심각한 수준에 이르렀으며, 원주민과 외지인 농장주 간의 갈등이 심화하고 있다.

그림 8-12. 아마존강과 아마존 횡단도로

그림 8-13. 마나우스의 아마존 극장

5) 중국의 싼샤댐 건설

중국 후베이(湖北)성 이창(宜昌)시 외곽에 위치한 양쯔강(長江) 중류의 협곡을 막아 건설된 싼샤(三峽)댐은 덩샤오핑(鄧小平)의 독려로 1994년 말에 공사가 시작되어 2009년에 완공되었다. 댐 높이 185 m, 길이 2,309 m, 총저수량 393억 톤의 엄청난 규모로서 '물 위의 만리장성'으로 불린다. 한국에서 제일 큰 소양강댐의 최대 저수량이 29억 톤인데, 그보다 13배 이상 큰 싼샤댐의 규모는 상상을 초월한다. 댐에 의해 만들어진 호수의 면적은 서울시 면적의 1.8배인 1,084 km^{2}가 된다.

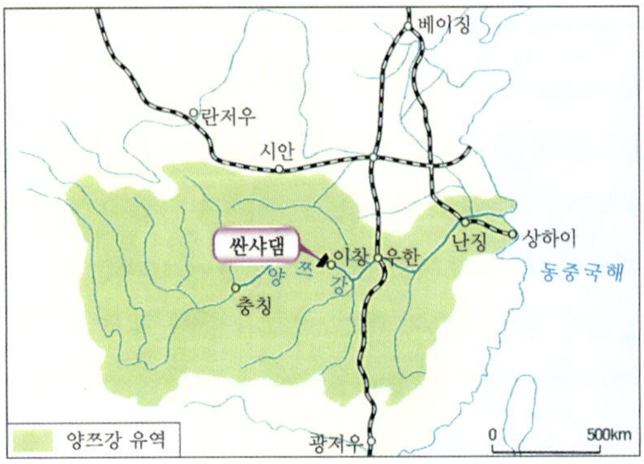

그림 8-14. 싼샤댐의 위치

그림 8-15. 싼샤댐의 전경

싼샤댐 건설의 기본 목표는 홍수 방지, 관개용수 확보, 수운 개선, 수력발전이다. 이 댐의 발전용량은 남한 전체의 수력 발전용량의 약 5배에 이르는 1,820만 kW로서 중국 전체 발전량의 11%를 차지한다. 수력 발전용량 기준으로 세계 최대인 싼샤댐을 건설한 주된 이유는 전력생산과 수운기능 향상을 통해서 개발이 더딘 내륙지역을 아시아 제조업의 심장부로 변모시키겠다는 것이다. 상하이(上海)에서 양쯔강을 거슬러 올라와 내륙으로 들어온 배가 댐 옆에 함께 건설된 갑문식 운하를 통해서 충칭(重慶)까지 올라갈 수 있으며, 운항이 가능한 선박의 규모도 과거의 3천 톤급에서 1만 톤급으로 커졌다. 그리고 이 댐은 거의 10년마다 발생하는 대홍수를 방지하는 데에도 큰 도움이 될 것이다.

그러나 싼샤댐의 건설로 양쯔강과 주변의 자연환경이 파괴되었으며, 강물의 유출량이 감소하여 황해의 생태계에도 영향을 미치고 있다. 광대한 수몰 지역에서 이미 약 120만 명에 이르는 주민의 이주와 많은 문화 유적의 소실을 초래하였으며, 건설 후에는 상류에서 밀려온 토사가 호수 바닥에 누적되는 등의 문제가 발생하고 있다. 수몰된 유적 중에는 삼국지(三國志)의 무대인 적벽(赤壁)도 포함되어 있다.

6) 러시아의 시베리아 개발

시베리아는 러시아의 우랄산맥에서 동쪽으로 베링 해협에 이르는 광활한 지역으로서, 대부분이 타이가(taiga) 숲으로 뒤덮인 냉대 지역이며, 북극해 연안 일대는 영구 동토(凍土)와 툰드라(tundra) 지대로서 한대 기후가 나타난다. 이곳은 천연자원의 보고(寶庫)라고 할 만큼 석탄, 석유, 천연가스 등의 동력 자원과 철광석, 금 등의 지하자원, 그리고 산림 자원이 풍부하다(그림 8-16).

이 지역은 추운 기후와 불편한 교통 때문에 잘 개발되지 못하다가, 모스크바에서 블라디보스톡까지 연결하는 시베리아 횡단 철도(TSR: Trans-Siberian Railroad)가 개통되자 차츰 개발이 이루어지게 되었다(그림 8-17). 시베리아 횡단 철도는 2개의 준공일을 갖고 있다. 1904년에는 모스크바로부터 블라디보스톡까지의 구간 일부를 만주 횡단 철도(당시에는 러시아 소유 철도로서 만저우리(滿州里)와 블라디보스톡을 연결)로 경유해서 연결하는 노선이 완공되었고, 이후 1916년에는 전적으로 러시아 영토만을 통과하는 시베리아 횡단 철도가 완성된 것이다. 모스크바에서 블라디보스톡까지의 거리는 9,198 km이고, 종착역인 나호트카 항구까지의 총연장은 9,441 km에 달한다. 이 구간을 열차로 여행하려면 8일이 소요된다. 시베리아 횡단 철도의 개통은 실로 광대한 지역을 개발할 수 있는 길을 열어 시베리아 역사의 일대 전환점이 되었다.

1984년에는 제2 시베리아 횡단 철도인 바이칼 - 아무르 철도(BAM: Baikal-Amur Mainline)가 개통되었다. 이 철도는 타이셰트(Tayshet)를 기점으로 해서 바이칼호 북쪽을 지나 타타르 해협의 소베츠카야가반(Sovetskaya Gavan)에 이르는 4,324 km 길이의 간선 철도이다. 이 노선은 시베리아 횡단 철도보다 더 북쪽의 오지를 가로지르면서 침엽수림 지대, 영구 동토층, 늪지대 등을 통과하기 때문에 시설 유지에 어려움이 많다. 우드간의 구리, 야쿠티아의 석유·천연가스 등 동(東)시베리아의 풍부한 천연자원의 개발을 목적으로 한 이 철도가 개통됨으로써 시베리아 개발에 더욱 박차를 가하게 되었다.

러시아는 이곳의 자원을 개발하기 위해서 우리나라를 비롯한 서방 국가들의 자본을 유치하는 데 큰 노력을 기울이고 있다. 우리나라는 1990년 러시아와 국교를 수립한 이후 지속적으로 시베리아의 자원 개발을 추진하고 있다. 우리나라가 중점을 두고 모색하는 개발 사업은 이르쿠츠크와 사할린의 천연가스 개발 사업이다.

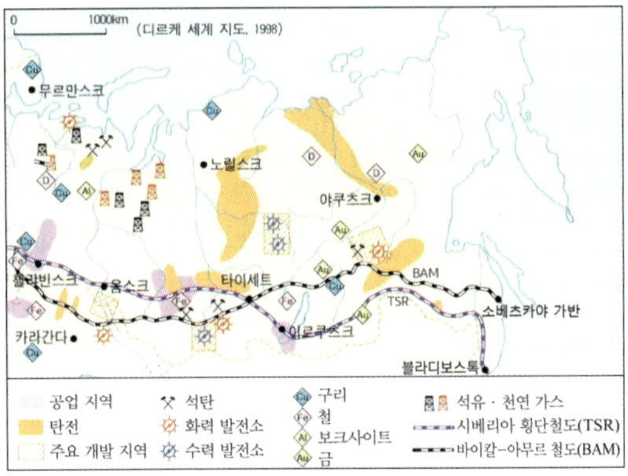

그림 8-16. 시베리아 개발

그림 8-17. 시베리아 횡단 철도

[사진: www.worldtopjourneys.com]

그림 8-18. 블라디보스톡 역과 항구

7) 독일의 엠셔파크 사업과 루르 프로젝트

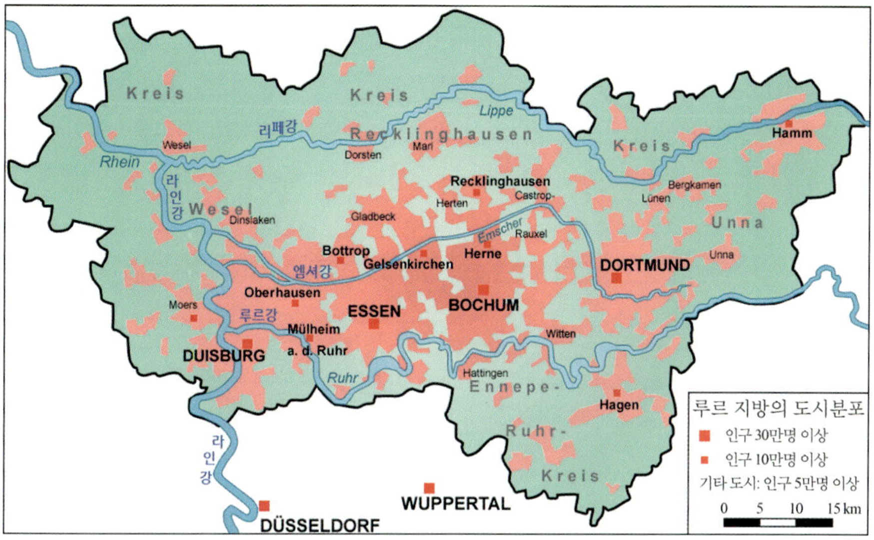

그림 8-19. 루르 지방의 도시분포

독일의 루르(Ruhr) 지방은 19세기 중엽부터 개발된 루르탄전과 라인강 지류의 수운을 바탕으로 제철, 기계, 화학공업이 발달하여 유럽 최대의 공업지역이 형성되었다. 제2차 세계대전 이후 폐허에서 '라인강의 기적'을 일구어낸 곳이기도 하다. 그러나 1970년대부터 산업 재구조화로 인한 석탄산업 및 제철산업의 침체로 어려움을 겪었다. 차츰 탄광과 공장들이 폐업하고 산업시설과 공장건물들은 방치되어 도시의 흉물로 변해갔으며, 토양 및 하천의 오염은 심각한 수준에 이르렀다.

루르 지방을 품고 있는 노르드라인 - 베스트팔렌(NordRhein-Westfalen) 주정부는 1989년 엠셔강 유역 17개 도시와 함께 'IBA(Internationale Bauausstellung) Emscher Park'라는 민관협력 기관을 설립하고 국제건축공모전을 유치하였다(신동호, 2014, pp.204-205). 이러한 엠셔파크 사업은 라인강의 한 지류인 엠셔강 주변에 방치된 산업공간과 도시환경을 정비할 수 있는 설계안을 모집하여 약 120개의 과제를 선정하고 10년간 실제로 실행할 수 있도록 재정 지원을 하는 사업이었다. 그 결과 엠셔강의 생태계를 상당 부분 복구하였으며, 가스탱크나 용광로 같은 공장시설은 문화예술공간과 여가시설로 개조하였다. 공장지구는 공원, 쇼핑몰, 산업단지 등으로 새로 조성하고 기업들을 유치하였다. 오버하우젠(Oberhausen)에는 제철소 부지에 독일 최대의 쇼핑몰이 들어섰으며, 겔젠키르헨(Gelsenkirchen)의 제철소 부지에는 과학단지가 들어섰다(그림 8-20, 8-21). 에센(Essen)의 탄광 산업단지(Zollverein)는 유네스코 세계문화유산으로 등록되었고, 탄광 창고는 디자인 센터로 변모하였다.

엠셔파크 사업을 성공적으로 마무리한 다음 해인 2000년부터는 루르 프로젝트(Projekt Ruhr) 사업을 추진하였다. 이 사업은 12개 분야의 산업 클러스터를 선정하고 분야별로 정부기관, 기업체, 연구소, 대학 등이 협력적으로 시행하는 사업이었다. 공모 신청을 받은 사업 중에서 70개를 선정하고 주정부와 EU(유럽연합)에서 받은 재원을 투자하였다. 이 사업은 2006년까지 약 60,000개의 새로운 일자리를 창출하는 것을 목표로 설정하였다. 그 결과 도르트문트(Dortmund)에는 IT 산업, 정밀기계산업, 전자물류산업, 생명의료산업 등이 발달하게 되었다. 루르 지방은 이러한 산업구조 전환과 자연회복 사업을 통해 경제를 재활성화하고 쾌적한 환경을 되찾았다.

그림 8-20. 오버하우젠 쇼핑몰(Westfield Centro) [사진: Wikipedia]

그림 8-21. 겔젠키르헨 과학단지(Wissenschaftspark) [사진: Klimab ndnis]

글상자 16. 아랄해의 소멸

그림 8-22. 아랄해의 면적 변화

[출처: Wikipedia]

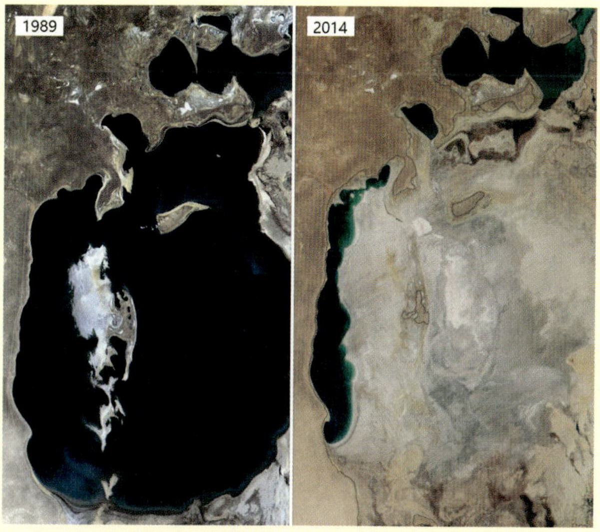

그림 8-23. 아랄해의 축소, 1989~2014년

[위성사진: 미국 NASA]

아랄해(Aral Sea)는 중앙아시아에 위치하며, 카자흐스탄과 우즈베키스탄이 반씩 나누어 가진 바다처럼 넓은 염수호이다(그림 8-22). 1960년대 이전에는 세계 4위의 크기를 가진 호수로서, 호수 면적이 68,000 km^{2}에 달했다. 1960년대부터 소련(USSR)은 자연개조를 통한 지역개발을 추진하였으며, 그 일환으로 아랄해로 유입되는 시르다리야(Syr Darya)강과 아무다리야(Amu Darya)강 하류에 대규모 관개시설을 건설하고 농업용수를 취수하여 주변에 대규모 목화재배지를 조성하였다.

이 지역에서는 1930년대부터 이미 관개농업을 하고 있었지만 1960년대부터 그 규모가 급증한 것이다. 이에 따라 호수로 흘러 들어가는 강물의 양이 급감하였고, 호수의 면적이 줄어들면서 호수 생태계가 파괴되고 동시에 토양의 염류화 등 많은 환경문제를 일으키고 있다. 2000년경의 호수 면적은 1960년 당시 호수 면적의 10% 정도만 남아 4개의 작은 호수로 분리되었는데, 2014년의 상황은 더욱 악화하여 호수 한가운데가 완전히 바닥을 드러내고 3개의 호수(North Aral Sea, Barsakelmes Lake, South Aral Sea)만 남게 되었다(그림 8-23).

이러한 아랄해의 축소는 지구상에서 가장 극심한 환경재앙의 하나로 기록되었다. 한때 번창하던 어업은 황폐해져서 6만 명 이상의 실업자를 발생시켰다. 또한 드러난 호수 바닥은 소금 사막으로 변하여 염분이 바람을 타고 주변 300 km까지 확산하여 농작물과 생태계에 피해를 줄 뿐 아니라 지역주민의 건강까지 위협하고 있다. 목화 생산을 위한 관개시설이 염해를 초래하여 결국 목화

생산이 감소하고 있다. 호수면의 축소는 이 지역의 기후변화도 초래하여 여름은 더 덥고 건조해졌으며 겨울은 더 춥고 길어졌다.

이 지역의 관개시설을 활용하여 생산되는 농산품은 면화, 멜론, 쌀 등이 있다. 우즈베키스탄에서는 주요 수출품이 된 면화의 증산을 위해서 비료와 농약까지 대규모로 사용하고 있어서 환경오염이 가중되고 있다. 카자흐스탄에서는 북아랄해(North Aral Sea)만이라도 보존하기 위해서 남아랄해(South Aral Sea)와 분리하는 댐을 건설하여 2005년에 완공하였으며, 이에 따라 북아랄해는 호수 수위가 높아져서 어업이 다시 활발해지고 있다. 점차 사막으로 변해가는 아랄해에 대해서 주변 국가뿐 아니라 UNESCO, World Bank 등의 관심과 지원이 지속되고 있지만, 작은 호수만 남아있는 남아랄해의 운명은 여전히 비관적이다.

그림 8-24. 바닥을 드러낸 아랄해(카자흐스탄, 2003년) [사진: Staecker, Wikipedia]

9
CHAPTER

환경문제의 전개

1 환경문제의 개념

인간이 살아가기 위해서는 자연환경으로부터 생활에 필요한 물질을 얻어야 하며, 그 과정에서 불가피하게 환경이 손상되는 것은 어쩔 수 없는 사실이다. 자연환경은 수많은 생명체를 포용하면서도 생태계의 복합적인 상호작용으로 유지될 수 있지만, 환경과 생명체의 활동 간의 균형이 무너지면 생태계가 지속되지 못하고 파괴되는 문제가 발생한다. 고대 역사에서 찬란한 4대 문명을 꽃피웠던 나일강 유역, 티그리스·유프라테스강 유역, 인더스강 유역, 황하 유역이 지금은 황량한 사막으로 변했지만, 과거에도 그랬던 것은 아니다. 당시에는 상당히 울창한 숲이 있었고 상류에서 운반된 비옥한 토양이 퇴적되어 생산성이 높은 곡창지대를 형성했기 때문에 찬란한 문명의 꽃을 피울 수 있었다. 그러나 언제부터인지 이 지역이 건조해지는 기후변화와 함께 인구증가와 과도한 농목업이 이루어지면서 환경에 돌이킬 수 없는 손상을 주고 점차 사막화된 것이다.

근대에 와서 자연환경의 파괴는 산업혁명과 함께 가속화되었다. 산업혁명을 기점으로 이전과는 비교되지 않을 정도로 생산력이 높아졌을 뿐 아니라, 그 높아진 생산력을 유지하기 위해서 석탄, 철광석 등 천연자원의 개발과 면화, 양모 등 원료의 공급이 필요해졌다. 농촌의 유휴노동력은 공장이 있는 도시로 이주했으며, 풍족해진 경제와 의술의 발달은 인구증가를 촉발하였다. 여기서 자원개발, 공업생산, 도시확장, 인구부양 등 각 단계는 환경을 훼손하고 파괴하는 과정을 수반하게 된다. 이렇게 산업화 과정은 인과 관계가 얽혀서 상호작용하는 구조 속에서 불가피하게 환경에 손상을 주게 된다.

우리나라의 환경정책기본법에서는 환경을 자연환경과 생활환경으로 구분하고 있으며, 생활환경은 대기, 물, 토양, 폐기물, 소음, 진동, 악취, 일조, 인공조명, 화학물질 등 사람의 일상생활과 관계되는 환경을 포괄하고 있다. 환경문제는 인간의 활동이 자연환경과 생활환경에 손상을 주어 발생하는 문제를 말한다.

환경문제는 크게 자연환경에 손상을 주는 환경훼손(環境毁損)과 생활환경에 손상을 주는 환경오염(環境汚染)으로 나눌 수 있다. 환경훼손이란 야생동식물의 남획 및 그 서식지의 파괴, 생태계 질서의 교란, 자연경관의 훼손, 표토의 유실 등으로 자연환경의 본래 기능에 중대한 손상을 주는 상태를 말한다. 환경오염이란 사업활동 및 그 밖의 사람의 활동에 의하여 발생하는 대기오염, 수질오염, 토양오염, 해양오염, 방사능오염, 소음, 진동, 악취, 일조 방해, 인공조명에 의한 빛공해 등으로 사람의 건강이나 환경에 피해를 주는 상태를 말한다(환경정책기본법 제3조).

2 환경문제의 원인

환경문제는 인구 증가, 산업화, 도시화, 경제체제 등이 복합적으로 인간의 환경에 영향을 미쳐 발생한다(그림 9-1). 이러한 환경문제의 네 가지 원인을 각각 살펴보면 다음과 같다.

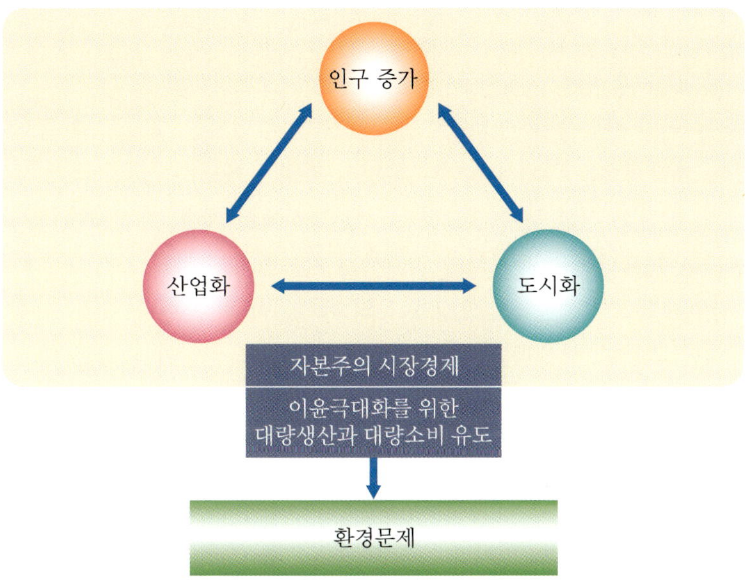

그림 9-1. 환경문제의 원인 [출처: 최봉문 외, 2018, p.204 수정]

1) 인구 증가

기원후(AD) 1년의 세계 인구는 약 2억5천 명으로 추정되는데, 1650년경에 와서야 그 두 배인 약 5억 명으로 증가하였다. 그러나 18세기 후반부터 영국에서 시작된 산업혁명이 전 세계로 퍼지면서 1830년경의 세계 인구는 10억으로 증가하였고, 19세기 말에는 서양의학의 발달로 인한 의학혁명이 확산하자 인구가 급증하기 시작했다. 그리하여 세계 인구는 1960년에 30억, 1999년에 60억으로 급증하였고, 2023년에는 80억 명에 이르게 될 것이다(제4장 참고).

급증하는 인구를 부양하기 위해서는 기본적으로 의식주 문제가 해결되어야 한다. 즉 식량을 증산하기 위해서는 농지를 확보하고 집약적인 농법을 적용해야 할 것이다. 급증한 인구의 소비를 충족할 공업제품 생산을 위해서는 자원과 에너지를 더 많이 투입해야 한다. 그리고 도시로 집중하는 인구의 주택 수요를 충족하기 위해서는 도시 내에 주거용 토지를 확보하고 주택과 기반시설을 확충해야 할 것이다. 이렇게 인구를 부양하는 과정에서 산업화와 도시화에 따른 자연환경의 파괴와 각종 환경오염이 수반되므로 인구증가는 환경문제를 발생시키는 주요 원인이 된다.

2) 산업화

18세기 후반 영국에서 시작된 산업혁명은 전 세계로 퍼지면서 세계 역사에 커다란 변혁을 가져왔다. 기계화된 공정을 거쳐 생산된 제품이 가내수공업 제품을 대체하면서 향상된 생산력은 곧 경제력의 신장으로 나타났다. 현재 선진국을 위시한 신흥공업국들은 공업제품을 대량으로 생산하고 전 세계 유통망을 통하여 소비자들에게 공급하고 있다(제6장 참고).

이러한 산업화는 인간 생활을 물질적으로 풍족하게 해 주었지만, 과도한 자원소모와 환경오염을 초래하고 있다. 대량생산을 위해서는 막대한 양의 자원과 에너지를 공급해야 하므로 지하자원의 채굴, 산림벌채, 발전소 건설 등이 필요하며, 생산과정에서 폐수, 분진, 폐기물 등 오염물질이 발생하게 된다. 또한 대량생산을 유지하기 위해서는 지속해서 소비를 조장해야 하는데, 그 결과 과소비 풍조가 만연하고 소비과정에서 포장재 등의 폐기물이 과다 배출되는 문제를 초래한다. 이렇게 산업화에 의한 과도한 생산과 소비는 환경문제의 주요 원인이 되고 있다.

3) 도시화

산업화 이전의 농업 사회에서는 도시가 행정과 교역의 중심지였지만, 산업화 이후에는 도시에 공업 기능이 추가되었다. 산업혁명을 거치면서 공장들이 도시에 들어서고 직공들을 많이 고용하게 되자 농촌의 유휴노동력이 도시로 몰려들어 도시의 규모는 더욱 커지게 되었다. 증가하는 도시인구를 수용하기 위해서는 주택과 기반시설을 확충해야 한다. 도시화는 일반적으로 인구가 도시로 집중하는 현상을 말하는데, 증가하는 도시인구로 인하여 주거시설 등 시가지가 확대되는 현상도 도시화의 개념에 포함된다(제7장 참고).

현대의 세계는 도시의 세계라고 할 만큼 인간의 정치, 경제, 사회, 문화 활동이 도시를 중심으로 이루어지고 있다. 현대도시에서는 공업 기능보다 각종 서비스 기능이 도시성장을 주도하고 있는데, 이러한 현상 또한 도시로의 인구 집중을 유발하고 있다. 도시인구가 증가하면 시가지의 확대가 필요하므로 녹지 및 개활지의 축소를 초래하며, 생활하수 및 자동차 배기가스에 의한 오염물질과 쓰레기 배출이 증가한다. 이렇게 도시화는 환경훼손과 환경오염의 원인이 되고 있다.

4) 경제체제

자본주의 시장경제 체제에서 기업은 이윤극대화를 위해 상품의 대량생산과 대량소비를 유도하고 있으며, 필요한 상품은 물론 불필요한 상품의 생산과 소비를 조장하고 있다. 특히 지엽적인 기능을 추가시킨 제품을 신제품이란 이름으로 출시하고 TV, 신문 등에 의한 광고를 통해 소비자를 끊임없이 세뇌하여 기존 제품을 폐기하고 신제품을 사도록 유도한다(정선양, 1999, pp.69-77).

물론 오염배출 부과금 제도를 시행하여 기업의 오염배출량에 따라 세금을 부과하여 오염배출을 줄이도록 유도하고 있다. 그러나 기업은 오염물질을 대폭 줄일 수 있는 고비용의 환경기술을 도입하기보다는 약간의 세금을 내면서 적절한 양의 오염물질을 배출하여 이윤극대화를 도모하므로 궁극적으로는 환경오염은 줄어들 수 없다. 따라서 환경문제를 시장기능에 맡겨둔 채 정부가 개입하지 않는다면 환경문제는 쉽게 해결될 수 없을 것이다.

사회주의 계획경제 체제에서는 중앙당국이 재화의 가격, 생산량과 소비량, 생산 입지 등을 통제할 수 있지만, 1990년대 초 소련 및 동유럽의 공산권이 해체된 후 조사한 결과 이들 국가의 환경오염은 자본주의 국가보다 훨씬 심각한 것으로 드러났다. 소련 해체 이후 러시아 및 주변 국가들은 자본주의 국가가 되었으며, 중국, 베트남, 라오스 같은 사회주의 국가들은 자본시장을 개방한 상태이므로, 북한과 쿠바만이 사회주의 경제체제를 유지하고 있다. 사회주의 경제체제에서는 이윤추구보다는 계획한 생산목표의 달성이 중요하기 때문에 불필요한 상품의 생산과 소비는 적지만, 오염배출 저감에 대한 경제적 유인책이 없으므로 오염물질을 제대로 처리하지 않고 배출하는 경우가 많다. 구소련에서는 자연개조에 의한 지역개발을 추진하면서 자연환경의 훼손이 광범위하게 자행되기도 하였다.

3 환경문제의 특성

환경문제의 구조적 특성은 상호연관성, 광역성, 시차성, 환경용량 등 네 가지로 요약할 수 있다(김광렬 외, 2009, pp.23-24). 이러한 네 가지 특성을 각각 설명하면 다음과 같다.

1) 상호연관성

환경문제는 환경을 구성하는 요소들이 상호작용함으로써 오염물이 전이되거나 물리적, 화학적, 생물학적 반응을 일으켜서 새로운 요인을 발생시키기도 한다. 또한 환경문제들끼리 상승작용을 일으켜서 그 심각성을 더해 가기도 하는데, 각 오염물질이 서로 화학반응을 일으키면 더 큰 문제를 유발한다.

예를 들어, 인간의 산업활동으로 화석연료를 연소하면 연소생성물은 대기를 오염시키게 되고, 대기오염은 물과 토양을 다시 오염시키며, 그 결과 마시는 물의 수질과 토양에서 생산되는 농작물의 품질이 악화한다. 이처럼 인간과 환경요소는 매우 복잡한 상호연관성을 맺고 있는데 이를 다이어그램으로 표시하면 그림 9-2와 같다.

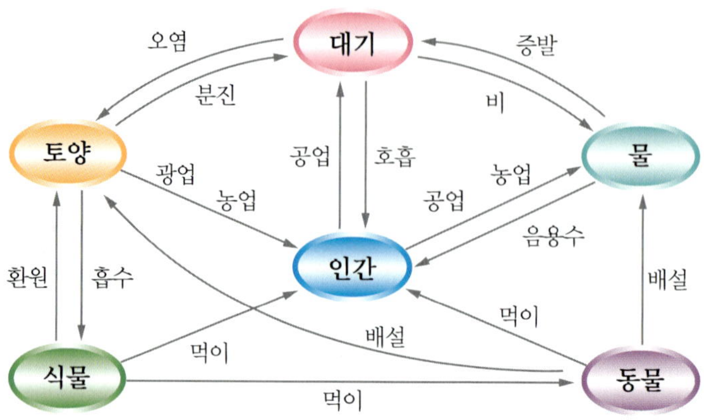

그림 9-2. 인간과 환경요소의 상호관계 [출처: 김광렬 외, 2009, p.23]

2) 광역성

환경은 경계가 없이 “개방체계”를 유지하고 있으므로 공간적으로 광범위한 영향권을 형성한다. 어떤 지점에서 오염물질이 유출되면 주변의 대기나 하천을 오염시키고 오염물질이 이동하여 다른 지역에도 피해를 주게 된다. 또한 환경문제는 어느 한 국가만의 문제가 아니라 범지구적 또는 국제간의 문제로 확대되는 경우도 많다. 예를 들면 영국의 공업지대에서 발생한 대기오염물질은 스칸디나비아반도까지 이동하여 산성비를 유발하고, 미국 북동부의 공업지대에서 배출되는 대기오염물질은 캐나다에 산성비를 뿌려 산림을 파괴하고 호소의 산성화를 일으키고 있다. 우리나라도 중국에서 발생한 황사와 미세먼지로 인하여 큰 고통을 받고 있다.

현대 산업의 대량 생산체계는 오염물질의 발생 규모 또한 크게 만들었으며, 농축산업의 기업화는 농약 및 비료의 살포와 대량의 분뇨처리가 요구되었다. 그러나 오염방지 시설은 미흡하고 대기오염과 수질오염은 광범위하게 확산하여 종종 사회문제가 되고 있다. 이렇게 현대 경제의 규모화로 오염물질 확산도 광역화하였다. 그러므로 환경문제의 해결은 오염원의 단속뿐 아니라 광역적인 통제가 필요하며, 때로는 인접 국가와의 국제협약으로 협력을 끌어내야만 소기의 목적을 달성할 수 있다.

3) 시차성

현실적으로 환경문제의 발생 시점과 이로 인한 영향이 나타나기까지 상당한 시차가 존재하는 경우가 많다. 유해폐기물이 땅에 매립되면 그로 인한 토양오염과 수질오염은 수십 년이 지나서 나타나기도 하며, 공장에서 유출된 중금속 폐수가 강으로 흘러 들어가면 그 강물을 오랜 기간 식수나 농업용수로 사용한 주민들이 인체에 서서히 축적된 중금속으로 인해 공해병에 시달리기도 한다.

환경문제가 일단 발생하면 규제를 시행하여도 위해로운 영향이 최종적으로 사라질 때까지 긴 시간이 소요되며, 때로는 회복이 불가능한 경우도 발생한다. 따라서 환경문제가 발생하면 그 피해를 상당 기간 감수해야 하므로 사전 예방이 무엇보다 중요하다.

4) 환경용량

환경오염이 발생하더라도 어느 정도는 환경이 갖는 자체 정화능력, 즉 자정능력에 의하여 원상으로 회복될 수 있다. 그러나 환경의 자정능력을 초과하는 많은 양의 오염물질이 유입되면 환경문제가 발생한다. 일정한 지역에서 환경오염 또는 환경훼손에 대하여 환경이 스스로 수용, 정화 및 복원하여 환경의 질을 유지할 수 있는 한계를 환경용량이라 하는데, 환경문제는 결국 환경용량을 초과하는 오염물질이나 파괴행위로 인해 발생하는 것이다.

예를 들어, 강이나 호수에 생활하수 및 축사 폐수가 소량 유입이 되면 수질에 큰 변화가 없지만, 환경용량을 초과할 만큼 많이 유입되어 영양물질이 많아지면 플랑크톤이나 조류(藻類)가 과다하게 번식하는 부영양화 현상이 발생한다. 이때 유기물 찌꺼기가 부패하면서 수질을 악화시키고 결국 어류들이 질식하는 등 수중 생태계가 파괴된다.

4 우리나라의 환경문제

1) 1960년대

1960년대는 제3공화국 정부가 경제개발 5개년계획에 따라 공업화를 통한 급속한 경제성장을 추진하면서 환경문제를 차츰 인식하게 된 시기이다. 당시는 국가 경제의 규모가 작고 전 국민이 빈곤 상태에 있었기 때문에 수인성 전염병 예방, 상하수도 보급, 쓰레기 처리 등이 주요 현안으로 부상하였다. 환경오염의 심각성도 드러나기 시작하여 1963년에 공해방지법을 제정하였는데, 이 법은 공장이나 사업장의 조업으로 야기되는 대기오염, 하천오염, 소음, 진동 등으로 인한 피해를 방지하여 국민 보건의 향상을 기하는 데 그 목적이 있었다. 그러나 공해방지법은 전문 21개조로 내용이 미흡했을 뿐만 아니라 시행령이 1969년에야 제정되는 등 파행을 면치 못했다. 1967년에는 당시 보건사회부에 공해계가 설치되었는데, 우리나라 환경행정의 주무 부처인 환경부의 뿌리라 할 수 있다.

2) 1970년대

1970년대는 중화학공업을 중심으로 섬유산업, 가전산업 등의 수출주도적 경제성장을 본격적으로 시행하던 시기였다. 전국적으로 공단 조성이 이뤄지고 이촌향도 현상에 의해 급격한 도시화가 진행되었기 때문에 대규모 아파트단지 조성과 주택 건설이 이뤄져 많은 녹지가 사라졌으며, 도시하천이 오염되기 시작하였다. 특히 중화학 공업단지가 조성되었던 포항, 울산, 여수, 여천의 경우 대기오염과 함께 하천 및 해양의 수질오염이 심화하였다.

1971년에는 우리나라 최초의 개발제한구역(green belt)이 서울 주변에 지정되었으며, 1977년까지 서울 외에 13개 도시에 추가로 개발제한구역을 지정하였다. 개발제한구역을 지정하는 목적은 도시의 무질서한 확산을 방지하고 도시 주변의 자연환경을 보전하여 도시민의 건전한 생활환경을 확보하기 위한 것이다(「개발제한구역의 지정 및 관리에 관한 특별조치법」). 1973년에 보건사회부 공해계가 환경행정을 전담하는 공해과로 확대되었고, 1977년에는 환경보전법과 해양오염방지법이 제정되었다.

3) 1980년대

1980년 1월에는 보건사회부 공해과가 외청인 환경청으로 확대 개편되었다. 1980년대에 와서 폐기물 매립장의 부지확보에 어려움이 가중되었고, 이를 극복하기 위해 폐기물 소각장 건설이 추진되었으나 주민들의 반대에 직면하게 되었다. 1982년에는 수도권에 과도하게 집중된 인구와 산업의 분산을 유도하기 위해서 「수도권정비계획법」을 제정하였다.

경남 울주군 온산면(현 울산광역시 온산읍)의 온산공단은 1974년 구리, 아연, 알루미늄 등 비철금속공업기지로 지정된 후 제지, 화학, 염료 공장 등도 입주해 종합공업단지가 되었다. 얼마 지나지 않아 농작물과 수산양식장에 오염물질 피해가 발생하였고, 1983년부터는 주민들에게 신체 반점, 전신 신경통, 수족 마비 증세가 발생하였다. 이 증세의 공해병 여부에 대해 환경청과 학계, 주민들은 서로 다른 주장을 하였으나, 결국 정부는 1985년 10월 이 지역주민에 대한 이주 보상대책을 발표하고 주민 1만여 명을 인근 지역으로 이주시켰다.[1)]

1) 이 사건은 대한민국 최초의 공해병으로 알려져 있는데, 정부의 미온적인 대처로 인하여 현재까지도 공식적인 원인 규명이 되지 않았으며, 언론에서는 "온산병"이라고 명명하고 있다.

4) 1990년대

1990년대에는 환경단체와 사회단체가 적극적으로 환경문제에 대해 개입을 하였다. 1993년에는 각 지방의 환경단체가 연합하여 '환경운동연합'을 결성하였다. 또한 소음, 지하수 오염, 환경호르몬(dioxin 등) 문제가 부각되었고, 지역이기주의가 현저하게 나타났다.

1990년 1월 여러 부처에 얽힌 환경문제를 효율적으로 종합·조정하기 위하여 보건사회부의 외청이었던 환경청이 국무총리 소속의 장관급 부서인 환경처로 승격되었다. 1991년에는 구미공단의 두산전자에서 페놀이 유출되어 낙동강을 오염시킨 사건이 발생했다. 대구, 경남, 부산 등지의 상수도에서 악취와 함께 페놀이 검출되어 밝혀진 사건이었다. 1994년 1월에도 낙동강 물에서 벤젠과 페놀이 검출되는 사고가 발생하자 상하수도 관련 정부조직이 개편되었고, 6개 지방환경청은 4대강 수계별(한강, 낙동강, 금강, 영산강) 환경관리청(→ 2002년 유역관리청)으로 개편되었다. 1994년 12월에는 환경처가 환경부로 승격되었다.

1995년에 발표된 대구 위천공단 건설계획은 낙동강 페놀 오염사건에 경악한 부산 및 경남지역 지자체와 주민의 반대로 갈등을 겪다가 결국 무산되었다. 1994년에 완공된 시화방조제는 시화호를 '죽음의 호수'로 만들었는데, 이에 대한 대책으로 담수화를 포기하고 조력발전소를 건설하는 문제에 대해 안산시와 환경단체 간의 갈등이 심했다. 결국 안산시는 1997년부터 배수 갑문을 열어 시화호를 해수화했으며 조력발전소(2011년 완공)를 건설하면서 생태계가 차츰 회복되었다. 1998년에 발표된 영월 동강댐 계획은 자연환경 훼손과 석회암 지대의 붕괴 위험성을 지적한 환경단체와 학계의 반대로 인해 무산되었다.

5) 2000년대

2000년대의 주요 환경문제로 개발제한구역의 해제, 새만금간척사업, 수도권 제1순환고속도로 사패산터널 공사, 경부고속철도 천성산터널 공사, 서울 청계천 복원, 청주 원흥이 방죽 두꺼비 생태보전, 경주 방사능폐기물 처리장 선정, 신행정수도(행정중심복합도시) 건설, 한반도 대운하 논쟁, 4대강 살리기 사업 등을 들 수 있다.

1970년대 전국 14개 도시에 지정된 개발제한구역은 김대중 정부 때인 2001년에 서울, 마산(현 창원) 및 5개 광역시를 제외한 모든 도시의 개발제한구역이 해제되었으며, 이후에도 정권이 바뀔 때마다 일부 개발제한구역이 해제되었다. 1991년에 착공한 새만금간척사업은 환경단체의 법정소송으로 두 차례의 공사 중단 끝에 2006년 4월 방조제의 최종 끝막이 공사를 완료하였으며, 2010년 4월에 방조제 준공식을 거행했다.

수도권 제1순환고속도로의 사패산터널은 2001년부터 2003년까지 환경훼손을 이유로 불교계와 환경단체가 반대하여 공사가 중단되었으며, 그 후 공사가 재개되어 2007년에 개통할 수 있었다. 경부고속철도 구간의 원효터널(천성산터널)은 2003년부터 2006년까지 천성산 생태계를 위협한다는 이유로 소송이 진행되어 공사가 중지되었으며, 그 후 공사가 재개되어 2010년에 개통되었다.

2002년 서울의 미세먼지(PM_{10}) 연평균 농도가 충격적인 기록(76 $\mu g/m^3$)을 보이자 2003년 12월에는 수도권 대기오염물질을 총량적으로 관리하기 위하여 「수도권 대기환경개선에 관한 특별법」을 제정하였다. 이에 따라 제1차 수도권 대기환경관리 기본계획(2005~2014)이 수립되었다. 2004년에는 「국가균형발전특별법」을 제정하여 지역 간 불균형을 해소하기 위한 재정지원의 법적 근거를 마련했다. 2005년에는 지역균형 발전정책의 일환으로 「행정중심복합도시 건설을 위한 특별법」을 제정하고 신행정수도 건설을 추진하였으며, 추후 세종특별자치시의 탄생으로 이어졌다.

6) 2010년대

2008년 출범한 이명박 정부에서는 광우병 사태뿐 아니라 4대강 살리기 사업, 제주 해군기지 건설을 둘러싸고 엄청난 갈등이 발생하였으나, 2010년 「저탄소 녹색성장 기본법」을 제정하며 기후변화에 대응하고 녹색성장을 도모하기 위한 투자를 확대해 나갔으며, 유엔기구인 녹색기후기금(GCF)을 유치하였다. 또한 「세종특별자치시 설치 등에 관한 특별법」을 2010년 제정하였으며, 2012년 7월 1일에는 세종특별자치시가 출범하였다.

이명박 정부는 대선공약이던 한반도 대운하 계획을 추진하다가 여론의 반대가 심해지자 중단하였으나, 2009년에는 '4대강 살리기 사업'으로 명칭을 변경하여 착공하고 2011년에 완공하였다. 그러나 계획 단계에서 이미 학계와 환경단체에서 예산 낭비와 수질오염 등을 이유로 반대 시위가 이어졌으며, 완공 후에도 논란이 이어져 2017년까지 4차례에 걸친 감사원 감사가 진행되었다. 제주 해군기지는 2007년경 유치하는 단계에서 한중관계 및 환경훼손 문제가 제기되어 입지가 결정된 강정마을의 일부 주민과 환경단체들이 반대 시위에 나섰으나, '제주 민군복합형 관광미항'이라는 이름으로 변경하여 제주도민의 의견을 일부 반영하고 2010년에 착공하여 2016년에 준공하였다.

2000년대에 시행된 대기환경 대책이 상당한 효과를 거두었으나, 중국의 급속한 공업화에 따라 중국발 고농도 미세먼지로 고통을 받는 날도 점차 많아졌다. 2013년에는 제2차 수도권 대기환경관리 기본계획(2015~2024)이 수립되었으며, 2018년에는 더욱 악화하는 미세먼지에 대한 대책으로 「미세먼지 저감 및 관리에 관한 특별법」을 제정하였다. 2016년에는 자원의 효율적 재활용을 위해 매립을 최소화하도록 폐기물 관리정책을 대전환하는 「자원순환법」이 제정되었다.

2017년 출범한 문재인 정부는 많은 논란 속에 탈원전 정책을 기조로 신재생에너지의 확대를 추진하였으며, 고리 1호기와 월성 1호기 원자로를 폐쇄하고 원자력 발전소의 신설을 중지하였다. 이에 따라 미세먼지와 탄소의 배출이 많은 화력발전을 대체할 수 있는 원자력 발전을 배제하면 미래의 에너지 수급과 저탄소 목표달성이 불가능할 것이라는 비판을 받았다(그림 9-3, 그림 9-4).

7) 2020년대

중국에서 발생한 코로나19 감염증(COVID-19)은 2020년 1월부터 차츰 퍼져나가 3월에는 전 세계적인 전염병(pandemic)이 되었으며, 이후 수년간 창궐하면서 한국에서도 많은 사망자가 발생하고 사회경제적으로도 큰 손실을 보았다.

세계 국가 대부분이 가입한 2015년 파리기후변화협약에서는 2030년의 온실가스 감축 목표가 제시되었으며, 2018년 IPCC(기후변화에 관한 정부 간 협의체)에서는 전 세계적으로 2050년까지 탄소중립을 달성한다는 목표가 설정되었다. 이에 따라 한국 정부도 2020년 “2050 탄소중립”을 선언하고, 2021년에는 기존의 「저탄소 녹색성장 기본법」을 대체하는 「기후위기 대응을 위한 탄소중립·녹색성장 기본법」(약칭: 탄소중립기본법)을 제정하여 2030년의 온실가스 배출을 2018년 기준으로 35% 이상 감축한다는 목표를 법제화하였으며, 더 나아가 40%로 상향 설정한 감축목표(NDC)를 유엔기후변화협약 사무국에 제출하였다. 그러나 탄소배출이 많은 업종의 기업들은 이행이 어려운 과도한 감축목표라면서 그 부작용을 우려하고 있다.

2007년에 제정된 「지속가능발전 기본법」은 2010년에 「지속가능발전법」으로 개칭되었는데, 2022년 1월에는 이를 폐지하고 「저탄소 녹색성장 기본법」의 지속가능발전 관련 조항들을 이관하여 「지속가능발전 기본법」을 다시 제정하였다. 이에 따라 환경부 소속이던 지속가능발전 위원회가 대통령 직속 지속가능발전 국가위원회로 변경되었으며, 각 지방자치단체는 지속가능발전 지방위원회를 설치하게 되었다.

2022년 출범한 윤석열 정부는 탈원전 정책의 폐기와 신한울 3·4호기의 건설 재개를 선언하고, 원전 수출 등 원자력 산업의 진흥을 추진하고 있다. 또한 원자력을 친환경 에너지로 분류하여 한국형 녹색분류체계(K-Taxonomy)에 포함시켰다.

그림 9-3. 원전건설 반대 집회(2018년)

그림 9-4. 탈원전 반대 집회(2019년)

표 9-1. 우리나라 환경문제의 변천

시기	주요 환경문제 및 사건	법제 및 정부정책
1960년대	▸ 보건, 위생, 쓰레기 문제	▸ 1961년: 오물청소법(현 폐기물관리법) 제정 ▸ 1962년: 도시계획법 제정 ▸ 1963년: 공해방지법 제정 ▸ 1967년: 보건사회부 공해계 설치
1970년대	▸ 1971~1977년: 개발제한구역 지정(14개 도시) ▸ 수질오염, 대기오염, 해양오염 문제	▸ 1971년: 개발제한구역 지정(서울 주변) ▸ 1973년: 보건사회부 공해계 → 공해과 승격 ▸ 1977년: 환경보전법(현 환경정책기본법) 제정 ▸ 1977년: 해양오염방지법(현 해양환경관리법) 제정
1980년대	▸ 폐기물처리 매립장 및 소각장 조성 갈등 ▸ 1985년: 온산공단 괴질 발생 ▸ 1980년대 후반: 환경단체 활동 본격화	▸ 1980년: 보건사회부 공해과 → 환경청 승격 ▸ 1981년: 환경영향평가제도 시행 ▸ 1982년: 수도권정비계획법 제정 ▸ 1986년: 폐기물관리법 제정
1990년대	▸ 사회단체, 기업 등의 환경문제 관심 증대 ▸ 하수처리장 증설 문제 ▸ 소음, 지하수 오염, 환경호르몬 문제 ▸ 1991년: 낙동강 페놀 유출사건 ▸ 1993년: 환경운동연합 결성 ▸ 1994년: 낙동강 오염 사건 ▸ 1995년: 대구 위천공단 계획 → 무산 ▸ 1997년: 시화호 방류 ▸ 1998년: 영월 동강댐 계획 → 무산	▸ 1990년: 환경청 → 환경처로 승격 ▸ 1990년: 환경정책기본법 제정 ▸ 1990년: 대기환경보전법 제정 ▸ 1990년: 수질환경보전법(현 물환경보전법) 제정 ▸ 1991년: 자연환경보전법 제정 ▸ 1992년: 자원재활용법 제정 ▸ 1993년: 환경영향평가법 제정 ▸ 1994년: 환경처 → 환경부로 승격 ▸ 1995년: 토양환경보전법 제정 ▸ 1995년: 쓰레기 종량제 실시 ▸ 1997년: 람사르협약 가입
2000년대	▸ 새만금간척사업 법정소송 ▸ 2001년: 개발제한구역 해제(서울, 마산, 광역시 제외) ▸ 2001~2003년: 수도권 제1순환고속도로 사패산 터널 갈등 ▸ 2003~2006년: 경부고속철도 원효터널(천성산터널) 갈등 ▸ 2003년: 서울 청계천 복원사업 갈등 ▸ 2003년: 청주 원흥이 방죽 두꺼비 살리기 운동 ▸ 2005년: 방사성폐기물 처분장 부지 선정(경주) ▸ 2008년: 이명박 정부 한반도 대운하 논쟁 ▸ 2009~2011년: 4대강 살리기 사업	▸ 2000년: 개발제한구역의 지정 및 관리에 관한 특별조치법 제정 ▸ 2002년: 국토의 계획 및 이용에 관한 법률(국토계획법) 제정 ▸ 2003년: 수도권 대기환경 개선 특별법 제정 ▸ 2004년: 국가균형발전특별법 제정 ▸ 2005년: 행정중심복합도시 건설 특별법 제정 ▸ 2007년: 지속가능발전 기본법 제정 (2010년 지속가능발전법으로 개칭) ▸ 2007년: 해양환경관리법 제정
2010년대	▸ 4대강 살리기 사업 감사원 감사 ▸ 미세먼지의 원인(중국발 미세먼지) 논란 ▸ 2010년: 새만금방조제 준공 ▸ 2010~2016년: 제주 해군기지 건설 갈등 ▸ 2013년: 유엔 녹색기후기금(GCF) 인천 설치 ▸ 2017년: 탈원전 정책 갈등 ▸ 2017년: 고리 원전 1호기 폐쇄 ▸ 2019년: 월성 원전 1호기 폐쇄	▸ 2010년: 저탄소 녹색성장 기본법 제정 ▸ 2012년: 세종특별자치시 출범 ▸ 2015년: 파리기후변화협약 가입 ▸ 2016년: 자원순환기본법 제정 ▸ 2017년: 탈원전 로드맵 발표 ▸ 2018년: 미세먼지 저감 및 관리 특별법 제정 ▸ 2019년: 해양폐기물관리법 제정
2020년대	▸ 2020년: 코로나19 감염증(COVID-19) 발생 ▸ 2020년: 2050 탄소중립 선언 ▸ 2022년: 신한울 3·4호기 원전 건설 재개 선언	▸ 2021년: 기후위기 대응을 위한 탄소중립·녹색성장 기본법(탄소중립기본법) 제정 ▸ 2022년: 지속가능발전 기본법 (재)제정 ▸ 2022년: 탈원전 정책 폐기 선언

10

CHAPTER

지구의 환경문제

환경문제는 발생하는 지역의 범위에 따라 국지적(local), 지역 간(interregional), 국가적(national), 월경(trans-border), 국제적(international), 범지구적(global)으로 나눌 수 있다. 이 중에서 범지구적 환경문제는 지구의 광범위한 지역에 걸쳐 나타나는 환경파괴 및 환경오염을 말하며, 그 종류를 나열하면 지구 온난화, 오존층 파괴, 산성비, 사막화, 열대우림 파괴 등이 있다. 이러한 환경문제들의 발생 원인을 살펴보면 상호 연관성이 있으며, 환경파괴가 심각한 지역의 주민들은 환경난민으로 전락하기도 한다.

1 지구 온난화

1) 발생과정

지구 온난화(global warming)는 대기 중의 온실가스가 온실효과를 일으켜서 지구의 기온이 올라가는 현상이다. 온실가스(greenhouse gas)로는 이산화탄소(CO_2), 메탄(CH_4), 아산화질소(N_2O), 수소불화탄소(HFCs), 오존(O_3), 수증기(H_2O) 등이 있다. 온실효과(greenhouse effect)란 온실가스가 태양에너지는 투과시키지만 지구 복사에너지가 대기권 밖으로 방출하는 것을 막는 온실 역할을 하여 지구의 기온을 상승시키는 것을 말한다. 지구를 얼음덩어리로 만들지 않기 위해서는 일정 수준의 온실가스는 필수 요소이다. 자연 상태의 기온을 유지하는 데 가장 중요한 역할을 하는 온실가스는 수증기이다. 이산화탄소는 온실가스 중에서 수증기 다음으로 큰 비중을 차지하는데, 석탄, 석유, 천연가스 같은 화석연료(fossil fuel)를 태울 때 많이 발생하기 때문에 산업화 과정에서의 에너지 사용과 밀접한 관계가 있다. 메탄, 아산화질소, 수소불화탄소, 오존 등은 소량의 기체이지만 역시 온실가스로 작용하고 있다.

지구 온난화는 인간의 활동으로 인하여 필요 이상으로 강화된 온실효과 때문에 나타난 것이다. 그 온실효과의 약 64%는 이산화탄소에 기인하는 것으로 추정된다(Hess, 2011, p.104). 지난 200여 년 동안 대기 중의 이산화탄소 농도는 화석연료의 연소와 산림 제거로 인하여 지속적으로 증가하였다. 전 세계적으로 산업화 시대가 시작된 1850년경의 이산화탄소 농도는 280 ppm[1)]으로 추정되는데(미국 NASA), 2005년 1월에는 378 ppm으로 증가했으며, 2022년 2월에는 419 ppm으로 측정되었다(그림 10-1).

1) ppm은 parts per million의 약자로서 백만분율(10^{-6}) 즉 백만분의 1을 나타내며, 주로 기체나 액체에 포함된 물질의 미세한 농도를 표시하는 단위로 사용된다.

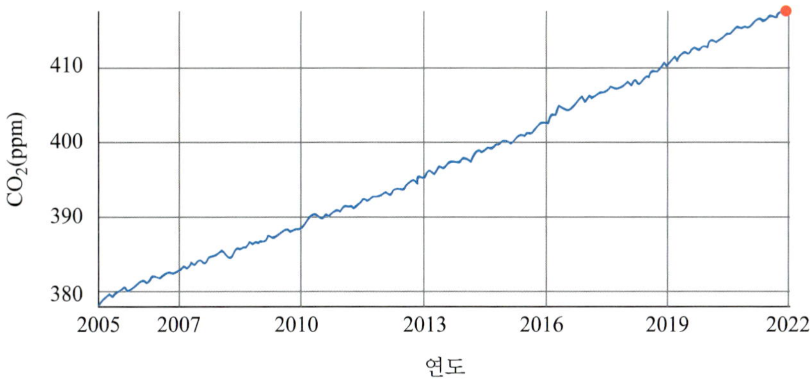

그림 10-1. 대기 중 이산화탄소 농도의 증가(2005~2022) [자료: 미국 NOAA, 월별 측정]

대기 중 이산화탄소 농도 증가와 함께 지구의 기온이 꾸준히 상승해 왔는데, 연평균 기온의 실측자료를 보면 지난 100년간(1910~2010년) 지구의 평균기온은 0.7℃ 이상 상승했다. 특히 1980년 이후 지구 기온은 하키스틱 모양으로 급격히 상승했다(그림 10-2a). 이러한 지구의 기온 상승을 지역별로 살펴보면 북반구 고위도 지방과 북극권(북위 66.5° 이상의 권역), 그리고 남극대륙 일부(남극반도)의 기온 상승이 두드러진다(그림 10-2b). 이는 극지방의 해빙과 빙하가 녹아 태양광 반사율이 낮아져서 발생하는 알베도 효과(albedo effect)에 의한 것이다(본서 13장 글상자 22 참조).

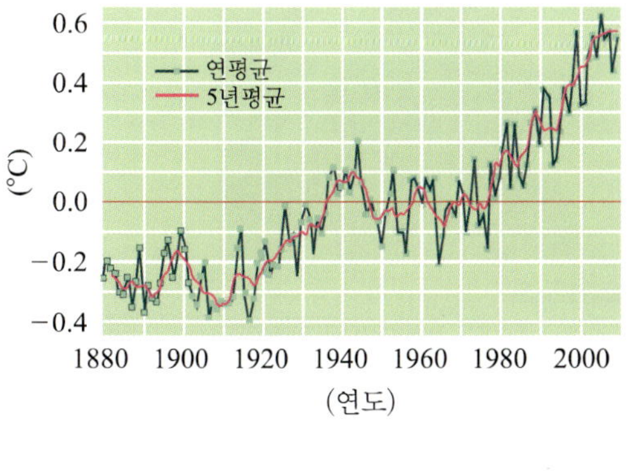

그림 10-2a. 연도별 지구 평균기온의 편차

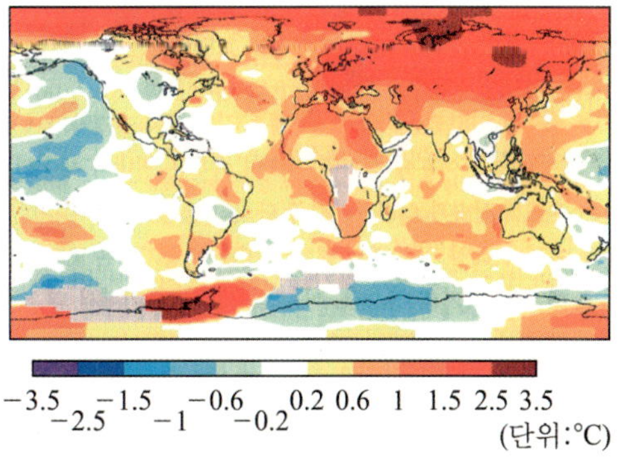

그림 10-2b. 기온 편차의 세계적 분포(2008년)

주: 위 그래프와 지도의 수치는 1951~1980년의 지구 평균기온(14.2℃)에 대한 편차를 나타낸 것이다. 그래프에서는 1980년대부터 지구 기온이 급격히 상승하는 추세가 나타나며, 지도에서는 북극권과 남극대륙 주변의 기온 상승이 두드러진다. [자료: NASA, 출처: Hess, 2011, p.247]

2) 지구 온난화의 영향

이렇게 지구 온난화가 가속적으로 진행되면서 나타나는 자연현상을 살펴보자. 지구 기온이 상승하면 남극권과 북극권의 해빙(海氷)이 녹아 해수면 상승을 일으키며, 생태계의 변화가 초래된다. 그림 10-3은 지구 온난화로 인해서 여름철 북극 해빙(海氷)의 면적이 2000년대에 들어 빠르게 감소하고 있는 것을 보여준다. 그리고 그린란드의 내륙빙하와 히말라야산맥, 알프스산맥, 로키산맥, 킬리만자로산 등의 산악빙하도 1990년대 이후 빠르게 녹아내리고 있다. 일부 영구동토층(permafrost)[2]도 녹으면서 그 분포가 극지방과 높은 산정 방향으로 후퇴하고 있으며, 동토층에 갇혀 있던 메탄가스가 방출되어 온실효과를 강화하고 있다. 그리고 호수나 하천의 결빙일은 늦어지고 해빙일은 빨라져서 전체 결빙일수[3]가 감소하고 있다.

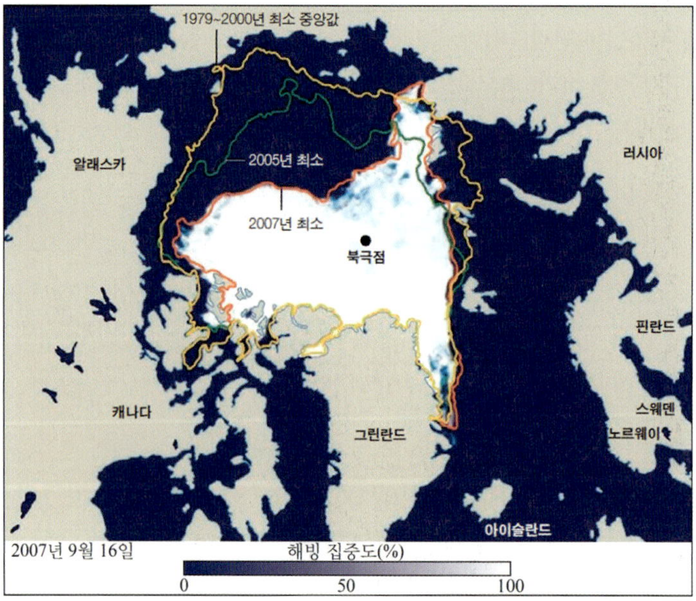

그림 10-3. 감소하는 북극 해빙(海氷)의 여름철 면적(2000년대) [출처: NASA Earth Observatory]

지난 20세기 동안 빙하가 녹으면서 지구의 해수면은 평균 10~20 cm가 상승했으며, 연평균으로는 약 2 mm 정도 상승한 셈이다. 남태평양의 투발루(Tuvalu)와 인도양의 몰디브(Maldives) 같은 섬나라와 방글라데시 등의 해안지대는 해수면 상승으로 심각한 침수 피해를 보고 있다(그림

2) 영구동토층은 북극권 내의 고위도에 위치하며 연중 영하의 온도로 얼어있는 토양 지대로서, 여름철에도 땅속은 여전히 얼어있지만 지표면 일부는 녹아 활동층이 되거나 늪지대(thermokarst)를 형성하기도 한다.

3) 결빙일수는 하천이나 호수가 겨울철에 얼어있는 기간을 말한다. 한강의 경우 1910년대는 연평균 결빙일수가 77일이었으나, 1960년대는 45일, 1970년대는 23일, 1980년대는 21일, 1990년대는 17일, 2000년대는 15일로 줄어들었다. 이러한 추세에는 지구 온난화뿐 아니라 하천 종합개발, 도시 난방, 온수 배출 등이 영향을 줄 수 있다.

10-4). 9개의 섬으로 이루어진 투발루는 평균 해발고도가 3 m 정도로 낮은데, 해수면 상승으로 인하여 2개 섬은 이미 포기한 상태이며, 대략 2060년경에는 투발루의 모든 주거지가 물에 잠길 것이라는 전망이 나왔다. 몰디브에는 사람이 사는 202개의 섬이 있지만 가장 높은 지점이 2 m에 불과해서 이미 50여 개의 섬이 해수 침수로 고통받고 있으며, 2100년까지 모든 주거지가 침수될 것으로 예상된다. 또한 토양의 해수 염분으로 인하여 농사가 잘되지 않으며 식수마저 부족한 실정이다. 한반도의 경우 1990년부터 2019년까지 연평균 해수면 상승률은 3.12 mm이며 동해안이 서해안보다 높은 상승률을 보였다(국립해양조사원 자료). 한반도의 해안 저지대도 지속적인 해수면 상승으로 태풍이나 해일로 인한 침수 피해가 커질 수 있다.

동물과 식물도 지구 온난화에 민감하게 반응하고 있다. 식물권(flora)에서는 개화 시기가 앞당겨지거나 서식지의 범위가 북쪽으로 확대되고 있으며, 한국에서는 비닐하우스에서 재배되는 아열대 작물이 남부지방에서 중부지방까지 확대되었다. 동물권(fauna)에서는 나비의 출현 시기가 앞당겨지거나 모기 서식지가 북상하고 있으며, 한국에서는 전에 없던 아열대 해충들이 들어와 번식하고 있다. 북극곰들은 북극 해빙이 축소되면서 먹이 사냥이 어려워져 개체 수가 감소하고 있다(그림 10-5).

영국의 경제학자 스턴(Nicholas Stern, 2007)은 「기후변화의 경제학」라는 저서에서 지구 온난화를 방치하면 세계가 경제 대공황에 직면할 것이라고 경고하였다. 기후변화에 따라 농작물 피해, 시설 파괴, 건설 장애, 해운·항공교통의 운항 중단, 관광 제약 등으로 경제적 손실이 발생할

그림 10-4. 남태평양 투발루의 해수면 상승

[사진: AP연합]

그림 10-5. 유빙 위의 북극곰

[사진: Arne Nævra, http://naturbilder.no]

것이기 때문이다. 그러나 지금이라도 강력하게 대처한다면 기후변화의 최악의 영향을 피할 수 있는 시간은 있다고 하였다.

3) 기상이변과 이상기후

최근에 와서 세계 여러 곳의 기상과 기후가 지구 온난화의 영향으로 그 상태가 변하고 있으며, 이러한 현상을 일반적으로 기후변화(climate change)라고 통칭하고 있다(본서 13장 참조). 기상과 기후의 차이는 제2장의 기후 편에서 언급한 바 있는데, 기상은 매일 변화하는 순간적인 대기현상이며, 기후는 1년 주기로 반복되는 대기현상을 장기간(30년간) 종합한 것이다. 과거 경험한 일기 상태를 크게 벗어난 기상현상은 이상기상(異常氣象, 극한기상, extreme weather, severe weather) 또는 기상이변(氣象異變)이라 하며, 이러한 기상이변이 반복해서 나타나면 이상기후(異常氣候, abnormal climate)라고 한다. 기상이변의 원인은 지구 온난화, 엘니뇨, 북극진동, 제트기류 등 여러 가지가 있을 수 있지만, 지구 온난화가 주된 요인이라고 할 수 있다.

세계기상기구(WMO)[4)]에서는 기온과 강수량을 대상으로 한 정량적 통계분석에서 월평균기온이나 월강수량이 30년에 1회 정도의 확률로 발생하는 특이한 기상현상을 '이상기상'이라고 정의하였다. 구체적으로 월평균기온이 과거 30년간의 평균값으로부터 표준편차의 2배 이상 차이가 있을 때를 '이상고온' 또는 '이상저온'이라 하고, 월강수량도 같은 기준을 적용하여 "이상다우" 또는 "이상소우"를 정의하였다. 반면에 IPCC(기후변화에 관한 정부 간 협의체)[5)]와 미국 해양대기청(NOAA)에서는 특정 지역의 기후요소가 과거 기상자료를 크기순으로 나열했을 때 상위 10% 또는 하위 10%에 해당하는 특이성을 보일 때를 이상기상이라고 제안하고 있다.

엘니뇨(El Niño, 남자아이 즉 아기 예수) 현상은 평상시 차가운 페루해류가 흐르는 남미 페루 서해안에 따뜻한 해수가 정체하여 수온이 높아지고 인도네시아 쪽 서태평양은 해수 온도가 낮아지는 현상이다. 반대로 라니냐(La Niña, 여자아이) 현상은 인도네시아 쪽 서태평양의 해수 온도가 상승하면서 남미 인근 동태평양 해역의 수온이 낮아지는 현상이다. 그러므로 무역풍(아열대 고압대에서 적도를 향해 부는 바람)이 평년보다 약해지면 엘니뇨 현상이 발생하고, 무역풍이 강해지면 라니냐 현상이 발생하는 것이다.

사실 엘니뇨와 라니냐 현상은 지구의 에너지 균형에 따라 발생하는 자연적인 현상으로 5년에서 7년 주기로 반복해서 교대로 나타나고 있다. 그러나 지구 온난화가 진행되면서 그 주기가 짧아지고 강도가 심해지고 있다. 엘니뇨가 발생하면 유명한 용승해역(본서 3장 대륙붕 참조)인 페루 근해에는 심해 냉수의 용승이 약해져서 어획량이 감소하고 멕시코 쪽에 태풍이나 폭우가 온

4) WMO는 World Meteorological Organization의 약자로서 UN의 특별기관 중 하나이다.
5) IPCC는 Intergovernmental Panel on Climate Change의 약자로서 유엔환경계획(UNEP)과 세계기상기구(WMO)가 공동으로 기후변화와 관련된 환경문제에 대처하기 위해 1988년에 창립한 유엔 산하의 조직이다.

다. 반면에 인도네시아와 호주 쪽은 강수량이 적어 가뭄이 들기도 한다. 라니냐가 발생하면 동남아시아와 호주 등지에 홍수가 잦아지며, 반대로 페루 및 칠레는 더욱 건조해져 가뭄이 발생하고 한파가 닥치기도 한다. 서태평양 가까이 있는 우리나라도 엘니뇨 영향으로 2015년에는 심한 가뭄이 왔고 2020년 1월에는 이상고온을 겪었으며, 2020년 여름에는 라니냐의 영향으로 최장기간의 장마와 폭우를 겪었다.

지구 온난화는 기상이변뿐 아니라 기후변화를 초래한다. 지구 전체적으로 빙하기를 지나 후빙기(간빙기)에 들어선 약 1만2천 년 전부터 1970년대까지는 기후가 비교적 안정적이었지만, 최근에는 온실가스로 인한 온난화로 각종 기후변화를 목격하고 있다. 기후변화의 원인이 전적으로 지구 온난화인 것은 아니지만 가뭄의 심화, 잦은 홍수, 빈번한 태풍(허리케인), 사막화 등은 지구 전체의 기온 상승과 연관이 있다.

대륙 내부 또는 건조 지대에서 기온이 상승하면 육지 내의 수분이 더 많이 증발하기 때문에 가뭄이 심해진다. 아프리카 사하라사막의 남쪽 사헬(Sahel)[6]지대에서는 수년간 지속되는 가뭄에 의해 호수의 물이 고갈되어 동물과 가축들이 갈증으로 폐사하고 주민들마저 삶의 터전을 잃어버리고 있다. 이러한 사막화는 중앙아시아의 초원(스텝)지대에서도 광범위하게 진행되고 있다. 최근 호주 남동부, 미국 캘리포니아, 스페인, 프랑스 남부, 이탈리아, 그리스 등 지중해성기후 지역에서 빈발하는 가뭄과 산불도 지구 온난화의 영향으로 파악된다.

반대로 열대 및 아열대 지방에서는 기온 상승으로 해양 표면의 증발량이 증가하면 대기 속의 수증기가 포화하여 강우량이 많아지며, 특정 지역에는 홍수나 태풍의 피해를 발생시키기도 한다. 2005년 8월 말 미국 남동부에 큰 피해를 준 허리케인 카트리나(Katrina)는 플로리다주를 지날 때만 해도 약한 허리케인이었지만 멕시코만을 지나면서 많은 양의 수증기가 유입되어 강풍과 함께 많은 비를 뿌려 2,500여 명의 인명피해가 발생했다.

4) 지구 온난화의 대책

유엔에서는 각국의 온실가스 배출을 감축시키기 위해 노력을 해 왔다. 먼저 1992년 리오데자네이로에서 '기후변화에 관한 유엔기본협약(UNFCCC)'이 체결되었으며, 이 협약의 구체적 이행 방안을 규정한 '교토의정서(Kyoto Protocol)'[7]는 1997년에 채택되고 2005년에 공식 발효되었다. 이 의정서에 따른 합의 과정에서 2008~2012년의 1차 감축공약 기간에는 전 세계 온실가스 배

6) 사헬은 아랍어로 '가장자리'를 뜻한다고 알려져 있으나, 아랍어로 '평원'을 뜻한다는 주장도 있다.

7) 교토의정서는 1997년 일본 교토에서 체결한 국제규약으로서 주요 선진국들의 온실가스 의무감축 목표량을 차별화하여 명시하였다. 개발도상국들은 의무대상은 아니지만 자발적인 참여를 유도하였으며, 개발도상국으로 분류된 한국은 자발적으로 참여하였다. 의무이행 대상국은 37개 주요 선진국인데 1차 감축기간에는 미국이 탈퇴했고, 2차 감축기간에는 미국·러시아·일본·캐나다 등 온실가스 배출의 절반을 차지하는 국가들이 불참하여 한계를 노출했다.

출량을 1990년 대비 5.2% 감축하기로 하였으며, 2013~2020년의 2차 감축공약 기간에는 1990년 대비 25~40% 감축하는 목표를 세웠다. 온실가스 감축을 원활하게 이행할 수 있도록 배출권 거래제(emission trading system)[8] 및 조림사업을 통한 감축 제도 등이 도입되었다. 감축의무 대상국으로는 37개 주요 선진국들을 지정하였으나 미국 등 일부 국가가 불참하였다.

2015년에 체결된 기후변화에 관한 '파리협정(Paris Agreement)'[9]은 2020년에 만료되는 교토의정서를 대체하고 2020년 이후의 기후변화에 대한 대응을 담은 국제협약으로서 195개국이 서명하였으며 2016년에 발효되었다. 이 협약은 2030년까지 지구 평균기온의 상승 폭을 산업화 이전(19세기 후반) 대비 2℃보다 낮은 수준으로 유지하고, 나아가 1.5℃ 이하로 낮추기 위해 노력한다는 목표를 제시하였다. 모든 국가는 2030년에 대비한 개별적인 온실가스 감축목표를 제안했으며, 한국은 2030년 배출전망치(BAU, 감축 노력이 없을 때 예상되는 배출량) 대비 37% 감축(국내에서 25.7%, 해외에서 11.3% 감축)을 목표로 제시했다. 파리협정은 37개 선진국만 온실가스 감축 의무가 있었던 교토의정서와 달리 미국, 중국을 포함한 195개 당사국 모두에게 구속력 있는 첫 기후 합의이다.

2018년 IPCC 총회에서는 전 세계적으로 2050년까지 탄소중립을 달성한다는 목표가 설정되었다. 탄소중립이란 이산화탄소를 배출한 만큼 흡수하는 대책을 세워 실질적인 배출량을 "0"으로 만드는 것을 말한다. 그 실행방안으로는 우선 탄소배출을 줄이기 위해서 탄소배출 저감장치를 설치하거나 재생에너지를 사용해야 한다. 배출한 탄소에 대해서는 상쇄할 만큼의 숲을 조성하거나, 탄소배출권을 구매해야 한다. 그러나 이러한 방안들을 실행하기 위해서는 상당한 비용이 소요된다는 데에 어려움이 있다. 한국도 2020년에 '2050 탄소중립'을 선언하고, 그 중간단계로서 2030년의 온실가스 배출을 2018년 기준으로 35% 이상 감축한다는 목표를 2021년에 법제화하였으며, 더 나아가 40%로 상향 조정한 감축목표(NDC)를 설정하였다.

2 오존층 파괴

1) 발생과정

대기권(atmosphere)은 지구를 둘러싸고 있는 기체층이며 지구의 중력으로 유지되고 있다. 대

8) 배출권거래제는 온실가스 감축 의무이행 당사국이 온실가스 배출량이 적은 다른 국가로부터 온실가스 배출권을 사들여 그 권리만큼 온실가스를 배출하고 감축목표를 달성하는 제도로서 탄소배출권거래제라고도 한다. 이 제도는 기업 간의 배출권 거래에도 적용할 수 있으며, 한국은 2015년부터 실시하고 있다.

9) 파리협정은 지구 온난화에 대처하기 위해 2015년 프랑스 파리에서 열린 제21차 유엔기후변화협약(UNFCCC) 당사국 총회에서 195개국이 서명한 국제협정으로서 '파리기후(변화)협약'이라고도 한다.

기권은 고도별 특성에 따라 지상 약 12 km까지 대류권, 고도 12~50 km는 성층권, 고도 50~90 km는 중간권, 고도 90~1,000 km는 열권으로 구분한다. 성층권 내에는 오존층(ozone layer)이 고도 15~35 km 범위에 존재하며 특히 고도 25 km 부근에 오존이 높은 농도로 밀집되어 있다. 오존층 파괴(ozone layer depletion)는 프레온가스(Freon gas: CFCs)[10] 등과 같은 물질에 의해 오존층이 파괴되어 오존의 밀도가 낮아지는 현상이다. 인간에게 해로운 자외선을 흡수하는 역할을 하는 오존층이 파괴되면 지상에 많은 자외선이 도달하여 사람들은 피부암이나 백내장 등의 질병에 노출될 수 있다. 특히 남극대륙 상공의 성층권에는 커다란 오존구멍(ozone hole)이 존재하며 최근까지 확대되고 있었다(그림 10-6).

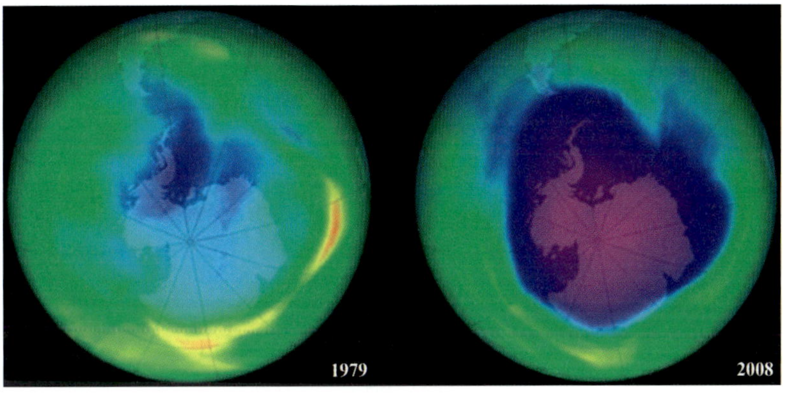

그림 10-6. 남극 오존구멍(ozone hole)의 확대 [사진: 미국 NASA]

프레온가스가 오존층을 파괴하는 과정은 다음과 같다. 오존층에 올라간 프레온가스는 자외선에 의해 분해되고 오존(O_3)과 반응하면서 염소원자(Cl)가 분리되고, 분리된 염소원자는 다시 오존과 반응하여 염소산화물(ClO)을 생성하고, 염소산화물은 또다시 오존과 반응하여 염소를 생성한다. 생성된 염소는 계속해서 오존파괴의 촉매 역할을 하며 오존과 반응함으로써 오존층을 파괴하게 된다. 프레온가스 중에서 CFC-12의 오존층 파괴과정을 화학반응식으로 표현하면 다음과 같다.

$$CCl_2F_2 + O_3 \xrightarrow{\text{자외선}} CO_2 + 2Cl + OF_2$$
$$Cl + O_3 \rightarrow ClO + O_2$$
$$ClO + O_3 \rightarrow Cl + 2O_2$$

10) 프레온가스는 20종 이상이 상품화되었는데 그중 대표적인 것은 CFC-11, CFC-12, CFC-13 등이며, 각각의 화학식은 CCl_3F, CCl_2F_2, $CClF_3$이다.

2) 오존층 파괴의 영향

프레온가스는 1928년 발견된 염화불화탄소(CFC: chloro-fluorocarbon)를 미국 듀폰(DuPont) 사가 상품화하면서 붙인 이름이다. 인체에 독성이 없고 불연성을 지닌 이상적인 화합물이어서 냉장고나 에어컨의 냉매(冷媒), 스프레이(spray) 분사제, 반도체 세정제 등으로 폭넓게 사용되었으나, 1974년에 와서 과학자들에 의해 프레온가스가 오존층을 파괴하는 주범인 것으로 밝혀졌다. 공기보다 가벼운 프레온가스는 대기 중에 방출되면 파괴되지 않고 성층권까지 올라가지만, 오존층에서 자외선에 의해 분해되고 오존과 반응하면서 오존층을 파괴하는 것이다.

자연 상태에서 오존층은 오존의 양을 적절한 수준으로 유지하여 지상에 도달하는 자외선을 줄이는 기능을 수행한다. 그러나 오존층이 파괴되면 자외선이 과다하게 지상에 도달하여 피부암, 백내장, 피부 노화, 인체 면역력 약화 등을 초래할 뿐 아니라, 엽록소를 감소시켜 식물성 플랑크톤과 식물의 생장에도 악영향을 미친다.

3) 프레온 대체물질(냉매)의 개발

프레온가스(CFC)가 오존층을 파괴한다는 사실이 연구결과로 드러나자 선진국에서는 1970년대 말부터 냉매로 활용할 수 있는 프레온 대체물질을 개발하기 시작했다. 국제적으로는 프레온가스 규제의 필요성을 인식하고 1987년에 오존층 파괴물질의 생산과 사용을 규제하기 위한 '몬트리올 의정서'를 채택되었다. 이에 따라 선진국은 1996년부터 프레온가스의 생산 및 수입이 금지되었고, 한국을 포함한 개발도상국들은 1997년부터 단계적으로 프레온가스의 생산을 감축하고 2010년부터는 사용이 전면 금지되었다.

1980년대 프레온가스 대체물질로 제일 먼저 개발된 것은 수소염화불화탄소(HCFC, hydro-chloro-fluorocarbon)이다. 이것은 오존층 파괴를 CFC의 10% 이내로 감소시키는 물질이지만 여전히 오존층을 파괴하므로 규제 대상이 되었다. 2007년의 몬트리올 정상회의 협약에 따라 2020년까지 선진국에서는 사용금지 되었으며, 개발도상국은 2030년까지 생산 및 수입이 모두 금지될 예정이다.

1980년대 후반에 개발된 수소불화탄소(HFC, hydro-fluorocarbon)는 염소분자가 없어서 오존층을 파괴하지는 않지만, 온실가스의 하나로서 이산화탄소보다 1,000배 이상의 온실효과를 일으킨다는 결정적 결함이 나중에 발견되었다. 이에 따라 2016년 키갈리(Kigali)에서 열린 몬트리올 의정서 당사국 회의 결과 선진국에서는 2019년부터 단계적인 감축에 들어가서 2036년까지 85%를 감축해야 하며, 한국을 포함한 개발도상국 대부분은 2024년부터 단계적인 감축에 들어가서 2045년까지 80%를 감축해야 한다.

2010년대에 개발된 수소불화올레핀(HFO, hydro-fluoro-olefin)은 "제4세대 냉매"로서 오존층 파괴도 없고 온실효과도 거의 없는 물질로서 미국 기업(DuPont과 Honeywell)의 독점 특허물질이다. 차세대 냉매로서 선진국에서는 사용을 권장하고 있으나, 가격이 비싸서 대부분의 개발도상국은 산업 현장에 도입하지 못하고 있다. 한국의 대기업들은 미국, 유럽에 수출하는 제품의 경우 현지 기준에 맞춰 HFO를 채용하고 있다.

4) 국제적인 성과

오존층 파괴 방지를 위한 과학기술과 국제협력을 위하여 「오존층 보호를 위한 비엔나협약」이 1985년에 채택되어 1988년부터 발효되었으며, 우리나라도 1992년에 가입하였다. 그 후 프레온가스 배출의 규제를 위해서 「오존층 파괴물질에 관한 몬트리올 의정서」가 1987년에 채택되어 1989년부터 발효되고 있으며, 우리나라도 1992년에 가입하였다. 그 후 규제물질을 확대하기 위해 몬트리올 의정서가 여러 차례 개정되었다. 2015년 파리기후변화협약에 이어 2016년 르완다 키갈리(Kigali)에서 열린 몬트리올 의정서 당사국 제28차 회의에서는 오존층을 파괴하지 않지만 온실가스 물질인 HFC의 단계적 감축에 합의했다.

다행히도 전 세계적으로 프레온가스 사용이 금지된 2010년 이후 남극 상공의 오존층 파괴 상황이 개선되어, 미국 항공우주국(NASA)은 2018년 1월 파괴된 오존구멍의 크기가 2005년에 비해 약 20% 감소했다고 발표했다. 이는 전 세계적인 프레온가스 규제가 서서히 효과를 발휘했기 때문이다. 한 연구에 의하면 더 이상 프레온가스를 방출하지 않는다면 2050년까지 오존층이 완전히 회복될 것으로 전망되고 있다(University of Leeds와 MIT 공동연구, 2021년). 오존층의 복원은 전 지구 차원에서 발생한 환경문제 가운데 유일하게 인류의 노력으로 해결되고 있는 현상이다. 그러나 아직도 중국을 비롯한 일부 국가에서는 불법적으로 프레온가스를 사용하고 있고, HCFC 및 HFC 계열의 냉매도 제대로 포집되지 않고 대기 중에 방출되고 있으므로 세계 각국의 냉매 물질 사용을 지속해서 감시해야 할 필요가 있다.

3 산성비

1) 발생과정

대기 중에는 미량의 이산화탄소가 포함되어 있으며, 이산화탄소가 정상적으로 빗물에 포화될 경우 빗물의 pH는 5.6이 된다. 산성비(acid rain)란 pH 5.6 미만으로 산성을 띤 비를 말한다. 공장, 화력발전소, 자동차 등에서 석탄, 석유와 같은 화석연료가 연소되면 황산화물(SO_x), 질소산화물(NO_x), 염화수소(HCl)가 발생한다. 황산화물, 질소산화물, 염화수소가 빗물과 함께 섞여 황산, 질산, 염산이 되면 빗물의 pH가 낮아지는데, 빗물의 pH가 5.6 미만이 되면 산성비로 불린다. 여기서 pH는 수소이온농도지수를 말하는데, 수소이온농도(H^+)의 역수에 $\log_{10}$을 취한 값이다. 즉 $pH = \log_{10}\frac{1}{[H^+]}$.

화석연료 중에서 천연가스에는 황(S)이 거의 들어있지 않지만, 석탄과 석유에는 불순물로서 황이 소량 포함되어 있다. 이러한 황은 연료가 연소할 때 함께 산화되어 이산화황(SO_2, 아황산가스)이 되며 일부 소량의 삼산화황(SO_3)을 생성한다. 이런 황산화물(SO_x)은 대기오염물질이 되어 기체나 에어로졸(aerosol) 형태로 대기 중에 떠다니다가 지표면에 낙하한다. 이산화황이 빗물에 흡수되면 아황산(H_2SO_3)이 되며 삼산화황은 황산(H_2SO_4)이 되어 산성비를 형성한다.

$$SO_2 + H_2O \rightarrow H_2SO_3$$
$$SO_3 + H_2O \rightarrow H_2SO_4$$

질소산화물(NO_x)은 주로 각종 연료 연소나 폐기물 소각 시 공기 중의 질소(N)가 고온에서 산화되면서 생성되며, 일산화질소(NO)와 이산화질소(NO_2)가 대부분이다. 화석연료 중에 포함된 질소화합물도 질소산화물을 생성하지만 그 양은 상대적으로 적다. 산업용 연료와 자동차 연료가 연소할 때 생성된 질소산화물은 대기오염물질이 된다. 그리고 질소산화물이 빗물에 녹아 들어가면 일산화질소는 아질산(HNO_2)이 되고 이산화질소는 질산(HNO_3)으로 변하여 산성비의 주요 원인이 된다.

$$NO + H_2O \rightarrow H + HNO_2$$
$$NO_2 + H_2O \rightarrow H + HNO_3$$

염화수소(HCl)는 석탄에 미량 포함된 염소가 석탄이 연소할 때 대기 중으로 방출되고 수증기의 수소와 결합하여 생성된다. 또한 음식물 쓰레기나 PVC를 소각할 때도 염소가스가 발생하여 염화수소가 생성될 수 있다. 이 염화수소가 빗물에 녹아 들어가면 염산이 된다. 그렇지만 황산화물이나 질소산화물에 비하면 염소나 염화수소가 산성비에 미치는 영향은 매우 적은 편이다.

2) 산성비의 영향

대기 중의 산성 물질이 지표면으로 떨어지는 것은 빗물이나 눈송이에 섞여 내리는 습식침적

(wet deposition)뿐 아니라 에어로졸이나 미세입자 형태로 지표면에 떨어지는 건식침적(dry deposition)도 있다. 산성비는 습식침적이지만 건식침적도 추후 습기나 비에 의해 산성비와 같은 피해를 일으키므로 산성 오염물질의 피해를 조사할 때는 두 가지를 모두 고려해야 한다.

산성비가 내리면 토양, 농작물, 산림, 호수 등에 피해를 주어 농산물 생산량이 감소하며, 산림 및 호수 생태계가 파괴된다(그림 10-7). 산성비는 식물의 엽록소를 파괴하여 생장을 저해하며, 심한 경우 수목을 고사시킨다. 산성비로 인해 토양이 산성화되면 박테리아나 지렁이 등 토양에 유익한 생물들이 죽어 토지의 생산성이 저하된다. 또한 산성비는 금속 구조물이나 석조물을 부식시키기 때문에 건축물과 야외 예술품에 손상을 가져온다(그림 10-8). 산성비는 인체의 눈, 피부, 모발에도 해로운 자극을 주며, 스모그(smog)의 일종인 산성 안개는 호흡기 질환을 유발한다.

그림 10-7. 산성비로 인한 산림 피해(체코 Jizera 산맥) [사진: Wikipedia]

그림 10-8. 산성비에 의해 훼손된 유럽 중세의 조각상

특히 산성비의 원인물질은 기류를 타고 장거리를 이동하여 오염 발생국과 피해국이 다른, 소위 월경 환경오염을 일으키고 있다. 중국 동해안 공업지대에서 발생한 대기오염물질이 한국이나 일본뿐만 아니라 알래스카까지 이동하여 산성비를 내리게 하는 것으로 보고되었다. 우리나라는 중국의 급속한 경제성장에 따른 산성비의 피해가 심각하다. 중국은 에너지의 약 75%를 아황산가스의 주 배출원인 석탄에 의존하고 있으며, 동아시아에서 배출되는 아황산가스의 약 80%가 중국에서 발생하기 때문이다. 이렇게 중국에서 배출된 아황산가스는 편서풍을 타고 한반도로 이동해서 대기오염을 일으키고 산성비를 만들고 있다.

북아메리카와 유럽에서는 1950년대부터 공업지대에서 방출된 대기오염물질이 인접 국가로 이동하여 산성비의 피해를 준다는 사실이 밝혀졌다. 그림 10-9를 보면 미국 북동부와 인접한 캐나다 지역에 내리는 강수의 산성도가 높게 나타나며, 유럽의 경우 영국과 독일에 인접한 스웨덴과 폴란드에 내리는 강수의 산성도가 높게 나타난다.

1970년대에는 미국의 북동부 공업지대에서 배출된 대기오염물질이 수백 km 떨어진 캐나다의 동부지역까지 이동하여 산성비로 내리게 되자, 캐나다 지역의 14,000여 개의 호수가 산성화되어 어패류가 죽었으며 산림들도 말라 죽는 피해가 발생하였다. 유럽에서는 1950년대부터 스웨덴의 토양과 호수가 산성화되는 피해가 발생했는데, 스웨덴 호수의 약 20%인 18,000개의 호수에서 수질의 산성화로 어류가 급감하였다. 독일 남서부의 흑림(Schwarzwald) 지대에서는 1960년대 초부터 전나무들이 말라죽기 시작했고 이런 유형의 산림 피해는 동부 유럽까지 확산했다. 이러한 피해의 원인을 조사한 결과, 영국의 중부 공업지역과 독일의 루르 공업지역에서 석탄을 연소할 때 배출된 대기오염물질에 의한 산성비의 영향인 것으로 밝혀졌다.

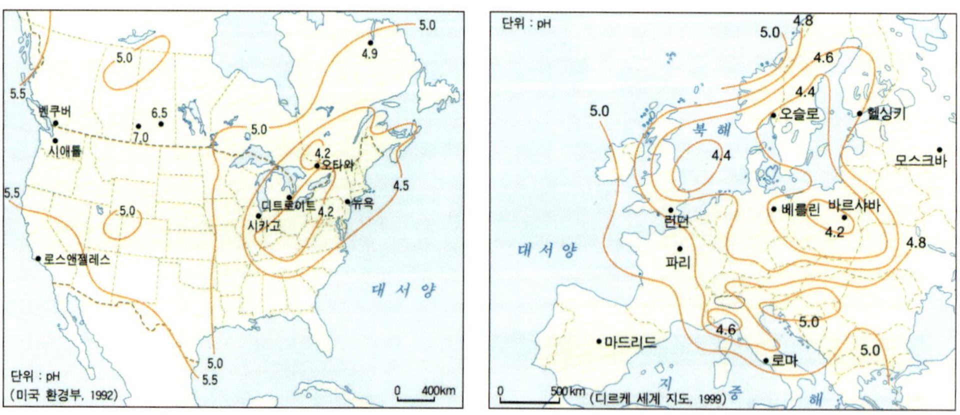

(a) 북아메리카 (b) 유럽

그림 10-9. 강수의 연평균 산성도 분포[11)]

11) 일반적으로 pH가 5.6 미만일 때 산성비라고 하지만, 미국에서는 환경피해가 나타나는 pH 5.0 이하일 때를 산성비라고 한다.

3) 산성비의 대책

산성비를 줄이기 위해서는 산업 현장과 자동차에서 석탄과 석유 대신 액화천연가스(LNG: liquefied natural gas)나 액화석유가스(LPG: liquefied petroleum gas) 같은 연료와 전기의 사용을 확대하고, 석탄과 석유를 에너지원으로 사용하는 기업들은 대기오염물질 배출을 방지하는 탈황(脫黃) 및 탈질(脫窒) 장치를 도입할 필요가 있다.

국가 간 월경 환경오염을 일으키는 산성비에 대한 국제적인 대책으로 '장거리 월경 대기오염에 관한 협약'이 1979년 스위스 제네바에서 체결된 바 있다. 그리고 이에 대한 후속 조치로 아황산가스 배출을 1993년까지 1980년의 30% 수준으로 감축하기 위한 '헬싱키 의정서'(Helsinki Protocol, 핀란드)가 1985년 체결되었고, 질소산화물 배출을 1994년까지 1987년 수준으로 감축하기 위한 '소피아 의정서'(Sofia Protocol, 불가리아)가 1988년 체결되었다.

산성비에 의한 월경 환경오염의 경우 대기오염물질을 배출하는 국가의 기업들이 탈황장치를 설치하도록 요구하여 이산화황(아황산가스)의 배출을 감소시킬 필요가 있다. 독일과 영국에서는 1970년대와 1980년대에 각각 아황산가스 배출을 규제하는 정책을 발표했다. 미국과 캐나다는 1980년대부터 협의를 거쳐 1991년 아황산가스 배출 규제를 위한 '대기질 협약'(Air Quality Agreement)을 체결했다.

우리나라 환경부에서는 각 지방 환경관리청을 통해서 전국 32개소에 대한 강수의 산성도를 측정하고 있다. 각 측정지점에서 채취한 강수의 연평균 pH는 4.4～5.6의 범위 내에 있으며, 지역의 산업 특성과 자동차 이동량, 중국에서 유입되는 산성비 원인물질 등의 영향으로 pH의 지역 간 편차가 심하다.

4 사막화

1) 사막화의 개념

사막화(desertification)는 건조지역이나 반건조지역의 초지나 산림이 황폐화되어 점차 사막으로 변해가는 현상을 말한다. 사막화라는 용어는 프랑스 식물학자 오브레빌(André Aubréville, 1897～1982)이 1949년 그의 저서에서 아프리카의 초지와 산림들이 사막으로 변해가는 현상을 묘사하기 위해서 처음 사용했다.[12] 사막은 남·북위 15～30°의 아열대 사막과 위도 30° 이상의

12) Aubréville, A. 1949. *Climats, forêts et désertification de l'Afrique tropicale* (Climates, Forests, and Desertification of Tropical Africa). Paris, Société d'éditions géographiques, maritimes et coloniales.

중위도 사막으로 나눌 수 있다. 사막의 주변은 취약한 스텝(steppe, 초원)지역으로 사막화가 진행되고 있어 위험한 상황이다(그림 10-10).

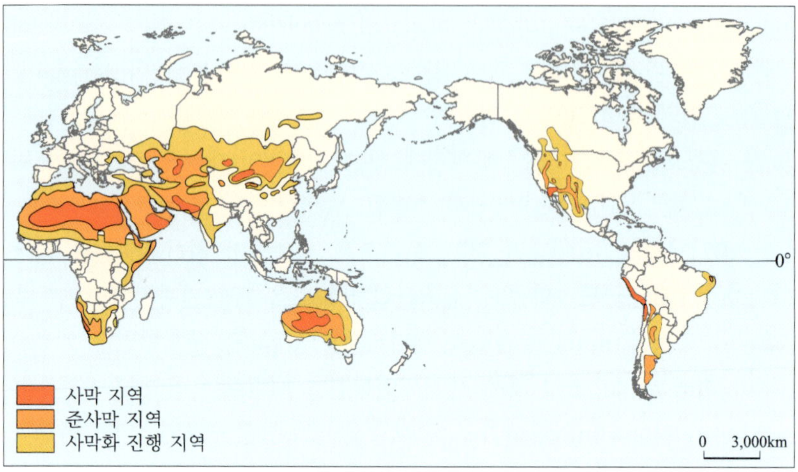

그림 10-10. 세계의 사막과 사막화 지역 [자료: U.S. Geological Survey, 2007]

IPCC 보고서(Mirzabaev et al., 2019)에 의하면 지구 육지 면적의 46.2%가 건조지역이며, 건조지역의 약 9.2%는 식생이 황폐화되어가고 있는 사막화 지역이다, 지구 육지 면적의 약 20%가 사막으로 분류되므로, 사막화되고 있는 건조지역의 9.2%는 사막을 제외한 스텝지역의 16.2%에 해당한다. 즉 스텝지역의 약 6분의 1 면적에서 사막화가 진행되고 있다는 것이다.

2) 사막화의 원인

사막화의 원인으로는 장기간의 가뭄 같은 자연적 원인도 있지만, 과도한 방목, 관개농업, 산림벌채, 화전경작 등의 인위적 원인도 있다. 자연적인 원인으로 지구의 대기 대순환 과정에서 오래전부터 기압대가 변동하여 아열대 고기압대가 확장하면서 더욱 건조해지는 현상을 들 수 있다. 예를 들어 사하라사막은 기원전 5000년경에는 지금보다 비가 많이 내려 수목이 자랄 수 있었지만, 현재는 사하라사막 상공에서 고기압대가 이동하지 않고 정체되어 있으므로 비가 오지 않는 상황이 계속되어 사막으로 변한 것이다.

사막화가 전 세계적인 주목을 받게 된 계기는 1968년부터 1974년까지 가뭄이 지속된 아프리카 사헬지대 때문이다. 이 지역은 가뭄과 함께 과도하게 방목하는 가축으로 인해 초지는 사라지고 수많은 가축과 주민들이 죽음을 맞게 되었다(Hess, 2011, p.528). 최근 몽골의 사막화도 심각한 상황이다. 최근 20년 사이에 1,181개의 호수와 852개의 강이 사라졌으며, 전 국토의 90%에서 사막화가 진행되고 있다고 한다. 그 원인으로는 지구 온난화로 인한 기온 상승과 바람의 증가도 있지만, 유목민의 방목 가축의 증가와 산업화 및 도시화를 위한 용수공급 증가 등 인위적인 원인도 있다.

유엔환경계획(UNEP: UN Environmental Programme)에서 세계 45개 지역의 사막화를 조사한 결과, 이상 기후나 가뭄 등 자연적인 원인에 의해 사막화가 된 경우는 13% 정도이고, 나머지 87%는 인위적인 영향에 의한 것으로 추정했다. 여기서 온실가스 배출로 인한 지구 온난화도 기온 상승을 유발하여 더욱 건조한 환경을 만들기 때문에 사막화의 인위적인 원인으로 간주한다. 산성비도 토양의 산성화를 촉진하여 농작물이나 야생식물이 자라기 어렵게 만들기 때문에 사막화를 촉진하는 인위적인 원인이 된다.

산림벌채에 의한 사막화는 아프리카 사헬지대, 인도네시아, 브라질에서 볼 수 있는 현상으로 열대우림을 파괴하면 토양침식이 일어나서 사막화를 촉진한다. 관개농업으로 지하수를 농지에 과잉공급하면 지하수면이 상승하고 물에 포함된 염류가 지표에 반복적으로 노출된다. 농지에 지하수 공급이 장기간 계속되면 토양이 염류화되어 사막화가 진행되기도 한다. 관개농업으로 강물이나 호숫물을 과도하게 끌어서 사용하는 것도 아랄해의 예처럼 사막화라는 환경재앙을 초래할 수 있다.

3) 사막화의 방지 대책

사막화를 방지하기 위한 대책으로 자연적 원인은 어쩔 수 없더라도 인위적 원인은 찾아서 조절하는 것이 필요하다. 사막화는 기후변화 및 생물다양성 등 제반 문제와 연관되는 지구환경문제이다. 산업활동이나 자동차에 의한 대기오염을 규제하면 지구 온난화 같은 지구환경문제를 방지할 뿐 아니라 사막화에 대한 효과도 얻을 수 있다. 인위적인 원인 중에서 과도한 산림벌채, 과도한 방목, 화전경작 등은 중지하고 조림사업을 실시해야 한다, 토양의 염류화를 방지하기 위해서는 토양 표층의 상태를 지속해서 모니터링해야 한다.

중국에서는 고비사막의 확대를 막기 위한 '녹색 장벽(Great Green Wall)'[13] 사업을 1978년에 시작했으며 2050년까지 완공할 계획이다. 이 사업은 4,500 km에 달하는 방풍림을 조성하여 황사를 막고 지역주민에게 목재를 공급하기 위한 목적도 있다.

아프리카에서는 사하라와 사헬지대를 위한 '녹색 장벽' 사업을 2005년에 구상하여 2007년 아프리카연합(African Union)이 추인하였으며, 2014년 유럽연합(EU), 유엔 식량농업기구(UN FAO), 세계은행(World Bank) 등 많은 국제기관의 지원으로 식목사업을 시작했다. 이 사업에 동참한 아프

13) 중국 녹색 장벽의 공식 명칭은 三北防護林이다. 중국의 만리장성을 영어로 Great Wall이라 하는데, 여기서 따온 말이 Great Green Wall이며 녹색 장벽이라고 번역한다. 반면에 green wall은 조경용 녹화벽면 또는 수직정원을 뜻한다.

리카 국가는 총 21개국으로서 아프리카의 대서양 연안에서 홍해까지 대륙을 동서로 횡단하는 사하라사막과 사헬지대에 걸쳐 있는 나라들이다. 2020년 기준으로 계획한 녹색 장벽의 약 4%가 완성되었다고 한다(Wikipedia).

인도 정부는 사막화를 방지하기 위해서 조림사업을 통한 '녹색 장벽' 사업을 구상하고 있다고 2019년 발표했다. 인도 북서부의 타르 사막 우측에 남서 - 북동 방향으로 1,400 km에 달하는 방풍림을 조성하여 사막이 확대되는 것을 막고 북서풍을 타고 넘어오는 모래 먼지도 막아보겠다는 구상이다. 이 모래 먼지는 뉴델리의 대기오염을 악화시키는 요인으로 지목되어 왔다. 인도는 저수지 같은 인프라 시설도 부족해서 우기에 내리는 비를 활용하지 못하고 식수 부족까지 겪고 있다(그림 10-11).

유엔에서는 1994년 사막화 문제에 대한 국제적 인식과 장기적 해결 모색을 위해서 '유엔 사막화 방지협약'(UNCCD: United Nations Convention to Combat Desertification)을 채택하였으며, 이 협약은 1996년에 발효되었다. 현재 한국을 포함한 194개국이 협약에 가입하였다.

그림 10-11. 인디아의 사막화 현장 [사진: 산림청]

5 열대우림 파괴

1) 열대우림 파괴의 원인

열대우림(tropical rainforest)의 파괴는 지난 40여 년간 지구상에서 심각한 환경문제의 하나로 대두되었다. 20세기 이후 열대지방의 인구증가와 무절제한 산림 개발로 범지구적인 열대우림 파괴가 초래되었는데, 현재 매년 1,100만 헥타르(ha)의 열대우림이 사라지는 것으로 추정된다. 유엔 식량농업기구(FAO)의 추정에 의하면 1990년에서 2005년 사이 브라질에서는 캘리포니아 전체 면적과 비슷한 4,200만 헥타르의 열대우림이 사라졌으며, 인도네시아에서는 2,500만 헥타르 이상의 열대우림이 사라졌다(그림 10-12a). 같은 기간에 제거된 열대우림의 국가별 비율을 살펴보면 아프리카의 섬나라 코모로에서는 전체 숲의 60%가 사라졌으며, 토고와 부룬디에서는 전체 숲의 40%가 사라졌다(그림 10-12b).

지금까지 태고부터 있던 아프리카 열대우림의 절반 정도가 사라진 것으로 보인다. 아시아와 라틴아메리카의 열대우림도 비슷한 상황인데, 아시아에서는 약 45%의 열대우림이 사라졌고, 라틴아메리카에서는 약 40%가 제거되었다. 동남아시아는 티크와 마호가니의 상업적 벌목이 주요 원인이며, 라틴아메리카는 주로 목축의 확대에 기인한다(Hess, 2011, pp.338-340). 브라질 아마존강 유역에서 파괴된 열대우림은 2018년 기준으로 약 17%이지만 산림 제거가 빠른 속도로 진행되고 있다(Wikipedia). 특히 2019년에는 브라질 정부의 환경규제가 완화되면서 산림 제거를 위한 인위적인 산불이 급증하였다.

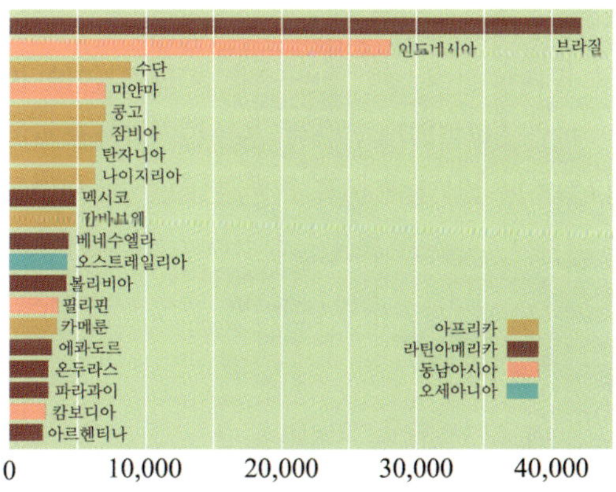

그림 10-12a. 국가별 산림의 손실 면적 (1990~2005년) [자료: UN FAO]

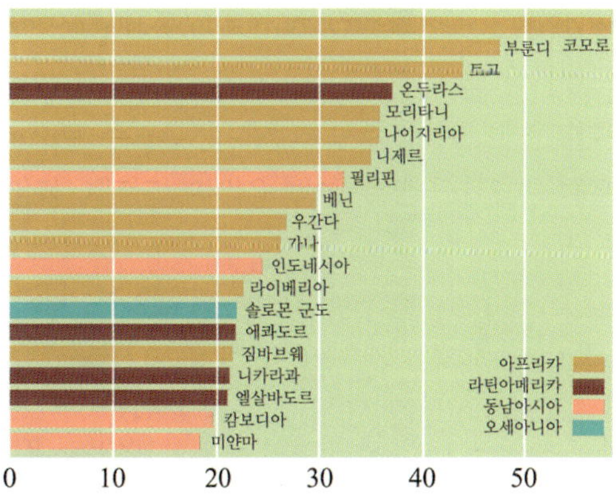

그림 10-12b. 국가별 산림의 손실 비율 (1990~2005년) [자료: UN FAO]

브라질의 아마존 열대우림 지역에서는 전통적으로 원주민의 화전농업이 널리 이루어졌지만, 경지 규모가 작고 몇 년 경작한 후 이동함으로써 열대우림 지역이 지속가능할 수 있었다. 19세기부터 많은 라틴아메리카 국가들이 독립하였으나 경제적으로는 식민지 상태에서 벗어나지 못하여 유럽과 미국의 기업들이 천연자원과 농산물 확보를 위해 대규모 투자를 하였으며 무차별적인 산림 파괴가 이루어졌다. 그 결과 1970년대 이래 브라질의 열대우림은 60만 km^2의 면적이 사라질

만큼 파괴되었다.

아마존 열대우림 파괴의 원인으로는 소떼 목장지 확보, 상업적 농업의 활성화, 목재 생산, 도로 및 철도 등 인프라 시설을 꼽을 수 있다. 특히 소떼 목장의 확장은 가장 중대한 열대우림 파괴의 요인으로 지목된다. 2000년대에 발생한 열대우림 파괴의 약 60% 이상이 소떼 목장에 의한 것이다. 아마존에서는 산림만 제거하면 목초지를 쉽게 조성할 수 있고 저비용으로 소를 기를 수 있으므로 소 목장은 아마존의 농부뿐 아니라 외지의 자본가들에게도 매력적인 투자처인 것이다. 20세기 후반에 들어 유럽의 선진국들은 브라질로부터의 소고기 수입을 증가시켰다. 최근에는 브라질 헤알화가 평가절하되면서 소고기의 가격이 상승했으며, 결과적으로 소떼 목장의 확장으로 이어졌다.

아마존 밀림에 도로를 개설한 것은 사람의 발길이 닿지 않는 아마존 오지까지 목장과 농장이 확장되는 길을 제공했다. 소 목장 이외에도 사료 및 바이오 연료용 콩과 옥수수 재배지의 확대가 아마존 열대우림 파괴의 또 다른 요인으로 지목되고 있다. 그리고 영세 농민들을 열대우림 지대로 이주시키는 브라질 정부의 정책도 아마존 열대우림의 파괴를 촉진하였다(그림 10-13).

그림 10-13. 아마존 열대우림 지대의 화전(火田) [사진: A. Vieira, New Scientist]

2) 열대우림의 기능과 영향

열대우림은 비록 지구 전체 육지 면적의 7%밖에 차지하지 않지만, 높은 생물체 밀도 덕분에 지구 생물종의 절반 이상이 열대우림을 기반으로 하여 살아가고 있다. 또 열대우림은 엄청난 광합성량을 통해 지구 온난화의 주요 원인이 되는 이산화탄소 같은 온실가스를 흡수하고 산소를 발생시켜 해양의 식물성 플랑크톤과 더불어 지구의 산소 농도를 유지하는 기능을 한다. 지구상에서 가장 큰 열대우림이 펼쳐진 아마존강 유역은 '지구의 허파'라고도 불린다.

생물다양성의 보고인 열대우림이 사라지면 생태계가 파괴되어 야생동물들의 서식지도 함께 사라지며 생물종의 멸종도 유발한다. 아마존 지역의 경우 열대우림 파괴로 인하여 8,000여 종의 고유식물과 2,300여 종의 동물이 심각한 멸종위기에 놓여있다. 또한 산림이 제거되면 토양침식이 빨리 진행되며, 하천의 수질도 악화한다. 화전이나 목장을 만들기 위해 수목을 태워서 제거하면 연기로 인한 대기오염과 더불어 많은 이산화탄소가 발생하여 지구 온난화를 가중시킨다.

브라질 정부는 2012년 이후 환경규제를 완화하고 농업개발을 장려하는 정책을 추진하고 있어 아마존 열대우림 보존에 큰 장애가 되고 있다. 농장주들은 목초지를 마련하고 토질을 개선하기 위해 불법적으로 산림을 불태우고 있다. 아마존 열대우림을 태워서 농장을 확장하면 단기적으로는 소득증대에 도움이 되겠지만, 장기적으로는 환경파괴로 인한 재난을 가져올 수가 있다. 또한 숲의 파괴로 인하여 생활 터전이 훼손된 원주민과 새로운 농업이주자 간에 갈등이 고조하고 있다.

3) 열대우림의 보전 대책

열대우림을 제거하여 농업용 토지를 조성하는 것보다 열대우림을 보존하는 것이 환경보호 측면뿐 아니라 경제적으로도 이익이 될 수 있다는 점을 합리적으로 인식할 필요가 있다. 서양 의약품 원료의 25%가 열대우림에서 추출되고 있으며, 수많은 원주민이 열대우림에 의존해서 의식주 문제를 해결하고 있다. 열대우림 지대를 개발하지 않고 보존하여 생태관광(ecotourism)으로 관광객을 유치하면 관광 수입도 기대해 볼 수도 있다(그림 10-14).

아마존 열대우림의 파괴를 줄이기 위한 몇 가지 대책이 있다. 우선 산림을 목장으로 전환하면 토지 소유권을 부여하는 브라질 정부의 정책을 폐지해야 한다. 그리고 현존하는 목초지의 생산성을 높이는 것이 새로운 산림 파괴를 막는 방법이기도 하다. 무엇보다도 불법 벌채와 화전 조성을 브라질 정부가 꾸준히 단속해 나가는 것이 중요하다. 마지막으로는 전 세계적으로 쇠고기 소비를 줄여서 브라질산 쇠고기에 대한 수요를 감소시키는 국제적인 노력이 필요하다. 이와 관련하여 미국과 유럽의 다국적 기업들은 브라질 소목장에 대한 투자를 중지하고 중국은 브라질산 쇠고기 수입을 감축해야 할 것이다.

열대우림 보존을 위한 국제적인 노력의 하나로서 1992년 리오데자네이로 유엔환경개발회의에서 '생물다양성 협약'을 채택하였는데, 그 내용 중에는 열대우림의 보존에 관한 조항이 포함되어 있다. 이러한 협약에 따라 유네스코(UNESCO)에서는 세계 각국의 생물권 보전지역(Biosphere Reserve)의 조성을 지원하고 있으며, 한국에서는 2012년 생물다양성 보전 및 이용에 관한 법률을 공포했다.

2019년만 해도 한 달 동안 축구장 5만8000개에 해당하는 580.5 km^2의 산림이 사라진 브라질 상황과는 달리, 최근 인도네시아의 열대우림 훼손 속도는 많이 감소한 것으로 나타났다. 2020년 인도네시아의 산림벌채 면적은 약 11만5천 ha로, 45만2천 ha를 기록한 전년에 비해 75%가 감소한 것이다. 인도네시아 산림환경부는 산림벌채를 줄이고 탄소배출을 낮추겠다는 정부 노력의 성과라고 밝혔지만, 여기에는 열대우림을 지키기 위한 국제사회의 지원도 크게 작용했다. 2010년 노르웨이는 인도네시아의 산림벌채 감소의 성과에 따라 최대 10억 달러를 지원하기로 협약하였으며, 2016~2017년의 성과에 따라 이미 5,600만 달러의 보상금이 지급되었다. 녹색기후기금(GCF: Green Climate Fund)[14)]은 인도네시아가 2014년부터 3년간의 산림벌채 감소를 통해 온실가스 배출을 저감한 것을 인정해 1억380만 달러를 지급한 바 있다(김정수, 2021).

그림 10-14. 열대우림을 활용한 친환경적 생태관광(태국 푸켓 Hanuman World) [사진: 김학훈]

6 지구 환경문제의 특징

1) 지구 환경문제의 상호연관성

범지구적 환경문제로 지적한 지구 온난화, 오존층 파괴, 산성비, 사막화, 열대우림 파괴는 그 발생 원인을 살펴보면 상호연관성을 확인할 수 있다(그림 10-15). 즉 급속한 인구증가와 산업화

14) 녹색기후기금(GCF)은 인천광역시 연수구 송도동에 위치한 국제기구로서 개발도상국의 온실가스 감축과 기후변화 적응을 지원하기로 한 유엔기후변화협약에 따라 2010년 창설되었다.

및 도시화로 인해 화석연료의 사용이 급증하였으며, 대표적인 온실가스인 이산화탄소(CO_2)가 다량 발생하게 되어 지구 온난화가 초래되었다. 산업화 과정에서 석탄과 석유의 연소로 발생한 아황산가스(SO_2)와 자동차 배기가스에 포함된 이산화질소(NO_2)가 빗물에 스며들게 되면 산성비가 된다. 산성비는 수생태계를 파괴하고 동시에 토양을 산성화시켜 산림의 생장을 저해하며 결국 산림의 황폐화를 가져온다. 택지, 농지, 초지 등을 조성하기 위해 산림(특히 열대우림)을 파괴하면 지구 온난화를 가중시키고 사막화를 촉진하게 된다. 지구의 온난화는 수분 증발을 유발하여 건조한 기후조건을 조성하고 사막화를 강화하게 된다.

냉매로 쓰이는 프레온가스는 성층권에 올라가면 자외선에 의해 분해되어 염소원자가 분리되고, 분리된 염소 원자는 오존과 반응함으로써 결국 오존층을 파괴한다. 오존층이 파괴되면 자외선이 지상에 많이 도달하게 되며, 자외선은 이산화탄소를 흡수하는 산림의 광합성과 생장을 저해하여 결국 사막화와 지구 온난화를 촉진하게 된다.

이렇게 지구시스템 내의 환경요소가 상호 연관되어 있어서 범지구적 환경문제의 발생 원인도 상호연관성을 보인다. 프레온가스는 국제적인 규제가 효과를 발휘해서 오존층 파괴 문제는 해결의 실마리를 보이고 있지만, 산업화에 의한 온실가스 배출과 농지 확대를 위한 산림(열대우림) 파괴는 아직도 감소하지 않고 있으므로 국제적인 관심과 노력이 필요하다.

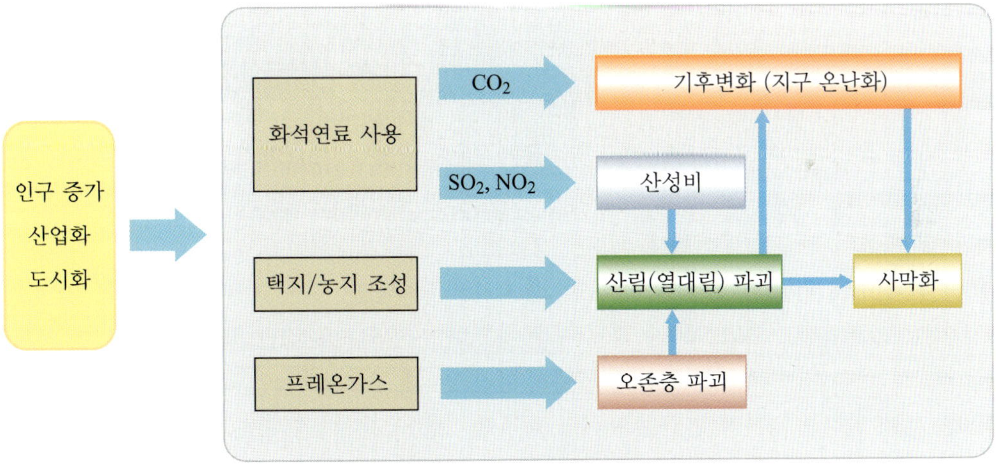

그림 10-15. 지구 환경문제의 원인과 상호연관성 [출처: 김학훈·이종호, 2013, p.204]

2) 환경난민 문제

환경파괴로 인해 생존을 위협받아 자신이 살던 곳을 떠나서 타지로 이주한 사람들을 환경난민(environmental refugee)이라고 한다. 환경난민을 발생시키는 환경파괴의 예로는 지구 온난화(기후변화)로 인한 가뭄, 홍수, 태풍, 해수면 상승 등과 사막화, 열대우림 파괴, 환경오염(대기오염, 수질오염 등)이 있다. 환경난민의 구체적인 예를 들면 지구 온난화로 북극 해빙이 녹아서 전통적인 어로나 사냥을 못 하게 된 에스키모인들, 해수면이 상승해 집과 토지가 물에 잠겨 고향을 떠난 사람들, 사막화로 인해 삶의 터전을 잃고 물과 초지를 찾아 떠난 유목민들, 열대우림이 사라져 먹거리가 있는 숲을 찾아 이주하는 원주민들이 있다. 환경난민들은 대개 자국의 다른 지역으로 이주하지만, 자국 내의 상황이 심각한 경우에는 다른 나라로 이주하기도 한다.

투발루의 경우 해수면 상승으로 대략 2060년경에는 국토를 이루는 섬들의 모든 주거지가 침수될 위기에 있으며, 이미 2개 섬의 주민들은 섬을 포기하고 모두 이주하였다. 현재 남아있는 7개 섬에 거주하는 약 1만 명의 주민들도 식수원의 해수 오염과 농경지 소멸로 어려움을 겪고 있다.

몰디브에는 사람이 사는 202개의 섬이 있지만 이미 50여 개의 섬이 해수 침수로 고통받고 있으며, 2100년까지 모든 섬의 주거지가 수몰될 것으로 예상된다. 몰디브 정부는 전 국민 38만 명을 이주시킬 부지를 인도, 스리랑카, 호주 등지에서 매입할 계획을 추진하고 있다.

방글라데시는 국토의 60%가 해발고도 5 m 이내에 위치하기 때문에 해수면 상승으로 2050년까지 국토의 17%가 침수되고, 약 2,000만 명의 환경난민이 발생할 것으로 예상된다. 이미 많은 환경난민이 수도 다카로 이주하여 도시인구 1천200만 명 중 약 300만 명이 환경난민으로 추산된다. 다카는 심각한 수준의 인구밀도와 빈민가의 확산으로 인한 사회적, 보건위생적 문제로 고통받고 있다.

아프리카 사헬지대는 1968년경부터 시작된 사막화로 인하여 사하라사막이 남진하고 있다. 30년 이상 지속되는 가뭄으로 초원이 사라지고 농지는 초토화되었으며 식수마저 부족해지자 그동안 약 20만 명이 아사하고 수백만 마리의 가축이 굶어 죽었다. 수단에서 발생한 다르푸르 분쟁(2003~2010년)은 목초지를 찾아 이주해 온 아랍계 유목민과 원주민의 갈등이 촉발한 것으로 200만 명 이상의 난민이 발생했다.

IPCC의 연구에 의하면 기후변화로 인한 전 세계의 환경난민 수는 2010년 기준으로 약 4,200만 명이며, 2050년까지 1억5,000만 명에 이를 것으로 추산된다. 환경난민의 구호를 위한 국제적인 조직으로는 유엔난민기구를 위시해서 세계 환경단체와 구호단체들이 나서고 있다. 그런데 약 3,500만 명에 달하는 정치적 난민들은 해당 정부와 각종 국제단체를 통해 재정, 식량, 교육 측면에서 지원받고 있지만, 환경난민의 경우 국제법적 체계에서 난민의 지위를 인정받지 못해서 원조도 거의 없는 형편이다. 해수면 상승으로 발생하는 환경난민 문제는 온실가스를 많이 배출하는 선진국과 신흥공업국의 책임이 크므로, 이런 국가들이 환경난민의 원조비용을 부담하는 것이 합리적이다.

11
CHAPTER

환경오염

인간의 경제활동과 생활과정에서 필연적으로 오염물질과 폐기물을 자연환경에 배출하게 된다. 자연환경은 다양한 오염물질을 희석하고 정화하는 기능이 있지만, 환경의 자정능력을 초과하는 오염물질이 배출되면 환경오염을 유발하게 된다. 환경오염이란 대기오염, 수질오염, 해양오염, 토양오염, 방사능오염, 소음, 진동, 악취, 일조 방해, 인공조명 공해 등으로 사람의 건강이나 환경에 피해를 주는 상태를 말한다. 본 장에서는 환경오염 중에서 피해 범위가 넓고 발생빈도가 높은 대기오염, 수질오염, 해양오염, 토양오염을 중심으로 오염물질, 오염발생원, 인간과 생태계에 대한 영향, 우리나라의 환경오염 관리정책을 소개하고자 한다.

1 대기오염

1) 대기의 성분

표 11-1. 대류권 표준상태에서 건조공기의 성분

화학 성분	농도(ppm)[1]	화학 성분	농도(ppm)
질소(N_2)	780,840 (78.084%)	일산화질소(NO)	0.50
산소(O_2)	209,460 (20.946%)	제논(Xe)	0.09
아르곤(Ar)	9,340 (0.934%)	오존(O_3)	0~0.07 (겨울 0.02)
이산화탄소(CO_2)	417 (0.0417%)*	이산화질소(NO_2)	0.02
네온(Ne)	18.18	아이오딘(요오드)(I)	0.01
헬륨(He)	5.24	일산화탄소(CO)	극미량
메탄(CH_4)	1.87	암모니아(NH_3)	극미량
크립톤(Kr)	1.14	-	
수소(H_2)	0.55	수증기(H_2O)**	0~3%

주: * 미국 NASA, 2021년 12월 자료
** 수증기는 습윤공기에서 측정되며, 지역마다 기후에 따라 차이가 심하다.
출처: Wikipedia, 위키백과.

지구를 둘러싸고 있는 대기권은 고도 약 1,000 km까지 존재하며, 고도별 특성에 따라 대류권, 성층권, 중간권, 열권으로 구분한다. 대류권(troposphere)은 평균 고도 약 12 km까지 범위를 가지지만, 열대지방은 고도 18 km, 극지방은 10 km 이내까지 나타나므로 기온 상태에 따라 권역에

1) ppm은 parts per million의 약자로서 백만분율(10^{-6}) 즉 백만분의 1을 나타내며, 주로 기체나 액체에 포함된 물질의 미세한 농도를 표시하는 단위로 사용된다.

차이가 있다. 대류권은 전체 대기 질량의 75～90%를 차지하며 기상현상이 나타나는 권역이다.

표 11-1은 대류권의 표준상태(0℃, 1기압)에서 수증기가 없는 건조공기의 조성을 보여준다. 조성 비율을 보면 질소(N_2)가 78.084%, 산소(O_2)는 20.946%, 아르곤(Ar)은 0.934%, 이산화탄소(CO_2)는 0.0417%를 차지한다. 그 외 40여 종의 미량 기체들이 공기를 구성하고 있다. 이산화탄소는 지구 온난화의 주범으로서 최근 수십 년 동안 그 비율이 지속해서 증가해왔다. 2005년의 이산화탄소의 농도는 380 ppm 수준이었으나 2021년 말에는 417 ppm으로 증가하여 최근에도 탄소 배출이 가중되고 있음을 알 수 있다.

수증기가 포함된 습윤공기는 수증기의 농도에 따라 다른 기체 성분들의 농도가 달라진다. 해수면에서의 수증기 농도는 평균적으로 1% 정도이며, 습한 열대지방의 수증기 농도는 3% 이상으로 나타난다. 또한 대기 중에는 앞에서 언급한 화학적 기체 외에도 에어로졸, 먼지, 연기, 꽃가루, 바다 소금, 화산재 등 미세한 입자물질이 포함될 수 있다.

2) 대기오염과 대기오염원

대기오염(air pollution)이란 대기 안에 오염물질이 포함되어 사람, 동식물, 건물 등에 위해를 주는 현상이다. 대기오염물질은 자연발생적인 것과 인간 활동에 의한 것으로 구분할 수 있다. 자연발생적인 대기오염은 환경오염으로 분류하지는 않지만 그 피해가 클 때는 자연재해로 분류한다. 자연발생 오염원으로는 화산, 황무지, 사막, 산불, 꽃가루, 동식물의 부패, 노천온천 등이 있다. 인위적인 오염원으로는 화력발전소, 제철 및 제련공장, 산업체, 자동차, 선박, 소각로, 축산농가, 주택 등이 있다.

인위적인 대기오염원은 발생형태에 따라 점오염원, 선오염원, 면오염원으로 분류하기도 한다. 점오염원은 화력발전소, 폐기물 소각로, 공장 등과 같이 다량의 오염물질을 배출하는 곳이 해당된다. 선오염원은 자동차, 선박, 항공기 등과 같이 일정한 경로, 즉 도로, 항로, 항공로를 따라 이동하면서 오염물질을 배출하는 경우 그 이동경로가 선오염원이 된다. 면오염원은 공업지역, 산업단지 등과 같이 일정한 지역에 다수의 오염원이 집단을 이루고 있는 곳을 말한다.

3) 대기오염물질의 종류

대기오염의 원인물질은 물리적 성상을 기준으로 기체상 물질과 입자상 물질로 나눌 수 있으며, 생성과정에 따라 1차 오염물질과 2차 오염물질로 나누기도 한다. 기체상 물질이란 연소·합성·분해될 때 발생하거나 물리적 성질로 인하여 발생하는 기체 형태의 물질을 말한다. 입자상 물질이란 물질이 파쇄·선별·퇴적·이적될 때와 기계적으로 처리되거나 연소·합성·분해될 때 발생하는 고체상 또는 액체상의 미세한 물질을 말한다.

1차 오염물질은 각종 오염배출원에서 대기로 직접 배출된 물질로서 일산화탄소(CO), 질소산화물(NO_x), 황산화물(SO_x), 납(Pb), 탄화수소(HC), 분진, 훈연 등이 있으며, 2차 오염물질은 1차 오염물질이 대기 중에서 화학적인 변환을 일으켜 새로이 생성된 것으로서, 질소산화물과 탄화수소(HC)의 광화학반응[2)]에 의해 생성되는 오존(O_3), PAN(Peroxy Acetyl Nitrates) 등과 황산화물과 질소산화물이 대기 중의 수분과 반응하여 생성되는 황산(H_2SO_4)과 질산(HNO_3) 등 산성비의 원인물질도 2차 오염물질에 해당한다.

(1) 기체상 오염물질

기체상 오염물질은 상온에서 가스(gas) 상태로 존재하며, 주요 오염물질로는 황산화물, 질소산화물, 탄소화합물, 염소화합물, 불소화합물, 오존 등이 있다.

① 황산화물(SO_x)

석탄과 석유처럼 황을 포함한 화석연료를 연소할 때 발생하는데, 황산화물 중에서 문제가 되는 것은 이산화황(SO_2, 아황산가스)과 삼산화황(SO_3)이다. 황산화물의 주요 배출원은 화석연료를 사용하는 화력발전소, 난방시설, 정유공장, 코크스(cokes) 공장, 황산 제조공장 등이다. 이산화황은 석탄과 석유에 포함된 황(유황)이 연소할 때 발생하는 무색의 자극성 기체인데, 이 기체에 노출되면 폐섬유증, 폐기종, 호흡장애 등 호흡기질환을 유발한다. 삼산화황은 석탄이나 석유가 연소할 때 이산화황과 함께 발생하며 수증기를 흡수하여 지상으로 낙하하기도 한다.

황산화물은 산성비의 원인물질이어서, 빗물이나 눈, 안개에 흡수되면 이산화황은 아황산(H_2SO_3)이 되며 삼산화황은 황산(H_2SO_4)이 되어 산성비를 형성한다. 산성비는 식물의 엽록소를 파괴하여 수목의 생장을 저해하며, 호수나 토양을 산성화하여 생태계를 파괴하고 농업과 어업에 악영향을 미친다.

② 질소산화물(NO_x)

화석연료를 사용하는 산업체나 자동차에서 배출하는 질소가 대기 중에서 산화되어 생성되며, 일산화질소(NO)와 이산화질소(NO_2)가 대표적이다. 일산화질소는 무색으로 대기 중에서는 독성이 약하지만, 이산화질소는 적갈색의 자극성 기체로서 폐수종, 기관지염 등 호흡기질환을 유발한다. 질소산화물도 산성비의 원인물질이어서, 빗물에 흡수되면 일산화질소는 아질산(HNO_2)이 되고 이산화질소는 질산(HNO_3)으로 변하여 산성비를 생성한다.

2) 광화학반응(photochemical reaction)이란 태양복사선 중 오존층을 통과하여 대류권으로 유입된 자외선에 의해 질소산화물(NO_x)과 탄화수소(HC) 같은 1차 대기오염물질이 화학반응을 일으켜 오존(O_3), PAN(Peroxy Acetyl Nitrates) 등 강산성의 산화제(oxidant)를 2차 오염물질로 생성하는 것을 뜻한다.

③ 탄소화합물

탄소함유 화합물 기체로는 일산화탄소(CO), 탄화수소(HC) 등이 있다. 일산화탄소는 화석연료가 불완전 연소할 때 발생하는 무색, 무취의 가스로 자동차 배기가스와 무연탄 연소가스에 많이 포함되어 있다. 또한 산불이 발생하면 주변에 산소가 부족해져서 일산화탄소가 많이 발생하기도 한다. 일산화탄소는 인체의 폐로 들어가면 혈액 중의 헤모글로빈(Hb)과 결합하여 혈액의 산소 공급능력을 감소시킴으로써 질식으로 인한 사망을 초래한다.

탄화수소는 석유를 정제하는 과정에서 추출되는 물질로서 석유화학공업의 중요한 원료이다. 탄화수소 화합물 중에서 에탄(C_2H_6) 등의 휘발성 유기화합물(VOCs: volatile organic compounds)은 이산화질소와 반응하여 광화학 스모그(photochemical smog)를 유발하는 대기오염물질이다. 그리고 벤젠(C_6H_6)은 휘발성 액체로서 발암물질이지만 화학 공정에서 용매로 널리 활용되고 있다. 이러한 탄화수소 화합물의 오염배출원은 자동차 배기가스이며, 석유화학공장, 주유소, 자동차 도료공장, 인쇄소 등에서도 발생한다.

④ 오존(O_3)

성층권의 오존층과는 달리 대류권에서는 주로 질소산화물과 휘발성 탄화수소(HC)가 광화학반응을 일으켜서 오존이 생성된다. 이때 생성된 오존은 2차 오염물질이며 강한 산화제로서 광화학 스모그를 유발하는 주요 인자가 된다.

⑤ 기타 기체상 오염물질

자극성과 독성을 가진 암모니아(NH_3), 염화수소(HCl), 불화수소(HF) 등과 할로겐족 원소인 불소(F), 염소(Cl), 브롬(Br) 등이 있다. 또한 악취를 유발하는 황화수소(H_2S)와 발암성이나 독성이 있는 휘발성 물질로서 폼알데하이드(HCHO), 벤젠(C_6H_6), 톨루엔($C_6H_5CH_3$), 자일렌(C_8H_{10}), 에틸벤젠($C_6H_5C_2H_5$), 페놀(C_6H_5OH) 등이 있다.

(2) 입자상 오염물질

입자상 오염물질은 고체 및 액체의 부유물로서 입자 크기는 직경 0.002～500 μm[3] 범위의 작은 물질이다. 입자상 물질을 물리적, 화학적, 생물학적 특성에 따라 구분할 수도 있다.

물리적 특성으로는 입자 크기, 생성과정, 침강 특성, 광학적 특성 등이 있다. 입자의 크기는 오염물질을 구분하는 가장 기본적인 특성으로 집진장치 설계에 중요한 요소가 된다. 오염물질은 생성과정에 따라서 고체입자와 액체입자로 구분된다. 침강 특성은 대기의 자정작용에 의한 분진 제거 효과를 평가하는 데 중요하다. 광학적 특성은 입자의 빛 산란 효과에 의한 시계 감소와 관련

3) $1\ \mu m = 10^{-6}\ m = 10^{-3}\ mm$

이 있다.

화학적 특성은 입자의 화학적 조성을 말하며, 이에 따라 입자를 무기물과 유기물로 구분한다. 무기물로는 질산염, 황산염, 중금속(철, 납, 크롬, 구리, 망간) 등이 있고, 유기물로는 페놀, 유기산, 알코올 등이 있다.

생물학적 특성을 가진 입자로는 바이러스, 박테리아, 균류(fungi), 포자(spore), 꽃가루(pollen) 등이 있다. 바이러스, 박테리아, 균류 같은 미생물은 대기 중에서는 영양물의 결핍으로 짧은 시간밖에 생존하지 못하지만, 일부 박테리아와 균류는 포자를 형성하여 장기간 생존하기도 한다.

그 외 입자상 오염물질들을 구분하는 용어에는 다음과 같은 것들이 있다.

① **분진(먼지, dust)** : 입자 크기가 1~100 μm인 미세한 고체 및 액체입자의 총칭이며, 먼지 중에서 입자 크기가 10 μm 이하인 미세먼지(PM_{10})와 2.5 μm 이하인 초미세먼지($PM_{2.5}$)는 눈에 보이지 않지만, 인체에 침투하여 각종 질환을 유발한다. 미세먼지의 원인물질은 SO_x, NO_x, 탄소화합물, 광물질(중금속 포함) 등이다. 2013년 WHO(세계보건기구)에서는 미세먼지를 1급 발암물질로 지정했으며, 호흡기질환과 혈관질환, 안구질환 등도 유발할 수 있다.

② **에어로졸(aerosol)** : 대기 중에 10~20 μm의 미세한 고체 및 액체입자가 부유하는 상태를 말하며, 매연, 안개, 연무가 이에 해당한다.

③ **액적(droplet)** : 공기가 정체한 고요한 상태에서는 낙하하지만, 와류에서는 부유하는 밀도가 작은 액체 입자들을 총칭한다.

④ **비산재(fly ash)** : 고체물질을 연소시킬 때 연소가스와 함께 배출되는 미세한 재로서, 대기 배출을 방지하기 위해서 대부분의 연소시설에서는 집진장치를 사용해 포집한다.

⑤ **안개(fog)** : 습도가 70% 이상일 때 공기 중의 수증기가 낮은 기온에서 응축하여 생성되는 액체 입자로서 시계를 1 km 이하로 감소시키며, 기체상 오염물질이나 미세먼지와 결합하면 피해가 가중된다.

⑥ **박무(薄霧, mist)** : 안개보다 입자가 큰 0.5~3 μm 정도의 수증기가 지표면이나 수면 부근에서 엷게 부유하는 현상이다. 빗물이나 강, 호수 수면의 증발로 습도가 70% 이상일 때 생성되고, 안개보다는 시계가 좋은 편이다.

⑦ **연기(smoke)** : 연료가 불완전 연소할 때 발생하는 미세한 입자로서 유리탄소(遊離炭素)나 기타 연소성 물질로 구성된다. 입자 크기는 0.01 μm 이상으로 석탄연기는 0,01~0.2 μm 크기이며, 기름연기는 0.03~1 μm의 크기를 갖는다.

⑧ **검댕(soot)** : 연소할 때 발생한 유리탄소 입자들이 타르에 의해 1 μm 이상의 크기로 뭉쳐진 것으로 주로 탄화수소(HC) 계열 연료가 불완전 연소할 때 많이 생성된다.

⑨ **연무(煙霧, haze)** : 대기 중에 초미세먼지($PM_{2.5}$), 연기, 오염물질 등의 고체입자가 부유하고 있어 공기가 엷은 황색으로 뿌옇게 보이는 현상으로 시계는 약 1~10 km로 제한되며 천식 등 호흡기질환을 유발한다. 습도는 안개보다 비교적 낮은 상태(60~70%)에서 대기가 안정적이

며 지형적으로 산이 둘러싸고 있어 대기 오염물질이 모여 갇히는 구조일 때 발생하기 쉽다. 우리나라에서 연무는 겨울부터 봄까지 중국발 초미세먼지에 의해 주로 발생하는데, 연무를 스모그와 같은 의미로 혼용하기도 한다.

⑩ **스모그(smog)** : 연기(smoke)와 안개(fog)의 합성어이다. 스모그가 발생하면 안개처럼 시계가 나빠지고 연기처럼 눈, 코에 자극을 주고 호흡기질환을 유발한다. 일반적으로 스모그는 대도시나 공업지대에서 석탄이나 석유의 연소로 발생한 연기와 기상조건에 의한 안개가 겹칠 때 발생한다. 과거 런던에서 석탄 연소로 인해 발생한 아황산가스(SO_2)와 안개가 결합하여 발생했던 "런던형 스모그"가 그 예이다. 그런데 로스앤젤레스에서 발생하는 스모그는 자동차 배기가스(NO_x, HC)가 햇빛의 자외선 작용으로 오존(O_3) 같은 강한 산화제(oxidant)를 생성하고 대기오염물질과 반응하여 뿌옇게 보이는 "광화학 스모그(L.A.형 스모그)"로서 여름철 세계 대도시에 보편화되어 있다. 스모그에 함유된 유해가스(SO_2, NO_x, HC 등), 중금속(납, 인 등), 먼지 등은 심각한 호흡기질환을 유발할 수 있다.

⑪ **황사(Asian dust)** : 중국 북부나 몽골 등 아시아 대륙의 중심부에 있는 사막과 황토지대에서 발생한 작은 모래나 먼지가 봄철 저기압대가 형성되면 상층기류를 타고 높이 올라갔다가 편서풍을 타고 이동하여 한반도와 일본까지 날아가 떨어지는 현상이다. 입자 크기는 1～10 μm 정도로서 미세먼지(PM_{10})가 대부분이며, 우리나라에서는 주로 3～5월에 관측되지만 겨울철에 발생하기도 한다. 황사의 주성분은 규소, 석영, 장석, 고령토 등이며, 인체에 들어가면 호흡기질환이나 안질환을 유발한다. 기상청에서는 황사의 미세먼지 농도가 400 μg/m^3 이상으로 2시간 이상 지속할 것이 예상되면 '황사주의보'를, 800 μg/m^3 이상으로 2시간 이상 지속할 것이 예상되면 '황사경보'를 발령한다.

4) 대기오염 사례

(1) 런던형 스모그와 로스앤젤레스형 스모그

스모그에는 겨울에 주로 발생하는 "런던형 스모그"와 여름에 주로 발생하는 "로스앤젤레스형 스모그"의 두 가지 유형이 있다.

① 런던형 스모그

영국 런던(London)은 안개로 유명하다. 안개 속에 희미한 가로등 불빛과 템즈강 위에 뿌옇게 떠 있는 타워 브리지는 런던의 낭만적 이미지를 대표한다. 런던은 북대서양 난류의 영향을 받아서 온화한 서안해양성 기후를 보이는데, 겨울철에는 북극해에서 한류가 흘러와서 난류와 만나기 때문에 비와 안개가 자주 형성된다.

그러나 런던의 안개는 항상 낭만적이지만은 않았다. 1960년대까지 런던의 가정에서는 겨울철에 석탄 난로를 많이 사용하였고, 공장에서도 석탄을 주된 연료로 사용하였다. 이렇게 굴뚝으로 배출된 석탄 연기는 안개와 결합하여 짙은 회색 스모그를 형성하였다. "런던형 스모그"는 석탄 연소로 인해 발생한 아황산가스(SO_2)가 정체된 대기 상태의 안개와 결합하여 발생한 것이다.

1952년 12월 5일 금요일의 런던은 무풍현상과 기온역전으로 전날부터 템즈강 주변에 깔린 오염된 대기가 짙은 안개가 되어 퍼져나갔다. 자동차 운전사는 짙은 안개로 인하여 앞을 잘 볼 수 없었기 때문에 충돌사고가 계속되어 도로는 자동차 통행이 불가능하였다. 토요일도 전날처럼 습하고 추워서 가정에서는 석탄을 계속 땠다. 다음날인 일요일에는 사태가 더 악화하여 런던의 대부분 지역이 짙은 안개로 낮에도 밤처럼 깜깜하였다. 12월 8일 월요일에도 피해가 속출하였다. 가정뿐 아니라 공장도 다시 매연을 뿜어내기 시작하였으며, 런던 시내에서 통근 열차가 충돌하기도 하였다. 다행히도 월요일 한밤중부터 남서풍이 불기 시작하여 화요일 아침에는 스모그가 깨끗이 사라졌다.

4일간의 스모그로 인하여 런던 시내에서는 호흡기질환으로 쓰러진 사람이 많았다. 그 사람들은 식사 준비하다가, 전화하다가, 신문을 읽다가, 목욕하다가, 또는 빨래를 널다가 쓰러졌다. 스모그가 물러간 후에도 스모그로 인한 사망자는 계속 증가하여 결국 2주 동안에 약 4,000명의 주민이 사망하였다. 이에 그치지 않고 이듬해 2월까지 사망자 수는 계속 증가하여 결국 총 12,000여 명이 사망하였다. 영국은 이러한 "런던 스모그 사건"을 겪고 나서 1956년 석탄 사용을 규제하는 강력한 「청정대기법」(Clean Air Act)을 제정하였고, 그 후 20여 년이 지나서야 스모그 공포에서 벗어날 수 있었다.

② 로스앤젤레스형 스모그

미국 제2의 도시인 로스앤젤레스(Los Angeles)는 태평양의 관문이며 다문화 도시이다. 연중 온화한 날씨를 보이는 지중해성 기후지역에 위치하여 영화 산업이 발달하고 아름다운 해수욕장들이 가까이 있다. 그러나 로스앤젤레스의 스모그는 골칫거리 중 하나이다. "로스앤젤레스형 스모그"는 자동차 배기가스(NO_x, HC)가 햇빛의 자외선 작용으로 오존(O_3) 같은 강한 산화제(oxidant)를 생성하기 때문에 "광화학 스모그"라고도 한다. 이러한 대기오염물질은 대기 중의 수증기와 결합하여 황갈색의 스모그를 형성한다(그림 11-1).

로스앤젤레스는 서쪽으로 태평양에 접해 있으며 북쪽으로는 높은 산들이 있는 해안분지에 자리를 잡고 있다. 태평양에서 불어오는 습한 바람은 안개를 형성하기도 하지만, 낮에는 햇볕이 강하게 내리쬐는 날이 많다. 여름과 가을에는 북쪽에서 넘어오는 따뜻한 공기가 상공에 머물러 역전층이 형성되고 대기는 정체되는 무풍현상이 자주 발생한다. 이러한 자연조건은 로스앤젤레스의 자동차 문화와 결합하여 스모그 현상을 일으킨다.

넓은 분지지역에 퍼져 살고 도로망이 잘 발달하여 대중교통보다 자가용을 선호하는 L.A. 주민들은 출퇴근 시간의 심한 교통체증에도 불구하고 자가용차를 몰고 다니는 것이 보편화되어 있다. 1952년 캘리포니아공대의 하겐스미트(Haagen-Smit) 교수는 로스앤젤레스 지역의 스모그가 자동차 배출가스에 의한 광화학반응이라는 것을 밝혀냈다, 이후 연방의회는 1963년에 「청정대기법」(Clean Air Act)을 제정하여 자동차 배출가스를 규제하게 되었으며, 1990년대에는 로스앤젤레스에 지하철이 처음으로 개통되었다.

전 세계의 대도시들은 대부분 스모그에 시달리고 있는데, 후진국 대도시들은 런던형 스모그와 광화학 스모그가 복합적으로 나타나는 양상을 보인다. 베이징의 경우 석탄 사용과 함께 자동차에 의한 대기오염이 심각한데 황사까지 겹치고 있다. 급속한 산업화에 따라 심하게 오염된 스모그가 베이징에 자주 나타나서 겨울철에는 폐렴 및 기관지염 환자가 급증하고 있다. 서울의 경우 아황산가스 농도가 세계에서 가장 높게 나왔던 1978년보다는 대기오염이 현저히 개선되었지만, 여름철에는 중국발 대기오염물질과 국내의 자동차 배기가스가 결합한 광화학 스모그가 수시로 나타나고 있다. 겨울철에는 중국의 석탄 사용 산업시설에서 배출한 대기오염물질과 국내의 대기오염물질로 형성된 런던형 스모그가 한반도 전역에 출현하기도 한다.

그림 11-1. 스모그로 희미하게 보이는 로스앤젤레스 다운타운 [사진: 김학훈, 2005년 8월]

(2) 중국발 미세먼지와 황사

우리나라의 미세먼지 평균농도는 OECD 국가 중 1~2위 수준에 있다. 특히 겨울철만 되면 우리나라는 미세먼지로 몸살을 앓는다. 중국발 미세먼지 때문에 겨울철 삼한사온(三寒四溫) 대신에 삼한사미(三寒四微)라는 말이 유행하고 있다. 북극의 한랭기단이 한반도에 밀고 내려오면 한파가 발생하지만, 며칠 후 온난기단이 밀려오면 중국발 미세먼지가 같이 오기 때문이다.

중국의 대기오염이 심각한 이유는 공장에서 석탄이 주 연료로 사용되고 있을 뿐만 아니라 대기오염 방지시설을 제대로 갖추지 않은 석탄화력발전소가 곳곳에 있고, 대도시에는 자동차가 급증하여 배기가스가 많이 배출되기 때문이다. 대기오염물질인 SO_x와 NO_x는 미세먼지의 주요 원인물질이다. 중국 대륙 곳곳에서 발생한 미세먼지들이 황사와 함께 편서풍을 타고 우리나라로 수시로 유입되면서 우리나라 전역에 피해를 주고 있다.

황사는 몽골고원의 고비사막과 중국 황하 상류의 황토지대에서 발생한 작은 모래나 먼지로서 저기압대의 상층기류를 타고 높이 올라갔다가 편서풍을 타고 이동하여 한반도와 일본까지 날아온다. 황사는 주로 건조한 봄철에 발생하지만 때로는 겨울철에 날려오기도 한다.

과거 매년 봄철 황사로 인해 고통을 받아왔던 우리나라는 중국의 산업화에 따라 공장지대의 매연에 포함된 중금속 성분이 황사와 미세먼지에 흡착되어 바람을 타고 같이 날아온다. 환경부에 의하면 황사가 발생했을 때 국내의 대기오염에서 중국발 오염물질이 차지하는 비율은 황산화물 29.7%, 초미세먼지 32~60%, 미세먼지 30~50%, 납 30%, 카드뮴 50%, 비소 40%로 나타났다. 일반적인 상황에서 국내 미세먼지에 대한 중국의 영향은 32%에서 85%까지 변화폭이 상당히 크다.

국내 미세먼지에 대한 대책으로는 석탄을 사용하는 화력발전소를 폐쇄하고 경유 및 휘발유 자동차를 줄여나가는 것이 필요하다. 월경 오염물질에 대해서는 중국과의 외교협상을 통해 중국에서 대기오염물질의 배출량을 줄이도록 유도해야 할 것이다.

5) 대기오염물질의 배출원과 피해 영향

우리나라에서 대기환경기준이 설정된 대기오염물질은 2015년 기준으로 아황산가스(SO_2), 일산화탄소(CO), 이산화질소(NO_2), 미세먼지(PM_{10}), 초미세먼지($PM_{2.5}$), 오존(O_3), 납(Pb), 벤젠(C_6H_6)이다. 여기서 납(Pb)은 주로 자동차 배기가스로 많이 배출되며, 미세먼지나 증기 형태로 인체의 뼈, 간, 콩팥, 뇌 등에 축적될 수 있다. 우리나라에서는 1993년부터 승용차에 무연휘발유를 사용하도록 하여 자동차의 배기가스에 의한 납 배출량은 많이 줄었다. 대기환경기준이 설정된 7개 대기오염물질의 배출원과 그 피해 영향을 요약하면 표 11-2와 같다.

표 11-2. 주요 대기오염물질의 배출원과 피해 영향

오염물질	주요 배출원	피해 영향	환경문제
아황산가스(SO_2)	▸ 화석연료(석탄, 석유) 연소	▸ 호흡기질환 ▸ 식물성장 방해 ▸ 금속·석조물·건축재료 부식	▸ 산성비
일산화탄소(CO)	▸ 무연탄 등의 불완전연소 ▸ 자동차 배기	▸ 연탄가스 중독	
이산화질소(NO_2)	▸ 화석연료 연소 ▸ 자동차 배기	▸ 호흡기질환 ▸ 식물성장 방해 ▸ 금속·석조물·건축재료 부식	▸ 산성비 ▸ 광화학 스모그

오염물질	주요 배출원	피해 영향	환경문제
미세먼지(PM_{10})* 초미세먼지($PM_{2.5}$)**	▸ 화석연료 연소 ▸ 자동차 배기 ▸ 시멘트공장, 비료공장	▸ 호흡기질환 ▸ 심혈관 질환(뇌졸중, 협심증) ▸ 가시거리 감소 ▸ 식물성장 방해 ▸ 반도체공정, 도장공정 피해	
오존(O_3)	▸ 자동차 배기	▸ 호흡기질환 ▸ 식물성장방해 ▸ 고분자제품 손상	▸ 광화학 스모그
납(Pb)	▸ 자동차 배기	▸ 뼈·장기 질환	
벤젠(C_6H_6)	▸ 자동차 배기 ▸ 석유화학공장 ▸ 주유소	▸ 재생불량성 빈혈 ▸ 백혈병 ▸ 간 질환	

자료: 김학훈·이종호, 2013, p.207; 필자 수정.
주: * 미세먼지(PM_{10})는 입자 크기가 10 μm 이하인 먼지를 말한다.
** 초미세먼지($PM_{2.5}$)는 입자 크기가 2.5 μm 이하인 먼지를 말한다.

6) 대기환경 관리정책

정부의 대기환경 관리수단으로는 대기오염물질 지정, 배출허용기준 설정, 대기 배출부과금 제도, 권역별·지역별 관리제도, 연료규제 등이 있다(환경부, 2020, pp.339-342).

(1) 대기오염물질 지정

환경부는 1990년 제정된 「대기환경보전법」을 2012년 개정하면서 대기오염물질 분류체계를 대기오염물질, 유해성대기감시물질, 특정대기유해물질로 변경하였다. 대기오염물질은 61종에서 64종으로 확대 지정되었으며, 대기오염물질 중 사람의 건강이나 동식물의 생육에 위해를 끼칠 수 있어 감시가 필요한 물질을 유해성대기감시물질이라 명하고 43종을 신규 지정하였다. 특정대기유해물질은 유해성대기감시물질 중에서 저농도에서도 사람의 건강이나 동식물의 생육에 위해를 끼칠 수 있어 특별관리가 필요한 물질로서 카드뮴, 다이옥신, 벤젠, 폼알데하이드 등 35종이 지정되어 있다.

(2) 환경기준과 배출허용기준

「환경정책기본법」에 따르면 정부는 국민의 건강을 보호하고 쾌적한 환경을 조성하기 위하여 환경기준을 설정하며, 특별시·광역시·도는 지역 환경의 특수성을 고려하여 필요할 때는 환경기준보다 확대·강화된 별도의 지역환경기준을 조례로 설정할 수 있다. 환경기준은 세계보건기구

(WHO)의 권장기준을 참고하되 오염현황과 인체 영향을 고려하여 결정한다.

① 농도기준 설정

우리나라 대기환경기준의 농도설정은 1978년에 아황산가스가 최초로 설정된 후 항목 수가 계속 증가하고 일부는 변경되었다. 가장 최근에 추가된 항목은 초미세먼지로서 2015년부터 적용되었으며, 2018년에는 초미세먼지의 환경기준을 미국, 일본과 동일한 수준으로 강화하여, 하루 평균치는 50 μg/m^{3}에서 35 μg/m^{3}로, 연간 평균치는 25 μg/m^{3}에서 15 μg/m^{3}로 변경하였다. 현재 8개 대기오염물질에 대해 시행 중인 대기환경기준은 표 11-3과 같다.

표 11-3. 우리나라의 대기환경기준 및 측정방법

항목	기준	측정방법
아황산가스(SO_2)	• 연간 평균치 0.02 ppm 이하 • 24시간 평균치 0.05 ppm 이하 • 1시간 평균치 0.15 ppm 이하	자외선형광법 (Pulse UV Fluorescence Method)
일산화탄소(CO)	• 8시간 평균치 9 ppm 이하 • 1시간 평균치 25 ppm 이하	비분산적외선분석법 (Non-Dispersive Infrared Method)
이산화질소(NO_2)	• 연간 평균치 0.03 ppm 이하 • 24시간 평균치 0.06 ppm 이하 • 1시간 평균치 0.10 ppm 이하	화학발광법 (Chemiluminescent Method)
미세먼지(PM_{10})	• 연간 평균치 50 μg/m^3 이하 • 24시간 평균치 100 μg/m^3 이하	베타선흡수법 (β-Ray Absorption Method)
초미세먼지($PM_{2.5}$)	• 연간 평균치 15 μg/m^3 이하 • 24시간 평균치 35 μg/m^3 이하	중량농도법 또는 이에 준하는 자동측정법
오존(O_3)	• 8시간 평균치 0.06 ppm 이하 • 1시간 평균치 0.1 ppm 이하	자외선광도법 (UV Photometric Method)
납(Pb)	• 연간 평균치 0.5 μg/m^3 이하	원자흡광광도법 (Atomic Absorption Spectrophotometry)
벤젠(C_6H_6)	• 연간 평균치 5 μg/m^3 이하	가스크로마토그래프법 (Gas Chromatography)

자료: 환경부, 수도권대기환경청 홈페이지.

환경기준이 정책목표라고 본다면 개별오염원에 적용되는 배출허용기준은 환경기준을 달성하기 위한 정책수단이므로 설정된 환경기준에 따라 달라질 수 있다. 배출허용기준은 개별 배출시설에서 배출되는 오염물질의 최대허용치 혹은 최대허용농도로서 현재의 오염물질 배출수준 또는 처리기술과 경제·사회적 여건을 고려하여 설정한다. 우리나라는 2020년 기준 일반대기오염물질 11종[4]과 특정대기유해물질 24종 등 총 35종의 대기오염물질에 대해 배출허용기준을 설정하고

4) 배출허용기준이 설정된 일반대기오염물질은 먼지, 아연화합물, 일산화탄소, 암모니아, 질소산화물, 황산화물, 황화수소, 이황화탄소, 탄화수소, 구리화합물 등 11종이다.

있다(환경부, 「대기환경보전법」 시행규칙 개정).

한편, 대기오염이 심각하여 대기보전특별대책지역이나 대기관리권역으로 지정된 지역에 대해서는 강화된 배출허용기준을 적용할 수 있다. 또한 단일 특정대기유해물질을 연간 10톤 이상 배출하는 사업장에 대해서는 해당 특정대기유해물질의 배출기준을 최대 2.7배 강화하여 적용하고 있다. 일반적으로 배출허용기준은 농도 및 총량을 기준으로 설정된다.

② 총량기준 설정

「대기환경보전법」에 따르면, 대기오염 상태가 환경기준을 초과하여 주민의 건강·재산이나 동식물의 생육에 심각한 위해를 끼칠 우려가 있다고 인정하는 구역 또는 특별대책지역 중 사업장이 밀집되어있는 구역의 경우 그 구역의 사업장에서 배출되는 오염물질을 총량으로 규제할 수 있다. 대기오염물질 총량관리는 지역별로 대기환경이 수용할 수 있는 배출허용 총량을 정한 뒤, 해당 지역 사업장에 연도별로 배출허용 총량을 할당하는 제도이다.

2008년부터 수도권 지역에서는 대기오염물질의 총량관리를 시행하고 있다. 질소산화물 및 황산화물 배출량이 각각 30톤, 20톤을 초과하는 대형사업장(1종)에 대해 연도별 배출허용 총량을 할당하는 사업장 총량관리제가 실시되었다. 2010년부터는 질소산화물과 황산화물 배출량이 4톤을 초과하는 사업장(1종, 2종)까지 총량관리 대상으로 확대 시행하고 있다(환경부, 2018, p.319).

(3) 대기 배출부과금 제도

「대기환경보전법」에 따르면 대기환경의 피해를 방지하거나 줄이기 위해, 대기오염물질 배출사업자에 대하여 오염자 부담원칙에 따라서 대기오염물질 처리비용에 상당하는 배출부과금을 부과할 수 있다. 이는 경제적인 유인구조에 기반하여 사업자의 배출 저감을 유도하기 위한 것이다.

대기 배출부과금은 기본부과금과 초과부과금으로 구분한다. 기본부과금은 사업자가 배출허용기준 이하로 배출하는 대기오염물질 3종(먼지, 황산화물, 질소산화물)의 양에 따라 부과되며, 초과부담금은 사업자가 배출허용기준을 초과하여 배출하는 경우 초과된 대기오염물질 9종(먼지, 황산화물, 암모니아, 염화수소, 황화수소, 이황화탄소, 불소화합물, 시안화수소, 질소산화물)의 양에 따라 부과된다.

(4) 권역별·지역별 관리제도

「환경정책기본법」에 따르면, 환경오염·환경훼손 또는 자연생태계 변화가 현저하거나 현저해질 우려가 있는 지역과 환경기준을 자주 초과하는 지역을 특별대책지역으로 지정하고, 특별대책지역 내의 환경개선을 위하여 토지이용과 시설설치를 제한할 수 있다. 지금까지 지정된 대기보전특별대책지역은 대규모 연소가스 배출시설이 밀집해 있는 울산·미포 및 온산 국가산업단지와 여수·여천 국가산업단지 및 확장단지 등 2개 지역이다.

대기보전특별대책지역에 대해서는 일반적인 배출허용기준보다 강화된 기준을 적용할 수 있다. 산업단지와 같이 대기오염이 심하여 대기보전특별대책지역으로 지정된 지역에 이미 설치된 배출시설에 대해서는 엄격 배출허용기준을, 새로이 설치되는 배출시설에 대해서는 특별 배출허용기준을 적용할 수 있다.

2005년 「수도권 대기환경개선에 관한 특별법」이 제정되면서 서울특별시, 인천광역시, 경기도 등 수도권 지역은 대기관리권역으로 지정·관리되었으나, 대기관리권역을 수도권 외의 지역까지 확대하여 권역 특성에 맞는 대기질 관리대책을 추진하기 위해 「수도권 대기환경개선에 관한 특별법」을 대체하는 「대기관리권역의 대기환경개선에 관한 특별법」이 2020년부터 시행되었다. 이에 따라 기존의 「대기환경보전법」에 의한 대기환경규제지역은 폐지되었으며, 국내 초미세먼지 농도에 크게 영향을 미치는 지역을 중심으로 기존의 수도권 외 중부권, 남부권, 동남권이 대기관리권역으로 추가되어 총 4개 권역, 8개 특·광역시, 69개 시군이 지정되었다.

(5) 연료규제

서울 등 수도권 및 주요 도시의 아황산가스(SO_2) 농도를 줄이기 위하여 1981년부터 연료유의 황함유 기준을 강화(중유 4.0 → 1.6% 이하, 경유 1.0 → 0.4% 이하)하기 시작했다. 그 이후 기준을 더욱 강화하여 1997년부터 경유는 전국적으로 황함유 0.1% 이하 제품을 공급·사용하도록 하고 있다. 중유는 서울, 부산 등 7개 특·광역시, 제주도 전역, 수원 등 50개 시·군에 대하여는 황함유량 0.3% 이하, 세종시 및 안성 등 103개 시·군에는 0.5% 이하를 공급·사용하도록 하고 있다.

1970년대 석유파동 이후 석탄 사용이 권장되어 대도시의 대기오염이 심각해짐에 따라, 1985년부터 환경기준을 초과하거나 초과할 우려가 있는 지역에 대해 석탄류, 코크스, 신탄(薪炭, 땔나무와 숯) 등의 고체연료 사용을 제한하고 있다. 2019년 기준으로 서울 및 6대 광역시, 경기도 13개 시 등 총 20개 지역을 고체연료 사용제한지역으로 지정하고 있다.

저황유 공급이나 고체연료 사용제한에도 불구하고 대도시의 대기오염이 개선되지 않자, 1988년에는 서울시 지역 내의 업무용 보일러 및 인천화력에 사용하는 연료를 액화천연가스(LNG) 또는 경유로 대체하도록 의무화하였다. 현재 7개 특·광역시 및 28개 시의 일정 규모 이상 업무용 보일러, 공동주택, 지역냉난방시설 및 발전시설에 대하여 청정연료 사용을 의무화하고 있다.

자동차 배기가스(NO_2, HC)를 감소시키기 위해서는 자동차 연료로 경유(디젤) 사용을 규제하고 액화석유가스(LPG)를 권장하며 전기자동차나 수소자동차 같은 친환경 자동차의 보급을 확대해야 할 것이다. 또한 대중교통수단을 개선·확충하여 자가용차의 사용을 줄여 나가야 한다. 신시가지 조성이나 도시재개발을 시행할 때는 교통수요를 줄이기 위해 직주근접, 혼합 토지이용(mixed land use), 고밀도 토지이용(compact land use) 등을 도시계획에 반영해야 한다.

2 수질오염

1) 수질오염의 개념과 지표

(1) 수질오염과 물의 자정작용

오염되지 않은 순수한 물은 증류수이지만, 증류수는 음용수로는 부적합하고 그 속에서 생명체들이 살 수도 없다. 오염되지 않은 자연 상태의 물은 물리적으로 냄새, 부유물질, 색깔 등이 없어야 하며, 화학적으로 적절한 무기영양소(미네랄)와 충분한 용존산소가 함유되어야 하고 유해한 물질이 없어야 하며, 생물학적으로는 수인성 전염병균이나 기타 세균이 없어야 한다.

자연 상태의 물도 여러 가지 자연적인 오염원을 가지고 있다. 낙엽이 썩어 생긴 부식질, 광물질, 동물의 배설물이나 사체 등 다양한 오염물질이 물에 유입될 수 있다. 그러나 이러한 오염원에도 불구하고 물이 가지는 물리, 화학, 생물학적 작용을 통해 스스로 정화할 수 있다. 자연의 물은 자정작용(self-purification)으로 자연 오염원에 의한 오염물질들을 처리할 수 있으므로 양호한 상태를 유지할 수 있다. 또한 인위적인 오염원에 의한 오염물질들이 유입되더라도 역시 자정능력의 한계를 초과하지 않는다면 물은 본래의 수질을 회복할 수 있다.

따라서 수질오염(water pollution)이란 지구의 자연 수체(water body)에 자정능력을 초과하는 오염물질이 유입되어 수자원의 이용가치가 떨어지거나 사람이나 동식물에 피해를 주는 현상을 말한다. 자연 수체에 오염물질이 유입되었을 때 자정을 위한 물의 물리적, 화학적, 생물학적 작용은 다음과 같다.

① **물리적 작용** : 오염물질이 유속 이동, 분산, 확산, 침전, 희석, 혼합, 여과됨으로써 물이 정화된다.

② **화학적 작용** : 오염물질이 산화, 환원, 중화, 흡착, 응집됨으로써 물이 정화된다.

③ **생물학적 작용** : 물속에 용존산소가 있는 경우 호기성 미생물에 의해 유기물질이 분해되며, 산소가 거의 없는 경우 혐기성 미생물에 의해 유기물질이 분해된다.

(2) 수질오염의 지표

물의 오염도를 평가하기 위해서는 여러 수질오염 지표의 기준값들을 설정한다. 이때 물의 용도에 따라 지표 기준을 다르게 설정하는데, 음용수는 하천수보다 수질기준이 엄격할 수밖에 없으며, 하천과 호소도 수질환경기준에 약간 차이가 있다. 수질오염의 지표는 다음과 같은 것이 있다.

① **탁도(Turbidity)** : 물에 포함된 부유물질과 콜로이드성 물질의 정도를 나타내는 척도로써 빛이 투과될 때 빛을 산란시키거나 흡수 또는 반사하여 빛이 투광하는 정도로 나타낸다.

② **총고형물(TS: Total Solids)** : 시료수를 103～105℃에서 증발시켰을 때 잔류하는 모든 물질을 말하는데, 물에 존재하는 형태(입자 크기)에 따라 용존고형물 또는 용존물질(DS: dissolved solids), 콜로이드(colloid), 부유고형물 또는 부유물질(SS: suspended solids)로 분류한다(그림 11-2). 그리고 부유물질은 입자 크기에 따라 분산형(0.1～5 μm)과 침전형(5～10 μm)으로 나누기도 한다.

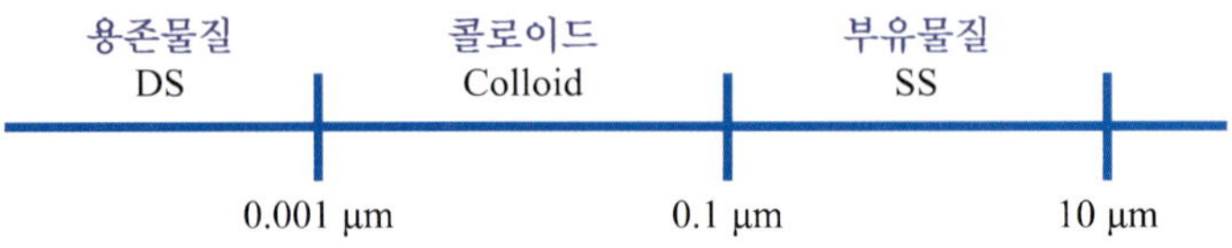

그림 11-2. 총고형물(TS)의 분류

③ **색도(Color)** : 순수한 물은 무색이나 자연수는 이물질에 의해 색을 띠는 경우가 있다. 즉 조류(藻類)에 따라 녹색이나 갈색, 철분에 의한 적색, 망간에 의한 흑갈색 등이 있으며, 폐수의 경우 상태에 따라 회색이나 흑색을 띠게 된다.

④ **수소이온 농도지수(pH)** : 물이 산성인지 알칼리성인지 판단하는 척도로서 pH 7.0을 중성이라 하며 이보다 작을수록 산성도가 높고 이보다 pH 값이 클수록 알칼리도가 높음을 뜻한다.

⑤ **용존산소(DO: Dissolved Oxygen)** : 물속에 녹아있는 산소량을 말하며 수중생물의 호흡에 매우 중요하다. 용존산소는 대기의 산소가 수면에서 녹아 들어가며 수중식물의 광합성으로 만들어지기도 한다.

⑥ **화학적 산소요구량(COD: Chemical Oxygen Demand)** : 산화제를 사용해서 시료수 내의 유기 오염물들을 산화시킬 때 소모되는 산소량으로 유기 오염물질의 양을 나타내는 지표이다. 측정에 사용되는 산화제는 중크롬산칼륨($K_2Cr_2O_7$)과 과망간산칼륨($KMnO_4$)이 있다.

⑦ **생화학적 산소요구량(BOD: Biochemical Oxygen Demand)** : 물속에 들어있는 생분해성 유기 오염물질(단백질, 탄수화물, 지방)의 양을 나타내는 지표로써 일정한 온도(20℃)에서 5일 동안 호기성 미생물이 생분해성 유기 오염물을 대사하는 동안 소비된 용존산소량으로 표시한다. 지표수의 오염도를 평가할 때 BOD가 1 ppm 이하이면 여과·살균 등 간단한 정수처리 후 생활용수로 사용할 수 있다.

⑧ **총유기탄소량(TOC: Total Organic Carbon)** : 물속에 함유된 유기물질의 농도를 물속에 용존하는 전체 탄소량과 무기탄소량의 차이로부터 측정한 값이다. 수질의 오염 정도를 나타내는 지표로써 COD 및 BOD와 상관관계가 있으며, 측정값이 불확실한 단점이 있는 COD와 BOD에 비해서 측정이 빠르며 효율적인 장점이 있다. 우리나라는 2020년부터 신규 폐수배출시설에 대해

서는 유기물질 측정지표를 COD에서 TOC로 전환하였다.

⑨ **총질소(T-N: Total Nitrogen)** : 유기성 및 무기성 질소화합물이 물속에 포함된 농도를 나타낸 것이다. 질소(N)를 함유하는 단백질, 요소, 요산 등과 같은 유기물질들이 오염물질로 배출되면 시간의 경과에 따라 암모니아, 아질산이온, 질산이온 등 무기성 질소화합물 형태로 물속에 잔류하게 된다. 암모니아는 산화되면 질산염(NO_3)이 되는데, 질산염은 부영양화에 의한 녹조의 원인이며 인체에 흡수되면 독성을 유발한다. 질소화합물을 배출하는 오염원은 하수, 분뇨, 산업폐수 등이다.

⑩ **총인(T-P: Total Phosphorus)** : 하천, 호소 등의 부영양화를 나타내는 지표 중 하나로 물속에 포함된 인(P)의 농도를 뜻한다. 인은 질소와 함께 부영양화에 있어 광합성을 제한하는 기질로 작용한다. 총인은 입자성 인, 유기성 인, 폴리인산염, 인산염이온 등 수중에 존재하는 인의 총량을 측정한 값이다. 인은 축산폐수와 농업폐수에 많이 함유되어 있으며, 하수처리장에서는 인을 제거하는 공법을 적용하여 처리한 후 방류한다.

⑪ **대장균군(Coliform group)** : 물속의 대장균을 일정한 조건에서 배양하였을 때 나타나는 대장균 군집의 수를 측정한다. 배설물에 의한 수질오염이 발생했을 때 사람이나 온혈동물의 장에서 기생하는 대장균은 수인성 병원균에 대한 지표균 역할을 한다. 대장균은 병원성 세균의 존재와 살균효과 등을 평가하는 데 사용된다.

2) 수질오염원

수질오염원은 오염물질의 배출형태에 따라 점오염원(point source)과 비점오염원(non-point source)으로 구분된다. 점오염원은 생활하수, 산업폐수, 축산폐수 등 일정한 배출경로를 가진 오염원이며, 비점오염원은 도시, 도로, 농지, 공사장 등 불특정 장소에서 주로 빗물과 함께 수질오염물질을 배출하는 오염원을 말한다.

전국의 수질오염물질 발생량에서 점오염원이 차지하는 비율을 살펴보면 생활하수가 78%, 산업폐수가 21%를 차지하고 축산폐수는 1%에 지나지 않는다. 그러나 오폐수의 오염(BOD)부하량을 보면 생활하수가 53%, 산업폐수가 39%이며 축산폐수는 8%에 달한다(환경운동연합, 2001). 이렇게 배출된 오폐수는 오염원별로 환경기초시설 또는 자체 처리시설에서 정화처리하고 있다. 즉 생활하수는 공공하수처리시설 또는 오수처리시설에서 처리하고, 산업폐수는 공공폐수 처리시설 또는 개별공장의 자체 수질오염 방지시설에서 처리하고 있다. 축산폐수는 자체 정화처리하는 것이 원칙이지만 일부 영세 축산농가는 그대로 투기하고 있어 문제가 되고 있다.

(1) 생활하수

생활하수는 가정이나 음식점에서 배출하는 음식물 찌꺼기와 폐식용유, 세제, 분뇨 등이 주된 오염물질이다. 생활하수의 발생량은 인구증가에 따른 물 소비량의 증가에 비례해서 매년 증가하고 있다. 생활하수는 탄수화물, 지방, 단백질 등이 포함되어 있는 유기성 물질이 대부분이며, 상가지역에서는 미량의 중금속과 유기 합성화합물 등이 유입될 수 있다. 분뇨에는 질소나 인 같은 물질이 들어있다. 특히 세제 성분에 포함된 인(P)의 유입은 전체 생활하수에서 유입된 인의 60%에 이를 만큼 많은 양이다.

호소나 하천의 정체된 물에 다량의 질소와 인이 유입되어 조류(藻類, algae)가 번성하면 부영양화(富營養化, eutrophication) 현상이 발생한다. 과도하게 증식한 조류는 물의 표면을 뒤덮어 햇빛을 차단하고 용존산소를 소비하여 수생식물과 어류를 폐사시키며, 폐사한 동식물과 조류(식물플랑크톤)의 유기물 찌꺼기가 부패할 때도 많은 용존산소를 소비하고 독성물질이 발생하므로 어패류는 질식해서 죽게 된다. 부영양화는 과다하게 증식한 조류의 종류에 따라 강과 호수에서는 주로 녹조현상, 바다에서는 적조현상을 초래한다(그림 11-3). 때로는 강에서 발생한 녹조가 바다로 흘러가서 해변으로 녹조가 밀려오기도 한다.

그림 11-3. 녹조현상(대구광역시 달성군 박석진교 인근) [사진: 녹색연합, 2012년 8월]

전국의 수질오염물질 발생량을 보면 수질오염원 중에서 생활하수가 가장 큰 비중을 차지하고 있다. 생활하수는 인구가 밀집한 대도시 수역의 수질을 악화시키는 요인이 되고 있으므로 하수처리장에서의 하수처리율을 지속적으로 높여나가야 한다.

(2) 산업폐수

산업폐수에는 유기물질, 무기물질 외에 중금속이 포함될 수 있다. 중금속 중에서 카드뮴(Cd)은 이타이이타이병, 수은(Hg)은 미나마타병, 크롬(Cr)은 기형아의 출산, 납(Pb)은 청각 장애, 빈혈, 불임 등을 초래할 수 있다. 이러한 병들은 생물농축(biological concentration)을 거쳐 발생하는데, 주로 독성물질이 축적된 어패류를 섭취한 사람에게서 나타난다. 생물농축이란 중금속 등 독성물질이 먹이사슬(food chain)에서 영양단계가 높은 생물일수록 체내에 더욱 높은 농도로 축적되는 현상이다. 그림 11-4는 먹이사슬의 각 단계에서 개체 내에 농축되는 수은의 농도를 보여준다.

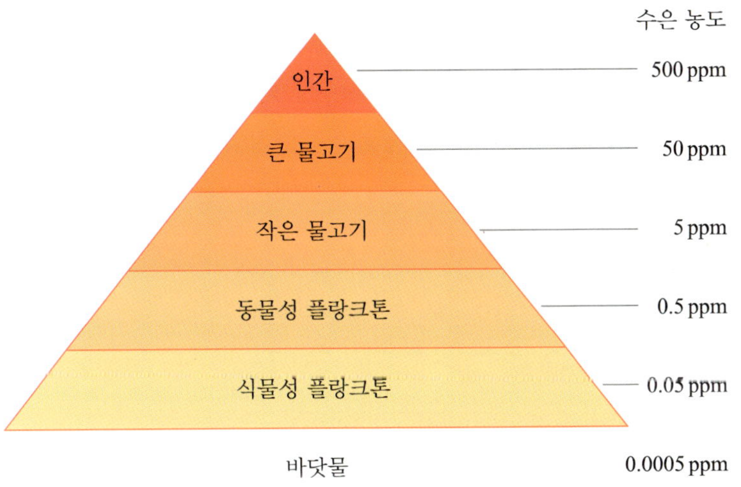

그림 11-4. 먹이사슬과 수은의 생물농축

이타이이타이병은 일본 도야마현 신쓰가와(神通川) 강 유역에서 1910년경부터 발생한 병으로 환자가 아픔을 호소할 때 '이타이 이타이(아파 아파)'라고 하는 것에서 붙여진 병명이다. 1968년의 역학조사 결과 과거 인근 광산의 아연 제련 과정에서 배출한 폐광석을 통해 카드뮴이 강으로 유출되며 카드뮴에 오염된 어패류를 섭취하고 강물을 농업용수로 사용한 주민들에게 발병한 것으로 밝혀졌다. 카드뮴은 체내에 들어오면 뼈에 축적되어 칼슘 흡수를 저해하며 골연화증을 일으키고 뼈의 골절현상을 유발한다. 병으로 사망한 사람은 56명이었으며 수백 명이 심한 고통을 호소했다고 한다.

미나마타병은 1956년경 일본 구마모토현의 미나마타(水俣) 연안에서 인근 화학공장이 방류한 폐수의 수은 성분에 오염된 어패류를 먹은 사람들에게 집단으로 발생한 병이다. 수은중독의 증상으로는 사지 마비 현상, 시신경 장애, 청각 장애, 언어 장애 등이 나타나며, 증상이 유전되기도 한다. 이 병의 희생자는 공식적으로 2,265명이며 그중 1,784명이 사망했다.

사업장에서 배출되는 산업폐수는 생활하수에 비하면 그 양이 많지 않으나 오염물질의 농도는 생활하수에 비해 월등히 높으므로 자체 정화를 하지 않고 방류하면 심각한 수질오염을 일으킨다.

산업단지의 경우 공공폐수처리장이 설치되어 있어 산업폐수에 의한 수질오염 문제는 크게 발생하지 않고 있지만, 개별입지에 의한 사업장의 경우 산업폐수가 정화처리되지 않고 불법적으로 배출될 개연성이 높으므로 철저한 단속이 필요하다.

(3) 축산폐수

축산폐수의 배출량은 전체 폐수배출량의 1% 정도에 불과하나 BOD 기준 오염발생량은 8%를 차지하는 고농도 폐수이다. 가축 분뇨(糞尿)에는 질소, 인은 물론 유기물질이 많이 포함되어 있다. 관련법에 따라 가축분뇨처리시설과 축산폐수처리시설이 운영되고 있지만, 현재 축산 시설의 90% 이상이 비규제대상 영세 축산농가로서 개별 정화시설의 설치가 불가능하여 적절한 처리를 기대하기 어려운 실정이다.

가축별 분뇨배출량을 살펴보면, 하루에 한우는 분(糞) 8 kg, 뇨(尿) 6 L, 젖소는 분 19 kg, 뇨 11 L, 돼지는 분 1 kg, 뇨 2 L, 닭은 0.1 kg의 분을 배출하고 있다(농업기술포털 농사로). 참고로 사람은 하루에 대략 200 g의 대변과 1.2 L의 소변을 배출한다. 과거 농촌에서는 가축 분뇨를 퇴비로 만들어 농지 거름으로 활용했지만 근래에는 극히 일부만 유기질 비료로 활용되고 있다.

(4) 기타 오염원

농촌에서 농약과 비료 사용이 증가하면서 농업폐수도 증가 추세에 있다. 비료에는 질소, 인 등 영양물질이 많고, 농약이나 살충제는 독성을 띠어 잔류 농약은 인체에도 해로울 뿐 아니라 수중 생태계를 파괴할 수 있다.

그리고 강변 유원지나 상수원 보호구역 인근에 들어선 골프장, 호텔, 모텔, 수상 음식점, 낚시 행위 등으로 하천이 오염되고 있다. 하천 오염을 방지하기 위해서는 상수원 보호구역을 확대하고 관광 및 위락단지의 운영 제한, 기존 위락시설의 이전 촉진 등을 추진하여 오염물질 배출원을 제거해야 한다.

3) 수질환경기준

공공수역 수질을 사람의 건강과 동식물의 생육에 안전한 수준으로 관리하기 위해 「물환경보전법」 제2조에 따라 관리대상 오염물질을 지정하고 있다. 2019년 기준으로 수질오염물질은 58종이 지정되어 있으며, 그중 위해를 줄 우려가 큰 수은, 페놀 등 32종은 특정수질유해물질로 추가 지정되어 있다.

특정 수역의 수질관리를 위한 수질기준이 설정되면 그 기준치는 수질관리의 정책목표가 되며 법적 판단의 근거가 된다. 개별 사업장에 대한 배출허용기준과 공공하수·폐수처리장 등에 대한 방류수 수질기준은 법적 의무가 있는 규제 수단이다. 그러나 수질환경기준은 국민건강 보호와 쾌적한 수질환경을 조성하기 위해 정부가 설정한 행정상의 목표로서 법적 구속력은 없다.

우리나라의 수질환경기준은 하천, 호소, 지하수로 나누어 정하고 있으며, 이용목적에 따라 각각 건강보호 기준과 생활환경 기준으로 구분하여 설정되어 있다. 하천의 수질환경기준에서 건강보호 기준에는 카드뮴(Cd), 비소(As) 등 20개 항목에 대해서 기준값이 설정되어 있다. 하천의 생활환경 기준으로는 총 8개 항목, 즉 수소이온농도(pH), 생물화학적 산소요구량(BOD), 화학적 산소요구량(COD), 총유기탄소량(TOC), 부유물질량(SS), 용존산소량(DO), 총인(T-P), 대장균군(총대장균군, 분원성 대장균군)이 설정되어 있다(표 11-4).

표 11-4. 하천 수질환경기준(생활환경 기준) (2018년 5월 개정)

등급		상태(캐릭터)	기준								
			수소이온농도(pH)	생화학적 산소요구량(BOD)(mg/L)	화학적 산소요구량(COD)(mg/L)	총유기탄소량(TOC)(mg/L)	부유물질량(SS)(mg/L)	용존산소량(DO)(mg/L)	총인(T-P)(mg/L)	대장균군수(MPN/100mL)	
										총 대장균군	분원성 대장균군
매우 좋음	Ia		6.5 ~8.5	1 이하	2 이하	2 이하	25 이하	7.5 이상	0.02 이하	50 이하	10 이하
좋음	Ib		6.5 ~8.5	2 이하	4 이하	3 이하	25 이하	5.0 이상	0.04 이하	500 이하	100 이하
약간 좋음	II		6.5 ~8.5	3 이하	5 이하	4 이하	25 이하	5.0 이상	0.1 이하	1,000 이하	200 이하
보통	III		6.5 ~8.5	5 이하	7 이하	5 이하	25 이하	5.0 이상	0.2 이하	5,000 이하	1,000 이하
약간 나쁨	IV		6.0 ~8.5	8 이하	9 이하	6 이하	100 이하	2.0 이상	0.3 이하	-	-
나쁨	V		6.0 ~8.5	10 이하	11 이하	8 이하	쓰레기 등이 떠 있지 않을 것	2.0 이상	0.5 이하	-	-
매우 나쁨	VI		-	10 초과	11 초과	8 초과	-	2.0 미만	0.5 초과	-	-

주: 등급별 수질 및 수생태계 상태
Ia(매우 좋음) : 여과·살균 등 간단한 정수처리 후 생활용수로 사용
Ib(좋음) : 여과·침전·살균 등 일반적인 정수처리 후 생활용수로 사용
II(약간 좋음) : 여과·침전·살균 등 일반적인 정수처리 후 생활용수 또는 수영용수로 사용
III(보통) : 고도의 정수처리 후 생활용수로 이용하거나 일반적 정수처리 후 공업용수로 사용
IV(약간 나쁨) : 고도의 정수처리 후 공업용수로 사용
V(나쁨) : 특수한 정수처리 후 공업용수로 사용할 수 있음
VI(매우 나쁨) : 용존산소가 거의 없는 오염된 물로 물고기가 살기 어려움

호소의 수질환경기준에서 건강보호 기준은 하천과 동일하다. 호소의 생활환경 기준으로는 총 9개 항목, 즉 수소이온농도(pH), 화학적 산소요구량(COD), 총유기탄소량(TOC), 부유물질량(SS), 용존산소량(DO), 총인(T-P), 총질소(T-N), 클로로필-a(Chl-a), 대장균군(총대장균군, 분원성 대장균군)이 설정되어 있는데, 하천 생활환경 기준과 비교하면 BOD가 없고, 총질소와 클로로필-a가 추가되어있는 점이 다르다(표 11-5). 하천과 호소의 수질 등급은 '매우 좋음(Ia)'부터 '매우 나쁨(VI)'까지 7단계로 구분되어 있다.

표 11-5. 호소 수질환경기준(생활환경 기준) (2018년 5월 개정)

등급		상태(캐릭터)	기준									
			수소이온농도(pH)	화학적 산소요구량(COD)(mg/L)	총유기탄소량(TOC)(mg/L)	부유물질량(SS)(mg/L)	용존산소량(DO)(mg/L)	총인(T-P)(mg/L)	총질소(T-N)(mg/L)	클로로필-a(Chl-a)(mg/m^3)	대장균군수(MPN/100mL) 총 대장균군	대장균군수(MPN/100mL) 분원성 대장균군
매우 좋음	Ia		6.5～8.5	2 이하	2 이하	1 이하	7.5 이상	0.01 이하	0.2 이하	5 이하	50 이하	10 이하
좋음	Ib		6.5～8.5	3 이하	3 이하	5 이하	5.0 이상	0.02 이하	0.3 이하	9 이하	500 이하	100 이하
약간 좋음	II		6.5～8.5	4 이하	4 이하	5 이하	5.0 이상	0.03 이하	0.4 이하	14 이하	1,000 이하	200 이하
보통	III		6.5～8.5	5 이하	5 이하	15 이하	5.0 이상	0.05 이하	0.6 이하	20 이하	5,000 이하	1,000 이하
약간 나쁨	IV		6.0～8.5	8 이하	6 이하	15 이하	2.0 이상	0.10 이하	1.0 이하	35 이하	-	-
나쁨	V		6.0～8.5	10 이하	8 이하	쓰레기 등이 떠 있지 않을 것	2.0 이상	0.15 이하	1.5 이하	70 이하	-	-
매우 나쁨	VI		-	10 초과	8 초과	-	2.0 미만	0.15 초과	1.5 초과	70 초과		

주: 1. 총인, 총질소의 경우 총인에 대한 총질소의 농도 비율이 7 미만일 경우에는 총인의 기준을 적용하지 않으며, 그 비율이 16 이상일 경우에는 총질소의 기준을 적용하지 않는다.
2. 등급별 수질 및 수생태계 상태는 표 11-4와 같다.

지하수를 음용수로 이용할 경우에는 「먹는물관리법」(제5조)의 규정에 따른 먹는 물의 수질기준을 따라야 한다. 음용 지하수의 수질기준은 총 48개 항목에 대해서 설정되어 있으며, 항목을 세분해 보면 미생물 4개 항목, 무기물질 12개 항목, 유기물질 17개 항목, 심미적 물질 15개 항목으로 구성되어 있다(환경부, 2019년 기준). 반면에 수돗물의 수질기준은 총 61개 항목으로, 항목을 세분해 보면 미생물 4개 항목, 무기물질 13개 항목, 유기물질 17개 항목, 소독제 물질 11개 항목, 심미적 물질 16개 항목이다. 수돗물과 음용 지하수의 수질기준에 있어서 차이점은 수돗물의 경우 소독제 물질 항목 외에 2개 항목(우라늄, 증발잔류물)이 추가된다는 것이다.

지하수를 농업용수, 어업용수, 공업용수로 이용할 경우에는 3개 일반오염물질(pH, 질산성질소, 염소이온)과 12개 특정유해물질에 대해 수질기준이 설정되어 있으며, 생활용수로 이용할 경우에는 여기에 1개 일반오염물질(대장균군)과 4개 특정유해물질(벤젠, 톨루엔, 에틸벤젠, 자일렌)이 추가되어 수질기준이 설정되어 있다.

또한 환경부는 독일, 영국 등에서 운용하고 있는 생물학적 수질평가기법을 도입하여 2007년부터 하천의 수질등급에 따라 가장 많이 발견되는 어류와 저서생물 지표종, 서식지 및 생물 특성을 기초로 수생태계 상태별 생물학적 특성 이해표를 제정하여 사용하고 있다. 생물지표종 평가등급은 특정 수질환경을 선호하는 주요 생물종을 고려하여 '매우 좋음'부터 '매우 나쁨'까지 4개 단계로 구분하였다. 생물지표종은 종합적인 환경상태를 반영할 수 있지만, 반드시 특정 환경에서만 발견되는 것은 아니므로 정량적인 기법을 활용한 수생태계 평가와 병행하는 것이 바람직하다.

4) 수질환경 관리정책

정부의 수질환경 관리수단으로는 폐수배출시설 허가제도, 배출허용기준 설정, 폐수배출부과금 제도, 공공폐수처리시설 설치, 비점오염원 관리 등이 있다(환경부, 2020, pp.339-342).

(1) 폐수배출시설 허가제도

폐수배출시설을 설치하고자 할 경우에는 사전에 허가 또는 신고해야 한다. 1971년 「공해방지법」이 개정되면서 9개 업종 제조시설에 대해 폐수배출시설 허가제도가 처음 시행되었다. 1990년 「수질환경보전법」을 제정하면서 허가제도가 체계적으로 발전했고, 1995년에는 기업 경쟁력 강화와 효과적인 배출사업장 관리를 위해 폐수배출 제한지역에 사업장이 있거나 특정수질유해물질을 배출할 때는 허가받도록 하고, 그 외의 시설은 신고만 해도 되도록 규제를 합리화했다.

한편 상수원보호구역의 상류지역, 특별대책지역 및 그 상류지역, 취수시설이 있는 지역 및 그 상류지역 등에서 수질오염물질의 배출로 인해 환경기준의 유지가 곤란하거나 주민의 건강·재산, 동식물의 생육에 중대한 위해를 가져올 우려가 있는 경우에는 특정수질유해물질 배출시설의 설치가 제한된다. 다만 당해 사업장에서 폐수를 처리하여 공공수역으로 배출하지 않는 시설은 엄격한 기준을 정해 폐수배출시설 제한지역에 설치할 수 있다.

폐수배출시설은 1일 폐수배출량에 따라 1～5종으로 구분하여 관리하고 있다. 1종은 1일 폐수배출량이 2,000 m^3 이상, 2종은 700～2,000 m^3, 3종은 200～700 m^3, 4종은 50～200 m^3, 5종은 50 m^3 미만이다. 2018년 기준으로 폐수배출업소는 51,991개소이며, 이 중에서 5종 사업장은 47,285개소(90.9%)로 대부분을 차지하고 있다. 그러나 5종 사업장에서 발생하는 폐수의 양은 전체 폐수배출 사업장의 5～6%에 불과하다.

(2) 배출허용기준 설정

배출허용기준은 수질환경기준을 달성하기 위한 규제수단의 하나로 배출사업장의 배출수 농도를 환경기준과 하천의 자정능력 등을 고려하여 설정하였다. 「물환경보전법」에 따라 유기물질(BOD, COD), 부유물질, 페놀류 등 51개 항목에 대한 폐수허용기준을 설정하고 있으며, 각 수역을 수질등급을 고려하여 '청정'지역, '가'지역, '나'지역, '특례'지역의 4단계로 구분하여 배출허용기준을 차등적용하고 있다.

유기물질 및 부유물질 항목은 지역별로 사업장 규모에 따라 차등 적용한다. 즉 폐수 다량배출사업장(1종)에는 소규모 사업장보다 엄격한 배출허용기준을 적용하여 농도 규제와 양적 규제를 병행하고, 산업단지나 농공단지의 경우 공공폐수처리시설 처리능력을 고려하여 별도 배출허용기준을 적용받을 수 있다. 호소의 부영양화를 방지하기 위해 1997년부터 일부 호소 유역에 위치한 사업장을 대상으로 질소 및 인에 대한 배출허용기준을 적용하였으나 2003년부터는 전국으로 확대·적용하였다.

2007년에 개정한 「수질 및 수생태계 보전에 관한 법률(현 물환경보전법)」에서는 배출허용기준 준수 여부를 확인하기 위해서 일정 규모 이상의 폐수배출시설 및 공공하수·폐수처리시설 등에 5종(pH, BOD/COD, SS, T-N, T-P)의 수질오염물질 배출농도를 상시 측정하는 수질자동측정기기(TMS)의 부착을 의무화했다.

그리고 배출허용기준은 개별 폐수배출 사업장에 적용되는 수질기준이다. 여러 사업장에서 발생한 오폐수를 한 곳에 모아 처리하여 방류하는 공공하수·폐수처리시설이나 가축분뇨정화시설에는 더욱 엄격한 방류수 수질기준이 적용된다. 공공폐수처리시설은 처리된 폐수를 대량으로 공공수역에 방류하기 때문에 방류수 수질기준은 폐수배출 사업장의 청정지역(수질환경기준 I등급) 배출허용기준을 적용하고 있다.

폐수배출시설이 배출허용기준을 준수하더라도 그런 시설의 수가 많아지면 오염물질 배출총량이 증가하여 하천이나 호소의 수질이 악화할 수 있다. 그래서 하천의 자정능력을 토대로 수질오염물질의 허용부하량을 산정하여 수계별로 배출되는 오염물질의 총량을 규제하는 수질오염 총량관리제도가 도입되었다. 이 제도는 수계별로 목표 수질을 설정하고 그에 따라 수질오염물질의 1

일 최대 총부하량을 산정한 다음 수계구간별, 지방자치단체별로 할당하는 제도이다. 우리나라는 2004년부터 한강, 금강, 낙동강, 영산강, 섬진강에서 BOD와 T-P 항목을 대상으로 시행하고 있다.

(3) 폐수 배출부과금 제도

폐수배출업소의 배출허용기준 준수를 유도하기 위한 경제적 규제수단으로 오염물질 배출정도에 따라 부과금을 징수하는 배출부과금 제도가 있다. 배출부과금은 배출허용기준을 초과하는 경우 부과하는 초과배출부담금과 배출허용기준 이내라도 공공폐수처리시설의 방류수 수질기준을 초과할 경우 부과하는 기본배출부과금으로 구분된다. 부과대상 오염물질은 초과배출부과금의 경우 유기물질, 부유물질, 카드뮴, 시안 등 19종이며, 기본배출부과금은 유기물질과 부유물질에 대해서만 부과한다. 단 5종 사업장, 공공하수·폐수처리시설에서 처리하는 시설, 폐수를 재이용하는 시설 등은 배출부과금이 감면 또는 면제된다.

(4) 공공폐수처리시설 설치

산업단지 또는 공장 밀집지역에서 배출되는 다량의 산업폐수 처리를 위해 공공폐수처리시설을 설치하고 있다. 2019년 기준으로 전국에서 가동 중인 산업단지 공공폐수처리시설은 131개소에 이른다.

한편, 농어촌 소득증대사업의 하나로 추진된 농공단지로 인해 발생한 산업폐수의 효율적인 처리를 위해 1988년부터 농공단지 공공폐수처리시설을 설치하고 있다. 이러한 처리시설의 설치비용은 농어촌의 산업발달 정도에 따라 50~100%까지 국고보조로 차등 지원하고 있다. 2019년 기준으로 가동 중인 농공단지 공공폐수처리시설은 87개소이다.

(5) 비점오염원 관리

비점오염원은 농지에 살포된 농약, 축사 유출물, 도로상 오염물질, 도시지역의 먼지와 쓰레기, 지표상 퇴적 오염물질 등이 해당하며, 빗물과 함께 인근 하천으로 유입되어 수질오염을 유발한다(그림 11-5). 일반적으로 비점오염원은 배출지점이 불특정하여 제어가 어렵고 오염배출량이 강우량에 크게 좌우되어 관리에 어려움이 있다. 비점오염원은 도시지역의 확대, 개발면적의 증가, 농업활동의 대형화 등에 따라 향후 지속해서 증가할 것으로 전망된다.

환경부는 2005년 당시 「수질 및 수생태계 보전에 관한 법률」을 개정하여 국가 및 지방자치단체에 비점오염원 관리책무를 부여하고, 대규모 개발사업 및 폐수배출시설에 대한 비점오염저감시설 설치신고 제도를 도입했다. 아울러 비점오염원에서 발생하는 강우 유출수로 인해 하천·호소 등의 이용, 주민의 건강·재산이나 자연생태계에 중대한 위해가 발생할 우려가 있는 지역을 2007년부터 비점오염원관리지역으로 지정하고 있으며, 2019년 기준으로 총 15개 지역이 지정되었다.

그림 11-5. 다양한 비점오염원 [출처: 환경부, 2020, 환경백서, p.164]

도시지역은 강우 유출수로 인한 비점오염의 사전예방적 관리를 위해 도시계획단계에서부터 비점오염의 발생을 고려하는 저영향개발(LID: Low Impact Development)[5] 기법의 적용을 추진하고 있다. 2014년에는 비점오염원 설치신고자가 비점오염 저감계획서와 비점오염저감시설 설치계획을 제출할 때 반드시 저영향개발 적용방안을 포함하도록 시행규칙을 개정하였다.

5) 도시 물환경 관리

(1) 도시하천의 문제

도시 주민들이 배출하는 생활하수나 산업폐수의 양은 도시인구의 규모에 비례해서 증가한다. 늘어나는 인구에 비해서 하수처리시설의 처리용량이 부족하여 제대로 처리되지 않은 생활하수나 공장폐수가 하천으로 유입되면 도시하천의 수질오염은 심각해진다. 그리고 도시에는 빗물이 지하로 스며들 수 없게 하는 포장도로, 주차장, 보도 등 불투수층이 많다. 불투수층 때문에 우기에

5) 저영향개발(LID)은 도시표면을 콘크리트 등으로 덮어 물순환을 왜곡시키는 기존의 도시개발 방식에서 벗어나, 빗물이 땅속에 스며들게 하여 개발 이전의 자연적인 물순환 체계와 최대한 가깝게 도시를 조성하는 기법을 말한다.

는 빗물이 토양에 흡수되지 않고 하천으로 바로 유입되어 하천유량이 급증하지만, 갈수기에는 하천유량이 부족해진다. 이렇게 도시하천이 갈수기에 건천화되면 소량의 오염부하에서도 수질오염은 심화할 수밖에 없다. 그리고 포장도로나 주차장에 쌓인 폐기물도 비가 내릴 때 다량의 비점오염원이 되어 하천오염을 초래한다.

(2) 도시하천의 관리

도시하천에 대한 점오염원의 오염부하 저감을 위해서는 차집관로 시설을 확충해서 생활하수의 도시하천 유입을 방지하고, 공장폐수는 반드시 처리한 후 방류해야 한다. 아울러 비점오염원의 오염부하를 줄이기 위해서는 집중 강우 전에 도로, 주차장, 보도 등의 청소를 하고, 석탄 등을 취급하는 사업장, 폐기물 처리장, 자동차 정비업소, 건설 공사장 등을 특별 관리해야 한다.

도시의 일부 지역에서는 생활하수와 우수가 함께 차집관로에 유입되고 있는데, 우수는 별도로 설치된 우수관로를 통하여 도시하천에 유입되도록 하면 하수처리장에 대한 부하를 줄이고 하천의 유량 유지에도 도움이 될 것이다. 그리고 도시 지표면의 불투수층을 투수층으로 복원하여 지하수 함양이 증가하면 갈수기에 하천유량을 유지하고 홍수 피해도 줄이는 데 도움이 된다. 신시가지에서는 도로, 주차장 등의 표면을 투수가 되도록 시공하며, 기존 시가지에서는 투수층 면적을 차츰 넓히기 위해서 도로 중앙에 화단형 중앙분리대를 설치하고 새로 교체하는 보도블록은 투수가 되는 것을 선택해서 시공하는 노력이 필요하다.

또한 도시하천변과 하상도로 및 하상주차장에 울창한 녹지를 조성하면 시민의 휴식공간이 될 뿐만 아니라 도심에서 발생한 오염물질이 하천으로 직접 유입되는 것을 방지하고 대기오염물질을 저감할 수 있다.

(3) 촉촉한 도시

환경부에서는 도시의 비점오염원으로 인한 수질오염 문제에 대비하여 빗물의 유출량을 줄이고 지표면에서의 침투능력을 증대시켜 가뭄, 홍수 등 기상변화 적응과 삶의 쾌적성을 높일 수 있도록 '물순환 선도도시'(일명 '촉촉한 도시')의 선정 및 조성사업을 2016년부터 추진하고 있다. 물순환 선도도시는 수질오염물질 저감 및 자연계 물순환 개선을 위해 옥상녹화, 빗물정원, 나무여과상자, 투수성 보도포장, 침투도랑, 식생수로 등 저영향개발(LID) 기법을 적용하여 조성하고 있다. 저영향개발 기법이 도입되면 자연적인 물순환 체계가 회복되면서 홍수로부터 안전해지고 하천이 정화되며, 도시의 열섬현상을 완화하고, 온실가스 저감과 에너지 절약 효과를 볼 것이다. 또한 저영향개발에 의한 녹화 공간은 경관을 아름답게 하고 지역의 가치를 상승시킬 것으로 기대된다.

2016년에는 대전광역시, 광주광역시, 울산광역시, 김해시, 안동시를 물순환 선도도시로 선정하였으며, 각 선도도시는 물순환 관리목표를 포함한 마스터플랜을 수립하였다. 세종특별자치시는

2021년부터 일부 생활권 조성에서 건설사업의 설계단계부터 저영향개발 기법을 도입하고 있다.

글상자 17. 시화호의 수질관리

그림 11-6. 시화방조제와 시화호의 위치

[출처: 위키백과]

그림 11-7. 안산 갈대습지

[사진: 김학훈]

시화방조제 공사로 시화호가 만들어지기 전에 안산시 대부도와 시흥시 오이도 사이의 움푹 들어간 군자만의 해안에는 광활한 갯벌에 염전과 염생식물 군락이 펼쳐진 한적한 어촌이 있었다. 그런데 1970년대부터 안산에는 반월산업단지가 조성되었고, 1980년대에는 시흥에 시화산업단지가 조성되었다. 1987년에는 간척지를 확보하고 간척농지에 필요한 농업용수와 산업단지용 공업용수를 공급하기 위한 담수호를 조성하기 위해 시화방조제 공사를 시작했다.

당시에 '동양 최대의 간척사업'이라는 수식어가 붙은 시화방조제 공사는 1994년 완공되어 바닷물을 빼고 담수호인 시화호를 조성하였다. 그러나 기대했던 것과 달리 수질이 급격히 악화하기 시작했다. 정화시설을 거치지 않은 공장 및 축산폐수와 생활하수가 시화호로 유입되었고 물은 점점 검은색으로 변해갔다. 새로 조성된 산업단지와 급증하는 인구에 의한 수질오염에 제대로 대처하지 못한 것이다. 1996년에는 시화호에서 수십만 마리의 물고기가 떼죽음을 당하기도 하여 '죽음의 호수'라고 불렸다(그림 11-8). 이에 정부에서는 '시화호 수질 개선대책'(1996년)을 발표했다.

환경단체와 정부 간의 많은 논란 끝에 1997년부터 갑문을 열어 호숫물을 바다로 방출하자 근처의 해양생물이 떼죽음을 당하는 상황에 이르렀다. 1998년 국토교통부는 시화호의 담수화를 포기하고 바닷물을 채웠으며, 2001년에는 시화호를 해수호로 공식 인정했다. 이에 따라 해양수산부에서는 2002년 '시화호 종합관리계획'을 수립했다.

이 과정에서 시화호 수질을 개선하기 위해 들어간 비용이 방조제 건설 비용의 두 배가 넘었다고 한다. 한국수자원공사는 안산시 및 화성시와 함께 폐수 및 하수처리장 증설과 하천정비 공사를 시행했다. 또한 오폐수 차집수로와 차집처리시설을 증설하고, 오폐수 산화 및 침전시설을 설치했다. 호수 내에는 수중폭기장치를 설치하고 저니토(底泥土) 준설공사를 시행했다. 그리고 시화호로 유입되는 하천의 수질 정화를 위해 갈대습지가 조성되었다(그림 11-7). 이 습지는 국내 최초이며 국내 최대 규모로 조성된 인공습지로서 1,037,500 m^2의 면적에 수생 식물과 갈대를 이용해 수질을 정화하는 자연정화 방식을 채택하였다. 갈대 습지로 들어온 물이 갈대 사이로 천천히 흐르면서 물속의 찌꺼기가 가라앉게 된다. 갈대의 줄기와 뿌리에 붙어있는 미생물은 이 오염물질들을 분해하고 갈대는 영양염류(질소, 인 등)를 흡수하여 잘 자라게 된다. 이에 따라 안산 갈대습지에는 약 290여 종의 식물과 150여 종의 철새가 서식한다고 한다.

이미 완공된 방조제를 활용할 목적으로 2004년에 착공한 '시화호 조력발전소'는 2011년에 완공되었다. 시설용량은 254 MWh로 조력발전소 중에서 세계 최대를 기록하고 있다. 이 조력발전에 의해 바닷물이 이전보다 5배 이상 유통하자 시화호의 수질은 현저히 개선되었고 갯벌도 복원되기 시작했다(그림 11-9). 지금은 시화호 일대에는 다양한 어류와 갯벌 생물, 철새들이 돌아와 서식하고 있다. 2011년부터는 화성시의 시화호 간석지에 송산그린시티라는 테마파크와 신도시가 조성되고 있다. [자료: 위키백과; 나무위키]

그림 11-8. 심하게 오염된 시화호(1996년)
[위성사진: 한국해양연구원, NASA]

그림 11-9. 수질이 개선된 시화호(2015년)
[위성사진: 위키백과, NASA]

3 해양오염

1) 해양오염의 특징

해양오염(marine pollution)은 인간 활동으로 인해 해양에 유입된 물질이 수질을 악화시켜 해양생태계를 파괴하거나 인간의 건강에 위해를 주는 상태를 말한다. 바다에 버려진 쓰레기, 유조선의 원유 유출, 하천 오염물질의 해양 유입, 적조현상 등은 대표적인 해양오염의 사례이다.

해양은 육상에서 발생한 오염물질의 상당량이 최종적으로 도달하는 장소가 된다. 하천이 운반한 영양물질은 여름철 연근해에서 발생하는 적조현상의 원인이 되며, 집중호우에 하천을 통해 떠내려온 쓰레기들은 연안의 해변에 쌓여 쓰레기더미를 이룬다. 해양은 무한정으로 넓은 곳으로서 해양오염이 발생하더라도 쉽게 확산하기 때문에 오염처리가 불가능하거나 가능하더라도 막대한 처리비용이 소요된다. 다른 환경오염도 마찬가지이지만 특히 해양오염은 사후 처리가 아니라 사전 예방적 접근이 필요하다.

2) 해양오염원과 해양오염물질

(1) 해상활동에 의한 오염

해상활동으로는 어업, 양식업, 해운업, 여객선업 등이 있는데, 주로 선박을 이용해 활동한다. 선박에서 바다로 유입되는 오염물질로는 선박에서 유출되는 기름, 선박 기관실의 폐수, 선박에서 버려지는 폐기물, 유실된 어구나 그물 등이 있다. 해상 가두리 양식장에서 과다하게 살포하는 물고기 사료는 바다를 오염시키며, 바다로 유실된 양식장 설비 또한 해양오염물질이 된다.

(2) 육상 오염물질의 유입

육지에서 발생한 생활하수를 비롯한 각종 오폐수와 부유물들이 하천을 통해 바다로 흘러 들어가서 해양오염이 발생한다, 특히 장마철이 오거나 집중호우가 발생하면 하천을 통한 육상폐기물의 유입이 심하게 증가한다. 하천을 통해 바다로 유입되는 오염물질로는 생활하수 외에도 산업폐수, 축산분뇨, 농약 및 화학비료, 각종 플라스틱과 비닐류 등이 있다. 특히 플라스틱 폐기물은 육상뿐 아니라 해상에서도 엄청난 양이 버려지고 있는데, 2010년 한 해 동안 약 800만 톤의 플라스틱 폐기물이 전 세계 해양으로 배출되었다고 미국 *National Geographic*은 추산하고 있다. 이렇게 육상과 해상에서 배출된 플라스틱 폐기물로 인해 태평양에는 거대한 쓰레기섬이 형성되었다고 한다.

(3) 해양오염물질의 종류

해양으로 유입되는 오염물질은 생분해성 물질, 난분해성 물질, 소멸성 물질, 고형폐기물 등으로 나눌 수 있다(이규성 외, 2010, p.171).

① 생분해성 물질

도살장, 냉동공장, 설탕공장, 양조장이나 주정공장, 제지공장 등에서 배출하는 폐수와 도시의 생활하수에는 미생물에 의해 분해가 가능한 유기물질이 많이 포함되어 있다. 이러한 물질들은 바다의 자정능력을 초과하는 양이 유입되면 해양오염의 원인이 된다. 그리고 농업용 비료의 주성분은 질산염 또는 인산염 같은 무기물질이지만 식물성 플랑크톤의 먹이가 되어 분해된다. 그러나 과다한 양의 질산염과 인산염이 바다로 유입되면 부영양화를 초래하여 적조현상을 일으킨다.

② 난분해성 물질

제대로 처리되지 않고 바다에 투기된 산업폐수에는 미생물에 의해 쉽게 분해되지 않으면서 지속성과 유독성을 가진 유해물질들이 포함되기도 한다. 난분해성 물질의 예로는 중금속물질(수은, 납, 구리, 아연, 카드뮴), 할로겐화 탄화수소류[(DDT), 폴리염화바이페닐(PCB: Polychlorinated Biphenyl), 용매추출 유분(N-H)[6], 방사능물질 등을 들 수 있다. 석유화학공장이나 유조선 등의 선박에서 유입되는 유분(기름성분)은 장기적으로는 분해가 되지만 오랫동안 심각한 해양오염을 유발한다.

③ 소멸성 물질

대표적인 소멸성 물질은 발전소 냉각수(열수), 산과 알칼리, 시안화물(cyanide) 등이다. 열수는 연안에 입지한 발전소나 공장의 냉각수로 배출되어 바다로 유입된다. 바닷물은 산과 알칼리에 대해 큰 완충능력을 가지고 있어 산과 알칼리가 유입되더라도 그 영향은 국지적이다. 주로 금속제련공장에서 배출되는 시안화물은 바닷물 속에서 급속하게 확산하지 않기 때문에 배출구 인접 지역을 제외하고는 거의 영향이 없다.

④ 고형폐기물

각종 플라스틱 제품, 나일론 끈, 그물망 등의 폐어구, 스티로폼(styrofoam), PET(polyethylene terephthalate) 용기 등이 바다로 투기되는 대표적인 고형폐기물이다. 오랫동안 바다에 떠다니다가 부스러져 수중을 부유하는 미세 플라스틱 입자들뿐 아니라 비닐 조각 등은 어류와 물새의 내장에 유입되어 생장을 저해하며, 해저에 침전된 폐기물은 해저 생태계를 파괴한다. 유엔환경계획(UNEP)에 의하면 해마다 바닷새 100만 마리, 고래나 바다표범 같은 해양포유류 10만 마리가 플라스틱을 먹이로 알고 먹거나 어망 등에 걸려 죽어간다고 한다(김광렬 외, 2017, p.192).

6) 용매추출 유분(N-H)은 노말헥산 추출물질(normal hexane extract)이라고도 하며, 석유화학이나 철강산업 등의 공장 폐수에 포함되어 있는 기름성분(유분)의 유해물질이다.

3) 해역 수질환경기준과 해양환경 관리정책

(1) 해역 수질환경기준

① 생활환경 기준

해역의 수질환경기준에서 생활환경 기준으로는 7개 항목, 즉 수소이온농도(pH), 화학적 산소요구량(COD), 용존산소량(DO), 총대장균군수(MPN), 용매추출 유분(N-H), 총질소(T-N), 총인(T-P)이 설정되어 있는데, 유류 유출 시 발견되는 용매추출 유분이 추가된 점이 하천과 호소의 수질환경기준과 다르다(표 11-6).

표 11-6. 해역 수질환경기준(생활환경 기준) (2003년 개정)

등급	기준						
	수소이온 농도 (pH)	화학적 산소요구량 (COD) (mg/L)	용존 산소량 (DO) (mg/L)	총대장균 군수 (MPN) (MPN/100mL)	용매추출 유분 (N-H) (mg/L)	총질소 (T-N) (mg/L)	총인 (T-P) (mg/L)
Ⅰ	7.8～8.3	1 이하	7.5 이상	1,000 이하	0.01 이하	0.3 이하	0.03 이하
Ⅱ	6.5～8.5	2 이하	5 이상	1,000 이하	0.01 이하	0.6 이하	0.05 이하
Ⅲ	6.5～8.5	4 이하	2 이상	-	-	1.0 이하	0.09 이하

주: 등급Ⅰ은 참돔, 방어, 미역 등 수산생물의 서식·양식과 해수욕에 적합한 수질이다.
등급Ⅱ는 해양관광 및 여가선용과 숭어 및 김 등 등급Ⅰ을 제외한 수산생물의 서식·양식에 적합한 수질이다.
등급Ⅲ은 공업용 냉각수, 선박의 정박 등 기타 용도로 이용되는 수질이다.

② 건강보호 기준

해역의 수질환경기준에서 사람의 건강보호에 관련된 물질로서 6가크롬(Cr^{6+}), 비소(As), 카드뮴(Cd), 납(Pb), 아연(Zn), 구리(Cu), 사이안(CN), 수은(Hg) 등 19개 항목에 대해서 기준값이 설정되어 있는데 하천과는 몇 가지 항목에 차이가 있다(표 11-7).

표 11-7. 해역 수질환경기준(건강보호 기준) (2003년 개정)

등급	항목	기준(mg/L)
모든 수역	6가크롬(Cr^{6+})	0.05
	비소(As)	0.05
	카드뮴(Cd)	0.01
	납(Pb)	0.05
	아연(Zn)	0.1
	구리(Cu)	0.02

등급	항목	기준(mg/L)
	시안(CN)	0.01
	수은(Hg)	0.0005
	폴리염화바이페닐(PCB)	0.0005
	다이아지논	0.02
	파라티온	0.06
	말라티온	0.25
	1,1,1-트라이클로로에탄	0.1
	테트라클로로에틸렌	0.01
	트라이클로로에틸렌	0.03
	다이클로로메탄	0.02
	벤젠	0.01
	페놀	0.005
	음이온계면활성제(ABS)	0.5

(2) 해양환경 관리정책

1960년대 유럽에서는 오염물질의 해양투기가 국제적인 환경분쟁으로 비화하게 되었으며, 1972년에는 '폐기물 및 기타 물질의 투기에 의한 해양오염방지에 관한 협약(런던협약)'을 채택하였다. 한국은 1977년 선박 및 해양시설 등에서 해양에 유출하는 기름 또는 폐기물을 규제하고 해양의 오염물질을 제거하여 해양환경을 보전하기 위한 「해양오염방지법」을 제정하였으며, 1993년에는 런던협약에도 가입했다. 그러나 하수·폐수의 처리과정에서 발생하는 찌꺼기인 오니(汚泥), 음식물쓰레기 처리과정에서 발생하는 음폐수, 가축분뇨 등은 그 이후에도 오랫동안 해양에 투기되었다. 고체 형태인 오니는 일부 생분해성 유기물질이 포함되지만, 분해되기 어려운 중금속 성분도 많이 농축되어 있으며, 해저에 가라앉으면 저서생태계에 악영향을 미친다. 우리나라는 1988년부터 포항 동쪽 125 km, 울산 남동쪽 63 km, 군산 서쪽 200 km 등 3곳의 공해 구역을 폐기물 투기해역으로 지정하여 운영해 왔다.

1996년에는 런던협약을 보완하는 '런던의정서'가 채택되었으며, 한국도 2009년에 가입하였다. 이에 따라 우리나라에서는 2012년부터 하수슬러지, 가축분뇨, 2013년부터 음폐수, 분뇨, 분뇨오니, 2014년부터 산업폐수와 폐수오니의 해역배출이 전면 금지되었다(환경부, 2020 환경백서, p.543). 2016년부터는 준설토사, 수산가공잔재물 등 일부를 제외한 모든 육상폐기물의 해양배출이 전면 금지되었다(백영대, 2015).

그리고 2007년에는 해양오염을 종합적으로 관리하기 위해 이전의 해양오염방지법을 대체하는 「해양환경관리법」이 제정된 바 있다. 2019년에는 「해양폐기물 및 해양오염퇴적물 관리법」(약칭: 해양폐기물관리법)을 제정하여 일부를 제외한 모든 폐기물은 원칙적으로 해양에 배출하지 못하도록 규정했다.

4) 해양오염 사례

(1) 적조현상

적조(赤潮, red tide)현상은 해양에서 서식하는 식물성 플랑크톤 같은 조류(藻類)가 증식하기에 적당한 환경조건이 될 때 일시에 다량으로 증식하는 부영양화가 발생하여 바닷물의 색이 적색, 황색, 적갈색 등으로 변하는 현상이다(그림 11-10). 정체된 호수에서 발생하는 부영양화와 마찬가지로 해수 유동이 적은 만수역에서 주로 발생한다. 질소나 인 등의 영양염류가 집중호우가 내린 하천으로부터 많이 유입되고 여름철 수온이 높아지면서 일조량과 염분 농도가 적절하면 적조를 유발하는 조류가 잘 번식한다. 우리나라에서는 7월부터 10월까지 주로 남해안에서 거의 매년 적조현상이 발생하며 동해안까지 확대되기도 한다.

적조를 일으키는 70여 종의 식물성 플랑크톤 중에서 대표적인 것은 편모조류와 규조류인데, 수명은 2주일 정도이다. 일시에 다량으로 사멸하면 해저에 가라앉아 분해되면서 용존산소를 소모할 뿐만 아니라 강한 독소를 가지고 있어 양식장의 어패류를 폐사시키는 등 해양생태계에 큰 피해를 준다. 조류의 독소가 체내에 축적된 굴, 홍합 등을 사람이 먹으면 중독되고 심하면 사망할 수도 있다(이상훈, 2008, pp.124~127). 우리나라에서 발생하는 적조 대부분은 편모조류의 일종인 코클로디니움(Cochlodinium)에 의한 것인데, 점액질을 분비하여 어류의 아가미에 많은 양이 부착되면 어류를 폐사시키지만, 인체에는 해가 없다(국립수산과학원).

적조를 제거하기 위해서는 황토를 살포하여 적조 플랑크톤을 가라앉히는 것이 친환경적이며 최소한의 비용으로 효과를 얻는 방법이다. 천적인 동물성 플랑크톤을 찾아내서 대량으로 번식시켜 살포하는 방법도 있지만, 생태계 영향 및 기술적인 문제로 인하여 실용화되지는 못하고 있다. 적조 발생의 조건 중에 수온, 일조량, 염분은 자연현상이므로 어떻게 할 수 없지만, 육상에서 발생하여 하천으로 유입되는 공장폐수와 가축분뇨에 의한 영양염류를 줄이면 적조 발생을 줄일 수 있다.

그림 11-10. 적조가 발생한 남해안 양식장. 선박에서 황토 살포작업을 하고 있다. [사진: 이미지 사이언스]

(2) 백화현상

백화(白化, urchin barren)현상은 연안 해저의 암반 지대에서 해조류(海藻類)가 사라지고 흰색의 석회 조류가 달라붙어 암반이 흰색으로 변하는 현상으로 갯녹음 또는 '바다 사막화'라고도 한다. 해조류가 소실되면 해조류를 먹이로 삼거나 서식처로 삼는 해양생물들이 함께 사라지므로 해양생태계 자체가 무너지고 어업 및 양식업 활동에 악영향을 미친다. 백화현상이 발생한 암반 위에는 성게(sea urchin)만 서식한다고 한다. 한반도에서는 백화현상이 1980년대부터 남해안과 제주도에 발생하기 시작했으며, 1990년대부터는 동해안에도 퍼지고 있다. 2017년 한국수산자원관리공단의 조사에 의하면 동해안 62%, 남해안 33%, 제주 연근해 35%의 면적에서 백화현상이 나타나고 있다(나무위키).

백화현상의 원인은 복합적이다. 우선 해조류를 포식하는 성게가 번성하는 것이 원인으로 지목된다. 다른 원인으로는 방파제나 테트라포드(tetrapod) 등 콘크리트 재질의 인공구조물이나 육지에서 떠내려온 쓰레기에 의해 공급된 탄산이온과 바닷속의 칼슘이온이 결합하여 형성된 탄산칼슘이 해저에 가라앉는 것이 지적되기도 한다. 그리고 지구 온난화와 관련된 대기 중의 이산화탄소 증가와 해양 수온 상승이 또 다른 원인으로 지목된다. 이산화탄소가 해수에 많이 녹아 들어가면 탄산칼슘을 형성할 수 있으며, 수온이 상승하면 해조류 생장에 악영향을 줄 수 있다. 그 외에 해양에 버려진 오염물질이 원인이 되기도 한다.

백화현상의 대처 방안으로는 잠수부가 성게를 잡아 제거하거나 해양 쓰레기를 치우는 방법이 있지만, 광범위한 연안지대에서 효과를 거두기가 쉽지 않다. 해조류의 포자나 종묘를 이식하여 해중림(海中林: 바닷속 해초의 숲)을 인위적으로 복원하기도 한다. 지구 온난화는 전 세계적인 문제이므로 국제적인 협력이 필요하지만, 국내에서 해양 수질오염 및 쓰레기 투기를 줄이면 백화현상 방지에도 도움이 된다.

그림 11-11. 백화현상(독도) [사진: 한국수산자원관리공단]

(3) 원유 유출 사고

세계 대양을 누비는 대형 유조선의 해난사고는 원유 유출로 이어져 심각한 해양오염을 일으킨다. 표 11-8은 1960년대 이후 국내외에서 발생한 대형 원유 유출 사고를 정리한 표이다. 1967년 5월에는 유조선 토리캐년(Torrey Canyon)호가 영국 콘월 서쪽 해역에서 좌초되고 약 127,000 ton의 원유를 유출하여 영국과 프랑스 해안을 오염시킨 사고가 있었다. 1978년 3월에는 유조선 아모코카디즈(Amoco Cadiz)호가 프랑스 브리타니 서쪽 해역에서 좌초되고 원유 약 220,000 ton을 유출하여 프랑스 해안을 오염시킨 사건이 있었다. 1989년 3월에는 유조선 엑산벨디즈(Exxon Valdez)호가 미국 알래스카 앞바다에서 좌초되고 39,000 kℓ의 원유를 유출하여 발생한 참혹한 결과는 석유개발의 위험성을 새롭게 인식하는 계기가 되었다. 2010년 4월 20일 석유시추선 딥워터호라이즌(Deepwater Horizon)호가 미국 멕시코만에서 폭발한 사고는 배가 침몰하면서 석유시추 파이프를 파손시켜 5개월 동안 778,000 kℓ의 원유가 유출되었다. 이 유출량은 엑산벨디즈호 사고의 약 20배에 이르는 양이다.

우리나라의 경우 1995년 7월 전남 여천군(현 여수시) 소리도 앞바다에서 좌초된 유조선 씨프린스(Sea Prince)호가 유출한 5,035 kℓ의 벙커유와 원유로 인하여 남해안 일대에 큰 재해가 발생하였다. 석유로 오염된 바다에서 어업이 불가능해졌으며, 인근 양식장의 어패류와 김 등은 대량으로 폐사했다. 사고 당시 방제작업 과정에서 살포된 유처리제는 2차 해양오염을 초래하여 여수 앞바다 속은 수초가 자라지 않고 암반이 하얗게 변하는 백화현상이 나타나고 있다.

2007년 12월에는 유조선 허베이스피릿(Hebei Spirit)호의 충돌사고로 충남 태안군 앞바다에 12,547 kℓ의 원유가 유출되어 해양생태계에 엄청난 충격을 주었다(그림 11-12). 이 사고로 인근 해역의 양식장 어패류가 폐사하고 어장이 황폐화되었으며, 해당 지역의 어업, 음식업, 숙박업,

표 11-8. 국내외 대형 원유 유출 사고

연월	사고 선박	원유 유출량	사고 위치
1967. 5	토리캐년 Torrey Canyon	127,000 ton (860,000배럴)	영국 콘월 서쪽 해역(Seven Stones Reef)
1978. 3	아모코카디즈 Amoco Cadiz	220,000 ton (1,604,500배럴)	프랑스 브리타니 서쪽 해역(Portsall Rocks)
1989. 3	엑산벨디즈 Exxon Valdez	39,000 kℓ (250,000배럴)	미국 알래스카 Prince William Sound(해협)
1995. 7	씨프린스 Sea Prince	5,035 kℓ (31,700배럴)	전남 여천군(현 여수시) 소리도 앞바다
2007.12	허베이스피릿 Hebei Spirit	12,547 kℓ (78,918배럴)	충남 태안군 앞바다
2010. 4	딥워터호라이즌 Deepwater Horizon	778,000 kℓ (4,900,000배럴)	미국 멕시코만

주: 1배럴(barrel) = 159 ℓ

자료: 부산지방해양항만청, 2010, pp.28-35; Wikipedia.

그림 11-12. 허베이스피릿호에서 유출된 원유로 오염된 만리포 해수욕장(2008년) [사진: 국토해양부]

관광업 등에 심각한 피해가 발생하였다. 피해지역의 어업과 관광산업이 정상화되기까지는 최소 10년이 소요되며, 해양생태계가 회복되기까지는 최장 100년이 걸릴 것으로 예상된다.

(4) 태평양 쓰레기섬

북태평양에는 전 세계에서 바다에 버린 부유성 쓰레기들이 원형 순환해류(소용돌이)와 바람의 영향으로 모이는 곳이 있다. 영어로는 '태평양 거대 쓰레기 구역(Great Pacific Garbage Patch)'이라고 하는데, 흔히 '태평양 쓰레기섬'이라고도 한다. 그렇지만 실제로 이곳에서 섬의 형태는 찾아볼 수 없고, 각종 쓰레기 잔해들의 밀도가 높은 구역을 한정해서 부르는 용어라고 할 수 있다.

쓰레기섬은 1997년 미국의 해양 환경운동가 찰스 무어(Charles Moore)에 의해 처음 발견되었다. 북태평양에서 쓰레기섬은 두 곳이 확인되었는데, 하나는 하와이섬과 캘리포니아 사이에 있으며, 하나는 일본과 하와이섬 사이에 있다. 그림 11-13은 4개의 해류(북태평양해류, 캘리포니아해류, 북적도해류, 쿠로시오해류)가 둘러싸고 있는 아열대 수렴대의 동쪽과 서쪽 쓰레기섬의 위치를 보여준다. 쓰레기섬의 범위는 2018년 조사에 의하면 한반도 면적의 약 7배인 155만 km^2에 달하며 계속 규모를 키워가고 있다. 그리고 최근 조사에서 북태평양보다 규모는 작지만 남태평양, 인도양, 북대서양, 남대서양에서도 원형 순환해류가 발생하며 쓰레기 섬이 형성되는 것이 발견되었다.

쓰레기섬에 모이는 고형폐기물은 주로 폐어구, 플라스틱 제품, 스티로폼 등인데, 그 대부분은 오랜 세월 파도에 부딪히고 햇빛과 해수 염분에 풍화되어 플라스틱 조각으로 변한 것이다. 북태평양 쓰레기섬에서 발견되는 플라스틱은 주로 중국, 인도네시아, 필리핀, 태국, 베트남 등지에서 제조한 제품이며 일부 한국과 일본의 제품도 포함되어 있다. 주변 해역에 서식하는 해양 동물들은 이 플라스틱 조각을 먹이로 착각해서 먹고 죽는 사례도 있으며, 잡힌 어류들을 조사한 결과

35%의 물고기 배 속에 미세 플라스틱이 있는 것을 확인했다. 이 쓰레기섬들은 영해가 아닌 공해상에 위치하기 때문에 어떤 국가가 전담해서 쓰레기를 수거할 수는 없다. 네덜란드에 기반을 둔 The Ocean Cleanup 같은 비영리 민간단체가 나서서 수거하고 있지만, 민간단체에서 처리하기에는 비용 부담이 너무 크다.

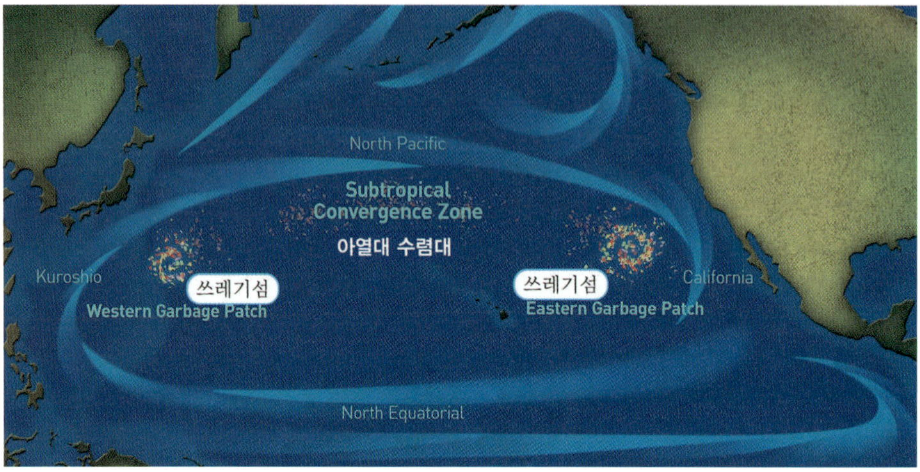

그림 11-13. 북태평양 쓰레기섬의 위치 [출처: 미국 NOAA]

4 토양오염

1) 토양의 생성과 기능

토양(土壤, soil)은 암석의 풍화 산물에 동식물의 유기체가 혼합되어 지구 표면에 층위별로 퇴적되어있는 물질이다. 토양은 암석이 물리·화학적 풍화를 받아서 입자가 되고 여기에 생물의 유기체가 혼합되어 분해(부패) 과정을 거치면서 지형과 기후에 따라 다양한 특성이 나타난다.

토양의 생성과정과 토양단면은 그림 11-14에 나타나 있다. A 단계는 기반암이 지표에 드러나서 풍화를 받아 모재층(母材層)을 형성하는 단계이다. B 단계는 모재층의 상부가 더욱 풍화를 받아 부스러져 표토층(表土層)이 형성되고 거기에 작은 식물이 자라는 단계이다. C 단계는 표토층에 있던 유기물들이 아래로 스며들면서 풍화된 모재층 상부에 심토층(深土層)을 형성하는 단계이다. 심토층에는 유기물의 부식질이 누적되어 나무뿌리가 영양분을 흡수할 수 있다. 최종적으로 토양단면은 표토층 - 심토층 - 모재층 - 기반암으로 구성된다. 표토층에서는 강우시 빗물에 용해된 가용성 성분이 아래의 심토층으로 이동하는 용탈(溶脫, leaching)이 일어난다. 심토층에서는 용탈에 의해 운반된 용액 상태의 성분들이 집적(集積, accumulation)된다. 토양에 흡수된 수분은 차츰 증발하거나 모여서 지하수 함양에 기여하기도 한다.

자연환경에서 토양이 수행하는 기능은 복잡하고 다양하다. 토양은 식물 생장에 필요한 공기, 수분, 영양분 등을 함유하고 있어 식물이 자라는 터전이 되고 있으며, 지렁이, 벌레, 뱀, 쥐 등 수많은 동물도 흙 속에 터전을 마련하고 삶을 영위하고 있다. 또한 토양에서는 균류, 박테리아 같은 미생물이 유기물질을 분해하는 생물학적 작용과 수분과 공기의 물리·화학적 작용을 통해 물질순환이 이루어진다. 토양은 수분함양 기능과 오수정화 기능도 가지고 있다. 강우 시 빗물을 토양이 흡수하여 함양하고 있다가 갈수기에 샘물이나 계곡수로 방출하기도 하며, 오염된 물을 토양층에서 여과시키고 이온교환작용을 통해 오염물질 이온을 흡착하여 정화된 물을 지하수로 저장하기도 한다.

이러한 토양의 기능도 인간의 간섭 행위로 파괴되거나 저하될 수 있다. 즉 농약을 과다하게 투입하면 토양 미생물의 생장을 방해하여 토양의 물질순환 기능이 억제되며, 중금속을 포함한 각종 산업폐기물이나 제설용 염화칼슘도 토양생태계에 악영향을 미친다. 또한 골프장이나 스키장 등의 위락시설과 고랭지 농업 등은 피복 식생을 제거함으로써 토양침식을 가중하기도 한다. 토양의 자정능력을 초과하여 오염된 토양은 자연적인 회복이 거의 불가능하며, 농축산물에 유해물질이 축적되어 궁극적으로 최종소비자인 인간에게 위해를 끼치게 된다.

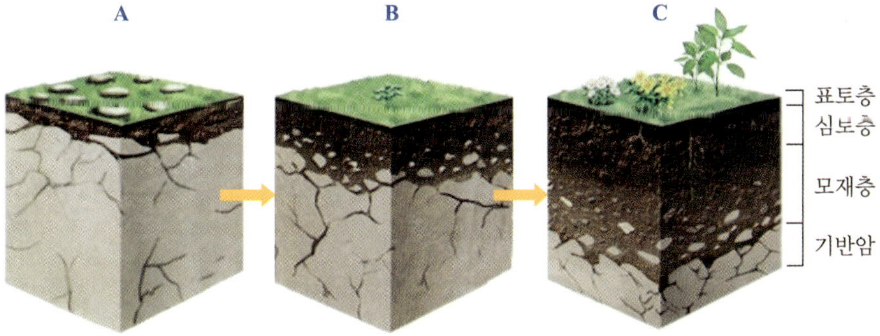

그림 11-14. 토양의 생성과정과 토양단면

2) 토양오염과 오염기준

(1) 토양오염의 개념

1995년에 제정된 「토양환경보전법」에 의하면 토양오염(soil pollution)이란 사업 활동이나 그 밖의 인간 활동으로 인하여 토양이 오염되는 것으로서 사람의 건강·재산이나 환경에 피해를 주는 상태를 말한다. 다시 말하면, 토양오염은 인간 활동에 의한 오염물질이 토양의 자정능력을 초과하여 토양에 잔류·축적됨으로서 토양의 질이 악화하거나 기능적 역할이 감소하여 인간에게 직·간접적으로 피해가 우려되는 상태이다. 토양오염의 원인물질로는 유기물, 무기염류, 중금속류, 합성화합물 등이 있는데, 유기물은 토양 내에 존재하는 미생물에 의해서 분해되고 무기염류는 식물에 흡수 또는 용탈 등으로 유실되므로 토양에 남아있는 것은 많지 않다. 그러나 카드뮴, 구리, 아연, 납, 비소 등 중금속류는 분해되지 않기 때문에 인위적으로 제거하지 않는 한 거의 영구적으로 잔류한다. 중금속으로 오염된 농경지에서 농작물을 재배하면 농작물에도 중금속 물질이 축적된다.

(2) 토양오염의 우려기준과 대책기준

「토양환경보전법」에 따라 설정된 토양오염물질과 오염물질별 토양오염 우려기준과 대책기준은 표 11-9와 같다. 토양오염 우려기준이란 사람의 건강 및 재산과 동식물의 생육에 지장을 초래할 우려가 있는 토양오염의 기준이며, 토양오염 대책기준은 우려기준을 초과하여 토양오염에 대한 개선대책이 필요한 토양오염의 기준을 뜻한다. 표 11-9에서 '1지역'은 농지, 주거지, 학교용지, 공원 등 건강보호를 위해 강화된 토양환경 기준이 적용되는 지역이며, '2지역'은 임야, 창고, 유원지 등 비교적 중간 수준의 토양환경 기준이 적용되는 지역이며, '3지역'은 공장, 도로, 군사시설 등으로 비교적 완화된 토양환경 기준이 적용되는 지역이다.

2020년도 토양오염 실태조사에 의하면 전국 2,619개 지점을 조사한 결과 39개 지점(1.5%)에서 토양오염 우려기준을 초과했으며, 그중 12개 지점은 토양오염 대책기준을 초과했다. 환경부장관은 토양오염 대책기준을 넘는 지역이나 도지사·시장·군수·구청장이 요청하는 지역을 관계 중앙행정기관 및 관할 시·도지사와 협의하여 토양보전대책지역으로 지정할 수 있다. 토양보전대책지역은 폐기물매립지, 산업시설, 광산 등 토양오염 유발시설에 의한 토양오염이 발생하고 있는 지역에서 토양오염의 사전예방과 토양보전을 보다 체계적으로 추진하기 위하여 도입된 제도이다.

3) 토양오염원

토양오염원은 산업활동, 농업활동, 생활하수 및 폐기물로 나눌 수 있다.

(1) 산업활동

① 산업폐수

산업폐수가 농경지 등 토양에 침투되면 산성·알칼리성 물질, 중금속, 독성물질, 기타 난분해성 물질에 의해 토양이 오염되며, 토양의 물리·화학적 특성이 악화하고, 결국 토양생태계의 파괴로

표 11-9. 지역별/오염물질별 토양오염 우려기준과 대책기준 (2018년 11월 개정, 단위: mg/kg)

토양오염물질	1지역		2지역		3지역	
	우려기준	대책기준	우려기준	대책기준	우려기준	대책기준
카드뮴	4	12	10	30	60	180
구리	150	450	500	1,500	2,000	6,000
비소	25	75	50	150	20	60
수은	4	12	10	30	20	60
납	200	600	400	1,200	700	2,100
6가크롬	5	15	15	45	40	120
아연	300	900	600	1,800	2,000	5,000
니켈	100	300	200	600	500	1,500
불소	400	800	400	800	800	2,000
유기인화합물	10	-	10	-	30	-
폴리염화바이페닐(PCB)	1	3	4	12	12	36
시안	2	5	2	5	120	300
페놀	4	10	4	10	20	50
벤젠	1	3	1	3	3	9
톨루엔	20	60	20	60	60	180
에틸벤젠	50	150	50	150	340	1,020
자일렌	15	45	15	45	45	135
석유계총탄화수소(TPH)	500	2,000	800	2,400	2,000	6,000
트라이클로로에틸렌(TCE)	8	24	8	24	40	120
테트라클로로에틸렌(PCE)	4	12	4	12	25	75
벤조(a)피렌	0.7	2	2	6	7	21
1,2-디클로로에탄(1,2-DCA)	5	15	7	20	70	210
다이옥신(퓨란 포함)*	160	500	340	1.000	1,000	3,000

주: * 다이옥신(퓨란 포함)은 2022년 7월 22일부터 시행.

<비고>

1지역 : 「공간정보의 구축 및 관리 등에 관한 법률」에 따른 지목이 전·답·과수원·목장용지·광천지·대(동법 시행령 58조 8호 가목 중 주거용도 부지만 해당)·학교용지·구거(溝渠)·양어장·공원·사적지·묘지인 지역과 「어린이놀이시설 안전관리법」에 따른 어린이 놀이시설 부지.

2지역 : 「공간정보의 구축 및 관리 등에 관한 법률」에 따른 지목이 임야·염전·대(1지역에 해당하는 부지 외의 모든 대를 말한다)·창고용지·하천·유지·수도용지·체육용지·유원지·종교용지 및 잡종지(동법 시행령 58조 28호 가목 또는 다목에 해당하는 부지만 해당)인 지역.

3지역 : 「공간정보의 구축 및 관리 등에 관한 법률」에 따른 지목이 공장용지·주차장·주유소용지·도로·철도용지·제방·잡종지(2지역에 해당하는 부지 외의 모든 잡종지)인 지역과 「국방·군사시설 사업에 관한 법률」에서 규정한 국방·군사시설 부지.

이어진다. 예를 들면, 토양이 딱딱해지거나 공극이 감소하여 배수가 불량해지고 중금속의 축적으로 토양의 이온교환 능력이 저하되며, 토양의 산성화는 토양 미생물과 소동물들이 살 수 없게 되어 토양 내에서의 물질순환이 이루어지지 않는다.

② 광산폐수

폐광산이나 휴업 중인 광산 등에서 발생한 광산폐수나 빗물에 의한 광미(鑛尾, 광물찌꺼기) 유출수에 의해 광산 주변 토양과 하천이 중금속에 오염될 수 있다. 석탄광산의 경우 석탄 중의 황

성분이 공기나 물에 노출되면 산화되어 물의 pH를 낮춤으로써 중금속의 용해도가 높은 산성폐수가 된다. 이에 따라 주변 토양과 농경지의 산성화를 초래하고 중금속 오염도를 높인다.

③ 제련소의 분진

제련소로부터 배출되는 중금속 함유 분진은 대기오염뿐 아니라 토양오염 문제도 일으킨다. 구리제련소에 의한 오염실태를 조사한 결과 반경 1 km 이내의 농경지에서 납 279.4 mg/kg, 구리 111.4 mg/kg이 검출되었는데, 20 km 떨어진 곳은 납 9.7 mg/kg, 구리 5.8 mg/kg이 검출되어 제련소 인근의 토양오염이 심각하다는 것이 확인되었다(김광렬 외, 2017, p.177).

④ 유류 및 화학물질 누출

정유공장, 유류비축기지, 주유소, 송유관 등의 유류 저장시설에서 유류가 누출되면 유류 속에 함유된 벤젠(benzene), 톨루엔(toluene), 에틸벤젠(ethylbenzene), 자일렌(xylene) 등 소위 BTEX에 의한 토양 및 지하수 오염이 발생한다. 유해화학물질을 다루는 산업시설에서도 독성 오염물질이 배출되어 토양오염이 발생할 수 있다. 또한 과거 군부대 주둔지역에서 누출된 화약, 화생방 물질, 유류 등으로 인해 토양오염이 발생하는 경우 토양정화를 위해 막대한 비용이 투입되는 실정이다.

(2) 농업활동

① 비료

비료는 농산물의 생산량을 높이기 위해 사용되지만, 과량으로 사용된 비료는 하천과 지하수로 유입되어 오염물질로 작용하고 주변 토양도 오염시킨다. 비료의 주성분인 질소와 인은 농작물 생장에 필요하지만, 과다 사용하면 하천과 호소에 유입되어 부영양화를 가져와 녹조를 번성시킨다.

그리고 황산암모늄($(NH_4)_2SO_4$), 황산칼륨(K_2SO_4), 염화칼륨(KCl)과 같은 산성비료를 사용하면, 비료성분 중 암모늄(NH_4), 칼륨(K) 등은 토양과 식물에 흡수되나, 황산(SO_4)만 남게 되어 토양을 산성화시킨다. 또한 화학비료에 들어있는 미량의 중금속들 역시 토양오염의 원인이 될 수 있다.

② 농약

농약 대부분은 독성과 잔류성을 가지고 있으므로 토양 속에 잔류하고 농축되어 토양과 지하수를 오염시킨다. 농약이 난분해성일 때는 토양에 오래 잔류하여 토양 미생물이 담당하는 유기물질 분해 기능을 방해하고, 잔류한 농약을 잎이나 뿌리를 통해 흡수한 농작물을 먹으면 인체에 피해를 줄 수 있다. 농업용 살충제는 해충은 물론 익충까지 감소시켜 생태계의 먹이사슬을 파괴하고, 내성이 강한 해충을 출현시킬 수도 있다.

농약은 크게 살균제, 살충제, 제초제 등으로 분류한다. 그중에서 살충제는 크게 유기염소계 화합물(앨드린, 엔드린, DDT, BHC 등)과 유기인계 화합물(악티온, 펜티온, 파라티온 등)로 나눌 수 있다. 살충제 중에서 DDT, BHC, 파라티온은 난분해성과 생물농축 등의 이유로 현재 사용이 금지되어 있다.

1939년부터 살충제로 사용된 DDT는 이, 벼룩, 모기의 퇴치와 농작물 해충의 박멸에 큰 효과를 발휘했다. 그러나 DDT는 생물농축으로 인해 어류, 새, 인간 등의 체내에서 검출이 되는 유해물질이며, 그 난분해성은 살포한 지 20년이 지난 밭에서도 검출이 될 정도라는 것이 나중에 밝혀졌다. 또한 DDT가 해충뿐 아니라 천적도 죽이며, 시간이 지나면서 곤충들이 DDT에 내성을 가진다는 사실도 밝혀졌다. 1962년 미국의 생물학자 칼슨(Rachel Carson)이 저술한 「침묵의 봄(Silent Spring)」의 출간을 계기로 전 세계적인 논란 끝에 1970년부터 일부 국가들이 DDT의 농업용 사용을 금지하기 시작하여 미국도 1972년 DDT의 농업용 사용을 금지했다. 이후 전 세계 대부분 국가가 사용을 전면 금지했으며, 일부 후진국에서만 말라리아모기 퇴치용으로 사용하고 있다. 한국은 1986년 전면적인 사용 금지 조치를 시행했다. 2004년에는 DDT, PCB, 다이옥신 등 12가지 잔류성 유기 오염물질의 사용, 생산 및 배출을 저감 또는 근절하기 위한 국제협약으로 스톡홀름 협약(Stockholm Convention on Persistent Organic Pollutants)이 발효되었다.

(3) 생활하수와 폐기물

도시의 하수는 일반적으로 유기물질의 함량이 높고 합성세제 성분도 포함되어 있다. 또한 도시 내에 소규모 공장들이 혼재되어 있어 유해 중금속이 하수에 함유될 수도 있다. 그러나 하수분리 차집설비를 통한 하수처리로 인해 토양오염 가능성은 매우 낮다. 생활하수를 농경지에 살포하면 질소나 인이 공급되어 농작물의 생육에 도움이 될 수 있지만, 합성세제, 중금속, 산성물질 등에 의해 토양이 오염되고, 오염물질이 농작물에 축적된다.

건전지나 형광등은 카드뮴과 수은 같은 중금속 물질이 함유되어 있어 분리수거 대상인데 불법으로 버려지면 토양오염을 일으킨다. 최근에는 무수은 건전지와 LED 램프의 보급으로 이 문제는 점차 해소되고 있다. 지금은 많이 개선되었지만, 과거 비위생적으로 설계된 쓰레기매립장에서 발생하는 침출수에는 각종 유기독성물질들이 함유되어 있어 인근 토양과 지하수뿐 아니라 주변 하천까지 오염시키고 있다. 이러한 쓰레기매립장 침출수에 대한 대책이 시급하게 마련되어야 한다.

4) 토양의 염류화

토양의 염류화(salinization)는 인간 활동으로 인하여 토양에 염분이 집적되는 현상이다. 이러한 현상은 BC 2400년경 메소포타미아의 농업에서도 문제를 일으켰다. 염분에 약한 밀의 생산량이 차츰 감소하여, BC 1700년경에는 메소포타미아의 남부지방에서 밀재배를 찾아볼 수 없게 된 것이다. 이러한 곡물 생산의 감소는 수메르 문명의 붕괴에 한 원인이 되었을 것이다.

이렇게 고대 역사에서 볼 수 있는 토양의 염류화는 현대의 건조지대 농경지에서 계속 진행 중이다. 이러한 문제는 주로 지난 100여 년 동안 토양에 염분이 많은 건조지대에서 대규모 관개시설을 건설하고 농경지에 물을 공급하면서 지하수면이 차츰 상승하여 발생한 것이다. 지하수면까지 스며들어 심토층의 염분을 녹인 관개수는 모세관 현상으로 상부로 올라오면서 증발하여 표토층 토양의 염분 농도를 증가시킨다. 작물의 뿌리 부분까지 염분이 도달하면 작물의 생육에 지장을 주게 된다. 이렇게 토양의 염류화가 진행된 토지의 비율을 국가별로 살펴보면, 이라크는 관개지역의 50%에 달하며, 파키스탄은 23%, 이집트는 30%, 이란은 15%, 시리아의 유프라테스(Euphrates)강 계곡은 50%에 이른다(Worthington, 1977, p.30).

중앙아시아 건조지대의 농경지에서도 염류화 현상이 나타나고 있다. 아랄해(Aral Sea) 주변의 목화 경작지는 대규모 관개시설에 의한 토양의 염류화가 진행되었고, 축소된 호수로 인해 드러난 호수 바닥은 염분뿐 아니라 DDT, PCB 등의 살충제 성분이 토양을 오염시키고 있다(8장 글상자 16 참조).

해안지대에서는 지하수의 과다한 양수로 인해 해수가 침투하여 토양의 염류화 문제가 나타나기도 한다. 이러한 현상은 이스라엘, 캘리포니아, 바레인, 아랍에미레이트, 이집트의 나일강 삼각주 등의 해안지대에서 볼 수 있다.

이와 같은 염류화 현상에 대처하기 위해서 토양에 집적된 염분을 물을 뿌려 씻어내는 방법을 사용하기도 한다. 그러나 염분 제거를 위해서 더 많은 양의 지하수를 사용하게 되면, 뿌려진 물은 다시 지하수로 함양되면서 토양 속에 집적된 염분을 녹이고, 상승한 지하수면에서는 모세관 현상으로 염분 섞인 지하수가 올라오면서 농작물의 뿌리에 2차 염해를 입히게 된다. 이러한 문제를 해결하기 위해서는 지하수 대신 강물 같은 담수를 관개용수로 끌어오고 염분을 씻어내는 배수시설도 갖추어야 한다. 그러나 근거리에 큰 강이나 저수지가 없으면 기술적으로 불가능한 일이다.

5) 토양오염 대책

(1) 오염 방지 대책

토양오염은 오염원을 차단하여 오염 발생을 최소화하는 것이 최선의 방법이다. 토양오염을 방지하기 위한 대책으로는 다음과 같은 것이 있다(김광렬 외, 2017, pp.179-180).

① 농약을 과다하게 사용하지 않는다. 특히 난분해성 농약의 사용을 금지하고 대신 잔류성이 짧고 토양 축적성이 적은 농약을 사용한다.

② 산성비료보다는 중성비료를, 화학비료보다는 유기질 비료(퇴비)를 사용하도록 한다. 유기질 비료는 토양의 보수성(保水性)·보비성(保肥性)·통기성(通氣性)을 개선하고 비옥도를 증가시키며 병원성 세균을 억제하기 때문에 결과적으로 농약(살균제) 사용량을 줄일 수 있다.

③ 생활하수나 산업폐수, 폐기물이나 독성물질을 함부로 토양에 버리지 말고, 합법적인 방법으로 규정에 따라 배출하도록 한다.

(2) 오염된 토양의 개선, 정화 및 복원

오염된 토양의 개선, 정화 및 복원을 위해 사용할 수 있는 방법은 다음과 같다.

① 화학비료의 사용으로 산성화된 토양은 석회를 사용하여 토양을 중화시킨다. 아울러 산성에 강한 작물을 선정하여 재배한다.

② 중금속에 오염된 토양은 객토(客土)한다. 객토란 오염된 표토층 위에 깨끗한 토양을 30 cm 정도 두께로 복토하는 방법이다. 오염된 토양을 걷어내는 삭토(削土) 후에 건강한 토양을 객토(복토)할 수도 있지만 비용이 많이 소요된다.

③ 중금속에 오염된 토양에 토양 개량제, 중금속 흡착제, 토양 세척제 등 약품을 사용하여 토질을 개선한다.

④ 오염된 표층 토양과 오염되지 않은 하층 토양을 깊게 뒤섞이게 하여 중금속 농도를 희석하는 심경반전(深耕反轉) 방법을 사용한다.

⑤ 유류에 오염된 토양은 미생물을 투입시켜 토양 속의 유류를 분해할 수 있다.

글상자 18. 토양침식

그림 11-15. 빗물에 유실된 고랭지 채소밭(태백시) [사진: 녹색연합]

토양침식(soil erosion)은 토양의 표면이 강수나 바람에 의하여 침식되는 현상을 말한다. 토양

침식은 경사면에서 집중호우로 인해 심하게 발생하기도 하지만, 평지에서도 자연상태의 식물피복이 인간 활동으로 인해 박탈되고 표토가 노출되어 토양이 유실되기도 한다.

환경부는 2012년 실시한 전국 표토 침식량 예비조사에서 표토침식이 심각한 것으로 분류된 지역이 전 국토 면적의 30%에 이른다고 발표했다. 이들 지역은 ha당 연간 유실되는 표토의 양이 33 ton을 초과한 곳으로써, 경제협력개발기구(OECD)에서 정한 토양침식의 최고 등급인 '매우 심함'에 해당하는 지역이다. 이러한 지역에서는 토지 1 m^2당 매년 3.3 kg 이상의 흙이 씻겨 내려간다는 의미이다. 한국은 34개 OECD 회원국 중 8번째로 토양침식 위험도가 높은 나라로서 ha당 연간 유실량이 50 ton을 초과하는 면적도 전 국토의 20%나 된다.

표토침식이 지속해서 일어나면 생태적, 경제적 피해도 커진다. 지표면에서 30 cm 아래까지의 토양층인 표토는 유기물, 미생물이 풍부해서 식물에 양분과 수분을 공급하고 오염물질을 정화한다. 200여 년에 걸쳐 만들어진 표토가 1~2년 만에 유실되면 생태계가 밑바탕에서부터 흔들리게 된다. 또한 유실된 표토가 흙탕물이 되어 하천에 들어오면 수돗물 생산에 더 많은 약품을 사용해야 하고, 하천 준설 비용도 늘어난다.

경사가 심한 강원도 고랭지 채소밭에서는 여름철 폭우에 표토가 쓸려 내려가는 바람에 매년 흙을 보충하는 일이 반복되고 있다. 게다가 객토할 흙을 얻기 위해서 주변의 산림을 파괴하는 일까지 벌어지고 있다. 고랭지 채소밭의 토양침식은 일반 밭의 최고 13배에 이른다. 또한 고랭지 밭에 뿌린 농약과 비료는 빗물에 토사와 함께 씻겨 나와 수질오염을 일으킨다.

이에 따라 환경부는 2013년부터 '표토보전 5개년 계획'을 추진한 바 있다. 먼저 표토침식 실태조사를 실시하여 토양유실 지도를 작성하고 취약지역을 지정했으며, 표토 보전가치가 높은 지역은 특별지역으로 지정하여 관리하고 있다.

고랭지 밭에 대한 대책으로는 우선 신규 개발을 차단하고, 토사유출을 줄이기 위해서 밭 주변에 숲과 초지를 조성하거나 배수로를 설치하는 방법이 있다. 또한 밭을 등고선을 따라 계단식으로 만들고, 표토가 노출된 곳에는 야자매트나 부직포를 깔아두면 토양침식을 어느 정도 방지할 수 있다.

[자료: 강찬수, 2013]

12 CHAPTER

폐기물 문제

1 폐기물의 분류

폐기물(廢棄物, waste)이란 사람의 생활이나 경제활동에 의해 발생한 것이지만 더 이상 사람의 생활이나 사업에 필요하지 않게 된 물질을 말하며, 그 예로는 쓰레기, 연소재, 오니, 폐유, 폐산, 폐알칼리 및 동물의 사체 등이 있다. 1986년에 제정된 「폐기물관리법」에 의하면 폐기물은 생활폐기물과 사업장폐기물로 나눌 수 있다. 생활폐기물은 가정이나 사무실에서 일상생활과 관련하여 배출되는 폐기물이고, 사업장폐기물은 다량의 생활계 폐기물을 배출하는 사업장이나 특정 법에 따라 배출시설을 설치·운영하는 사업장에서 발생하는 폐기물이다. 지정폐기물이란 사업장폐기물 중 주변 환경을 오염시키거나 인체에 위해를 줄 수 있는 폐기물이다. 건설폐기물이란 법이 정한 건설공사로 인하여 건설현장에서 전체 공정 중에 발생하는 5톤 이상의 폐기물을 말한다(그림 12-1).

지정폐기물의 종류를 구체적으로 나열하면 특정시설 발생 폐기물, 부식성 폐기물, 유해물질 함유 폐기물, 폐유기용제, 폐페인트 및 폐래커, 폐유, 폐석면, 폴리염화바이페닐(PCB) 함유 폐기물, 폐유독물, 의료폐기물 등이다.

한편, 용기에 들어있지 않은 기체 상태의 물질이나 방사성 물질 및 오염물질, 하·폐수, 오수·분뇨 및 가축분뇨, 가축이나 수산물의 사체 및 오염물건, 수입금지 물건, 검역 불합격품 등은 폐기물관리법의 적용을 받지 않고 별도의 관리법에 의한 규제를 받는다.

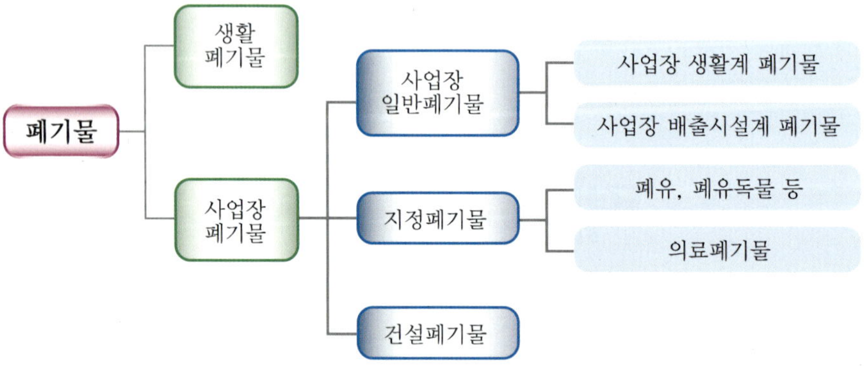

그림 12-1. 폐기물의 분류 [자료: 환경부, 2020 환경백서, p.541]

2 폐기물 발생현황

1) 폐기물 종류별 발생량

표 12-1에서 폐기물 종류별 발생량의 변화를 살펴보면, 생활폐기물 발생량은 2010년부터 2014년까지 소폭 감소하였다가 2016년 이후 증가하였다. 생활폐기물의 발생량을 1인당으로 환산해보면 종량제를 시행하기 전인 1994년에는 1.3 kg/일이었으나, 종량제의 시행으로 감소하여 1997년 이후부터는 0.94～1.05 kg/일의 범위에서 소폭의 증감을 보였다. 그런데 2018년의 발생량은 1.06 kg/일이고 2019년의 발생량은 1.09 kg/일이어서 다소 증가하였으나, OECD 국가의 평균 발생량(2016년 기준, 1인당 1.19 kg/일)보다는 낮은 수준을 유지하고 있다(환경부, 2020, p.541-542). 이는 종량제의 시행과 재활용품 및 음식쓰레기 분리배출 정책에 기인하는 것으로 보인다.

반면에 사업장폐기물은 지속해서 증가하는 경향을 보이고 있다. 표 12-1을 보면 사업장 배출시설계 폐기물의 발생량은 산업생산의 증가에 비례해서 같이 증가하였으며, 지정폐기물의 발생량도 증가하였다. 그러나 건설폐기물의 발생량은 건설경기를 반영하여 2010년부터 2014년까지는 그다지 증가하지 않았으나 2015년 이후 다시 높게 증가하였다.

표 12-1. 폐기물 종류별 발생량 (단위: 톤/일)

구분		2010	2012	2014	2016	2018	2019
생활폐기물*		49,159	48,990	49,915	53,772	56,035	57,961
	1인 1일 발생량(kg/일)	0.96	0.95	0.95	1.01	1.06	1.09
사업장 폐기물	계	325,483	345,506	351,743	375,356	390,067	439,277
	배출시설계	137,875	146,390	153,189	162,129	167,727	202,619
	지정	9,488	12,487	13,172	13,783	15,389	15,556
	건설	178,120	186,629	185,382	199,444	206,951	221,102
총계		374,642	394,496	401,658	429,128	446,102	497,238

주: * 이 표의 생활폐기물은 사업장 생활계폐기물과 공사장 생활계폐기물도 포함하였음.
출처: 환경부, 2020 환경통계연감.

2) 생활폐기물의 성상별 발생량

생활계폐기물은 생활폐기물, 사업장 생활계폐기물, 공사장 생활계폐기물을 모두 포함하는 용어이지만 일상적으로 생활폐기물과 혼용해서 사용한다. 생활(계)폐기물은 배출방법에 따라 크게 종량제 혼합배출, 재활용 분리배출, 음식물류 분리배출로 나눌 수 있다. 표 12-2에서 3개 항목이 생활폐기물 발생량에서 차지하는 비중을 보면 종량제 혼합배출은 50.9%, 재활용 분리배출은 24.4%, 음식물류 분리배출은 24.7%를 차지한다.

표 12-2. 생활폐기물의 성상별 발생량(2019년) (단위: 톤/일)

구분	항목	발생량	구분	항목	발생량
생활(계)폐기물* 총계 57,961.4 톤/일					
종량제 혼합배출	소계	29,507.6 (50.9%)	재활용 분리배출	소계	14,139.6 (24.4%)
가연성	소계	24,145.2		폐지류	3,540.7
	폐지류	4,992.6		고철류	1,086.9
	폐합성수지류	7,430.3		금속캔	414.4
	폐고무류	584.4		폐합성수지류	3,583.8
	폐섬유류	914.1		폐고무류	64.8
	음식물류	1,685.1		폐유리병류	831.0
	폐목재류	2,110.0		폐의류	161.8
	기타	6,428.7		폐섬유류	77.4
불연성	소계	4,202.8		폐형광등	47.3
	폐금속류	449.9		폐전지류	36.5
	폐유리류	643.8		영농폐기물	490.9
	폐토사류	602.1		폐식용유	80.1
	폐타일 및 도자기류	179.3		폐가전제품	238.6
	연탄재	155.7		폐가구류	546.4
	기타	2,172.0		기타	2,939.0
	건설폐기물류	876.0	음식물류 분리배출		14,314.2 (24.7%)
	기타	283.6			

주: * 생활(계)폐기물은 생활폐기물, 사업장 생활계폐기물, 공사장 생활계폐기물을 모두 포함.
자료: 환경부, 2020 환경통계연감.

종량제 혼합배출 폐기물은 가연성과 불연성으로 나눌 수 있다. 가연성 폐기물로는 종이류, 합성수지류(플라스틱), 고무류, 음식물류, 목재류 등이 있고, 불연성 폐기물로는 금속류, 유리류, 토사류, 타일 및 도자기류, 연탄재 등이 있다. 종량제 폐기물에서 가연성 폐기물이 차지하는 비중은 81.8%이고 불연성 폐기물은 14.2%를 차지하는데, 별도의 종량제 봉투로 배출되는 건설폐기물류는 3%의 비중을 차지한다. 종량제 폐기물의 대부분은 소각장에서 처리가 되거나 매립장에서 매립된다. 종량제 폐기물 중에서 가장 큰 비중을 차지하는 것은 합성수지류(25.2%)이고 그다음은 종이류(16.9%)인데 모두 가연성 폐기물이다.

재활용 분리배출 폐기물은 종이류, 고철류, 금속캔, 합성수지류, 고무류, 유리병류, 의류, 섬유류, 형광등, 전지류, 영농폐기물, 식용유, 가전제품, 가구류 등으로 분류한다. 재활용 폐기물 중에서 가장 큰 비중을 차지하는 것은 역시 합성수지류(25.3%)이고 그다음은 종이류(25.0%)이다. 분리배출되는 음식물류 폐기물은 처리과정을 거쳐 사료나 퇴비로 재활용된다.

3 폐기물 처리현황

1) 생활폐기물 처리현황

폐기물의 처리방법은 크게 매립, 소각, 재활용, 기타(해역배출, 중간처분 등)로 구분한다. 생활폐기물의 경우 대부분 매립, 소각, 재활용으로 처리해 왔는데, 1990년대부터 매립 비율은 급감하고, 소각과 재활용 비율이 많이 증가했다(표 12-3). 1990년에는 생활폐기물 대부분이 매립처리되었으나 2019년에는 12.7%로 감소하였다. 같은 연도 사이에 소각처리는 1.8%에서 25.7%로 증가하였고, 재활용 처리는 4.6%에서 59.7%로 증가하였다. 이는 쓰레기종량제, 재활용정책, 폐자원에너지화(WtE: waste-to-energy) 등의 정책에 따라 폐기물 처리구조가 단순매립에서 재활용 위주의 자원순환형으로 전환되고 있기 때문이다.

가연성 폐기물을 소각처리하면 감량하여 매립될 쓰레기를 줄일 수 있고, 소각열은 지역난방이나 전력생산에 활용할 수 있다. 그러나 소각은 산성비의 원인이 되는 황산화물(SO_x), 질소산화물(NO_x)뿐만 아니라 인체에 해로운 중금속(납, 알루미늄, 수은 등)과 다이옥신 같은 환경호르몬, 지구 온난화에 관련되는 이산화탄소(CO_2)를 방출하기 때문에 대기오염 방지시설이 필수적이다.

표 12-3. 생활폐기물 처리방법의 변화(1990~2019) (단위: %)

구분	1990	1995	2000	2005	2010	2015	2019
매립	93.0	68.3	47.0	27.7	17.9	15.1	12.7
소각	1.8	5.5	11.7	16	21.6	25.7	25.7
재활용	4.6	26.2	41.3	56.3	60.5	59.2	59.7
기타	0.6	-	-	-	-	-	1.9

자료: 환경부, 2020 환경통계연감; 김광렬 외, 2017, p.159.

표 12-4에서 생활폐기물 처리현황을 보면, 매립처리는 지속해서 감소하는 추세를 보이지만 소각량은 증가하는 추세에 있다. 이는 가연성 폐자원을 소각하는 과정에서 얻는 에너지로 전력을 생산하고 지역난방을 하는 폐자원 에너지화 정책에 따라 소각처리하는 생활폐기물이 증가한 것이다. 이에 따라 2010년에는 생활폐기물의 21.6%를 소각처리했으나, 2019년에는 25.7%를 소각처리했다.

재활용하는 생활폐기물의 양은 2010년대 전반부에 다소 감소했으나 2015년 이후 다시 증가 추세에 있다. 생활폐기물 중 재활용하는 비율도 증가하였는데, 2010년에 60.5%이었으나 2018년에는 62.0%가 되었다. 2019년의 재활용 처리량이 다소 감소한 것은 기계적(압축, 파쇄 등), 화학적(고형화, 중화, 응집 등), 생물학적(호기성, 혐기성 등) 중간처분량을 기타 항목으로 분리했기 때문이다.

표 12-4. 생활폐기물* 처리현황 (단위: 톤/일)

구분	2010	2012	2014	2016	2018	2019
계	49,159	48,990	49,915	53,772	56,035	57,961
매립	8,797	7,778	7,813	7,909	7,525	7,336
소각	10,609	12,261	12,648	13,610	13,763	14,919
재활용	29,753	28,951	29,454	32,253	34,747	34,613
기타**	-	-	-	-	-	1,093

주: * 이 표의 생활폐기물은 사업장 생활계폐기물과 공사장 생활계폐기물도 포함하였음.
** '재활용' 항목에 포함되었던 기계적(압축, 파쇄), 화학적(고형화, 중화, 응집), 생물학적(호기성, 혐기성) 중간처분량이 2019년부터 '기타' 항목으로 분리됨.
출처: 환경부, 2020 환경통계연감.

2) 사업장폐기물 처리현황

표 12-5에서 사업장폐기물 처리현황을 보면, 매립처리량이 2010년대 중반에는 증가하였으나 2017년부터 감소하는 추세이다. 소각처리는 2012년까지 그 양이 증가하였으나 이후에는 비슷한 양을 유지하고 있다가 2019년에는 감소하였다. 재활용처리량은 꾸준히 증가 추세를 유지하고 있으며, 특히 2019년에는 그 양이 급증하였다. 사업장폐기물 처리량 중 재활용하는 비율도 증가하였는데, 2010년에 86.0%이었으나 2019년에는 90.1%로 증가하였다. 기타 항목은 2018년까지는 해역배출하는 사업장폐기물의 양을 나타낸 것인데, 런던협약(1972년)과 런던의정서(1996년)에 따라 2012년부터 2015년까지 단계적으로 하수오니, 가축분뇨, 음폐수(음식물 폐수), 분뇨, 분뇨오니, 산업폐수, 폐수오니의 해역배출이 금지되었기 때문에 그 처리량이 2012년부터 급감하였다(환경부, 2020 환경백서, p.543; 본서 11장 해양오염 참조). 2019년에는 기계적(압축, 파쇄 등),

화학적(고형화, 중화, 응집 등), 생물학적(호기성, 혐기성 등) 중간처분량을 기타 항목에 포함하여 그 처리량이 급증한 것이다.

표 12-5. 사업장폐기물 처리현황 (단위: 톤/일)

구분	2010	2012	2014	2016	2018	2019
계	325,483	345,506	351,743	375,356	390,067	439,277
매립	27,340	28,794	30,093	30,033	27,123	23,178
소각	10,606	12,624	11,876	12,840	12,641	11,065
재활용	279,955	300,256	307,360	331,547	349,490	395,732
기타	7,582	3,832	2,414	937	813	9,302

주: '기타' 항목에는 2018년까지 해역배출량만 집계하였으나 2019년부터 '재활용' 항목에 있던 기계적(압축, 파쇄), 화학적(고형화, 중화, 응집), 생물학적(호기성, 혐기성) 중간처분량이 추가됨.
출처: 환경부, 2020 환경통계연감.

표 12-6에서 2018년도 사업장폐기물의 종류별 처리현황을 보면 배출시설계 폐기물은 81.6%를 재활용했으며, 12.6%는 매립, 5.8%는 소각했다. 지정폐기물은 재활용 60.0%, 매립 20.2%, 소각 14.8%, 기타(보관) 5.0%로 처리되었으며, 건설폐기물은 재활용 98.3%, 매립 1.4%, 소각 0.3%로 처리되었다. 전체 사업장폐기물 발생량 중에서 건설폐기물 발생량의 비중이 가장 크고 거의 모두 재활용되고 있으며, 배출시설계 폐기물 역시 자원순환에 대한 수요가 증가하면서 재활용 비율이 증가하고 있다. 이에 따라 전체 사업장폐기물의 재활용률이 90%에 이를 만큼 높게 나타나고 있다. 건설폐기물은 98% 이상이 재활용되고 있지만, 상당 부분이 성토, 복토 등 값싼 매립재로 활용되고 도로 기층용이나 콘크리트용 골재 등 부가가치가 높은 순환골재로 활용되는 비율은 40% 정도이므로 실질적인 재활용률은 그다지 높지 않다.

2019년 기준으로 생활폐기물과 사업장폐기물을 합친 전체 폐기물의 86.5%가 재활용, 6.1%가 매립, 5.2%가 소각, 2.1%가 기타 방법으로 처리되었다. 2010년대의 연도별 처리추세를 전체적으로 살펴보면, 매립처리와 해역배출은 감소하는 추세이지만 재활용은 증가 추세에 있다고 요약할

표 12-6. 사업장폐기물의 종류별 처리현황(2018년) (단위: 톤/일)

구분	배출시설계		지정폐기물		건설폐기물	
	처리량	%	처리량	%	처리량	%
계	167,727	100.0	15,389	100.0	206,951	100.0
매립	21,060	12.6	3,115	20.2	2,948	1.4
소각	9,715	5.8	2,272	14.8	654	0.3
재활용	136,910	81.6	9,231	60.0	203,349	98.3
기타	42	0.0	771	5.0	-	0.0

자료: 환경부, 2020 환경백서, p.544.

수 있다. 소각처리한 폐기물의 양은 2010년대에 들어서 증가하였으나 전체 폐기물의 양도 증가하였기 때문에, 소각처리량이 오히려 감소한 2019년을 제외하면 그 비율은 큰 변화가 없다. 이는 기존 폐기물 소각장의 처리용량에 한계가 있기 때문이며, 소각장을 증설해야만 해결될 수 있는 문제이다.

4 폐기물 처리과정과 재활용

1) 폐기물의 처리과정

「폐기물관리법」에 따르면 폐기물 처리란 폐기물의 수집, 운반, 보관, 재활용, 처분을 말한다. 여기서 재활용(recycling)은 폐기물을 재사용·재생이용하거나 그러한 상태로 만드는 활동 또는 폐기물로부터 에너지를 회수하거나 폐기물을 연료로 사용하는 활동이며, 처분(disposal)은 폐기물의 소각, 중화, 파쇄, 고형화 등의 중간처분과 매립하거나 해역으로 배출하는 최종처분을 말한다.

그림 12-2는 분리수거한 폐기물의 일반적인 처리과정을 보여주는 흐름도이다. 분리수거한 폐기물은 재활용 쓰레기, 가연성 폐기물, 불연성 폐기물, 음식물 쓰레기로 분류하여 각각 다른 공정을 거쳐 처리하게 된다. 재활용 쓰레기는 선별장에서 선별하여 재활용하고, 음식물 쓰레기는 처리시설에서 처리공정을 거쳐 퇴비나 사료로 만들어진다.

불연성 폐기물은 곧장 매립장으로 보내지지만, 가연성 폐기물은 MBT(Mechanical Biological Treatment) 시설을 거쳐서 자원으로 활용할 수 있다. MBT는 생활폐기물 전처리시설에서 수행하는 공정으로서 폐기물을 최종처분하기 전에 기계적 분리·선별 및 생물학적 처리를 거쳐 재활용 가치가 있는 물질을 최대한 회수하여 환경부하를 감소시키는 공정이다(그림 12-3). 가연성 폐기물은 MBT 시설에서 고형 폐기물연료(RDF/SRF)[1]로 변환되어 폐자원 에너지화(WtE)에 기여할 수 있다(그림 12-4).

1) 고형 폐기물연료는 영어로 RDF(refuse-derived fuel) 또는 SRF(solid refuse fuel)인데, 한국 정부는 2013년부터 RDF 대신 SRF를 공식 용어로 채택하고 있으며, Bio-SRF는 폐지, 목재, 농업폐기물 등 biomass를 활용한 연료를 지칭한다. 폐기물연료는 주로 시멘트 공장, 제철공장, 화력발전소, 열병합발전소에서 활용된다.

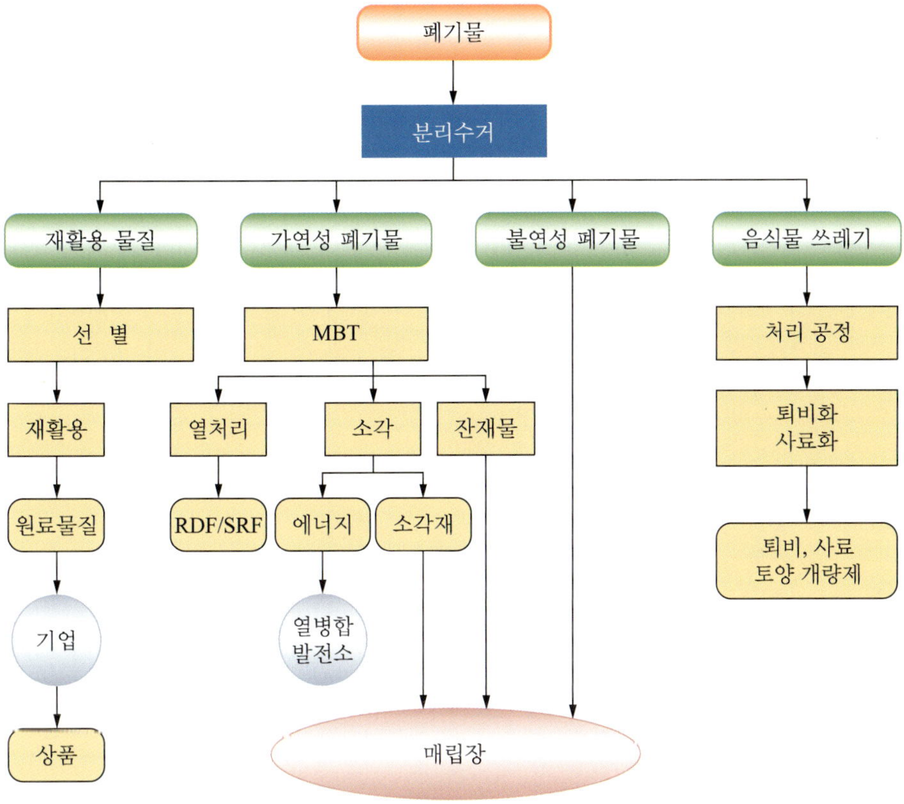

그림 12-2. 분리수거한 폐기물의 처리과정 [출처: 주현수·이희선·고은영, 2010, p.109, 필자 수정]

그림 12-3. 생활폐기물 전처리시설(동해시)

그림 12-4. 고형 폐기물연료(SRF) 펠릿

2) 생활폐기물의 처리과정

그림 12-5는 생활폐기물의 발생부터 최종처분까지의 처리과정을 요약한 것이다. 각 처리단계에 대해 간략히 설명하면 다음과 같다(김광렬 외, 2017, pp.159-170)

그림 12-5. 생활폐기물의 발생부터 최종처분까지의 처리과정 [출처: 김광렬, 2017, p.160]

(1) 발생 및 배출

생활폐기물의 주요 발생원은 가정이고 그 밖에 공공기관, 상가, 학교, 기숙사, 각종 사무실 등이 있다. 생활폐기물의 성상별 조성을 보면 플라스틱(합성수지), 종이, 음식물 쓰레기가 주종을 이룬다(표 12-2 참조).

생활폐기물의 배출은 지정 용기나 쓰레기 종량제 봉투를 사용해 수거가 쉽도록 지정된 시간에 내어놓는다. 분리배출 대상은 재활용 폐기물, 음식물 쓰레기, 대형 폐기물 등이며, 잡쓰레기는 종량제 봉투에 혼합배출 한다. 대표적인 재활용 폐기물은 고철, 폐지, 금속캔, 유리병, 폐플라스틱, 의류, 폐가전제품, 형광등, 건전지, 영농폐기물 등이다.

(2) 수거

배출된 폐기물을 적환장이나 최종처분지까지 운반하기 위해 수집하는 것을 수거라 하며, 발생원에서의 배출 유형에 따라 통합수거와 분리수거로 구분된다(그림 12-6). 1995년 쓰레기종량제가 시행된 후에는 지정 요일에만 수거를 하거나 요일별 수거품목을 지정하고 있다. 폐기물 처리비용의 약 60% 정도가 수거 및 운반비용이므로 수거 시스템의 비용 절감을 위한 지속적인 노력이 필요하다.

그림 12-6. 재활용 분리수거(필리핀 Cebu)
[사진: 김학훈]

그림 12-7. 클린넷 시스템의 투입구(용인시)
[사진: 흥덕 트리플힐스]

(3) 적환 및 수송

폐기물을 수송할 때 최종처리장까지 직접 운반하는 방식과 수거차로 적환장까지만 운반하고 적환장에서 대형운반차로 옮겨 최종처리장까지 수송하는 중계처리방식이 있다. 일반적으로 최종처리장까지의 거리와 적환장 설치 및 유지비용을 고려하여 두 가지 방식 중 하나를 선택하게 된다.

새로운 폐기물 수거방식으로 파이프라인을 이용한 관로수송시스템이 있다. 이 방식은 폐기물 수거를 위한 관로(파이프라인)을 지하에 건설하고, 폐기물은 투입구에 넣기만 하면 공기 압력에 의해 자동으로 수송이 되는 시스템이다. 새로 조성된 인천 송도, 판교, 용인, 파주, 세종시 등 대규모 신도시 지역에서 '클린넷(Clean Net)'이라는 이름으로 관로수송시스템을 도입하고 있다(그림 12-7, 그림 12-8).

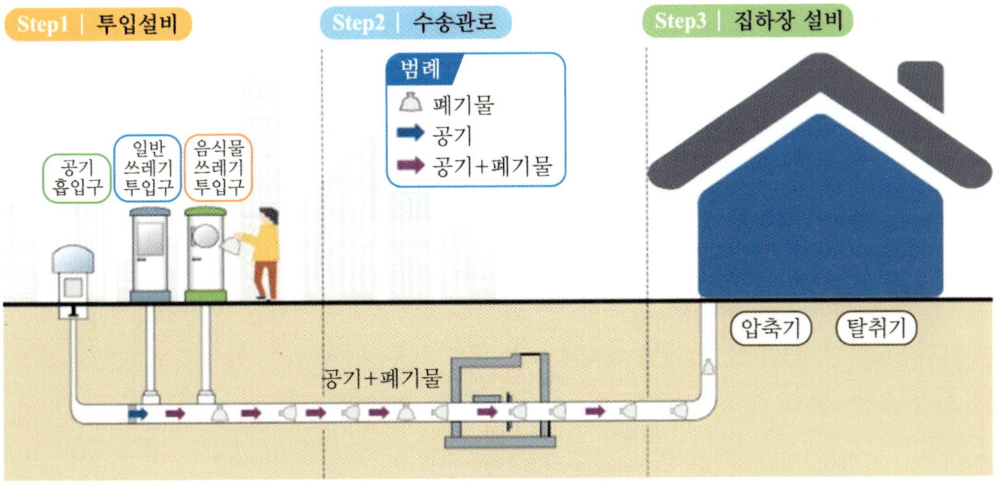

그림 12-8. 관로수송시스템 클린넷의 원리 [자료: 세종시]

(4) 중간처리

중간처리는 수거된 폐기물의 재활용성, 가연성, 불연성, 생분해성 등을 선별하여 재활용, 에너지 회수, 소각 등으로 자원순환하고 최종처분하는 폐기물의 양을 줄여 수송비와 매립비를 절감하는 것이 목적이다. 중간처리 방법으로는 폐기물의 성상 및 조성, 양 등을 고려하여 파쇄, 선별, 압축, 소각, 연료화, 사료화, 퇴비화 등을 선택할 수 있다.

폐기물을 파쇄하면 폐기물의 입경이 작아지며 부피를 감소시켜 폐기물의 선별, 운반 및 저장을 쉽게 한다. 자원회수시설(MRF: Material Recovery Facility)에서는 전처리과정에서 폐기물들을 파쇄하여 재활용 물질의 기계적 선별을 용이하게 하고 소각 및 분해 효율을 높인다.

압축은 폐기물의 운반과 저장을 쉽게 할 수 있도록 부피를 감소시키는 것이 목적이다. 수분이 함유된 폐기물은 탈수 효과로 무게까지 줄일 수 있다. 압축은 선별된 재활용품이나 매립용 폐기물의 부피 감소에 주로 이용된다.

소각은 쓰레기의 부피와 무게를 동시에 줄이고 가연성 폐기물로부터 에너지를 회수할 수 있는 위생적인 방법이다. 발열 에너지를 활용하여 지역난방용 온수를 공급할 수 있다. 그러나 소각장 설치와 운영에 큰 비용이 들며, 소각할 때 위해로운 대기오염 물질이 방출될 수 있다.

연료화는 폐비닐, 플라스틱, 폐지, 목재 등 가연성 폐기물을 파쇄, 건조, 성형과정 거쳐 열효율이 높은 고형 폐기물연료(SRF)를 만드는 과정이다. SRF는 산업시설, 화력발전소, 열병합발전소 등의 연료로 공급된다.

사료화는 음식물 쓰레기를 파쇄, 선별, 가열, 염분 세척, 탈수, 건조, 분쇄 등의 공정을 거쳐 사료로 만드는 것을 말한다. 이렇게 제조된 사료는 주로 양계장 사료로 공급된다.

퇴비화는 토양이나 대기 중에 존재하는 호기성 미생물을 이용하여 생분해성 폐기물들을 분해함으로써 생화학적으로 안정된 물질로 전환된 퇴비로 활용하는 것을 말한다, 생분해성 폐기물로는 음식물 쓰레기, 가축분뇨, 종이, 짚단, 톱밥, 하수슬러지 등이 있다.

(5) 최종처분

중간처리를 거치는 과정에서 발생한 폐기물들은 불연성 폐기물 등과 함께 매립된다(그림 12-9). 매립처리되는 폐기물의 양은 소각과 재활용이 활성화되면서 상대적으로 많이 감소했다. 1990년에는 생활폐기물의 93%가 매립되었지만 2019년에는 12.7%만이 매립되었다(표 12-3 참조).

매립의 종류는 다양한 방식으로 분류할 수 있다. 환경위생 측면에서는 단순매립, 위생매립, 안전매립(환경오염 차단)이 있고, 매립 위치에 따라 내륙매립, 해안매립이 있으며, 생화학적 특성에 따라 혐기성 단순매립, 혐기성 위생매립, 호기성 매립 등이 있다.

그림 12-9. 수도권 매립지 [사진: KBS 다큐On]

매립지를 부적절하게 설치·운영하면 침출수에 의한 지하수 및 지표수 오염, 악취, 먼지, 유해가스, 해충 등이 발생한다. 매립지가스는 유기성 폐기물의 혐기성 분해로 인해 발생하며, 그 주성분은 메탄 55%와 이산화탄소 45%이다. 이 가스는 폭발 위험이 있어 환기가 필요하며, 포집하여 연료로 사용하기도 한다. 침출수는 강수에 의해 유입된 물과 유기성 폐기물의 분해과정에서 생성된 물질이 매립지 바닥에 모여 유출되는 액체이다. 침출수는 매립지 내의 집수처리시설이나 인근 하수종말처리장에서 처리되는데, 지하수나 지표수로 유출되는 경우 심각한 수질오염을 일으킨다.

3) 폐기물의 재활용

(1) 자원순환사회

최근에 와서 자원 및 화석연료의 고갈과 지구 온난화에 대응하기 위해 생산과 소비뿐 아니라 폐기물 처리과정에서도 자원순환과 에너지 회수가 강조되고 있다. 폐기물 관리의 목표도 단순히 폐기물을 처리하는 수준을 넘어서 모든 폐자원이 재활용되는 자원순환사회, 즉 "zero waste society"를 지향하고 있다. 자원순환 관점에서 폐기물 관리의 핵심은 폐기물 발생을 줄이는 생산-소비과정, 폐기물의 재활용 및 재사용, 폐기물 처리과정에서의 에너지 회수 등으로 요약할 수 있다(그림 12-10).

그림 12-10. 폐비닐 재활용선별장(청주) [사진: 김학훈]

(2) 폐기물 재활용의 정의

재활용(recycling)이란 폐기물을 재사용 또는 재생이용하는 활동이나 폐기물로부터 에너지를 회수하거나 폐기물을 연료로 사용하는 활동을 뜻한다(「폐기물관리법」 제2조). 1992년 제정된 「자원의 절약과 재활용촉진에 관한 법률」(약칭: 자원재활용법)에서는 재사용, 재생이용, 에너지 회수에 대해서 보다 구체적으로 정의하고 있다. 재사용(reuse)은 재활용가능 자원을 그대로 또는 고쳐서 다시 쓰거나 생산활동에 다시 사용하는 것이고, 재생이용이란 재활용가능 자원의 전부 또는 일부를 원료물질로 다시 사용하는 것을 말한다. 에너지 회수란 재활용가능 자원으로부터 에너지를 회수하거나 에너지를 회수할 수 있는 물질로 전환하는 것을 말한다.

(3) 음식물 쓰레기 자원화

음식물 쓰레기의 종량제 시행(2013년) 등 감량화 노력에도 불구하고 발생량이 증가하고 있는 음식물류 폐기물은 유기성자원으로의 재활용을 적극적으로 추진하고 있다. 음식물 쓰레기 발생량은 2010년의 13,671톤/일에서 2018년의 16,221톤/일로 증가하였다(표 12-7). 음식물 쓰레기의 처리방법별 비율을 보면 2018년 기준 매립 2.8%, 소각 8.6%, 재활용 88.6%이다. 재활용 처리되는 음식물 쓰레기는 전국에 등록된 394개(2020년 기준)의 처리시설에서 약 40%는 퇴비화, 약 40%는 사료화, 나머지는 바이오가스(biogas)로 변환되고 있다. 음식물 쓰레기에서 추출한 폐수(음폐수)는 런던의정서에 따라 2013년부터 해양배출이 금지되자, 바이오가스로 변환되어 사료화 시설에서 에너지원으로 사용하고 있다.

표 12-7. 음식물 쓰레기 처리현황 (단위: 톤/일)

구분	2010	2011	2012	2013	2014	2015	2016	2017	2018
발생량	13,671	13,537	13,209	12,663	13,697	15,340	15,680	15,903	16,221
매립	194 (1.4%)	167 (1.2%)	153 (1.2%)	139 (1.1%)	258 (1.9%)	391 (2.5%)	399 (2.5%)	412 (2.6%)	455 (2.8%)
소각	422 (3.1%)	465 (3.4%)	381 (2.9%)	367 (2.9%)	517 (3.8%)	1,088 (7.1%)	1,148 (7.3%)	1,229 (7.7%)	1,392 (8.6%)
재활용	13,055 (95.5%)	12,905 (95.3%)	12,675 (96.0%)	12,157 (96.0%)	12,922 (94.3%)	13,861 (90.4%)	14,133 (90.1%)	14,262 (89.7%)	14,374 (88.6%)

출처: 환경부, 2020 환경백서, p.592.

(4) 도시광산

세계시장을 누비고 있는 우리나라의 제품 중에서 반도체, 휴대폰, 디스플레이, 자동차 등 첨단 기기에는 여러 가지 희귀금속이 사용되고 있는데, 그 대부분을 해외에서 수입하고 있는 실정이다. 이러한 희소광물자원의 고갈에 대비하여 폐가전제품(텔레비전, 컴퓨터, 휴대폰 등)이나 폐건전지 등 폐금속자원에서 희귀금속을 추출하여 재활용하는 기술개발이 시급하다. 폐가전제품과 산업폐기물 등에 포함된 철, 비철금속(구리), 귀금속(금, 은), 희귀금속 등을 재활용 과정을 통해 회수하는 것을 도시광산(urban mining)이라고 한다.

도시광산은 경제성이 높은 미래지향적 자원순환 산업이어서 선진국은 적극적으로 관련 기술의 개발에 나서고 있다. 광산의 금광석 1톤에서 금 4 g이 추출되지만, 폐휴대폰 1톤에서는 금 400 g, 은 3 kg, 기타 20여 개 희귀금속이 추출되며, 개인용 컴퓨터(PC) 1톤에서는 금 52 g, TV 같은 가전제품 1톤에서는 금 20 g을 추출할 수 있다(이선희 · 조영민, 2010; 서울정책아카이브). 표 12-8은 휴대폰이나 PC(데스크탑) 같은 폐전자제품 1대에서 추출할 수 있는 금속 및 플라스틱의 양을 보여준다. 폐전자제품 속에서 추출할 수 있는 희귀금속들은 표 12-8에 나와 있는 금속 외에도 주석, 아연, 납, 백금, 니켈, 바나듐, 망간, 인듐, 크롬, 몰리브덴, 티타늄, 텅스텐, 세륨, 카드뮴, 리튬, 칼륨, 탄탈, 니오븀 등이 있다. 또한 폐건전지(니켈수소, 리튬이온 등)에서도 코발트, 니켈, 리튬, 아연, 망간, 구리 등의 금속을 추출할 수 있다. 특히 최근에는 정보기술(IT)의 급속한 발달로 전자제품의 교체주기가 짧아져서 앞으로 도시광산은 더욱 주목받는 분야가 될 것으로 전망된다.

우리나라에서는 2009년부터 녹색산업 정책의 일환으로 폐금속자원 재활용사업(도시광산화 사업)을 시작하여 서울 등 여러 도시에서 참여하고 있다. 서울시는 서울도시금속회수센터(SR센터)를 운영하고 있는데, 2009년부터 2021년까지 폐전자제품 36,000톤, 폐휴대폰 173만 대를 수거 처리하여 총 200억 원의 판매액을 달성했다고 한다(하종민, 2021).

표 12-8. 폐전자제품의 가치

휴대폰 1대의 유가물							
유가물	계	금	은	구리	팔라듐	로듐	코발트
함량	41.67 g	0.04 g	0.2 g	14 g	0.03 g	0.002 g	27.4 g
PC 1대의 유가물							
유가물	계	금	은	구리	고철	알루미늄	플라스틱
함량	8.1 g	0.6 g	5 g	100 g	5,000 g	1,000 g	2,000 g

출처: 서울특별시, 서울의 환경, https://news.seoul.go.kr/env/archives/135.

(5) 폐자원 에너지화

국내 전력생산에 있어서 신재생에너지 발전량의 비중은 2019년 기준으로 8.7%에 불과하지만, 그러한 신재생에너지 발전량의 56.5%가 바이오 및 폐기물에서 생산되고 있다(한국에너지공단, 2021, p.111). 그리고 폐기물 발전의 생산단가는 태양광의 10%, 풍력의 66% 수준으로 저렴하다. 그러므로 폐기물을 통한 에너지 생산은 비용효과 측면에서 신재생에너지를 활성화하는 방안이 된다(환경부, 2020, p.598-599).

폐자원 에너지화(WtE: waste-to-energy)는 화석연료를 대체하고 온실가스 발생을 줄임으로써 기후변화에 대응하는 유력한 수단이다. 그러나 국내의 폐자원 에너지화는 미흡한 수준이다. 그 이유는 소각 및 매립 가격이 사회적 비용을 충분히 반영하지 못해 상대적으로 저렴하여 재활용이나 에너지화를 활성화하는 가격구조가 형성되지 못했기 때문이다. 또한 갈수록 중시되는 미세먼지 등 대기오염 문제와 님비현상 등으로 인해 환경시설이 입지하려면 지역주민의 반대로 많은 시간이 소요되는 문제가 있다.

그럼에도 불구하고 폐기물의 자원화는 경제성, 환경오염방지 및 자원절약 측면에서 볼 때 중요한 의의가 있다. 폐기물의 처리가 자원순환의 개념으로 전환되기 위해서는 폐기물의 발생과정에서부터 처리·처분 및 사후관리에 이르기까지 일관된 종합관리체계가 갖추어져야 한다. 폐기물 정책의 궁극적인 목표는 폐기물의 발생이 없는 "zero waste society"라고 할 수 있다. 폐자원 에너지화의 사례를 들면 다음과 같다.

① 고형 폐기물연료 생산

생활폐기물 중 가연성 폐기물로부터 고형 폐기물연료(SRF)를 생산하고 하수슬러지를 고형연료화한다. 2019년 기준 공공 SRF생산시설 16개소와 민간주도 SRF생산시설 약 247개소가 운영되고 있으며, 약 157개 시설(산업시설, 발전시설, 열병합발전소 등)에서 SRF를 연료로 사용하고 있다(환경부, 2020, p.599). 최근에는 SRF 사용으로 인한 환경오염 우려가 증가하여 환경관리가 중요한 문제로 부각하고 있다.

② 바이오가스 생산

음식물 쓰레기, 음폐수, 가축분뇨, 하수슬러지, 매립지 침출수 등 유기성 폐기물에서 바이오가스(biogas)를 생산하여 열병합발전소나 음식물쓰레기처리장 사료화시설의 에너지로 활용한다. 유기성 폐기물 에너지화시설은 2019년 기준 101개 시설이 가동되고 있으며, 그중 음식물류 폐기물 바이오가스화시설은 총 21개소가 운영 중이다.

③ 친환경에너지타운 조성

정부는 기피시설인 매립장, 소각장, 유기성 폐기물 에너지화시설 등의 폐자원과 바이오매스(biomass: 에너지원으로 활용할 수 있는 생물체 및 가축분뇨)를 이용해서 열·전기 등의 에너지를 생산하여 주변지역에 공급하는 친환경에너지타운 조성사업을 시행 중이다. 이 사업의 목적은 기피시설을 에너지시설로 전환하여 생활환경을 개선하고 수익을 창출하여 주민소득을 증가시키는 것이다. 폐기물처리 에너지를 활용하여 주민들이 직접 퇴비화시설, 목욕탕, 세탁소, 캠핑장 등을 운영할 수 있다. 2014년 강원도 홍천(환경부), 충북 진천(미래부), 광주광역시(산업부) 등 3개소를 시범사업지로 선정한 이후 환경부는 지금까지 20개소를 추가로 지정하여 지원하고 있다(환경부, 2020, pp.601-602).

글상자 19. 진천 친환경에너지타운

진천 친환경에너지타운은 미래창조과학부의 시범사업으로 2014년부터 추진되었으며, 한국에너지기술연구원이 사업주관기관으로 선정되어 2016년 11월 21일 준공되었다(그림 12-11). 이 시설의 준공 후 추가된 태양광 발전시설까지 합치면 총 135억 원의 사업비가 투입되었다. 이 시설은 충북혁신도시 내 혐오시설인 수질복원센터(하수처리장) 및 인근 유휴부지를 활용해서 신재생에너지 설비를 설치하고, 여기서 생산된 에너지를 인근 공공건물들에 공급하는 지역에너지 공급시스템을 갖추고 있다.

이러한 친환경에너지타운은 태양광, 태양열, 지열 등 신재생에너지를 생산하고, 인근 주민들의 생활환경 개선과 공공시설의 에너지 공급 문제도 동시에 해결하는 프로젝트다(그림 12-12). 7만 2000 m^2(약 2만1000평) 부지에 세워진 진천 친환경에너지타운은 태양광·태양열·지열·하수폐열·연료전지 등 신재생에너지를 융복합적으로 활용하며, 국내 최초로 '계간축열(季間蓄熱)' 시설을 설치하여 블록히팅(소규모 지역난방)을 제공하고 있다. 계간축열이란 여름과 같이 기온이 높은 계절에 태양열 집열기로 물을 데운 뒤, 이를 겨울까지 사용하는 기술이다. 태양열만 이용해 물을 섭씨 95도까지 데워, 겨울까지 섭씨 55도 이상의 온수를 계속 사용할 수 있게 한다는 계획이다. 수개월 동안 물의 온도가 떨어지는 것을 막기 위해 단열재 시설뿐 아니라 지열(地熱)과 하수폐열까지 이용하기 때문에 연간 열손실은 30%에 그친다.

그림 12-11. 진천 친환경에너지타운 전경

그림 12-12. 친환경에너지타운 개념도

이렇게 다양한 방법으로 모은 전기·열 에너지는 타운 내 어린이집과 고등학교, 보건지소, 도서관, 문화센터, 체육공원에 공급된다. 태양광과 연료전지에서는 연간 1,008 MWh의 전기에너지가, 태양열·지열·하수폐열에서는 834 MWh의 열에너지가 생산된다.

신재생에너지 생산·활용으로 연간 약 3억2000만 원의 경제적 수익이 창출되고, 연간 중형차 360대의 배출량에 해당하는 약 720 ton의 온실가스 감축이 가능하다. 나무를 심어 720 ton의 온실가스를 감축하려면 30년생 소나무 약 11만 그루를 심어야 한다. 이렇게 진천 친환경에너지타운은 충북혁신도시 내에 위치한 에너지 독립단지이지만 미래 에너지를 준비하는 실험공간이기도 하다.

[출처: 진천군, 2021, 진천군지, 鎭편, pp.546-548]

5 폐기물 관리제도

폐기물 관련 법률 제도를 살펴보면 1961년의 「오물청소법」이 최초이며, 1977년에 제정된 「환경보전법」에서는 산업폐기물을 관리하도록 규정했다. 1986년에는 「폐기물관리법」이 제정되어 오물청소법은 폐지되었고, 1990년에는 「환경정책기본법」이 제정되어 환경보전법은 폐지되었다. 이후 구체적인 폐기물 관련 법들이 다양하게 제정되었고, 2016년에는 자원의 효율적 재활용을 위해 매립을 최소화하도록 폐기물 관리정책을 대전환하는 「자원순환기본법」이 제정되었다.

폐기물 관리정책은 흔히 3R로 요약될 수 있는데, 이는 감량화(reduction), 재사용(reuse), 재활용(recycling)을 일컫는다. 특히 감량화는 폐기물 발생량을 근본적으로 줄임으로써 처리비용을 절감하고 환경에 미치는 영향을 최소화할 수 있는 최선의 방법이다. 우리나라의 쓰레기 종량제가 대표적인 감량화 정책이다. 현재 시행되고 있는 폐기물 관리제도를 살펴보면 다음과 같다.

1) 생활폐기물 종량제

(1) 쓰레기 종량제

쓰레기 종량제는 1995년부터 쓰레기 발생량 감소와 재활용품 분리배출을 활성화하기 위해 배출자 부담원칙에 따라 시행되고 있다. 생활쓰레기는 지방자치단체가 판매하는 규격봉투에 배출하고, 재활용품(종이, 고철, 병, 플라스틱 등)은 분리배출하면 무료로 수거되며, 폐가구·폐가전제품 등 대형폐기물은 일정액의 수수료를 내고 스티커를 구입·부착하여 배출한다. 깨진 유리나 도자기, 페인트통 등과 같이 종량제 봉투에 담기 어려운 쓰레기는 건설폐기물용 소형 마대를 구입하여 배출하게 되어 있다(「폐기물관리법」 제14조). 종량제 봉투 가격은 쓰레기 처리 비용의 약 30% 정도에 불과하며, 나머지는 지방자치단체가 부담하고 있다.

(2) 음식물 쓰레기 종량제

우리나라는 2005년부터 음식물 쓰레기의 직접 매립을 금지하고 분리배출 제도를 시행하고 있다. 이후 분리배출되는 음식물 쓰레기의 발생량은 생활수준 향상 및 가구 수의 증가에 따라 매년 꾸준히 증가해 왔다. 결국 음식물 쓰레기의 발생 억제를 위하여 2013년부터 음식물 쓰레기 종량제를 시행하고 있다. 그 이전에는 분리배출하는 음식물 쓰레기의 양과 상관없이 정액제로 수수료를 부담했었다. 종량제를 시행하기 위해서 공동주택 단지에서는 RFID(radio frequency identification) 전자태그 시스템을 도입하여 자동으로 입력된 쓰레기 중량에 따라 수수료를 부과하고 있으며, 일반주택은 납부스티커제나 전용봉투제를 적용하고 있다.

2) 재활용 관련 제도

(1) 재활용 분리배출제

지방자치단체는 「자원의 절약과 재활용촉진에 관한 법률」(자원재활용법)에 따라 재활용이 가능한 폐기물들을 효율적으로 활용하기 위해서 종류별로 분리수거하며, 생활폐기물 배출자는 「폐기물관리법」에 따라 재활용이 가능한 폐기물을 종류별로 분리배출해야 한다. 폐기물의 재활용을 촉진하기 위해서 제품 생산자는 포장재에 분리배출 방법을 표시해야 한다.

(2) 자원순환 보증금제도

이 제도는 용기나 일회용 컵의 회수, 재사용, 재활용을 촉진하기 위하여 별도의 금액을 제품가격에 포함하고 용기를 반환하는 자에게 보증금을 환급하는 제도이다(「자원절약과 재활용 촉진에 관한 법률」 제15조 2항). 현재 병입 주류 및 음료에 주로 적용되고 있으며, 2017년부터 빈 병 보증금을 인상하자 소비자가 직접 소매점에 반환하는 비율이 2014년의 24%에서 2020년의 60%로 증가하였다.

(3) 생산자책임 재활용제도

이 제도는 2003년부터 시행된 제도로써 재활용의무 생산자제도라고도 한다. 생산·유통단계에서 회수·재활용을 촉진할 수 있거나, 사용 후 많은 폐기물이 발생하는 제품이나 포장재를 생산·유통하는 제조업자 및 수입업자는 발생한 폐기물을 의무적으로 회수하여 재활용해야 하는 제도이다(「자원의 절약과 재활용촉진에 관한 법률」 제16조). 재활용에 대한 생산자책임(EPR: Extended Producer Responsibility)을 제도화하여 환경친화적인 경제활동을 유도하고 자원순환형 사회를 도모하려는 것이다. 재활용의무 생산자는 주로 재활용사업 공제조합을 설립하여 공제조합에 분담금을 납부하는 방법으로 의무를 이행하고 있다. 2020년 기준 7개의 재활용사업 공제조합이 환경부로부터 인가를 받고 운영 중이다.

(4) 재활용 부과금제도

이 제도는 재활용의무 생산자가 의무를 이행하지 않거나 재활용사업공제조합이 조합원의 재활용의무를 대행하지 않는 경우, 재활용 의무량 중 재활용되지 않은 폐기물의 재활용에 드는 비용에 30% 이하의 금액을 더한 금액을 재활용의무 생산자나 재활용사업 공제조합에 부과하는 제도이다(「자원의 절약과 재활용촉진에 관한 법률」 제19조). 이러한 재활용 부과금제도는 2003년부터 시행되고 있으며, 그 이전에 시행되었던 폐기물예치금제도를 대체한 것이다.

3) 폐기물관련 부담금 제도

(1) 폐기물 부담금제도

이 제도는 폐기물의 발생을 생산단계에서부터 억제하고 자원의 낭비를 막기 위하여, 특정 대기유해물질, 특정 수질유해물질, 특정 유독물을 함유하거나 재활용이 어렵고 폐기물 관리상의 문제를 초래할 가능성이 있는 제품·재료·용기의 제조업자나 수입업자에게 그 폐기물의 처리비용을 매년 부과하는 제도이다(「자원의 절약과 재활용촉진에 관한 법률」 제12조). 2003년부터 시행된 이 제도의 대상 품목은 살충제, 유독물, 부동액, 껌, 일회용 기저귀, 담배(전자담배 포함), 플라스틱 제품 등 7개 품목이다.

(2) 폐기물처분 부담금제도

이 제도는 폐기물을 순환이용할 수 있음에도 불구하고 소각 또는 매립의 방법으로 폐기물을 처분하는 경우, 해당 지방자치단체장 또는 사업장폐기물 배출자에게 폐기물처분 부담금을 부과하는 제도이다(「자원순환기본법」 제21조). 2018년부터 시행된 이 제도는 폐기물의 매립 또는 소각에 대한 부담금을 부과하여 폐기물의 처리방법을 재활용으로 바꾸도록 경제적으로 유인하는 제도이다. 생활폐기물을 소각 또는 매립처분한 경우는 해당 지방자치단체장이 납부의무자이며, 사업장폐기물을 소각 또는 매립한 경우는 사업장폐기물 배출자가 납부의무자이다.

글상자 20. 플라스틱 폐기물의 재활용

플라스틱(plastic)은 석유에서 추출되는 원료들을 결합하여 만든 고분자 화합물의 일종으로 합성수지(合成樹脂)라고도 한다. 플라스틱의 시초는 19세기 중반에 개발된 셀룰로이드이며, 그 후 다양한 종류의 플라스틱이 화학적으로 개발되었다. 가공이 쉽고 녹슬지 않으며 내구성이 강한 플라스틱은 석유화학공업의 발달에 따라 우리의 일상생활에서 광범위하게 사용되고 있어서 플라스틱 제품 없는 생활은 상상하기조차 어렵다.

플라스틱이 없었던 예전에는 당구공이나 각종 장식품으로 활용되는 코끼리 상아를 노려서 코끼리를 학살하는 밀렵꾼들이 아프리카에 들끓었다. 플라스틱이 개발되어 코끼리 상아를 대체하면서 다행히도 코끼리가 멸종위기로부터 탈출했다. 또한 플라스틱이 목재를 대체하면서 벌목이 감소해 산림 파괴 역시 감소했다. 하지만 플라스틱은 자연분해가 되지 않아 매립해도 썩지 않으며, 소각하면 유독가스가 나오는 등 오히려 환경을 파괴한다. 특히 해양에 투기된 플라스틱은 고래, 바다거북, 어류 등의 해양 생물이 먹이로 알고 먹고 죽거나, 미세플라스틱이 어류의 체내에 축적되어 가정의 식탁에 오르기도 한다. 그러므로 플라스틱의 처리는 재활용하는 것이 가장 효과적이다.

환경부에 의하면 2019년 기준 국내 플라스틱 재활용률은 62%이다. 그런데 이 재활용 처리 비율에는 소각에 의한 에너지 회수까지 포함되어 있다. EU처럼 물질 재활용과 에너지 회수를 구분하여 집계하면 국내 재활용률은 22.7%로 많이 감소한다. 전 세계적으로도 플라스틱 재활용률은 9%에 불과하고 12%가 소각, 나머지 79%가 매립된다.

플라스틱 폐기물은 원료에 따라 7가지로 분류된다(그림 12-13). 플라스틱 재활용은 동일(단일) 성분의 제품을 따로 모아 가공하는 것이 원칙이다. 이 중 두 가지 이상의 원료가 섞인 복합 플라스틱은 OTHER로 분류되며 기본적으로 재활용이 불가능하다. 즉석밥 용기나 칫솔 등은 OTHER로 분류된다.

폐플라스틱을 재활용하는 과정에서 재질에 따른 선별이 가능하다면 그 재질 그대로 재생플라스틱의 원료로써 재생압출기를 통해 펠릿 형태로 제작해 순환자원으로 활용할 수 있다. 그러므로 가정에서 플라스틱의 재질에 따라 분리배출을 잘해 준다면 재활용에 큰 도움이 된다. 특히 PET(polyethylene terephthalate)병은 재활용업체가 일정 금액을 지불하고 구입할 만큼 순환자원으로 대접을 받는다.

최근 플라스틱의 순환자원화 연구에서는 폐플라스틱에 열을 가해 열분해유를 만든 다음 원유를 추출하는 분야와 폐플라스틱을 토양에 잘 분해되는 생분해성 플라스틱인 바이오플라스틱의 원료로 활용하는 분야가 각광을 받고 있다. 바이오플라스틱 같은 친환경 플라스틱 분야는 인류의 미래를 위해서도 연구가 필요한 분야이다.

[자료: 한요셉, 2022; 위키백과]

그림 12-13. 분리배출을 위한 폐플라스틱의 분류

13
CHAPTER

기후변화와 탄소중립*

* 집필자: 이은정 박사(청주대학교 조경도시계획전공 강사)

오늘날 우리는 기후변화에 대한 정보의 홍수 속에서 살고 있다. 2018년 가장 뜨거웠던 여름, 2019년 최다 태풍 발생, 2020년 역대 최장의 장마기간 기록, 2021년 1월 영하 18℃의 겨울 한파와 2주 뒤에 나타난 역대 가장 따뜻한 겨울날씨 기록 등 우리나라에서 발생한 연이은 이상기후 뉴스를 비롯하여 TV, 인터넷을 통한 강연도 자주 접할 수 있다. 본 장에서는 "기후변화"라는 익숙한 용어에 대해서 보다 정확한 최신 정보를 토대로 현재 상황을 이해하고 그 대응 방안으로서 탄소중립 정책을 소개하고자 한다.

1 기후변화의 개념과 원인

1) 개념

기후변화라는 용어에 대해 여러 사전에서 정의하고 있는 내용을 요약해보면, 공통적으로 '보통 30년 이상 장기간의 지구의 평균기온이 변화하는 것'이라는 내용을 포함하고 있으며, 일부 사전은 지구의 기후 및 기후 패턴이 변화하는 현상을 추가하여 설명하고 있다. 즉 기후변화는 장기간의 기온을 비롯한 기후요소들의 평균 상태가 변화하는 것을 뜻한다.

또한 일부 사전에서는 기후변화를 설명할 때 기상과 기후라는 용어를 뒤섞어 사용하고 있는데 두 단어는 밀접하게 관련되어 있지만 서로 다른 용어이다. 기상은 날씨 또는 일기라는 뜻으로 그날의 기온, 비, 눈, 바람처럼 짧은 기간 동안 시시각각으로 변하는 대기의 상태를 말하지만, 기후는 보통 30년의 장기간 반복되는 평균적인 상태를 뜻한다. 따라서 지구 온난화와 같이 장기간 지속적으로 지구 평균기온이 상승하면 '기후변화'라고 하는 것이다. 또한 기후에는 일정 기간의 최고 및 최저기온, 한 달이나 1년의 누적 강우량, 극한 날씨의 빈도 등도 포함되기 때문에 기온, 강수량 등의 기후요소가 평년값에 비해 현저히 높거나 낮은 수치를 나타내는 극한현상, 즉, 한파, 폭염, 폭설, 집중호우 등이 장기간 반복되면 '이상기후'라고 한다.

2) 기후변화의 원인

기후변화를 초래하는 원인으로 지구 외부 및 내부에서 발생하는 자연적인 요인, 그리고 인간 활동에 의한 인위적 요인으로 구분할 수 있는데 먼저 자연적 요인으로는 기후시스템의 상호작용, 태양에너지의 변화, 지구궤도의 변화, 화산폭발 등이 있다. 기후시스템의 상호작용은 기후시스템의 구성요소인 대기권(atmosphere), 수권(hydrosphere), 암석권(lithosphere), 생물권(biosphere) 간의 상호작용을 말하며, 이는 끊임없이 기후에 영향을 미치는 원동력이다(그림 13-1). 태양에너지의 변화는 태양 흑점 크기의 변화에 따라 태양복사 에너지양이 변하여 기후에 영향을 미치는 것을 말한다. 지구궤도의 변화는 이심률(지구와 태양 간의 거리)이 약 10만 년을 주기로 변하며, 지구 자전축의 기울기(황도각)와 방향(세차운동)도 수만 년을 주기로 변하여 태양복사 에너지의 변화를 일으키는 것을 말한다. 화산폭발로 분출한 미세입자는 대기가 안정적인 성층권까지 상승할 수 있는데, 짧게는 수개월에서 길게는 수년까지 머물면서 태양에너지를 흡수하여 대류권의 온도를 낮추게 된다(국가기후변화적응정보포털).

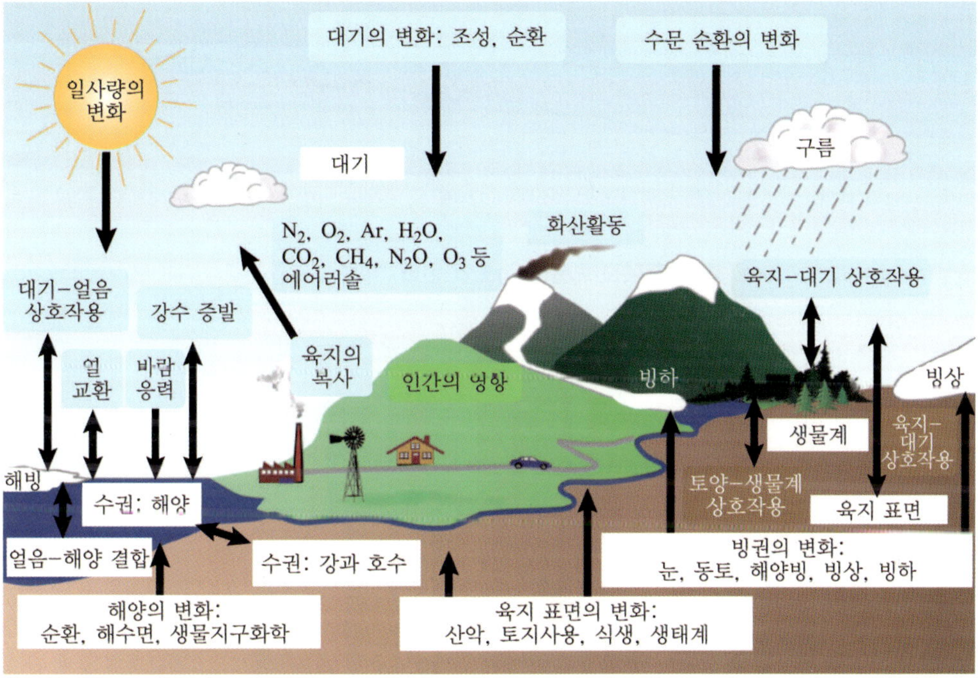

그림 13-1. 기후시스템의 구성요소들의 상호작용 [출처: IPCC 4차 평가보고서, 2007]

인위적인 요인으로는 온실가스의 증가, 에어로졸의 영향, 토지피복 변화와 산림 파괴의 영향 등이 있다. 온실가스는 지표면에서 발생하는 복사에너지가 대기권 밖으로 방출되지 못하게 하여 대기 온도를 상승시키는 온실효과를 유발하는데, 이러한 온실가스의 발생은 화석연료 사용, 산림 파괴, 농업, 축산업, 폐기물 등 다양한 인간 활동에서 비롯된다. 유엔기후변화협약(UNFCCC)에서 공식적으로 지정된 온실가스는 총 7개 물질로 이산화탄소(CO_2), 메탄(CH_4), 아산화질소(N_2O), 수소불화탄소(HFCs), 과불화탄소(PFCs), 육불화황(SF_6) 등 6가지는 1997년 일본 교토에서 개최된 제3차 유엔기후변화협약 당사국총회(COP3)에서 규정된 것이며, 삼불화질소(NF_3)는 2012년 카타르 도하에서 열린 제18차 유엔기후변화협약 당사국총회(COP18)의 결정으로 추가된 물질이다. 우리나라에서는 삼불화질소를 제외한 6가지 항목을 온실가스로 규정하고 있다.

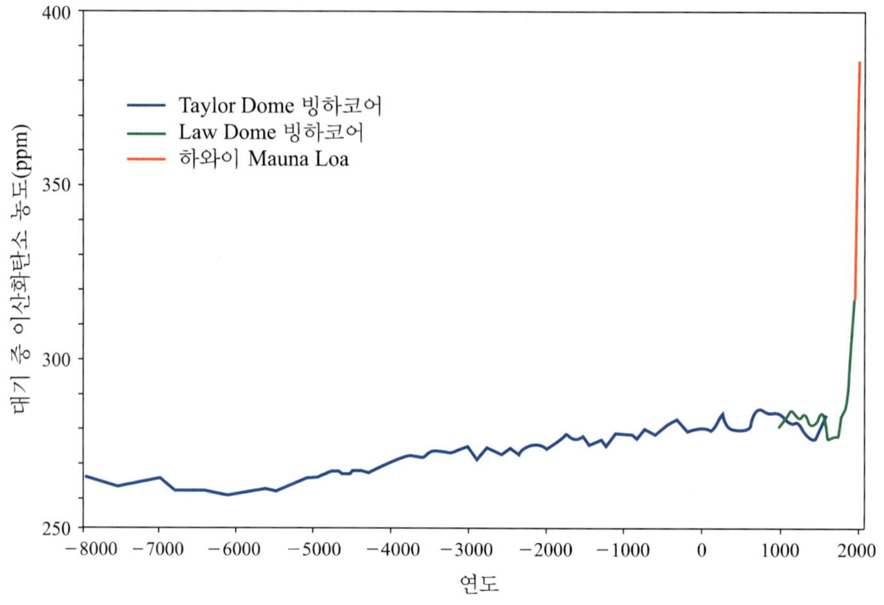

그림 13-2. 대기 중 이산화탄소 농도의 변화 [출처: https://www.co2.earth]

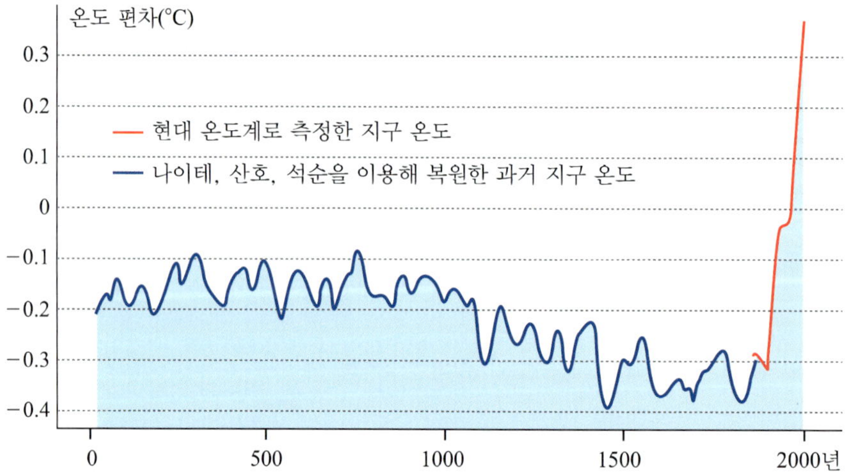

그림 13-3. 지구 평균온도의 변화(1961~1990년 평균에 대한 편차) [출처: Pages 2K, 블랙피쉬]

그림 13-2와 그림 13-3은 대표적인 온실가스인 이산화탄소 농도와 지구 평균온도의 변화를 나타낸 것이다. 과거의 이산화탄소 농도와 지구 평균온도는 빙하 코어, 나무 나이테, 산호, 석순 등을 이용해 복원한 자료이며, 최근의 실제 관측값과 함께 도식화한 것이다. 이는 최근 'Pages 2K' 라는 고기후 국제협력 네트워크에서 과학자들이 가용한 데이터를 최대한 수집하여 검증한 결과로써 산업혁명 이후 이산화탄소 농도와 지구 평균온도의 가파른 상승곡선을 확인할 수 있다.

산업혁명 이전의 이산화탄소 농도는 280 ppm[1]이었으며, 현재 2022년 2월 1일을 기준으로 419 ppm(NOAA 글로벌 모니터링 연구소)을 기록하고 있다. 지구의 평균온도는 산업혁명 이후 약 1℃ 정도 상승한 것으로 확인된다. 이것은 산업혁명 이후 인간 활동으로 인해 배출된 이산화탄소는 점점 대기 중에서 농도가 짙어졌으며 지구 온난화와 밀접한 관계가 있음을 나타내는 근거자료이다.

또한 IPCC(Intergovernmental Panel on Climate Change)에서 발간한 6차에 걸친 기후변화 평가보고서(AR: Assessment Report)는 인류 활동이 지구 온도의 상승에 미친 영향은 더 이상 논란의 여지 없이 명백하다는 것을 제시하고 있으며(그림 13-4), 기후 과학자의 97%가 지구 온난화는 인류의 지나친 화석연료 사용이 초래한 것이라는 사실에 동의하고 있다(김백민, 2021, p.7).

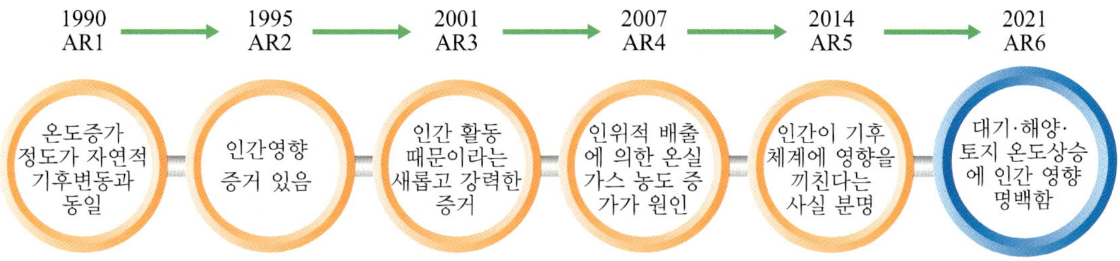

그림 13-4. 평가보고서(AR)에서 기후변화에 내한 인긴의 영향을 표현한 강도의 변화

3) 지구 평균온도 상승의 의미

산업혁명 이후 지구 평균온도가 1℃ 정도 더 증가했다고 하는데, 우리는 겨울철 영하 10℃ 이하의 추위와 여름철 35℃ 이상의 더위 속에서 잘 살아가고 있으며 가을철 10℃ 이상의 일교차에도 잘 적응하고 있다. 이것이 큰 문제일까?

그림 13-5는 북반구 기상관측소의 관측기온에서 평년 기온을 뺀 값으로 나타낸 것으로 아노말리(anomaly) 그래프라고 불린다. 1951~1980년 동안에는 평년값보다 3℃ 이상 차이를 나타내는 폭염이 발생하는 날의 빈도는 0.1%였다. 하지만 2005~2015년을 대상으로 한 그래프를 보면 1980년 이전보다 평균기온이 상승하면서 확률분포의 모양이 평퍼짐해진 것을 볼 수 있다. 극단적인 저온 현상의 발생 빈도는 큰 변화가 없었으나 극단적인 고온 현상의 발생 비율은 0.1%에서 14.5%로 증가한 것이다. 다시 말하면 지구가 약 1℃ 더 따뜻해지면서 극단적인 고온 현상의 발생 빈도를 145배 증가시킨 것이다.

1) ppm은 parts per million의 약자로서 백만분율(10^{-6}) 즉 백만분의 1을 나타내며, 주로 기체나 액체에 포함된 물질의 미세한 농도를 표시하는 단위로 사용된다.

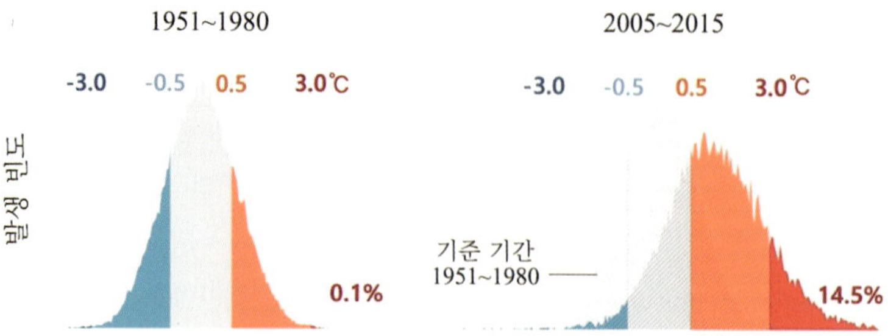

그림 13-5. 북반구 기상관측소의 여름 기온 아노말리(anomaly) [출처: 조천호, 2019, p.79]

그림 13-6은 미국 스미스소니언 국립자연사박물관에서 제시한 것으로 지난 5억 년 동안 지구의 온도변화와 대멸종을 보여준다. 이는 윙(Scott Wing)과 후버(Brian Huber) 박사가 이끄는 연구(Smithsonian Institution Project)의 결과이다. 이 프로젝트에서 고생대, 중생대, 신생대가 속하는 현생이언(현생누대, Phanerozoic Eon) 기간인 대략 5억 년 전부터의 온도를 재구성하고자 연구한 결과, 지구에 얼음이 없었던 시간이 훨씬 더 길다는 것과 지구 기온의 하강 또는 상승 시기에 대멸종이 발생했다는 사실을 발견했다(미국 NOAA). 마지막 대멸종 사례인 약 6,500만 년 전의 백악기 대멸종(5차 대멸종)은 소행성 충돌로 인하여 방출된 먼지와 황산가스가 태양 빛을 차단하면서 발생한 온도 하강으로 공룡이 멸종한 사건이었다. 또한 가장 최근 단기간에 급격하게 온도가 상승한 이벤트는 약 5천5백만~5천6백만 년 전의 팔레오세 - 에오세 최대온난기(PETM:

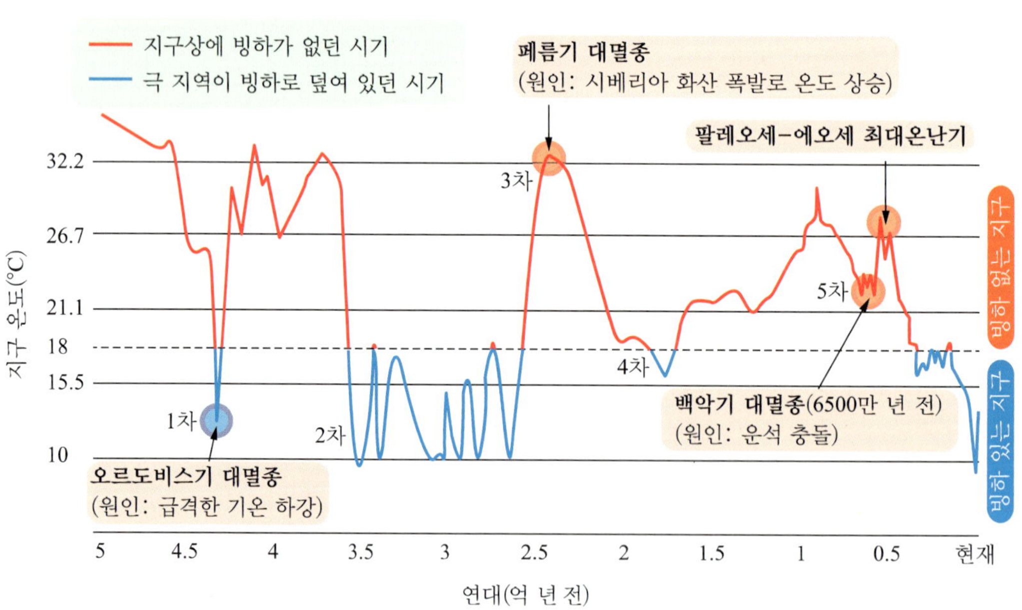

그림 13-6. 5억 년 동안의 지구 온도변화와 대멸종 [출처: 김백민, 2021, p.44; 필자 수정]

주: 1차~5차 표시는 대멸종 시기를 뜻한다.

Paleocene-Eocene Thermal Maximum)로 2만여 년에 걸쳐 전 지구 평균기온이 갑자기 5~6℃ 상승한 것이다. 이는 메탄 얼음덩어리인 메탄하이드레이트(methane hydrate)가 대규모 폭발을 일으킴으로써 단기간에 급격한 온도상승을 유발한 것으로 알려져 있다(김백민, 2021, p.48).

현재 인간 활동의 영향으로 지구 평균온도가 약 1℃ 상승한 기간은 산업혁명 시작 시기를 고려하여 100년 또는 200년으로 다양하게 언급되고 있다. 사실 100년이든, 200년이든 PETM 시기의 2만 년 동안 5~6℃ 상승한 속도와 비교해보면 인간이 훨씬 빠르게 지구 온도를 상승시키고 있다. 즉 현재의 인간 활동은 PETM 시기보다 속도가 20배 이상 빠르게 지구 온도의 상승곡선을 취하고 있는 것이다. 급격한 기온 상승 및 하강 시기에는 생물의 대멸종이 발생했다는 사실과 대멸종이 일어날 때마다 최상위 포식자가 멸종했다는 사실을 기억한다면 현재 6차 대멸종이 진행 중이며 인류의 생존도 위태롭다는 것을 인정해야 한다.

현재 인간이 살고 있는 지질시대의 구분은 현생이언 신생대 4기 홀로세(Holocene)이며, 마지막 빙하기가 끝나고 간빙기에 들어서면서 지구가 따뜻해진 약 1만2천여 년 전부터 시작되었다. 홀로세 초기에는 인류가 자연에 순응하면서 농사를 짓고 살게 되었으나, 근대 이후 산업혁명을 거치면서 급격한 인구증가, 대량생산, 화석연료 대량소비가 발생하고, 현대에 와서는 지구 온난화, 열대우림 파괴, 생물다양성의 감소, 해양 산성화, 플라스틱 폐기물 급증, 핵실험으로 인한 방사능 오염 등 인간이 지구에 남기고 있는 흔적이 너무 많아진 사실에서 인류세(Anthropocene)라는 용어가 등장하였다. 즉, 인간과 자연이 조화로운 시기가 아닌 인간이 주도하는 시기를 뜻하는 용어로서 최근 학자들이 지질시대의 새로운 구분으로 제안하고 있다. 인류세의 시작 시점으로는 지구 인구, 산업생산, 에너지 사용량, 이산화탄소 농도, 지구 온도 등의 급증이 나타난 대가속기(Great Acceleration)인 1950년 전후가 유력하다(Steffen et al., 2015, p.84).

글상자 21. 소 사육과 기후변화

축산분야에서 배출되는 메탄은 주로 반추 동물의 트림과 방귀에서 발생하며, 아산화질소는 배설물과 관련이 있다. 메탄은 이산화탄소보다 약 28배, 아산화질소는 이산화탄소보다 약 296배 더 강력한 온실기체로 알려져 있다.

하천 주변 인근 축사를 보면 축분을 쌓아놓은 것을 종종 볼 수 있다(그림 13-7, 그림 13-8). 이렇게 쌓아놓은 축분은 비가 오면 하천으로 흘러 댐으로 유입된다. 비가림막 시설 설치 등 각종 규제책은 있으나 일일이 단속할 수 없으므로 이러한 축분으로 인한 비점오염물질의 상수원 유입 문제는 사각지대에 있다.

소의 배변량은 우리가 예상하는 것보다 훨씬 많다. 350 kg의 표준 한우 한 마리가 하루에 배출하는 분뇨는 약 14 kg(분 8 kg, 뇨 6 kg) 정도이다(농업기술포털 농사로). 사람은 보통 하루에 약

그림 13-7. 축사 인근에 쌓여있는 축분

[사진: 이은정]

그림 13-8. 하천 주변에 쌓여있는 축분

[사진: 국민일보]

1.4 kg의 분뇨(분 200 g, 뇨 1.2 kg)를 배출한다고 한다. 그러면 소 한 마리가 하루에 배출하는 배변량은 사람 10명이 배출하는 양과 같다고 할 수 있다. 표 13-1은 충북 옥천군의 가축사육 두수를 나타낸 것으로 옥천군에서 사육하고 있는 소는 젖소와 한우를 합쳐 총 16,828마리이다. 젖소의 배변량은 한우의 2배 정도이므로, 앞서 계산한 방법에 따르면 옥천군의 소들은 적어도 사람 17만 명분의 분뇨를 하루에 배출하는 것이다. 물론 이 많은 배설물의 상당량은 분뇨처리시설에서 처리되지만, 옥천군과 같은 상수원 인근지역에 방치한 축산 분뇨는 비가 오면서 씻겨 내려가 하천과 상수원 댐으로 유입된 후 하천오염과 녹조 발생으로 이어지면서 녹조류 제거 비용 및 정수 비용을 증가시키는 악순환이 거듭되고 있다.

표 13-1. 옥천군 가축사육 두수

사육두수	닭	개	돼지	사슴	젖소	한우
옥천군	1,787,153	8,208	17,831	3,723	547	16,281

출처: 국립환경과학원, 2018년 전국오염원조사, https://wems.nier.go.kr.

그리고 소 한 마리가 트림이나 방귀로 1년 동안 배출하는 메탄가스의 양은 약 85 kg에 달한다. 전 세계에서 사육되는 소의 수는 약 13억 마리로 이를 계산하면 전 세계 소가 1년에 약 1,105억 kg의 메탄을 배출하는 셈이다. 이는 전 세계 메탄가스 배출량의 25%에 해당한다(이성규, 2010).

결국 소고기 1 kg을 생산하는데 59.6 kg의 온실기체가 배출되는 것으로 추정된다. 이러한 축산업의 온실가스 배출량은 전 세계 온실가스 배출량의 18%를 차지하여 전 세계 모든 교통수단에서 배출하는 양(13%)보다 많다. 옥스퍼드 대학교 연구팀은 우리가 1주일 중 하루만 소고기를 먹지 않는다면 3개월 동안 자동차를 이용하지 않은 것과 같은 효과를 볼 수 있다고 발표한 바 있다(서울 기후에너지회의, 2021). 이에 따라 탄소중립 정책을 위해서도 대체육(콩고기)의 보급이 시급하다는 주장이 있으나 축산업계의 반발 또한 거센 편이다. 이렇게 소는 우리 인간에게 우유와 고기를 아낌없이 주는 존재이지만 지구환경에 미치는 영향력 또한 크다는 것을 기억하고 소비할 필요가 있다.

글상자 22. 자연의 증폭작용: 지구 온난화의 공범

그림 13-9를 보면 지구의 거의 모든 지역에서 기온이 상승했으나 해양보다는 육지가, 저위도보다 고위도 지역의 온도상승이 두드러진 것을 알 수 있다. 특히 북극해를 포함한 고위도 지역에서 온도가 가장 빠르게 상승했음을 보여준다. 북극해에 있는 얼음은 알베도(albedo: 태양광 에너지가 지표면에 부딪쳐 반사되는 비율)가 높아 지구 온도의 상승을 막지만 얼음이 녹아 바다가 되면 더 많은 태양빛을 흡수해 바닷물을 덥혀 얼음을 더 많이 녹이게 된다. 이것이 가장 강력한 자연의 증폭작용 중 하나이며, 이를 얼음반사 피드백(ice-albedo feedback) 또는 알베도 효과(albedo effect)라고 한다. 이러한 증폭작용이 반복되면 바다의 얼음은 계속 감소하여 향후 10~20년 이내에 북극에서는 여름철 바다 얼음을 구경하지 못하게 될 것으로 예상되기도 한다(김백민, 2021, p.188).

그리고 고위도 북극권에 위치한 툰드라 지역에는 일 년 내내 녹지 않는 영구동토층이 있다. 하지만 고위도 지역의 빠른 온도상승으로 땅 위의 얼음이 녹아내리면서 초원지대로 바뀌고 있으며, 영구동토층이 녹게 되면 갇혀 있던 메탄가스가 방출되면서 온실가스가 추가적으로 대기에 공급될 것이다(그림 13-10).

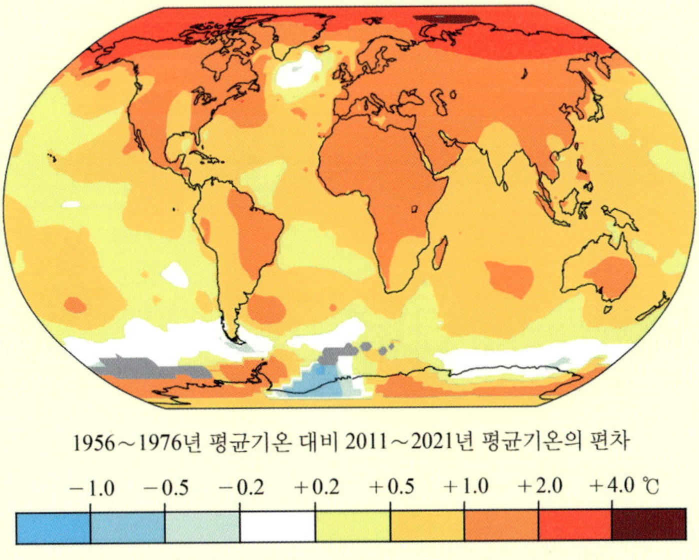

그림 13-9. 최근 50년간 지구 온도상승 추이 [출처: NASA]

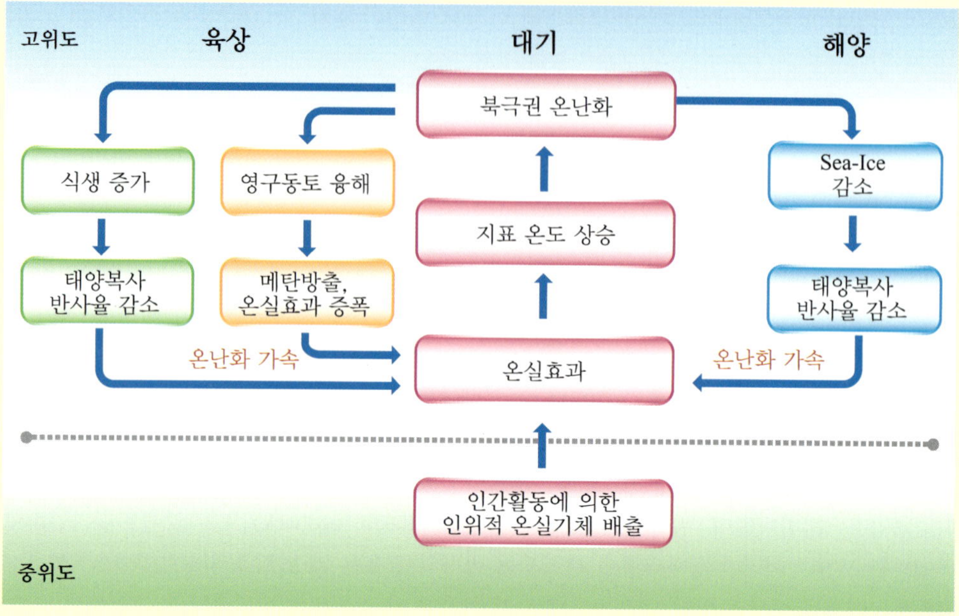

그림 13-10. 지구 온난화에 따라 북극권에서 발생하는 복합적인 증폭작용 [출처: 인하대학교, 2014, p.86]

영구동토층에는 우리가 알지 못하는 바이러스들이 같이 얼려져 있다. 실제로 2016년 여름, 시베리아 툰드라의 야말반도에서 20여 명의 유목민과 순록 무리가 알 수 없는 전염병에 걸렸다. 이 질병은 12세 소년과 2,500마리의 순록이 죽고 나서야 '탄저병'으로 확인되었다고 한다. 약 75년 전에 탄저병으로 죽은 순록의 사체가 영구동토층에 얼어붙은 채 보존되었는데 당시 평년보다 약 10℃ 정도 더 높았던 시베리아의 급격한 기온 상승으로 순록 사체가 해동되면서 탄저균이 되살아난 것이다. 프랑스의 진화생물학자 클라베리(Jean-Michel Claverie) 교수는 "영구동토층은 춥고, 산소가 없으며 어두워서 미생물과 바이러스가 아주 잘 보존될 수 있다"라고 언급했으며, 2018년 북극 보고서에서는 "스페인 독감, 천연두 같은 전염병이 영구동토층에 잠복하고 있다"라고 경고하고 있다(심창섭, 2019).

2 기후변화 논의의 발전 과정

1) 역사적 배경

지구를 둘러싸고 있는 대기가 지구를 데우는 가스로 뒤덮여 있다는 것을 처음 생각해 낸 사람은 바로 유명한 프랑스의 수학자이자 물리학자인 푸리에(Joseph Fourier, 1772~1837)이다(그림 13-11). 그는 지구를 둘러싼 수증기나 이산화탄소 같은 온실가스의 존재를 고려하면 태양열이 대기에 더 오래 머물러 지구 온도가 상승할 수 있다고 생각했다. 1827년 푸리에는 우리가 온실효과라고 부르는 개념을 가장 먼저 과학적으로 제기한 것이다. 하지만 그 기체의 본질이 무엇인지는 알 수 없었다고 한다.

지구 온난화라는 개념을 가장 먼저 제시한 사람은 스웨덴의 화학자이자 물리학자인 아레니우스(Svante A. Arrhenius, 1859~1927)이다. 당대 최고의 화학자였던 아레니우스는 우연한 계기로 온실효과를 연구했다. 1895년 "대기 중 이산화탄소의 농도가 2배 상승한다면 기온은 얼마나 오를까?"라는 지질학자였던 동료의 질문에 호기심을 느껴 문제의 해답을 찾는데 몰두하였다. 여러 번의 계산 끝에 이산화탄소가 2배가 증가하면 지구 평균기온은 5~6℃ 상승할 것이라는 결론에 도달했다(김백민, 2021, p. 149). 즉 이산화탄소 농도와 지구 평균기온은 서로 비례관계에 있음을 제시하면서 화석연료로 인한 이산화탄소의 배출이 지구의 온난화를 일으키는 원인으로 지목한 것이다.

이후 기후변화의 심각성을 최초로 주장한 사람은 영국의 공학자인 캘런더(Guy S. Callendar, 1898~1964)이다. 캘런더는 날씨를 매일 관측하고 이를 분석하는데 흥미가 있어 147개 지역에서 관측된 자료를 토대로 산업활동으로 인해 배출된 온실가스가 지구의 온도를 상승시키는 역할을 하고 있다는 논문을 1938년에 발표했다. 또한 대기 중 이산화탄소가 2배가 증가하면 지구 평균기온은 2℃ 더 따뜻해질 것으로 예측하면서 인간의 활동이 기후변화를 촉발한다는 이론인 캘런더 효과를 제시하였다.

하지만 당시 주류과학자들은 대기 중 이산화탄소 농도의 측정에 대한 신뢰도 문제, 이산화탄소가 많이 배출되더라도 바다로 흡수되는 성질 등을 근거로 아레니우스와 캘런더의 주장은 받아들여지지 않았다.

1958년 킬링(Charles D. Keeling, 1928~2005)박사는 공기가 깨끗하고 이산화탄소를 직접 배출하는 지역과 멀리 떨어져 있는 하와이 마우나로아산에 대기 관측소를 만들어 매일 대기 중의 이산화탄소 농도를 측정하였으며, 이를 토대로 '킬링 곡선'을 탄생시킨 것으로 유명하다(그림 13-12). 첫 측정 당시 이산화탄소 농도가 315 ppm이었음을 밝혀냈고 계절적 요인에 따라 톱니 모양의 증감으로 변동하고 있음에도 매년 이산화탄소 농도가 전년보다 조금씩 높아진다는 사실을 제시하면서 지구 온난화를 상징하는 기준으로 자리매김하였다.

하와이 마우나로아 관측소에서 관측되는 이산화탄소 농도로 작성된 킬링곡선은 전 세계 대기 관측소의 평균 측정값과 유사하므로 현재도 전 지구의 이산화탄소 농도를 대표하는 값으로 사용되고 있다(Wikipedia).

Joseph Fourier
(프랑스 수학자, 물리학자)
1772~1837

1827년
온실효과 개념 발견

- 온실가스에 의한 온실효과 현상을 가장 먼저 과학적으로 제기
- 대기가 존재하지 않으면 지구 온도가 낮아질 것을 계산함

Svante August Arrhenius
(스웨덴 화학자, 물리학자)
1859~1924

1896년
지구온난화의 개념 제시

- CO_2 농도가 2배가 되면 지구 평균기온 5~6℃ 상승할 것 계산 : 비례 관계
- 세계 최초로 화석연료로 인한 CO_2 배출이 지구 온난화의 원인 지목

Guy Stewart Callendar
(영국 공학자)
1898~1964

1938년
기후변화 심각성 최초 주장

- 대기 중 CO_2 농도 2배 증가는 지구 평균기온은 2℃ 상승, 극지방은 더 크게 상승
- 산업활동으로 배출된 화석연료 증가가 CO_2 및 온실효과 증가와 연계 발견
- 캘린더 효과(인간 활동이 기후 변화 촉발) 제시

Charles David Keeling
(미국 과학자)
1928~2005

1958년부터 43년간 관측
CO_2의 궤적, 킬링 곡선 탄생

- CO_2 관측의 신뢰성, 대표성을 높이기 위해 하와이 Mauna Loa에 관측소 설치
- 1958년 첫 측정 시 CO_2 농도 315 ppm, 계절적, 시간적 변동은 있으나 매년, 전년보다 조금씩 더 높아지고 있음을 발견
- 오늘날에도 Mauna Loa는 CO_2 관측의 대표적인 장소임

그림 13-11. 기후변화 논의의 발전 과정

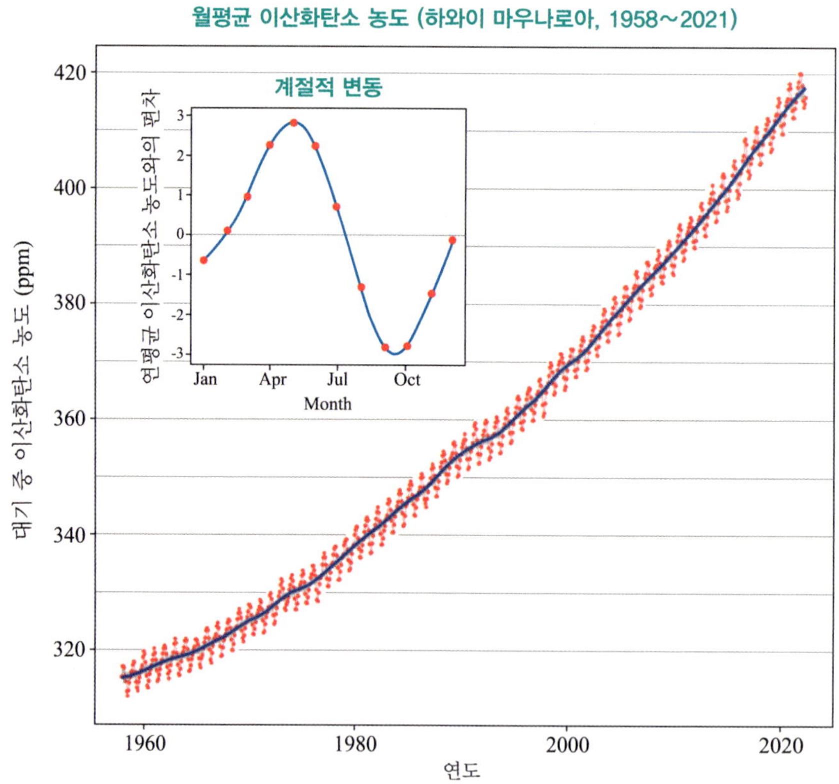

그림 13-12. 킬링 곡선(Keeling Curve)

[출처: Wikipedia, https://en.wikipedia.org/wiki/Keeling_Curve]

2) IPCC의 설립

1970년대부터 기후에 관한 과학적인 지식이 축적되면서 인류의 온실가스 배출이 지구 온난화를 초래한다는 가설이 과학자들 사이에서 점차 광범위하게 받아들여지게 되었다. 제1차 세계기후회의(WCC: World Climate Conference)에서 인류가 기후변화에 미치는 영향 조사하고 기후변화의 방지를 위해 각국 정부의 노력을 요청하는 성명을 발표하면서 기후변화에 대한 국제적 대응을 촉구했다. 이후 지구 기후와 사회·경제적 패턴에 미치는 온실가스 농도의 영향을 이해하기 위한 객관적이고 균형적이며 국제적으로 인정된 과학적인 평가의 필요성을 인지하게 되었다. 이에 세계기상기구(WMO: World Meteorological Organization) 집행위원회에서는 사무총장에게 유엔환경계획(UNEP: UN Environment Programme) 집행위원장과 협조하여 기후변화의 과학적 평가를 제공하기 위한 정부 간 특별기구 설립을 요청하였다.

1988년 WMO 집행위원회는 IPCC(Intergovernmental Panel on Climate Change, 기후변화에 관한 정부 간 협의체) 설립을 결정하였고 UNEP 이사회는 IPCC에 대한 지원을 공식적으로 승인하면서 스위스 제네바에 있는 WMO 본부에 IPCC 사무국이 설치되었다. 1988년 11월 IPCC는 제1차 총회를 개최하고 스웨덴의 보린 박사를 초대 의장으로 선출하였으며, 2015년에는 한국의 이회성 교수가 6대 의장으로 선출되어 활동 중이다. IPCC의 초창기 업무는 기후변화의 과학적 연구, 기후변화의 사회·경제적 영향, 미래의 기후협약에 대한 잠재적 대응 전략 등의 포괄적인 검토와 권고사항을 준비하는 것이었다. 이후 유엔기후변화협약(UNFCCC)과 각종 국제기구의 과학 및 기술 정보 요청에 대한 대응 보고서와 특별보고서를 제작했다. 2007년 12월, IPCC는 인간이 초래한 기후변화에 관한 지식을 축적 및 확산시키고 기후변화 대응책의 토대를 세운 공로를 인정받아 전 미국 부통령인 앨 고어와 함께 노벨평화상을 공동으로 수상하기도 하였다.

유엔기후변화협약은 '기후변화에 관한 유엔기본협약'(UNFCCC: UN Framework Convention on Climate Change)의 약칭으로서 1992년 리오데자네이로에서 열린 유엔환경개발회의에서 채택되고 1994년 공식 발효되었다. 이 협약의 목적은 기후변화에 따른 이상기후 현상을 예방하고 국가별 온실가스 감축 이행에 협력하기 위한 것이다. 우리나라도 1993년에 가입하여 협약 이행에 참여하고 있다.

IPCC의 주요 활동은 유엔기후변화협약의 이행에 관한 평가보고서를 발간하는 일이다. IPCC의 평가보고서는 5~7년 주기로 발간되고 있으며, 최근 제6차 평가보고서(AR6: Sixth Assessment Report, 2021)가 발간되었다. 1990년에 발간된 제1차 평가보고서(AR1)는 2년 후 유엔기후변화협약의 창설에 기여하였으며, 제2차 평가보고서(AR2, 1995)는 교토의정서 채택(1997년)을 위한 과학적인 근거를 제공한 바 있다. 제3차 평가보고서(AR3, 2001)는 기후변화의 영향과 적응의 필요성을 강조하였고, 제4차 평가보고서(AR4, 2007)가 발간된 해에는 기후변화의 심각성을 전파한 공로를 인정받아 노벨평화상을 수상하였다. 제5차 평가보고서(AR5, 2014)는 2015년 파리협정의 채택을 위한 과학적인 근거를 제공하였다. 이처럼 IPCC 평가보고서는 기후변화의 과학적 근거와 정책 방향을 제시한 후, 유엔기후변화협약을 위한 정부 간 협상의 근거자료로 활용됨으로써 교토의정서, 파리협정의 체결을 이끌어낼 수 있었다. 즉, IPCC는 기후변화 평가에 관한 선도 기구이며, 기후변화에 관한 정부 간 협의체로서 과학적 기구와 국제 협의기구로서의 성격을 동시에 지니고 있다.

당사국총회(COP: Conference of the Parties)는 유엔기후변화협약에 가입한 당사국들이 협약의 원활한 목표 달성을 위해 매년 한 번씩 개최하는 정기 총회를 말한다. 1995년 독일 베를린에서 제1차 당사국총회가 개최되면서 유엔기후변화협약의 효과적인 이행을 촉진하는 데 필요한 결정을 채택하거나 관련된 이행상황을 정기적으로 검토하는 최고기구로 자리매김하였다.

표 13-2에 제시된 연도별 유엔기후변화협약 당사국총회의 주요 내용을 보면, 1997년 일본 교토에서 개최된 제3차 유엔기후변화협약 당사국총회, 즉 COP3에서 기후변화협약을 구체적으로 이행하기 위한 교토의정서가 채택되었고, 2011년 COP17에서 교토의정서의 제2차 공약기간을 2013~2020년까지 연장, 신기후체제 수립을 위한 Post-2020 협상을 개시하였다. 2015년에 프랑스 파리에서 개최된 COP21에서는 신기후체제의 기반이 되는 파리협정을 채택하게 되었으며, 이는 2016년 11월 4일부터 발효되었다.

2005년 캐나다 몬트리올에서 개최된 COP11부터 CMP1이라고 함께 제시되어 있는데 CMP (Conference of the Parties serving as the Meeting of the Parties to the Kyoto Protocol)는 교토의정서 당사국인 192개국이 매년 한 번씩 정기적으로 모여 교토의정서의 효과적인 이행에 대해 논의하는 회의이다. 즉, COP3에서 채택된 교토의정서의 당사국인 192개국이 매년 한 번씩 정기적으로 모여 교토의정서의 효과적인 이행에 대해 논의하는 회의가 바로 CMP이며, COP와 같은 기간 동안 같은 회의장에서 함께 개최된다. 2016년부터는 CMA(Conference of the Parties serving as the Meeting of the Parties to the Paris Agreement)라는 회의 명칭도 같이 제시되어 있는데 이는 파리협정에 서명한 195개의 당사국이 매년 파리협정의 효과적인 이행 및 이행규칙에 대해 논의하는 회의이다. CMA 또한 COP, CMP와 같은 기간 동안 같은 회의장에서 함께 개최되고 있다.

정리해 보면, 유엔기후변화협약의 구체적이고 구속력 있는 이행방안으로 우리에게 잘 알려진 대표적인 국제협약으로는 교토의정서와 파리협정이 있는데, 이러한 국제협약은 COP3, COP21과 같은 당사국총회에서 결정, 채택, 승인되고 있으며, 이를 위한 과학적인 근거자료는 IPCC에서 발간하는 평가보고서이다. 또한 COP 당사국들 중 교토의정서를 받아들인 국가들끼리의 회의가 CMP, 파리협정을 받아들인 국가들끼리의 회의가 CMA인 것이다.

표 13-2. 유엔기후변화협약(UNFCCC) 당사국총회 개최 연혁

개최연도	명칭	개최 장소	주요 내용
1995	COP1	독일 베를린	첫 번째 기후변화협약 당사국총회
1996	COP2	스위스 제네바	미국과 EU는 감축목표에 대해 법적 구속력 부여 합의
1997	COP3	일본 교토	교토의정서 채택
1998	COP4	아르헨티나 부에노스아이레스	교토의정서의 세부 이행절차 마련을 위한 행동계획 수립
1999	COP5	독일 본	COP6 준비 회의
2000	COP6	네덜란드 헤이그	교토의정서 이행방안 합의 실패
2001	COP7	모로코 마라케시	교토의정서 이행방안 최종합의
2002	COP8	인도 뉴델리	기후변화와 지속가능한 발전에 대한 각료선언문 채택
2003	COP9	이탈리아 밀라노	흡수원 CDM 사업 관련 합의
2004	COP10	아르헨티나 부에노스아이레스	SBSTA 5개년 활동계획 수립
2005	COP11/CMP1	캐나다 몬트리올	2012년 이후 기후변화체제 협의체 구성 합의
2006	COP12/CMP2	케냐 나이로비	선진국들의 온실가스 감축량 설정을 위한 논의 일정에 합의, 개도국들의 의무감축 참여 결정
2007	COP13/CMP3	인도네시아 발리	발리행동계획 채택, Post-2012 협상 시작
2008	COP14/CMP4	폴란드 포트난	
2009	COP15/CMP5	덴마크 코펜하겐	지구평균기온 상승폭 2℃ 이내 제한, 선진국은 2020년 감축목표 제시
2010	COP16/CMP6	멕시코 칸쿤	칸쿤합의 도출, 녹색기후기금 조성
2011	COP17/CMP7	남아프리카공화국 더반	더반플랫폼, 교토 의정서 공약기간 연장, Post-2020 협상 개시
2012	COP18/CMP8	카타르 도하	교토의정서 2차 공약기간 설정(2013~2020)
2013	COP19/CMP9	폴란드 바르샤바	신기후체제 형성을 위한 2015년까지 협상 로드맵 마련
2014	COP20/CMP10	페루 리마	신기후체제의 각국 온실가스 감축목표 기여(INDC) 제출 시한 명시
2015	COP21/CMP11	프랑스 파리	파리협정 채택, 신기후체제 도입
2016	COP22/CMP12/CMA1	모로코 마라케시	파리협정의 세부 이행규칙 마련을 위한 실무협의
2017	COP23/CMP13/CMA1-2	독일 본	개도국의 기후변화 적응을 위한 적응기금 관련 논의 진전
2018	COP24/CMP14/CMA1-3	폴란드 카토비체	정상선언문에 공정한 전환 반영
2019	COP25/CMP15/CMA2	스페인 마드리드	국제탄소시장(파리협정 제6조) 지침 채택으로 파리협정 이행규칙 완성
2020	코로나19로 인해 1년 연기		
2021	COP26/CMP16/CMA3	영국 글래스고	석탄발전 단계적 감축, 선진국은 2025년까지 기후변화적응기금 2배로 확대
2022	COP27/CMP17/CMA4	이집트 샴엘셰이크	(11월 개최 예정)

자료: NAVER 지식백과.

3 기후변화 위기와 대응

2019년 5월, 영국의 일간지 The Guardian에서는 "왜 The Guardian에서 환경분야에서 사용되고 있는 용어를 바꿔야 하는가?"라는 제목의 기사를 다루었다. 기후변화 관련 용어에 대한 적절성에 의문을 제기한 것으로 기후변화(climate change)라는 용어 대신 기후위기(climate crisis), 기후붕괴(climate breakdown), 기후비상(climate emergency)이 더욱 적합한 표현이라고 지적하면서, 기후위기라는 표현을 권장하였다. 또한 지구 온난화(global warming)라는 용어보다 지구가열(global heating)이 더욱 적절하다고 제시한 바 있다.

우리나라의 경우 2021년 제정된 「기후위기 대응을 위한 탄소중립·녹색성장 기본법」(약칭: 탄소중립기본법)에서 기후변화와 기후위기에 대한 용어를 구분하여 정의하고 있다. "기후변화"란 사람의 활동으로 인하여 온실가스의 농도가 변함으로써 상당 기간 관찰되어 온 자연적인 기후변동에 추가적으로 일어나는 기후체계의 변화를 뜻하며, "기후위기"란 기후변화가 극단적인 날씨뿐만 아니라 물 부족, 식량 부족, 해양 산성화, 해수면 상승, 생태계 붕괴 등 인류 문명에 회복할 수 없는 위험을 초래하여 획기적인 온실가스 감축이 필요한 상태로 제시하였다. 기후의 달라지는 상태에 관한 '변화'라는 용어는 기후변동의 심각성을 제대로 전달하지 못한다는 문제의식에서 '위기'라는 용어를 만들어낸 것이다.

IPCC의 「지구 온난화 1.5℃ 특별보고서」에서 제시한 탄소 배출 허용 총량을 고려할 때 1.5℃ 목표를 지키기 위해 우리가 가진 시간은 2020년대의 10여 년에 불과하다고 제시하였다. 2019년 9월 뉴욕에서 개최된 기후정상회의 명칭은 '기후행동 정상회의'였으며, '제25차 기후변화 당사국총회(COP25)'의 핵심 의제 또한 '행동해야 할 시간(Time for Action)'으로 기후변화를 위한 "행동"의 중요성이 강조되었다.

기후 '변화'를 넘어 '위기'로 인식하고 기후 문제를 해결할 수 있는 10년의 기간 동안 우리는 어떠한 행동을 해야 할까?

1) 온실가스 배출량을 증가시키는 요인

온실가스 배출량을 감축하기 위해서는 온실가스 배출량을 증가시키는 요인에 대해서 먼저 알아야 한다. 이산화탄소의 배출 요인을 분석하는 도구로 일본의 경제학자 카야 요이치(Kaya Yoichi)가 만든 것이 카야 항등식이다. 이를 수식으로 표현하면 다음과 같이 나타낼 수 있다(Kaya and Yokobori, 1997, p. 271～280; 조향숙, 2017, p.13).

$$\text{총 } CO_2 \text{ 배출량} = \text{인구} \times \frac{GDP}{\text{인구}} \times \frac{\text{에너지 소비량}}{GDP} \times \frac{CO_2 \text{ 배출량}}{\text{에너지 소비량}}$$

카야 항등식을 풀어서 설명하면 전 지구 온실가스 배출량은 인구수, 1인당 국내총생산(GDP), GDP 대비 에너지 소비량, 에너지를 소비하면서 배출하는 온실가스의 양 등 네 가지 요인으로 구성된다. 이 식의 첫 번째 요인은 인구의 수로서 인구가 많을수록 온실가스를 많이 배출하게 된다는 것이며 두 번째 요인은 인간의 삶이 부유해질수록 온실가스를 많이 배출한다는 것이다. 그림 13-13은 2018년 기준 국가별 1인당 국민소득(GDP)과 1인당 이산화탄소 배출량의 관계를 나타낸 것으로 스웨덴, 스위스, 싱가폴, 노르웨이 등을 제외하면 비교적 뚜렷한 선형관계로 상관성이 높음을 확인할 수 있다. 이 그래프는 GDP가 높을수록 이산화탄소를 많이 배출한다는 카야 항등식의 두 번째 요인을 입증한다. 이 그래프에서 국가별 원의 크기는 각 나라의 이산화탄소 총배출량을 나타낸다.

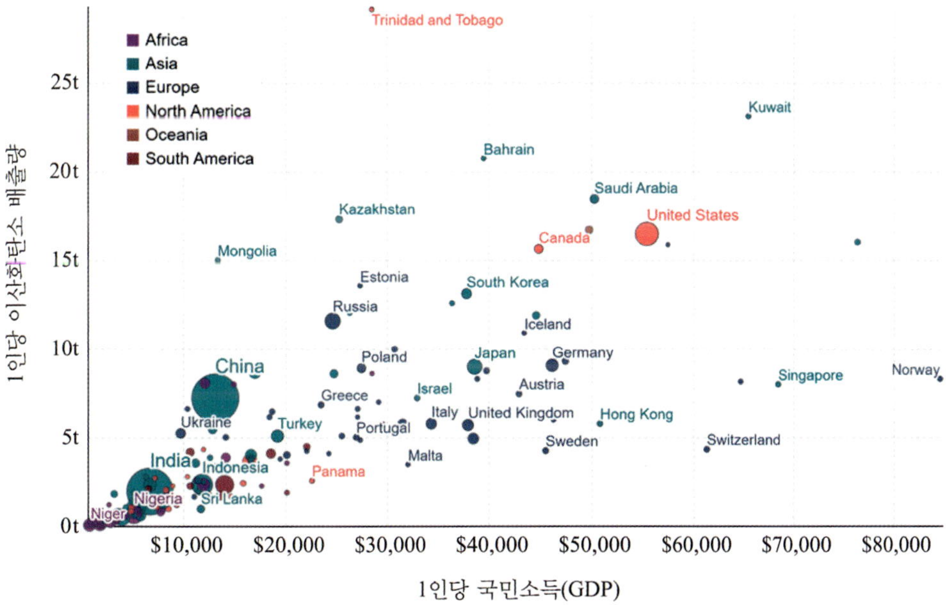

그림 13-13. 1인당 국민소득과 1인당 이산화탄소 배출량의 관계(2018년) [출처: Bolt and van Zanden, 2020]
주: GDP는 국민소득과 큰 차이가 없으므로 국민소득이라 표현하였음.

세 번째 요인은 산업구조에 영향을 받는 것으로 제조업, 건설업 등 에너지 집약적 산업이 발전한 국가는 온실가스 배출량이 많고 서비스업이 많이 발달한 나라일수록 온실가스 배출량은 감소함을 나타낸다. 우리나라의 경우 중공업이 발달한 나라로 이 항목에 있어서 온실가스 배출량이 많은 나라로 계산될 것이다. 즉, 온실가스 배출이 적은 산업으로의 변환 또는 에너지 효율의 증가 등 인간이 노력하여 조절할 수 있는 항목이라고 할 수 있다.

네 번째는 탄소를 덜 배출하는 에너지 사용 여부, 재생에너지의 사용 비율 등에 따라 달라진다는 것이다. 자동차 연비 개선, 비행기 연료전지 개발, 컴퓨터 성능 향상, 탄소발자국이 더 적은 제품 활용 등 탄소를 덜 배출하는 효율적인 에너지 활용 기술이 개발된다면 화석연료를 계속 사용한다고 하더라도 온실가스 배출량은 크게 줄어들 수 있다.

UN은 2050년에 전 세계 예측인구는 약 94~100억 명에 이를 것으로 전망했다. 이로 인해 카야 항등식의 첫 번째와 두 번째 요인은 증가할 것으로 예상된다. 즉, 온실가스 배출량을 감축하는데 조절이 가능한 항목은 세 번째와 네 번째 항목으로 온실가스 배출이 더 적은 에너지산업으로의 전환, 에너지 효율이 높은 기술 개발, 탄소발자국 인증제도 확산 및 홍보 등의 노력이 필요하며, 이러한 방법은 국제사회에서 지향해야 하는 유일한 해결 방안이다(김백민, 2021, p.260).

2) 탄소중립과 녹색성장

(1) 탄소중립

1992년 기후변화협약(UNFCCC) 채택 이후, 장기적인 목표로서 산업화 이전 대비 지구 평균 기온 상승을 어느 수준으로 억제해야 하는지에 대한 논의가 대두되었다. 유럽연합(EU: European Union) 국가들은 1990년대 중반부터 2℃ 목표를 강하게 주장해 왔으며, 2007년 IPCC 제4차 평가보고서에 2℃ 목표가 포함됐다. 제16차 당사국총회(COP16)에서 2℃ 이내로 억제해야 한다는 목표가 채택되면서 공식화되었다. 이후, 2018년 우리나라 인천 송도에서 개최된 제48차 IPCC 총회에서 "지구 온난화 1.5℃ 특별보고서"가 승인되면서 2℃보다 더 낮은 1.5℃로 억제하기 위해 노력해야 한다는 목표가 설정되었다. IPCC는 2100년까지 지구 평균온도 상승 폭을 1.5℃ 이내로 제한하기 위해서는 전 지구적으로 2030년까지 이산화탄소 배출량을 2010년 대비 최소 45% 이상 감축해야 하고, 2050년경에는 탄소중립(carbon neutrality)을 달성해야 한다는 구체적인 목표를 제시하였다.

"탄소중립"이란 대기 중에 배출·방출 또는 누출되는 온실가스의 양에서 온실가스 흡수의 양을 상쇄한 순배출량이 '영(0)'이 되는 상태(net-zero)를 말한다. 즉, 지구 평균온도 상승을 인류생존 한계선인 1.5℃ 이내로 억제하기 위해서는 우리가 배출한 온실가스를 최대한 줄이고 남은 온실가스를 숲 복원이나 기술을 활용하여 흡수량을 증가시켜 2050년까지 실질적인 배출량이 '0'이 되도록 하는 것이다(그림 13-14).

이러한 IPCC의 발표 이후, 영국, 프랑스, 캐나다, 중국, 일본, 미국 등에서 "탄소중립" 목표를 선언하기 시작하였다(표 13-3). 유럽연합은 2019년 12월 "그린 딜(Green Deal)"을 통해 2050년 탄소중립 목표를 발표하였고, 중국은 2060년까지 탄소중립을 달성하겠다고 2020년 9월 UN

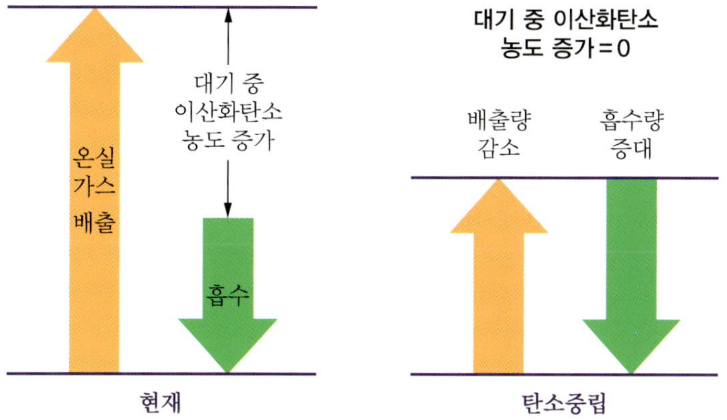

그림 13-14. 탄소중립의 개념 [출처: 기후변화홍보포털]

표 13-3. 주요국 탄소중립 및 2030 감축목표 법제화 현황(2021년 기준)
(법률에 규정 시 ○ 표시, 법률에 미규정 시 × 표시)

국가	법제화 여부		
	탄소중립 목표	2030 감축목표	비고
EU	○ (2050)	○ (1990 대비 55%)	유럽기후법
독일	○ (2045)	○ (1990 대비 65%)	연방기후보호법
프랑스	○ (2050)	○ (1990 대비 40%)	녹색성장을 위한 에너지전환법
스페인	○ (2050)	○ (1990 대비 23%)	기후변화 및 에너지전환에 관한 법률
덴마크	○ (2050)	○ (1990 대비 70%)	기후법
헝가리	○ (2050)	○ (1990 대비 40%)	기후보호법
스웨덴	○ (2045)	○ (1990 대비 63%)	기후정책프레임워크 (2017.6월)
룩셈부르크	○ (2050)	○ (2005 대비 55%)	국가기후법
아일랜드	○ (2050)	○ (2018 대비 51%)	기후행동 및 저탄소개발법
일본	○ (2050)	× (2013 대비 46%)	지구 온난화 대책의 추진에 관한 법률
영국	○ (2050)	× (NDC, 1990 대비 68%)	기후변화법
캐나다	○ (2050)	× (NDC, 2005 대비 40～45%)	넷제로 배출 책임에 관한 법률
뉴질랜드	○ (2050)	× (NDC, 2005 대비 30%)	기후변화 대응법
노르웨이	×	○ (1990 대비 50～55%)	기후변화법
네덜란드	×	○ (1990 대비 49%)	기후법
미국	× (2050)	× (2005 대비 50～52%)	2050 탄소중립목표: 국내외 기후위기 대응에 관한 행정명령 (2021.1월)
중국	× (2060)	× (탄소배출정점)	14차 5개년 계획 (2021.3월)
러시아	× (-)	× (1990 대비 30%)	2050 탄소중립목표: 제시하지 않음

주: NDC(Nationally Determined Contribution)는 파리협정에 따른 국가별 감축목표를 뜻한다.
출처: 환경부 보도자료, 2021.8.31.

총회에서 선언하였다. 우리나라 역시 전 세계적인 흐름에 발맞춰 문재인 정부는 2020년 10월 국회에서 '2050 탄소중립' 계획을 처음으로 밝혔으며, 11월 G20 정상회의에서 탄소중립에 대한 한국의 동참 의지를 선언하였다.

이후 우리나라는 기후위기 대응과 2050 탄소중립 달성을 위한 법적 기반인 「기후위기 대응을 위한 탄소중립·녹색성장 기본법」(약칭: 탄소중립기본법)을 2021년 제정하여 세계에서 14번째로 탄소중립 이행을 위한 법제화를 마쳤다. 기존의 에너지·환경 분야 최상위법인 「저탄소 녹색성장 기본법」(2010년 제정)을 폐지하는 대신 탄소중립과 녹색성장을 통합한 새로운 법을 만든 것이다.

(2) 녹색성장

"녹색성장"(green growth)은 에너지와 자원을 절약하고 효율적으로 사용하여 기후변화와 환경훼손을 줄이고 청정에너지와 녹색기술의 연구개발을 통하여 새로운 성장동력을 확보하며, 새로운 일자리를 창출해 나가는 등 경제와 환경이 조화를 이루는 성장으로 정의된다. 온실가스의 배출과 환경파괴를 줄이는 동시에 경제성장을 일구는 과정에서 환경을 파괴하는 에너지 자원을 최대한 배제하고 친환경적인 자원과 기술을 이용하게 된다.

"녹색기술"은 기후변화 대응 기술, 에너지 이용 효율화 기술, 청정생산기술, 신·재생에너지 기술, 자원순환 및 친환경 기술 등 사회·경제 활동의 전 과정에 걸쳐 화석에너지의 사용을 대체하고 에너지와 자원을 효율적으로 사용하여 탄소중립을 이루고 녹색성장을 촉진하기 위한 기술이며, "녹색산업"은 온실가스를 배출하는 화석에너지의 사용을 대체하고 에너지와 자원 사용의 효율을 높이며, 환경을 개선할 수 있는 재화의 생산과 서비스의 제공 등을 통하여 탄소중립을 이루는 모든 산업을 말한다. 이러한 녹색기술과 녹색산업을 육성함으로써 국가경쟁력을 강화하고 지속가능한 발전을 추구하는 경제를 "녹색경제"라고 한다.

(3) 녹색기후기금 설립

녹색기후기금(GCF: Green Climate Fund)은 선진국들이 기금을 마련하여 개발도상국에 기후변화로 겪고 있는 피해를 줄이고 이에 적응할 수 있도록 지원하는 데 목적을 두고 기금을 조성 및 관리하기 위해 설립된 국제기구이다. 2010년 12월 멕시코 칸쿤에서 열린 제16차 유엔기후변화협약(UNFCCC) 당사국 총회(COP16)에서 기금 설립이 승인된 후 2013년 우리나라 인천 송도에서 정식으로 사무국이 출범하였다.

녹색기후기금은 녹색 분야의 세계은행이다. 역시 유엔기후변화협약에 의해 1991년 워싱턴DC에 설립된 지구환경기구(GEF: Global Environment Facility)는 개발도상국의 환경 관련 사업과 기술개발에 기금을 출연하는 반면, 녹색기후기금은 개발도상국의 온실가스 감축 등 기후변화 대응에 집중적으로 재원을 투입한다는 점에서 차이가 있다.

녹색기후기금의 주요 지원사업은 개발도상국의 온실가스 감축 사업과 기후위기 적응 사업으로 구분할 수 있다. 온실가스 감축 사업으로는 저탄소 에너지 생산, 저탄소 교통 실현, 건물·도시·산업 등의 에너지 효율 향상, 온실가스 감축 잠재력이 높은 개도국의 산림 및 토지 보호 등이 있다. 기후위기 적응 사업으로는 기후위기로 생계 위협받는 사람의 구제, 기후위기로 인해 작물피해가 심각한 지역에 선진 농법 도입, 폐수처리 시설·물공급 시설·홍수방지 시설 등 인프라 건설 지원, 사헬 지역과 남아시아에서 발생하는 식량 및 물 문제의 해결 지원 등으로 구분할 수 있다.

녹색기후기금의 대표적인 지원사업으로 베트남 맹그로브 숲 조성 사업이 있다. 이는 해안 지역에 거주하는 취약계층의 피해를 막기 위해 맹그로브 나무를 활용해 재해 대응 기반 시설을 구축함으로써 이산화탄소 배출량 감소 효과는 물론 산림 및 토지를 친환경적으로 이용하여 온실가스 감축과 기후위기 적응을 교차 실현한 사업으로 평가되고 있다. 이 밖에도 세네갈의 염류화지대 복원, 방글라데시의 기후회복력 복원, 파키스탄 북부의 호수 범람 대응, 아르헨티나 신재생에너지 사업, 중국 미세먼지 감축 사업, 인도네시아 열대우림 보존사업 등에 지원하고 있다. 개발도상국을 중심으로 온실가스 배출의 심화가 예상되는 만큼 녹색기후기금의 활동은 더욱 중요해질 것으로 전망된다.

3) 기후변화와 에너지

앞으로 30년 후의 에너지 풍경은 어떤 모습일까? 물론 탄소가 적게 배출되는 세상이 되는 것은 분명하겠으나 에너지 자원의 소비 구조는 어떤 식으로 구성될까?

G20 국가 중 14개국은 탄소세와 같은 유사 정책의 시행 계획을 밝혔고, 영국과 한국은 2050년까지 탄소순배출 제로 정책을 제시하였다. 유럽연합 집행위원장은 유럽을 세계 최초 탄소중립 대륙으로 만들 것을 약속하였으며, 유럽 투자은행 총재는 2022년 이후 천연가스 개발계획 투자 중단을 발표하였다(Yergin, 2020, p.543). 이처럼 여러 국가에서 탄소중립은 최우선 정책 과제로 부상하게 되었다.

(1) 신재생에너지

1987년에 제정된 「신에너지 및 재생에너지 개발·이용·보급 촉진법」(약칭: 신재생에너지법)에 의하면 "신에너지"란 기존의 화석연료를 변환시켜 이용하거나 수소·산소 등의 화학 반응을 통하여 전기 또는 열을 이용하는 에너지로서 (가) 수소에너지, (나) 연료전지, (다) 석탄을 액화·가스화한 에너지 및 중질잔사유[2]를 가스화한 에너지로서 대통령령으로 정하는 기준 및 범위에 해

2) 중질잔사유(重質殘渣油, vacuum residue)는 감압잔사유, 코크, 타르 및 피치 등과 같이 원유를 정제한 후 남은 최종 부산물을 일컫는다.

당하는 에너지, (라) 그 밖에 석유·석탄·원자력 또는 천연가스가 아닌 에너지로서 대통령령으로 정하는 에너지 등 4개로 규정하고 있다.

이 법에서 "재생에너지"란 햇빛·물·지열·강수·생물유기체 등을 포함하는 재생 가능한 에너지를 변환시켜 이용하는 에너지로서 (가) 태양에너지, (나) 풍력, (다) 수력, (라) 해양에너지, (마) 지열에너지, (바) 생물자원을 변환시켜 이용하는 바이오에너지로서 대통령령으로 정하는 기준 및 범위에 해당하는 에너지, (사) 폐기물에너지(비재생폐기물로부터 생산된 것은 제외한다)로서 대통령령으로 정하는 기준 및 범위에 해당하는 에너지, (아) 그 밖에 석유·석탄·원자력 또는 천연가스가 아닌 에너지로서 대통령령으로 정하는 에너지 등 8개로 구분하고 있다.

태양에너지는 태양열 가열기를 통해 활용하는 방법과 직접 전기에너지를 전환하는 방법이 사용되고 있다. 이러한 태양에너지를 활용한 장비들은 한번 시설을 마련하면 유지·보수비용이 거의 들지 않으며, 공해가 없고, 시설의 수명이 매우 길다는 장점이 있어서 대표적인 재생에너지로 꼽히고 있다.

풍력에너지 또한 대표적인 재생에너지 중 하나이다. 바람의 운동에너지가 프로펠러에 닿을 때 그 양력이 발생시키는 회전력으로 발전기를 가동해서 전기를 만들어내는 원리를 사용한다. 이러한 풍력발전은 태양광 발전과 마찬가지로 유지 보수가 쉽고 그 비용이 저렴하며 매우 친환경적이라는 장점이 있다. 그렇지만 바람이 항상 일정하게 부는 것이 아니며 언제, 어디서, 얼마만큼 불어올지 예측하기 힘들어서 기술적 보완이 필요하다.

최근 정부는 2050년까지 제시한 탄소중립 정책의 실현을 위해 신재생에너지법 제5조에 따라 수립한 제5차 신재생에너지 기본계획(계획기간: 2020~2034년)에서 2034년을 목표로 신재생에너지 발전 비중을 25.8%로 늘리겠다는 계획을 발표했다. 이는 당초 2019년의 신재생에너지 비율인 5.6% 보다 20.2% 상향시킨 것으로 재생에너지 17.2%, 신에너지 3.0%의 증가를 목표로 설정하였다.

기존의 석탄, 석유, 천연가스 등으로부터 얻는 에너지가 중앙 집중형 방식이라고 한다면, 전국에 흩어져 있는 태양광 전지판과 풍력발전기를 바탕으로 얻는 재생에너지는 분산되고 간헐적인 체계라는 점에서 안정성과 지속성의 문제를 해결하는 것이 선행되어야 한다.

제주도는 '탄소 없는 섬'(Carbon Free Island)을 지향하며 시작한 친환경 에너지 도입으로 신재생 설비용량이 약 38%를 차지하게 되었다. 하지만 "신재생에너지 출력 제한"이라는 문제로 인하여 국내 재생에너지 확산 정책의 전략수정이 시급하다고 지적되고 있다(김영근, 2021). 제주도에 태양광과 풍력 설비가 수요에 비해 너무 많아 전력이 남아돌기 때문에 태양광과 풍력발전을 수시로 멈추고 있다는 것이다. 이는 무작정 설비용량을 늘리는 계획보다 속도조절 기술이나 잉여에너지의 전송 및 저장 기술과 같은 에너지 인프라 확충에 대한 계획이 보다 우선되어야 함을 방증하고 있다.

(2) 원자력에너지

국제에너지기구(IEA)에 따르면 원자력 발전의 이산화탄소 배출량은 단위전력(kWh) 생산 당 석탄발전의 약 1/1000에 불과하고, 태양광의 약 1/5 수준으로 풍력과 유사한 수준이며, 수력발전 다음으로 적다. 원자력 발전은 이러한 장점으로 인해, 또한 석탄발전과 다르게 미세먼지의 배출도 없고 전력 생산비용 절감 측면에서 친환경적인 최선의 에너지라고 주장되기도 한다.

하지만 원자력 발전은 일반적으로 핵분열 과정을 통해 에너지를 생산하는 방식으로 출력 조절이 쉽지 않고 위험성이 큰 단점이 있다. 현재 인류는 원자력 그 자체를 완전히 제어할 수 있는 능력을 갖추지 못한 실정이다.

이러한 이유로 일부 국가에서는 원자력 발전을 지양하는 정책을 취하게 되었으며, 우리나라도 2017년 탈원전 정책을 결정한 바 있다. 하지만 2021년 8월 발표된 IPCC 제6차 보고서에서 지구 평균온도가 1.5도 상승하는 시점이 크게 앞당겨졌다고 예측하면서 "모든 방법을 총동원해서 기후변화 대응에 나서야 한다"는 강력한 경고의 메시지를 전달한 이후 원자력 발전에 대한 변화의 기류가 흐르고 있다.

이에 따라 방사능 위험성, 부정적 여론 등으로 소외당하던 원자력에너지가 다시 주목받고 있다. 첫 번째 탈원전 국가인 이탈리아에서는 생태전환부 장관이 소형모듈 원자로 도입을 검토하겠다고 언급했으며, 체코 총리 또한 원자력에너지의 도움 없이 탄소중립 목표를 달성할 수 없다고 선언하기도 했다. 스페인의 경우 유럽 내 탄소배출권과 천연가스 가격 상승으로 전기료가 급등하자 시민들이 탈원전 정책에 대한 강한 반발을 표하고 있으며, 스웨덴 역시 원전 확대를 지지하는 시민의 비율이 더 높아짐에 따라 원자력에너지에 대한 재논의가 이루어지고 있다. 2022년에 와서 영국 정부는 2050년까지 원자로 8기를 추가로 건설하겠다고 선언했다. 또한 세계원자력협회(World Nuclear Association), 국제원자력기구(IAEA) 등은 IPCC 6차 보고서가 나온 이후 웨비나(webinar, 화상토론회), 언론 인터뷰 등을 통해 탄소중립 목표 달성을 위한 원자력에너지의 역할을 적극적으로 알리고 있다. 일부 환경과학자, 에너지 전문가들도 가속화된 기후변화에 대응하기 위한 현실적인 방안으로 원자력에너지를 꼽고 있다(IMPACT ON 홈페이지).

2022년 2월 유럽연합(EU) 집행위원회는 천연가스와 원자력에너지를 녹색분류체계(Green Taxonomy)로 분류하는 규정안을 확정했다. 녹색분류체계는 환경적으로 지속가능한 경제활동을 판별하는 기준으로서 RE100, ESG와 같은 기준으로 작용할 가능성이 크다. 녹색분류체계에 포함된 에너지 분야 및 사업은 각종 금융 혜택과 세제 지원을 받기 때문이다. 유럽연합은 녹색분류체계를 환경친화적인 투자의 기준으로 삼아 공공자금 지원에도 적용할 예정이다. 물론 녹색분류체계에 포함된 원자력에너지는 엄격한 기준을 만족해야 한다.

우리나라는 2021년 12월 "한국형 녹색분류체계(K-Taxonomy)"를 재생에너지 생산, 무공해 차량 제조 등 64개 경제활동에 적용하여 발표했는데, 여기에 천연가스는 포함되었지만, 원자력은 제외된 상태였다. 그러나 2022년 5월 새 정부 출범에 따라 기존의 탄소중립 정책을 전면 수정하는 계획을 밝히며, 탈원전 정책 폐기를 공식화하였다. 이에 따라 정부는 원전산업 재활성화 및 기술력 복원, 핵연료 안전관리 로드맵 재정비 및 특별법 제정 등 새로운 거버넌스를 구축하고 있으며, 녹색분류체계에 원자력도 포함시켰다.

(3) RE100과 ESG

기후위기를 막으려는 기특한 캠페인이 있다. RE100은 "재생에너지(renewable energy) 100%"의 약자로서 2050년까지 태양광, 풍력, 수력, 해양에너지, 지열에너지, 바이오에너지 등 재생에너지만을 이용하여 기업이 사용하는 전력량 100% 모두를 충당하는 것을 목표로 하는 자발적인 국제 캠페인이다. 이 캠페인은 2014년 영국 런던의 다국적 비영리단체인 'The Climate Group'을 중심으로 발족하였다. RE100 참여는 연간 100 GWh 이상 전력을 소비하는 기업을 대상으로 하고 있으며, 참여기업들에 대해서는 2030년 60%, 2040년 90%, 2050년 100% 이행목표를 설정하도록 권고하고 있다.

2022년 2월 기준, RE100에 정식 등재된 참여기업은 약 349개이며, 100% 재생에너지 사용을 선언한 기업 중 애플, 구글, 레고를 비롯한 60여 개 기업은 이미 100% 전환을 달성했다(나무위키).

RE100에 참여한 기업들 뿐 아니라 이들 기업과 거래하는 협력사들도 영향을 받게 된다. BMW가 2018년 LG화학에 부품 납품 전제조건으로 RE100을 요구하면서 계약이 무산된 바 있다. 삼성SDI의 경우 국내 공장 생산물량을 신재생에너지 사용이 가능한 해외공장으로 옮기기도 했고, 애플도 2020년 반도체 납품물량을 놓고 SK하이닉스에 RE100의 참여를 요구한 것으로 알려졌다. 이에 따라 환경 캠페인으로 시작한 RE100은 국내 기업에 새로운 무역장벽으로 작용했다는 평가도 있다.

우리나라에서는 2020년 초까지만 해도 기업들의 RE100 참여기업이 전혀 없었다. 제조업의 에너지 사용량 중 전력에 대한 의존도는 약 48%로 기업이 부담해야 할 에너지 비용이 막대했기 때문이다. 우리나라는 온실가스 감축 비용을 전기요금에 반영하지 않아 재생에너지 구매 비용이 다른 나라보다 비싼 편이다. 하지만 RE100의 세계적 확산추세에 따라 2020년 말부터 SK그룹 7개 회사(SK하이닉스, SK텔레콤, SK㈜, SK머티리얼즈, SK실트론, SKC, SK아이이테크놀로지), LG에너지솔루션, 고려아연, 아모레퍼시픽, 한국수자원공사, KB금융지주, 미래에셋증권, 롯데칠성음료 등 총 14개 기업에서 RE100 참여를 선언하였다(2022년 2월 기준, RE100 홈페이지).

산업통상자원부는 2021년부터 한국형 RE100, 즉 K-RE100 제도를 도입하여 전기사용량 수준과 무관하게 국내에서 재생에너지를 구매하고자 하는 산업용·일반용 전기 소비자는 등록을 거쳐 모두 참여가 가능하다. 이 제도를 위하여 전기 소비자가 재생에너지 전기를 선택적으로 쉽게 구매하여 사용할 수 있는 녹색 프리미엄제, 신재생에너지 공급인증서(REC: Renewable Energy Certificate) 구매제도, 제3자 전력구매 계약(PPA: Power Purchase Agreement), 지분 투자, 자가발전 등 5가지 이행방안을 마련하였다.

녹색 프리미엄제도의 경우 참여기업의 이행이 용이하고 접근성이 뛰어나 RE100 기업이 부담한 재원은 에너지공단의 재생에너지 투자 확대로 이어져 재생에너지 발전단가를 낮추는 선순환 구조가 가능하기 때문에 2021년을 기준으로 가장 많은 기업이 RE100 이행수단 중 하나로 활용한 바 있으며, 장기적인 RE100 참여 기반 조성에 기여할 것이다. 또한 국내 산업 여건에 부합하고 재생에너지 발전단가의 지속적인 하락을 유도할 수 있는 이행수단을 중심으로 단계적이고 체계적인 이행체계 구축을 위한 노력이 필요하다(유승보, 2021).

ESG는 환경, 사회, 지배구조(environmental, social and governance)의 약자로서 기업에 대한 투자의 지속 가능성과 사회에 미치는 영향을 측정하는 세 가지 핵심 요소이다. 이러한 비재무적 기준은 재무적(financial) 기준과 함께 기업의 미래가치를 더 잘 파악할 수 있도록 도움을 준다. 2000년 영국을 시작으로 여러 선진국이 ESG 정보 공시제도를 도입했으며, 우리나라 금융위원회도 2025년부터 증권시장에 상장한 대기업을 시작으로 단계적으로 ESG 정보 공시를 의무화할 계획이다. 그러나 ESG 경영을 유도하기 위한 ESG 공시제도가 공해 배출 기업들에게 큰 영향을 주지 못하며, 오히려 친환경 이미지로 위장한 그린워시(greenwash)[3] 기업들만 만들어내고 있다는 비판도 있다.

4) 한국의 기후변화 정책

(1) 온실가스 배출 및 재생에너지 발전 현황

우리나라의 2020년 기준 국가 온실가스 총배출량은 597.6백만 톤(CO_2 eq.)[4]이다. 연도별 배출량 추이를 살펴보면 1960년대 이후로 가파른 상승추세를 보였으나, 1998년에는 외환위기 영향으로 온실가스 배출량 또한 전년 대비 약 15% 감소하였다(그림 13-15). 2000년대에는 경기가 회복되면서 GDP와 온실가스 배출량이 함께 증가하는 경향을 보였다. 다만 2000년대에 와서는 이산화탄소 배출량의 증가 폭이 다소 둔화하였으나, 2010년대 들어서면서 배출량이 6억 톤을 넘어서고 2018년에는 6억7160만 톤으로 정점에 올랐으나, 2020년에는 코로나19의 영향으로 감소하였다.

앞서 언급한 2018년 기준 1인당 국민소득과 1인당 이산화탄소 배출량의 관계에서 확인한 바와 같이 우리나라는 1인당 GDP, 이산화탄소 배출량 모두 비교적 높은 수준이다(그림 13-13 참조). 우리나라의 온실가스 총배출량은 2018년 기준으로 전 세계 8위로 추정되며 OECD 국가로 한정하였을 경우 4위인 것으로 나타났다(그림 13-16). 우리나라는 전 세계에서 온실가스 배출량이 가장 많은 중국의 5.8%, 미국과 비교하면 12.7% 정도를 배출하는 것으로 추산된다. 1인당 이산화

3) 그린워시(greenwash)는 흰색을 칠해서 숨긴다는 의미로 위선을 뜻하기도 하는 whitewash에서 유래된 용어로서, 공해물질을 배출하면서도 친환경 기업인 것처럼 이미지만 위장하는 행위를 가리킨다.

4) CO_2 equivalent(이산화탄소 환산톤): 온실가스 종류별 지구 온난화 기여도를 수치로 표현한 지구온난화지수(GWP: Global Warming Potential)에 따라 주요 온실가스 배출량을 이산화탄소로 환산한 단위이다.

탄소 배출량을 살펴보면 우리나라는 1인당 11.7톤을 배출하고 있는데, 이는 OECD 총 38개 국가 중 호주, 미국, 캐나다, 룩셈부르크에 이어 5위로 높은 수준으로 평가된다. OECD 국가의 평균 이산화탄소 배출량은 1인당 6.7톤이므로 우리나라는 약 2배 정도 큰 양을 배출하는 것이다.

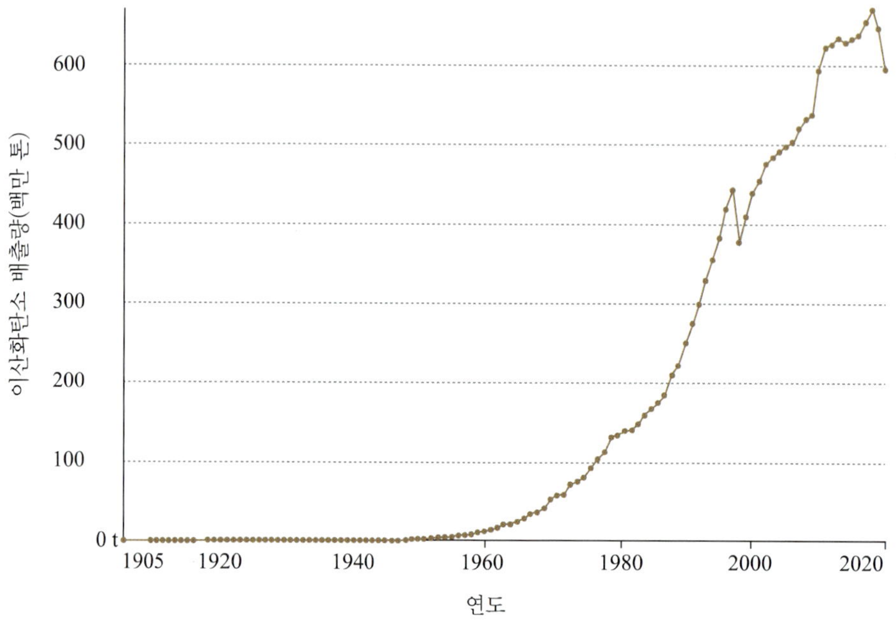

그림 13-15. 연도별 한국의 이산화탄소 총 배출량 변화 [출처: Global Carbon Project, 2021]

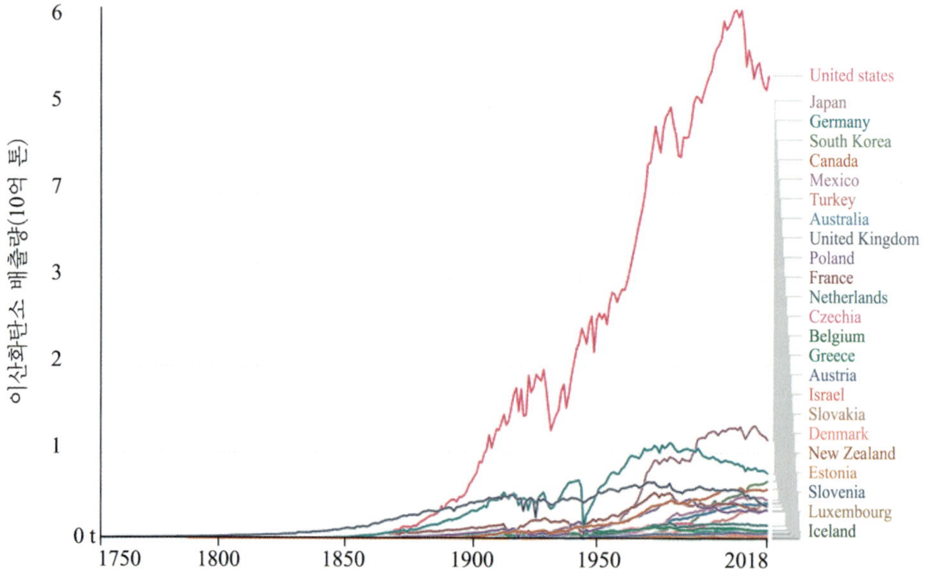

그림 13-16. OECD 국가별 이산화탄소 총 배출량 [출처: Global Carbon Project, 2021]

그림 13-17은 2020년 국가별 재생에너지 발전 조사 대상인 전체 44개국 중 상위 등급 12개 국가와 하위 등급 12개 국가의 발전 비중을 나타낸 것이다. 재생에너지 발전 비중이 가장 높은 나라는 노르웨이로 전체 발전량의 98.4%를 재생에너지(수력 약 94%, 풍력 약 4%, 기타 0.4%)로 생산한다. 한국은 7.1%로 전년도의 4.8%보다 다소 증가한 수치이나 전체 44개국 중 38위로 하위 수준인 것을 확인할 수 있다.

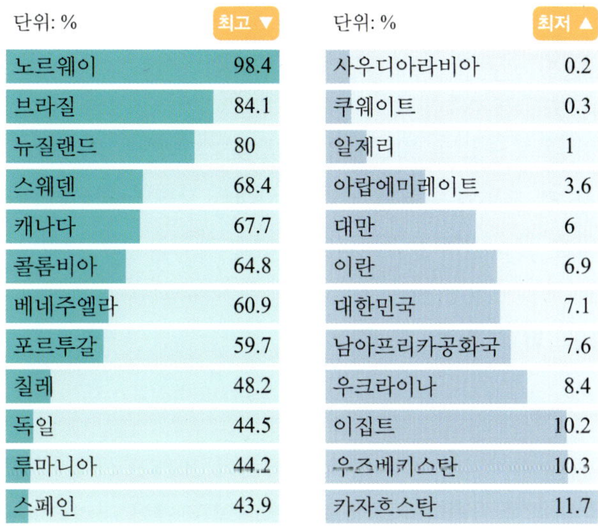

그림 13-17. 국가별 재생에너지 발전 비중(2020년 기준)
(좌: 상위권 국가, 우: 하위권 국가) [출처: Enerdata]

(2) 2030 온실가스 감축목표

2015년에 체결된 파리협정에 따라 모든 당사국은 주기적으로 국가 온실가스 감축 목표를 수립하여야 한다. 2014년 COP20 리마총회 결정에 따라 당사국들은 2015년에 온실가스 감축목표를 INDC(Intended Nationally Determined Contribution, 의도하는 국가결정기여)로 제출한 후, 2016년 11월 파리협정에 비준하면서 INDC의 자발적 의도(intended)라는 의미를 삭제하고 의무가 강조된 NDC(Nationally Determined Contribution, 국가결정기여)로 등록하였으며, 파리총회 결정에 따라 2020년까지 제출한 NDC를 5년 주기로 수정 및 보완하여야 한다.

우리나라의 경우 철강, 석유화학, 자동차, 반도체 등 에너지 집약적 업종이 높은 제조업 중심의 수출 주도형 경제구조를 가진 국가로서 2017년 기준 GDP 중 제조업이 차지하는 비중은 32.1%에 이르며, 수출의존도도 또한 35.3%로 높게 유지되고 있다. 또한 재생에너지 생산에 있어 기후가 중요한데 우리나라는 중위도 온대성 기후대에 위치해 있어 봄, 여름, 가을, 겨울의 사계절이 뚜렷하게 나타나는 계절적 특성을 보이고 있다. 풍력의 발전 효율을 측정한 결과, 육상 발전의 경우 25%, 해상 발전의 경우 40%의 바람을 발전에 이용할 수 있는 것으로 나타났으며, 태양광의 경우 사계절 간 일사량의 차이가 심해 연중 고른 재생에너지 발전이 쉽지 않은 상황이다(대한민국정부, 2020, p.32).

이러한 우리나라의 경제적, 기후적 여건을 고려하여 2030년 온실가스 감축목표는 기존 2018년 대비 26.3%보다 9% 상향한 35% 이상 범위에서 사회적 논의를 시작하도록 2021년 9월 24일 제정한 「기후위기 대응을 위한 탄소중립·녹색성장 기본법」(탄소중립기본법)에 명시한 바 있다. 같은 해 정부는 2030년 목표 배출량을 2018년 배출량(7억2760만 톤) 대비 40% 감축(4억3660만 톤)으로 상향 조정한 NDC 목표를 유엔기후변화협약(UNFCCC) 사무국에 제출하였다(외교부·환경부 공동보도자료, 2021.12.23.).

기존 목표를 대폭 상향시킴에 따라 정부는 2022년 중 구체적인 이행안(로드맵)을 수립하고 발전, 산업, 건물, 수송 등 전 부문의 가능한 역량을 최대한 동원할 것이며, 탄소배출 규제와 함께 자발적 협력 등의 방법을 활용하여 감축목표를 달성할 계획을 제시하였다.

(3) 온실가스 감축을 위한 법률 및 제도

① 탄소중립기본법 시행

2010년에 제정된 「저탄소녹색성장기본법」을 대체하여 2021년 제정된 「탄소중립기본법」으로 우리나라가 향후 30여 년간 추진해나갈 탄소중립 정책의 근간이 마련되었다. 탄소중립기본법의 목적은 기후위기의 심각한 영향을 예방하기 위하여 온실가스 감축 및 기후위기 적응대책을 강화하고 탄소중립 사회로의 이행 과정에서 발생할 수 있는 경제적·환경적·사회적 불평등을 해소하며 녹색기술과 녹색산업의 육성·촉진·활성화를 통하여 경제와 환경의 조화로운 발전을 도모함으로써, 현재 세대와 미래 세대의 삶의 질을 높이고 생태계와 기후체계를 보호하며 국제사회의 지속가능한 발전에 이바지하는 것이다.

이러한 목적을 이행하기 위해 탄소중립기본법에는 2050년 탄소중립을 국가 비전으로 명시하였고(제7조), 중장기 국가 온실가스 감축목표를 설정하도록 했다(제8조). 정부의 탄소중립 사회로의 이행과 녹색성장의 추진을 위한 주요 정책 및 계획과 그 시행에 관한 사항을 심의·의결하기 위하여 2050 탄소중립녹색성장위원회를 설치하였으며(제15조), 기후변화영향평가(제23조), 온실가스 감축인지 예산제도(제24조) 등 온실가스 감축시책과 재원확보방안으로 기후대응기금의 설치(제69조)에 관한 내용을 규정하였다(표 13-4).

이 법률에 따라 국가비전 및 중장기 감축목표 등의 달성을 위하여 20년을 계획기간으로 하는 국가 탄소중립 녹색성장 기본계획(이하 “국가기본계획”)을 5년마다 수립·시행하여야 한다. 국가기본계획과 관할 구역의 지역적 특성을 고려하여 10년을 계획기간으로 하는 탄소중립 녹색성장 기본계획을 시·도, 시·군·구 단위로 5년마다 수립해야 한다. 국가 기후위기 적응대책 또한 5년

단위로 수립 및 시행하고 추진사항을 점검해야 한다.

표 13-4. 탄소중립 사회로의 이행과 녹색성장의 기본원칙

「기후위기 대응을 위한 탄소중립·녹색성장 기본법」(탄소중립기본법)의 기본원칙
1. 미래세대의 생존을 보장하기 위하여 현재 세대가 져야 할 책임이라는 세대 간 형평성의 원칙과 지속가능한 발전의 원칙에 입각
2. 범지구적인 기후위기의 심각성과 그에 대응하는 국제적 경제환경의 변화에 대한 합리적 인식을 토대로 종합적인 위기 대응 전략으로서 탄소중립 사회로 이행과 녹색성장 추진
3. 기후변화에 대한 과학적 예측과 분석에 기반하고, 기후위기에 영향을 미치거나 기후위기로부터 영향을 받는 모든 영역과 분야를 포괄적으로 고려하여 온실가스 감축과 기후위기 적응에 관한 정책 수립
4. 기후위기로 인한 책임과 이익이 사회 전체에 균형 있게 분배되도록 하는 기후정의를 추구함으로써 기후위기와 사회적 불평등을 동시에 극복하고, 탄소중립 사회로의 이행 과정에서 피해를 입을 수 있는 취약한 계층·부문·지역을 보호하는 등 정의로운 전환 실현
5. 환경오염이나 온실가스 배출로 인한 경제적 비용이 재화 또는 서비스의 시장가격에 합리적으로 반영되도록 조세체계와 금융체계 등을 개편하여 오염자 부담의 원칙이 구현되도록 노력
6. 탄소중립 사회로의 이행을 통하여 기후위기를 극복함과 동시에, 성장 잠재력과 경쟁력이 높은 녹색기술과 녹색산업에 대한 투자 및 지원을 강화함으로써 국가 성장동력을 확충하고 국제 경쟁력을 강화하며, 일자리 창출의 기회로 활용
7. 탄소중립 사회로의 이행과 녹색성장의 추진 과정에서 모든 국민의 민주적 참여 보장
8. 기후위기가 인류 공통의 문제라는 인식 아래 지구 평균기온 상승을 산업화 이전 대비 최대 섭씨 1.5도로 제한하기 위한 국제사회의 노력에 적극 동참하고, 개발도상국의 환경과 사회정의를 저해하지 않고 기후위기 대응을 지원하기 위한 협력 강화

② 온실가스 배출권거래제

"온실가스 배출권거래제"는 정부가 온실가스를 많이 배출하는 기업에 배출권(배출허용총량)을 할당하고, 기업별 배출량에 따른 배출권 잉여업체와 부족업체 간 거래를 자유롭게 허용하는 제도이다. 사업장 간 자유로운 거래를 활용하여 온실가스 감축을 유도하는 제도로서 우리나라를 비롯하여 EU, 스위스, 뉴질랜드 등에서 시행 중이다.

우리나라는 2012년 「온실가스 배출권의 할당 및 거래에 관한 법률」을 제정하여 배출권거래제에 대한 법적 기반을 마련하고, 시범사업을 거쳐 2015년 1월부터 525개 업체를 대상으로 제1차 계획기간(2015～2017년) 동안 배출권거래제를 본격적으로 시행하였으며, 그 후 제2차 계획기간(2018～2020년)을 지나 제3차 계획기간(2021～2025년)을 설정하였다. 제3차 계획기간의 「배출권거래제 기본계획」은 파리협정에 따른 NDC 이행이 본격 시행되는 2021년을 대비하고, 2030년 국가 온실가스 감축목표 이행을 최우선 목표로 수립되었다.

배출권거래제의 적용 대상은 계획기간 4년 전부터 3년간 온실가스 배출량 연평균 총량이 125,000톤 이상인 업체 또는 25,000톤 이상인 사업장을 하나 이상 보유한 업체로 자발적으로 할당 대상업체로 지정 신청을 한 업체이며, 관리대상 물질은 이산화탄소(CO_2), 메탄(CH_4), 아산화질소(N_2O), 수소불화탄소(HFCs), 과불화탄소(PFCs), 육불화황(SF_6) 등 6가지 항목이다.

③ 목표관리제

탄소중립을 위한 "목표관리제"는 공공부문과 관리업체로 구분하여 관리하고 있다. 공공부문 목표관리제는 중앙행정기관, 지자체, 공공기관, 지방공사·공단 등 대상기관이 매년 온실가스 감축 및 에너지 절약에 대한 목표를 설정하고 지속적으로 감축활동을 이행하는 제도이다. 대상기관은 2030년까지 2007~2009년의 연평균 온실가스 배출량(기준배출량) 대비 50% 이상 온실가스를 감축하는 것을 목표로 설정하고 2026~2030년까지 연차별 감축목표량은 2025년에 그때까지의 감축실적, 추후 배출전망치, 감축잠재량을 종합적으로 검토하여 다시 설정할 계획이다.

표 13-5. 공공부문 목표관리제 대상기관

대상기관	구분
중앙행정기관	감사원, 기획재정부, 환경부, 문화재청 등 중앙행정기관
광역지방자치단체	서울특별시 등 시·도
기초지방자치단체	각 시·군 및 자치구
시·도 교육청	각 시·도의 교육청
공공기관	'공공기관의 운영에 관한 법률'에 따른 공공기관
지방공사 및 지방공단	'지방공기업법'에 따른 지방공사 및 지방공단
국립대학병원 및 치과병원	'국립대학(치과)병원 설치법' 및 '서울대학교(치과)병원설치법'에 따른 병원
국립대학 및 공립대학	'고등교육법'에 따른 국립대학 및 공립대학

출처: 환경부, 공공부문 온실가스·에너지 목표관리 운영 등에 관한 지침해설서, 2018

관리업체 목표관리제는 배출권거래제 적용을 받는 할당대상 업체보다 비교적 온실가스 배출량이 적은 업체들을 대상으로 하는 직접 규제방식의 제도이다. 정부는 업체와 협의를 통해 관리업체별 온실가스 배출량 및 에너지 사용량의 목표를 설정하고 업체별로 설정한 목표를 준수하도록 독려한다. 다만, 관리업체별로 설정된 목표를 초과하여 온실가스를 배출하거나 에너지를 사용한 경우 개선명령 또는 과태료를 부과한다.

목표관리제 대상 기업의 선정 기준은 2010년 제도 도입 후 3차례에 걸쳐 강화되었는데, 현재는 최근 3년간 연평균 온실가스 배출량이 5만 톤 이상(에너지 소비량 200 TJ[5] 이상)인 업체이거나 온실가스 배출량이 1.5만 톤 이상(에너지 소비량 80 TJ 이상)인 사업장을 대상으로 하고 있다. 목표관리제 대상 업체 중에서 배출권거래제 할당대상으로 선정되는 경우 목표관리제 대상에서 제외된다.

5) TJ는 Tera Joules의 약자. Joule은 에너지, 열량 등을 표현하는 국제 표준단위이다.

표 13-6. 목표관리제 관리업체 대상 선정 기준

구분	2011.12.31까지		2012.1.1부터		2014.1.1부터 현재까지	
	업체기준	사업장기준	업체기준	사업장기준	업체기준	사업장기준
온실가스 배출량(ton)	125,000	25,000	87,500	20,000	50,000	15,000

출처: 환경부, 온실가스·에너지 목표관리 운영 등에 관한 지침해설서, 2021.

④ 탄소중립 이행을 위한 신설 제도

"기후변화 영향평가"는 국가 주요 계획과 개발사업 추진 시 기후변화의 영향을 평가하는 제도로서 2022년 9월부터 시행한다. 이 제도를 통해 해당 사업이 유발하는 온실가스 배출량을 평가해 저감하는 방안을 마련하지 않으면 사업 추진이 어려워지게 된다. 탄소중립기본법에서는 이 제도를 「환경영향평가법」에 따라 전략환경영향평가 또는 환경영향평가의 대상이 되는 계획 및 개발사업 중에서 온실가스를 다량으로 배출하는 사업 등에 대하여 전략환경영향평가 또는 환경영향평가를 실시할 때, 소관 정책 또는 개발사업이 기후변화에 미치는 영향이나 기후변화로 인하여 받게 되는 영향에 대한 분석 및 평가를 포함하도록 하는 제도로 정의한다.

"온실가스 감축인지 예산제도"는 국가와 지방자치단체는 관계 법률에서 정하는 바에 따라 예산과 기금이 기후변화에 미치는 영향을 분석하고 이를 국가와 지방자치단체의 재정 운용에 반영하는 제도로서 2022년 시범 실시 후 2023년도 예산부터 본격 적용된다. 국회 기획재정위원회는 2021년 4월 기후변화 대응 노력을 예산에 담기 위한 해당 제도의 도입으로 「국가재정법」, 「국가회계법」, 「보조금 관리에 관한 법률」, 「부담금관리 기본법」, 「외국환거래법」 등 5건의 일부개정 법률안을 의결하였다.

그리고 탈탄소사회 이행에 필요한 산업구조 전환과 산업공정 개선 등을 지원하기 위한 "기후대응기금"을 설치하였다. 탄소중립 사회로의 전환과정에서 피해를 입을 수 있는 지역과 계층을 보호하기 위하여 특별지구 지정, 지원센터 설립 등 정의로운 전환과 적응을 함께 지원한다는 점에서 기후정의의 실현을 구체화했다. 정부는 경제구조 저탄소화 7조9000억 원, 저탄소 생태계 8000억 원, 공정한 전환 5000억 원, 제도적 기반 2조2000억 원 등 크게 4대 분야로 나누어 재정을 지원할 계획을 밝혔다(기획재정부, 2021).

"탄소중립 그린도시"는 탄소중립기본법 제29조에 제시된 환경기술과 인프라를 기반으로 에너지 전환, 흡수원 확충, 순환경제 촉진, 기후변화 적응 등을 통해 탄소중립을 달성하기 위한 정책을 계획 및 구현하는 도시를 말한다(그림 13-18). 이는 지역의 온실가스 배출현황 분석을 토대로 탄소중립 주요 환경분야 사업들을 여건에 맞게 집적화시키는 체계를 구축하는 것으로 환경부에서 2022년부터 새롭게 추진하는 사업이다. 환경부는 그린뉴딜(Green New Deal)[6] 과제 중 도시

6) 그린뉴딜은 기후변화와 경제 문제를 같이 해결하기 위해 제시한 정책을 말한다. 친환경 사회간접자본(SOC)과 신재생에너지 산업 및 녹색성장 산업에 대한 대규모 투자로 탄소중립과 고용창출, 나아가 경제성장을 도모하는 정책이다.

의 녹색 생태계 회복을 목표로 '스마트 그린도시(Smart Green City)' 사업을 추진하여 2020년 12월, 25곳의 대상지를 선정한 바 있으며, '탄소중립 그린도시'는 탄소중립을 달성하기 위한 별도의 신규 사업이다.

그림 13-18. 탄소중립 그린도시 모식도 [출처: 환경부 보도자료, 2022.1.5.]

(4) 부문별 온실가스 감축 정책

① 산업 부문

우리나라 정부는 산업 부문의 2030년 온실가스 배출 목표량을 2018년보다 6.4% 감소에서(당초 NDC 계획) 14.5% 감소시킨 2억2260만 톤으로 제시하였다(2030 국가 온실가스 감축목표(NDC) 상향안, 2021). 산업 부문의 경우, 2030 NDC를 달성하기 위한 핵심적인 정책 수단으로서 앞 절에서 설명한 배출권거래제와 목표관리제를 시행하고 있으며, 이 외에도 산업 부문의 에너지 효율을 높이기 위한 다양한 정책을 펴고 있다.

에너지절약전문기업(ESCO: Energy Service Company) 제도의 경우, 기술과 자금조달 능력이 부족한 에너지사용자를 대신하여 에너지 사용시설을 교체하고 여기서 발생하는 에너지 절약 효과를 보증하는 사업에 대해서 자금 융자지원 및 ESCO 등록업체를 운영 및 관리하는 것이다(한국에너지공단 홈페이지). 또한 에너지경영시스템(EnMS) 체계를 도입함으로써 에너지 효율, 이용 및 사용량을 포함한 에너지 성과를 개선하는 데 필요한 시스템과 프로세스를 수립하고 지속적으로 이행하고 있다(에너지경영시스템 홈페이지).

에너지공급자 효율향상 의무화제도(EERS: Energy Efficiency Resource Standard)란 소비자의 효율향상을 위하여 전력, 가스 등 에너지공급자에 대해 정부가 부과한 에너지 절감목표량을 의무적으로 달성토록 하고 목표 이행여부에 따라 페널티 및 인센티브를 제공함으로써 국가 전체적인 에너지 효율을 개선하는 제도이다. 전기, 가스, 열을 공급하고 있는 에너지 공기업(한국전력공사, 한국가스공사, 한국지역난방공사 등)과 구역전기사업자, 도시가스사업자, 집단에너지사업자 등 에너지공급자가 의무대상자가 된다. 즉, 에너지공급자에게 에너지수요자들이 효율적으로 에너지를 소비할 수 있도록 의무를 지우는 제도인 것이다. 이제 에너지공급자는 에너지공급만 하는 것이 아니라 합리적인 에너지소비가 이루어지도록 지원하는 역할도 담당해야 한다. 사업대상은 목표관리제의 대상을 제외한 가정·상업부문의 소규모 에너지소비자로 한정한다. 2018년 한국전력공사를 시작으로 시범사업을 실시하고 있다(박연수, 2019).

NDC 상향조정으로 인한 추가 감축 방안으로 철강 부문의 미래기술(철스크랩 다량 투입 기술, 코크스 소비열량 저감기술 등) 조기 상용화, 산업단지 열병합 발전시설의 친환경 연료(바이오매스, LNG 발전 등) 확대 등을 포함하였다.

② 수송 부문

수송 부문의 경우 2030년 온실가스 배출 목표량 설정 시 2018년을 기준으로 당초 28.1% 감소에서 37.8%로 감소율을 상향 조정함으로써 배출량을 6100만 톤으로 제시하였다(2030 국가 온실가스 감축목표(NDC) 상향안, 2021). 주요 감축 방안으로는 수요관리를 위한 대중교통 이용 편의제고, 연계 교통 강화, 철도 중심의 교통체계 강화, 운행제한 제도 확대 등 자동차 주행거리 감축 방안과 친환경차 보급, 경유차를 대상으로 한 바이오디젤 혼합률 상향(3 → 8%), 해운과 항공 분야의 에너지 및 운영 효율 개선방안을 제시하고 있다.

특히, 환경부는 2005년부터 수도권 지역에서 시행하던 저공해차 보급목표 제도를 2020년부터 전국으로 확대하면서 당초 목표는 15%였으나 22% 수준으로 목표를 넘어섰다. 공공부문의 경우 2020년부터는 친환경차만 구매하도록 의무화하였다.

표 13-7. 저공해차 보급 및 충전 인프라 구축 현황 (단위: 대)

구분			2018	2019	2020	2021	누적
저공해차 (친환경차)	전기차		55,843	35,080	46,713	100,427	238,063
	수소차		908	4,194	5,843	8,532	19,477
충전 인프라	전기	급속	5,213	2,183	2,409	5,262	15,067
		완속	22,139	15,257	16,987	37,251	91,634
		합계	27,352	17,440	19,396	42,513	106,701
	수소		14	22	34	100	170

출처: 환경부, 2021, 전기·수소차 보급 및 충전인프라 구축 현황, http://www.me.go.kr.

승용차, 버스, 화물차, 이륜차 등 차종별로 친환경차 구매에 따른 다양한 국가 및 지자체 보조금을 지급하고 있으며, 전국 어디서든 전기차 충전이 가능한 인프라 구축을 추진 중이다. 이러한 노력의 결과, 지난 3년간 친환경차 보급 누적 대수는 약 4.5배 이상 증가하였으며, 2019년 기준, 수소차 보급 대수는 세계 1위, 전기차 보급 대수는 세계 8위를 달성하였다(표 13-7).

③ 건물 부문

건물 부문의 2030년 온실가스 배출 목표량은 2018년보다 당초 19.5% 감소에서 32.8%로 감소율을 상향 조정함으로써 35.0백만 톤으로 제시하였다(2030 국가온실가스 감축목표(NDC) 상향안, 2021). 건물 부문의 온실가스 배출 정도는 국민의 주거 환경 및 생활 방식과 관련이 있으므로 감축 방안 설정 시 한국의 높은 아파트 비중을 고려하여 다양한 제도적 기반을 마련하여 시행하고 있다.

건물의 에너지 효율을 향상하기 위해서 건축물의 단열 등 에너지 성능을 높이고 신재생에너지 설비로 에너지를 생산하여 에너지 소비를 최소화하는 "제로에너지 건축"(Zero Energy Building)과 에너지 소비가 많은 노후 건축물을 녹색건축물로 전환시키는 "그린 리모델링"(Green Remodeling) 확대 방안을 제시하였다.

제로에너지 건축의 경우 2020년부터 연면적 1,000 m^2 이상 공공건축물에 대해 의무화했으며, 대상을 단계적으로 점차 확대하여 2030년에는 민간·공공건축물 모두 연면적 5백 m^2 이상에 대하여 제로에너지 건축을 의무화할 예정이다(대한민국정부, 2020; 그림 13-19).

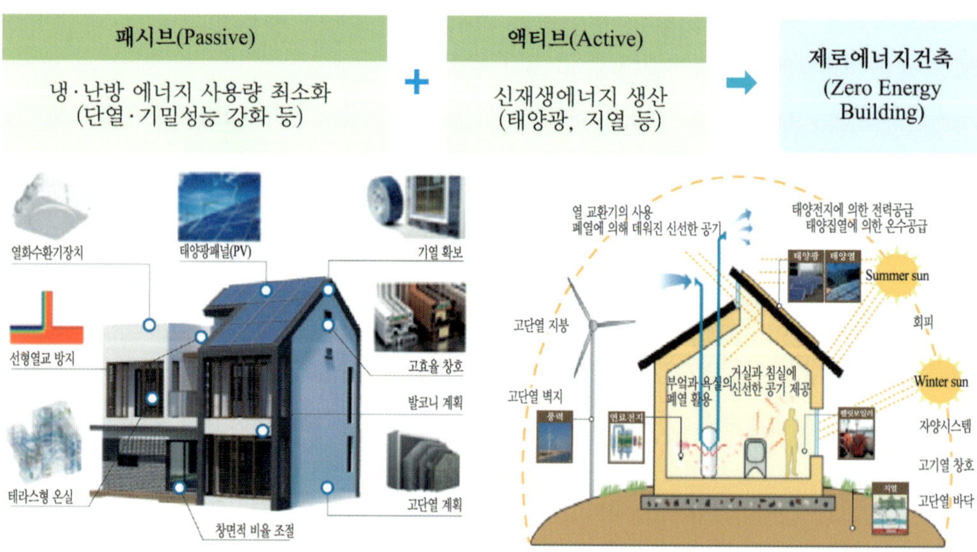

그림 13-19. 제로에너지 건축 개념도 [출처: 대한민국정부, 2020, p.39]

이 외에도 에너지 수요관리 강화방안으로 조명, 가전 등에 고효율기기를 보급하고, 형광등은 2027년까지 시장 퇴출을 목표로 하여 에너지 소비 효율 기준을 단계적으로 강화하고 있다. 또한 냉·난방 환기, 조명, 급탕 등에 센서 및 계측장비 설치하여 통신망과 연계한 스마트에너지 관리 시스템의 도입, 지역난방 열공급 효율 향상, 태양광·지열·수열 등 신재생에너지 보급 등 청정에너지 보급 확대를 계획하고 있다.

(5) 탄소중립도시

지구 온난화에 의한 기후변화에 대응하기 위해 정부는 2010년 제정된 「저탄소녹색성장기본법」에 따라 녹색기술과 청정에너지 중심의 신성장동력을 토대로 저탄소 녹색성장을 추진하였다. 2021년에는 「저탄소녹색성장기본법」을 대체하는 「기후위기 대응을 위한 탄소중립·녹색성장 기본법」(탄소중립기본법)을 제정하고 2022년부터 시행하고 있다.

최근에 거론되는 탄소중립도시(carbon neutral city), 탄소제로도시(zero-carbon city), 저탄소 녹색도시(low-carbon green city) 등은 모두 탄소배출 감축과 신재생에너지 사용을 강조하는 도시라는 점에서 같은 의미로 파악된다. 한편으로 녹색도시(green city)와 생태도시(ecocity)는 온실가스 감축이 주목적은 아니지만 도시녹화, 생태복원, 물순환을 통해서 탄소를 흡수하여 탄소 저감에 기여한다.

그동안 온실가스 감축을 위한 정책의 일환으로 정부에서는 기후변화대응 시범도시, 생생도시, 저탄소 녹색도시(환경부, 국토해양부), 스마트 그린도시, 탄소중립 그린도시 등을 선정하여 사업을 지원했다. 기후변화대응 시범도시는 환경부에서 2007년 최초로 지정된 제주특별자치도를 포함하여 2010년까지 전국에 걸쳐 9개 시범도시가 선정되었다. 생생도시는 국무총리 소속 녹색성장위원회에서 녹색 환경과 경제 개념을 접목한 한국형 녹색성장의 도시모델로서, 녹색에너지, 녹색교통, 물순환, 자원재활용, 녹색산업, 생태축, 녹색시민운동 등 7개 분야가 조화를 이루는 도시로 구상하였다. "생생"은 생동하는 생태라는 의미이며, 2009년부터 전국 시·군·구 중심의 중소도시들을 대상으로 생생도시를 선정하였다. 저탄소 녹색도시는 환경부와 국토해양부에서 2009년 강릉을 시범도시로 선정하고 경포지역을 대상으로 전통문화지구, 녹색농업지구, 저탄소 비지니스지구, 에코빌리지, 신재생에너지 복합단지, 생태복원지구, 수변공간 재생지구 등을 조성하였다.

스마트 그린도시 사업은 환경부에서 기후변화와 에너지 위기에 대응하고 도시의 녹색 생태계를 회복하여 지속가능한 도시환경을 구축하는 방안으로 시행되었다. 2020년 12월에 처음으로 25개 도시가 선정되어 2021년부터 2년간 사업을 지원한다. 탄소중립 그린도시는 환경부에서 탄소중립을 달성하기 위한 정책을 계획 및 구현하는 도시를 선정하여 2022년부터 시행하는 사업이다. 지역의 온실가스 배출현황 분석을 토대로 탄소중립 관련 사업들을 여건에 맞게 집적화시키는 체계를 구축하는 도시를 선정하며, 2022년에는 2개 도시를 모집한다.

표 13-8. 탄소중립 정책수단과 도시유형의 비교

<table>
<tr><th colspan="2">요소</th><th colspan="2">정책수단</th><th>탄소 저감·흡수</th><th>도시유형</th></tr>
<tr><td rowspan="12">에너지</td><td rowspan="7">신재생
에너지</td><td colspan="2">태양광 발전 시스템</td><td rowspan="20">탄소 저감</td><td rowspan="12">에너지 절약형
도시</td></tr>
<tr><td colspan="2">태양열 온수 시스템</td></tr>
<tr><td colspan="2">풍력</td></tr>
<tr><td colspan="2">지열</td></tr>
<tr><td colspan="2">하수열, 하천열</td></tr>
<tr><td colspan="2">바이오에너지</td></tr>
<tr><td colspan="2">연료전지</td></tr>
<tr><td rowspan="5">에너지
절약건축</td><td colspan="2">고단열, 고기밀 자재</td></tr>
<tr><td colspan="2">자연채광 및 차양</td></tr>
<tr><td colspan="2">자연 통풍</td></tr>
<tr><td colspan="2">LED 조명</td></tr>
<tr><td colspan="2">지역냉난방</td></tr>
<tr><td rowspan="8">교통</td><td>대중교통</td><td colspan="2">지하철, 전철, 경전철, 버스</td><td rowspan="8">친환경 교통도시</td></tr>
<tr><td rowspan="6">친환경
교통수단</td><td rowspan="2">버스</td><td>BRT(간선급행버스)*</td></tr>
<tr><td>CNG·LNG 버스</td></tr>
<tr><td colspan="2">하이브리드카</td></tr>
<tr><td colspan="2">전기자동차, 수소자동차</td></tr>
<tr><td colspan="2">자전거</td></tr>
<tr><td colspan="2">보행</td></tr>
<tr><td>교통시설</td><td colspan="2">TOD(대중교통지향형 개발)**</td></tr>
<tr><td rowspan="5">녹화</td><td rowspan="5">녹화</td><td colspan="2">그린네트워크 조성</td><td rowspan="10">탄소 흡수</td><td rowspan="14">녹색·생태도시</td></tr>
<tr><td colspan="2">바람길 조성</td></tr>
<tr><td colspan="2">완충녹지</td></tr>
<tr><td colspan="2">주거단지 녹화</td></tr>
<tr><td colspan="2">건축물의 지붕·옥상·벽면 녹화</td></tr>
<tr><td rowspan="5">물</td><td rowspan="2">빗물</td><td colspan="2">투수성 및 기능성 포장</td></tr>
<tr><td colspan="2">도시 빗물 순환 시스템: 우수 저장</td></tr>
<tr><td>살수</td><td colspan="2">도심 살수 시스템</td></tr>
<tr><td>하천</td><td colspan="2">도시 하천 복원 및 실개천 조성</td></tr>
<tr><td>중수·하수</td><td colspan="2">중수·하수 재이용 처리시스템</td></tr>
<tr><td rowspan="4">자원</td><td rowspan="2">자원 순환</td><td colspan="2">자원 재이용, 재활용</td><td rowspan="7">탄소 저감</td></tr>
<tr><td colspan="2">천연자원 재료</td></tr>
<tr><td rowspan="2">폐기물 순환</td><td colspan="2">음식물 쓰레기 퇴비화</td></tr>
<tr><td colspan="2">음식물 쓰레기 에너지화</td></tr>
<tr><td rowspan="3">토지이용</td><td rowspan="3">토지이용</td><td colspan="2">도심 고밀도 개발</td><td rowspan="3">압축도시</td></tr>
<tr><td colspan="2">복합용도 개발</td></tr>
<tr><td colspan="2">분산된 집중</td></tr>
</table>

주: * BRT = Bus Rapid Transit, ** TOD = Transit-Oriented Development

자료: 김홍주, 2009, p.157; 이재준·최석한, 2009, pp.124-127, 김학훈·이종호, 2013, p.316.

탄소중립도시 또는 탄소제로도시는 탄소 발생을 저감하거나 흡수하기 위해서 다양한 정책 수단을 활용할 수 있는데, 녹색도시, 생태도시, 압축도시[7] 등에서도 일부 같은 방법을 활용하기 때문에 정책 수단들을 나열해 보고 비교할 필요가 있다. 표 13-8은 탄소중립 정책수단과 도시유형을 비교한 표이다. 이 표를 보면 에너지, 교통, 녹화, 물, 자원, 토지이용의 각 요소에 대한 다양한 정책 수단들이 모두 탄소 저감 또는 탄소 흡수와 관련이 있다는 것을 알 수 있으며, 또한 각 정책 수단이 어떠한 유형의 도시에서 중점적으로 다루어지는지 알 수 있다.

그림 13-20. 영국 런던 교외의 탄소중립 주택단지(BedZED) [사진: Wikipedia]

주: BedZED는 Beddington Zero Energy Development의 약자이며, 82가구를 위한 생태마을(ecovillage)로 2002년 완공되었다, 탄소배출 제로의 친환경 주택단지로는 세계 최초인 것으로 기록되었다.

글상자 23. 스마트 그린도시(Smart Green City)

전 세계의 도시는 화석연료 사용으로 발생한 온실가스의 75%를 배출하고 있다. 도시의 환경오염 물질 배출량은 갈수록 증가하고 있고, 도시지역의 확대로 인해 자연공간과 생물다양성이 사라지고 있다. 이에 따라 세계의 많은 도시들은 환경 문제를 해결하고 기후변화를 줄이고 회복력을

7) 압축도시(compact city)란 도시 내부를 고밀도로 복합개발함으로써 토지이용의 효율성과 도시 외곽의 개발 억제를 동시에 추구하는 도시 모델을 말한다. 교외화로 인한 도시의 팽창, 도심 공동화, 자가용차 출퇴근 등의 문제를 해결하기 위해서 제안되었다.

증진하며 온실가스 배출을 줄일 수 있도록 하는 도시의 녹색 전환을 핵심 의제로 추진하고 있다.

유럽은 스마트 환경도시 조성을 통해 녹색 전환 정책을 추진하고 있다. 암스테르담, 비엔나, 바르셀로나 등 주요 유럽 도시는 스마트 기술을 통해 도시의 기후 환경 문제를 해결하기 위해 노력하고 있으며, 영국의 소도시인 토트네스(Totnes)는 에너지 독립계획을 수립하고 지역사회 및 커뮤니티를 중심으로 전환도시 운동을 추진하고 있다. 미국의 뉴욕과 로스앤젤레스는 2050년 탄소중립을 위한 그린뉴딜 계획을 추진하고 있다.

이러한 시점에서 우리나라 환경부에서는 기후변화와 에너지 위기에 대응하고 지속가능한 도시환경을 구축하기 위한 방안으로 2021년부터 스마트 그린도시(Smart Green City) 사업을 시행하고 있다. 스마트 그린도시는 스마트 기술과 그린도시의 개념을 결합한 것으로 이 사업의 비전은 도시의 녹색 생태계를 회복하여 인간과 자연이 공존하는 지속가능한 미래 도시를 구현하는 것이다. 4대 사업분야로는 기후변화 대응을 위한 도시 회복력 구축, 온실가스 저감, 생태복원, 인간중심 지역사회를 도출하였으며, 구체적인 사업을 분류하여 시행할 수 있도록 10개 중점 사업유형에 대한 사업방안을 제시하였다. 10대 사업유형을 나열하면 건물녹화, 물순환, 스마트 물관리, 미래차 충전시설, 자원순환, 생태복원, 생태휴식, 청정대기관리, 스마트 환경교육, 생활환경관리 등이다.

그림 13-21는 스마트 그린도시 사업 모델안으로서 비가 오면 이에 대한 유출을 억제하도록 도시는 물을 흡수(저류)하여 생태 건전성을 높이고 있다. 저류된 물은 열섬완화, 조경, 생태용수로 재활용되며, 이러한 사업을 산림청에서 진행하고 있는 도시숲 조성사업과 함께 연계시켜 도시의 환경성을 극대화하는 안을 제시한 것이다.

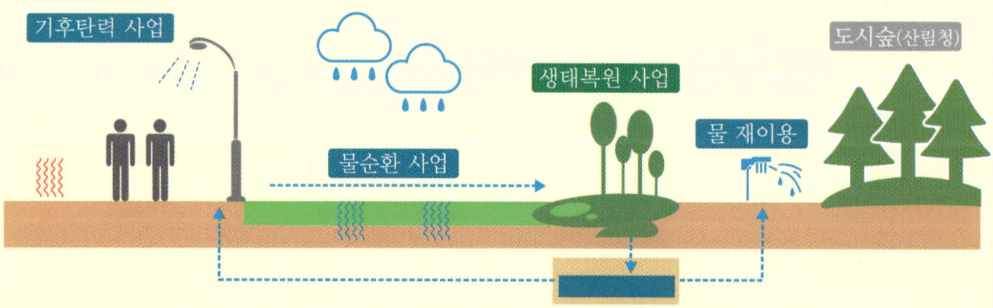

그림 13-21. 스마트 그린도시의 사업 모델안

스마트 그린도시는 문제해결형, 종합선도형의 두 개의 모델로 구분하여 도시기후 및 환경진단을 통해 지역 특성별로 필요한 환경개선사업들을 선별하고 서로 연계하여 시너지 효과를 창출함으로써 도시의 지속가능성과 회복력을 강화시키고자 계획되었다. 환경부에서는 2020년 12월 총 25개의 도시(문제해결형 20개소, 종합선도형 5개소)를 스마트 그린도시로 선정하여 2021년부터 2년간 사업을 지원한다. [자료: Smart Greeen City, http://smartgreencity.kr]

14
CHAPTER

개발과 환경의 갈등

경제개발은 국민소득을 증대시키고 전반적인 생활 수준을 향상하는데 기여한다. 그러나 개발이 진행되면서 자원이 풍부하고 산업 시설이 들어선 지역과 그렇지 못한 지역 간에 경제적인 격차가 더욱 벌어지게 되고, 경제적 여건이 좋아진 도시로 인구가 과도하게 집중하면서 도시의 생활환경은 악화하게 된다. 또한 무질서한 산업화와 도시화에 기인하는 환경오염 문제는 더욱 심각하게 된다.

이러한 지역개발과 환경 간의 문제는 지역주민의 삶의 질을 저하시키고 지역주민 간의 갈등을 일으키는 원인이 되고 있다. 이러한 지역 문제를 사전에 방지하기 위해서는 형평성에 기초한 지역개발이 이루어져야 하며, 환경에 대한 피해를 줄이면서 효율적으로 개발하는 방법을 모색해야 한다. 본 장에서는 환경론과 개발론, 지역이기주의, 산업화, 도시화, 자원개발, 국책사업 등으로 인한 환경문제와 갈등을 주제로 살펴본다.

1 환경론과 개발론

1) 환경우선론

오늘날 환경주의, 환경보호, 환경보전이라는 말이 일상적으로 쓰이고 있지만, 환경 그 자체의 다의성으로 인해 환경우선론자들 사이에서도 그 의미에 대한 견해가 일치하지 않고 있다. 환경주의는 포괄적으로 생태계 파괴와 환경오염을 방지하고 자연환경을 보존하자는 주장이라고 할 수 있다. 인간은 자연의 한 요소이므로 자신이 일부분을 구성하고 있는 생태계와 조화를 이루어 생태계의 안정을 유지해야 한다는 것이다.

환경주의자들은 맹목적인 경제성장의 추구는 선후진국을 막론하고 자원고갈과 환경오염, 생태계 파괴를 유발하여 돌이킬 수 없는 재앙을 초래할 것이라고 경고하고 있다. 이들 주장의 이면에는 경제개발과 산업발전이 오히려 인류 복지의 감소를 초래한다는 뜻이 담겨있다. 그러므로 개발은 환경이 손상되지 않은 범위 내에서만 가능하다고 주장하고 있다.

2) 개발우선론

개발과 환경이라는 일견 상충하는 명제에 대해 개발우선론자들은 성장에 우선순위를 둔다. 특히 개발도상국의 입장이 그러하다. 이들은 시급한 생존문제의 해결 없이 환경을 보호하여 삶의 질을 높이자는 구호는 값비싼 오락거리에 불과하다고 주장한다. 개발과정에서 환경오염이 발생하더라도 높은 경제 수준에 도달한 후 충분히 환경오염 문제를 해결할 수 있다는 것이다. 이들이 환경보호 자체를 부정하는 것은 아니고, 현재는 환경보호의 필요성보다 경제개발의 긴급성을 강조하는 것이라고 볼 수 있다. 즉 이들은 환경주의자의 당위론을 배격하고 합리적이고도 현실적인 접근을 강조한다.

개발우선론자들은 인류의 장래를 비교적 낙관적으로 전망한다. 인류는 역사를 통해 볼 때 모든 도전을 극복해 왔고 앞으로도 과학기술이나 정치적·경제적 개혁을 이루면서 극복할 것이라고 본다. 개발의 결과로 초래되는 자원고갈, 환경오염 등의 문제도 과학기술의 발전을 통해 해결할 수 있다는 것이다.

3) 지속가능한 개발론

1960년대에는 서구선진국을 중심으로 환경운동이 태동하였으며, 이후 환경문제는 세계적인 관심사로 등장하게 되었다. 그리하여 1972년 UN 인간환경회의(Conference on the Human Environment)가 스웨덴 스톡홀름에서 "Only One Earth"라는 표어로 개최되었는데, 그 준비과정에서부터 선진국과 후진국의 이해가 첨예하게 대립하였다. 선진국 대표들은 10명이 타는 구명정에 11명이 타면 가라앉는다는 소위 구명정 이론을 내세우며 환경문제를 해결하기 위해서는 성장을 억제해야 한다고 주장했지만, 이는 후진국의 실정을 전혀 고려하지 않은 것이라며 후진국 대표들이 반발하였다. 이에 따라 서로의 입장을 완화하여 환경보호와 경제개발을 합리적인 계획을 통해 동시에 추구해야 한다는 내용이 선언문에 포함되었다(김재한, 2005, p.323). 이 회의의 인간환경(human environment)은 자연환경뿐만 아니라 경제개발과 인구문제 등을 포괄하는 생활환경의 개념으로 사용한 것이므로 자연환경의 파괴를 최소화하는 개발, 즉 개발과 환경보전의 통합을 추구한 것으로 볼 수 있다.

이후 개발과 환경을 통합시킨 발전론이 1980년 국제자연보전연맹(IUCN)이 유엔환경계획(UNEP)에 제출한 「세계환경보전전략(World Conservation Strategy)」과 1987년 UN 세계환경개발위원회(WCED)가 작성한 「우리의 공동 미래(Our Common Future)」를 통해서 구체화하였다. 전자는 생태계의 보전을 담보하는 한계 내에서의 성장에 비중을 두었고, 후자는 인간의 후생복지 증진을 위해 어느 정도 개발이 필요하다는 점에 비중을 둠으로써 다소간의 차이가 보인다. 후자의 보고서에는 지속가능한 개발(sustainable development)이란 용어를 사용해서 미래 세대를 위한 환경보전과 현재 세대의 후생욕구를 동시에 추구하는 개발을 제안하였으며, 이후 세계 각국에서는 환경정책의 최종 목표로 권장하고 있다.

글상자 24. 텔리코댐: 개발과 환경보전 논쟁

미국 테네시주의 텔리코댐(Tellico Dam)은 1967년 의회의 승인을 받아 TVA에 의해 댐의 건설공사가 75%나 진척되다가 그 지역 강(Tennessee 강) 상류에만 사는 달팽이 시어(snail darter)라는 물고기의 멸종에 관한 논쟁이 촉발되어 법적 소송까지 진행되었다. 법적 소송에서 개발론자의 주장은 댐의 경제성이 달팽이 시어의 보존가치보다 훨씬 높다는 것이고, 생태주의자들의 주장은 경제성과 무관하게 달팽이 시어는 보존돼야 하며 멸종은 어떤 상황에서도 정당화될 수 없다는 것이었다.

1978년 연방대법원이 6 대 3으로 보전론자의 손을 들어 주었던 판결문에는 '어떤 비용을 감수하고서라도 종의 멸종은 막아야 한다'라는 문구가 포함됐다. 1억 달러를 투입해 95%나 공사가 진척된 댐 건설사업이 일시에 중단되는 듯했다. 연방대법원 판결이 나오자 개발론자들은 분노했다. 1979년 미 의회를 통해 에너지 및 용수공급에 관한 법안을 통과시키면서 '텔리코댐을 종 보호법에 저촉되지 않는 예외 사업으로 한다'라는 수정조항을 포함했다. 마침내 1979년 11월 텔리코댐이 완공됐고, 상류는 수몰되었다.

이 모든 논란을 불러온 달팽이 시어는 어떻게 되었을까? 당시 달팽이 시어는 근처의 하이와시(Hiwassee)강으로 집단 이주시키는 프로젝트가 성공적으로 진행되어 수몰 이후에도 멸종되지 않았다. 더욱 역설적인 것은 텔리코댐 자체가 경제적 타당성이 없는 사업이라는 사후 평가가 내려졌다는 사실이다. 처음부터 경제성 평가가 제대로 이뤄졌다면 12년간의 공사와 법정 소송, 공사의 중단 및 재개와 같은 갈등과 혼란은 피할 수 있었을 것이다.

결과적으로 볼 때 경제분석가나 생태학자 모두 불확실한 과학적 정보를 바탕으로 의미 없는 가치논쟁을 벌였던 것이다. 이 사례에서 우리가 얻을 수 있는 교훈은 과학적 정보가 불확실하면 환경보전에 대한 효과적인 정책의 결정이나 사회적 합의를 도출하기 어렵다는 점이다.

[자료: 조선일보, 2008년 3월 28일]

그림 14-1. 텔리코댐과 달팽이 시어 [사진: Wikipedia]

2 지역이기주의와 환경분쟁

1) 지역이기주의

(1) NIMBY 현상과 PIMFY 현상

지역이기주의는 국가 전체 또는 다른 지역의 이익보다는 자기 지역의 이익을 우선시하는 생각과 태도를 뜻한다. 자기 지역에 이익이 되는 시설은 무조건 받아들이고 손해가 되는 시설은 무조건 배척하는 집단적 행태가 지역이기주의의 전형적인 발로라고 할 수 있다. 이렇게 지역이기주의는 혐오시설 입지반대(NIMBY: not in my backyard)와 편익시설 입지요구(PIMFY: please in my front yard)로 나눌 수 있다.

님비(NIMBY) 현상은 혐오시설의 필요성은 인정하면서 자기의 거주지역에 설치되는 것을 반대하는 현상이다. NIMBY와 비슷한 개념을 가진 표현으로 거주지역에 혐오시설 입지를 절대 반대하는 BANANA(build absolutely nothing anywhere near anybody)가 있다. 혐오시설은 기피시설 또는 LULU(locally unwanted land use)라고도 하는데, 그 예로는 분뇨처리장, 하수종말처리장, 쓰레기 매립장, 소각장, 열병합발전소, 화력발전소, 원자력발전소, 교도소, 고아원, 화장장 등이 있다. 혐오시설은 어디에 입지하거나 거리에 상관없이 주민의 편익은 일정하지만, 인접 지역의 주민에게는 시설의 종류에 따라 분진, 소음, 악취, 대기오염, 심리적 요인 등 부정적 외부효과로 인하여 피해를 주는 시설이다.

그러나 혐오시설은 주민을 위한 기반시설로서 공공재의 특성을 가진다. 즉 혐오시설은 특정인의 소비가 다른 사람의 소비에 영향을 미치지 않는 특성인 비경합성(non-rivalry)과 특정인을 소비 대상에서 제외할 수 없는 특성인 비배제성(non-exclusiveness) 같은 공공재의 특성을 지닌다. 또한 혐오시설은 두 개 이상의 지방자치단체 관할구역에 서비스를 제공하는 기반시설인 광역시설이 대부분이다. 그러므로 한 지역에서 반대하면 다른 어떤 지역에 입지할 필요가 있는 시설이 혐오시설이다.

핌피(PIMFY) 현상은 특정지역의 지방자치단체나 주민들이 자기 지역에 이익이 되는 시설의 입지를 적극적으로 유치하려는 현상이다. PIMPY의 대상이 되어 지역의 복지와 소득 증대에 기여할 수 있는 시설의 예를 들면 도로 및 철도역, 체육공원, 국가기관, 첨단산업 시설 등이 있다. 공원과 같은 시설의 경우 인접할수록 맑은 공기와 아름다운 자연이란 편익은 커지지만, 멀리 떨어져 있으면 그 시설의 긍정적 외부효과를 누릴 수가 없다. 그러므로 PIMFY 시설의 입지에 대해서는 지역주민이 찬성한다.

시대가 변하면서 한때 NIMBY 시설이어서 도시 외곽으로 밀려났던 철도역이나 버스터미널은 다시 PIMFY 시설이 되어 돌아오기도 한다. 자가용 차량이 아닌 대중교통 이용에 초점을 맞춘 도시개발인 대중교통지향형 개발(TOD: transit-oriented development)에서는 지하에 설치한 대중교통 터미널을 중심으로 환승센터, 쇼핑센터, 업무시설, 주상복합시설 등을 배치하기 때문에 지역주민들이 적극적으로 유치하려는 경향이 있다.

(2) 지역이기주의에 대한 부정론과 긍정론

지역이기주의에 대해서는 부정론뿐 아니라 긍정론도 있다. 그러한 부정론과 긍정론에 대한 근거는 다음과 같다(김홍식, 1993, pp.14-24).

지역이기주의에 대한 부정론은 최대 다수의 최대행복을 추구하는 공리주의에 근거를 둔다. 지역이기주의로 인해 일부 지역주민이나 특정 집단이 자신들의 이익을 위해 최대 다수의 이익을 훼손하는 일은 받아들일 수 없다는 주장이다. 즉 지역이기주의로 인한 입지반대 때문에 과학적 분석에 근거하지 않고 정치적으로 혐오시설의 입지가 결정되거나 입지결정이 지연될 경우 환경문제가 악화하며 물리력에 의한 집단행동으로 갈등이 더욱 증폭된다는 것이다.

지역이기주의에 대한 긍정론은 정당한 권리나 이익은 다수의 것이든 소수 것이든 보호되어야 한다는 정의론에 근거를 둔다. 즉 지역이기주의의 원인으로 입지선정의 불공정성, 정당한 보상 없는 희생 강요, 정부에 대한 지역주민의 불신과 피해의식 등을 거론하면서 지역이기주의가 정책오류를 예방하고 교정하는 환류(feed back) 기능도 있다는 것을 강조한다.

2) 환경분쟁

쓰레기 매립장, 소각장, 열병합발전소, 화장장, 원자력발전소 등 환경기피시설의 입지선정 과정에서 지역주민과 행정당국 간의 분쟁이 자주 발생하고 있는 것이 최근의 현실이다. 그러한 시설들이 보상협의 결과 입지하게 된다고 하더라도 시설을 운영하는 동안 주변 지역의 주민들은 환경오염에 더욱 민감하게 반응하여 시설을 운영하는 주체와의 갈등이 확대되는 경우도 많다. 만약 환경기피시설에 의한 환경오염이 입지 이전에 예상한 것보다 심하다고 판단되면 주민들은 추가적인 보상이나 오염방지시설의 추가적인 설치를 요구하거나 그 시설의 폐쇄를 요구하기도 한다(김학훈 외, 1997, p.24).

이러한 환경분쟁의 발생원인을 지역이기주의와 기술관료주의적 병폐의 두 가지에서 찾을 수 있다(이수장, 1996). 여기서 기술관료주의란 과학기술의 지식이나 능력을 갖춘 공직자가 정부의 정책 입안과 의사결정에 영향력을 행사해야 한다고 믿는 태도를 말한다. 즉 기술관료들은 자기들만이 옳다고 믿으면서 지역주민들의 의사를 무시하거나 협상능력의 부족을 보이는 경우가 많기 때문에 환경분쟁을 유발한다는 지적이다.

정책결정자들은 흔히 이러한 NIMBY 현상을 지역이기주의라고 폄훼하면서 환경분쟁의 책임을 지역주민에게 전가한다. 그러나 한편으로는 정책결정자나 전문가가 주도하는 혐오시설의 입지선정 과정에 환경분쟁의 원인이 있기도 하다. 지역주민과 충분한 협의를 거치지 않고 일방적으로 입지선정결과를 발표하는 하향식 의사결정에도 문제가 있는 것이다.

환경분쟁에 대한 또 다른 접근방법은 헌법에 보장된 재산권(제23조)과 환경권(제35조)의 정당한 행사라고 보는 관점이다(최영국·이순자, 1996, p.34). 이러한 긍정적 견해의 배경을 보면, 환경분쟁은 지역주민이 지역의 역사문화를 지키고 재산가치의 하락을 막기 위한 정당한 의사표현이며, 비민주적인 하향식 의사결정에 대한 거부표시라는 것이다. 이러한 접근방법은 소수의 정당한 권리를 법적으로 보호하는 방법이며, 전문가들의 주장을 다른 관점에서 보완하여 대안을 제시하는 계기가 될 수도 있다.

이러한 환경분쟁의 갈등을 해소하는 정책을 수립하는 데에는 지역주민이 가지고 있는 환경에 대한 가치관과 인식수준을 잘 파악할 필요가 있다. 그 이유는 환경분쟁의 원인은 위에서 제시한 원인뿐 아니라 주민들의 입장에 대한 이해부족 또는 잘못된 정보에 기인할 수도 있기 때문이다(Andrews, 1981). 또한 NIMBY 현상에 내재되어 있는 것처럼 주민태도의 이율배반적인 특성, 즉 혐오시설의 필요성은 인정하면서도 입지 사용에 따른 대가는 지불하지 않으려는 태도가 문제해결의 걸림돌이 될 수 있다. 그리고 지역 특성 및 주민 특성(인구특성, 사회경제적 지위 등)에 따라 혐오시설의 입지에 대한 주민 의견이 다르게 나타날 가능성도 있으므로 주민 의견과 주민 특성의 관계를 잘 조사할 필요가 있다.

환경부(한국환경정책평가연구원)에서는 환경정책 수립의 기초자료를 확보하기 위해서 일반 국민을 대상으로 매년 국민환경의식조사를 실시하고 있다. 그리고 환경분쟁을 겪고 있는 특정지역의 주민을 대상으로 환경인식조사를 시행하기도 한다. 그러한 연구의 사례를 살펴보면, 주민의 사회경제적 지위가 높은 주민일수록 소음피해에 민감하게 반응하는 경향이 확인된 바 있다(Goodman and Clary, 1976; Taylor and Hall, 1977). 수도권 매립지 주변의 주민들에 관한 연구에서는 악취가 나지 않을 만큼 멀리 떨어진 주민들도 악취를 심각하게 인식하는 경향이 나타났다. 이는 환경인식조사의 목적이 피해보상과 관련이 있다는 것을 인지했기 때문에 과잉반응을 보인 것이다(김학훈 외, 1997, p.24).

글상자 25. 청주 원흥이 방죽의 생태복원

원흥이 마을은 청주권에서 얼마 남지 않은 전형적인 농촌 마을이었다. 원흥이 마을에 위치한 원흥이 방죽 일대는 산남3지구 택지개발사업 1차 지구로 지정되었으나 1997년 IMF 구제금융 사태가 발생하면서 개발주체인 한국토지공사는 산남3지구 택지사업을 진행하지 못하였고 재산권 행사를 5년 가까이 하지 못한 지역주민들의 반발이 심했다. 한국토지공사는 1999년 일부 구획변경을 하여 두 번째 택지개발사업지구로 지정하였다. 결국 2002년 청주지방법원과 검찰청의 산남3지구로의 이전이 결정되면서 본격적인 개발계획이 수립되었다. 그런데 환경영향평가 과정에서 두꺼비 집단서식지를 비롯하여 보호종인 맹꽁이 같은 생물의 서식현황에 대한 기본조사가 정확히 이루어지지 않았으며 생태계 보전대책이 제대로 반영되지 않았다.

2003년

2009년

그림 14-2. 원흥이 방죽 일대의 경관 변화

2년 가까운 갈등과 대립을 넘어 상생의 협약 체결을 이끌어 낸 두꺼비 살리기 운동은 시민참여형 생태공원 설계와 조성과정을 거쳐 구룡산 두꺼비서식지 보전운동으로 발전하였으며, 지금은 두꺼비 생태공원을 중심으로 생태공동체마을 만들기 운동으로 확산되고 있다. 택지개발이 완료되고 2007년 입주가 시작되면서 운동의 주체도 초기 환경단체 중심에서 지역주민과 환경단체의 협력 구조로 확대되었다. 그리고 이를 실현하기 위한 마을단위 거버넌스(governance)[1]가 새롭게 구성, 운영되면서 새로운 주민참여의 모델을 만들어 가고 있으며 두꺼비 마을신문, 두꺼비 앙상블, 두꺼비 생명한마당 등 주민들의 공동체 문화를 형성하기 위한 다양한 프로그램들이 진행되고 있다. 이러한 일련의 과정에 두꺼비 생태공원이 공동체의 중심에 자리 잡고 있으며, 두꺼비의 서식지를 빌려 살고 있는 사람들이 두꺼비와 공존을 위해 노력하고 있다. [자료: 박완희, 2011]

1) 거버넌스는 정부와 함께 민간이 반관반민(半官半民)·비영리·자원봉사 조직을 구성하여 수행하는 공공활동 또는 정부기관, 지역주민, 시민단체, 전문가 등이 참여하는 다원적 조직체계를 말하며 일반적으로 협치(協治)라고 번역한다.

3 개발과 환경오염

1) 산업화와 환경

자연환경이 파괴되고 오염되어 발생하는 여러 가지 환경문제의 주요 원인은 인간의 산업활동이다. 천연자원을 원료로 하여 제품을 생산하고 그 제품을 소비하는 인간의 활동은 환경오염을 수반하게 된다. 공장과 화력발전소에서 내뿜는 연소가스와 자동차의 배기가스는 대기를 오염시키며, 처리되지 않은 공장폐수는 하천, 호수 및 해양의 수질을 오염시킨다.

이러한 오염물질들이 하천이나 바람을 타고 이동하면 배출된 지역뿐 아니라 그 인접 지역까지 피해를 주게 된다. 그러므로 산업화에 의해 발생하는 환경문제는 지역 간의 갈등을 일으키는 한 원인이 되고 있으며, 오염물질이 국가 간에 이동하는 경우도 발생한다. 특히 산성비에 의한 피해가 그 대표적인 사례인데, 산성비는 석탄이나 석유를 연소할 때 발생하는 황산화물(SO_x), 질소산화물(NO_x) 등이 빗방울에 흡수되어 pH 5.6 미만의 산성을 띠고 내리는 비를 말한다. 이러한 산성비 현상은 오염 배출원으로부터 수천 km 떨어진 곳까지 영향을 미치므로 산성비 문제를 해결하기 위해서는 국제적인 협력이 필요하다.

미국의 북동부 공업지대에서 배출된 대기오염물질이 수백 km 떨어진 캐나다의 동부지역까지 이동하여 산성비가 내리게 되자, 캐나다 지역의 1만4천여 개의 호수가 산성화되어 어패류가 죽는 등 호수생태계에 변화가 생겼으며 산림들도 말라 죽는 피해가 발생하였다. 이에 따라 1970년대 중반부터 양국 간에 분쟁이 발생하였으며, 산성비에 관한 집중적인 연구가 이루어졌다. 1983년 캐나다는 산성비의 주요 원인물질인 이산화황의 배출량을 50% 삭감하겠다고 발표하면서 미국에도 대폭적인 삭감을 요구하였다. 미국과 캐나다는 1980년대부터 협의를 거쳐 1991년 아황산가스 배출 규제를 위한 '대기질 협약'(Air Quality Agreement)을 체결했다. 이에 따라 미국은 1994년의 황 발생량을 1980년의 발생량보다 40% 정도 감소시켰다.

유럽에서는 1950년대부터 스칸디나비아반도(특히 노르웨이와 스웨덴)의 호수 중 약 20%가 산성화되어 생물이 살 수 없는 죽음의 호수로 변했다. 독일 남서부의 흑림(Schwarzwald) 지대에서는 1960년대 초부터 전나무들이 말라죽기 시작했으며, 이러한 산림의 피해는 동부 유럽까지 확산되었다. 이에 대한 원인을 조사한 결과, 영국의 중부 공업지역과 독일의 루르 공업지역에서 석탄을 연소할 때 배출된 대기오염물질이 국경 너머로 이동하여 산성비로 내렸기 때문으로 밝혀졌다. 이에 따라 독일은 1974년부터 1982년까지 이산화황 배출량을 17% 삭감토록 하였으며, 1983년에는 탈황장치의 설치를 강화하여 향후 10년간 이산화황 배출량을 50% 삭감토록 하였다. 영국은 1987년에 산성비 대책을 발표하고 향후 10년간 이산화황 배출량의 14% 삭감을 목표로 제시하였다.

국가 간 월경 환경오염을 일으키는 산성비에 대한 국제적인 대책으로 '장거리 월경 대기오염에 관한 협약'이 1979년 스위스 제네바에서 체결된 바 있다. 그리고 이에 대한 후속 조치로 '헬싱키 의정서'(Helsinki Protocol, 1985년)와 '소피아 의정서'(Sofia Protocol, 1988년)가 체결되었다(본서 10장 산성비 참조).

우리나라는 중국의 급속한 산업화로 인하여 심각한 환경피해를 당하고 있다. 중국은 에너지의 75%를 아황산가스를 많이 배출하는 석탄에 의존하고 있고, 동북아시아에서 발생하는 아황산가스의 80%가 중국에서 배출되고 있다(그림 14-3). 이렇게 발생한 아황산가스는 편서풍과 계절풍을 타고 우리나라로 이동하여 산성비를 내리게 된다. 몽고 및 중국의 북서부 건조지대에서 봄철에 우리나라로 불어오는 황사에도 공장에서 배출된 중금속 오염 물질이 섞여 있어서 국민건강에 피해를 주고 있다.

산업화에 의한 수질오염의 대표적인 사례는 1991년 낙동강 페놀 오염사건이 있다. 구미 공업단지 안의 두산전자에서 발암물질인 페놀이 두 차례에 걸쳐 30여 톤이나 낙동강으로 유출되어 대구지역의 상수원 취수장으로 유입되었고, 악취가 나는 수돗물에 시민들이 구토와 설사 증세를 보였다. 곧이어 밀양, 함양, 부산까지 같은 피해를 보았으며, 결국 낙동강 수계의 약 1천만 명의 영남지방 주민이 고통을 받았다.

또한 산업화에 의한 해양오염도 심각한 문제이다. 중국의 해안 공업지대와 황하 유역의 공장에서 배출되는 폐수와 농경지의 농약 등이 황해로 유입되어 우리나라의 서해안까지 오염시키고 있다. 그러나 중국은 공장폐수를 거의 규제하지 않고 있다. 미국의 환경단체인 월드워치(World Watch)의 1995년도 보고서에서는 세계에서 가장 오염된 바다로 흑해와 황해를 꼽았으며, 세계자연기금(WWF)의 2022년 보고서에서는 해양 플라스틱 오염이 특히 심한 바다로 지중해 동남부와 동중국해에서 황해를 아우르는 해역을 꼽았다(신기섭, 2022).

그림 14-3. 번시(本溪) 제철공장의 매연(중국 辽宁省 本溪市) [사진: Wikimedia Commons]

2) 도시화와 환경

우리나라는 1960년대 이후 급속한 산업화가 진행되면서 도시에 대규모 공업단지가 조성되었으며, 도시에 일자리가 늘어나자 농촌인구가 도시로 이동하는 도시화 현상이 심화하였다. 이렇게 도시화가 진전되어 도시인구가 급증하게 되면 주거환경은 열악해지고, 생활하수 및 생활쓰레기의 양은 증가하게 된다. 부족해진 주택 문제를 해결하기 위해서는 도시 외곽에 택지개발을 해야 하는데, 이러한 시가지의 확장은 도시 주변의 녹지를 훼손하고 통근거리를 증가시켜 자동차 사용에 의한 교통혼잡 문제와 대기오염 문제를 야기하게 된다. 이렇게 도시화는 각종 환경오염 문제를 유발하여 도시 주민의 건강을 해치게 된다.

도시의 대기오염은 주로 자동차, 공장, 난방시설에 의해 발생하게 된다. 자동차 배기가스는 도시 전체 대기오염물질 발생량의 70% 이상을 차지하고 있다. 산업단지 건설이나 택지개발로 녹지가 대폭 감소하게 되자 대기오염 정화능력도 감소하여 도시의 대기질은 더욱 나빠지는 악순환에 빠지게 된다.

스페인 제2의 도시 바르셀로나(Barcelona)는 승용차 의존도가 매우 높아 교통 혼잡과 공해 유발의 문제가 심각하다. 도시 전체 이동의 20%를 차지하는 승용차는 도로의 60%를 점유하고 있으며, 대기오염으로 매년 3,500여 명의 조기 사망자가 발생한다는 연구결과가 발표되었다(김갑성, 2018). 이 도시의 대기질은 EU가 설정한 대기환경 기준을 초과하여 이에 대한 대안을 마련하고 있다.

도시화에 의해 시가지가 아스팔트, 콘크리트, 시멘트로 채워지면 녹지공간이 줄어들고 노출된 토양이 사라진다. 자동차 교통량은 증가하고 빌딩들은 바람길을 막아 대기가 혼탁해지고 기온이 높아진다. 이에 따라 독특한 도시기후가 형성된다. 특히 도시 외곽의 기온보다 도심의 기온이 현저히 높아지는 '도시 열섬(urban heat island)' 현상이 발생한다. 이로 인해 도시에서는 여름철 열대야도 자주 나타나며, 스모그 현상은 물론이고 국지성 소나기도 자주 내린다.

도시하천의 수질오염은 산업시설의 폐수와 가정 및 상업시설의 생활하수에 의해 주로 발생한다. 이와 더불어 포장도로, 주차장 등 불투수성 시가지 면적의 확장은 도시하천의 건천화를 유발하고, 비가 내리면 시가지 표면의 오염물질이 하천으로 유입되어 도시하천의 오염 증가로 이어진다. 우수하천의 수질오염 방지를 위해서는 공공폐수처리장과 하수처리장을 설치하고 하수 관로를 정비해야 한다.

이러한 문제들을 해결하기 위해서는 도시 주민들을 위한 각종 생활 기반시설과 환경 처리시설이 확충되어야 한다. 도시인구 급증에 따라 생활쓰레기의 발생량도 급증하게 되는데, 이를 처리할 매립장 부지는 제한되어 있다(그림 14-4). 그 대안으로 소각장과 열병합발전소를 설치하고 있지만, 이러한 시설들은 각종 대기오염물질과 다이옥신 같은 환경호르몬을 배출할 우려가 있다.

쓰레기 매립장 또는 소각장 등 악취와 대기오염물질이 발생하는 혐오시설은 지역주민들의 반대 때문에 적절한 입지를 찾기가 어렵다. 그래서 소각장 같은 혐오시설이 입지할 때는 체육관 같은 편익시설을 같이 제공하기도 한다(그림 14-5).

이렇게 각종 혐오시설의 필요성은 인정하지만 자기 지역에 들어오는 것을 주민들이 반대하는 님비(NIMBY) 현상은 자기 지역의 이익만을 고집하는 지역이기주의의 대표적인 현상이다. 지역이기주의로 인한 갈등은 지역주민과 지방자치단체 상호 간에 발생하거나 중앙정부와의 갈등으로 나타나며, 지방자치제도가 확대되면서 더욱 증가하고 있다. 그러나 이러한 갈등은 혐오시설의 입지선정을 정책 결정자가 주도하는 데에 원인이 있기도 하다. 즉 지역주민과의 협의를 거치지 않고 일방적으로 입지선정 결과를 발표하는 하향식 의사결정 방식의 관료주의적인 병폐에도 문제가 있다.

그림 14-4. 쓰레기 매립장

그림 14-5. 쓰레기 소각장과 체육관 시설(익산)

3) 자원개발과 환경

인류가 지구상에 출현한 이후부터 지금까지 인간의 생활은 자연환경과 긴밀한 상호 관계를 유지해 왔다. 석기 시대의 원시인들은 자연으로부터 먹을 것을 채집하거나 사냥하여 식량을 조달했으며, 농림어업이나 광공업 활동을 영위하는 현대인들도 자연으로부터 직접 생산하거나 원료를 얻고 있다. 그러나 삼림, 광물, 석탄, 석유 등의 천연자원을 개발하는 것은 어느 정도 자연환경의 파괴를 수반하게 된다. 자원개발 과정에서 사고로 자연환경이 심하게 훼손되면 생태계가 파괴되고 토양오염이나 수질오염을 일으키게 된다. 그러므로 환경파괴를 최소화하기 위해서는 먼저 무절제한 경제 활동을 통제하여 천연자원의 개발을 줄이는 노력이 필요하다.

(1) 알래스카 원유 유출 사고

미국 알래스카의 석유개발은 북부 유전에서 남부의 벨디즈(Valdez) 항구까지 1,230 km에 달하는 송유관(pipeline)이 건설된 1970년대에 본격적으로 시작되었다(그림 14-6 참조). 그런데 1989년 3월 24일 벨디즈항에서 알래스카산 원유를 가득 싣고 프린스윌리엄 해협(Prince William Sound)을 따라 남쪽으로 40 km 정도 항해하던 대형 유조선 엑산벨디즈(Exxon Valdez)호가 암초에 부딪혀 석유 탱크들이 파열되면서 원유들이 쏟아져 나왔다. 이 배는 모두 120만 배럴의 석유를 싣고 미국 캘리포니아로 향하던 중이었는데, 이 사고로 25만 배럴(37,000톤)의 석유를 바다로 쏟아 부은 것이다.

이 사고는 알래스카의 해양생태계에 엄청난 재앙을 가져왔다. 적어도 30만 마리의 새와 3천 마리의 바다 수달이 죽었다. 그리고 인근 해안 지대에 사는 주민들도 큰 피해를 보았다. 이때 유출된 석유들은 이후 몇 주 동안의 제거 노력에도 불구하고 광범위한 지역을 오염시켰다(그림 14-7). 석유에 오염된 바다와 해안을 청소하는데 10억 달러 이상의 비용을 들였지만 아무도 그 결과에 만족하지 못하였다.

이 사고는 전 세계적으로 석유개발의 위험성을 새롭게 인식하고, 석유개발과 운송에 있어서 환경피해의 가능성을 최소화하는 방법을 연구하는 계기가 되었다. 특히 미국은 석유오염 방지를 위한 석유오염 조례법(Oil Pollution Act)을 1990년에 통과시켰으며, 기존의 유출석유 제거기술을 재검토하게 되었다.

이후 한국에서도 두 차례 큰 해상 원유 유출 사고가 있었다. 1995년 7월 23일 여수 앞바다에서 호남정유(현 GS칼텍스)사의 유조선 씨프린스(Sea Prince)호가 암초에 부딪쳐 좌초하면서 5천여 톤의 원유를 유출한 사고가 있었고, 2007년 12월 7일 태안군 앞바다에서 홍콩 선적의 유조선 허베이스피릿(Hebei Spirit)호와 삼성중공업 소속의 크레인 부선(삼성 1호)이 충돌하면서 유조선 탱크에 있던 총 78,918배럴(10,800톤)의 원유가 인근 해역으로 유출된 사고가 있었다. 이러한 해상 사고로 인근 해역의 양식장 어패류가 폐사하고 어장이 황폐화되었으며, 해당 지역의 어업,

그림 14-6. 알래스카 횡단 송유관 위치도
[출처: 한겨레21, 2006년 10월 3일]

그림 14-7. 알래스카 유출 원유 제거작업
(Prince William 해협 인근)

음식업, 숙박업, 관광업 등에 심각한 피해가 발생하였다. 피해지역의 경제가 정상화되기까지는 최소 10년이 소요되며, 해양생태계가 회복되기까지는 최장 100년이 걸릴 것으로 예상된다.

(2) 태백지역의 폐광 문제

태백탄전 일대는 1920년대에 탄층이 발견된 이후, 경제개발과 연탄의 수요 증가와 더불어 한국 최대의 탄전지대로 성장하였다. 특히 1970년대부터 석유가의 폭등으로 석탄산업이 호황을 맞게 되고 인구가 늘게 되자, 1981년에는 장성읍과 황지읍을 통합하여 태백시로 승격하게 되었다. 그러나 1980년대 후반 이후 석탄산업이 사양화하면서 석탄산업 합리화 정책에 따라 비경제적인 탄광에 대한 정비가 이루어졌으며, 태백지역에는 한때 45곳에 달하던 탄광이 지금은 단 두 곳만 남기고 모두 폐광되었다(그림 14-8).

최근의 태백시는 산간 지역의 청정 환경과 인근 정선의 카지노 산업을 이용한 휴양 관광지로 변신하기 위해 노력하고 있다. 그러나 사북 - 고한 - 태백 - 도계를 잇는 태백 관광단지 일대의 하천은 심각한 오염에 시달리고 있다. 아무런 대책 없이 문을 닫은 폐광구에 물이 차면서 강한 산성의 폐수가 밖으로 흘러나오고 있는 것이다.

채굴 작업이 진행 중일 때는 그때그때 발생하는 지하수를 외부로 뽑아냈으나, 폐광된 지금은 오랫동안 갱도에 차 있던 지하수가 지층에 포함된 유황 성분과 만나 황산이 된다. 이 황산이 토양 속의 철분 등 금속 성분을 녹이게 되고, 철 성분이 햇빛을 받아 산화되면서 개천을 벌겋게 물들이고 있다(그림 14-9).

또한 방치된 폐광으로 인한 지반 침하도 심각한 환경문제가 되고 있다. 탄광이 있던 태백시의 철암역 부근에서는 철로가 내려앉는 위험성이 발견되어 지반 보강공사가 시행되었다. 인근의 일부 건물들은 지반 침하로 인하여 부분적으로 붕괴되는 피해를 당했다.

그림 14-8. 폐쇄된 탄광의 입구(태백시)

[사진: ㈜대교]

그림 14-9. 폐광으로 인한 폐수 유출(태백시)

[사진: 강미애]

4 대형 국책사업의 갈등[2)]

1) 국책사업 갈등의 배경

대통령 선거, 국회의원 선거, 시·도지사 선거 때가 되면 후보자는 지지율이 낮은 지역의 득표율을 높이기 위해 대개 해당 지역주민의 이익에 영합하는 개발 공약을 제시한다. 개발의 국지적, 단기적 경제적 효과를 강조하면서 지역이기주의에 편승하는 경향이 많다. 그러나 해당 지역주민은 개발 공약이 장·단기적으로, 지역별로, 계층별로, 부문별(경제적 측면, 환경적 측면 등)로 어떤 영향이나 효과를 초래하는지 쉽게 판단할 수 없다. 개발 공약의 영향이 직접 미치지 않는 다른 지역주민은 개발 공약에 대해 거의 관심이 없으므로 후보자로서는 개발 공약 때문에 손해 볼 가능성은 거의 없다.

국책사업이 국가 이익을 위해 꼭 필요한 것으로 제시되었다 하더라도 그 결과나 효과는 의도와는 다를 수 있다. 대통령 선거 이후 「환경정책기본법」과 「환경영향평가법」에 따라 국책사업에 대한 전략환경영향평가[3)]와 환경영향평가가 이뤄졌지만, 예상하지 못했던 정치적, 사회경제적, 환경적 측면의 갈등과 분쟁은 거의 예외 없이 발생하였다.

개발과 환경에 관련된 갈등과 분쟁의 원인은 여러 측면에서 찾을 수 있지만, 정책이나 계획의 초기단계에서 전략환경평가를 수행할 때 정책이나 계획의 적정성이나 합리성에 대한 평가가 제대로 이뤄지지 못하였고, 개발사업에 대한 환경영향평가를 수행할 때는 주로 자연환경과 생활환경을 중심으로 영향평가가 이뤄졌으며 사회경제적 항목에 대한 평가가 미흡했기 때문이다.

2) 국책사업의 쟁점

(1) 새만금간척사업

새만금간척사업은 1987년 말 제13대 대통령 선거 직전에 노태우 후보가 선거공약으로 제시하였으며, 결국 1991년에 착공하여 2010년에 방조제가 준공된 사업이다. 그동안 새만금간척사업의 계속 여부를 두고 경제성, 수질, 갯벌 생성 가능성을 중심으로 찬반 논쟁이 치열하게 진행되었으며, 법정 소송에서 방조제공사 집행정지 판결이 내려져서 공사가 중단되는 바람에 엄청난 국가예

---

2) 본 절은 이종호(2010, "대선공약에 의한 국책사업과 영향평가," 환경논총, 제49권, pp.123-141)의 내용을 수정 요약하였음.

3) 전략환경영향평가는 2012년 7월 환경영향평가법이 대폭 개정되기 전에는 사전환경성검토라는 명칭으로 시행되었다.

산의 낭비가 초래되었다(표 14-1). 새만금간척사업에 대한 법정 소송이 진행 중인 상태에서 간척지의 토지이용에 대해 사업시행자인 농업기반공사는 원안대로 농지개발을 주장하였지만, 전라북도는 산업단지 건설을 요구하고 세계 최대의 540홀 골프장 건설까지 거론하기도 했다. 그 후 새만금간척지의 토지이용에 대해 농지 이외의 대안을 놓고 주요 연구기관들이 공동연구와 공청회를 개최한 바 있다(국토연구원, 2006, 2010).

표 14-1. 새만금간척사업의 주요 쟁점

쟁점	찬성측 (농업기반공사)	반대측 (환경단체)
경제성	○ 국토 확장: 401.0 km^2 ○ 식량 증산: 86,429 M/T/년(미곡) ○ 수자원 확보: 10억 톤/년 ○ 수해 상습지 해소: 120.0 km^2 ○ 육운 개선 및 종합관광권 형성 ○ 서해안 전진기지 구축 여건 조성 ○ 고용 증대	○ 갯벌 기능: 어류 생산 및 서식지 기능, 오염정화 기능, 심미적·관광적 기능, 홍수·태풍조절 기능 ○ 갯벌의 경제적 가치: 수산물 생산, 서식지, 정화기능, 심미적 기능, 자연재해조절, 원료공급
수질 개선	○ 수질개선 가능 - 환경기초시설, 고도처리시설 설치 - 하수관거 확충, 정비 - 새만금유역 오염총량관리제 도입 - 동진호 유입수를 만경호로 배분 - 하천 점용지 수변완충지대 조성 및 추가 불하 억제	○ 수질개선 불가능: 제2의 시화호 - 주변 환경기초시설의 기능 수행 곤란과 막대한 설치비 - 축산농가의 넓은 분포와 축산폐수 처리 한계 - 만경강과 동진강의 수질오염 개선 곤란 ○ 인근 해양생태계 파괴
갯벌 생성 가능성	○ 새롭게 갯벌 생성	○ 새로운 갯벌 생성에 대한 반박 - 생성 면적: 미약(약 8 km^2, 죽은 갯벌) - 생성 장소: 예측 불가 ○ 손실 갯벌 면적: 약 300 km^2
사업 중단 가능성	○ 사업 백지화의 문제점 - 사업중단에 의한 생태계 변화 예측 불가 - 막대한 비용 손실 ○ 공사 중 간척사업 방조제 허문 사례 전무	○ 방조제가 갯벌 유통을 막으므로 방조제의 일부를 터서 갯벌 유통 필요 ○ 자연학습장으로 이용가능성 - 후손에게 자연보전 중요성 각성 증거 - 새만금 일대를 환경보호공원으로 지정

출처: 국토연구원, 2006, 새만금 간척용지의 토지이용계획 수립 연구 공청회 자료; 홍욱희, 2004, 3조원의 환경논쟁 새만금, 서울: 지성사.

새만금간척사업의 목적과 토지이용의 변천을 보면, 1991년 새만금간척사업 초기 개발구상안은 농업식량 생산기지로서 100% 농수산중심으로 계획되었으나, 2007년 4월 토지이용 구상안은 농업기능에 산업, 관광, 환경기능을 포함하여 농업용지 : 비농업용지 = 72 : 28로 변경되었고, 2008년 10월 토지이용안은 동북아경제 중심도시로서 다기능 융복합기지를 표명하면서 농업용지

: 비농업용지 = 30 : 70으로 대폭 변경되었다. 2009년 7월 국제업무 및 관광·레저용지를 포함한 종합실천계획안을 거쳐 2010년 1월 명품복합도시를 표명하는 종합개발계획안으로 변경되었다가 2011년 3월 최종 토지이용계획이 결정되었다(국무총리실 외, 2011, p.44). 표 14-2는 1989년의 최초 토지이용계획과 2011년의 최종 토지이용계획을 대비시켜 보여주고 있으며, 그림 14-10은 1991년부터 2011년까지 새만금 토지이용계획도의 변천을 보여주고 있다.

새만금간척사업의 목적이나 토지이용계획이 당초와 전혀 다르게 수정되었던 사실을 볼 때, 새만금간척사업이 대선공약으로 제안될 당시 장기적 목적은 물론, 환경적 측면이나 사회·경제적 측면에 대해 충분한 검토가 이뤄지지 않은 것으로 볼 수 있다(이종호, 2008, pp.40-41).

표 14-2. 새만금간척사업 토지이용계획의 변천(1989~2011)

구 분	최초 토지이용계획 (1989년)		최종 토지이용계획 (2011년 3월)	
	면적(km^2)	구성비(%)	면적(km^2)	구성비(%)
총사업면적 (1+2)	401.0		400.9	
1. 토지이용	283.0	100.0	282.9	100.0
○ 농업단지	232.5	82.2	85.7	30.3
- 식량단지	179.5			
- 근교 원예농업	25.0			
- 해수 및 담수어 양식	20.0			
- 농촌기반	8.0			
○ 기타	50.5	17.8		
○ 복합도시 (산업/국제/관광·레저/생태환경)			67.3	23.8
○ 생태·환경용지			42.4	15.0
○ 과학연구용지			23.0	8.1
○ 신재생에너지용지			20.3	7.2
○ 산업용지			18.7	6.6
○ 도시용지			14.6	5.2
○ 다기능부지			2.0	0.7
○ 방조제 시설 등			8.9	3.1
2. 담수호	118.0		118.0	

출처: 농림수산부 농업진흥공사, 1989, 새만금지구 간척종합개발사업 환경영향평가서, p.309; 국무총리실 외, 2010, 새만금 내부개발 기본구상 및 종합실천계획(안), p.63; 국무총리실 외, 2011, 새만금종합개발계획, p.44.

○ 초기개발구상안 (1991년)
- 100% 농수산 중심 개발
- 농업식량생산기지 조성

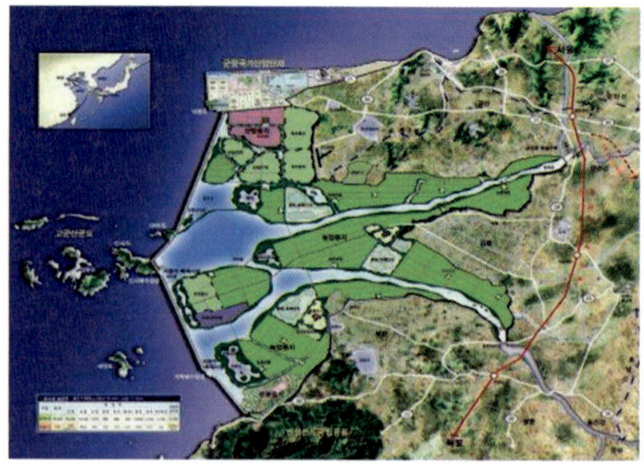

○ 토지이용구상안 (2007년 4월)
- 농업용지 : 비농업용지 = 72 : 28
- 농업 중심에 산업·관광·환경 기능 포함

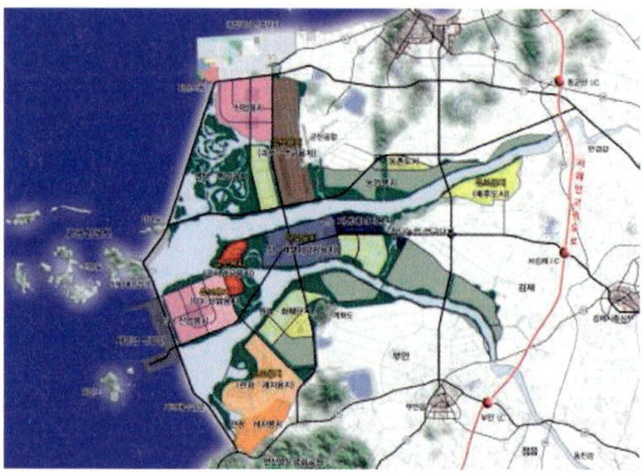

○ 토지이용구상 변경안 (2008년 10월)
- 농업용지 : 비농업용지 = 30 : 70
- 다기능 융복합기지 조성

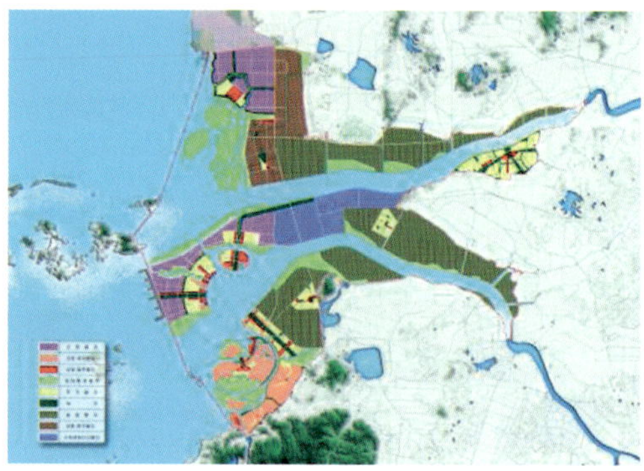

○ 내부개발 기본구상 (2010년 1월)
- 명품복합도시 개발구상
- 동북아 경제중심지 조성

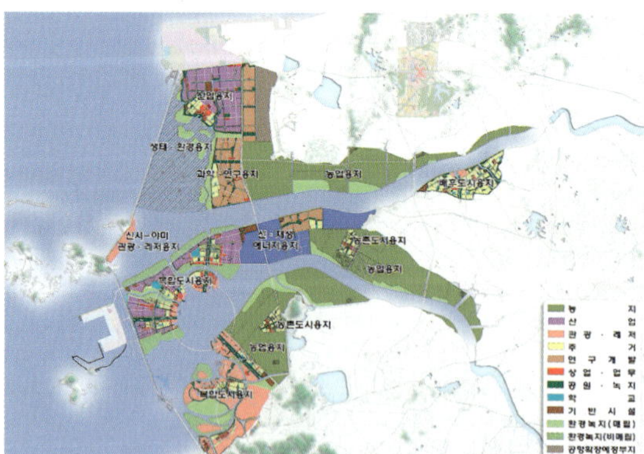

○ 토지이용계획 (2011년 3월 최종)
- 용도별 토지이용계획과 기반시설구축계획 등의 구체화

그림 14-10. 새만금 토지이용계획도의 변천(1991~2011)

[출처: 국무총리실, 2010, 새만금 어떻게 개발되나, pp.4-6; 국토연구원, 2010, 새만금 종합개발계획(안) 공청회, p.21; 국무총리실 외, 2011, 새만금종합개발계획, pp.4-6, p.46]

(2) 신행정수도: 행정중심복합도시에서 세종특별자치시로

2002년 대통령 선거 막바지에 노무현 후보의 제16대 대통령 선거공약으로 나온 신행정수도 건설은 새만금간척사업과 마찬가지로 찬반양론으로 엄청난 국가적 에너지를 낭비했던 사례로 기록되고 있다. 신행정수도 건설의 쟁점은 환경 항목보다는 역사성, 입지조건, 헌법정신, 국가안보와 통일, 균형발전 등 정치사회적인 항목에 있었다. 전문가들의 찬반 주장이 다양하게 제기되었는데, 입장이 상반되는 신행정수도 건설추진위원회의 주장과 '신행정수도건설 특별조치법' 헌법소원에 대한 의견서를 정리하면 다음과 같다(표 14-3).

표 14-3. 신행정수도 건설의 주요 쟁점

쟁점	찬성측	반대측
국민적 합의와 법적 문제	○ 다양하고 개성 있는 지역사회 구축	○ 국민적 합의 선행 ○ 신행정수도건설 특별조치법의 문제: 입법 절차상 헌법정신 위반, 평등권 침해
통일과 국가안보		○ 통일한국의 미래에 대한 거시적 조망 결여 ○ 국가안보문제 고려 미흡
국토균형발전	○ 국토 균형 발전 ○ 혁신적인 국정운영시스템 토대 구축: 지방분권, 지역균형발전, 동북아경제 중심의 국정과제와 연계 추진 및 중앙과 지방이 동반자로서 상생 발전	○ 충청권 수도이전은 지역 간 불균형 심화 ○ 수도권 과밀 해소에 부적합 ○ 대한민국의 경쟁력의 원천인 서울의 경쟁력 약화 초래

출처: 이종호, 2004, pp.18-19.

신행정수도 건설추진위원회는 추진 필요성 및 배경으로 세 가지를 들었다. 첫째, 국토의 균형 발전이다. 국가 중추기관 이전으로 관련 기능 및 민간 부문을 지방으로 분산하는 계기를 마련하고, 일극 중심 국토공간구조를 다극 중심 구조로 전환한다는 것이다. 둘째, 다양하고 개성 있는 지역사회의 구축이다. 서울 제일주의적 가치관을 타파하고, 전국 각 지역주민이 자기 고장에 대해 자긍심을 갖는 사회로 전환한다는 것이다. 셋째, 혁신적인 국정운영시스템 토대 구축이다. 즉 지방분권, 국가균형발전, 동북아경제 중심의 국정과제와 연계 추진하고 중앙과 지방이 동반자로서 상생 발전하도록 하자는 것이다.

신행정수도 건설을 반대하는 주장은 '신행정수도건설 특별조치법' 헌법소원에 대한 의견서에 요약되어 있다. 즉 서울은 수도로서 유구한 역사와 최적의 입지조건을 갖추고 있으며, 수도이전에 대해 국민적 합의가 선행되어야 한다고 보며, 신행정수도건설 특별조치법의 입법절차는 헌법정신을 위반하였다고 주장하였다. 신행정수도건설 특별조치법은 평등권을 침해하였고, 수도이전은 통일한국의 미래를 조망하는 거시적 관점에서 논의되어야 한다고 주장하였다. 수도이전은 국가안보가 걸려 있는 국가 중대사이며, 수도이전은 수도권 과밀해소의 해법으로 적합하지 않으며,

충청권으로의 수도이전은 지역 간 불균형을 오히려 심화시키고, 서울의 경쟁력을 살려야 대한민국의 경쟁력이 높아진다고 주장하였다.

신행정수도 건설은 「신행정수도건설을 위한 특별조치법」(2004년 1월)에 근거하여 진행되다가 헌법재판소의 위헌 판결(2004년 10월)후 행정중심복합도시(세종시 원안)가 「행정중심복합도시 건설특별법」(2005년 3월)을 근거로 진행되었다. 2010년 1월부터는 세종시 수정안(교육과학기술중심 경제도시)으로 추진되다가, 2010년 6월 국회에서 세종시 수정안이 부결되어 세종시 원안인 행정중심복합도시로 회귀하게 되었다. 2010년 12월에는 「세종특별자치시 설치 등에 관한 특별법」이 공포되었으며, 2012년 7월 1일부로 세종특별자치시가 출범하였다. 2022년 기준으로 인구 38만 명을 수용하고 있는 세종시는 현재 그림 14-11에 나타난 개발계획에 따라 각종 정부기관의 이전이 완료되었으며, 도시기반시설의 설치가 진행되고 있다.

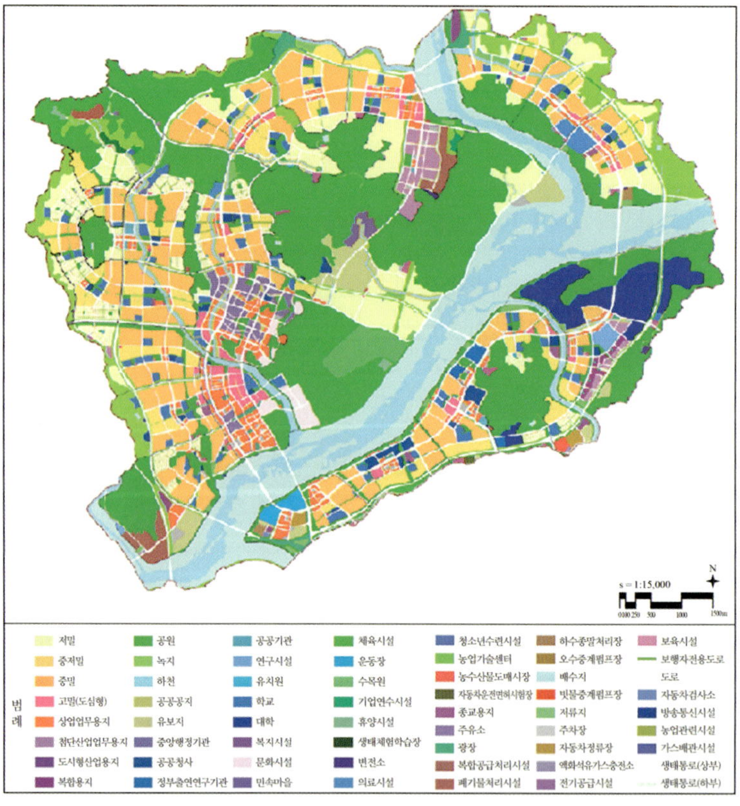

그림 14-11. 행정중심복합도시 개발계획평면도

[출처: 행정중심복합도시건설청, 2016년 변경]

(3) 한반도 대운하 사업과 4대강 살리기 사업

① 한반도 대운하 사업

2006년 말 제17대 대통령 선거공약으로 이명박 후보가 제시한 한반도 대운하 사업은 한강과 낙동강을 운하(경부운하)로 만들어 서로 연결하고, 장기적으로는 금강, 영산강까지 연결하는 운하 수운망을 구축하는 사업이었다. 이 사업은 전문가들 사이의 찬반 논쟁과 함께 국민 여론도 양분시켰다. 찬성 측은 대운하의 효과와 혜택을 집중적으로 내세웠지만, 반대 측은 대운하의 부작용에 대한 우려를 최대한 부각시켰다(한국환경영향평가학회, 2008, pp.93-170). 한반도 대운하의 핵심인 경부운하 건설에서 쟁점이 되었던 평가항목을 보면 환경영향평가에서 대체로 중요시되는 생태계, 홍수, 수질, 수자원은 물론 포함되었으나, 편익/비용(B/C) 분석, 비용, 고용창출, 운하 바지선 운행시간 등과 같은 사회경제 분야의 항목도 중요한 쟁점에 포함되었다(표 14-4).

우리나라 하천은 유량의 계절적 변동이 심해서 수자원을 지속적으로 확보하기가 어렵다(본서 2장 하천 참조). 대운하의 모델이 된 독일의 라인강과 달리 운하를 유지할 유량이 부족하고, 여러 갑문을 통과하는 화물선 운항은 고속도로보다 경제성이 떨어진다. 한반도 대운하 사업은 반대 여론이 점점 커지게 되자 2008년 6월 더 이상 추진하지 않겠다는 선언 이후 중단되었다. 관련 사업 중에서 비교적 규모가 작고 부담이 덜한 경인운하만이 실현되었다.

표 14-4. 경부운하의 주요 쟁점(평가항목)

쟁점(평가항목)	찬성측	반대측
편익비용비(B/C) 분석	2.3	0.05～0.26
비 용	16조 원	50조 원
고용 창출	300,000명	380명
물동량	17,663,000톤	5,600,000톤
경부운하 바지선 운행시간	24시간	72시간
생태계	무시 가능	생태 교란
홍 수	준설과 굴착으로 수위를 낮춰 홍수 조절 가능	수위 상승과 직강화로 홍수 빈발
수 질	수량 증가로 수질 개선	체류시간 증대로 수질 악화
수자원	새로운 수자원 개발	수자원 위협

출처: 경기개발연구원, 2008, 한반도 대운하 쟁점사항 검토 - 경부운하를 중심으로 -, pp.3-12; 한국환경영향평가학회, 2008, 춘계학술대회: 한반도 대운하와 영향평가, p.98, p.137.

② 4대강 살리기 사업

한반도 대운하 사업이 중단된 후 2008년 12월 국토해양부는 한강, 낙동강, 금강, 영산강을 대대적으로 정비하여 건설경제와 하천을 동시에 살리기 위한 4대강 정비사업을 발표하였다. 2009

년 4월에는 4대강 정비사업을 4대강 살리기 사업으로 명칭을 바꾸고 4대강 살리기 추진본부를 신설하였고, 2009년 6월에 4대강 살리기 마스터플랜을 발표하였다.

표 14–5. 한반도 대운하 사업과 4대강 살리기 사업의 변천

구 분	한반도 대운하사업 (2008년)	4대강 정비사업 (2008.12)	4대강 살리기 3개 부처 합동보고회 (2009.4)	4대강 살리기 마스터플랜 (2009.6)
예 산	16조 원	14.1조 원	13.9조 원	22.2조 원
고용 창출	300,000명			340,000명
생산유발효과	11.7조 원			40조 원
갑문(주운보)/보의 개수	갑문 21개	보 5개	보 16개	보 16개
준설량(하도정비)	8.3억 m^3	2.2억 m^3	5.4억 m^3	5.7억 m^3
강변저류지		21개소	3개소	4개소
제방 보강		876.6 km	573 km	620 km
농업용저수지		56개소	96개소	96개소
하천환경정비		513 km	695 km	929 km

출처: 한반도대운하연구회, 2008, pp.214-253, pp.628-629, p.640; 국토해양부, 2009, pp.358-367; 박창근, 2009, p.63.

그림 14–12. 경부운하와 4대강 살리기 사업의 비교 [출처: 한겨레신문, 2009년 4월 29일]

표 14-5를 보면 한반도 대운하 사업의 예산은 16조 원, 4대강 정비사업의 경우 14.1조 원, 4대강 살리기 3개 부처 합동보고회의 경우 13.9조 원으로 예산규모에 있어 큰 차이가 없었는데, 4대강 살리기 마스터플랜에서 22.2조 원으로 크게 늘어났다. 그리고 보의 개수를 보면 4대강 정비사업에서는 5개였는데, 4대강 살리기 마스터플랜에서 16개로 늘어나 한반도 대운하 사업의 갑문 수(21개)와 비슷해졌다. 준설량은 4대강 정비사업에서는 2.2억 m^3이었는데, 4대강 살리기 마스터플랜에서 5.7억 m^3로 크게 늘어났다. 고용창출의 측면에서는 한반도 대운하 사업의 30만 명과 비슷한 34만 명으로 제시되었다. 그림 14-12는 경부운하 사업과 4대강 살리기 사업의 구간 측면에서의 유사점과 갑문과 보의 위치상 유사점을 보여준다.

4대강 살리기 사업의 쟁점은 한반도 대운하 사업의 쟁점과 크게 다를 바가 없다. 왜냐하면 배가 다니지 않는 점과 갑문 대신 보가 설치되는 것을 제외하고는 준설량, 보의 수, 저수량 등의 측면에서 비슷하기 때문이다. 주요 쟁점은 수생태계 및 생물다양성, 홍수, 수질, 수자원, 지하수 등이다(표 14-6).

표 14-6. 4대강 살리기 사업의 주요 쟁점(평가항목)

쟁점(평가항목)	찬성측	반대측
비 용	22조 2천억 원	
고용 창출	340,000명	일시적·비전문직 고용, 미미한 수
생산유발효과	40조 원	
생태계	○ 일시적 교란 ○ 수생태계영향 최소화 대책 강구	생태 교란
홍 수	○ 준설과 굴착으로 수위를 낮춰 홍수 조절 가능 → 홍수조절능력 9.2억 m^3 증대 ○ 기후변화대비 200년 빈도 홍수 대비	수위 상승과 직강화로 홍수 빈발
수 질	수량 증가로 수질 개선	체류시간 증대로 수질 악화
수자원	용수확보량 13.0억 m^3 증대	수자원 위협

출처: 국토해양부, 2009, 4대강 살리기 마스터플랜, 4대강 살리기 추진본부, p.358, p.367.

야당과 환경단체의 반대가 있었지만 2009년 7월에 착공한 4대강 살리기 사업은 예산 약 22조 원을 투입해서 결국 2011년 10월 완공되었다. 완공 이후에도 정권이 바뀌면서 논란이 이어져서 2018년까지 총 4차례의 감사원의 감사가 있었으며, 그 결과 수질 예측의 오류, 건설사들의 담합 입찰 등이 밝혀졌고, 수질 악화와 홍수 조절 능력에 대한 논란은 아직도 지속되고 있다. 또한 2018년 감사원 산정 결과에 의하면 편익/비용비(B/C)는 0.21로 매우 낮게 나왔다. 2019년에는 4대강 보 해체안이 제기되어 찬반양론이 비등했는데, 결국 2021년 금강 백제보와 영산강 승촌보는 상시 개방하고, 금강 세종보와 영산강 죽산보는 해체하며, 금강 공주보는 부분 해체하기로 결정했다.

3) 국책사업으로 인한 갈등의 예방

대선공약에 의한 국책사업은 그 내용의 타당성 여부와 무관하게 일단 시작되면 이해관계가 형성된다. 이해관계의 종류는 여야 정치인들 사이의 이해관계, 해당 지역주민 사이의 이해관계, 해당 지역주민과 다른 지역주민 사이의 이해관계, 중앙정부와 해당 지역 지방자치단체 사이의 이해관계, 해당 지역 지방자치단체와 여타 지방자치단체 사이의 이해관계, 현재 세대와 미래 세대 사이의 이해관계 등이 있다. 사업 시행 중 심각한 문제가 발생하면 이미 형성된 이해관계 때문에 엄청난 갈등과 분쟁이 생길 수밖에 없다.

그런데도 대선후보들은 국책사업을 선거공약으로 제시한다. 국민 대다수가 국책사업의 장단점을 잘 판단할 수 있어야 하는데 전문가의 의견까지도 양분되는 상황에서 그 판단은 쉽지 않다는 데에 문제가 있다. 엄청난 비용이 들고 갈등과 분쟁을 초래할 수 있는 국책사업을 제대로 검토하지 않고 대선공약으로 내세우는 것을 방지할 수 있는 제도적 방안의 모색은 매우 시급하다.

그래서 공직선거법의 선거공약서 작성 규정을 강화할 필요가 있다. 즉 대선후보가 선거공약서를 작성할 때 대선공약 관련 각종 계획에 대해 국가재정법에서 규정하는 예비타당성조사에 상응하는 타당성 검토서를 첨부하도록 규정할 필요가 있다.

그리고 대선공약에 의한 국책사업의 전략환경영향평가 시에는 계획의 적정성과 입지의 타당성을 원점에서 검토해야 할 것이다. 게다가 환경영향평가가 주로 자연환경과 생활환경에 치중되는 점을 보완하기 위해, 사회경제적 측면을 강조하는 사회영향평가를 강화해야 할 것이다.

현실적으로 볼 때 환경영향평가제도는 정책, 계획, 국책사업이나 개발사업의 시행 여부를 결정하는 제도로 운영되기는 어렵다. 정책이나 계획의 경우 성격이나 내용을, 개발사업의 경우 위치, 규모, 시기 등을 중심으로 저감방안을 모색하는 제도이기 때문에 근본적인 한계가 있다. 환경영향평가제도는 여전히 문제점과 한계를 안고 있지만, 정책, 계획, 개발사업의 추진자가 주관적인 확신에 빠져 간과할 가능성이 많은 부정적인 영향을 사전에 종합적이면서 분석적으로 파악하여 대안을 모색하게 함으로써 합리적인 의사결정을 유도하는 제도이다.

최근에 와서 동남권신공항, 한일해저터널 등과 같은 대규모 국책사업이 제안되고 있다. 경제적 효과가 주로 강조되고 있지만 여러 측면에서의 부정적 영향에 대한 분석 또한 매우 중요하다. 국책사업의 목적, 성격, 입지, 규모에 대한 여러 대안을 설정하고 평가하여 국가 이익에 부합되는 최적 대안을 선정하고 집행하는 제도로 정착되어야 할 것이다.

글상자 26. 테네시 – 톰빅비 운하: 개발의 비용과 효과

그림 14-13. 테네시 – 톰빅비 운하의 위치

[출처: http://tenntom.org]

그림 14-14. Tom Bevill 댐과 갑문

[사진: Wikipedia]

미국에서 가장 논쟁이 많아 오랜 기간 지체 후 완공된 376.5 km의 테네시 - 톰빅비 운하(Tennessee-Tombigbee Waterway)는 테네시강을 톰비비강과 연결함으로써 멕시코만으로 바로 나갈 수 있게 하는 수로이다. 이 운하는 18세기에 제안되었지만, 남북전쟁(Civil War: 1861~1865) 이전까지는 관심을 끌지 못했다. 그 이유는 애팔래치아산맥 때문에 340~400 feet의 높이차를 극복해야 했기 때문이다.

19세기 후반 남동부의 사업가들이 미육군 공병단에 성공적으로 로비했으나, 엄청난 비용과 불확실한 경제적 효과로 인해 전국적인 지지를 받을 수 없어 연방정부가 개입할 수가 없었다. 수많은 공공 토목공사가 제한된 연방 재원을 두고 경쟁하고 있었기 때문이다. 거대한 공학 프로젝트가 New Deal 정책의 하나로 정치적 지지를 얻을 수 있었던 1930년대에도 테네시 - 톰빅비 운하는 의회승인을 받는 데 실패했다.

2차 세계대전 후 정치적 분위기가 바뀌어서 많은 공공 토목공사가 New Deal 정책의 재점화 명분으로 의회승인을 얻었다. 그러나 테네시 - 톰빅비 운하 건설사업은 비용과 경제적 효과 사이의 불균형 문제가 제기되었고, 운하 반대자들은 미육군 공병단의 경제적 편익 추정을 신뢰할 수 없다고 주장하여 결국 의회의 지지를 얻을 수 없었다. 닉슨 대통령은 당선되자마자 대선공약의 하나였던 테네시 - 톰빅비 운하 건설사업을 승인하고 1971년 연방 예산을 지원했다. 그러나 예산 부족과 법정 소송에 의해 착공이 지연되었다.

운하 건설을 중단시키는 일련의 소송이 루이빌(Louisville)과 내쉬빌(Nashville)의 철도회사에 의해 제기되었다. 운하의 주요 경쟁자로서 운하 완공 시 가치를 잃게 되는 철도회사는 운하 건설은 국가환경정책법(NEPA: National Environmental Policy Act)을 위반한다고 주장하였다. 그런데도 연방 법원은 이 사업에 우호적인 판결을 했다. 편익/비용비(B/C)가 불확실하였지만 결국 1972년 12월 미육군 공병대는 공사를 착공하여 1984년에 완공하였는데, 총 공사비는 약 2조 달러에 달했으며 운하에 건설된 갑문의 수는 총 10개이다(그림 14-14). 후일 운하 수송을 포함한 지역경제 활성화 효과가 사업 시행 전의 예측치에 훨씬 미달하였다.

이 운하의 운송 품목 중 석탄과 목재가 약 70%를 차지하며, 그 외 곡물, 자갈, 모래, 철 등이 운송된다. 2009년의 한 연구에 의하면 이 운하는 그동안 430억 달러의 직간접적 편익과 29,000개 이상의 일자리를 창출했다고 하니 그 경제효과를 결코 무시할 수는 없다.

[자료: Stine, 1993, pp.1-11; Wolf, 2008, pp.50-52; Wikipedia]

15
CHAPTER

환경정책과 지속가능한 개발

오늘날 인간이 당면하고 있는 환경문제는 환경의 오염과 파괴에 그치지 않고 인간 활동의 지속성을 위협할 정도로 심각하다. 인간 활동을 보장할 수 있도록 환경의 질을 개선하고 생태적 환경시스템을 유지하기 위해서는 현명한 환경정책이 필요하다. 인간의 개발욕구와 환경보전이 조화를 이룰 수 있는 지속가능한 개발은 환경정책의 중요한 목표이기도 하다. 지역개발과 환경보전이라는 상반된 목표를 조화롭게 달성하는 지혜를 본 장을 통해서 알아보자.

1 환경정책

1) 환경문제와 정부개입

지역개발을 위해서는 경제적 및 물리적 개발이 필요하지만, 다른 한편으로는 자연을 훼손하고 환경을 오염시키는 부작용을 가져오기 때문에 개발과 환경보전이라는 상반된 목표를 조화시켜야 하는 난관에 봉착하게 된다. 이러한 사실은 경제적 수준이 높고 물리적 시설이 풍부한 대도시나 공업지역이 더 오염된 환경 속에 있는 현실 상황에서 쉽게 이해될 수 있는 사실이다.

환경오염은 개발행위에 의한 부정적인 외부효과(externality)라고 할 수 있다. 외부효과란 어떤 사람이나 기업의 행위가 비의도적으로 타인에게 이득이나 손해를 가져다주는 것을 말한다. 외부효과는 일반적인 시장거래와는 달리 의도하지 않은 결과로 나타나며, 그에 대한 대가가 청구되거나 지급되지 않는 특징이 있다.

이러한 외부효과에는 외부경제와 외부불경제가 있다. 외부경제(external economy)는 개인적인 편익(benefit)보다 사회적인 편익이 큰 외부효과이며, 외부불경제(external diseconomy)란 개인적인 비용(cost)보다 사회적 비용이 큰 외부효과이다. 공해(公害, pollution) 같은 환경문제는 외부불경제의 대표적인 예이다. 환경은 공공재(公共財)이므로 아무런 비용 부담없이 소비만 하려는 무임승차자(free-rider) 문제가 발생한다. 그러므로 환경문제 해결에 있어서 사회적 효율성 또는 자원의 최적 배분을 달성하기 위해서는 개인이나 시장기구로 해결이 어렵고 정부가 개입해서 그 문제를 해결할 수밖에 없다.

환경의 공공재적 특성 외에 다음과 같은 환경문제의 특성 때문에 정부개입의 필요성이 제기되고 있다(정준금, 1992, pp,15-17).

첫째, 환경오염이 발생하면 원상회복에 많은 시간과 비용이 소요되기 때문에 환경오염에 대한 대책이나 구제는 사전적 조치가 중요하다. 그러므로 환경문제의 해결은 일반시민이나 기업에 맡기는 것보다는 정부의 개입으로 더욱 효율적으로 수행될 수 있다.

둘째, 환경오염이 발생한 원인이 개인이나 기업에 있다 하더라도 이들의 활동은 국가 경제와 연관이 있고 납세의 의무를 수행하므로 국가는 환경오염에 대한 공동책임이 있다.

셋째, 환경오염의 인과관계 규명은 고도의 과학적 조사에 의해서만 해명될 수 있고, 많은 시간과 비용이 소요된다. 그러므로 환경오염 조사는 국가가 개입할 필요가 있으며, 또한 국가가 개입해야 그 원인을 비교적 공정하게 규명하고 적절한 방지책도 제시할 수 있다.

넷째, 환경오염의 경제적 손실을 최소화하기 위해서도 정부가 개입해야 한다. 환경오염으로 인한 처리비용은 궁극적으로 국민세금이 투입되기 때문에 이 비용을 최소화하기 위해서는 사전 예방 차원에서 정부의 개입이 필요하다.

다섯째, 청정 자연환경 속에서 국민이 즐기는 다양한 여가 활동과 휴식을 보장하기 위해서 환경보호를 위한 정부의 노력이 필요하다.

2) 환경규제의 효과

공기나 하천 등 자연환경은 누구에게도 소유권이 귀속되지 않는 공공재이므로 누구나 환경자원을 이용할 수 있고, 이에 대해 값을 지불하지 않기 때문에 남용될 소지가 있다. 법적인 규제조치가 없다면 마음대로 대기에 매연을 배출하거나 강물을 오염시켜 환경은 쉽게 파괴될 것이다. 환경자원의 오염행위는 가해자와 피해자가 일치하지 않아서 특정 가해자의 환경오염 행위로 의해 불특정 다수가 피해를 보는 상황이 발생한다.

환경자원의 외부효과는 규모가 크고 불특정 다수가 피해를 보기 때문에 국가의 개입으로 문제를 해결하는 경우가 많다. 특히 예방적 차원의 환경정책을 시행하기 위해서는 시민을 보호할 의무가 있는 국가가 담당하는 것이 불가피하다. 정부가 오염행위자에게 부정적 외부효과만큼 부과금을 물리거나 오염물질 배출허용기준을 준수하도록 강제할 수 있다. 오염 발생의 책임소재를 판별하기 어렵거나 복합오염일 경우에는 정부가 직접 투자하여 공해방지시설을 설치하고 운영해야 한다.

최근에는 환경오염의 외부효과를 행위 당사자끼리 해결하도록 하는 방법이 동원되기도 한다. 즉 정부는 일정 지역의 적정 환경오염 총량을 정하고 오염물질 배출권을 매매할 수 있도록 하는 것이다. 이 방법은 직접적인 규제와 감시에 의한 행정비용을 줄이고 환경오염 방지 기술의 발달을 촉진하는 효과가 있다.

정부가 환경오염의 부정적 외부효과를 제거하기 위해서 규제를 하게 되면 시장의 생산과 소비에 영향을 미치게 된다. 그림 15-1에서 *DD*는 소비자의 수요곡선이며, *SS*는 기업의 공급곡선으로 직접 생산비용만이 적용된다. 이때 시장균형을 이루는 생산량은 OQ_1이고 가격은 OP_1이 될 것이다. 기업의 생산으로 인한 환경오염에 대해 정부가 개입하여 오염배출 부과금을 책정하면 기업의 공급곡선은 *CC*로 이동하게 된다. *CC*는 사회적 공급곡선이라 할 수 있다. 기업은 손실을 줄이기 위해서 오염배출을 유발하는 자원투입을 줄일 것이고 생산량은 OQ_2로 감소할 것이다. 이로 인해 공급이 감소하면 가격은 OP_2로 상승하게 된다. 이러한 환경규제 과정에서 기업의 잉여감소분과 소비자의 잉여감소분을 합한 것은 전체적인 사회적 비용(social cost) *E*로 나타나게 된다. 결국 환경규제로 인해 기업은 생산량을 줄여 수입이 감소하고 소비자는 인상된 가격을 지불하는 효과가 나타나는 것이다.

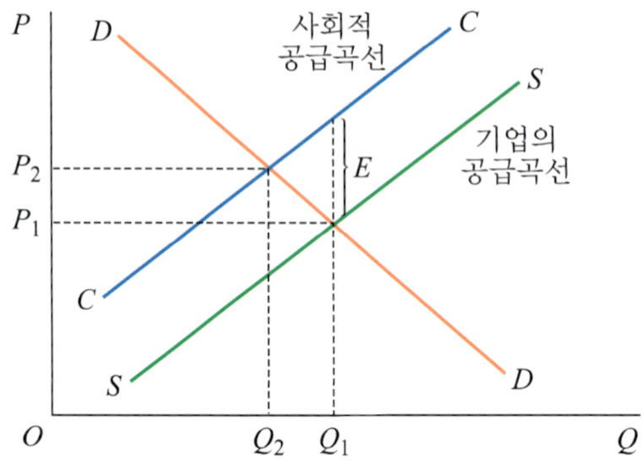

그림 15-1. 환경규제의 시장 효과

3) 환경정책 수단

인류의 복지는 환경의 질과 밀접한 관계가 있으며, 환경의 질을 개선하기 위해서는 현명한 계획과 정책을 통한 환경관리가 필요하다. 정부는 환경보전을 위해 국민을 계도해야 할 뿐만 아니라 규제와 유도 등 다양한 정책수단을 동원함으로써 실질적인 효과를 거둘 수 있도록 노력해야 할 것이다. 정부가 할 수 있는 환경오염 관리정책으로는 직접규제, 시장유인적 규제, 직접투자 등이 있다(표 15-1).

표 15-1. 환경정책의 규제적 수단

구분	사전규제	사후규제
직접규제	오염행위 금지 생산자책임 재활용제도 환경영향평가제도	배출허용기준 설정 총량규제제도 생활폐기물 종량제 재활용 분리배출제 행정명령(개선명령, 조업정지, 시설이전, 시설폐쇄)
시장유인적 규제	배출부과금제도 환경개선부담금 수질개선부담금 오염배출권 거래제도 자원순환 보증금제도 폐기물 부담금제도	재활용 부과금제도 폐기물처분 부담금제도

(1) 정부의 직접규제

정부의 직접규제는 사전규제와 사후규제로 나눌 수 있다. 사전규제로는 오염행위 금지, 생산자책임 재활용제도, 환경영향평가제도 등이 있고, 사후규제로는 배출허용기준 설정, 총량규제제도, 생활폐기물 종량제, 재활용 분리배출제, 행정명령(개선명령, 조업정지, 시설이전, 시설폐쇄) 등이 있다.

① 오염행위 금지

오염행위 금지는 환경오염의 원인을 원천 봉쇄하는 것으로, 생태계와 인체에 치명적인 독극물질의 생산이나 사용을 못하게 하는 것이다. 예를 들어 DDT, 수은, 방사능폐기물 등이 금지 대상이 되고 있는데, 이러한 물질처럼 생태계에 누출되어 발생하는 피해를 처리하는 데 드는 비용이 사용하지 않음으로써 발생하는 손해보다 크면 일반적으로 금지라는 수단을 채택한다.

② 생산자책임 재활용제도

2003년부터 시행된 이 제도는 재활용의무 생산자제도라고도 한다. 생산·유통단계에서 회수·재활용을 촉진할 수 있거나, 사용 후 많은 폐기물이 발생하는 제품이나 포장재를 생산·유통하는 제조업자 및 수입업자는 발생한 폐기물을 의무적으로 회수하여 재활용해야 하는 제도이다(본서 12장 참조). 재활용에 대한 생산자책임(EPR: Extended Producer Responsibility)을 제도화하여 환경친화적인 경제활동을 유도하고 자원순환형 사회를 도모하려는 것이다. 재활용의무 생산자는 주로 재활용사업 공제조합을 설립하여 공제조합에 분담금을 납부하는 방법으로 의무를 이행하고 있다.

③ 배출허용기준 설정

환경기준은 세계보건기구(WHO)의 권장기준을 참고하되 오염현황과 인체 영향을 고려하여 정부가 결정한다(본서 11장 참조). 개별오염원에 적용되는 배출허용기준은 환경기준을 달성하기 위한 정책수단이다. 사업장에서 배출한 오염물질의 농도가 일정 배출허용기준을 초과할 경우 벌금을 부과하는 등 형사처벌을 할 수 있다.

또한 특정 지역의 사업장에서 배출되는 오염물질을 총량으로 규제하기도 한다. 총량 관리란 지역별로 수용할 수 있는 배출허용 총량을 정한 뒤, 해당 지역 사업장에 연도별로 배출허용 총량을 할당하는 제도이다.

④ 생활폐기물 종량제

쓰레기 종량제는 1995년부터 쓰레기 발생량 감소와 재활용품 분리배출을 활성화하기 위해 배출자 부담원칙에 따라 시행되고 있다(본서 12장 참조). 생활쓰레기는 지방자치단체가 판매하는 규격봉투에 배출하고, 재활용품(종이, 고철, 병, 플라스틱 등)은 분리배출하면 무료로 수거되며, 폐가구·폐가전제품 등 대형폐기물은 일정액의 수수료를 내고 스티커를 구입·부착하여 배출한다.

음식물 쓰레기는 2005년부터 직접 매립을 금지하고 분리배출 제도를 시행하고 있다. 이후 분리배출되는 음식물 쓰레기의 발생량은 생활수준 향상 및 가구 수의 증가에 따라 매년 꾸준히 증가해 왔다. 결국 음식물 쓰레기의 발생 억제를 위하여 정액제를 폐지하고 2013년부터 음식물 쓰레기 종량제를 시행하고 있다.

⑤ 재활용 분리배출제

지방자치단체는 「자원의 절약과 재활용촉진에 관한 법률」에 의거하여 재활용이 가능한 폐기물들을 효율적으로 활용하기 위해서 종류별로 분리수거하며, 생활폐기물 배출자는 「폐기물관리법」에 의거하여 재활용이 가능한 폐기물들을 종류별로 분리배출해야 한다. 폐기물의 재활용을 촉진하기 위해서 제품 생산자는 포장재에 분리배출 방법을 표시해야 한다.

(2) 시장유인적 규제

시장유인적 규제는 인간의 이윤추구 심리를 이용하는 규제 방식으로서, 정부가 부과금이나 보조금 같은 경제적 유인(incentives)을 제공하여 오염배출자가 오염방지에 따른 비용과 편익에 따라 정부가 설정한 규제를 자발적으로 준수하도록 유도하는 방법이다. 시장유인적 규제도 사전규제와 사후규제로 나눌 수 있다. 사전규제로는 배출부과금제도, 환경개선부담금, 수질개선부담금, 오염배출권 거래제도, 자원순환 보증금제도, 폐기물 부담금제도 등이 있고, 사후규제로는 재활용부과금제도, 폐기물처분 부담금제도 등이 있다.

① 배출부과금

「대기환경보전법」과 「수질환경보전법」에 근거하여 대기오염물질이나 수질오염물질을 배출하는 사업자에 대하여 오염자 부담원칙에 따라서 오염물질 처리비용에 상당하는 배출부과금을 부과할 수 있다(본서 11장 참조). 이는 경제적인 유인구조에 기반하여 사업자의 배출 저감을 유도하기 위한 것이다. 사업장에서 발생한 오염물질을 정화해서 배출할 때 부과금이 많이 줄어든다면 사업자는 정화시설을 설치할 가능성이 높다.

② 환경개선부담금

오염자 부담원칙에 따라 1993년부터 시행되고 있는 환경개선부담금은 유통·소비 분야의 시설물 및 경유 자동차에 부과했으나 2015년부터는 경유 자동차에만 부과하고 있다. 휘발유나 LPG 등에 비해 상대적으로 오염물질을 많이 배출하는 경유를 연료로 사용하는 버스, 트럭, 승용차의 소유자에게 자신들이 오염시킨 만큼의 복구비용을 부담시키는 제도이다.

③ 수질개선부담금

1995년에 제정된 「먹는물관리법」에 따라 도입된 수질개선부담금은 공공의 지하수 자원을 보호하고 먹는 물의 수질을 개선하기 위해 먹는 샘물 제조업자와 수입판매업자로부터 먹는 샘물 판매가액의 20%를 부담하게 하는 제도이다.

④ 오염배출권 거래제

배출권거래제(ETS: emission trading scheme)는 온실기체 감축의무가 있는 사업장, 혹은 국가 간 배출권 거래를 허용하는 제도이다(본서 13장 참조). 실제로는 탄소배출권이 거래되고 있으며, 정부가 할당한 온실가스 배출 허용량에 맞춰 기업이 탄소배출권을 거래할 수 있는 제도다. 허용량보다 탄소를 더 많이 배출한 기업은 시장에서 부족한 배출권을 사야 하며, 반대로 할당량보다 배출량이 적으면 남는 배출권을 팔 수 있다.

탄소배출권 거래제는 유럽연합이 2005년에 처음 도입했고, 우리나라는 2015년부터 시행하고 있다. 2020년 기준으로 국내에서 배출권을 할당받은 기업은 650여 곳이며, 시장조정자로서 5개 금융투자회사가 참여하고 있으나 거래가 극히 부진한 상황이다.

⑤ 자원순환 보증금제도

이 제도는 용기나 일회용 컵의 회수, 재사용, 재활용을 촉진하기 위하여 별도의 금액을 제품가격에 포함시키고 용기를 반환하는 자에게 보증금을 환급하는 제도이다(본서 12장 참조). 현재 병입 주류 및 음료에 주로 적용되고 있으며, 2017년부터 빈 병 보증금을 인상하자 소비자가 직접 소매점에 반환하는 비율이 2014년의 24%에서 2020년의 60%로 증가하였다.

⑥ 폐기물 부담금제도

이 제도는 폐기물의 발생을 생산단계에서부터 억제하고 자원의 낭비를 막기 위하여, 특정 대기유해물질, 특정 수질유해물질, 특정 유독물을 함유하거나 재활용이 어렵고 폐기물 관리상의 문제를 초래할 가능성이 있는 제품·재료·용기의 제조업자나 수입업자에게 그 폐기물의 처리비용을 매년 부과하는 제도이다(본서 12장 참조). 2003년부터 시행된 이 제도의 대상 품목은 살충제, 유독물, 부동액, 껌, 일회용 기저귀, 담배(전자담배 포함), 플라스틱 제품 등 7개 품목이다.

⑦ 재활용 부과금제도

이 제도는 재활용의무 생산자가 의무를 이행하지 않거나 재활용사업공제조합이 조합원의 재활용의무를 대행하지 않는 경우, 재활용 의무량 중 재활용되지 않은 폐기물의 재활용에 드는 비용에 30% 이하의 금액을 더한 금액을 재활용의무 생산자나 재활용사업 공제조합에 부과하는 제도이다(본서 12장 참조). 이러한 재활용 부과금제도는 2003년부터 시행되고 있으며, 그 이전에 시행되었던 폐기물예치금제도를 대체한 것이다.

⑧ 폐기물처분 부담금제도

이 제도는 폐기물을 순환이용할 수 있음에도 불구하고 소각 또는 매립의 방법으로 폐기물을 처분하는 경우, 해당 지방자치단체장 또는 사업장폐기물 배출자에게 폐기물처분 부담금을 부과하는 제도이다(본서 12장 참조). 2018년부터 시행된 이 제도는 폐기물의 매립 또는 소각에 대한 부담금을 부과하여 폐기물의 처리방법을 재활용으로 바꾸도록 경제적으로 유인하는 제도이다. 생활폐기물을 소각 또는 매립처분한 경우는 해당 지방자치단체장이 납부의무자이며, 사업장폐기물을 소각 또는 매립한 경우는 사업장폐기물 배출자가 납부의무자이다.

(3) 정부의 직접투자

환경의 공공재적 특성 때문에 민간부문에서의 투자는 크게 기대할 수가 없으며 정부가 직접투자를 할 수밖에 없다. 정부의 직접적인 투자는 각종 오염처리시설, 환경오염 측정 및 감시체제 등을 설치하고 유지하는 것으로부터 자연환경을 유지·보전하는 사업까지 그 범위가 매우 넓다. 또한 환경정보의 구축과 조사연구, 환경기술 개발, 환경교육 등 장기적인 투자도 소홀히 할 수 없다.

2020년도 환경부의 예산편성을 보면 총예산은 8조5699억 원이며, 부문별 예산 비율을 순위대로 나열하면 물환경 36.9%, 대기환경 26.5%, 수자원 8.6%, 자연보전 7.7%, 자원순환 5% 등이다(2020 환경백서, p.781). 2002년도의 경우 물환경에 23.2%, 대기환경에 4.5%의 예산을 배정했던 것과 비교하면 요즈음은 수질환경과 대기환경에 큰 예산 비중을 두고 있음을 알 수 있다.

(4) 환경영향평가제도

환경영향평가제도는 정부의 사전적인 직접규제의 하나이다. 1993년 제정된 「환경영향평가법」에 의거하여 시행되는 환경영향평가제도에는 전략환경영향평가, 환경영향평가, 소규모 환경영향평가 등 3가지가 있다.

① 전략환경영향평가

전략환경영향평가는 환경에 영향을 미치는 계획을 수립할 때 환경보전계획과의 부합 여부 확인 및 대안의 설정·분석 등을 통하여 환경적 측면에서 해당 계획의 적정성 및 입지의 타당성 등을 검토하여 국토의 지속가능한 발전을 도모하는 것을 말한다. 전략환경영향평가는 2012년 「환경영향평가법」이 개정되기 전에는 '사전환경성검토'라는 명칭으로 시행되었다.

전략환경영향평가의 대상 계획은 기본적으로 정부 행정계획으로 총 101개 계획이며, 구체적으로는 정책계획 8개 분야 15개 계획과 개발기본계획 17개 분야 86개 계획이 지정되어 있다(「환경영향평가법」 시행령 <별표 2>). 여기서 정책계획은 국토 전체나 일부 지역을 대상으로 개발 및 보전 등에 관한 기본방향이나 지침을 제시하는 중·장기 계획이며, 개발기본계획은 국토의 일부 지역을 대상으로 구체적인 개발구역을 지정하거나 실시계획의 기준을 마련하는 상위계획이다.

해당 계획을 수립하려는 행정기관의 장이 전략환경영향평가를 실시하는 주체가 되며, 전략환경영향평가서 초안을 작성한 후에는 주민의견을 수렴하고, 대상 계획을 확정하기 전에 환경부장관과 협의해야 한다. 우리나라에서는 1977년에 제정된 「환경보전법」에 사전협의 조항이 처음 마련되었지만 제대로 시행되지 못하였으나, 1993년에 제정된 「환경영향평가법」에서는 주민의견 수렴을 위한 설명회를 의무화하고 주민 다수가 요구하면 공청회를 개최하도록 했다.

② 환경영향평가

환경영향평가는 환경에 영향을 미치는 실시계획·시행계획 등의 허가·인가·승인·면허 또는 결정 등을 할 때 해당 사업이 환경에 미치는 영향을 미리 조사·예측·평가하여 해로운 환경영향을 피하거나 제거 또는 감소시키는 방안을 마련하는 것을 말한다. 전략환경영향평가는 행정관청이 주체가 되어 기본계획 수립단계에서 시행되고 주로 입지, 규모, 개발구상의 적절성을 검토하여 최적의 대안을 강구하는 반면, 환경영향평가는 사업자가 주체가 되어 상위의 기본계획이 확정된 후 실행의 준비단계에서 시행되고 사업에 따른 환경영향을 저감하는 대책을 강구하는 점에서 차이가 있다.

환경영향평가는 사업 시행 전, 실시계획의 승인 단계에서 공공의 참여하에 사업이 환경에 미치는 영향을 예측·뷰석하고, 환경보호의 관점에서 더 좋은 방법이 있는지에 대해 종합적으로 분석·평가하여 환경 관서와 협의토록 하는 것이다. 해당 개발사업자는 환경영향평가서 초안을 작성한 후 주민의견 수렴절차를 거쳐야 하며, 해당 행정기관장은 대상 사업을 승인 또는 확정하기 전에 환경부장관과 협의해야 한다.

환경영향평가 대상 사업은 정부사업과 민간개발사업을 모두 포함하여 도시개발, 산업단지개발, 에너지 개발, 항만·도로·철도·공항 건설사업, 수자원개발, 하천 개발, 간척 매립사업, 관광단지 개발, 산지 개발, 특정지역 개발, 체육시설, 폐기물처리시설, 국방시설, 토석·광물 채취, 기타 시설 등 현재 18개 분야 76개 사업으로 지정되어 있다. 환경영향평가의 항목은 사업의 시행으로 영향을 받게 되는 환경인자를 중심으로 선정한 것이며, 대기환경, 물환경, 토지환경, 자연생태환경, 생활환경, 사회경제환경 등 6개 분야 21개 항목으로 구성되어 있다(표 15-2).

환경영향평가제도의 평가항목 중에서 사회경제환경 분야에는 인구, 주거, 산업 항목만 남아 있는데, 과거에는 공공시설, 교육, 교통, 문화재 등도 포함되어 있었다. 2009년부터 교통영향평가는 「도시교통정비촉진법」에 근거하여 국토교통부에서 주관하며, 재해영향평가는 「자연재해대책법」에 근거하여 행정안전부에서 주관한다. 별도로 인구영향평가제도가 있었으나 2009년에 폐지되었다.

표 15-2. 환경영향평가 항목

분야	자연생태환경	대기환경	수환경	토지환경	생활환경	사회경제환경
평가 항목	• 동·식물상 • 자연환경자산	• 기상 • 대기질 • 악취 • 온실 가스	• 수질 (지표·지하) • 수리·수문 • 해양환경	• 토지 이용 • 토양 • 지형·지질	• 친환경적 자원순환 • 소음·진동 • 위락 • 경관 • 위생·공중보건 • 전파장해 • 일조장해	• 인구 • 주거 • 산업

출처: 「환경영향평가법」 시행령 <별표 1>.

③ 소규모 환경영향평가

소규모 환경영향평가는 환경보전이 필요한 지역이나 난개발이 우려되어 계획적 개발이 필요한 지역(즉 보전용도지역)에서 개발사업을 시행할 때 입지의 타당성과 환경에 미치는 영향을 미리 조사·예측·평가하여 환경보전 방안을 마련하는 것을 말한다. 과거 사전환경성검토의 대상이었던 보전지역에서 시행되는 개발사업은 '소규모 환경영향평가'의 대상으로 전환되었다.

소규모 환경영향평가의 대상 사업은 환경영향평가 대상이 아닌 개발사업으로서 보전용도지역에서 시행되는 일정 규모 이상의 개발사업으로 규정되어 있다. 구체적으로는 농림지역, 개발제한구역, 생태계보전지역 등 19개 용도지역에서 면적 5,000 m^2 이상의 개발사업(민간개발사업 포함)이 대상이다(이종호 외, 2016, p.67). 단, 개발면적이 30,000 m^2 이상인 대상 사업에는 산지개발과 초지조성만 해당한다. 해당 개발사업자는 사업 시행 전 소규모 환경영향평가서를 작성하여 승인 행정기관에 제출해야 하며, 행정기관의 장은 대상 사업을 승인 또는 확정하기 전에 환경부장관과 협의해야 한다.

2 지속가능한 개발

1) 지속가능한 개발의 개념

지속가능한 개발(발전)(sustainable development)이라는 용어는 1987년 UN 산하의 세계환경개발위원회(WCED: World Commission on Environment and Development)가 UN에 제출한 「우리의 공동 미래(*Our Common Future*)」라는 보고서에서 처음으로 사용되었다. 그 보고서는 지속가능한 개발을 '미래 세대가 그들의 필요를 충족시킬 능력을 저해하지 않으면서 현재 세대의 필요를 충족시키는 개발'(development that meets the needs of the present without compromising the ability of future generations to meet their own needs)로 정의하였다(WCED, 1987, p.43).

지속가능한 개발이란 상호 갈등 관계에 있는 개발과 환경보전을 조화롭게 추구하여 환경을 파괴하지 않으면서 이루어지는 개발을 뜻한다. 즉 인간의 기본적 욕구 충족을 위해서 개발을 할 때, 생태계가 수용할 수 있는 환경용량을 초과해서는 안 되며, 쾌적한 환경을 유지해서 생활 수준만을 향상하는 개발이 아닌 삶의 질을 향상하는 개발이 이루어져야 한다는 것이다.

우리나라에서 2022년 제정된 「지속가능발전 기본법」에 의하면 지속가능성이란 현재 세대의 필요를 충족시키기 위하여 미래 세대가 사용할 경제·사회·환경 등의 자원을 낭비하거나 여건을 저하시키지 않고 서로 조화와 균형을 이루는 것이며, 지속가능한 발전이란 지속가능성에 기초하여 경제성장, 포용적 사회, 깨끗한 환경이 조화와 균형을 이루는 발전을 말한다.

따라서 지속가능한 개발(발전)이란 미래 세대의 필요를 충족시켜야 할 자원을 고갈시키지 않고 그들의 여건과 능력을 저해하지 않으면서 현재 세대가 필요로 하는 경제·사회·환경·문화 등의 다양한 욕구를 충족시키는 것이라 하겠다. 결국 인간 활동을 환경의 수용능력 범위 안에서 통제해야 한다는 것이 핵심이다.

2) 배경

1960년대부터 서구선진국을 중심으로 자원고갈과 지구환경위기가 주요 관심사로 등장하게 되었다. 1972년에 출판된 「성장의 한계(The Limits to Growth)」라는 로마클럽 보고서는 상당히 구체적인 자료를 사용하여 지구의 암울한 미래를 예측하였다. 즉, 표준세계모형을 통해 예측한 결과, 인구증가와 경제성장 추세가 현 상태로 지속된다면 인류는 21세기 초에 파멸할 것이라고 주장한 것이다. 이러한 주장에 대해 전 세계의 언론과 학계는 충격적으로 반응하며 찬반에 대한 논란이 상당 기간 지속되었다.

1972년에는 지구환경에 관한 최초의 국제회의로서 유엔인간환경회의(UN Conference on the Human Environment)가 스톡홀름에서 "Only One Earth"라는 표어로 개최되었다. 이 회의 제목의 '인간환경'은 자연환경뿐만 아니라 경제개발과 인구문제 등을 포괄하는 생활환경의 개념으로 사용한 것이다. 이 회의에서는 경제개발과 환경보존이란 이율배반적인 주제를 놓고 토론하였으며, 이것이 지속가능한 개발에 대한 논의의 출발이라 할 수 있다. 즉 자연환경의 파괴를 최소화하는 개발, 즉 개발과 환경보존의 통합을 추구한 것이다. 이 회의에서 유엔환경계획(UNEP: UN Environment Programme)이라는 국제기구의 설치를 결의하였다.

국제자연보전연맹(IUCN: International Union for Conservation of Nature)은 1980년 UNEP에 제출한 「세계환경보전전략(World Conservation Strategy)」 보고서에서, 현재 세대는 생존해야 하

고 미래 세대는 환경자원이 있어야 하므로 개발과 환경보전은 동등하게 필요하다고 주장함으로써 경제개발과 환경보전의 조화를 강조하였다(정회성, 2002, p.76).

1983년 유엔의 제안으로 당시 노르웨이 수상이던 브룬트란트(Brundtland)가 위원장을 맡은 세계환경개발위원회(WCED)가 설치되었다. 1987년 WCED는 「Our Common Future」라는 보고서(일명 브룬트란트 보고서)에서 지속가능한 개발이라는 용어를 처음으로 사용하면서, 그 의미를 현재 세대와 미래 세대의 필요가 공동으로 충족되도록 경제개발과 환경보전이 균형을 이루는 개발로 제시하였다.

1992년 6월 브라질 리오데자네이로(Rio de Janeiro)에서 세계 172개국 대표(108개국 정상 포함)들이 참가한 유엔환경개발회의(UN Conference on Environment and Development)[1]가 '환경적으로 건전하고 지속가능한 개발'(Environmentally Sound and Sustainable Development)을 주제로 개최되었는데, 여기서 지속가능한 개발을 범세계적인 사회경제 발전의 기본원칙으로 채택하였다. 또한 지구환경 보전을 위한 각국의 행동 원칙을 규정한 리오 선언, 21세기의 환경보전과 지속가능한 개발을 위한 분야별 세부 실천지침이 담긴 의제 21(Agenda 21), 기후변화 방지협약, 생물다양성 보존협약, 산림 보존원칙 등이 채택되었다. 특히 의제 21은 ESSD를 달성하기 위한 중앙 정부의 전략을 40개 장으로 구성한 지침서인데, 제28장 지방정부의 역할에서 지방의제 21(Local Agenda 21)을 규정하고 있다. 지구환경 보전은 지방정부의 참여와 실천이 없이는 불가능하므로, 각국 지방정부가 주민과 함께 지방의제 21의 행동계획을 작성하여 1996년까지 제출하도록 권고하였다. 이러한 의제 21에 대한 각국의 이행상황을 정기적으로 평가하고 지구 차원의 지속가능한 개발 전략을 마련하기 위해, 유엔지속가능개발위원회(UNCSD: UN Commission on Sustainable Development)가 상설기구로 발족하였다.

1992년 유엔환경개발회의가 개최되고 있던 리오데자네이로에서는 전 세계 민간환경단체가 결성한 Global Forum '92가 동시에 개최되었다. 1994년 영국 맨체스터에서 열린 Global Forum '94에서는 '도시와 지속가능한 개발'을 주제로 다루고 의제 21의 실천계획을 발표하였다.

그 후 2002년 9월 남아프리카공화국 요하네스버그(Johannesburg)에서는 UN이 주최하는 지속가능한 개발에 관한 세계정상회의(World Summit on Sustainable Development)가 의제 21의 이행사항을 점검하고 향후 실천 방안을 마련하기 위한 목적으로 개최되었다. 2012년 6월에는 20년 만에 다시 리오데자네이로에서 개최된 유엔지속가능개발회의(UN Conference on Sustainable Development: Rio+20)에 192개국 대표(57개국 정상 포함)들이 참석했다. Rio+20의 목적은 지속가능한 개발을 위한 각국의 정치적 책무를 확실하게 하는 것과 지속가능한 개발에 대한 현재까지의 실적과 목표 간의 격차에 대하여 평가하는 것이다.

2013년에는 기존의 유엔지속가능개발위원회(UNCSD)가 고위급정치포럼(HLPF: High-level

1) 1992년 유엔환경개발회의는 흔히 Earth Summit 또는 Rio Summit이라고 부른다.

Political Forum on Sustainable Development)으로 대체되었다. 이 조직은 지속가능한 개발과 관련하여 매년 UN 경제사회위원회가 주최하는 회의를 주관하고, 4년마다 UN 총회가 주최하는 각국 정상들의 회의를 주관한다. 이 조직의 중요한 업무 중 하나는 '지속가능발전목표'(SDGs)가 193개 유엔 가입국 내에서 어느 정도 이행되고 있는지 매년 점검하는 일이다.

3) 지속가능한 발전 목표(SDGs)

2000년부터 2015년까지 시행된 밀레니엄개발목표(MDGs: Millennium Development Goals)를 종료하고, 2015년 UN 총회에서 채택된 '지속가능발전목표'(SDGs: Sustainable Development Goals)는 2016년부터 2030년까지 새로 시행되는 국제사회의 최대 공동목표다. 인류의 보편적 문제, 지구 환경문제, 사회경제 문제를 해결하기 위해서 17가지 주목표와 169개 세부목표로 나누어 인류가 나아가야 할 방향을 제시하였으며, 193개 유엔 가입국은 이 목표를 이행하기 위해 노력해야 한다. 17개 주목표를 나열하면 다음과 같다.

1. **빈곤 퇴치**: 모든 곳에서 모든 형태의 빈곤 종식
2. **기아 종식**: 기아 종식, 식량 안보와 영양상태 개선, 지속가능한 농업 강화
3. **건강과 웰빙**: 모든 연령층을 위한 건강한 삶 보장과 복지 증진
4. **양질의 교육**: 모두를 위한 포용적이고 공평한 양질의 교육 보장 및 평생학습 기회 증진
5. **성평등**: 성평등 달성과 모든 여성 및 여아의 권익 신장
6. **깨끗한 물과 위생**: 모두를 위한 물과 위생의 이용가능성과 지속가능한 관리 보장
7. **저렴한 에너지**: 적정한 가격에 신뢰할 수 있고 지속가능한 현대적 에너지에 대한 접근 보장
8. **일자리와 경제성장**: 완전한 고용과 양질의 일자리 증진, 포용적이고 지속가능한 경제성장
9. **산업, 혁신, 사회기반시설**: 지속가능한 산업화와 혁신, 회복력 있는 사회기반시설 구축
10. **불평등 완화**: 국내 및 국가 간 불평등 감소
11. **지속가능한 도시와 공동체**: 포용적이고 안전하며 회복력 있고 지속가능한 도시와 주거지 조성
12. **책임 있는 소비와 생산**: 지속가능한 소비와 생산 양식의 보장
13. **기후변화 대응**: 기후변화와 그로 인한 영향에 맞서기 위한 긴급 대응
14. **해양 생태계**: 해양 생태계 및 해양자원의 보전과 지속가능한 이용
15. **육상 생태계**: 육상 생태계의 지속가능한 보호·복원, 사막화 방지, 토지 회복, 생물다양성 유지
16. **평화, 정의, 제도**: 지속가능한 발전을 위한 평화롭고 정의로운 사회 증진, 포용적인 제도

구축

17. **목표 달성을 위한 파트너십**: 지속가능한 발전을 위한 글로벌 파트너십 활성화, 이행수단 강화

유엔의 지속가능발전목표(UN-SDGs)가 이행되는 상황을 점검하는 역할은 유엔의 고위급정치포럼(HLPF)에서 담당한다. 각국에서는 장관급 인사가 이행 평가보고서를 유엔에 제출하고 고위급정치포럼의 검토를 받게 된다. 또한 기업들도 SDGs의 이행에 동참하도록 유도하고 기업의 기여 정도를 측정하기 위해서 지속가능발전목표 경영지수(SDGBI: Sustainable Development Goals Business Index)를 만들어 매년 발표하고 있다.

한국 정부는 지속가능발전 관련 국제적 합의를 성실히 이행하고 지속가능발전을 촉진하기 위해 2016년부터 20년을 계획기간으로 하는 지속가능발전 기본계획을 5년마다 수립·시행하고 있다. 2006년 1차 기본계획(2006~2010)이 시작되었고, 2차 기본계획(2011~2015), 3차 기본계획(2016~2035)을 거쳐, 현재는 4차 지속가능발전 기본계획(2021~2040)이 수립되어 있다. 제4차 기본계획에 명시된 지속가능발전목표(K-SDGs)는 17개 분야, 119개 세부목표, 241개 지표로 구성되어 있다.

우리나라는 2021년 9월 「저탄소녹색성장기본법」을 대체하는 「기후위기 대응을 위한 탄소중립·녹색성장 기본법」(약칭: 탄소중립기본법)을 제정하였으며, 2022년 1월에는 기존 법들의 지속가능발전 관련 조항들을 이관하여 「지속가능발전 기본법」을 제정하였다. 지속가능한 발전 목표(SDGs)는 전 세계 국가와 시민들이 함께 노력해야 달성할 수 있다. 각국 정부뿐 아니라 기업, 시민사회, 학교 등이 SDGs를 위해 각자의 계획을 수립하고 협업을 해야 장기적인 목표를 이룰 수 있다.

4) 지속가능한 개발의 실행

(1) 지속가능성의 기준

천연자원을 개발하거나 이용할 때 지속가능성을 해치지 않는 개발 수준을 알 수 있다면 환경보전에 큰 도움이 될 것이다. 자원으로 활용할 생태환경의 지속성을 유지하기 위해서 고려해야 할 기준에는 3가지가 있다(Archibugi and Nijkamp, 1989, pp.52-53). 첫째, 허용가능한 최대수확량(maximum sustainable yield)이다. 수산자원이나 산림자원처럼 재생가능한 자원은 어느 수준까지는 안전하게 수확될 수 있다. 허용가능한 수확량을 초과하지 않는다면, 그 자원은 지속가능하다. 이러한 기준이 국제어업협정의 근거가 되기도 한다.

둘째, 수용능력(carrying capacity)이다. 즉 어떤 지역이든 수용 가능한 야생동물, 가축, 또는 인구의 최대규모가 있다. 어떤 지역의 수용능력이 계산될 수 있다면, 그 지역에 살도록 허용할

수 있는 동물이나 사람의 수를 정하는 것이 가능해질 것이다.

셋째, 동화능력(assimilative capacity) 또는 자정능력(self-purification capacity)이다. 자연환경은 동화능력과 자정능력이 있으므로 환경기준에 위반되지 않는 수준이라면 오염물질을 수계, 대기권, 토지에 버리는 것을 제한적으로 허용할 수 있다. 환경의 동화능력은 인간이 버린 오염물질과 쓰레기가 자연환경에 축적되었다가 인간과 자연에 해롭지 않은 형태로 전환되는 데 작용하는 자연의 능력을 말한다. 환경의 자정능력은 자연 생태계가 오염되더라도 이동, 확산, 화학적 분해, 침전 등의 자연적 과정을 거쳐 스스로 정화하여 원상 복구하는 능력을 말한다. 정부에서 양도가능한 오염배출권을 산업체에 할당할 때도 이 개념을 사용한다. 즉 환경의 수용능력 안에서 자정작용이 가능한 오염물질의 총량을 정하고 오염배출권 거래제를 시행하면 기업 간에 오염배출권을 사고파는 것이 가능하다.

(2) 환경용량과 자원관리

지속가능한 개발은 욕구 충족을 위한 개발이 환경의 수용능력, 즉 환경용량의 범위 안에서 이뤄져야 한다는 것을 강조한다. 환경문제를 고려한다는 점에서 기존의 발전개념과 다르며, 개발을 인정한다는 점에서 기존의 환경보전 개념과도 차이가 있다. 환경용량은 기술 개발, 재활용, 토지이용 등에 의해 확대될 수도 있다

지속가능한 개발은 환경용량이 생산의 근원적 한계임과 동시에 경제성장의 한계라는 점을 강조하나 실천은 쉽지 않다(이정전, 1995, p.7). 기업은 이윤극대화를 위해 소비 창출을 위해 끊임없이 광고하고 소비자는 기업의 광고에 세뇌되거나 보다 나은 욕구충족을 위해 소비하다 보면, 자연으로부터의 자원의 투입과 탄소 및 폐기물의 발생은 피할 수가 없다. 이를 극복하기 위해서는 획기적인 기술진보가 요구된다.

경제·사회·환경의 조화와 통합적인 접근을 위해 먼저 인구의 증가와 성장이 생태계의 수용능력의 한계 내에서 조화를 이루어야 한다. 생태적 한계는 고정된 개념이 아니며, 새로운 자원의 탐사, 신기술 개발을 통한 기존 자원의 대체, 효과적인 제도의 도입, 사회 전반의 인식 전환 등의 노력에 따라 그 한계치는 달라질 수 있다.

모든 개발은 범지구적(global) 차원뿐만 아니라 지역적인(local) 차원에서 환경용량을 감안하여 이루어져야 할 것이다. 이를 위해 지역 환경용량에 대한 꾸준한 연구와 분석이 선행되어야 하며 지역 환경을 효율적으로 활용하도록 산업과 인구의 합리적인 공간 재배치가 필요하다.

그리고 희소한 자원을 효율적으로 관리해야 한다. 효율적인 관리란 자원배분 단계부터 기술개발 단계까지 포함한다. 기술개발 방향이 자원 이용의 지속가능성을 높여 주는 방향으로 이루어져야 한다. 지속가능한 발전을 위해 생산과 소비양식을 환경친화적으로 바꾸어야 한다. 이를 위해서 자원 투입과 환경관리의 일체화, 재이용과 재활용의 촉진 및 이를 위한 과학기술의 개발 등의 노력을 해야 한다.

(3) 형평성의 제고

지속가능한 개발을 위해서 세 가지 측면의 형평성을 제고해야 한다. 첫째로 자원 보존과 이용에 있어 현재 세대와 미래 세대의 형평성을 유지해야 한다. 현재 세대가 환경을 파괴하고 자원을 남용하면 미래 세대가 이용할 환경과 자원은 부족해질 것이므로, 환경에 대한 후손들의 기본적인 권리를 침해하지 않는 범위 내에서 개발이 이루어져야 한다.

둘째로 사회계층 간의 형평성을 제고해야 한다. 자원 남용과 환경 파괴를 막고 사회적 불안정을 해소하기 위해서는 절대빈곤의 해소가 전제되어야 한다. 현재 세대의 절대빈곤을 해소하지 않고 미래 세대의 복지를 주장하는 것은 타당성이 없다. 양적 경제성장보다는 공정한 배분, 질적인 수준의 제고, 그리고 사회 복지의 강화가 이뤄져야 한다. 지속가능한 발전은 기존의 규모의 경제(economies of scale) 논리에 근거한 다다익선(多多益善)이나 최대 다수의 최대 행복이라는 양적 성장으로부터 작은 것이 아름답다는 질적 성장으로의 방향 전환을 요구한다. '질'(quality)이라는 것은 주관적인 개념이므로 객관적인 지표나 지수에 의존하기보다는 구성원의 만족과 합의 등을 반영하여야 한다.

셋째로는 국가 간의 형평성을 모색해야 한다. 1972년 스톡홀름에서 개최된 유엔인간환경회의에서 환경문제는 주로 경제발전 과정에서 발생하지만, 경제발전이 없는 상태에서도 발생할 수 있다고 결론을 내렸던 바 있다. 즉 선진국은 지나친 물질적 소비풍조로 인해 환경문제가 발생하고, 저개발국(개발도상국)은 환경의 수용능력을 초과하는 폭발적인 인구 증가로 인해 환경파괴가 발생한다고 지적하였다(이정전, 1995, p.13).

지속가능한 발전은 환경용량 내에서 경제성장과 환경보전의 조화, 빈곤 해결을 추구한다. 빈곤과 기아선상의 저개발국의 경우 경제발전을 희생하는 환경보전은 받아들일 수 없다. 그러므로 이런 국가의 빈곤 문제의 해결을 위해 선진국의 지원과 협력이 요구된다. 특히 범지구적 공공재인 천연자원 및 환경의 보전을 위해 선진국과 저개발국의 협력이 요구되며, 저개발국도 경제발전과 환경보전을 함께 모색해야 할 것이다.

(4) 경제·사회·환경의 통합적 발전

우리 사회는 지금까지 사회통합이나 환경보전보다는 경제성장에 중점을 두었으나 앞으로는 사회통합과 환경보전에도 같이 힘을 써야 한다(그림 15-2). 즉 경제성장과 함께 사회계층 통합, 국가발전의 균형 회복, 환경자원의 보존 및 복원, 환경문제로 인한 사회적 갈등의 해소 등도 당연히 함께 추구해야 할 것이다.

지속가능한 개발을 위해서는 '지구는 후손에게서 빌린 것'이라는 생각을 가져야 한다. 물자의 생산, 유통, 소비, 쓰레기 처리 등의 전 과정에서 국가, 기업, 소비자 등이 불필요한 생산과 소비를 자제하고 오염물질의 배출과 에너지 소비를 줄일 필요가 있다.

그리고 국가경제의 지표로서 GNP(Gross National Product, 국민총생산) 대신에 환경지표를 반영하는 "Green GNP"를 도입해야 한다. GNP는 환경오염 문제에 따른 사회적 비용을 반영하지 못하기 때문이다. 예를 들어 대기오염으로 호흡기 질환자가 증가하면 병원과 약국은 매출이 증가하여 GNP는 상승한다. 수질오염이 심각해져서 정수기와 생수 판매가 증가하면 역시 GNP가 상승한다. 이 같은 GNP 체계의 문제점을 개선하기 위해서 유엔환경계획(UNEP)과 세계은행(World Bank)은 Green GNP를 제안하였고, 1993년 유엔통계국은 Green GNP를 계산하는 지침을 내놓았다(두산백과).

선진국은 저개발국가를 환경오염 시설의 이전 대상지로 이용하는 것을 멈춰야 하고, 환경 관련 기술을 저개발국가에 값싸게 이전해야 한다. 개발도상국은 경제성장과 함께 환경보전을 진지하게 고려해야 한다. 인간은 지구의 주인공이 아니라 생태계 구성 요소의 하나일 뿐이고, 소비가 결코 미덕이 아니라는 가치관의 확산은 지속가능한 개발에 도움이 될 것이다.

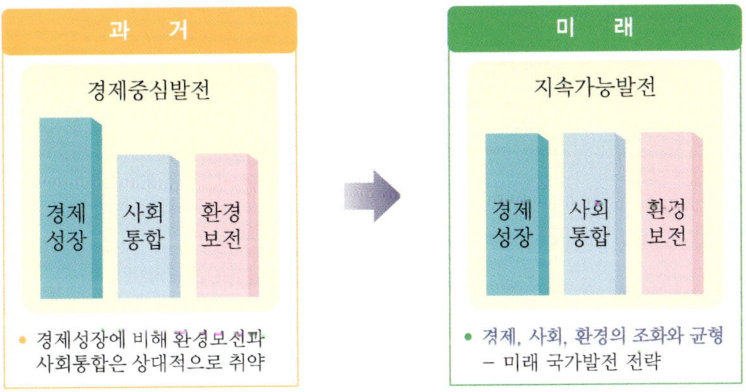

그림 15-2. 지속가능한 발전의 통합성 [출처: http://www.ncsd.go.kr/]

5) 지속가능한 도시

지속가능한 개발의 개념은 도시에도 그대로 적용할 수 있다. 지속가능한 도시(sustainable city)는 미래 세대가 현재 세대와 같은 경험을 할 수 있는 능력을 저해하지 않으면서 현재 세대에게 복원력 있는 거주환경을 제공하고 경제적·사회적·환경적 영향을 고려할 수 있도록 만들어진 도시라고 할 수 있다(Wikipedia).

환경을 우선적으로 고려하는 도시 개념으로 녹색도시, 생태도시, 친환경도시 등이 있는데, 지속가능한 도시는 이런 도시 개념과 일정 부분 차별적인 속성이 있다. 지속가능한 도시는 첫째, 도시구조가 압축적이어야 하고, 둘째, 도시기능이 생태적이어야 하며, 셋째, 도시성장을 스마트하게 관리할 수 있어야 한다. 지속가능한 도시는 이러한 구조, 기능, 관리가 하나의 유기적인 시스템으로 작동되는 도시를 의미한다(최봉문 외, 2018, p.334).

우리나라의 경우 미래의 인구 감소는 피할 수가 없는데 새로운 택지를 찾아 신도시를 개발하는 도시개발 전략은 재고해야 한다. 즉 도시 확대보다는 도시 축소가 바람직한 것이다. 도심부에 주상복합 고층건물을 배치하여 일상생활이 도심 주변에서 해결되는 압축도시(compact city)의 개념을 진지하게 고려해야 한다. 압축도시를 지향하는 도시 공간구조에서는 도시의 교통체계도 자동차보다는 도보나 자전거를 위주로 재편될 것이다.

그리고 지속가능한 도시는 생태도시(ecocity)로 기능해야 한다. 생태도시는 단순히 자연 속에 묻힌 전원도시가 아니라 생태계의 원리처럼 작동하는 도시이다. 생태도시의 원리는 도시 전체가 하나의 유기체로서 모든 물질과 에너지를 순환적으로 이용하는 도시이다. 그러기 위해서는 생태기반 시설 또는 그린 인프라(green infrastructure)를 갖추어야 한다. 공원, 녹지, 투수성 도로, 재활용품 수거, 빗물 및 생활하수의 재활용, 신재생에너지 등이 그린 인프라의 예가 될 것이다.

도시관리를 위해서 정보기술(IT)을 활용하는 스마트 도시(smart city)는 도시의 '물질대사'를 원활하게 할 수 있다. 스마트 도시는 도시의 기반시설을 원격으로 통제하면서 에너지 흐름을 효율적으로 관리하여, 불필요한 낭비를 막고 도시의 경쟁력을 높일 수 있으며, 도시민의 삶의 질을 향상시킬 수 있다.

지속가능한 도시는 이렇게 구조 측면에서는 압축도시, 기능 측면에서는 생태도시, 관리 측면에서는 스마트 도시를 지향한다. 이와 더불어 도시의 주인인 시민들이 생계를 이어나갈 수 있는 도시의 경제기반을 환경친화적으로 잘 갖추는 것이 무엇보다 중요하다. 도시민이 직장을 찾아 타지로 전출하거나 장거리를 출퇴근하지 않도록 하기 위해서는 지속가능한 경제기반이 필요한 것이다.

글상자 27. 이스터섬의 비극: 지속가능한 개발의 필요성

그림 15-3. 이스터섬의 위치

그림 15-4. 이스터섬의 거대석상(moai)

남태평양 한가운데에 있는 이스터섬(Easter Island)의 공식 명칭은 *Isla de Pascua*(스페인어) 또는 *Rapa Nui*(현지어)로서 1888년 칠레에 병합되었다. 이 섬은 칠레 해안에서 서쪽으로 약 3,500 km 떨어져 있어, 칠레에서 비행기로도 5시간 이상 가야 할 만큼 멀리 떨어진 절해의 고도(孤島)이다. 이 섬은 면적이 제주도의 1/11 정도인 163.6 km^2에 불과한 작은 화산섬으로서 온화한 아열대 기후가 나타난다. 원주민들은 폴리네시아인으로 밝혀졌으며, 인구는 2017년 인구총조사에서 7,750명으로 집계되었다. 그러나 아직도 풀리지 않는 수수께끼의 역사가 있다.

유럽인으로서 이 섬을 처음 발견한 사람은 네덜란드의 탐험가인 로게벤(Jacob Roggeveen)인데, 그가 발견한 날이 1722년 부활절(Easter Day, 4월 5일)이었기 때문에 섬의 이름도 이스터섬으로 붙인 것이다. 이곳 원주민들은 섬의 이름을 폴리네시아어로 큰 섬이라는 뜻의 Rapa Nui로 부르고 있다. 이 섬은 그동안 1,000개 이상 분포한 모아이(moai)라는 불가사의한 거대석상 때문에 유명해졌는데, 최근에는 과도한 환경파괴의 생태학적, 문화적 위험성을 경고하는 대표적인 사례로 알려지고 있다.

이스터섬에 폴리네시아인들이 배로 이주하여 처음 정착한 시기는 AD 700년~1200년경으로 추정된다. 당시 섬은 무성한 아열대숲으로 덮여있었는데, 키가 큰 야자나무가 주종을 이루었다. 원주민들은 이 나무들로 집, 배, 밧줄 등을 만들거나 땔감으로 활용했다. 이들은 야자열매 등을 채집하고 작물도 재배하였으며 야생의 돌고래, 물개, 물고기, 조개, 새 등을 잡아먹고 닭도 키웠기 때문에 식량은 풍족한 편이었고 인구도 빠르게 증가했다.

인구가 늘어 노동력이 풍부해지자 씨족 공동체들은 서로 경쟁적으로 자신들의 위대한 조상을 상징하는 모아이 석상을 만들기 시작했다. 이러한 석상 작업은 그들의 생활에 중요한 아열대숲의 파괴로 이어졌다. 채석장에서 석상을 옮기고 세우기 위해서는 많은 목재와 밧줄이 필요한데, 그들은 경쟁적으로 나무를 베기만 했지 숲을 가꿀 줄은 몰랐다. 그리하여 차츰 숲이 사라지고 야생동물도 사라졌으며, 토양침식이 일어나서 시냇물이 마르고 농경 생활도 어려워졌다. 배를 만들 나무조차도 없었기 때문에 바다로 나가 물고기를 잡는 것도 불가능해졌다.

결국 거대 석상을 만드는 작업은 16세기 말부터는 중단되었다. 섬 안의 먹거리가 거의 사라지고 식량이 부족하게 되자 다른 부족 주민들을 공격하여 잡아먹는 식인 풍습까지 나타나게 되었다. 그 결과 최대 1만5천 명에 달하던 섬의 인구는 18세기에는 2~3천 명 정도로 격감하게 되었다.

이렇게 자연의 한계(환경용량)를 고려하지 않는 무절제한 자원 남용의 결과는 이스터섬의 자연환경과 공동체의 파괴로 이어지고 거석문화를 소멸시키는 결과를 초래한 것이다. 이 섬의 비극은 지속가능한 개발의 의미와 필요성을 되새겨보는 교훈을 주고 있다. 이 섬은 1935년 칠레 정부에 의해 라파누이(Rapa Nui) 국립공원으로 지정되었으며, 1996년에는 유네스코(UNESCO) 세계문화유산에 등재되었다. [자료: Wikipedia]

그림 15-5. 이스터섬의 Anakena 해변 [사진: Wikipedia]

참고문헌

강대현. 1966. "한강하류 범람원 취락의 특질." 지리학, 2, 14-26.
강찬수. 2013. "'피부병' 앓는 한반도." 중앙일보, 1월 15일.
경기개발연구원. 2008. 한반도 대운하 쟁점사항 검토 -경부운하를 중심으로-.
국립지리원. 1980. 총론편. 한국지지(韓國地誌).
국무총리실, 농림식품수산부, 국토해양부, 지식경제부, 환경부, 기획재정부, 행정안전부, 문화체육관광부, 교육과학기술부, 전라북도. 2010. 새만금 내부개발 기본구상 및 종합실천계획.
국무총리실, 농림식품수산부, 국토해양부, 지식경제부, 환경부, 기획재정부, 행정안전부, 문화체육관광부, 교육과학기술부, 전라북도. 2011. 새만금종합개발계획.
국무총리실. 2010. 새만금 어떻게 개발되나. 새만금사업추진기획단.
국토교통부. 2016. 수자원장기종합계획(2001~2020), 제3차 수정계획.
국토연구원. 2006. 새만금 간척용지의 토지이용계획 수립 연구 공청회.
국토연구원. 2010. 새만금 종합개발계획(안) 공청회.
국토해양부. 2009. 4대강 살리기 마스터플랜, 4대강살리기추진본부.
권순식. 2005. "자연환경." 인간과 환경, 2판. 청주: 청주대학교 출판부, 87-173.
권혁제. 1997. 한국지리, 2판. 서울: 법문사.
김광렬 외 5인. 2017. 인간과 환경, 2판. 서울: 화수목.
김광수. 2009. "출산에 목숨 건 프랑스." 서울경제, 9월 16일.
김대호. 2016. 4차 산업혁명. 서울: 커뮤니케이션북스.
김백민. 2021. 우리는 결국 지구를 위한 답을 찾을 것이다. 서울: 블랙피쉬.
김수신·고병호. 1995. 지역개발론. 서울: 한국방송통신대학교 출판부.
김연옥. 1993. 기후학개론. 서울: 정익사.
김인. 1991. 도시지리학원론. 서울: 법문사.
김재한. 2005. "환경정책." 인간과 환경, 2판. 예경희 외. 청주대학교 출판부, 319-350.
김정수. 2021. "아마존 산림파괴 급증에도 인도네시아 열대우림 훼손은 급감." 한겨레신문, 5월 12일.
김주환·권동희·김창환. 1993. 환경과 생활. 서울: 신라출판사.
김창우·강남규. 2019. "공유경제 10년의 빛과 그늘." 중앙SUNDAY, 3월 23일-24일.
김학훈·옥한석·심정보. 2019. 세계화 시대의 세계지리 읽기, 5판. 파주: 한울엠플러스.
김학훈·이인현·장원. 1997. "환경피해에 대한 인식과 실제의 차이: 수도권 매립지의 사례연구." 환경정책, 5권 2호, 23-34.
김학훈·이종호. 2013. 개발과 환경. 파주: 동화기술.
김학훈. 2005. "인문환경." 인간과 환경, 2판. 예경희 외. 청주대학교 출판부, 175-262.
김학훈. 2007. "실리콘 밸리의 형성과정과 산업구조 변화." 청대학술논집, 9, 105-120.
김학훈. 2011. "미국 최초의 공업도시 로웰의 성쇠와 재생." 한국도시지리학회지, 14(2), 49-64.

김학훈. 2017. "금광의 재발견: 폐광 취락의 재활성화." 한국도시지리학회지, 20(3), 45-62.
김혜천 외. 2011. 현대도시의 이해. 서울: 대왕사.
김홍주. 2009. "저탄소 사회를 향한 지방정부의 탄소제로도시 정책연구." 한국지역개발학회지, 21(2), 145-162.
김흥식. 1993. "지역이기주의 극복을 위한 정책연구." 한국지방행정연구원.
남영우·서태열. 1996. 도시와 국토, 개정판. 서울: 법문사.
농림수산부 농업진흥공사. 1989. 새만금지구 간척종합개발사업 환경영향평가서.
대한민국정부. 2011. 제4차 국토종합계획 수정계획: 2011～2020.
대한민국정부. 2019. 제5차 국토종합계획.
대한민국정부. 2020. 지속가능한 녹색사회 실현을 위한 대한민국 2050 탄소중립 전략.
대한민국정부. 2021. 2030 국가온실가스 감축목표(NDC) 상향안.
류연택, 2011, "미국의 도심 커뮤니티 재활성화를 통한 도시 경쟁력 제고." 한국도시지리학회지, 14(1), 35-48.
류연택. 2020. "도시 주거와 도시재생." 도시지리학개론, 한국도시지리학회(편저). 파주: 법문사. 253-293.
문종명. 2012. "과학칼럼: 셰일가스." 캐나다 한국일보, 10월 5일.
민범식. 2008, "도시재생 활성화 방안." 국토, 326, 12월호, 국토연구원, 25-32.
박삼옥. 1994. "첨단산업발전과 신산업지구의 형성: 이론과 사례." 대한지리학회지, 29(2), 117-136.
박삼옥. 1999. 현대경제지리학. 서울: 아르케.
박연수. 2019. "에너지공급자 효율향상 의무화제도 도입 현황과 향후과제." 국회입법조사처, 이슈와논점 제 1600호.
박완희. 2011. "사람과 자연의 공존, 두꺼비 생태공동체 마을만들기." 한국지역개발학회 추계종합학술대회 정책세미나: 청주녹색수도조성과 거버넌스 구축방안, 11월 4일, 청주 라마다호텔.
박원석. 2011. 부동산입지론. 서울: 양현사.
박창근. 2009. "토목공학 관점에서 본 4대강 사업과 문제점." 한국환경영향평가학회, 추계학술대회: 4대강 사업과 영향평가, 61-73.
부산지방해양항만청. 2010. 인적요인 PSC 이렇게 대비하자.
손해용. 2022. "2050년 수요 6배 느는데 핵심광물 어디서 사오나." 중앙일보, 7월 15일.
송병락. 1992. 한국경제론, 3판. 서울: 박영사.
신기섭. 2022. "세계의 모든 바다, 플라스틱 오염에 신음...황해는 특히 심각." 한겨레신문, 2월 9일.
신동호. 2014. "독일 루르지역의 지역재생정책: 추진과정과 성과에 대한 경로이론적 접근." 한국경제지리학회지, 17(1), 200-213.
신용석. 2010. "현장에서 본 프랑스의 인구증대 정책." 월간조선, 1월호.
심재우·한은화. 2012. "한국기업, 셰일가스 캐러 미국행 러시." 중앙일보, 6월 13일.
에너지경제연구원. 2021. 에너지통계연보.
예경희·권순식·김학훈·김재한. 2005. 인간과 환경. 청주: 청주대학교 출판부.
오상학. 2015. 천하도, 조선의 코스모그래피. 파주: 문학동네.
위성욱. 2013. "쓰레기섬 을숙도, 다시 철새 천국되다." 중앙일보, 1월 15일.
이강오. 2021. "농업에 첨단기술을 더하다, 스마트팜의 등장." 미래에셋증권 매거진, 12월 7일.
이규성 외 7인. 2010. 인간과 환경. 서울: 형설출판사.
이민룡. 1991. 지구촌시대의 자원환경과 국제정치. 서울: 태진출판사.
이상대. 2015. 사회통합형 지역발전정책의 가능성과 정책 적용. 경기연구원.
이상대. 2018. "지역·도시정책의 이해." 지역·도시정책의 이해. 한국지역학회 편, 서울: 홍문사, 5-30.
이상훈. 2008. 쉽게 쓴 환경과학. 서울: 자유아카데미.
이선희·조영민. 2010. "폐금속자원 재활용의 국가정책 및 국내현실에 관한 고찰." 공업화학 전망, 13(1),

2-9.
이수장. 1996. 기피시설 입지의 갈등해소에 관한 연구. 서울대학교 박사학위 논문.
이영아. 2009. "영국의 사회경제적 도시재생정책의 현황과 평가." 한국사진지리학회지, 19(3), 99-114.
이왕건. 2010. "미국 쇠퇴 산업도시의 도시경제 재생전략과 시사점."국토정책 Brief, 285호, 국토연구원.
이재준·최석한. 2009. "기후변화대응을 위한 지구단위계획 차원에서의 탄소완화 계획요소 개발에 관한 연구." 국토계획, 44(4), 119-131.
이전. 1996. 인류와 문화. 경상대학교 출판부.
이전. 2011. 촌락지리학. 서울: 푸른길.
이정전. 1995. 지속가능한 사회와 환경. 서울: 박영사.
이종문·박찬석. 1995. 인구와 자원. 한국방송통신대학교 출판부.
이종호 외 20인. 2016. 환경영향평가, 2판. 파주: 동화기술.
이종호. 2004. "신행정수도건설과 새만금간척사업과 선거." 환경과 미래, 51, 15-26.
이종호. 2008. "환경갈등과 사회경제영향평가." 한국사회과학연구, 30(2), 29-51.
이종호. 2010. "대선공약에 의한 국책사업과 영향평가." 환경논총, 서울대학교 환경대학원, 49, 123-141.
이희연. 1991. 지리학사. 서울: 법문사.
이희연. 2003. 인구학, 제5판. 서울: 법문사.
이희연. 2011. 경제지리학, 제3판. 서울: 법문사.
인하대학교. 2014. 극지 동토층 기반 기초·원천 선도 연구 분야 발굴 기획.
임서환 외 24인. 2006. 일본의 도시재생사례와 시사점. 주택도시연구원.
장보웅. 2000. "낙동강 삼각주 지역의 갈대 지붕 민가 연구." 문화역사지리, 12(2), 1-13.
장윤배. 2010. 도시재생기법의 적용사례와 도입방안 연구. 경기개발연구원.
장정훈·김호정. 2012. "'날씨 경영' 못하면 GDP 10% 날린다." 중앙일보, 8월 2일.
전국지리교사모임. 2014a. 세계지리, 세상과 통하다 1: 아시아에서 오세아니아까지. 사계절
전국지리교사모임. 2014b. 세계지리, 세상과 통하다 1: 아프리카에서 남북극까지. 사계절
정수일(편저). 2013. 실크로드 사전. 창비.
정순금. 1992. "환경정책의 집행과정에 대한 연구." 서울대학교 행정대학원 박사학위논문.
정회성. 2002. 지속가능한 사회를 향한 환경규제정책의 발전방향. 한국환경정책평가연구원.
조천호. 2019. 파란하늘 빨간지구: 기후변화와 인류세, 지구시스템에 관한 통합적 논의. 서울: 동아시아.
조향숙. 2017. "OECD 7개 국가의 CO_2 배출량 감소요인 분해 분석." 자원·환경경제연구, 26(1), 1-35.
조혜종. 2006. 새 인구론: 인구의 공간적·사회적 접근. 서울: 푸른길.
주현수·이희선·고은영. 2010. 온실가스감축을 위한 폐기물관리방안 연구 - 폐기물부분의 온실가스 전과정평가. 한국환경정책평가연구원.
진천군. 2021. 진천군지.
천연숙·김근태, 2008, "파트너십 형성을 통한 도시재생방안: 영국 셰필드시 사례 연구." 국토연구, 57, 19-48.
최봉문 외 14인. 2018. 현대도시학. 서울: 대왕사.
최영국·이순자. 1996. 환경인식이 환경분쟁에 미치는 영향분석. 국토개발연구원, 국토연 96-7.
최운식 외 17인. 2000. 정보화 시대의 국토와 환경. 서울: 법문사.
최운식. 1999. 미래사회와 환경. 서울: 한울.
최창조·박영한. 1978. "풍수에 대한 지리학적 해석-양기풍수를 중심으로." 지리학, 17, 25-26.
최창조. 1991. "한국 풍수사상의 이해를 위하여." 한국의 전통사상. 한국문화역사지리학회편. 서울: 민음사.
최창조. 1998. 좋은 땅이란 어디를 말함인가: 한국 풍수의 이론과 실제. 서울: 서해문집.
통계청. 2006, 2011. 장래인구추계.
통계청. 2021. 장래인구추계: 2020~2070. 보도자료, 12월 9일.

통계청. 각 연도. 인구주택 총조사 보고서.
한국고용정보원. 2019. 한국의 지방소멸위험지수 2019 및 국가의 대응전략.
한국에너지공단. 2021. 에너지통계 핸드북.
한국전력공사. 2010, 전력통계속보. 제386호(2010년 12월).
한국전력공사. 2020. 전력통계속보. 제506호(2020년 12월).
한국전력공사. 2021. 한국전력통계. 제80호(2020년).
한국지역학회. 2018. 지역·도시정책의 이해. 서울: 홍문사.
한국지질자원연구원. 2021. 한눈에 보는 6대 핵심광물 이슈 분석. 광물자원연구본부.
한국환경영향평가학회. 2008. 춘계학술대회: 한반도 대운하와 영향평가. 4월 18일, 서울대학교.
한요셉. 2022. "건강한 지구를 만드는 마음." 지질·자원·사람, 186, 1-2월, 17-19.
한주성. 1998. 경제지리학, 2판. 서울: 교학연구사.
한주성. 1999. 인간과 환경: 지리학적 접근, 2판. 서울: 교학연구사.
행정안전부. 2009. 2008 한국도시연감.
홍경희. 1981. 도시지리학. 서울: 법문사.
홍수완·이몽일. 1987. "환경관의 동서비교." 지리학논구, 8, 21-22.
홍욱희. 2004. 3조원의 환경논쟁 새만금. 서울: 지성사.
홍종호. 2008. "美 텔리코 댐 건설이 우리에게 주는 교훈은?" 조선일보, 3월 28일.
환경부. 2020. 2020 환경백서.
환경부. 2021. 2020 환경통계연감.

Andrews, R.N.L. 1981. Value Analysis in Environmental Policy. In *Environmental Policy Formation: The Impact of Values, Ideology, and Standards*. ed. D.E. Mann. Toronto: Lexington, 137-147.

Archibugi, F. and Nijkamp, P. 1989. *Economy and Ecology: Towards Sustainable Development*. Dordrecht: Kluewer Academic Publishers.

Aubréville, André. 1949. *Climats, forêts et désertification de l'Afrique tropicale* (Climates, Forests, and Desertification of Tropical Africa). Paris, Société d'éditions géographiques, maritimes et coloniales.

Bell, Daniel. 1973. *The Coming of Post-Industrial Society*. New York: Basic Books.

Berry, B.J.L., Conkling, E.C., and Ray, D.M. 1976. *The Geography of Economic Systems*. Englewood Cliffs: Prentice-Hall.

Berry, B.J.L., Conkling, E.C., and Ray, D.M. 1987. *Economic Geography*. Englewood Cliffs: Prentice-Hall.

Botkin, D. and Keller, E. 2003. *Environmental Science*, 4th ed. New York: Wiley.

Boyce, D.G., Lewis, M.R., and Worm, B. 2010. Global phytoplankton decline over the past century. *Nature*, 466(7306), 591-596.

Bull, A. and Jones, B. 2006. Governance and social capital in urban regeneration: A comparison between Bristol and Naples. *Urban Studies*. 43(4), 767-786.

Bunbury, E.H. 1883. *A History of Ancient Geography among the Greeks and Romans from the Earliest Ages till the Fall of the Roman Empire*. London: John Murray.

Castells, M. and Hall, P. 1994. *Technopoles of the World*. London: Routledge.(세계의 테크노폴, 2006. 강현수·김륜희 옮김. 서울: 한울 아카데미)

Christopherson, R.W. 2012. *Geosystems: An Introduction to Physical Geography*, 8th ed. London: Pearson Education.

Clark, C. 1957. *Conditions of Economic Progress*. 3rd ed., London: Macmillan.

Clini, C., Musu, I. and Gullino, M.L., eds. 2008. *Sustainable Development and Environmental Management:*

Experiences and Case Studies. New York: Springer.

De Blij, H.J. 1977. *Human Geography: Culture, Society and Space*. New York: Wiley.

De Blij, H.J. and Muller, P.O. 2000. *Geography: Realms, Regions, and Concepts*, 9th ed. New York: Wiley.

De Souza, A.R. and Foust, J.B. 1979. *World Space-Economy*. Columbus: Merrill.

De Souza, A.R. and Stutz, F.P. 1994. *The World Economy: Resources, Location, Trade and Development*. New York: Macmillan.

Deevey, E.S. 1960. The human population. *Scientific American*, 203, 3-9.

Dent, Harry S. 2014. *The Demographic Cliff: How to Survive and Prosper During the Great Deflation of 2014-2019*. New York: Portfolio/Pengiun.

Finkle, J. A., Garmise, S., and Nourick, S. 2008. The reality of economic development in older industrial cities: The practitioner's perspective. In McGahey, R.M. and Vey, J.S. (eds.). *Retooling for Growth: Building a 21st Century Economy in America's Older Industrial Areas*. Washington, D.C.: Brookings Institution Press,

Friedmann, J. and Douglass, M. 1978. Agropolitan development: Toward a new strategy for regional planning in Asia. In Lo, F. and Salih, K. (eds). *Growth Pole Strategy and Regional Development Policy: Asian Experience and Aternative Approaches*. Oxford: Pergamon.

Getis, A., Getis, J., and Fellmann, J. 1985. *Human Geography: Culture and Environment*. New York: Macmillan.

Glass, Ruth. 1964. *London: Aspects of Change*. London: MacGibbon & Kee.

Goldsmith, E. and Allen, R. 1972. A blueprint for survival. *The Ecologist*, 2(1).

Goodman, R.F. and Clary, B.B. 1976. Community attitudes and action in response to airport noise, *Environment and Behavior*, 4, 441-470.

Gottmann, J. 1970. Urban centrality and the interweaving of quaternary activities. *Ekistics*, 29, 322-331.

Hagen, E.E. 1975. *The Economics of Development*. Homewood: Irwin.

Haggett, P. 1979. *Geography: A Modern Synthesis*, 3rd ed. New York: Harper & Row.

Hardin, G. 1968. The Tragedy of the Commons. *Science*, 162, 1243-1248.

Harvey, D. 1974. Population, resources, and the ideology of science. *Economic Geography*, 50, 256-277.

Hess, Darrel. 2011. *McKnight's Physical Geography: A Landscape Appreciation*, 10th ed. Upper Saddle River, NJ: Prentice-Hall.

Hirschman, A.O. 1958. *The Strategy of Economic Development*. New Haven: Yale University Press.

Hobbs, J.J. 2009. *World Regional Geography*. Belmont: Brooks/Cole.

Hoover, E.M. and Giarratani, F. 1984. *An Introduction to Regional Economics*, 3rd ed. New York: Knopf.

James, P.E. and Martin, G.J. 1981. *All Possible Worlds: A History of Geographical Ideas*, 2nd ed. New York: Wiley.

Kaplan, D., Holloway, S. and Wheeler, J. 2014. *Urban Geography*, 3rd ed. Hoboken, NJ.: Wiley and Sons.(김학훈 · 이상율 · 김감영 · 정희선 역. 2016. 도시지리학, 3판. 서울: 시그마프레스.)

Kaya, Yoichi and Yokobori, Keiichi. 1997. *Environment, Energy, and Economy: Strategies for Sustainability*. United Nations University Press.

Lessig, Lawrence. 2008. *Remix: Making Art and Commerce Thrive in the Hybrid Economy*. London: Penguin Press.

Ley, David. 1996. *The New Middle Class and the Remaking of the Central City*. Oxford: Oxford University Press.

Marsh, W.M. and Grossa, Jr., J.M. 1996. *Environmental Geography*. New York: Wiley. (양진석 · 권순식 · 문영수 · 박종관 역, 2000, 환경지리학, 서울: 시그마프레스)

Marshall, Alfred. 1890. *Principle of Economics*. London: Macmillan.

Meadows, D.H., Meadows, D.L., Randers, J. and Behrens, W.W. 1972. *The Limits to Growth*. New York: Universe Books.

Moncrief, L.M. 1970. The basis of our environmental crisis. *Science*, 170, 508-512.

Myrdal, G. 1957. *Economic Theory and Underdeveloped Regions*. London: Duckworth.

Nebel, B.J. and Wright, R.T. 1998. *Environmental Science*, 6th ed. Upper Saddle River, NJ: Prentice-Hall.

Northam, R.M. 1975. *Urban Geography*. New York: Wiley.

Nurkse, R. 1953. *Problems of Capital Formation in Underdeveloped Countries*. New York: Oxford University Press.

O'Riordan, Tim. 1981. *Environmentalism*, 2nd ed. London: Pion.

Paterson, J.H. 1994. *North America: A Geography of the United States and Canada*, 9th ed. New York: Oxford.

Pepper, D. 1987. *The Roots of Modern Environmentalism*. New York: Routledge. (이명우 · 오구균 · 김태경 · 최승 역, 1989, 현대환경론, 서울: 한길사)

Perroux, F. 1950. Economic space: Theory and application. *Quarterly Journal of Economics*, 64, 89-104.

Peters, G.L. and Larkin, R.P. 1983. *Population Geography: Problems, Concepts, and Prospects*, 2nd ed. Dubuque: Kendall/Hunt.

Piore, M.J. and Sabel, C.F. 1984. *The Second Industrial Devide: Possibilityies for Prosperity*. New York: Basic Books.

Plane, D.A. and Rogerson, P.A. 1994. *The Geographical Analysis of Population: With Applications to Planning and Business*. New York: Wiley.

Porter, M.E. 1998. Clusters and the new economics of competition. *Harvard Business Review*, November-December, 77-90.

Reitsma, H.A. and Kleinpenning, J.M.G. 1985. *The Third World in Perspective*. Assen: Rowman & Allanhell.

Rhys, E. 1912. *A Literary and Historical Atlas of Asia*. New York: E.P. Dutton & CO.

Rifkin, Jeremy. 2011. *The Third Industrial Revolution: How Lateral Power is Transforming Energy, the Economy, and the World*. London: Palgrave Macmillan.

Rostow, W.W. 1960. *The Stages of Economic Growth: A Non-Communist Manifesto*. Cambridge: Cambridge University Press.

Sandbach, F. 1980. *Environment, Ideology, and Policy*. Oxford: Blackwell.

Schumacher, E.F. 1973. *Small is Beautiful: A Study of Economics As If People Mattered*. London: Blond & Briggs.

Schwab, Klaus. 2016. *The Fourth Industrial Revolution*. World Economic Forum.

Scott, A.J. 1988. *New Industrial Spaces*. Pion Limited.

Sharma, Ruchir. 2016. *The Rise and Fall of Nations*. New York: Norton.

Smith, Neil. 1996. *The New Urban Frotier: Gentrification and the Revanchist City*. London: Routledge.

Steffen, W., Broadgate, W., Deutsch, L., Gaffney, O., and Ludwig, C. 2015. The trajectory of the Anthropocene: The Great Acceleration. *The Anthropocene Review*. 2(1), 81-98.

Stern, Nicholas. 2007. *The Economics of Climate Change: The Stern Review*. Cambridge University Press.

Stine, Jeffrey K. 1993. *Mixing the Waters: Environment, Politics, and the Building of the*

Tennessee-Tombigbee Waterway. University of Akron Press.

Stückelberger, C. 1996. *Umwelt und Entwicklung: Eine Sozialethische Orientierung*. Stuttgart: Kohlhammer. (정미현 역, 2006, 환경과 개발-사회윤리학적 접근, 한국신학연구소).

Taylor, S.M. and Hall, F.L. 1977. Factors affecting response to road noise. *Environment and Planning, A*. 13, 150-157.

Toffler, A. 1981. *The Third Wave*. New York: Bantam.

Tuan, Y. F. 1972. Structualism, existentialism and environmental perception. *Environment and Behavior*, 4(3), 319-331.

U.S. Environmental Protection Agency. 2006. *Tennessee-Tombigbee Waterway Water Quality Study* (Final Report). Science and Ecosystem Support Division.

United Nations. 2019. *World Population Prospects: The 2019 Revision*. Department of Economic and Social Affairs. Population Division.

United Nations. 2019. *World Urbanization Prospects: The 2018 Revision*. Department of Economic and Social Affairs, Population Division.

Vidal de la Blache, Paul. 1922. *Principes de Géographie Humaine*. Ed. E. de Martonne, Paris: Armand Colin.

Wark, K. and Warner, C.F. 1976. *Air Pollution*. New York: Harper & Row.

Weber, Alfred. 1909 (1929). *Theory of the Location of Industries*. Trans. C.J. Friedrich. 1929. Chicago: University of Chicago Press.

White, C. 1967. The historical roots of our ecological crisis. *Science*, 155, 1203-1207.

World Commission on Environment and Development (WCED). 1987. *Our Common Future*.

Worthington, E.B. (ed.) 1977. *Arid Land Irrigation in Developing Countrics*, Oxford: Pergamon.

Yergin, D. 2020. *The New Map*. London: Penguin Press. (우진하 역, 2021, 뉴맵, 고양: 리더북스).

◆ Internet 자료

강지윤. 2019. "물 부족 현상과 사막화 현상." 까마 뉴스, https://blog.naver.com/kamaindiary.

국가기후변화적응정보포털. https://kaccc.kei.re.kr/portal.

국립수산과학원. "적조란?". https://www.nifs.go.kr/red/info_1.red.

국립환경과학원, 전국오염원조사. https://wems.nier.go.kr.

기획재정부. 2021 2022년 경제정책방향. https://moef.go.kr

김갑성. 2018. "유럽 도시들의 도시문제와 대응방안." 여시재, 1월 3일. https://www.yeosijae.org.

김덕례. 2021. "주택이 얼마나 더 필요할까." 주택+PLUS, 11월호. http://plus-h.co.kr.

김동희. 2011. "희토류", 지구과학산책. https://terms.naver.com.

김영근. 2021."위기의 제주 전력계통, 어떻게 해결해야 되나." 전기저널, 7월 8일. http://www.keaj.kr.

나무위키. https://namu.wiki.

녹색성장위원회. http://www.greengrowth.go.kr.

도시재생사업단. http://www.kourc.or.kr

물환경정보시스템. http://water.nier.go.kr.

백영대. 2015. "2016년 1월 1일부터 해양투기 전면금지." 현대해양, 5월 6일. http://www.hdhy.co.kr.

서울기후에너지회의 2021. http://www.etoday-cess.com

서울정책아카이브. "도시광산사업: 폐전기·전자제품 재활용." https://seoulsolution.kr/ko/node/3436.

서울특별시. 주요교통통계. https://news.seoul.go.kr/traffic/archives/285.

서울특별시. 서울의 환경. "폐금속자원재활용 사업이란?" https://news.seoul.go.kr/env/archives/135.

스마트그린도시. http://smartgreencity.kr.
심창섭. 2019. "북극 해빙으로 독소·질병 방출된다." Science Times, https://www.sciencetimes.co.kr.
에너지경영시스템. https://www.energy.or.kr/web/ener_efficiency.
외교부. 2021. "상향된 2030 국가 온실가스 감축목표(NDC) 유엔기후변화협약 사무국 제출." 보도자료, 12월 23일. https://www.mofa.go.kr.
위키백과. https://ko.wikipedia.org.
유승보. 2021. "RE100 운영 현황 검토." 전기저널. 4월 12일. http://www.keaj.kr.
이성규. 2010. "소의 트림, 방귀가 온실가스의 주범?" Science Times, https://www.sciencetimes.co.kr.
통계청. 국가통계포털(KOSIS). http://kosis.kr.
하종민. 2021. "폐전자제품서 금 찾기...'도시광산' 판매액 200억 돌파." NEWSIS, 10월 11일. https://newsis.com.
한국농어촌공사. 새만금사업단. http://www.isaemangeum.co.kr.
한국민족문화대백과사전. http://encykorea.aks.ac.kr.
한국석유공사. http://www.petronet.co.kr/main2.jsp.
한국에너지공단. http://www.kemco.or.kr/ener_efficiency.
한국원자력산업회의. http://www.kaif.or.kr/pds/01.asp.
한국은행. 경제통계시스템(ECOS). http://ecos.bok.or.kr.
한국전력공사. http://cyber.kepco.co.kr/kepco_new/elec_info/index.jsp.
한국토지주택공사. http://www.lh.or.kr.
환경부. 2021. 전기·수소차 보급 및 충전인프라 구축 현황. 12월 31일. http://www.me.go.kr.
환경운동연합. http://kfem.or.kr.
British Petroleum (BP). 2021. Statistical Review of World Energy. https://www.bp.com.
Enerdata. https://yearbook.enerdata.co.kr/renewables.
Evowiki. Endosymbiotic theory. http://evolutionwiki.org/wiki/Endosymbiotic_theory.
Global Carbon project. 2021. http://www.globalcarbonatlas.org.
IMPACT ON. http://www.impacton.net.
International Energy Agency (IEA). https://www.iea.org.
IPCC. 2018. Global warming of 1.5℃. https://www.ipcc.ch.
NAVER 지식백과. https://terms.naver.com.
Our World in Data. 2020. https://ourworldindata.org/co2-and-other-greenhouse-gas-emissions.
Population Reference Bureau. 2020 World Population Data Sheet. http://www.prb.org.
RE100. https://www.there100.org/re100-members.
U.S. Census Bureau. International Programs. https://www.census.gov/population/international/data/idb/informationGateway.php.
U.S. Energy Information Administration (EIA). 2022. https://www.eia.gov.
U.S. Geological Survey (USGS). Mineral Commodity Summaries. https://www.usgs.gov/centers/national-minerals-information-center/mineral-commodity-summaries.
U.S. NASA. Global Climate Change. https://climate.nasa.gov/vital-signs/carbon-dioxide.
U.S. NOAA. Global Monitoring Lab. https://gml.noaa.gov/ccgg/trends/monthly.html.
United Nations. Department of Economic and Social Affairs. http://esa.un.org.
United Nations. Food and Agricultural Organization (FAO). http://faostat.fao.org.
Wikipedia. http//en.wikipedia.org.
World Bank. http://data.worldbank.org.

찾아보기

개발과 환경의 이해 정가 25,000원

발 행 2022년 8월 22일 초판 1쇄
저 자 김학훈
발행인 정우용
발행처 도서출판 동화기술
경기도 파주시 광인사길 201(문발동, 파주출판도시)
Tel (031)955-4211~6 donghwapub@nate.com
Fax (031)955-4217 www.donghwapub.co.kr
(등록) 1977년 12월 19일/9-16호

Printed in Korea

ISBN 978-89-425-9370-5